Gebäudetechnik als Strukturgeber für Bau- und Betriebsprozesse

Christoph van Treeck • Thomas Kistemann • Christian Schauer
Sebastian Herkel • Robert Elixmann

Gebäudetechnik als Strukturgeber für Bau- und Betriebsprozesse

Trinkwassergüte – Energieeffizienz – Digitalisierung

Herausgeber
Viega Holding GmbH & Co. KG, Attendorn
Vertreten durch Herrn Claus Holst-Gydesen

Autoren
Christoph van Treeck
RWTH Aachen,
Aachen, Deutschland

Sebastian Herkel
Fraunhofer Inst. f. solare Energiesysteme,
Freiburg, Deutschland

Thomas Kistemann
Universitätsklinikum Bonn,
Bonn, Deutschland

Robert Elixmann
Kapellmann & Partner,
Düsseldorf, Deutschland

Christian Schauer
Viega Technology GmbH & Co. KG,
Attendorn, Deutschland

ISBN 978-3-662-58156-8 (print)
ISBN 978-3-662-58157-5 (eBook)
DOI 10.1007/978-3-662-58157-5

Die Deutsche Nationalbibliothek verzeichnet diese Publikation in der Deutschen National bibliographie; detaillierte bibliographische Daten sind im Internet über http://dnb.d-nb.de abrufbar.

Springer Vieweg

Gedruckt auf säurefreiem und chlorfrei gebleichtem Papier.

Springer Vieweg ist ein Imprint der eingetragenen Gesellschaft Springer-Verlag GmbH Deutschland, ein Teil von Springer Nature
Die Anschrift der Gesellschaft ist: Heidelberger Platz 3, 14197 Berlin, Deutschland

Vorwort

Prof. Dr.-Ing. Manfred Fischedick

Vorwort

Was macht die Zukunft der Welt aus – wo sind die Grenzen unseres menschlichen Handelns? Schon in den 70er Jahren hat sich der Club of Rome mit dieser Frage befasst und die Grenzen des Wachstums – dahinter stehend: die Grenzen des Verbrauchs (und der Verschwendung) von Ressourcen – ins Zentrum seiner Überlegungen gestellt. Wie weitsichtig diese Überlegungen waren, macht die Frage der Verfügbarkeit von sauberem Trinkwasser deutlich. Sauberes Trinkwasser ist in vielen Regionen der Welt knapp und immer wieder Ausgangspunkt für Konflikte. Bei weiter zunehmender Bevölkerung und fortschreitendem Klimawandel (mit vermehrt auftretenden Dürreperioden) erhöht sich die Gefahr, dass Kriege um Wasser geführt werden. Auch die Frage der Verfügbarkeit sauberer Luft wird immer virulenter und zunehmend zu einer existentiellen Bedrohung in den sogenannten Mega-Cities, und zwar nicht nur der Schwellenländer.

Wie aber können diese Probleme gelöst oder zumindest abgeschwächt werden? Eine zentrale Voraussetzung dafür, ein verbindendes Element ist Energie: Sauberes Trinkwasser lässt sich durch entsprechende technische Verfahren zum Beispiel aus Salzwasser gewinnen – die Bereitstellung hinreichender Energiemengen vorausgesetzt. Ein Beitrag für saubere Luft kann durch den Übergang von den heute vorherrschenden Verbrennungsmotoren auf die Elektromobilität geleistet werden.

Unstrittig ist dabei, dass die für diese Prozesse notwendige Energie dauerhaft nicht aus fossilen Quellen stammen darf, sind sie doch zum einen endlich und zum anderen eine wesentliche Ursache der Klimaerwärmung. Eine zentrale Grundlage stellt entsprechend die Transformation der heutigen Energiesysteme dar, es braucht einen Turnaround. Zunächst in den industriell hoch entwickelten Staaten, aber dann auch insgesamt auf globaler Ebene. Deutschland hat in seinem Energiekonzept aus dem Jahr 2011 aufgezeigt, wie eine solche Energiewende ausgestaltet werden kann. Unabdingbares Ziel ist die Dekarbonisierung des Energiesystems. Neben dem Ausbau erneuerbarer Energien tritt als zweite strategische Säule für die Umsetzung der Ziele die Ausschöpfung der Energieeffizienzpotenziale. Hinzu kommt die Sektorkopplung, um über alle Verbrauchsbereiche hinweg eine möglichst effektive Nutzung der zur Verfügung stehenden Energien zu gewährleisten.

Maßnahmen sind dabei in allen Sektoren notwendig. Hierzu gehört vor allem eine dezidierte Betrachtung des Gebäudebestands, der für einen erheblichen Teil des Energiebedarfs in Deutschland verantwortlich ist. Auch die Mobilität gehört zu den entscheidenden Energieverbrauchern und stellt damit einen maßgeblichen Ansatzpunkt zur generellen Reduzierung des Energieeinsatzes dar. Bisher ist hier viel zu wenig geschehen; alternative Mobilitätsformen gehören schnell auf die Tagesordnung.

Sowohl die notwendige Sektorkopplung als auch die Reduzierung des Energieeinsatzes im Gebäudebestand sowie die Verwendungsmöglichkeiten erneuerbarer Energien werden dabei von einem Mega-Trend profitieren, der aktuell alle Lebensbereiche durchdringt: die Digitalisierung. Plastisch fassbar wird sie verbraucherseitig durch das Internet of Things (IoT). In der Gebäudetechnik ist es der umfassende Einsatz von Sensorik und Aktorik mit der möglichen Vernetzung von Produkten und Prozessen, die uns heute eine in dieser Qualität nie dagewesene Tiefe an Informationen zur Verfügung stellt – und damit einen unmittelbar wirksamen Steuerungshebel, unter Beibehaltung eingeführter Schutzziele (wie Primärenergiebedarf oder Erhalt der Trinkwassergüte) den Energieeinsatz in Gebäuden signifikant zu reduzieren.

Neben den bereits vorhandenen Technologien ist dafür jedoch eine gedanklich vernetze Herangehensweise aller an Bauprozessen Beteiligten, wie die der Integralen Planung BIM, notwendig. Die unter der Prämisse der Reduzierung des Energieeinsatzes nachhaltige Vernetzung bislang isoliert betrachteter Bereiche, wie die der Gebäudetechnik, führt nun zwangsläufig zu völlig neuen Wechselbeziehungen und Abhängigkeiten.

Diese müssen entsprechend detektiert und zum Beispiel für Wärmeverteilungen oder Trinkwasser-Installationen abgebildet werden: Die Welt des Bauens steht vor einem grundlegenden Paradigmenwechsel mit komplett neu aufgestellten Prozessen und Strukturen.

Warum brauchen wir dafür ein neues Denken? All das ist unabdingbar, weil Meta-Themen wie die Forderung nach Dekarbonisierung mit damit einhergehender Reduzierung des Primärenergiebedarfs so lange eine theoretische Größe bleiben, solange sie nicht vor Ort, in der Planung eines komplexen Objektes, auf der Baustelle für ein Gebäude ganz konkret in messbare Funktionalitäten mit klar beschriebenen Schutzzielen umgesetzt werden. Ein typisches Beispiel dafür ist die Entwicklung der Energiestandards in Deutschland, beginnend mit der 1. Wärmeschutzverordnung. Das war 1977, und es galt ein Primärenergiebedarf von 200 kWh/m²a. Mit der Energiesparverordnung wurde 2002 die Messlatte auf 70 kWh/m²a abgesenkt; heute ist das Niedrigstenergie-, Passiv- oder sogar Energie-Plus-Haus das wünschenswerte Ziel. Isoliert gedacht kann dieses Schutzziel linear erreicht werden, ganz einfach durch verbesserte Dämmung, durch effizientere Wärmeverteilung. Gefragt sind heute aber eben keine isolierten Lösungen, sondern das intelligente Verbinden vielfältiger Einzelelemente zu bedarfsorientierten Systemlösungen:

Je mehr der spezifische Wärmebedarf für die Beheizung von Gebäuden sinkt, umso mehr kommt es zwangsläufig zu einer Verschiebung des Energiebedarfs weg von der Wärmebereitstellung hin zur Erzeugung von Trinkwasser warm. Bei einem KfW 70-Neubau macht aktuell beispielsweise der Energieanteil für Trinkwasser warm schon über 50 Prozent des gesamten Endenergiebedarfs aus. Damit stehen plötzlich etablierte Schutzziele wie Energieeffizienz einerseits und Trinkwassergüte andererseits im Widerspruch. Hier gilt es, neue Technologien zu erproben, die große Chancen in Aussicht stellen, um beispielsweise die üblichen Speichertemperaturen für Trinkwasser warm um 10 K und mehr zu senken und damit wertvolle Energieeffizienzpotentiale regenerativer Wärmeerzeuger in der Gebäudetechnik zu heben – ohne dabei den Erhalt der Trinkwassergüte zu gefährden.

Akzeptiert man also einen solchen Perspektivwechsel und betrachtet die Prozesse und Funktionalitäten eines Gebäudes in ihrer vernetzten Gesamtheit, eröffnen sich entlang der aktuellsten Erkenntnissen aus Wissenschaft und Forschung gänzlich neue Lösungsansätze und Möglichkeiten, die unterschiedlichen Zieldimensionen ebenso effizient wie prozesssicher zusammenzuführen.

Das vorliegende VDI-Fachbuch gibt vor diesem Hintergrund einen umfassenden Überblick über die ungeheuren Entwicklungsperspektiven, die die Welt des Bauens im Allgemeinen und die Gebäudetechnik mit Schwerpunkt Trinkwasser in den kommenden Jahren hat. Zugleich sind die Beiträge eine Aufforderung an jeden einzelnen Leser, jede Leserin, die Zukunft des Bauens auch für sich einmal gänzlich neu zu denken und zu reflektieren, welche Position er bzw. sie in dieser digitalen, vernetzten Zukunft einnehmen wird.

Wuppertal, im Juni 2018

Prof. Dr.-Ing. Manfred Fischedick
Vizepräsident des Wuppertal Institut für Klima, Umwelt, Energie

Buchkapitel

Aus dem Inhalt Seite

Integrale Planung BIM – Umsetzungs-erfahrungen im Projekt „Viega World“

Christoph van Treeck,

A. Heidemann, J. Siwiecki, P. Schmidt, U. Zeppenfeldt

Dieses Kapitel berichtet über den Erfahrungsgewinn bei der Umsetzung der „Integralen Planung BIM“ beim Neubau des Seminarcenters „Viega World“ in Attendorn als Referenzprojekt für die Anwendung von BIM in der Gebäudetechnik.

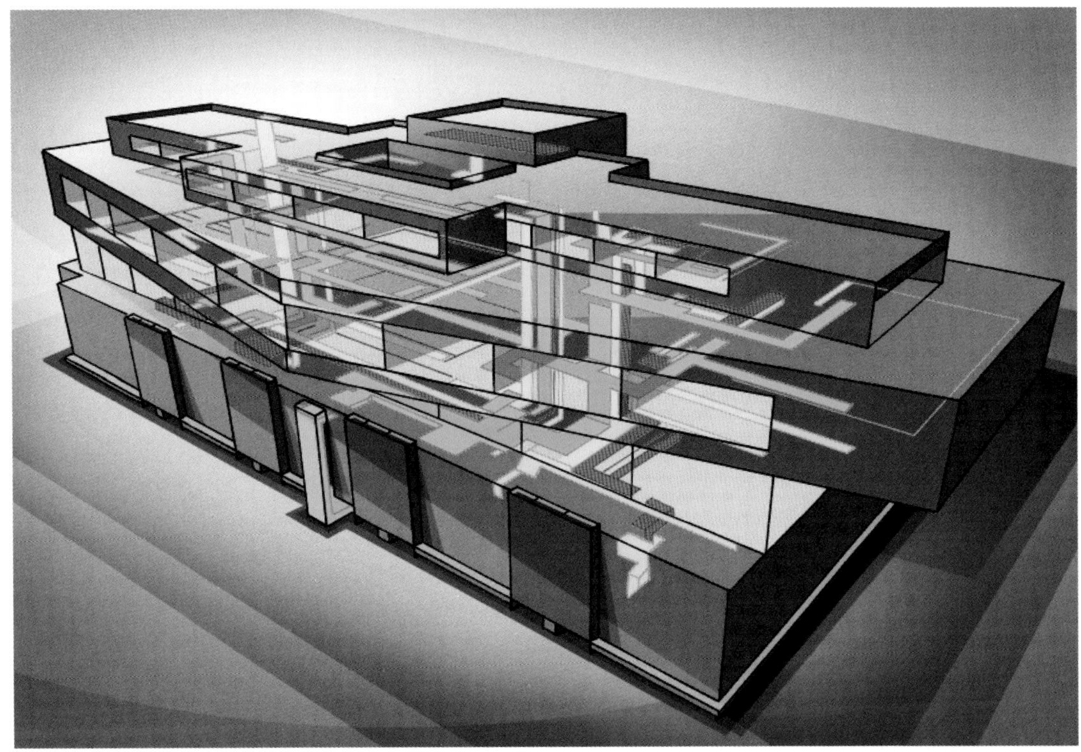

Es knüpft an die vorangegangenen Veröffentlichungen zur „Integralen Planung“ [1] und zum „Digitalen Bauen, Bauausführen und Betreiben mit Building Information Modeling“ [2] an und überträgt diese Methoden in die Praxisanwendung. Es entstand einerseits im Zuge der engen Zusammenarbeit des Unternehmens Viega als Bauherr, Nutzer und Betreiber, der Heidemann & Schmidt GmbH als Projektentwickler, Bedarfsplaner, Projektsteuerer, Projekt-Qualitätsmanager und Integrationsplaner sowie der E3D Ingenieurgesellschaft GmbH als BIM Berater und Qualitätsmanager mit dem Ziel, die beiden Ansätze Integrale Planung und BIM eng miteinander zu verweben und nachhaltig in der Praxis anzuwenden. Die Akteure verfolgten dabei einen kritischen Dialog zwischen verschiedenen Betrachtungswinkeln, angefangen bei Projektentwicklungs- und Steuerungsleistungen, Methoden, Techniken und Paradigmen des Building Information Modeling, über die Zuständigkeit der Koordination von Planungsleistungen sowie in Zusammenarbeit mit der Rechtsanwaltskanzlei Kapellmann und Partner hinsichtlich rechtlicher Rahmenbedingungen. Dieser Dialog fand sehr konstruktiv vor dem Hintergrund verschiedener Begrifflichkeiten, Technologien, Prozesse, Rollen, Leistungsbilder und Verantwortlichkeiten statt.

Der Beitrag ist das Ergebnis der Zusammenarbeit zwischen allen am Projekt beteiligten Akteuren, die dieses Projekt als wichtiges Referenzprojekt zur Etablierung einer komplett neuen Arbeitsweise einstufen, reflektiert die BIM-spezifischen Herausforderungen und erläutert, wie diese im Projekt von allen Beteiligten gemeinsam gelöst wurden. Möglich wurde dies durch einen von der Projektsteuerung entwickelten ganzheitlichen, Gewerke-übergreifenden und am Lebenszyklus orientierten Planungsansatz [1] und die Dokumentation aller Anforderungen des Bauherrn in einem Lastenheft [3] vor Planungsbeginn im Rahmen der Bedarfsplanung, die in insbesondere mit Vorgaben zu BIM als Auftraggeber Informationsanforderungen (AIA) verwoben wurden sowie durch ein neuartiges Auswahlverfahren zur Selektion von Integralen Planungsteams[1]. Als bislang erstes Projekt wurde nicht nur detailliert festgelegt, welche Planungsleistungen zu welchem Zeitpunkt und in welcher inhaltlichen Tiefe mit BIM zu erbringen sind, sondern auch in welcher Qualität diese erwartet werden. Für das Gelingen der Integralen Planung BIM wurde die Gebäudetechnik als besonders wichtiges strukturgebendes Element identifiziert, eine Partitionierung des BIM nach strukturellen und funktionalen Gesichtspunkten vorgenommen und ein entsprechender BIM-Fertigstellungsgrad

1 Entspricht dem Referenzprozess des Stufenplans „Digitales Planen und Bauen" [6].

eingefordert. Die technische Umsetzung wurde in einem strukturierten BIM-Abwicklungsplan (BAP) geregelt. Besonderes Augenmerk liegt darin neben dem üblichen Kollisionsmanagement auf einem einheitlichen Attributmanagement, auch an der Schnittstelle zur Gebäudeautomation und zum CAFM. Die Umsetzung der Vorgaben wurde durch ein Qualitätsmanagement fortlaufend überwacht. Die Erfahrungen zur Integralen Planung BIM und der Verknüpfung von BIM mit der Betriebs- und Nutzungsphase werden nach der Fertigstellung erlebbarer Teil der interaktiven Fachausstellung des Seminarcenters. Das Vorhaben ist damit ein wichtiges Referenzprojekt für die Anwendung von BIM in der Gebäudetechnik.

Inhalt

1 Vorwort

Die Bauindustrie zählt zu den bislang am wenigsten digitalisierten Industriezweigen [4]. Das digitale Planen, Bauen und Betreiben steht vor globalen Veränderungen, die die gesamte Wertschöpfungskette im Bauwesen und Facility Management grundlegend beeinflussen. Dies betrifft die zunehmende Industrialisierung im Bauwesen, die durch die steigende Automatisierung [3] und, mit dem Einzug von Industrie 4.0, durch die zunehmende Etablierung von Lean Methoden sowie durch Veränderungen im Bereich Vorfertigung und Systembildung begleitet wird. Diese grundlegenden Veränderungen betreffen den gesamten Lebenszyklus sowie die Lieferkette und führen zur Etablierung neuer Services und Dienstleistungen. Sie führen zudem zu Verschiebungen in der Wertschöpfung Richtung IT.

Die in den kommenden Jahren noch deutlich zunehmende Vernetzung von Komponenten im Rahmen des Internet of Things (IoT) wird Auswirkungen auf den gesamten Bauprozess und das Asset-Management besitzen. IoT etabliert zudem den Marktzugang zum Bausektor für neue Bereiche. Diese Veränderungen konnten in den letzten Jahren in verschiedenen Bereichen beobachtet werden, beispielsweise in der Medienbranche, der Reisebranche, der Musikindustrie oder im Einzelhandel hin zu großen Onlinehandelsplätzen und Versandhäusern mit umfassender Logistik, deren Wertschöpfung nicht selten außerhalb der europäischen Union erfolgt.

Auch ist in den nächsten Jahren eine neue Generation von BIM-Softwarelösungen auf dem Markt zu erwarten, die neben kollaborativen, Cloud-basierten Methoden für die Zusammenarbeit und Mobilität insbesondere von deutlich hochauflösenderen Bestandserfassungsmethoden und deren Verbindung mit Methoden der künstlichen Intelligenz profitieren werden. Für die Politik bedeutet dies, den Mittelstand auf diese globalen Veränderungen vorzubereiten, Investitionssicherheit zu schaffen, offene Standards zu fördern und insbesondere den Verbleib der Wertschöpfung im europäischen Binnenmarkt zu sichern.

Vor diesem Hintergrund und Paradigmenwechsel ist BIM zwar nur ein kleiner Bestandteil. BIM ist jedoch das zentrale Bindeglied des digitalen Planens, Bauens und Betreibens und ermöglicht es, diese globalen Zukunftstrends für das Bauwesen digital zu erschließen. Der Bauherr ist dabei eine wichtige Schlüsselfigur, denn er entscheidet mit seinem Auftrag darüber, ob und in welcher Art und Weise BIM zum Einsatz kommt.

Die Verwendung des Begriffs des Building Information Modeling, kurz BIM, erfolgt inzwischen, so gewinnt man oftmals den Eindruck, zunehmend inflationär. Manche Akteure erkennen teilweise, dass sie „eigentlich doch schon ihr ganzes Berufsleben lang BIM gemacht haben". Zwischen dem Arbeiten mit Fachapplikationen und CAD und der konsequenten Organisation von Daten in einer BIM-Zentraldatenbank über den gesamten Lebenszyklus eines Bauwerks oder der Automatisierung von Baufertigungs- und Logistikprozessen liegt jedoch ein sehr großer Schritt! Der Reifegrad und auch die methodische und technische Umsetzungstiefe von BIM variieren dabei entsprechend, auch unterscheiden sich Hintergrund, Strategie und Motivation einzelner Akteure deutlich, je nachdem, welche Position sie auf dem Markt einnehmen. So hat ein Fachplaner sicherlich das Interesse, Planungsprozesse integraler und kosteneffizienter zu gestalten, ein Hersteller von Bauprodukten die Motivation, den Zugang zum Produktportfolio über BIM zu erschließen und ein Generalunternehmer (GU) verfolgt das Ziel, seine Wertschöpfung im Bauprozess zu verbessern.

Gleichzeitig versetzt BIM einzelne Berufsgruppen in den Zugzwang, etablierte Leistungsbilder zu verteidigen, BIM für sich zu beanspruchen, oder bürointern neue Kompetenzen aufzubauen oder gar die komplette Büroorganisation und Arbeitsabläufe zu verändern. Disruptive Veränderungen müssen dabei nicht negativ sein, bieten sie doch auch die Chance einer Neupositionierung, insbesondere für den Mittelstand, wenn diese rechtzeitig erkannt werden.

BIM als solches ist zudem nicht neu, sondern als methodischer Ansatz bereits seit den 1970er Jahren aus dem Umfeld der Bauinformatik bekannt [5]. BIM stellt Methoden, Prozesse, Schnittstellen und Werkzeuge zur Verfügung, um die Methodik der Integralen Planung – als die eigentliche Methodik – nachhaltig umzusetzen, den gebauten Zustand zu dokumentieren und lebenszyklusrelevante Informationen zu verwalten. BIM ist nach der Definition des Stufenplans „Digitales Planen und Bauen" des Bundesministeriums für Verkehr und digitale Infrastruktur eine „kooperative Arbeitsmethodik, mit der auf der Grundlage digitaler Modelle eines Bauwerks die für seinen Lebenszyklus relevanten Informationen und Daten konsistent erfasst, verwaltet und in einer transparenten Kommunikation zwischen den Beteiligten ausgetauscht oder für die weitere Bearbeitung übergeben werden" [6].

Die Reformkommission Großprojekte empfiehlt in ihrem Abschlussbericht [7] den Einsatz solch digitaler Planungsmethoden „zur Verbesserung von Terminsicherheit, Transparenz und Kostensicherheit" im Bauwesen. Mit dem Stufenplan wird BIM in Deutschland bis zum Jahr 2020 schrittweise auf zunächst freiwilliger Basis eingeführt. Der Koalitionsvertrag des Landes Nordrhein-Westfalen sieht die konkrete Einführung bis 2020 vor [8]. Andere Länder wie beispielsweise Australien, die skandinavischen Länder, Großbritannien oder Österreich sind an dieser Stelle bereits weiter, jedoch nimmt das Thema in Deutschland gegenwärtig deutlich Fahrt auf. Insbesondere im Bereich der Normung und Richtlinienarbeit entstehen momentan mehrere Dokumente, wie beispielsweise die neue elfteilige VDI-Richtlinie 2552 oder weitere Dokumente auf den Ebenen von DIN, CEN und ISO.

In der Planungspraxis gewinnt man den Eindruck, dass BIM ein inzwischen anerkanntes Werkzeug darstellt, jedoch für viele Akteure die Methode der Integralen Planung zur kooperativen Zusammenarbeit – als die eigentliche Methode! – eine durchaus konkrete(re) Herausforderung bedeutet. BIM ist dabei ein wichtiges Umsetzungsinstrument der Integralen Planung, da es zu Beginn eines Projektes konkrete Festlegungen einfordert, welche Planungsleistungen zu welchem Zeitpunkt und in welcher inhaltlichen Tiefe und insbesondere in welcher Qualität – bzw. in welchem Fertigstellungsgrad – zu erbringen sind.

Nach dem Ausschuss der Verbände und Kammern der Ingenieure und Architekten für die Honorarordnung e. V. (AHO) [9] sind Projektsteuerungsleistungen „technisch-wirtschaftliche Unterstützungsleistungen für den Bauherrn" [10]. So formuliert DIN 69901:2009 [11] allgemeine Prozesse für das Projektmanagement und kennt Projektmanagementsysteme. Diese Kommunikations-, Informations-, Prüfungs- und Freigabe-, Strukturierungs- und Qualitätssicherungsprozesse besitzen naturgemäß eine hohe Ähnlichkeit mit BIM-spezifischen Prozessen im Zusammenhang mit der Ausarbeitung von BIM-Prozessen. Diese Definitionen sind nicht neu – aber in BIM-Kreisen oftmals nicht bekannt.

Umgekehrt sind in der BIM-Welt seit vielen Jahren (Produkt-)Datenmodelle und Datenaustauschformate (IFC) [12], Datenmanagementsysteme und Methoden zur Kommunikation von Anforderungen an den Informationsaustausch (IDM [13], MVD [14]) bekannt und hinreichend standardisiert. Mit Bezug auf das konkrete Produkt „Bauwerk" existiert jedoch bis heute keine einheitliche Definition für die Inhalte eines Raumbuches, auch ist der Begriff „Raumbuch" nicht standardisiert. Neben IFC [12] und bekannten Klassifikationssystemen aus dem Ausland wie Omniclass [15], Uniclass [16] und weiteren, wie COBie [17] oder CAFM Connect [18], gibt es in Deutschland kein einheitliches Schema bzw. Klassifikationssystem zur formalen Beschreibung der Bestandteile und Qualitäten des Produktes „Bauwerk", weder für den Hochbau, noch für die technische Gebäudeausrüstung. Ansätze wie der GAEB Standard für den Austausch von Bauinformationen für Ausschreibung, Vergabe und Abrechnung [19] oder die DIN SPEC 91400 schaffen aus Sicht der Standardleistungstexte in Teilbereichen Abhilfe [20]. Die Lücke der Klassifikation soll künftig mit der neuen Richtline VDI 2552 Teil 9 geschlossen werden.

Mit der Einführung neuer BIM Leistungsbilder liegt oftmals ein Missverständnis in der Ansicht, dass sich die Aufgabe der Koordination von Planungsleistungen ändern würde. Aufgabe eines BIM-Gesamtkoordinators (oder BIM-Planers) ist die technische Umsetzung von BIM Leistungen wie beispielsweise das Zusammenführen von BIM-Teil-/Fachmodellen in einem Koordinationsmodell oder die Prüfung des Modells anhand definierter Regeln. Die Aufgabe eines BIM-Gesamtkoordinators liegt eindeutig nicht in der Koordination von Planungsleistungen. Diese (zwingend erforderliche) Koordination ist nach wie vor in den Bauprojekten nicht klar zugeordnet, da in der HOAI nur zum kleinen Teil erfasst und führt daher regelmäßig zu Problemsituationen, die sich auch durch BIM nicht lösen lassen. Es ist daher wichtig und unumgänglich, neben dem BIM-Planer auch die Rolle eines (oder mehrerer) Integrationsplaner [1] als Planungskoordinatoren zu besetzen. Auf digitalem Wege durch den BIM-Planer festgestellte Problempunkte stellen durch den/die Integrationsplaner zu koordinierende und durch Kommunikation zwischen den Fachplanern zu lösende Aufgaben dar. Ein besonderes Augenmerk liegt in diesem Beitrag daher auf der Frage, welches Gewerk in welcher Planungsphase eine besondere strukturgebende Rolle besitzt und mit welchem Ansatz Problemsituationen wie z. B. Kollisionen vermieden werden können. Der Beitrag erläutert eine neue methodische Herangehensweise und deren konkrete Umsetzung mit besonderem Fokus auf der Technischen Gebäudeausrüstung, im Folgenden als Gebäudetechnik bezeichnet.

Das vorliegende Buchkapitel entstand einerseits im Zuge der engen Zusammenarbeit des Unternehmen Viega als Bauherr, Nutzer und Betreiber, der Heidemann & Schmidt GmbH als Projektentwickler, Bedarfsplaner, Projektsteuerer, Projekt-Qualitätsmanager und Integrationsplaner sowie der E3D Ingenieurgesellschaft GmbH als BIM Berater und Qualitätsmanager mit dem Ziel, die beiden Ansätze Integrale Planung und BIM eng miteinander zu verweben und nachhaltig in der Praxis anzuwenden. Die Akteure verfolgten dabei einen kritischen Dialog zwischen verschiedenen Betrachtungswinkeln, angefangen bei Projektentwicklungs- und Steuerungsleistungen, Methoden, Techniken und Paradigmen des Building Information Modeling, über die Zuständigkeit der Koordination von Planungsleistungen sowie in Zusammenarbeit mit der Rechtsanwaltskanzlei Kapellmann und Partner hinsichtlich rechtlicher Rahmenbedingungen. Dieser Dialog fand sehr konstruktiv vor dem Hintergrund verschiedener Begrifflichkeiten, Technologien, Prozessen, Rollen, Leistungsbildern und Verantwortlichkeiten statt.

Der Buchbeitrag widmet sich auch der nicht gelösten Problemstellung der Modellübernahme eines Planungsmodells durch bauausführende Firmen in die Kalkulation und diskutiert das Problem der Qualität der Planung vor dem Hintergrund der Haftung für die inhaltliche Richtigkeit und der baulichen Umsetzbarkeit der Planung. Dieses Problem wird in der Praxis heutzutage dadurch „gelöst“, indem die entsprechende Prüfung und Konformitätsbestätigung vertraglich an die bauausführenden Firmen jeweils weitergereicht wird. Dies ist ein wesentliches Hemmnis für die Übernahme eines BIM-Modells in der Praxis.

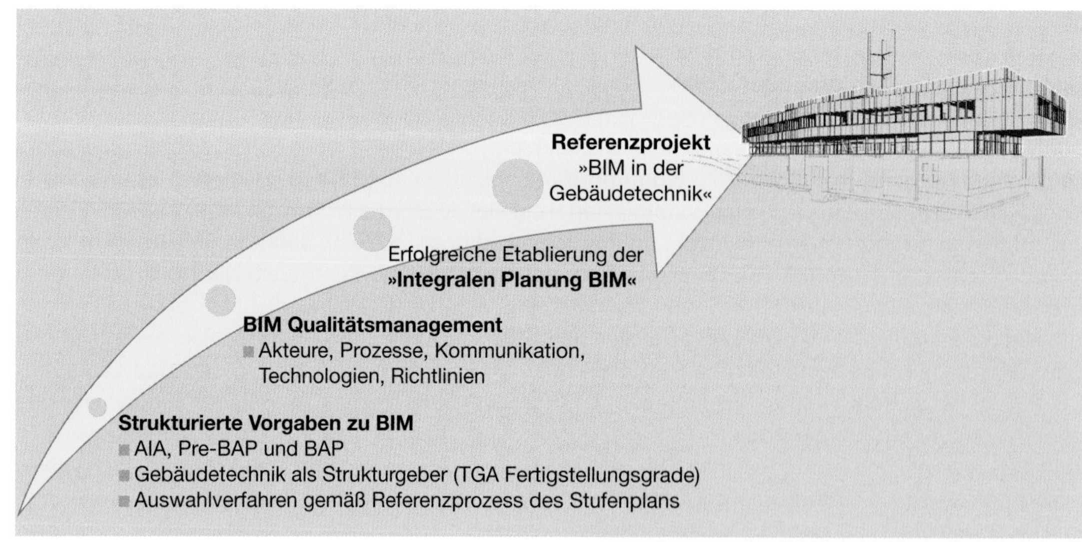

Abb. 1–1 Umsetzungserfahrungen im Projekt „Viega World" als Referenzprojekt für die Anwendung von BIM in der Gebäudetechnik

Vorliegendes Kapitel berichtet über die konkreten Umsetzungserfahrungen bei der Anwendung der „Integralen Planung BIM" im Bauvorhaben des neuen Seminarcenters „Viega World" in Attendorn. Im Zuge der Übertragung dieser Erfahrungen auf ein weiteres Bauvorhaben zu einem Seminarcenter in Österreich wurden zahlreiche der erarbeiteten Grundlagen zudem nochmals überarbeitet, wie beispielsweise der im Rahmen dieses Kapitels vorgestellte BIM-Abwicklungsplan. Das Buchkapitel knüpft damit an die vorangegangenen Veröffentlichungen zur „Integralen Planung" [1] und zum „Digitalen Bauen, Bauausführen und Betreiben mit Building Information Modeling" [2] an und überträgt diese Methoden konsequent in die Praxis. Möglich wurde dies durch eine entsprechende Projektentwicklung und strukturierte Bedarfsplanung, die ausführliche Vorgaben des Bauherrn zu BIM als Auftraggeber Informationsanforderungen (AIA) enthält sowie durch ein Auswahlverfahren zur Selektion des besten Planungsteams gemäß Referenzprozess des Stufenplans „Digitales Planen und Bauen" und die Formulierung eines detaillierten BIM-Abwicklungsplanes (BAP) zur technischen Umsetzung, der im Projekt durch den BIM-Planer (Boll und Partner GmbH) ausgearbeitet wurde. Insofern wird im Rahmen dieses Kapitels auf Wiederholungen zu BIM-Grundlagen verzichtet und hierfür stattdessen auf das vorherige Fachbuch „Gebäude.Technik.Digital. Building Information Modeling" [2] verwiesen.

Der Beitrag ist das Ergebnis der Zusammenarbeit zwischen allen am Projekt beteiligten Akteuren, die dieses Projekt als wichtiges Referenzprojekt zur Etablierung einer komplett neuen Arbeitsweise einstufen, reflektiert die BIM-spezifischen Herausforderungen und erläutert, wie diese im Projekt von allen Beteiligten gemeinsam gelöst wurden. Die Autoren danken allen beteiligten Planern, Gutachtern, Beratern und den im Rahmen der Ausschreibungsphase einbezogenen ausführenden Firmen für die gute Zusammenarbeit.

2 Neubauprojekt „Viega World“: Projektziele und Auswahlverfahren

2.1 Einführung in das Neubauprojekt „Viega World“

2.1.1 Konzept und Zielsetzung

Das neue Seminarcenter „Viega World“ ist als interaktives Weiterbildungszentrum für bis zu 195 Kunden konzipiert und entsteht am Gründungsstandort des Unternehmens in Attendorn-Ennest, an dem auch einer der Produktionsbereiche angesiedelt ist. Mit dem Zieltermin des Nutzungsbeginns im Jahre 2020 soll es Besuchern eine Atmosphäre mit authentischem Markenauftritt und Plattform für den fachlichen Austausch anbieten.

Der Entwurf des Gebäudes als Plusenergiegebäude orientiert sich mit seinem Energiekonzept an wichtigen Zielvorgaben der Energiewende und stellt höchste Ansprüche an die Nachhaltigkeit. Das Gebäude erhielt hierfür, mit der höchsten bis zu diesem Zeitpunkt erreichten Punktezahl, im Bereich Bildungsbauten im Vorzertifikat der Deutschen Gesellschaft für Nachhaltiges Bauen (DGNB) die Auszeichnung „Platin“.

Abb. 1–2 zeigt die drei wichtigsten BIM-Fachmodelle, das Architektur-, Tragwerks- und TGA-Gesamtmodell, zum Zeitpunkt der Entwurfsplanung. Strukturell gliedert sich das neue Seminarcenter in die sechs Bereiche Empfang und Erschließung, Lernwelten, Konferenz, Ausstellung, Cafeteria und Arbeitswelten. Abb. 1–3 zeigt exemplarisch einige der vorgenannten Bereiche. Bauherrnseitig wurden im Rahmen der Projektentwicklung übergeordnete Ziele und Qualitäten festgelegt, etwa zur Qualität der Planung, zur handwerklichen Ausführung, zum Gebäudemanagement, zur Energieeffizienz oder zur Nachhaltigkeit. Diesen Zielen wurden in den vier Kategorien Nutzwert, Kosten, Zeit und Nachhaltigkeit im Rahmen der Projektentwicklung in einer Matrix entsprechende Prioritäten zugewiesen (Prioritätenmatrix) wie in [1] beschrieben.

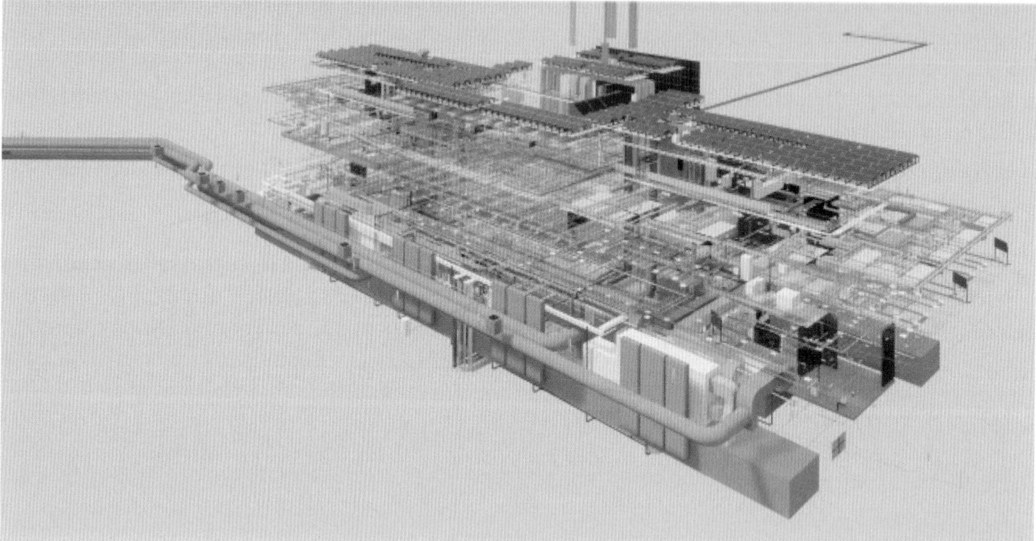

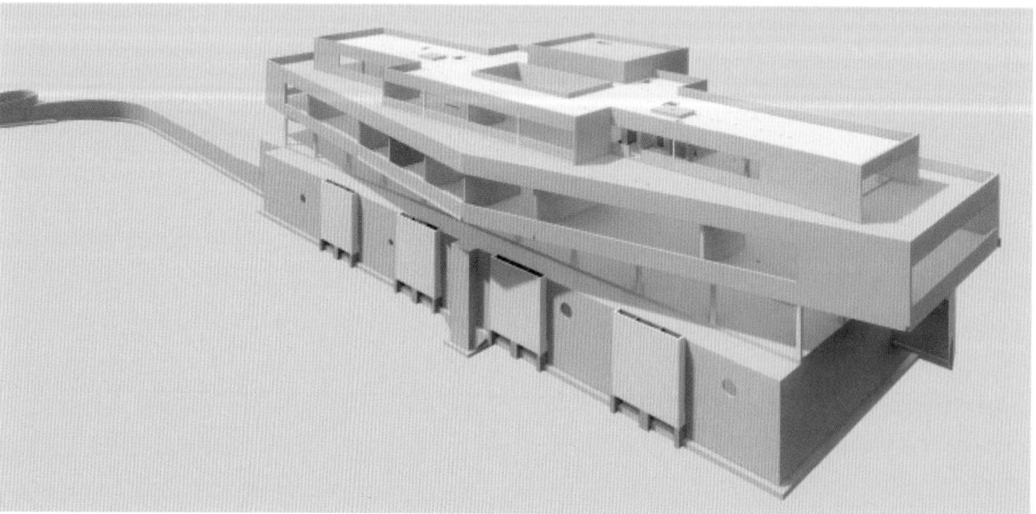

Abb. 1–2 Architektur-, Tragwerks- und TGA-Modelle der „Viega World" zum Ende der Entwurfsplanung

Abb. 1–3 Eingangs- und Empfangsbereich, Flurbereich und „Sichtbare Gebäudetechnik" als Teil der geplanten Fachausstellung

Durch den stringenten Einsatz der Integralen Planung BIM durch die Projektsteuerung wurde in der Entwurfsplanungsphase bereits ein sehr hoher inhaltlicher Detaillierungsgrad und geometrischer Fertigstellungsgrad erreicht (vgl. hierzu insbesondere Abschnitt 5). Es galt der Grundsatz, nach der Entwurfsphase keine Änderungen an der Geometrie mehr zuzulassen und nur noch eine weitere Detaillierung vorzunehmen. Abb. 1–4 verdeutlicht dies anhand des TGA-Fachmodells mit der Darstellung von Trassen (LoG 2) und bereits zu diesem Zeitpunkt detailliert modellierten Rohrleitungssystemen (LoG 5).

Abb. 1–4 TGA-Modell mit Trassen (LoG 2) und Rohrleitungen (LoG 5) zum Zeitpunkt der Entwurfsplanung

In der Fachausstellung und dem Seminarbetrieb des neuen Seminarcenters sollen künftig mit Vorträgen, Seminaren, Schulungen und Workshops Informationen zu Kernkompetenzen auf Produktebene sowie zu aktuellen Branchenentwicklungen vermittelt werden. Abb. 1–5 zeigt exemplarisch einen Ausschnitt des Modells zur Sanitärtechnik. Besonders hervorzuheben ist dabei, dass sowohl die Geschichte der neuen Planungsmethodik Integrale Planung BIM als solches als auch der laufende Betrieb des Gebäudes Bestandteil der Ausstellung werden. Unter der Leitidee „Wissen erlebbar machen" ist es eine wichtige Vorgabe des Bauherrn, die Gebäudetechnik als „lebendige Ausstellung" mit modernster Technik real und virtuell sichtbar zu machen. Damit wird BIM eine besondere Bedeutung zuteil, wenn das BIM-Gebäudemodell in Echtzeit mit realen Betriebsdaten des technischen Monitorings verknüpft wird, die es planerisch umzusetzen galt.

Abb. 1–5 Ausschnitt des TGA-Modells am Beispiel Sanitärtechnik

Der Einsatz des Informationsmanagements mit BIM reicht somit über den gesamten Lebenszyklus, angefangen bei der BIM-gestützten Integralen Planung, der Ausführung und dem Betrieb mit der Übernahme ins CAFM. Seitens des Bauherrn erfolgten detaillierte Vorgaben zu BIM in Form von Auftraggeber Informationsanforderungen (AIA) als Teil eines umfassenden Lastenhefts, das während der Bedarfsplanung erarbeitet wurde und sämtliche Anforderungen des Bauherrn an das Projekt im Lebenszyklus beinhaltet. In einem neu für dieses Projekt entwickelten Auswahlverfahren, in dessen Rahmen auch eine Kompetenzabfrage [6] erfolgte, wurde der Status Quo zur Integralen Planungskompetenz und zu BIM auf dem Markt bewertet und das geeignetste Planungsteam ausgewählt. Es wurde somit bewusst kein Architekturwettbewerb nach RPW 2013 durchgeführt, sondern der Leitgedanke der Integralen Planung in den Vordergrund gestellt. Im Projekt „Viega World" wurde damit ein Paradigmenwechsel in der Projektentwicklung, Projektsteuerung und Planung vollzogen, indem ein „ganzheitlicher Ansatz für eine Gewerke-übergreifende Zusammenarbeit und eine Orientierung am Lebenszyklus" nach dem Modell von Heidemann und Schmidt [3] verfolgt und vor dem Hintergrund der Digitalisierung mit BIM verknüpft wurde.

In einem Lastenheft wurden als separates Kapitel Vorgaben zur technischen Umsetzung von BIM und zu BIM-Prozessen definiert. Dieses Vorgehen entspricht einem strukturierten BIM-Abwicklungsplan (BAP), wobei im Lastenheft Anwendungsfälle als Prozesse bezeichnet werden. Erstmals in einem Projekt dieser Art wurden neben klaren Vorgaben an Fachplaner und Ausführende zu Modellinhalten insbesondere detaillierte Vorgaben zu Modellqualitäten und Fertigstellungsgraden des BIM seitens der Gebäudetechnik gemacht. Die Gebäudetechnik wurde hierbei als wichtigster Strukturgeber identifiziert. Für die BIM-seitige Abbildung dieser strukturgebenden Einheiten nach geometrischen, technischen und funktionalen Gesichtspunkten wurden entsprechende Vorgaben zur Modellorganisation nach DIN EN ISO 19650 [21] eingeführt.

Besonderes Augenmerk lag ferner auf einem einheitlichen Attributmanagement, das eine enge Abstimmung zwischen den Fachmodellen Architektur, Tragwerk, TGA, GA und Bauphysik vorsieht. Hierfür wurde ein einheitliches Klassifikationssystem für Objekte und Attribute erarbeitet, das funktionale Zusammenhänge der Automation berücksichtigt. Die Umsetzung der Qualität der Vorgaben wurde im Projekt kontinuierlich durch ein an die Projektsteuerung angegliedertes begleitendes Qualitätsmanagement in den Bereichen Energie, DGNB, BIM (und Recht) überwacht. Einige der beteiligten Fachplaner nahmen das Projekt zum Anlass, die Integrale Planung BIM als neue Methodik in ihren Unternehmen nachhaltig einzuführen und Arbeitsabläufe grundlegend neu zu strukturieren. Die „Viega World" ist damit ein wichtiges Referenzprojekt für BIM in der Gebäudetechnik.

2.1.2 Projektbeteiligte

Die am Projekt beteiligten Akteure können gemäß Abb. 1–6 in die sechs Gruppen

- Bauherr,
- Projektkoordination und -steuerung,
- Integrationsplaner TGA, Integrationsplanung Bauwerk und Fachkoordinator TGA,
- Fachplaner,
- übergeordnete Berater, z. B. Gebäudemanagement und SiGeKo[2],
- Qualitätsmanagement DGNB, BIM, Energie und Recht,
- Gutachter für Vermessung, Prüfstatik und Grundbau

eingeteilt werden. Die Leistungsbilder der einzelnen Rollen der Beteiligten und insbesondere die detailliert beschriebenen Schnittstellen zwischen diesen wurden in einem übergeordneten Organisationshandbuch dokumentiert. Für die Definition BIM-spezifischer Rollen sei an dieser Stelle auf [2], für BIM-spezifische Leistungsbilder auf [10] verwiesen.

Im Vergleich zu der klassischen Organisation der Planung wurde in diesem Projekt ein signifikant anderer Weg verfolgt. Dem Projekt liegt ein „Integrales Projekt- und Qualitätsmanagement" zu Grunde. Die Projektkoordination und -steuerung (Heidemann & Schmidt GmbH) übernimmt an der Schnittstelle zum Bauherrn die Funktion als Bedarfsplaner und Projektsteuerer gemäß AHO [9]. Mit der Bedarfsplanung erfolgte dabei lange vor Beginn der Planung eine Aufnahme der Anforderungen des Bauherrn und deren Dokumentation in einem Lastenheft. Dies geschah vor dem Hintergrund des ganzheitlichen Ansatzes, eine Gewerke-übergreifende Zusammenarbeit und eine Orientierung am Lebenszyklus der Liegenschaft zu verfolgen. Die Projektkoordination und -steuerung wurde durch die übergeordneten Berater zum Qualitätsmanagement Nachhaltigkeit (Meckmann und Kollegen), Qualitätsmanagement BIM (E3D Ingenieurgesellschaft mbH), Qualitätsmanagement Energie (Fraunhofer ISE) und durch eine Rechtsberatung (Kapellmann und Partner mbB) unterstützt.

Für die wichtige Aufgabe der Planungskoordination wurden im Projekt zwei Integrationsplaner und zwei Fachkoordinatoren eingesetzt, neben dem zuvor benannten Integrationsplaner TGA [1] ein Integrationsplaner Bauwerk (Heinle, Wischer und Partner, Stuttgart), Fachkoordinator TGA (Fact GmbH, Böblingen) sowie ein BIM-Planer (Boll und Partner GmbH, Stuttgart). Die beteiligten Fachplaner und weiteren Gutachter sind in Abb. 1–6 übersichtlich dargestellt. Wesentlich ist zudem der Einsatz eines Fachplaners für Gebäudeautomation als Systemintegrator (Trox HGI mbH, Hörstel), dessen Aufgabe in der Planung sämtlicher Funktionen des Gebäudes und der Umsetzung der Gewerke-übergreifenden Automation ist. Auf die Projektorganisation (Organigramm) wird in Abschnitt 3.1.1 eingegangen.

2 Sicherheit- und Gesundheitsschutzkoordination (SiGeKo)

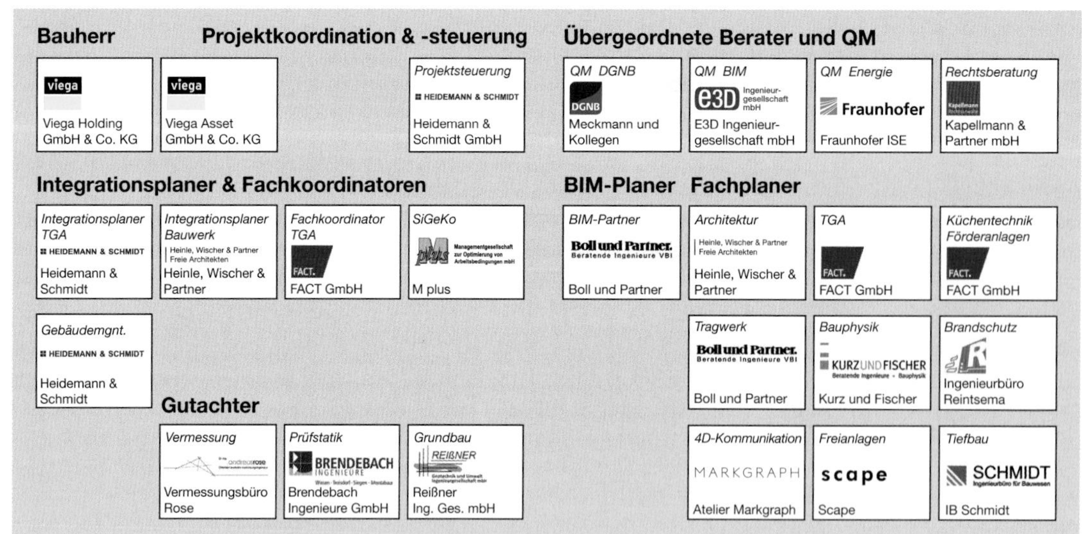

Abb. 1–6 Projektbeteiligte im Neubauprojekt „Viega World“

2.2 Lastenheft mit Vorgaben zu BIM im Sinne von Auftraggeber-Informationsanforderungen (AIA)

2.2.1 BIM-Ziele des Auftraggebers

In Bezug auf BIM wurden seitens des Bauherrn als Auftraggeber frühzeitig konkrete Ziele festgelegt. Dies betrifft einerseits das Ziel, zum Ende einer Leistungsphase als Ergebnis von Planung und Ausführung ein mangelfreies und funktionierendes BIM mit vollständiger, digitaler Dokumentation über den gesamten Lebenszyklus zu erhalten. Eine weitere Vorgabe der Projektsteuerung für den Aufbau des Modells war es, nach Abschluss der Entwurfsplanung keine Änderungen mehr an der Geometrie zuzulassen, nur noch eine weitere Ausdetaillierung. Ein wichtiges Umsetzungsinstrument stellt hierfür das weiter unten beschriebene Konzept-basierte Vorgehen und das Integrale Projekt- und Qualitätsmanagement dar.

In der Planungsphase wird für die drei wichtigsten Fachmodelle (Architektur, Tragwerk, TGA) ein „Big-Closed-BIM Ansatz“ [2] verfolgt. Für den Einsatz im Gebäudemanagement, für den Seminarbetrieb und für die spätere Verwendung in der Ausstellung hingegen wird ein entsprechend konsolidiertes Modell erwartet. Dieses „As-Built“ Modell soll anschließend einem „Open-BIM Ansatz“ folgen und in einem neutralen und daher zukunftsfähigen Datenformat für die Verknüpfung mit CAFM bereitgestellt werden. Nach neuer DIN EN ISO 19650 [21] entspricht dies einem Reifegrad des Informationsmanagements der (höchsten) Stufe 3.

Gleichzeitig verfolgt der Auftraggeber mit dem Ziel, Prozesse der Integralen Planung BIM in verschiedener Tiefe abzudecken, einen Know-how- und Erkenntnisgewinn, der dokumentiert und als Bestandteil des Seminarcenters als Wissen erlebbar werden soll. BIM soll im Projekt jedoch nicht als Selbstzweck dienen, sondern für die am Projekt beteiligten Planer, ausführenden Firmen, Nutzer und Betreiber einen tatsächlichen Mehrwert und wertschöpfenden Vorteil über den gesamten Lebenszyklus bieten. Das BIM soll einerseits sämtliche Projektdaten über Geometrie, Informationen, entsprechende Fertigstellungsgrade und Logistik enthalten. Andererseits soll das BIM jedoch nur so viel Geometriedaten (Level of Geometry, LoG) verwalten, so dass ein performantes Arbeiten mit üblicher PC-Technologie möglich bleibt. Der informationstechnische Gehalt (Level of Information, LoI) bestimmt damit wesentlich die Qualität des BIM, sodass hierauf insbesondere mit Blick auf Herstellerproduktdaten besonderer Wert gelegt wird.

2.2.2 Projektsteuerung und Erkenntnisgewinn

Wie zu Beginn des Kapitels bereits erläutert wurde mit der Planung der „Viega World" ein Paradigmenwechsel in der Planungsmethodik vollzogen und hinsichtlich Organisation, Prozessen, Informationsmanagement und eingesetzter Technologie ein neuer Weg gegangen. Vor Beginn der Planung erfolgte durch die Projektsteuerung eine Bedarfsanalyse und Dokumentation der Anforderungen des Bauherrn. Ein Lastenheft als Dokumentation sämtlicher Anforderungen aus Sicht der Nutzung (Nutzungsprozesse) und des Betriebs (FM Prozesse) und ein Organisationshandbuch zur Beschreibung von Projektorganisation und Organisationsprozessen enthalten dabei Vorgaben zu BIM im Sinne von Auftraggeber Informationsanforderungen (AIA), die seitens des Qualitätsmanagements BIM ausgearbeitet wurden.

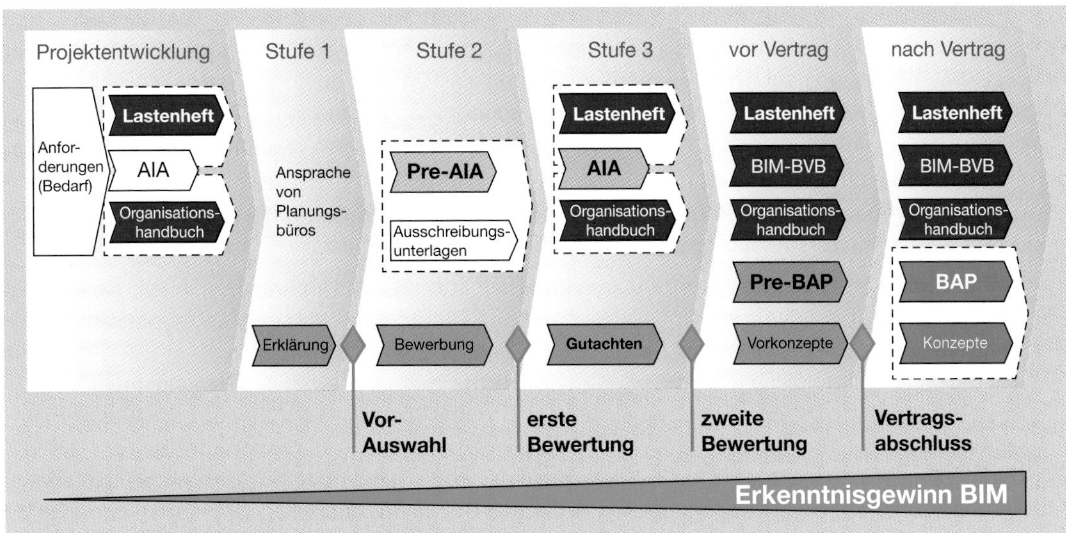

Abb. 1–7 Ablauf des Auswahlverfahrens Integrale Planung BIM und Einsortierung von BIM im Verfahren. Pre-AIA sind eine stark verkürzte Fassung der AIA und Bestandteil der Ausschreibungsunterlagen. Ebenso sind die AIA als BIM-spezifische Anforderungen Teil von Lastenheft und Organisationshandbuch.

Für die Auswahl eines Planungsteams wurde bewusst kein Architekturwettbewerb durchgeführt. Der Entwurf erfolgte im Rahmen eines neu entwickelten Auswahlverfahrens auf der soliden Basis der im Lastenheft formulierten Nutzungsprozesse und Anforderungen und unter dem Leitgedanken eines Integralen Ansatzes. Das in Bild Abb. 1–7 skizzierte dreistufige Auswahlverfahren „Integrale Planung BIM" zur Auswahl eines Planungsteams entspricht auch dem Referenzprozess des Stufenplans „Digitales Planen und Bauen" des BMVi [6] und wird im Abschnitt 2.3 beschrieben. Zunächst wird im folgenden Abschnitt auf den Inhalt der Auftraggeber-Informationsanforderungen eingegangen.

2.2.3 Auftraggeber-Informationsanforderungen (AIA) als Teil des Lastenhefts

Die Erarbeitung einer einheitlichen Richtlinie für die Struktur und Inhalte von Auftraggeber-Informationsanforderungen (AIA) und einem BIM-Abwicklungsplan (BAP) sind Gegenstand der aktuell laufenden Richtlinien- und Normungsarbeit. Teil 10 der neuen Richtlinie VDI 2552 wird für beide Dokumente einen entsprechenden Rahmen (als Konsens in der Fachwelt) vorschlagen. Als übergeordnetes Dokument definiert DIN EN ISO 19650 [21] Anforderungen für das Informationsmanagement aus Sicht der Errichtungs-, Betriebs- und Nutzungsphase und die damit verbundene Organisation von Daten zu Bauwerken. Im Stufenplan für Deutschland [6] wird definiert, welche Mindestanforderungen Projekte ab 2020 im sogenannten Leistungsniveau 1 in den drei Kategorien Daten, Prozesse und Qualifikation erfüllen sollen. Hierzu wird beschrieben, jeweils vor Beginn der Planung und vor Beginn der Ausführung verbindliche vertragliche Vereinbarungen zu treffen, die als AIA ausgeschrieben und im BAP fortzuschreiben sind. Im Projekt wurde daher den AIA ein besonderes Kapitel im Lastenheft gewidmet.

Im englischsprachigen Raum sind diese Festlegungen bereits seit längerem als Employer's Information Requirements (EIR) [22] und BIM Execution Plan (BEP) [23] bekannt, die u. a. durch die britische BIM Task Group formuliert worden sind. Terminologien und Verantwortlichkeiten sind beispielsweise im BIM-Protokoll des britischen Construction Industry Council (CIC) definiert [24]. Mit Hilfe der bekannten EIR legt ein Auftraggeber im Rahmen einer Ausschreibung fest, welche Ziele mit BIM verfolgt werden, auf welche Weise die digitale Projektabwicklung umgesetzt werden soll, definiert Verantwortlichkeiten, Übergabezeitpunkte, Software und Datenaustauschformate sowie Modellinhalte mit dem Verweis auf Modell- und Ausarbeitungsgrade. Für eine tiefergehende Übersicht über den allgemeinen Stand der Literatur wird auf die zusammenfassende Darstellung des Autors [2] sowie das Fachbuch von Borrmann et al. [25] verwiesen, die an dieser Stelle nicht wiederholt werden soll.

AIA sind das deutsche Pendant zu den internationalen Vorgaben. Sie sollten grundsätzlich den in der DIN EN ISO 19650 [21] zur Organisation von Daten zu Bauwerken formulierten Vorgaben zum Informationsmanagement mit BIM folgen. ISO 19650 definiert Modellstandards, Datenübergabepunkte, Detailtiefen der Ausarbeitung, Modellierungsarten, Arbeitsprozesse und Qualitäten zwischen Auftraggeber und Auftragnehmern.

„Gute“ AIA sind übersichtlich, informativ, gut strukturiert und formulieren die Anforderungen für die Praxis in einer verständlichen Art und Weise.

- Aufgabe von AIA ist es, die Anforderungen des Bauherrn an den Umfang, den Inhalt, die Qualität und den Zeitpunkt von Informationslieferungen und Daten, die durch die Auftragnehmer bereitzustellen sind sowie die Wege zur Bereitstellung dieser Daten zu formulieren.
- AIA regeln nicht, wie diese Informationen zu generieren sind (d. h. nicht die Planungsmethodik).
- AIA sind bauherrnseitige Vorgaben zu BIM und damit ein wichtiger Bestandteil der Projektentwicklung.
- Die AIA sind Teil des Lastenheftes (Bedarf) und Organisationshandbuches (Leistungsbilder, Anforderungen und Prozesse) oder können ein separates Dokument darstellen. Sie dürfen jedoch nicht im Widerspruch zu mitgeltenden Unterlagen stehen, weshalb die Integration in ein ohnehin führendes Lastenheft anzuraten ist.
- Sie dienen ferner als Grundlage für den BIM-Abwicklungsplan (BAP), der durch die Auftragnehmer auszuarbeiten ist (vgl. Abschnitt 4) und diese Anforderungen umsetzt, ggf. auch einzelne Anforderungen erweitert.
- Der Umfang der AIA ist nicht auf die Errichtungsphase beschränkt, sondern sollte gezielt den gesamten Lebenszyklus, d. h. insbesondere auch die Betriebs- und Nutzungsphase, aktiv einbeziehen.
- AIA können und sollen innerhalb der Lieferkette weitergereicht werden.

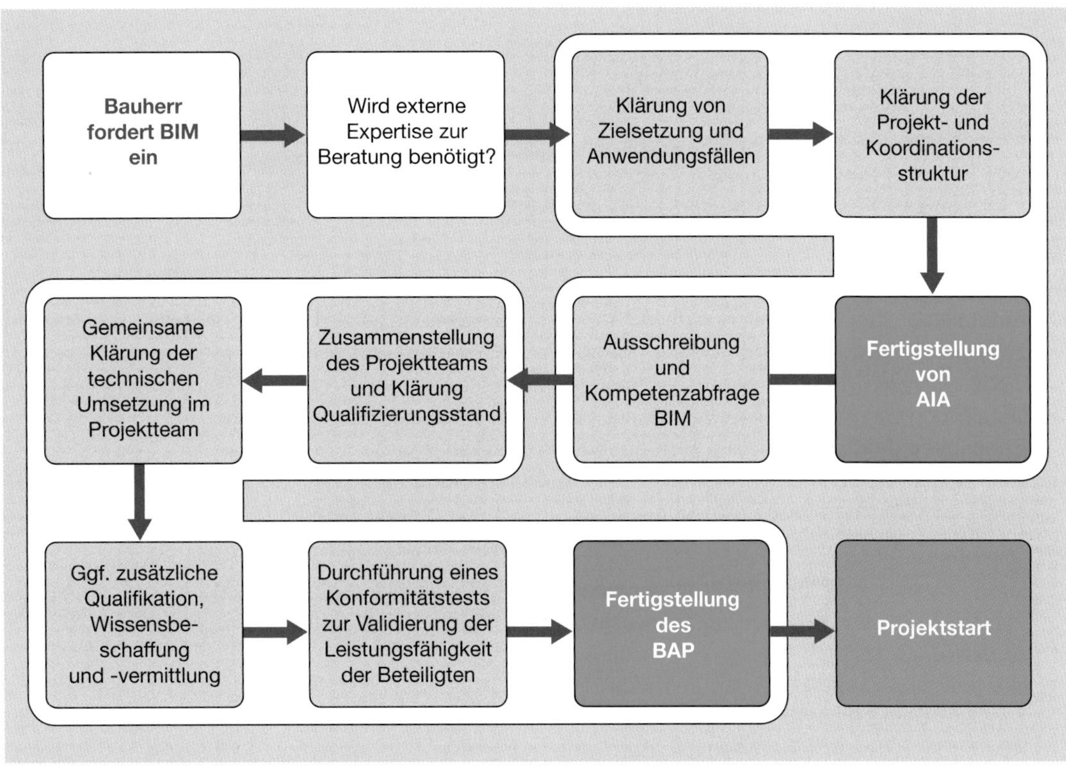

Abb. 1–8 Einordnung von Auftraggeber-Informationsanforderungen und BIM-Abwicklungsplan

Abb. 1–8 zeigt den prinzipiellen Ablauf. In der Regel unter zu Hilfenahme externer Expertise durch einen qualifizierten BIM-Berater erfolgt die Ausarbeitung der Zielsetzung und die Definition von Prozessen. Nach der Klärung der Projekt- und Koordinationsstruktur, vgl. hierzu Abschnitt 3.1.1, erfolgt die Fertigstellung der AIA und die Ausschreibung und Kompetenzabfrage zu BIM auf dem Markt. Mit der Auswahl und Zusammenstellung eines Projektteams und Klärung der Qualifikation des Teams folgt die Umsetzung des BAP, begleitet von Konformitätstests zur Validierung der Leistungsfähigkeit der Beteiligten sowie der vorgeschlagenen technischen Lösungen.

Inhaltlich enthalten die AIA folgende BIM-spezifischen Vorgaben in sechs Kategorien. Bei der folgenden Aufstellung wird davon ausgegangen, dass gemäß Abschnitt 3.2 allgemeine Informationen zum Auftraggeber, zum Projekt, Zielvorgaben zu Kosten, Qualitäten und Terminen sowie Nutzungsprozesse und Bedarfe sämtlich Bestandteil eines Lastenheftes sind, ebenso wie die Projektorganisation und Organisationsprozesse in einem Organisationshandbuch enthalten sind und rechtliche Aspekte in besonderen Vertragsbedingungen BIM geregelt werden. Der Umfang von AIA kann projektbezogen deutlich variieren und auch nur Teile der folgenden umfassenden Aufstellung enthalten oder Anforderungen in einer verkürzten Form darstellen:

Allgemeine Ziele

- Informationen über Rahmenbedingungen zum Projekt, ggf. mit Verweis auf die übergeordnete Methodik der Integralen Planung BIM,
- BIM-Ziele, im Einzelnen die konkreten BIM-Ziele des Auftraggebers, Informationen über erwünschte Bestandteile und Daten des BIM, Vorgaben zu BIM-Prozessen, zur vorgesehenen BIM-Einsatzform und zum BIM-Reifegrad sowie Anforderungen an die Zusammenarbeit,
- Informationen zu übergeordneten Terminen, Fristen, Meilensteinen und ggf. eine Darstellung von Risiken.

Akteure

- Aufstellung von BIM-Rollen und Verantwortlichkeiten, dabei erforderlichenfalls Abgrenzung zwischen Projektorganisation (Planungskoordination) und Informationsmanagement, vgl. Abschnitt 3.1.1,
- Darstellung von Kompetenzen, Expertise und Referenzen des Planungsteams,
- Benennung der für das Projekt verfügbarer Kapazitäten,
- Darlegung von Maßnahmen zur Einweisung des Planungsteams in das projektspezifische BIM sowie von Trainings- und Fortbildungsangeboten durch den Auftragnehmer.

BIM-Prozesse

- Informationen, wie das BIM-Prozessmanagement organisiert und durchgeführt werden soll, die Formulierung von Vorgaben zur Prozessmodellierung sowie Abfrage einer Prozessmatrix über alle Prozesse,
- Integrale BIM-Prozesse, etwa zum modellbasierten Aufgaben- und Koordinationsmanagement und zur Darstellung des Workflows und der Kollaboration zwischen den Beteiligten, zur Koordination von Fachmodellen einschließlich der Benennung von Methoden zur Kollisionsvermeidung/-behebung, zur Schlitz- und Durchbruchsplanung, zur Überführung in ein As-Built Modell oder zur Modellrevision,
- Interne BIM-Prozesse, d. h. zu den mit BIM abzuwickelnden Planungsprozessen oder der Fortschreibung der Modelle in der Phase der Bauausführung,
- Informationen zu Terminen, Fristen und Meilensteinen,
- Anforderungen an die Qualitätssicherung; hierzu zählen Konformitätstests, die Benennung zeitlicher Intervalle für die Modellzusammenführung und -prüfung, die Darstellung der prozess- und regelbasierten Modellüberprüfung (Plausibilitätsprüfung, inhaltliche Prüfung, Mengenkonsistenzprüfung, Kollisionsprüfung geometrisch und seitens der Attribute, vgl. [2]) sowie die Vorgabe zu Erläuterungsberichten und zur Dokumentation
- sowie Angaben, ob ein übergeordnetes BIM-Qualitätsmanagement durchgeführt werden soll.

Technik

- Anforderungen an einzusetzende Hard- und Software, insbesondere an die Arbeitsmittel des BIM-Planers und die Arbeitsmittel der Fachplaner, an die IT-Infrastruktur und technische Realisierung,
- Anforderungen an das Daten- und Dokumentenmanagement; hierzu zählen Anforderungen an einen gemeinsamen Datenraum (Common Data Environment, CDE) nach DIN EN ISO 19650 [21] und entsprechende Methoden und Werkzeuge zur Verwaltung des BIM,
- Anforderungen an das Kommunikationsmanagement, damit auch an die einzusetzende Kollaborationsplattform,
- ggf. weitere Anforderungen an die softwaretechnische Umsetzung
- sowie ggf. Vorstellungen, wie Lizenzen beschafft, verwaltet und deren Kosten verteilt werden.

Daten- und Informationsmanagement

- Vorgaben zum Modellentwicklungsgrad, konkret zu Modellinhalten und Modellqualitäten (Fertigstellungsgraden), erforderlichenfalls einschließlich Definitionen zum Level of Geometry (LoG), Level of Information (LoI) sowie zur Festschreibung der wichtigen Vorgabe, strukturgebende Einheiten nach DIN EN ISO 19650 [21] verbindlich planerisch abstimmen zu müssen, auch zu Fertigstellungsgraden wie dem Level of Coordination (LoC) oder Level of Logistics (LoL) nach [2] sowie zur Klassifizierung von Kollisionsarten,
- Vorgaben zur Modellkoordination, d.h. Anforderungen an die Verknüpfung und Zusammenführung von Fachmodellen, d.h. beispielsweise ob Fachmodelle zu gewissen Zeitpunkten zu einem Koordinationsmodell zusammenzuführen sind und auf welche Art dies konkret geschehen soll sowie Angaben zur modellbasierten Koordination und zum zu verwendenden Kollaborationsdatenformat (BCF),
- Anforderungen an die Datenlieferung und Informationsaustauschanforderungen (Exchange Requirements); wichtigstes Werkzeug an dieser Stelle ist die Vorgabe einer Modellentwicklungsmatrix („Wer muss was in welcher Qualität wann liefern?"), ggf. mit einer Differenzierung in einzelne Bestandteile für Bestandserfassungs-, Planungs-, Ausführungs- und Betriebsaspekte. Weiterhin die Definition von Datenübergabepunkten, Zeitpunkten für die Modellzusammenführung, Zeitpunkten und zeitlichen Intervallen für Datenübergaben, Anforderungen an die Revision und Bereinigung von Modellen sowie Vorgaben zu Datenaustauschformaten,
- Vorgaben zur Partitionierung des BIM und Modellorganisation (Federation Strategy), d.h. zu Informationscontainern nach DIN EN ISO 19650 [21] zur BIM-seitigen Implementierung von strukturgebenden Einheiten nach geometrischen, technischen und funktionalen Gesichtspunkten,
- Vorgaben zu Modellierungsstandards, im Einzelnen dem Modellaufbau, der Modellstruktur, CAD-Konventionen, Koordinatensystemen und Bezugspunkten, Maßeinheiten, Genauigkeiten und Toleranzen,
- Anforderungen an das Attributmanagement,
- Vorgaben zur Ordnungs- und Kennzeichnungssystematik betreffend Dateinamenskonventionen, einer Ordnungssystematik (Container Breakdown Structure), einer Klassifikationssystematik, Namenskonventionen für Attribute oder der Plancodierung,
- Sicherheitsanforderungen aus Sicht der Datensicherheit und Verfügbarkeit sowie der Datensicherung und Archivierung mit entsprechender Kennzeichnung nach DIN EN ISO 19650 [21].

Rahmenbedingungen

- Dies betrifft rechtliche Rahmenbedingungen (vorzugsweise in BIM-BVB geregelt), Richtlinien und Standards, ergänzende Literatur, Begriffsdefinitionen, ein Glossar, Abkürzungsverzeichnis und sonstige Anlagen.

Für die Durchführung eines Auswahlverfahrens gemäß Referenzprozess des Stufenplans empfiehlt sich ein mehrstufiges Vorgehen. Im Projekt „Viega World" wurde hierfür, wie in Abb. 1–7 und im folgenden Abschnitt 2.3 dargestellt, zunächst eine stark verkürzte Darstellung der AIA (sogenannte „Pre-AIA") als Teil der Ausschreibung kommuniziert, bevor die detaillierten AIA als Teil des Lastenheftes als konsolidiertes Ergebnis der abgeschlossenen Bedarfsplanung an die Bewerber ausgehändigt wurden. Dieses Vorgehen hat sich im Projekt und in Folgeprojekten bewährt.

Vorwort Inhaltsverzeichnis
Strukturgeber Gebäudetechnik
Prozessziel Trinkwassergüte
Planung und Betrieb 4.0
Energieperformance
Rechtliche Herausforderungen
Index

2.3 Status Quo: Auswahlverfahren „Integrale Planung BIM“

2.3.1 Referenzprozess des Stufenplans „Digitales Planen und Bauen“

Der Referenzprozess des Stufenplans „Digitales Planen und Bauen“ des BMVi [6] ordnet die BIM-spezifischen Vorgaben in Analogie zur übergeordneten Richtlinie ISO 19650 [21] formal in die Chronologie der nach HOAI [26] definierten Leistungsphasen ein, obwohl die HOAI das Preisrecht für Planungsleistungen regelt. Wie in Abb. 1–9 ersichtlich, wird vor Leistungsphase 1 eine neue Phase 0 („Vergabe der Planung“) eingeführt, die jedoch keine Planungsleistung ist. Hierin formuliert der Auftraggeber seine BIM-spezifischen Anforderungen als Auftraggeber-Informationsanforderungen (AIA). Auf die Ausschreibung und Kompetenzabfrage folgen die Vergabe und Ausarbeitung eines BIM-Abwicklungsplans (auch als BIM-Ausführungsplan bezeichnet), bevor mit der eigentlichen Planung begonnen wird. Während der einzelnen Leistungsphasen sind als Teil der jeweiligen BIM-Prozesse Datenübergabepunkte zu definieren. Hierauf wird in Abschnitten 4.2.5 und 5.2 im Detail eingegangen. Es ist anzumerken, dass eine Orientierung an den Lebenszyklusphasen z. B. nach GEFMA 100 [27], wie dies beispielsweise auch in österreichischen BIM-Standards der Fall ist, zweckmäßiger wäre.

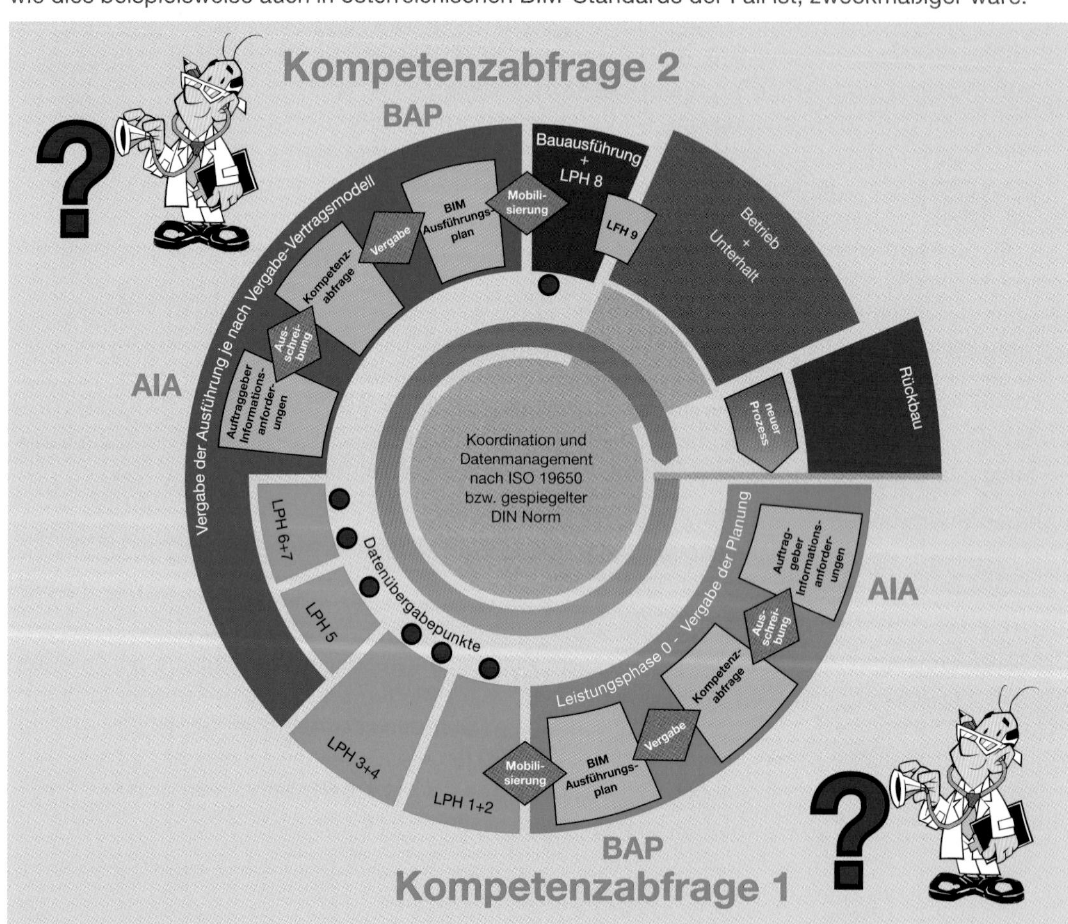

Abb. 1–9 Referenzprozess des Stufenplans Digitales Planen und Bauen [6] (modifiziert)

Im Rahmen der Vergabe der Ausführungsleistungen erfolgt diese Kompetenzabfrage nochmals, je nach Vergabe-Vertragsmodell zwischen den Leistungsphasen 5 und 7 der HOAI. Zum Zeitpunkt der Drucklegung dieses Beitrags befindet sich das Projekt in der Vergabephase mit entsprechender Kompetenzabfrage (Abfrage 2 in Abb. 1–9) an ausführende Firmen. Abschnitt 7.1 berichtet über die Herausforderungen in der Praxis im Zuge dieser zweiten Kompetenzabfrage.

Mit Blick auf den Referenzprozess ist kritisch anzumerken, dass eine isolierte Sicht auf das Thema BIM zu vermeiden ist. Vielmehr erfordert ein komplexes Projekt die Aufnahme und Dokumentation sämtlicher Anforderungen des Bauherrn an das Bauprojekt aus Sicht der Nutzung, des Betriebs und der Projektorganisation. BIM ist darin ein wichtiger Bestandteil, aber kein Selbstzweck und auch kein isolierter Fremdkörper, sondern ein integraler Bestandteil. Die Kompetenzabfrage betrifft damit das digitale Informationsmanagement ebenso wie die Abfrage der eigentlichen Planungs- und Koordinationskompetenz.

2.3.2 Das beste Team! Auswahlverfahren „Integrale Planung BIM"

Für die Auswahl des geeignetsten Planungsteams wurde vom Auftraggeber ein neuartiges Auswahlverfahren „Integrale Planung BIM" ausgelobt. Ziel des als dreistufig angelegten privaten Auswahlverfahrens mit Realisierungszusage war die Einholung von Auswahlverfahrens-Gutachten, die neben einen architektonischen Entwurf vor allem Gewerke-übergreifende und am Lebenszyklus orientierte Vorkonzepte enthalten sollten, z. B. ein Segment-/Achsenkonzept, ein Trassenkonzept, ein Energiekonzept und auch ein BIM-Vorkonzept. Nachstehend soll das Auswahlverfahren nur für das Thema BIM beschrieben werden.

Zum Auswahlverfahren gehörte auch ein Kompetenzscan, der neben der allgemeinen fachlichen Eignung und Qualifikation auch Bestandteile zu BIM gemäß Stufenplan enthielt. Die Ausschreibung wurde federführend durch die Projektsteuerung in Zusammenarbeit mit dem Berater Qualitätsmanagement BIM ausgearbeitet und ausgewertet.

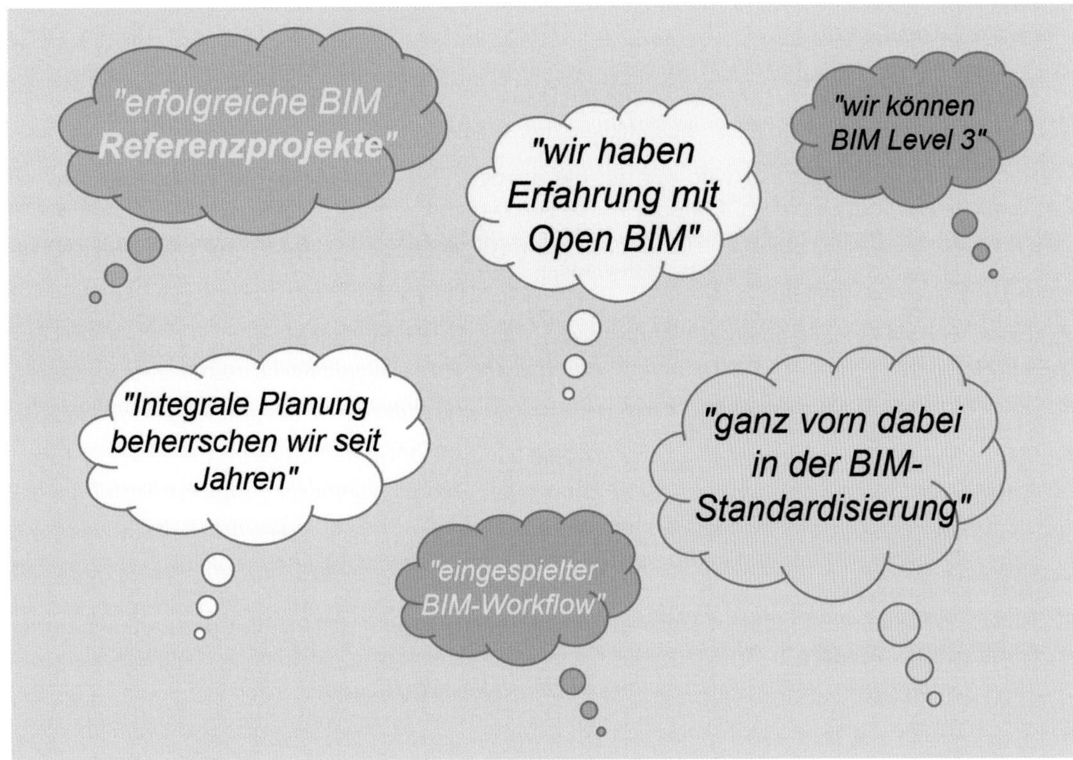

Abb. 1–10 Rückmeldungen im Auswahlverfahren Integrale Planung BIM

Neben der Ansprache geeigneter Planungsbüros und Rücksendung einer entsprechenden Teilnahmeerklärung (Stufe 1 des Verfahrens) erfolgte der Versand von Ausschreibungsunterlagen und die Einreichung von Bewerbungen (Stufe 2). Die Ausschreibungsunterlagen enthielten neben Informationen zu Auftraggeber, Kontext und Projekt erste Auftraggeber-Informationen (AIA) zu BIM gemäß Abschnitt 2.2.3.

Zusätzlich zur Abfrage der technischen Ausstattung zu BIM (Arbeitsplätze, Softwarelösungen, Dokumentenmanagementsysteme etc.), von Referenzen (Name, Art, Realisierungszeitraum und Kosten nach DIN 276), zu Erfahrungen und Qualifikationen hinsichtlich des konkreten Einsatzes von BIM in der jeweiligen Referenz unter Benennung von BIM-Prozessen und BIM-Reifegrad (Level) wurden in Stufe 2 auch weitere Informationen zu BIM erbeten. Dies beinhaltete eine erste Kommentierung der Anforderungen des Bauherrn, Vorschläge für mögliche weitere BIM-Prozesse und insbesondere den strukturellen Aufbau und die Bestandteile des BIM im Sinne eines gemeinsamen Datenraums (Common Data Environment (CDE) nach ISO 19650 [21]) durch die Bewerber und weitere besondere Leistungen.

Von vierzig Interessenten in Stufe 1 wurden in Stufe 2 Bewerbungen von acht Teams eingereicht und ausgewertet. Bei den acht Teams handelte es sich um namhafte Planungsbüros bzw. zusammengeschlossene Arbeitsgemeinschaften. Die strukturierte Auswertung wurde mit den folgenden Bewertungskriterien vorgenommen, die gemeinsam mit ihrer prozentualen Gewichtung in der Ausschreibung kommuniziert wurden:

- Erfüllung der Anforderungen durch das Gutachten,
- Wirtschaftlichkeit des Vorschlags,
- fachliche Eignung der Bewerber, insbesondere in Bezug auf die Anwendung von BIM in der Integralen Planung,
- die Teamfähigkeit der Teilnehmer im Sinne der kooperativen Zusammenarbeit in der Integralen Planung, insbesondere das Gewerke-übergreifende Verständnis betreffend,
- sowie die (wirtschaftliche) Leistungsfähigkeit des Teams.

Im Rahmen dieser Darstellung wird nur auf die anonymisierte Auswertung der BIM-spezifischen Bestandteile Bezug genommen. Die spezifische Auswertung zu BIM (zu den Kriterien 1, 3 und 4 in obiger Liste bzgl. BIM) erfolgte differenziert (für die acht Bewerber von A bis H) anhand der zehn in Abb. 1–11 dargestellten Unterkategorien hinsichtlich

- der Erfüllung der Anforderungen,
- der fachlichen Eignung (methodisch, technisch, Komplexitätsmanagement),
- der Referenzen,
- der vorhandenen technischen Ausstattung und Infrastruktur (verteiltes Arbeiten, Einsatz von Rollen-/Rechtesystemen der CDE usw.),
- der Qualifikation (CAD, BIM, Modellcheck, Systembetrieb, Softwareentwicklung usw.) und Teamstruktur,
- der BIM-Erfahrungstiefe (Reifegrad, Einsatzform),
- der CAD- und BIM-Plattformen (Erfahrungstiefe der einzelnen Fachplaner hinsichtlich spezifischer Softwarelösungen),
- einem eventuell vorhandenen Qualifizierungsangebot (eigene BIM/CAD-Schulungsangebote, Zertifizierungsstatus),
- der Erfahrungstiefe bei BIM-Prozesse der einzelnen Fachplaner und
- der Erfahrung in der Anwendung von Open BIM und den damit verbundenen Datenaustauschprozessen.

Mit je Kategorie maximal zehn erreichbaren Punkten zeigte sich in der Gesamtauswertung zu BIM ein sehr differenziertes Bild mit 10 Punkten für das beste Team und eine Spreizung von acht Punkten bis zum letzten Team mit der erreichten Gesamtpunktzahl von zwei; das vorletzte Team erreichte vier Punkte. Für die einzelnen Kategorien ist Folgendes festzustellen:

Die abgefragte Kommentierung der Anforderungen und Vorschläge für Aufbau und Bestandteile des BIM und weiterer Prozesse wurden in sehr unterschiedlicher Qualität beantwortet. Drei der Teams erfüllten diese Aufgabe mit Bravour. Auffallend war, dass einzelne Konsortien widersprüchliche Angaben im Konzept der eigenen Arbeitsgemeinschaft enthielten. Beispiele hierfür waren fachliche Kommentierungen seitens der beteiligten BIM-Experten einerseits und sehr gegenteilige Aussagen im Anschreiben des die Arbeitsgemeinschaft leitenden (Objekt-)Planers bzw. im gesamten Konzept andererseits, oder nicht abgestimmte Koordinationsfunktionen zwischen den Bewerbern des gleichen Teams. Einige der Bewerber hatten sich offensichtlich im Vorfeld keinerlei Gedanken als Team über eigene Standards, interne Kollaborations- oder Kommunikationsprozesse gemacht. Andere Bewerberteams gingen überhaupt nicht auf die Vorgaben ein und übermittelten lediglich Standardtexte oder lieferten ein Konzept mit einer eigenen Interpretation. Damit wird einerseits der enorme Bedarf nach der momentan auf verschiedenen Ebenen stattfindenden Normung deutlich, um einen groben Rahmen für einheitliche Begriffsdefinitionen, Prozesse, Strukturen für AIA und BAP etc. zu definieren. Andererseits liegt die Lösung dieses Problems eindeutig nicht in der Technik, sondern in der kollaborativen Zusammenarbeit im Rahmen der Integralen Planung.

Die Referenzen und einzelnen Erfahrungstiefen zu BIM waren bei einigen Bewerbungen detailliert, nachvollziehbar und mit Bezug auf Pilotvorhaben gut dargestellt, bei anderen fehlten konkrete Angaben bzw. die Angaben waren im Ansatz nicht nachvollziehbar und die Zusammenstellung der Unterlagen erfolgte unkoordiniert. Seitens der methodischen und technischen Eignung vermittelten die Bewerbungen den Eindruck von in den jeweiligen Fachbereichen teilweise sehr gut positionierten und kompetenten Fachplanern, hinsichtlich der BIM-Qualifikation zeigte sich jedoch eine große Heterogenität im Team, oftmals war keine gemeinsame Basis erkennbar bzw. das Zusammenwirken als Team konnte nicht vermittelt werden. Andere Teams konnten ein konsistentes Bild erzeugen und auch technisch durch solide Erfahrungen mit der Organisation komplexer Modelle, dem Einsatz von Modellcheckern und Dokumentenmanagementsystemen kompetent überzeugen. Die Erfahrungstiefe reicht von keiner Erfahrung bis hin zu vorhandenen eigenen Handbüchern zu CAD-Modellierungsstandards, Revit-Familien, Grundlagen und Planungsvarianten.

In den Bewerbungen wurde oftmals die Mitarbeit in verschiedenen BIM Normierungs- und Richtlinienkreisen als besonderes Qualifikationsmerkmal angegeben. Die Fachkenntnisse waren in einzelnen Kategorien sichtbar, jedoch konnte in der Auswertung keine positive oder negative Korrelation zwischen der Normungsaktivität und der Gesamtbewertung festgestellt werden.

Die technische Ausstattung und Infrastruktur reichte von oftmals hervorragender Ausstattung über Aussagen zu üblichen CAD- und Berechnungssystemen und eher dürftigen Aussagen zu verteiltem Arbeiten bis hin zu einer nicht ausreichenden Qualifizierung. Ein ähnliches Bild zeigte sich bei der BIM-Erfahrungstiefe. Auch hierbei reichten die Unterschiede von nicht ausreichend qualifiziert bis zu höchsten zu erwartenden Kompetenzen mit bürointern etablierten BIM-Prozessen, Modellvorlagen, BIM-Standards und Anwenderprotokollen für CAD.

Die Abfrage zu eingesetzten CAD- und BIM-Plattformen lieferte die komplette Palette an Softwaretools mit erkennbarem Schwerpunkt auf dem CAD-Produkt Autodesk Revit, das jedoch auch seitens der der Anforderungen des Bauherrn als Closed-BIM Ansatz gefordert war. Seitens des BIM-Planers wurden schwerpunktmäßig die marktbekannten BIM-Lösungen genannt. Auch seitens der Fachplaner erfolgte eine dezidierte Aufstellung der eingesetzten CAD-Lösungen. In mehreren Bewerberteams war eine Schnittmenge zwischen den eingesetzten CAD-Lösungen erkennbar. Als Qualifizierungsangebot konnten einige Bewerber die Anbindung an eine eigene BIM-Akademie bzw. ein Schulungsangebot nennen, andere nicht. Einige Teams vermittelten den Eindruck, die Qualifizierung und Weiterbildung zu BIM sehr ernst zu nehmen.

Bei der Auswertung der Erfahrung in der Abdeckung von BIM-Prozesse zeigte sich ebenfalls ein sehr heterogenes Bild. Abb. 1–11 fasst in der betreffenden Kategorie die Erfahrungstiefe für das Team zusammen. In der Einzelbetrachtung zeigte sich jedoch ein differenzierteres Bild zwischen den beteiligten Fachplanern. Ein Team wies beispielsweise eine sehr hohe Kompetenz im Bereich BIM-Planung auf; der Fachplaner TGA in diesem Team konnte jedoch keinerlei BIM Erfahrungstiefe vorweisen. In einem anderen Team wurde etwa eine umfassende und kompetente Anwendung von BIM in Zusammenarbeit zwischen den relevanten Fachplanungsrichtungen in mehreren Projekten aufgezeigt. Einzelne Teams konnten sogar die Verbindung zwischen TGA und Gebäudeautomation und einen eigenen Raumbuch-Ansatz vorweisen.

Interessanterweise zeigte sich zum letztgenannten Kriterium, der Erfahrung in der Anwendung von Open BIM, bei vier Teams eine offensichtlich bereits solide Erfahrung und Auseinandersetzung mit IFC in der Version 4, andere besitzen erste Erfahrungen, ein Team keinerlei Erfahrungen, womit die Qualifikation in diesem Punkt für das Projekt nicht gegeben ist.

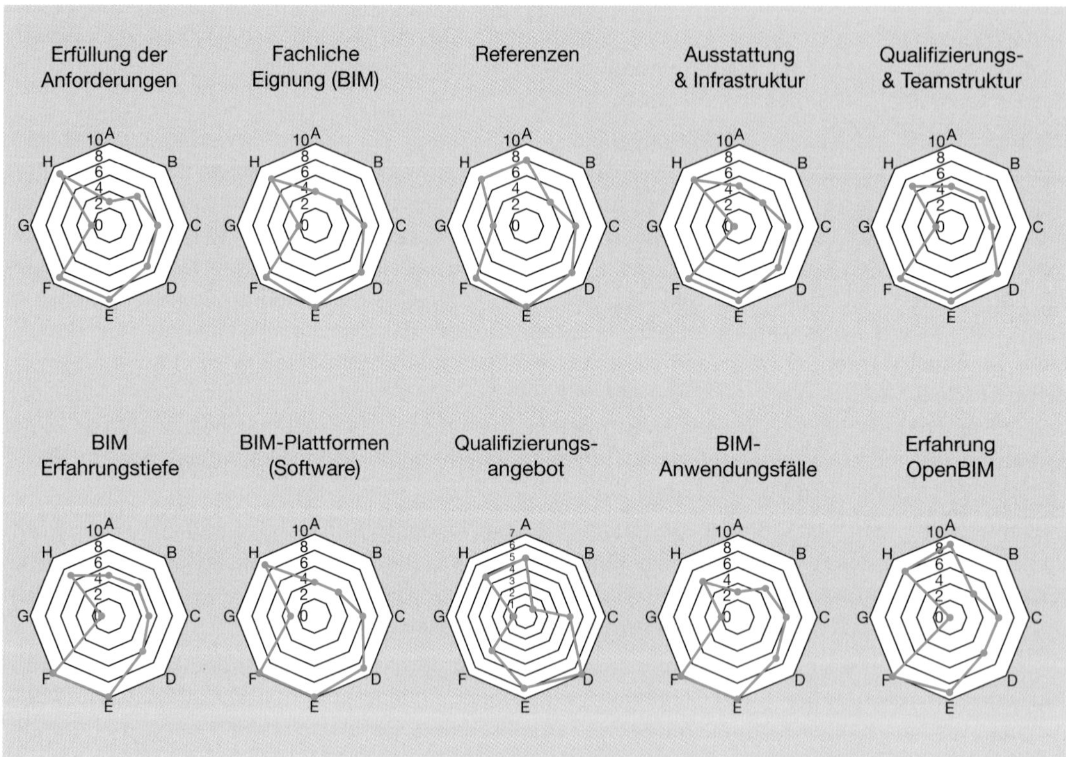

Abb. 1–11 Auswertung der ausgewählten acht besten Bewerberteams (A-H) bezüglich BIM Qualifikation

Auf Basis der vorgenannten Auswertung der Bewerbungen wurden die drei besonders qualifizierten Teams zu einem Vortrag eingeladen und nach einem ausführlichen Briefing, in dem offene Fragen beantwortet wurden, zur Erarbeitung eines detaillierten Gutachtens aufgefordert (Stufe 3). Die Erarbeitung des Gutachtens wurde seitens des Auftraggebers mit einer pauschalen Vergütung honoriert. Ein Team entschied sich in dieser Phase, das Verfahren zu verlassen. Auf Basis der detaillierten Gutachten von zwei Teams erfolgte zum Abschluss von Stufe 3 die finale Auswahl des in Abschnitt 2.1.2 benannten Planungsteams.

Für die Ausarbeitung der Gutachten wurden durch den Auftraggeber detaillierte Unterlagen bereitgestellt. Diese umfassten unter anderem ein projektspezifisches Organisationshandbuch und ein detailliertes Lastenheft mit jeweils zugehörigen Dokumenten und ein Glossar sowie weitere baurelevante Informationen wie beispielsweise ein Baugrundgutachten oder einen Lageplan. Das gut 400 Seiten umfassende Lastenheft stellt dabei das Ergebnis einer soliden Bedarfsplanung durch die

Projektsteuerung dar und enthält zudem sämtliche Vorgaben zu BIM im Sinne detaillierter AIA (Fortschreibung der Unterlagen aus Stufe 2). Auf die Inhalte dieser Dokumente geht der folgende Abschnitt 3.2 ein.

Die Bewerber waren aufgefordert, im Gutachten detaillierte Aussagen zum einzusetzenden Team, der Qualifikation, zu Aus- und Weiterbildungsmaßnahmen, zur Qualitätssicherung und zur technischen Ausstattung vorzulegen sowie eine Kostenschätzung (erste Ebene DIN 276) und ein Honorarangebot auszuarbeiten, Flächen- und Rauminhalte nach DIN 277 anzugeben, die Erfüllung der vorgegebenen Nutzungsprozesse darzustellen und Angaben zum Erfüllungsgrad der DGNB-Nachhaltigkeitszertifizierung zu machen. Kernaspekt des Gutachtens stellten jeweils auszuarbeitende Vorkonzepte und Konzepte dar, die untereinander abzustimmen waren, im Einzelnen

- ein Vorkonzept BIM,
- ein Vorkonzept Trassen,
- ein Vorkonzept Energie,
- ein Vorkonzept Brandschutz,
- ein Vorkonzept Sicherheit und
- ein Vorkonzept Schallschutz und Raumakustik

sowie ein Achsen- und Segmentkonzept und Angaben zu zusätzlichen Abgabeleistungen und Plänen.

Als Vorgabe für die Erarbeitung des Vorkonzeptes BIM, aufgeteilt in die Projektphasen Planung (bis HOAI LPh 5), Vergabe (LPh 6-7) und Ausführung, dienen die detaillierten Auftraggeber-Informationsanforderungen des Bauherrn in Organisationshandbuch und Lastenheft gemäß Abschnitt 2.2.3. Das Vorkonzept BIM des Gutachtens stellt zudem die Basis zur späteren Fortschreibung als Pre-BAP bzw. BAP dar.

Inhaltlich wurde im Vorkonzept BIM entsprechend der Anforderungen des Bauherrn als Teil des Lastenheftes somit erwartet, die mit BIM zu verwaltenden Daten zu beschreiben, sowie, aufbauend auf den im Team vorhandenen Kompetenzen und Qualifikationen, Vorschläge für BIM-Prozesse (Anwendungsfälle) zu erarbeiten. Für die BIM-Prozesse erhielten die Teams eine Prozessmatrix als veränderbare Vorlage. Die Fachplaner waren aufgefordert, die über die Modellentwicklungsmatrix (vgl. Abschnitte 4.2.5 und 5) im Lastenheft jeweils vorgegebenen Modellentwicklungsgrade [2] hinsichtlich Modellinhalt und -qualität (Fertigstellungsgrad) zu kommentieren und gegebenenfalls durch einen eigenen Vorschlag zu ergänzen.

Weiterhin wurde im Gutachten seitens BIM gefordert, technische Realisierungsvorstellungen hinsichtlich verteiltem Hard- und Softwareeinsatz zu formulieren, Methoden und Arbeitsmittel des BIM-Planers und Maßnahmen zur Sicherung der Funktion und Qualität des BIM zu erläutern, Methoden und Arbeitsmittel der einzelnen Fachplaner darzustellen und die kollaborative Zusammenarbeit und den Workflow zwischen Fachplanern (und ausführenden Firmen) sowie deren Schnittstellen zu beschreiben. Weitere Angaben waren zu Prozessen zur Fortschreibung des BIM für die Bauausführung sowie zur Überführung in ein As-Built Modell zum Abschluss der Planung gefragt.

An dieser Stelle wird hervorgehoben, dass im Auswahlverfahren zum Projekt „Viega World" zunächst Anforderungen kommuniziert, aber keine expliziten Vorgaben des Bauherrn zu BIM-Prozessen (Anwendungsfällen) oder Modellentwicklungsgraden gemacht wurden. Vielmehr erfolgte über die Vorkonzepte – und damit aus Sicht von BIM über die Erarbeitung eines Pre-BAP – eine gemeinsame Entwicklung der Anforderungen an das Informationsmanagement auf Basis vorhandener Kompetenzen und Know-hows sowie der hohen Innovationsbereitschaft der Planungsteams. Die im Pre-BAP formulierten Inhalte zu BIM-Prozessen und Modellentwicklungsgraden wurden anschließend jedoch gemeinsam mit den weiteren Konzepten, mit dem Lastenheft als führendes Dokument, dem Organisationshandbuch und den BIM-BVB verbindliche Basis für die vertraglichen Leistungen und Modellprüfungen durch den BIM-Planer und das Qualitätsmanagement BIM. Aus der Erfahrung der beteiligten Akteure und der bereits erfolgten Übertragung in Folgeprojekte kann dieses Vorgehen als Referenz für andere Vorhaben empfohlen werden.

3 Konzept-basiertes Planen: Erste Phase der Integralen Planung

3.1 Gebäudetechnik als wichtigster Strukturgeber

3.1.1 Unterscheidung zwischen Projektorganisation und Strukturgeber

Building Information Modeling (BIM) ist ein in der Planungspraxis inzwischen etabliertes Werkzeug, die Anwendung erfolgt in sehr unterschiedlichen Einsatzformen und Reifegraden [2]. Eine größere Hürde scheint jedoch nicht die Technik, sondern die Methode zur kooperativen Zusammenarbeit darzustellen, d. h. die Integrale Planung als die eigentliche Methodik. Im Einklang mit der Definition des Begriffes BIM des Stufenplans Digitales Planen und Bauen [6] wird BIM im Projekt interpretiert als

- digitales Gebäude- und Datenmodell, bestehend aus der Verknüpfung von Datenbanken, objektbezogenen Attributen, dem Dokumentenmanagement, der Kosten- und Terminplanung etc.
- sowie (Methoden und) Werkzeugen zur Verwaltung dieser Daten und zur Kommunikation zwischen den Beteiligten,
- für festzulegende Bereiche der Planungen und der Bauausführung über den Lebenszyklus und
- zu vorgegebenen Modellentwicklungsgraden bezüglich Modellinhalten und -qualitäten bzw. Fertigstellungsgraden.

Im Rahmen dieses Beitrags wird von „Integraler Planung BIM" gesprochen, indem die Methode der Integralen Planung eng mit dem Werkzeug BIM verwoben wird.

Abb. 1–12 Enge Verzahnung der Methode „Integrale Planung" mit dem Werkzeug „BIM"

Für ein erfolgreiches Zusammenspiel in der Integralen Planung ist es zielführend, zunächst die beiden Begrifflichkeiten Projektorganisation und Strukturgebung getrennt voneinander zu betrachten. In der Praxis wird dies oft vermischt bzw. Organisationshierarchien verhindern die Priorisierung sogenannter strukturgebender Aspekte. Diese strukturgebenden Aspekte besitzen jedoch aus Sicht der Gebäudetechnik einen besonderen Stellenwert.

Die Integrale Planung erfordert seitens der Projektorganisation eine entsprechende Organisationshierarchie. Abb. 1–13 zeigt eine mögliche Organisationsform nach Heidemann et al. [3], die in dieser Form auch im Projekt gewählt wurde. Die Projektkoordination und -steuerung übernimmt hierbei die wichtige Schnittstelle zum Bauherrn. Weiterhin sind die Koordinationsfunktionen der beiden

Integrationsplaner Bauwerk und TGA hervorzuheben sowie die übergeordneten Aufgaben des Qualitätsmanagements. QM-seitige Aufgaben betreffen im Projekt die Bereiche BIM, Energie und DGNB Nachhaltigkeitszertifizierung. QM BIM ist dabei nicht zu verwechseln mit BIM-Koordination oder BIM-Management und unterscheidet sich von diesen Rollen und Leistungsbildern deutlich.

Seitens des Integrationsplaners Bauwerk werden alle bauseitigen Themen wie Tiefbau, Architektur, Tragwerksplanung und Bauphysik koordiniert. Aufgabe des Integrationsplaners TGA [1] ist die planungs- und ausführungsseitige Koordination der Gewerke der TGA wie Heizungs-, Klima-, Sanitär-, Lüftungs-, Elektrotechnik, Informationstechnik, Präsentations- und Medientechnik, Gebäudeautomation und der interaktiven Ausstellung sowie insbesondere die Erarbeitung und Dokumentation der für den Projekterfolg wichtigen Festlegungen zu organisatorischen und technischen Schnittstellen zwischen den am Projekt Beteiligten [28] und Überwachung deren Einhaltung. Dem Integrationsplaner Bauwerk wird die Koordinationsfunktion an der Schnittstelle zum Baukörper zuteil. Er initiiert die planerische Lösung von Kollisionskonflikten zwischen Bauwerk und TGA. Hervorzuheben ist im Projekt „Viega World“ zudem die Rolle eines Fachplaners für die Gebäudeautomation als Systemintegrator. Seine Aufgabe ist die Planung sämtlicher automatisierter Funktionen des Gebäudes [3] und die Umsetzung einer Gewerke-übergreifenden Automation.

Die Aufgabe des BIM-Planers, bzw. BIM-Koordinators bzw. -Managers (vgl. [2] zur Rollendefinition) liegt hingegen darin, die (technische) Funktionsfähigkeit des BIM im Projekt sicherzustellen. Dies bezieht sich auf die Ausarbeitung und Umsetzung des BIM-Abwicklungsplans (BAP), die Bereitstellung der technischen Infrastruktur, das regelmäßige Zusammenführen und Prüfen von Modellen hinsichtlich Modellierungsrichtlinien und Vorgaben zur Modellqualität und weiteres. Es ist jedoch ein weit verbreitetes Missverständnis, die Aufgabe des BIM-Planers läge darin, planungsseitig koordinierend tätig zu werden oder die inhaltliche Richtigkeit des BIM zu verantworten.

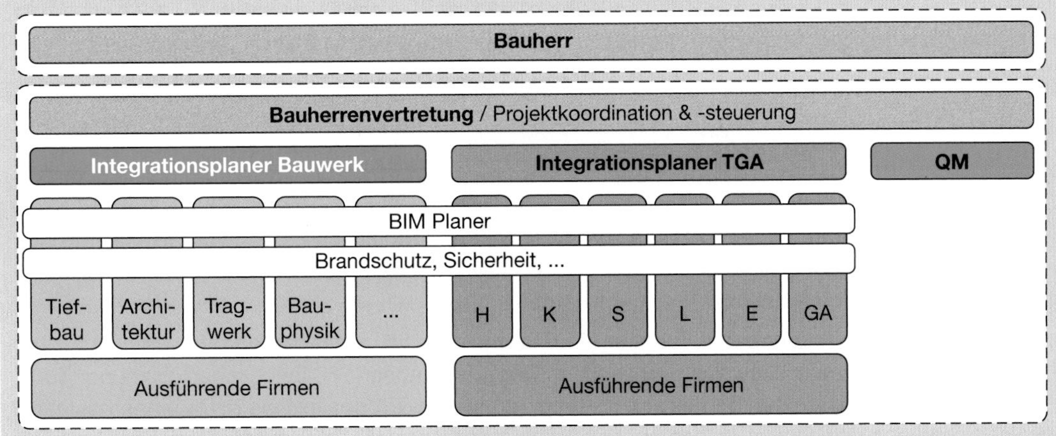

Abb. 1–13 Projektorganisation in Anlehnung an Heidemann [1]

Wie in Abb. 1–13 dargestellt übernimmt der BIM-Planer damit eine wichtige Querschnittsfunktion, vergleichbar mit der Aufgabe eines SiGeKo oder übergeordneten Brandschutzplaners. Ein BIM-Koordinator ersetzt in einem Projekt nicht die wichtige Koordinationsfunktion der Integrationsplaner Bauwerk und TGA. Diese Koordinationsfunktion ist nach wie vor Aufgabe der Planung. Mit digitalen Methoden festgestellte Problempunkte erfordern eine entsprechende planungsseitige Koordination auf Initiative des Integrationsplaners.

3.1.2 Strukturgeber Gebäudetechnik

Neben der hierarchischen Projektorganisation und der Verantwortlichkeit im Planungsprozess, ein koordiniertes Gesamtwerk zu übergeben, gibt es noch einen anderen entscheidenden Aspekt, der jedoch oftmals vernachlässigt wird bzw. erst spät Gewicht erlangt. Einzelne Aspekte der Planung besitzen zu verschiedenen Zeitpunkten eines Projektes unterschiedliche Relevanz und Einfluss. Aspekte, die die Struktur eines Projektes und Bauwerks maßgeblich beeinflussen. Mit Struktur sind an dieser Stelle räumliche, topologische, funktionale und logistische Abhängigkeiten gemeint, keine organisatorischen aus Sicht der Koordination.

Diese grundsätzlich triviale Erkenntnis findet in der Praxis jedoch selten Berücksichtigung. Abb. 1–14 skizziert den traditionellen Ansatz mit der Vergabe der Planungsleistungen über mehrere Leistungsphasen hinweg an die Objektplanung. Verschiedene Fachplaner arbeiten hierbei der Struktur der traditionellen Abläufe der Architekturplanung folgend zu.

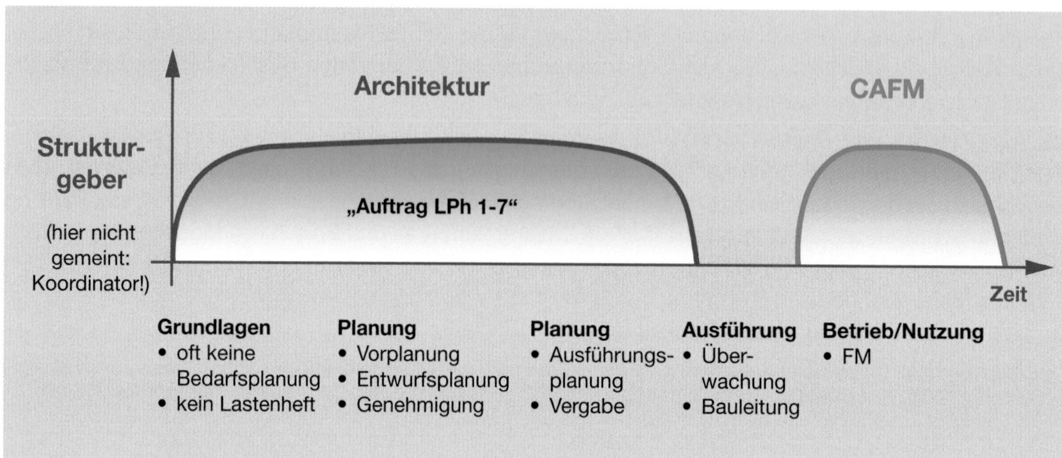

Abb. 1–14 Traditionell kein besonderes Augenmerk auf strukturgebenden Elementen

Die Aufgabe von Architekten besteht darin, komplexe bauherrnseitige Nutzeranforderungen und Nutzungsprozesse aus einem Raumprogramm in Abhängigkeit des Standorts und der Topographie in eine individuell gestaltete Formensprache zu übersetzen und technisch-funktional umzusetzen. Auch gestalterische und ästhetische Aspekte spielen hierbei eine wichtige Rolle, etwa in einer Wettbewerbsphase, wenn auch oftmals mit nachrangiger Priorität.

Entscheidendster Strukturgeber zu Beginn eines Vorhabens ist zunächst jedoch, wie in Abb. 1–15 skizziert, die Projektentwicklung mit einer soliden Bedarfsplanung [29]. Eine Bedarfsplanung, durchgeführt von einer kompetenten Bauherrnvertretung, mündet als Ergebnis in ein detailliertes Lastenheft [3]. Das Lastenheft beschreibt Anforderungen, Nutzungsprozesse, Ziele und Bedarfe des Produktes Bauwerk umfassend und ist eine elementare Voraussetzung für Transparenz, Termin- und Kostensicherheit. Zahlreiche prominente Negativbeispiele belegen die Konsequenzen, wenn dieser Schritt im Sinne der zu vermeidenden baubegleitenden Planung übergangen wird.

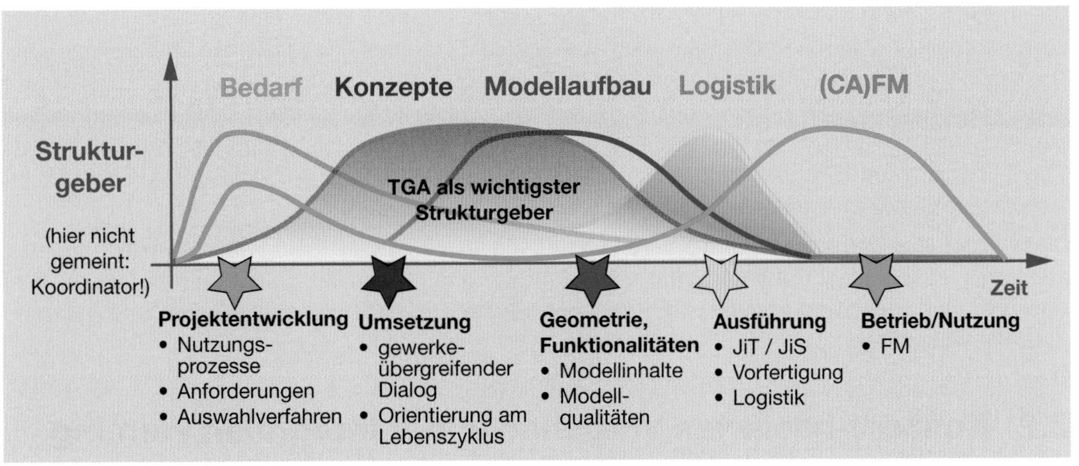

Abb. 1–15 Gebäudetechnik als komplexester Bestandteil und wichtigster Strukturgeber im Planungs-, Ausführungs-, Betriebs- und Nutzungsprozess

Wichtigster Strukturgeber während der folgenden Konzeptphase ist ein Gewerke-übergreifender Dialog mit Orientierung am Lebenszyklus. In dieser Phase mit weitreichendem Einfluss in weitere Projektabschnitte ist die technische Gebäudeausrüstung führender Strukturgeber. Sie beeinflusst sämtliche strukturellen Entscheidungsprozesse, wie in Abb. 1–15 dargestellt. In dieser Phase sind hochkomplexe Wechselwirkungen wie die Art der energetischen und raumlufttechnischen Versorgung, die Planung von Versorgungsbereichen und Technikzentralen, die horizontale und vertikale Erschließung und die Führung von Trassen miteinander in Einklang zu bringen. Anschließend erfolgt der Aufbau des Modells mit der Erzeugung von Modellinhalten. Während der Bauausführung, insbesondere vor dem Hintergrund der Taktplanung, bestimmen baulogistische Prozesse als Strukturgeber das Handeln und die Organisation der Bauabläufe und Baustelle. Für die Betriebs- und Nutzungsphase sind es das technische, kaufmännische und infrastrukturelle Gebäudemanagement, insbesondere das CAFM, die die Struktur und die Organisation eines Datenmodells definieren.

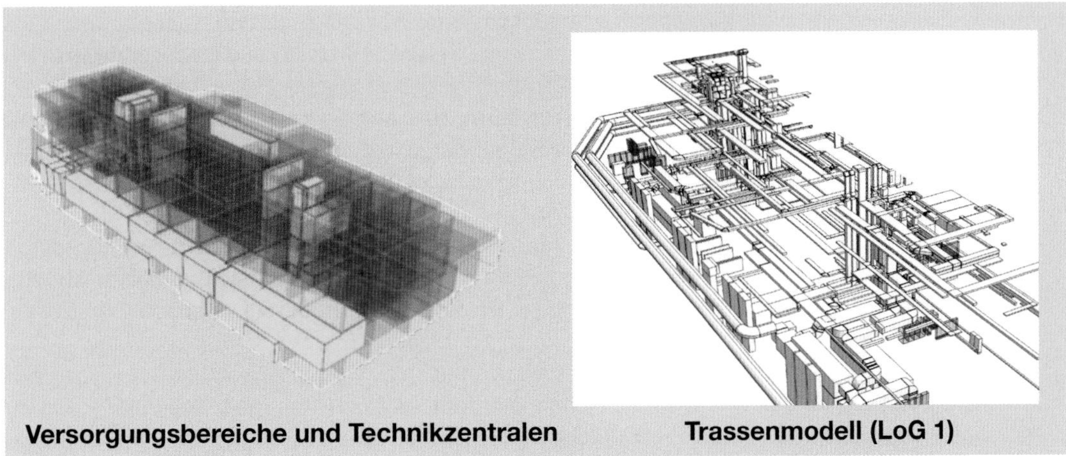

Abb. 1–16 Strukturgebende Elemente am Beispiel von Versorgungsbereichen, Technikzentralen und Trassenmodell. Zitat „Sind 'diese' Fragen geklärt, sind auch die meisten Projektfragen geklärt." (Klaus Ege, Fact)

Die Gebäudetechnik stellt im Bauwesen den mit Abstand komplexesten Bestandteil eines Gebäudes dar und besitzt daher eine Schlüsselfunktion als wichtigster Strukturgeber, wie Abb. 1–16 verdeutlicht. Für ein Projekt gilt:

„Sind 'diese' Fragen geklärt, sind auch die meisten Projektfragen geklärt!"[3]

3 Zitat von Klaus Ege, Fachplaner TGA im Projekt (Fact GmbH, Böblingen)

Die methodische Umsetzung mit BIM erfordert jedoch entsprechende Metriken und Werkzeuge, um versorgungstechnische Abhängigkeiten, funktionale Zusammenhänge und die Erschließung über Trassen in verschiedenen Abstraktionen und Granularitäten abbilden zu können. In einer frühen Phase betrifft dies beispielsweise, wie in Abb. 1–16 rechts dargestellt, ein Trassenmodell in einem groben geometrischen Detaillierungsgrad (LoG 1), und in einer späteren Leistungsphase ein detailliertes Rohrleitungsmodell. Ebenso sind verschiedene Zonierungsarten zur Abbildung unterschiedlicher technischer Versorgungsbereiche erforderlich, wie Abb. 1–16 links zeigt.

Diese Anforderungen an die Partitionierung eines Modells sind CAD-seitig derzeit nicht vernünftig abbildbar. Abschnitt 5.3 erläutert, wie diese Anforderung im Projekt gelöst wurde. Der nächste Abschnitt führt zunächst die Methode des Konzept-basierten Vorgehens als notwendige Voraussetzung für diesen Ansatz ein.

3.2 Konzept-basiertes Vorgehen in der Integralen Planung

3.2.1 Anforderungen und Vorgaben des Bauherrn und rechtliche Rahmenbedingungen

Mit dem Konzept-basierten Vorgehen wurde im Projekt „Viega World" durch die Projektsteuerung eine ganzheitliche und Integrale Methodik [1] verfolgt, die neben der Umsetzung der Anforderungen in einem architektonischen Entwurf insbesondere die Ausarbeitung von Gewerke-übergreifenden Konzepten vorsah. Hierbei definieren zunächst ein Projekt-übergreifendes Organisationshandbuch, ein Lastenheft und Besondere Vertragsbedingungen BIM (BIM-BVB) Aufgaben, Leistungsbilder, Ziele und Bedarfe und geben vertragliche Regelungen vor. Das Lastenheft dokumentiert die Anforderungen der/des Bauherrn. Speziell unter dem Blickwinkel von BIM definieren hierbei

- ein Projekt-übergreifendes Organisationshandbuch den Aufbau der Projektorganisation und die Prozesse der Integralen Planung BIM, Verpflichtungen zur Qualität, zur kollaborativen Zusammenarbeit, zur Mitarbeit an der Entwicklung des BIM, Rollen [2], Aufgaben und Leistungsbilder [10], Vorgaben zum Qualitäts-, Termin-, Kosten-, Baustellen- und Inbetriebnahmemanagement, BIM-Ziele nach Abschnitt 2.2.1, Vorgaben zur modellbasierten Koordination und Kommunikation als Bestandteil des Organisationshandbuchs entsprechend Abschnitt 2.2.3 und insbesondere detailliert beschriebene Schnittstellen zwischen den am Projekt Beteiligten.
- ein Lastenheft sämtliche Anforderungen des Bauherrn, Ziele und Bedarfe zum Raumprogramm, zu Nutzungsprozessen und zu ganzheitlichen Gewerke-übergreifenden Konzepten, aus Sicht von BIM ein BIM-Konzept im Sinne eines BIM-Abwicklungsplans (BAP) und den weiteren in Abschnitt 2.2.3 angeführten Vorgaben zur Umsetzung des BIM,
- Besondere Vertragsbedingungen zu BIM, kurz BIM-BVB, vertragliche Regelungen, die durch eine mit BIM erfahrene Kanzlei für Baurecht [10] für alle Beteiligten einheitlich formuliert wurden. Hierin sind die Grundlagen zur Projektabwicklung, Regelungen zum Datenaustausch, BIM-Rollen, BIM-spezifische Leistungspflichten, die Vergütung, Abnahme, Verantwortlichkeit und Haftung, Versicherung, das geistige Eigentum am Modell sowie Vorgaben zu Vertraulichkeit und Datensicherheit festgelegt. Bezüglich der Verantwortlichkeiten ist in den BIM-BVB geregelt, dass planerisch zu koordinierende Leistungen keine Behinderung darstellen, sondern im betreffenden Fall eine planerisch durch koordinative Maßnahmen zu lösende Aufgabe darstellen.
- ein zentrales Glossar einheitliche Begriffsdefinitionen für alle – insbesondere neuen – Fachbegriffe und Dokumente. Seitens BIM enthält das Glossar etwa 60 einheitliche Definitionen.

Sämtliche vorgenannten Vorgaben wurden durch das Integrale Projekt- und Qualitätsmanagement [3] vor Beginn der Planung ausgearbeitet und stellen das Ergebnis der Projektentwicklung und Bedarfsermittlung nach einem ganzheitlichen Ansatz dar.

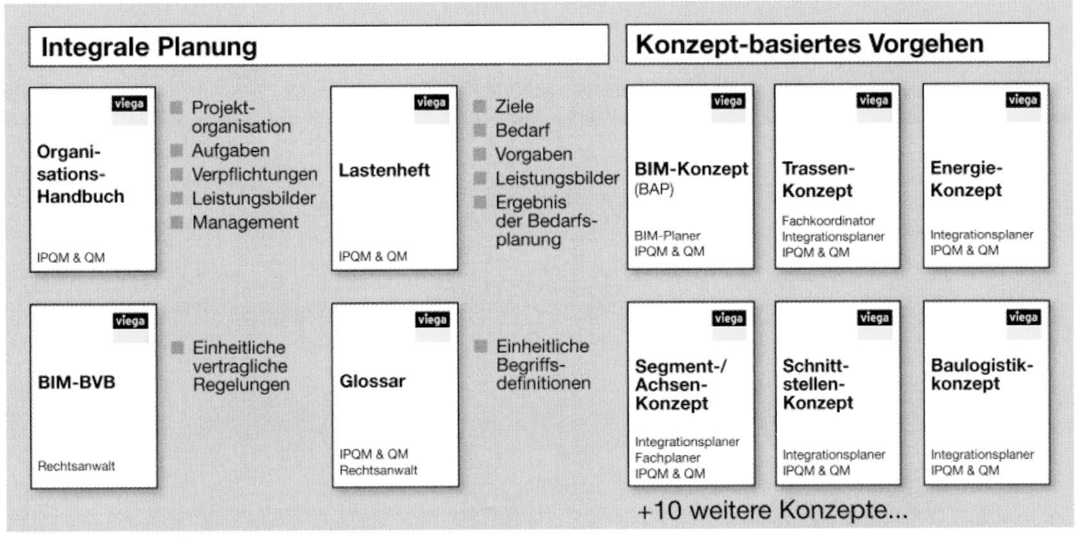

Abb. 1–17 Zusammenhang zwischen Organisationshandbuch, Lastenheft, besonderen Vertragsbedingungen BIM (BIM-BVB) und Glossar als projektspezifischen Vorgaben und dem Konzept-basierten Vorgehen, hier bestehend aus 16 Einzelkonzepten

3.2.2 Ganzheitliche, Gewerke-übergreifende Konzepte

Abb. 1–17 stellt den vier zuvor genannten Dokumenten mit den bauherrnseitigen Vorgaben die zu erarbeitenden Konzepte gegenüber. Das Lastenheft ist dabei das führende Dokument. Das Konzept-basierte Vorgehen forderte zu einer frühen Leistungsphase konkrete interdisziplinäre Abstimmungen der Konzepte untereinander und damit zwischen allen an der Planung Beteiligten. Diese Abstimmungen wurden mittels der Gewerke-übergreifenden Konzepte vor Beginn der Entwurfsplanung verbindlich eingefroren und stellten damit die Voraussetzung für den Beginn der Entwurfsplanung dar. Die Erarbeitung der Konzepte wurde durch die Integrationsplaner Bauwerk und TGA, die Projektsteuerung und das Qualitätsmanagement koordiniert [28]:

- Ein abgestimmtes und geometrisch grob modelliertes Trassenkonzept macht hierbei gemäß Abb. 1–18 Vorgaben zur horizontalen und vertikalen Erschließung sowie zur Anordnung von Versorgungsbereichen und Technikzentralen, zur Anbindung von Trassen an Technikräume und hinsichtlich der Flexibilität und Erweiterbarkeit von Trassen und Technikräumen sowie deren Zugänglichkeit für die Instandhaltung,
- ein Segment-/Achsenkonzept regelt aus Sicht von Gebäudetechnik und Gebäudeautomation die technische, geometrische und funktionale Segmentierung, aus Sicht der Nutzung das Raumkonzept sowie aus Sicht von Architektur und Tragwerk das Achsraster, siehe Abb. 1–19,
- ein BIM-Konzept setzt die BIM-Prozesse im Sinne eines BIM-Abwicklungsplans um, dessen Inhalte in Abschnitt 4 ausführlich vorgestellt werden,
- eine Schnittstellenspezifikation beschreibt Leistungsgrenzen zwischen den Beteiligten,
- weitere Konzepte sind das Energiekonzept, Bedienkonzept, Sicherheitskonzept, Brandschutzkonzept, Schallschutz- und Raumakustikkonzept und Baulogistikkonzept. Insgesamt setzen 16 Gewerke-übergreifende Konzepte die Vorgaben aus dem Lastenheft um.

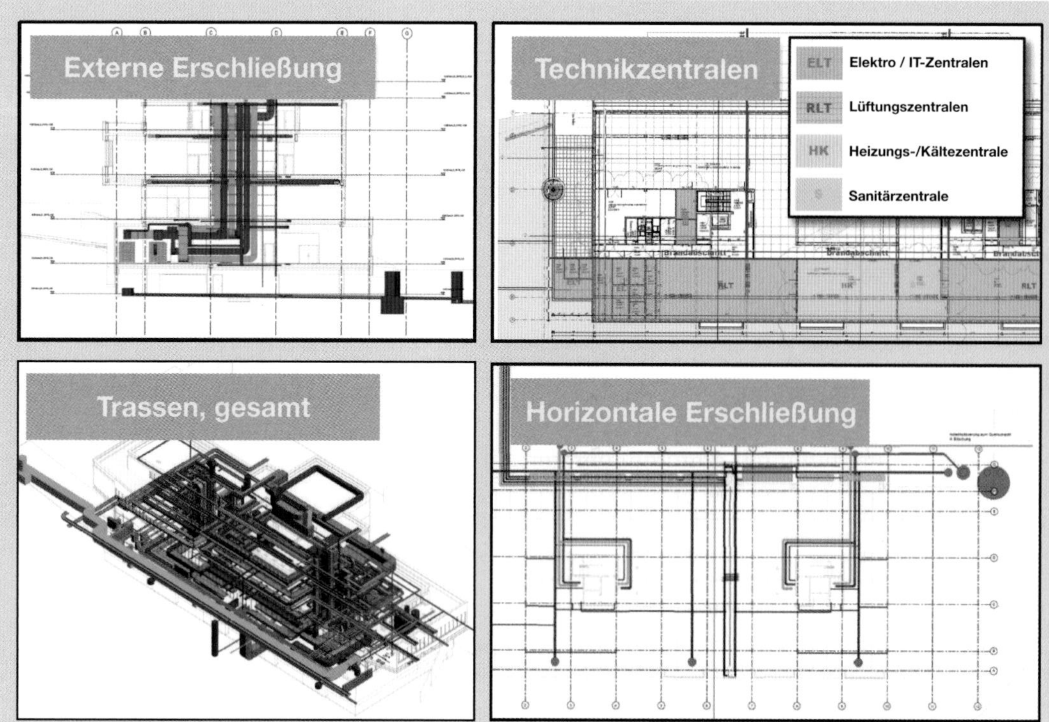

Abb. 1–18 Bestandteile des Trassenkonzeptes (beispielhafter Auszug)

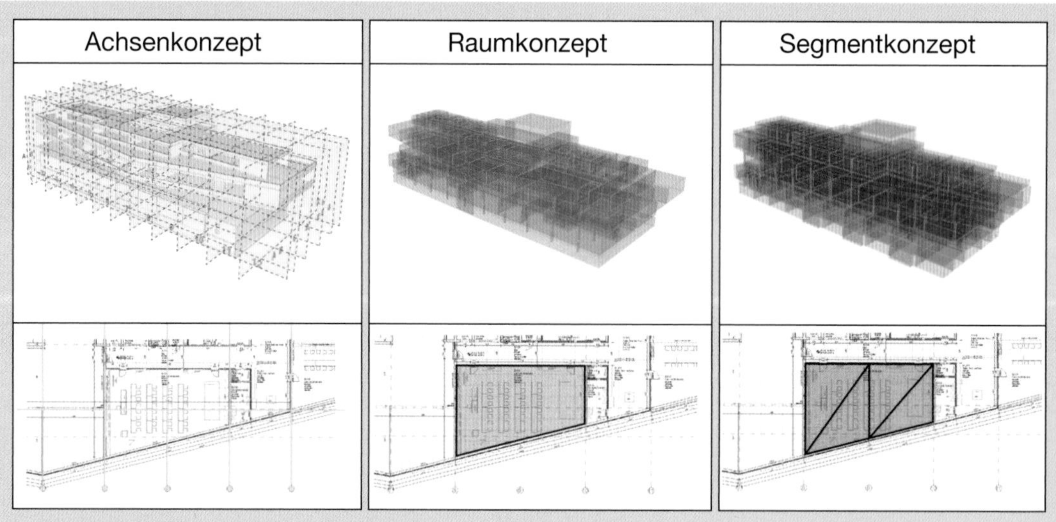

Abb. 1–19 Achsen-, Segment- und Raumkonzept

BIM stellt im Rahmen des Konzept-basierten Vorgehens ein wichtiges Umsetzungsinstrument der Integralen Planung dar, da es über den Modellentwicklungsgrad zu Beginn eines Projektes Festlegungen einfordern kann, welche Planungsleistungen zu welchem Zeitpunkt und in welcher inhaltlichen Tiefe und Qualität zu erbringen sind. Es ist anzumerken, dass grundsätzlich bereits heute nach HOAI Fachplaner eine Koordinations- und Integrationsleistung schulden [30, 31]. Mit Hilfe von BIM sind diese Leistungen heute präziser definierbar, das Erreichen der Festlegungen messbar und QM-seitig überprüfbar.

Die vorgenannte Mess- und Überprüfbarkeit bezieht sich dabei aber nicht nur auf den Aspekt der Kollisionsfreiheit zwischen verschiedenen Gewerken oder den Einsatz einer Modellcheck-Software um zu verifizieren, ob Modellierungsrichtlinien eingehalten wurden. Im Projekt „Viega World" wurden in Bezug auf DIN EN ISO 19650 [21] strukturgebende Einheiten und verschiedene Informationscontainer für funktionale Bereiche, die räumliche Koordination und geometrische Zusammenhänge definiert. Mit Hilfe des Fertigstellungsgrades Level of Coordination (LoC) wurde daher insbesondere die Umsetzung des Gewerke-übergreifenden Konzept-basierten Vorgehens überprüfbar. Die Umsetzung dieser Anforderungen an die Koordination und die Konformität mit dem Lastenheft wurde im Projekt durch das Integrale Projekt- und Qualitätsmanagement kontinuierlich überwacht.

4 Technische Umsetzung: Der BIM-Abwicklungsplan (BAP)

4.1 Was ist ein BIM-Abwicklungsplan?

Grundlage des BIM-Abwicklungsplans (BAP), oft auch als BIM-Ausführungsplan oder einfach BIM-Konzept bezeichnet, stellen die Anforderungen des Bauherrn an BIM aus der Bedarfsplanung dar, die als Auftraggeber-Informationsanforderungen (AIA) formuliert sind. Der BAP beschreibt die Umsetzung dieser Anforderungen und ist durch die Auftragnehmer auszuarbeiten. Der BAP kann auch einzelne Anforderungen der AIA erweitern oder präzisieren, wie in Abschnitt 2.3.2 erläutert.

Die Umsetzung der AIA kann zunächst in einem vorvertraglichen BIM-Abwicklungsplan (Pre-BAP) beschrieben werden. Im Projekt „Viega-World" erfolgte dies im Rahmen des Konzept-basierten Vorgehens als „BIM-Konzept", mit dem BAP als einem der vorgenannten Konzepte. Nach Vertragsabschluss entsteht der BIM-Abwicklungsplan (Post-BAP oder einfach BAP). Der BAP ist ein lebendiges Dokument (Pflichtenheft) und wird während der Projektdurchführung fortgeschrieben, wobei er je nach Projekt und BIM-Anforderungen unterschiedliche Komplexität annehmen kann. Der Abwicklungsplan orientiert sich nicht am technisch möglichen, sondern beschränkt sich auf klar strukturierte Informationen zur technischen Umsetzung des BIM im Projekt. Ferner muss der BAP sowohl die Konformität zu den Vorgaben der AIA, als auch zu dem in den AIA eingeforderten Informationslieferungsprozess sicherstellen. Die Überwachung der Einhaltung dieser Vorgaben liegt im Projekt „Viega World" beim Qualitätsmanagement BIM (BIM-QM).

Die DIN EN ISO 19650 [21] setzt den Rahmen für die technische und organisatorische Umsetzung des Informationsmanagements mit BIM, der momentan in europäische CEN-, nationale DIN-Normen und VDI-Regelwerke überführt wird. In der Literatur finden sich einige Vorlagen für BIM-Abwicklungspläne, wie beispielsweise der „BIM Project Execution Planning Guide" der Pennsylvania State University [32], der „Project BIM Execution Plan" des AEC (UK) BIM Protocols [23], der „Pre-Contract Building Information Modeling (BIM) Execution Plan (BEP)" [33], der „Post Contract-Award Building Information Modeling (BIM) Execution Plan (BEP)" [34] des UK Construction Project Information Committees oder der „BIM-Projektabwicklungsplan (BAP)" der Deutschen Bahn [35] und weitere.

Die im BIM-Abwicklungsplan aufzugreifenden Themen sind durch die in Abschnitt 2.2.3 genannten Kategorien Ziele, Akteure, Prozesse, Technik, Daten (Informationsmanagement) und Rahmenbedingungen [25, 36] bestimmt. Im Folgenden werden die inhaltliche Struktur und die Bestandteile eines BAP erläutert, die sich im Projekt „Viega World" bewährt haben. Abb. 1–20 zeigt exemplarisch einen Auszug der Elemente, die im Projekt erarbeitet und durch den BIM-Planer koordiniert wurden. Die Gliederung setzt die Vorgaben nach DIN EN ISO 19650 [21] konsequent um und überführt die Inhalte der genannten Kategorien in eine systemische Struktur. Auch eine andere Gliederungsform ist möglich, sofern ein strukturiertes Arbeiten mit dem Dokument in der Praxis sichergestellt ist und Redundanzen im Dokument ausgeschlossen sind.

Auf Grund der Tiefe der Vorgaben in diesem Referenzprojekt umfasst der Umfang des BAP mehr als 200 Seiten. Zusätzlich nehmen die Prozessbeschreibungen einen erheblichen Umfang in Anspruch. Zur Lösung dieses Problems und zur Verbesserung der Übersichtlichkeit wurde für Folgeprojekte ein webbasiertes kollaboratives BIM-Prozessmanagementsystem mit Versionierung entwickelt, in dem die BIM-Prozesse digital organisiert und verwaltet werden. Darauf wird im folgenden Abschnitt näher eingegangen.

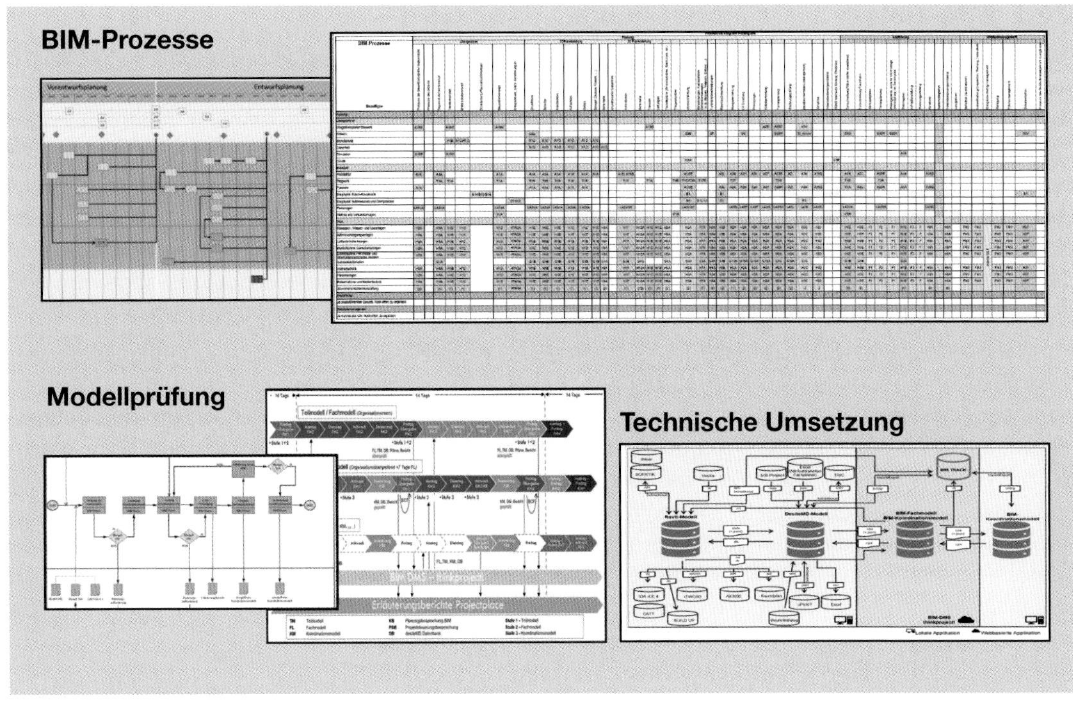

Abb. 1–20 Bestandteile des BIM-Abwicklungsplans als eines der Konzepte („BIM-Konzept") im Projekt (exemplarischer Auszug). Quelle: Viega.

4.2 Inhaltliche Struktur und Bestandteile des BIM-Abwicklungsplans

Durch Unkenntnis und Vorbehalte vieler Akteure wird der Begriff BIM in der Baubranche oftmals inflationär für die gesamte digitale Prozesskette im Bauwesen verwendet, in der sich etablierte Praktiken grundlegend verändern. Dieser Umstand geht mit einer großen Unsicherheit vieler Akteure einher, wenn es darum geht, BIM als Planungswerkzeug einzusetzen. Unsicherheit kann sich wiederum in Überforderung und Widerstand ausdrücken. Diese Unsicherheit gilt es daher mithilfe eines strukturierten BIM-Abwicklungsplans auszuräumen, um sicherzustellen, dass alle offenen Fragen in Bezug auf die Umsetzung der Anforderungen des Auftraggebers (AIA) und die projektspezifische Organisations- und Planungsstruktur vor Planungsstart gemeinsam erarbeitet, getestet (!) und festgelegt wurden.

4.2.1 Vereinbarungen

Zu Beginn des BAP ist es zielführend, neben einer kurzen Einführung in das Dokument Informationen über das Handling, die Versionierung, die Bearbeitungshistorie des BAP Dokumentes, sowie ergänzende Bearbeitungshinweise etwa zu Farbkonventionen bei Änderungen usw. am Dokument zu geben. Diese Vereinbarungen können konzeptübergreifend sein und stellen somit ein einheitliches Vorgehen für die konzeptbasierte Planung sicher. Die Beschreibung des Änderungsdienstes ist hier hervorzuheben, da der BAP als lebendiges Dokument während des Projektverlaufs fortgeschrieben wird und damit Änderungen für alle Planungspartner schnell und übersichtlich kommuniziert werden können.

4.2.2 BIM-Ziele

Im BAP werden die BIM-Ziele des Auftraggebers aus den AIA aufgegriffen und weiter konkretisiert. Neben den Zielen aus den AIA als Teil des Lastenhefts geben spezifische BIM-Ziele im BAP eine Antwort auf die Frage, in welcher Form und in welchem Umfang BIM für die Planung, Ausführung und den Betrieb des Gebäudes eingesetzt werden soll. Diese Ziele können sehr detailliert und vielschichtig ausgestaltet sein. Da der BAP zunächst als Werkzeugkasten der technischen Umsetzung für die Planungsbeteiligten erstellt wird und ausführende Unternehmen diesen Prozess in der frühen Konzeptphase selten begleiten, können Ansätze in Bezug auf Ausführungsziele zwar vorformuliert werden, eine detailliertere Beschreibung jedoch erst bei Ausschreibung der Ausführungsleistungen abgefragt und nach Beauftragung in einem erweiterten „BAP Teil II" für die Ausführung konkretisiert werden.

Auf Bauherrnseite wird zunehmend der Wunsch geäußert, BIM für den Einsatz im Gebäudemanagement fortzuschreiben, jedoch fehlt es bei der Umsetzung zurzeit oftmals noch sowohl an der notwendigen Bereitschaft und Qualifizierung des Personals [25] als auch an ausgereiften Software-Schnittstellen, um BIM als potenzielle Datenquelle für das FM ganzheitlich einsetzen zu können. Gemeinsam mit der Projektsteuerung, dem BIM-QM, dem BIM-Planer und dem Bauherrn und späteren Betreiber und Nutzer wurde für das Projekt „Viega World" eine BIM-Zielsetzung und Strategie entwickelt, um die Anbindung des koordinierten BIM-Datenmodells an ein CAFM-System nach der Planungs- und Ausführungsphase zu ermöglichen. Diese Strategie stellt auch nach DIN EN ISO 19650 [21] einen wesentlichen Teil bei der Strukturierung des BIM dar und wird in den folgenden Kapiteln BIM-Informationsmanagement und BIM-Datenmanagement ausführlich behandelt.

4.2.3 BIM-Projektorganisation

Die neue Art der Zusammenarbeit erfordert auch die Einführung von neuen BIM-spezifischen Rollenbildern in bereits etablierte und bekannte Projektstrukturen. Da jedes Projekt eine unterschiedliche Organisationsform und variierende Akteure aufweist, muss auch der Einsatz von BIM-spezifischen Projektrollen projektbezogen bewertet und dokumentiert werden. In [2] wird eine Übersicht über die verschiedenen BIM-Rollenbilder gegeben, [10] definiert entsprechende Leistungsbilder, daher wird hier auf eine detaillierte Beschreibung der Verantwortungsbereiche verzichtet. Im BAP werden die Vorgaben der AIA in Bezug auf die Übergabe von BIM-Daten spezifiziert und konkret dokumentiert, welche Person wessen Unternehmens welche Funktion im Projekt innehat. Die DIN EN ISO 19650 beschreibt die Notwendigkeit klarer Rollenbeschreibungen und bemerkt explizit, dass „Rollen und Verantwortlichkeiten nicht mit Berufsbezeichnungen oder mit professionellen oder anderen Bezeichnungen zu verwechseln" sind [21].

Mit Hilfe eines Organigramms werden die BIM-Rollenbilder der jeweiligen Fachplaner in einer Projektorganisationshierarchie dokumentiert, mit klarer Kommunikationsstruktur und Verantwortlichkeiten für alle beteiligten Akteure. Abb. 1–21 zeigt beispielhaft ein Organigramm, welches klassischerweise in einem BIM-Projekt Anwendung finden kann. Neben der koordinierenden Rolle des BIM-Planers werden hier die unternehmensinternen Rollen des BIM-Modellkoordinators und des BIM-Modellierers eingesetzt.

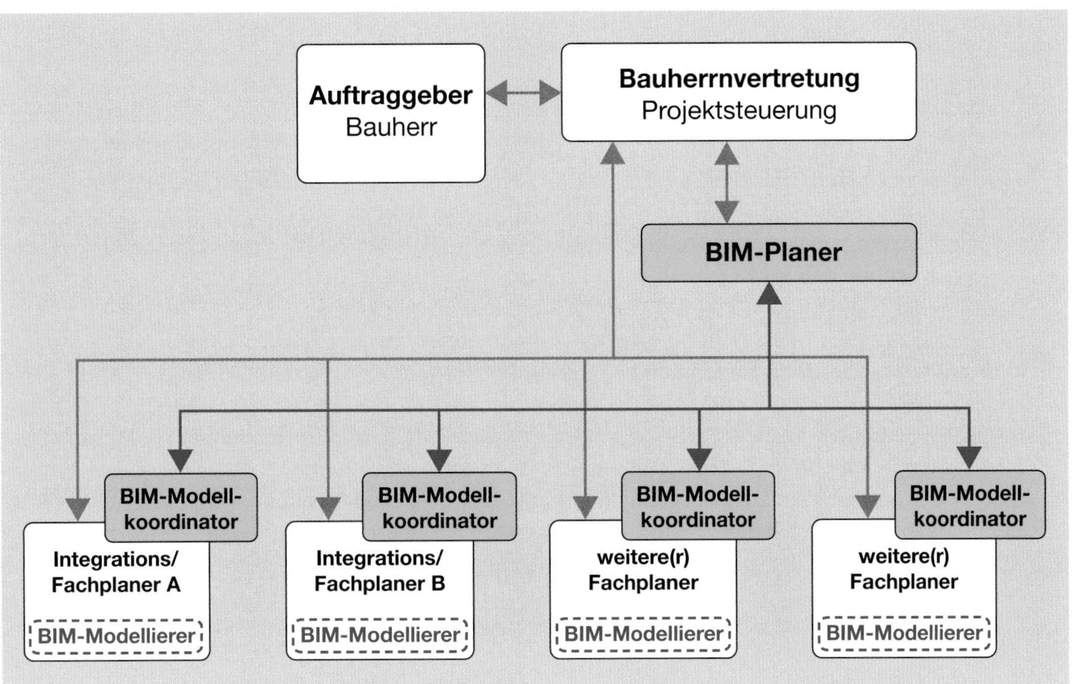

Abb. 1–21 Abgrenzung BIM-spezifischer Rollen im Zusammenhang mit der Übergabe von BIM-Daten

4.2.4 BIM-Kollaborationsmanagement

Im Kapitel BIM-Kollaborationsmanagement sind im BAP neben der Topologie der diversen im Projekt verwendeten Modellarten und deren gegenseitigen Wechselbeziehungen der Einsatz des Dokumentenmanagementsystems (DMS, englisch: Common Data Environment, kurz CDE) und dessen technische Umsetzung nach [21] und [37] detailliert zu beschreiben. In der Praxis werden Gewerke-spezifische Fachmodelle vor allem in der TGA aus Gründen der Datengröße, Granularität und Arbeitsteilung in Teilmodelle separiert. Fachmodelle werden in Modellcontainer verpackt und durch den BIM-Planer zu einem Koordinationsmodell zusammengeführt. Die folgenden Definitionen wurden im Projekt „Viega World" für die verschiedenen im Projekt eingesetzten Modellarten ausgearbeitet und angewendet.

- Ein Teilmodell (TeM) wird als zu einem Modell verknüpfte bzw. in einem Modell verwaltete Menge von BIM-Objekten (eines Gebäude-/TGA-/Tragwerkmodells) einschließlich Attributen, Eigenschaften und Beziehungen zwischen den BIM-Objekten sowie weiteren Elementen und Referenzen definiert. Teilmodelle werden in einer BIM-Autorensoftware (zumeist CAD) modelliert und können in ein Modell im neutralen ISO-standardisierten Datenaustauschformat IFC abgeleitet werden.
- Ein Zentralmodell (ZeM) besteht aus 1 bis n Teilmodellen, die organisationsintern in einer BIM-Autorensoftware über proprietäre Dateiformate miteinander verknüpft sind.

- Ein Fachmodell (FaM) ist eine zu einem einheitlichen Modell vollständig zusammengeführte Menge von 1 bis n Teilmodellen einer Organisation, die das Ergebnis der Planung darstellt. Softwareseitig besteht das Fachmodell aus einem oder mehreren proprietären Modellformaten sowie insgesamt einem Modellcontainer zur Übergabe ans Koordinationsmodell. Aus einem proprietären CAD-Format muss ein Modell im neutralen ISO-standardisierten Datenaustauschformat IFC abgeleitet werden können. Das proprietäre bzw. das IFC-Format enthält eine Teilmenge an Informationen; darin enthaltene CAD-/IFC-Objekte sind über (GU)IDs im Modellcontainer mit weiteren Dateitypen verknüpft. Das Fachmodell ist im Modellcontainer mit allen Attributen, Eigenschaften und Beziehungen zwischen den BIM-Objekten und Dateitypen vollumfänglich beschrieben und wird zu festgelegten Zeitpunkten auf dem DMS veröffentlicht und versioniert.
- Ein Modellcontainer beschreibt die gesamte Menge geometrischer und alphanumerischer Modellinformationen, die über verschiedene Dateitypen/-formate (IFC, DWF, DWG, XLS, XML, MPP, HTML, PDF etc.) durch (GU)IDs und Metadaten miteinander verknüpft sind und in einem Dateiformat abgespeichert werden können (im Projekt: cpa-Format der Zentraldatenbank DesiteMD).
- Ein Koordinationsmodell (KoM) besteht aus 1 bis n Fachmodellen und ist nicht mit einem Zentralmodell zu verwechseln. Das Koordinationsmodell wird als Modellcontainer abgespeichert (BIM-Zentraldatenbank) und auf dem DMS zu definierten Zeitpunkten veröffentlicht und versioniert. Im Koordinationsmodell werden alle geometrischen und alphanumerischen Inhalte der Fachmodelle zusammengetragen, auf Konsistenz und Kollisionsfreiheit geprüft, validiert und anhand vorgegebener BIM-Ordnungssysteme in eine einheitliche Struktur („Project Breakdown Structure") gebracht.
- Die BIM-Zentraldatenbank (ZDB, im Projekt: DesiteMD) beschreibt das eingesetzte Informationsmanagementsystem zur hierarchischen Organisation, persistenten Speicherung und einheitlichen Verwaltung von BIM-Objekten des Koordinationsmodells und dessen Attributen.

Zur Speicherung und Verwaltung aller im Projekt verwendeten Daten wird ein BIM-Dokumentenmanagementsystem (BIM-DMS) eingesetzt. Das BIM-DMS muss die notwendigen Voraussetzungen zur Datensicherheit, zur Organisation, Archivierung, Versionierung und auch zum Austausch von BIM-Modellen sowie weiterer Daten und Dokumente erfüllen. Durch individuelle Verteilung von Rollen und Zugriffsrechten wird eine konsistente Datenhaltung ermöglicht. Wird das DMS vertraglich durch den BIM-Planer zur Verfügung gestellt und besitzt dieser die Datenhoheit über die Datenumgebung, so ist im BAP zu regeln, wie der Auftraggeber auf den Datenbestand zugreifen und diesen sichern kann, sofern dies nicht bereits in den AIA vorgegeben wurde, vgl. auch VDI 2552 Blatt 5 [37].

Zur Strukturierung von Daten und Dokumenten im DMS werden in diesem Kapitel auch die Namenskonventionen für die zuvor beschriebenen Modellarten, Dokumente, Berichte und Tabellen festgehalten. Diese können projektübergreifend oder rein BIM-spezifisch sein. Sollten allgemeine Namenskonventionen bereits in einem Organisationshandbuch definiert worden sein, kann hierauf verwiesen werden.

4.2.5 BIM-Informationsmanagement

Der Abschnitt BIM-Informationsmanagement spielt eine zentrale Rolle bei der Umsetzung der Projektziele für die Methode der Integralen Planung BIM. Hier werden alle relevanten Festlegungen zum modellbasierten Informationsaustausch getroffen. Aufgabe dieses Kapitels ist die Schaffung von Transparenz, Optimierung von Schnittstellen und Beschreibung der Modell- bzw. Datengranularität durch die frühzeitige Festlegung von BIM-Prozessen und die Definition von Modellentwicklungsgraden. Es stellt damit eines der wichtigsten Kapitel des BAP dar.

Alle am BIM beteiligten Fachplaner definieren zum Projektstart, je nach Kompetenz und eigenem Zutrauen aber auch nach gefordertem BIM-Reifegrad, ihre eigenen BIM-Prozesse in einer über die AIA vorgegebenen BIM-Prozessmatrix. BIM-Prozesse werden als Prozessdiagramme mittels des IDM-Datenaustauschprotokolls erstellt, einem offenen Standard von buildingSMART. Dieser Standard wurde zur Erleichterung der Interoperabilität zwischen Softwareprodukten entwickelt, die im Bauprozess eingesetzt werden. Er ermöglicht es, Informationsprozesse im Lebenszyklus eines Bauwerks zu beschreiben. Die Funktionsweise des sogenannten Information Delivery Manuals (IDM) wird in der DIN EN ISO 29481-1 [38] ausführlich beschrieben. Das Ziel der Norm wird darin wie folgt zusammengefasst:

„Die Norm fördert die Zusammenarbeit verschiedener Akteure im Bauprozess und schafft eine Grundlage für einen fehlerfreien, verlässlichen, wiederholbaren und qualitativ hochwertigen Informationsaustausch."

Für eine erfolgreiche Abstimmung von digitalen Bauwerksinformationen ist es zwingend erforderlich, dass das Zusammenspiel der BIM-Prozesse systematisch organisiert wird und im Planungsprozess dynamisch auf Ergänzungen und Änderungen reagiert werden kann. Damit diese Systematisierung funktioniert muss das IDM-Format nach [38]

- „den Bedarf des Informationsaustauschs im Geschäftskontext beschreiben,
- die Akteure benennen, die Informationen senden und empfangen,
- die Information, die ausgetauscht wird, um die Anforderungen zu jedem Zeitpunkt des Geschäftsprozesses zu erfüllen, definieren, spezifizieren und beschreiben,
- sicherstellen, dass Definitionen, Spezifikationen und Beschreibungen in einer Form bereitgestellt werden, die nutzbar und leicht verständlich sind,
- sicherstellen, dass die Informationsspezifikationen an lokale Arbeitspraktiken angepasst werden können."

Zur Umsetzung des IDM wird die Verwendung des von der Object Management Group (OMG) entwickelten BPMN-Standards (Business Process Model and Notation) vorgeschlagen [39]. Es ist empfehlenswert, den Satz von BPMN-Elementen, basierend auf Empfehlung der DIN EN ISO 29481-1 zur Entwicklung eines Prozessdiagramms, für die BIM-Prozessmodellierung zu Grunde zu legen und für weiterführende Anforderungen entsprechend zu erweitern. Die Anforderung eines IDM kann von Projekt zu Projekt durch eine unterschiedliche Organisationsform mit anderen Akteuren variieren, die grundlegende Vorgehensweise bleibt jedoch stets gleich. Es geht hierbei um die Frage, welche Informationen, von welchem Planungsbeteiligten, zu welchem Zeitpunkt, auf welche Weise, welchem anderen Beteiligten zur Verfügung gestellt werden müssen.

BPMN 2.0 [39] hat sich vor allem für die Beschreibung von Unternehmensprozessen als Standard durchgesetzt, da durch vordefinierte Regeln und Symbolkategorien eine leicht verständliche Darstellung von komplexen Geschäftsprozessen ermöglicht wird und der Einsatz für eine automatisierte Prozessimplementierung in der Wirtschaftsinformatik geeignet ist.

Ein BPMN-Diagramm wird im Kern aus fünf Basiskategorien erzeugt:

- Flow Objects sind die wesentlichen Elemente, die einen Geschäfts- oder BIM-Prozess definieren. Dies kann ein Event sein, das ein Start-, Zwischen- oder Endereignis repräsentiert, eine Activity, die eine nicht mehr unterteilbare Arbeitseinheit innerhalb des Prozesses darstellt oder ein Gateway, dass das Auseinander- und Zusammenlaufen von Sequenzflüssen innerhalb eines Prozesses steuert.
- Die Kategorie Data wird durch die Elemente Data Object, Data Input, Data Output und Data Stores repräsentiert. Datenobjekte stellen Informationen darüber bereit, welche Informationen eine Aufgabe/Aktivität zur Ausführung benötigen und/oder produzieren.
- Connecting Objects werden in Sequence Flows, Message Flows, Associations und Data Associations eingeteilt und werden dazu verwendet, um die Reihenfolge einer Aufgabe/Aktivität oder den Informationsfluss von Datenobjekten zwischen Sender und Empfänger darzustellen.
- Associations werden dafür benutzt, um Informationen, wie ein einfaches Textfeld (Artifact) mit einem spezifischen Objekt im Diagramm zu verbinden, ohne dabei den Fluss des Prozesses zu verändern. Swimlanes werden in die Elemente Pools und Lanes aufgeteilt. Ein Pool ist die grafische Darstellung eines Teilnehmers einer Kollaboration und dient als Container der Sequenzflüsse zwischen Aufgaben/Aktivitäten. Eine Lane ist eine Unterteilung innerhalb eines Pools und unterteilt diesen über die gesamte Länge, entweder horizontal oder vertikal.

Für ein beispielhaftes Prozessdiagramm kann ein Pool die Fachplanung TGA und eine Lane jeweils die Rollen des BIM-Modellkoordinators und BIM-Modellierers repräsentieren. Artifacts teilen sich in Groups und Text Annotation auf und werden dafür verwendet, um zusätzliche Informationen über eine Aufgabe/Aktivität oder einen (Teil-)Prozess bereitzustellen. Artifacts können von BPMN-Softwareentwicklern beliebig erweitert werden [39].

Die Komplexität in der Abwicklung von Bauprojekten kann durch eine Beschreibung von durchzuführenden Aufgaben in ihrer inhaltlichen und zeitlichen Abhängigkeit eingegrenzt werden. BIM-Prozesse sind zum einen aufgrund der äußeren Umstände, der Bauherrnanforderungen und den verschiedenen beteiligten Akteuren zwar immer projektspezifisch, dennoch gibt es sowohl standardisierte Abläufe in der Planung und Bauausführung als auch etablierte, unternehmensinterne Qualitätsstandards, die bei der Prozessmodellierung zu berücksichtigen sind. Im Projekt „Viega World" wurden daher Integrale BIM-Prozesse (organisationsübergreifend) von internen BIM-Prozessen (organisationsintern) unterschieden und im BIM-Informationsmanagement ein besonderes Augenmerk auf die disziplinübergreifende Prozessmodellierung gelegt, wie in Abb. 1–22 dargestellt ist.

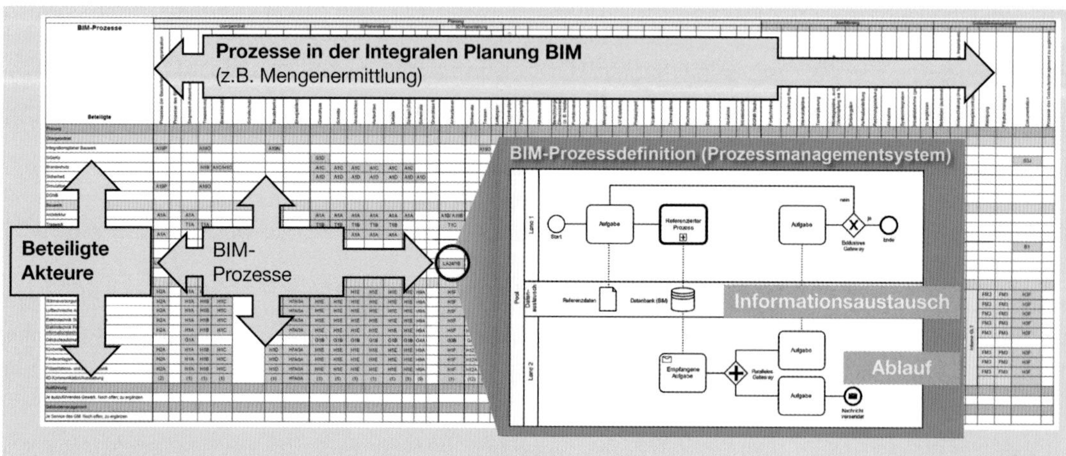

Abb. 1–22 BIM Prozesse (Prozesse) der Integralen Planung BIM

Da die schiere Anzahl von BIM-Prozessen (intern und integral) schnell zur Unübersichtlichkeit führen kann, stellt sich die Frage nach dem Einsatz einer geeigneten Prozess-Modellierung-Software in Verbindung mit einer Infrastruktur für den Austausch, das Speichern und auch das gemeinsame Arbeiten an Prozess-Diagrammen in einer verteilten Umgebung. Der Markt im Umfeld des geschäftsmäßigen Prozess-Managements bietet eine Vielzahl an kommerziellen und auch kostenfreien Softwareprodukten, die sich jedoch stark hinsichtlich Bedienung, Nachbearbeitung, Visualisierung, Versionierung, Rollen und Rechtezuordnung, Datenaustauschformaten und Kosten unterscheiden.

Daher wurden in einem gründlichen Marktscreening verschiedene Softwareapplikationen wie Adonis, TrustedData, Aeneis und Symbio für den Einsatz zur BIM-Prozess-Modellierung verglichen. Der Funktionsumfang dieser Produkte, die überwiegend für den Einsatz in der Prozess-Dokumentation, Prozess-Analyse, Prozess-Optimierung oder dem Prozess-Monitoring zur Unternehmensorganisation entwickelt wurden, ist dementsprechend groß. Gegen den Einsatz solcher Applikationen für das BIM-Informationsmanagement spricht die intensive Einarbeitungszeit, die Implementierung einer Prozessmatrix gestaltet sich aufgrund von mangelnder Flexibilität als schwierig und die Konformität mit dem IDM-Format nach DIN EN ISO 29481 ist oft nicht gegeben. Im Rahmen des Projekts „Viega World" wurde vor diesem Hintergrund eine neue Plattform entwickelt, die alle spezifischen Vorgaben des Bauherrn und des IDM-Datenaustauschprotokolls erfüllt und das kollaborative Informationsmanagement der beteiligten Akteure über eine Weboberfläche ermöglicht.

Das Server-basierte BIM-Prozessmanagementsystem (BIM-PMS) ist ein Tool (E3D Ingenieurgesellschaft mbH), das mittels HTML5, Cascading Stylesheets (CSS), PHP und JavaScript umgesetzt wurde. Abb. 1–23 gibt einen Einblick in die (projektspezifische) Übersichtsseite der Prozessmatrix. Im Hintergrund werden die Daten in einer MySQL Datenbank aggregiert und verarbeitet. Das derzeitige Entity-Relationship-Datenbankschema verwaltet hierbei verschiedene Tabellen. Zur Web-basierten, graphischen Modellierung von IDM Prozessen bettet das BIM-PMS einen BPMN Editor ein. Dabei versioniert das System die IDM-Stände bei jedem Speichern, indem die XML Schemata der IDM-Prozesse inklusive Zeitstempel in die Datenbank geschrieben oder von dort ausgelesen werden. Somit kann zu jedem Zeitpunkt ein älterer Stand wiederhergestellt werden. Weiterhin wurde ein Benutzermanagementsystem integriert, welches den projektspezifischen Zugriff auf IDMs ermöglicht. Somit kann nachvollzogen werden, welcher Bearbeiter ein IDM zu welchem Zeitpunkt verändert hat. Die versionierten IDMs können entweder in tabellarischer Form oder in einer Prozessmatrix dargestellt werden. Weitere Server-basierte Tools, wie TexLive und Inkscape werden eingesetzt, um Projektberichte als PDF automatisiert generieren zu können.

Neben der BIM-Prozessmatrix kann auch die Modellentwicklungsmatrix über das BIM-PMS abgebildet, kollaborativ bearbeitet und eingefroren werden. In DIN EN ISO 19650 wird der Begriff des Modellentwicklungsgrades im Englischen als „Level of Information Need" (LOIN) analog zu der in der Literatur verbreiteten Bezeichnung „Level of Development" (LOD) verwendet [21].

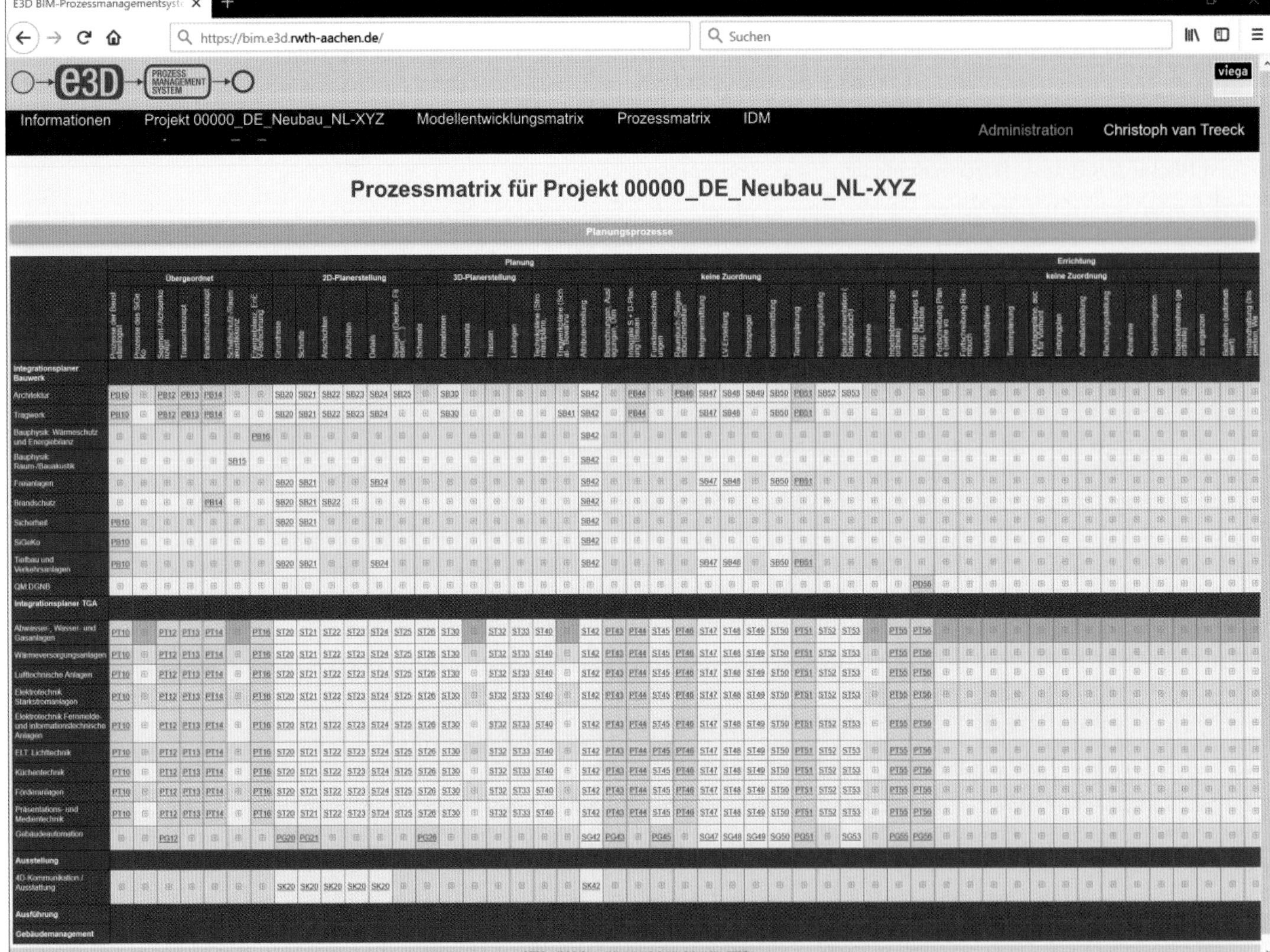

Abb. 1–23 E3D Prozessmanagementsystem als Web-basierte Kollaborationsplattform zur Verwaltung und Versionierung von BIM-Prozessen (Anwendungsfällen). Hinter jedem Matrixeintrag steckt ein BIM-Prozess, der in einem Editor nach dem BPMN-Schema bearbeitet werden kann.

Zur Vorgabe des Modellentwicklungsgrades hinsichtlich Modellinhalt und Modellqualität (Fertigstellungsgrad) wurde vom Autor in [2] als Erweiterung des Ansatzes von Hausknecht und Liebich bzgl. Geometrie und Informationsgehalt [36] ein Ansatz vorgestellt, der ein Level of Geometry (LoG), Information (LoI), Coordination (LoC) und Logistik (LoL) vorsieht, kurz als LoGICaL-Modell bezeichnet [28]. Hierbei wird, wie in Abb. 1–24 dargestellt, unterschieden zwischen

- dem Modellinhalt hinsichtlich Geometrie (G) und Informationsgehalt (I) bezüglich Attribuierung, jeweils von 1 (grob) bis 5 (detailliert) sowie
- der Modellqualität, ausgedrückt im Koordinationsgrad (C) bzw. Fertigstellungsgrad der Gebäudetechnik, von 1 (nicht abgestimmt) bis 5 (Gewerke-übergreifend abgestimmt mit gebautem Zustand), und der logistischen (L) Verknüpfung mit dem Terminplan, jeweils von 1 (keine Verknüpfung) bis 5 (Lean Management mit Just-in-Time-Lieferung, Montage bzw. Inbetriebnahme).

Für die TGA besonders relevant ist dabei das LoC, da hiermit das beschriebene Konzept-basierte Vorgehen – d.h. die frühzeitige Abstimmung der zuvor eingeführten strukturgebenden Elemente – verbindlich eingefordert werden kann. In der Terminologie der neuen Richtlinie VDI 2552 Blatt 3 [40] kann auch von einem sogenannten Fertigstellungsgrad gesprochen werden. In der Richtlinie ist diese Art eines Fertigstellungsgrades jedoch bislang nicht definiert. Die Richtlinie fokussiert sich auf Mengen und Controlling unter dem Aspekt des Hochbaus und nicht aus Sicht der Gebäudetechnik. An dieser Stelle wird eine Erweiterung und Überarbeitung der Norm angeregt, um den aus Sicht der Gebäudetechnik zentralen Gedanken eines Fertigstellungsgrades strukturgebender Elemente einzuführen.

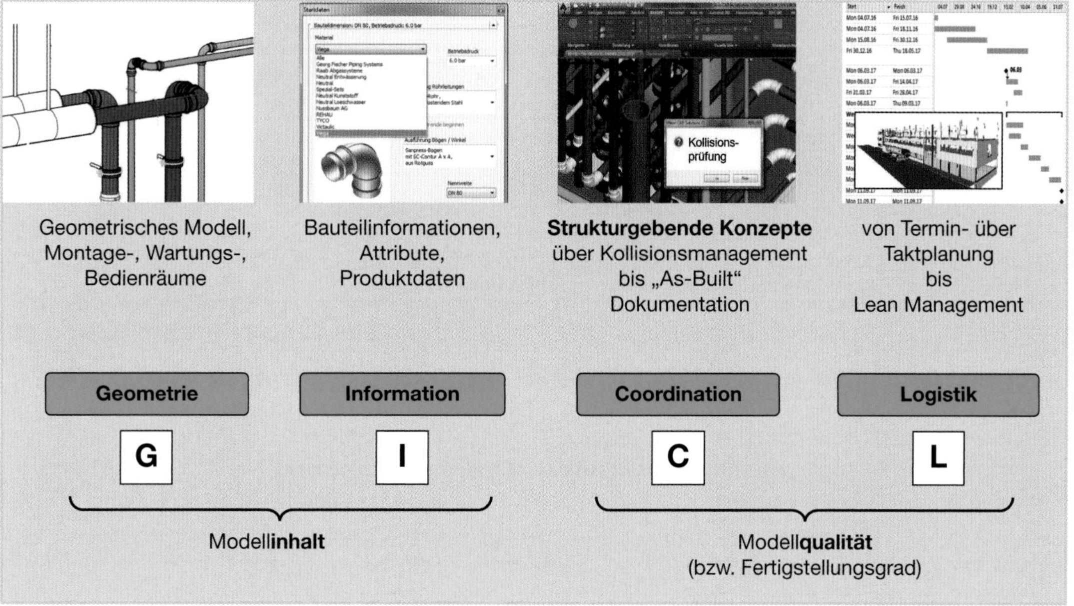

Abb. 1–24 LoGICaL-Schema nach [2] zur Festlegung von Modellinhalten und Modellqualitäten (Fertigstellungsgraden)

Im einfachsten Fall betrifft die Vorschrift des LoC beispielsweise die Vorgabe, dass die Konzepte als Solche anzuwenden sind. So kann weiterhin vorgeschrieben werden, dass ein planerisch abgestimmtes und mit dem Tragwerk kollisionsfreies Trassenmodell (grob in LoG 1, einschließlich Toleranzen und Reserven) zum Ende der Entwurfsplanung vorzuliegen hat. Im Extremfall betrifft ein LoC 4 im Rahmen der As-Built Dokumentation die Überprüfung der bauseits installierten Komponenten. Für LoC 5 betrifft diese Überprüfung sogar das Gewerke-übergreifende Zusammenwirken (beispielsweise wichtig für die Inbetriebnahme). Für weitere Details wird auf die ausführliche Darstellung in [2] verwiesen.

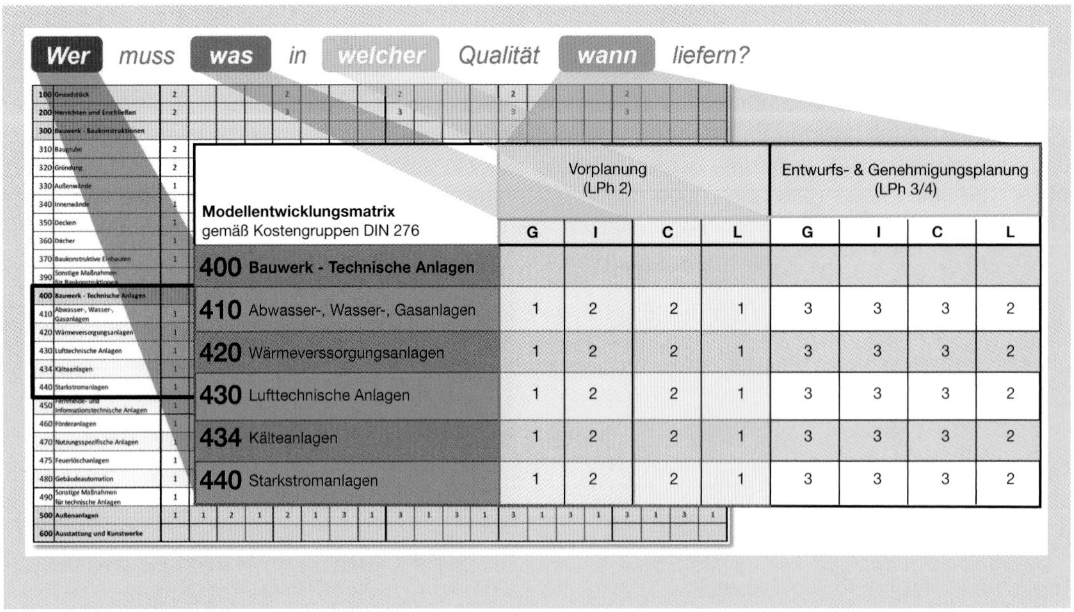

Wer muss was in welcher Qualität wann liefern?

Modellentwicklungsmatrix gemäß Kostengruppen DIN 276	Vorplanung (LPh 2)				Entwurfs- & Genehmigungsplanung (LPh 3/4)			
	G	I	C	L	G	I	C	L
400 Bauwerk - Technische Anlagen								
410 Abwasser-, Wasser-, Gasanlagen	1	2	2	1	3	3	3	2
420 Wärmeverssorgungsanlagen	1	2	2	1	3	3	3	2
430 Lufttechnische Anlagen	1	2	2	1	3	3	3	2
434 Kälteanlagen	1	2	2	1	3	3	3	2
440 Starkstromanlagen	1	2	2	1	3	3	3	2

Abb. 1–25 Modellentwicklungsmatrix zur Festlegung, welche Modellinhalte und Fertigstellungsgrade zu welchem Zeitpunkt und für welches Gewerk eingefordert werden

Abb. 1–25 verdeutlicht die projektseitige Vorgabe

„Wer muss was in welcher Qualität wann liefern?“

mittels einer Modellentwicklungsmatrix am Beispiel der Leistungsphase Vorplanung (LPh 2). Hierbei wird für Elemente der einzelnen Kostengruppen nach DIN 276 für jeden Beteiligten („wer“) definiert, welche Modellinhalte („was“) und Modellqualitäten bzw. Fertigstellungsgrade („welche Qualität“) zu welcher Phase („wann“) zu liefern sind. Die Modellentwicklungsmatrix wird im Rahmen der AIA zwischen Bauherrn und Planern abgestimmt und Bestandteil des BAP. Sie wird entweder als Anforderung im Rahmen der AIA oder in einem vorvertraglichen Dokument (Pre-BAP) vertraglich verbindlich festgeschrieben. Für die Gebäudetechnik ist besonders wichtig, dass über den Fertigstellungsgrad des LoC planerisch zu lösende Koordinationsaufgaben vertraglich eingefordert und QM-seitig überprüft werden können.

4.2.6 BIM-Kommunikationsmanagement

Im Kapitel BIM-Kommunikationsmanagement wird im BAP die im Projekt zur modellbasierten Kommunikation zu verwendende Applikation einschließlich der technischen Umsetzung und Vorgaben zur Erstellung und Bearbeitung von Koordinationsaufgaben dokumentiert. Obwohl das Thema auch formal als BIM-Prozess im BIM-PMS enthalten ist, wird die inhaltliche Ausarbeitung in einem separaten Kapitel hervorgehoben, da die Nutzung einer modellbasierten Kommunikationsplattform ein entscheidendes Erfolgskriterium für die interdisziplinäre, kollaborative Arbeitsweise darstellt. Als Datenschnittstelle für den Austausch von Informationen wurde im Projekt „Viega World“ das von buildingSMART entwickelte offene Datenaustauschformat BIM Collaboration Format (BCF) verwendet [41].

Die Anzahl der auf dem Markt erhältlichen BCF-Softwareprodukte, die eine softwareübergreifende Anbindung an verschiedene Autorensysteme anbieten, ist zurzeit noch überschaubar, sodass die Produktauswahl bislang eingeschränkt ist. Die wenigen durch Drittanbieter erhältlichen Softwaretools, die einen BCF-Workflow anbieten, lassen eine individuelle Konfigurierbarkeit von Eigenschaften einer BCF-Koordinationsaufgabe zu. Eigenschaften können beispielsweise Titel, Status, Priorität, Typ, Phase, Fälligkeitsdatum und Verantwortung sein, die durch den BIM-Planer auf die projektspezifischen Rollen und Rahmenbedingungen voreingestellt werden können. In Viewpoints werden die Koordinaten der gewählten Ansichtseinstellung und Informationen zu den sichtbaren oder ausgewählten Bauteilen durch ihre (GU)IDs gespeichert und anhand von Kommentarfeldern lässt sich eine Koordinationsaufgabe detailliert beschreiben und dokumentieren. Eine Archivierung von Koordinationsaufgaben ist jederzeit durch den Administrator möglich.

Neben den formalen Regeln zum Ausfüllen der BCF-Eigenschaften sollten weitere Angaben zur Fristsetzung für die Bearbeitung und der Vorgehensweise bei Nichteinhaltung (Klärung in Planungs- oder Projektsteuerungsbesprechungen) gemacht werden. Anhand eines Prozessdiagramms im IDM-Format wird der BCF-Workflow abschließend auf dem BIM-PMS dokumentiert.

4.2.7 BIM-Applikationsmanagement

Nach Beantwortung der organisatorischen und informationsaustauschtechnischen Fragestellungen spielt die Softwareontologie in einem BIM-Projekt eine ebenso entscheidende Rolle. Wenn der BAP als Werkzeugkasten zur technischen Umsetzung der kollaborativen, modellbasierten Planung verstanden werden kann, dann ist die eingesetzte Software auch das Werkzeug, mit dem die entsprechenden BIM-Prozesse umgesetzt werden.

Das Kapitel beschreibt somit die softwareseitigen Arbeitsmittel der beteiligten Planer und erläutert die Zusammenhänge, Schnittstellenspezifika und Datenaustauschformate, die zur Übergabe von geometrischen und alphanumerischen Informationen eingesetzt werden. Unabhängig davon, ob ein Open- oder Closed-BIM Ansatz im Projekt gewählt oder vorgegeben wird, ist es Aufgabe des BIM-Planers, die eingesetzten Applikationen bei den jeweiligen Fachplanern abzufragen und auf Konformität mit den Vorgaben und Zielen des Auftraggebers zu prüfen. Insbesondere die Frage nach der kompatiblen Schnittstelle zur Umsetzung der Modellpartitionierung im Sinne der „Federation Strategy and Breakdown Structure" nach DIN EN ISO 19650 [21] muss durch die Zusammensetzung der Softwaresysteme gesichert sein.

Abb. 1–26 zeigt beispielhaft, wie die verschiedenen Applikationen der jeweiligen Fachplaner zusammenhängend als Ontologie dargestellt werden können. Ontologien dienen in der Informatik als Mittel zur „Beschreibung eines Wissensbereichs mit Hilfe einer standardisierten Terminologie sowie durch Beziehungen und ggf. Ableitungsregeln zwischen den dort definierten Begriffen" [42]. In diesem Fall werden Applikationen wie die BIM-Autorensoftware oder die -Datenmanagementsoftware als vorgegebene Softwaretypen (BIM-Autorensoftware, BIM-Managementsoftware) klassifiziert. Instanzen bilden die Drittanwendungen, die an die jeweiligen Softwaretypen angebunden sind und die durch die einzelnen Fachbereiche für einen entsprechenden Zweck ausgesucht wurden. Über Pfeile und Dateiaustauschformate wird die Relation zu den Softwaretypen und den Instanzen untereinander beschrieben. Neben der Darstellung der Softwareontologie sollte auch eine schriftliche Beschreibung zu den eingesetzten Softwaretypen und deren Drittanwendungen erfolgen. Diese sollte von den Fachplanern erstellt und vom BIM-Planer auf Plausibilität geprüft und dokumentiert werden.

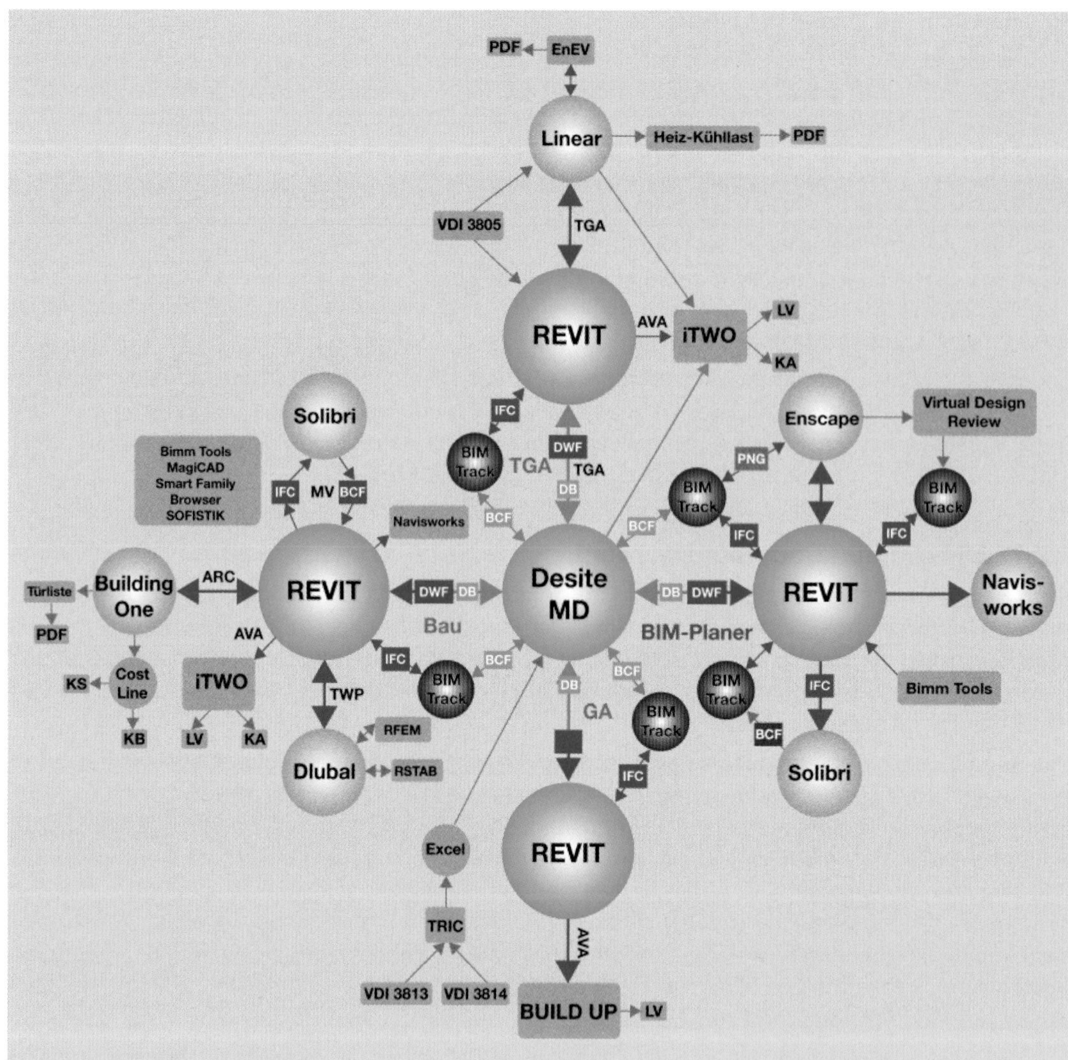

Abb. 1–26 Beispielhafte Darstellung der Softwareontologie in einem Projekt für den Datenaustausch zwischen drei Fachmodellen Architektur/Bau, TGA, Gebäudeautomation und dem BIM-Planer

4.2.8 BIM-Datenmanagement

Die technische Umsetzung und die Vorgaben zur Einhaltung der Modellpartitionierung nach DIN EN ISO 19650 [21] werden im Abschnitt BIM-Datenmanagement des BAP beschrieben. Das Kapitel teilt sich auf in Modellierungsstandards und Datenstandards:

- Modellierungsstandards (CAD-Autorensoftware)
  - Versionsinformationen,
  - Angaben zu Koordinatensystemen und Vermessungsdaten,
  - Angaben zum Rastersystem,
  - Angaben zur Verwendung von Ebenen inkl. Namenskonventionen,
  - Angaben zur Modellierung von BIM-Objekten,
  - Angaben zum Export (IFC, DWF);

- Datenstandards (BIM-Zentraldatenbank)
  - Ordnungssysteme (Federation Strategy),
  - Kennzeichnungsschlüssel (KS),
  - Baugruppenkennzeichen (DIN 276),
  - Bauwerksstruktur (Project Breakdown Structure),
  - Typenstruktur (Bereich, Raum, Segment, Bauteil),
  - Attributmanagement (Schema, Namenskonventionen),
  - Export/Import (z. B. CPA, XLS),
  - Formulare (Raumbuch, Segmentbuch, Typen).

Modellierungsstandards dienen in erster Linie dazu, die verschiedenen Fachmodelle auf ein gemeinsames Grundgerüst abzustimmen, damit insbesondere die Koordinaten, das Tragwerksraster und die (Geschoss-)Ebenen konsistent zueinander sind. Die Modellierungsstandards von BIM-Objekten können allgemein oder softwarespezifisch formuliert werden, daher ist eine enge Abstimmung zwischen BIM-Planer, Fachplaner Architektur, Tragwerk und TGA notwendig, um in Abhängigkeit der BIM-Prozesse eine Festlegung zur Modellierung von Bauteilen zu treffen. Allgemeine Modellierungsstandards, wie die geschossweise Modellierung von Wänden werden vom BIM-Planer vorgegeben.

Datenstandards beziehen sich im Projekt insbesondere auf die Umsetzung einer Ordnungssystematik in der BIM-Zentraldatenbank auf Basis des Kennzeichnungsschlüssels, vgl. Tab. 2–1, der Gebäudeautomation. Insbesondere zur Verarbeitung von Bauwerksdaten für ein Gebäudemanagementsystem (CAFM) ist die Zuordnung aller Bauteile in die Bauwerksstruktur von Nöten, da durch den hierarchischen Aufbau jedes Bauteil bzw. jede Anlage eindeutig verortet wird. Das Baugruppenkennzeichen (BGK) enthält für alle Bauteile die Klassifizierung nach DIN 276.

Tab. 2–1 Einheitlicher Kennzeichnungsschlüssel bzw. Anlagenkennzeichnungsschlüssel (AKS), automatisch erzeugt aus Bauwerksstruktur im BIM-Datenmanagementsystem in Anlehnung an Systematik VDI 3813/3814 [42]

KS-Hauptgruppe	Standort															Anlage																	
KS-Gruppe	Land		Liegenschaft				–	Bauabschnitt		Ebene		Sektor			–	Anlage								Komponente							GA-Objekt		
KS-Teilgruppe								Außenanlage								Gewerkekennung			Art		Lfd.-Nr.			Kurzzeichen Komponente				Lfd.-Nr.			Art	Lfd.-Nr.	
Stelle	1	2	3	4	5	6	7	8	9	10	11	12	13	14	15	16	17	18	19	20	21	22	23	24	25	26	27	28	29	30	31	32	33
Beispiel	D	E	0	0	0	1	–	0	4	0	2	2	0	1	–	4	8	4	0	1	0	0	1	B	0	4	0	0	0	1	M	0	1

Im Projekt wurden Bauteile in der CAD-Autorensoftware (Revit) durch die Typenparameter Baugruppenkennzeichen und Baugruppenbeschreibung klassifiziert und im Koordinationsmodell zusammengeführt. Durch eine bidirektionale Verknüpfung mit der BIM-Zentraldatenbank und einem Attributschema wurden alle Bauteile aller Gewerke mit den jeweils relevanten und notwendigen Attributen verknüpft. Eine detaillierte Beschreibung des im Projekt entwickelten Attributmanagements wird in Kapitel 5.2 gegeben. Typenstrukturen wurden in der BIM-Zentraldatenbank (DesiteMD) analog zur Bauwerksstruktur zugeordnet. Auch hier sind die notwendigen Parameter (BGK) zu verwenden um eine regelbasierte Verknüpfung durchführen zu können. BIM-Objekte dürfen je Typenmodell nur ein einziges Mal verknüpft werden, andernfalls ist keine eindeutige Attribuierung möglich. Typen helfen die Komplexität von technischen Anlagen in Gebäuden zu reduzieren und durch eine modulare Vorfertigung Investitionskosten des Gebäudes zu senken. Weitere Informationen werden in Kapitel 5.1 und 7.2 gegeben.

Alle Attribute wurden entweder in der Autorensoftware und/ oder über die im Projekt hierfür entwickelten Formulare in der Zentraldatenbank mit Werten befüllt. Planer, die nicht konstruktiv CAD-basiert arbeiteten wie beispielsweise der Fachplaner Bauphysik, können ihre Berechnungen und Angaben an die entsprechenden Attribute über die Typenformulare (Raumtypen, Segmenttypen) mit den BIM-Objekten der jeweils anderen Fachplaner verknüpfen (womit sie Modell-basiert arbeiteten). Das Formular Raumbuch wurde über die im Projekt entwickelte und kontinuierlich fortgeschriebene Attributliste generiert. Über die Filterfunktion lassen sich diverse Sichten auf die im Modell enthaltenen Informationen bezogen auf das LoI, die Projektphasen oder das Gewerk darstellen. Zusammenfassend ermöglicht das Formular Raumbuch (und Segmentbuch) die Gewerke-übergreifende Attribuierung von BIM-Objekten und stellt das Front-End der BIM-Zentraldatenbank dar.

4.2.9 BIM-Qualitätssicherung

Zur Sicherstellung der vom Auftraggeber festgelegten BIM-Ziele in der gewünschten Qualität werden in den AIA bereits Angaben zu Modellprüfungen, Konformitätstests und Erläuterungsberichten gemacht. Diese Angaben gilt es im BAP zu detaillieren und die vom BIM-Planer eingesetzten Qualitätssicherungsmaßnahmen zu dokumentieren (nicht zu verwechseln mit den Aufgaben des Qualitätsmanagements, vgl. Abschnitt 6.1).

Im Projekt wurden Modellprüfungen auf Grundlage der im Lastenheft definierten Stufen durchgeführt. Für die Modellprüfungen kamen organisationsintern und organisationsübergreifend verschiedene Softwaresysteme zum Einsatz. Die softwareseitige Vorgehensweise der organisationsinternen Modellprüfung (Stufe 2) wurde im BAP nicht vorgegeben, da jeder Fachplaner eigenverantwortlich für die Richtigkeit seiner BIM-Daten ist. Die Vorgehensweise der Modellprüfungen (Stufe 3) des Koordinationsmodells wurde im BAP dokumentiert. Wichtig ist herauszustellen, dass jeder Projektbeteiligte zwar in erster Linie für die Qualität seines eigenen Fachmodells verantwortlich war, die Qualität des Koordinationsmodells (BIM-Zentraldatenbank) jedoch nur durch Teamwork entsteht. Daher ist das gesamte Planungsteam für das Endprodukt verantwortlich.

Im Rahmen der Ausarbeitung des BAP wurden konkrete Festlegungen zur kollaborativen Zusammenarbeit und zum Einsatz verschiedener BIM-Applikationen getroffen. Bevor mit der Modell-basierten Planung begonnen wurde, dienten Konformitätstests erstens zur Sicherstellung der Anwendbarkeit dieser Festlegungen, zweitens zur Sicherstellung der Funktionalität der im BIM-PMS definierten BIM-Prozesse und drittens zur Prüfung des korrekten Projekt-Setups der Fachmodelle zum Projekt-Start. Ziel war die Auffindung vereinzelter unbekannter Schwachstellen im Datenverkehr zwischen den am BIM Beteiligten zur Verminderung von Fehlern und Erhöhung der Effizienz des Informationsaustauschs. Die Konformitätstests waren bestanden, wenn die oben beschriebenen Anforderungen erfüllt und sich alle am BIM-beteiligten Fachplaner auf die Einhaltung dieser Festlegungen einigen konnten. Die Durchführung und Organisation von Konformitätstest oblag dem Verantwortungsbereich des BIM-Planers.

BIM-Erläuterungsberichte (BIM-EB) dienten als planungsbegleitendes Qualitätssicherungsinstrument anhand derer die Modellprüfungen (Stufe 2 und 3) dokumentiert wurden. Der BIM-Planer erstellte Vorlagen mit allen notwendigen Abfragen und verteilte diese an die Fachplaner (BIM-EB FaM), die diese zu festgelegten Datenübergabepunkten auf dem BIM-DMS ablegten. Nach Prüfung der BIM-Planungsqualität im Koordinationsmodell (BIM-EB KoM), dokumentierte der BIM-Planer alle „Mängel“ und verteilte diese wiederum an die Fachplaner über das BIM-DMS.

4.2.10 Glossar

Alle im BAP verwendeten Abkürzungen und Begriffsdefinition sollten aus Gründen der Übersichtlichkeit an zentraler Stelle in einem Glossar dokumentiert werden. Sollte ein Konzept-übergreifendes Glossar bestehen, ist auf eine einheitliche Konsistenz zu achten.

5 Herausforderungen und wie diese im Projekt gelöst wurden

5.1 Modellpartitionierung und -organisation nach DIN EN ISO 19650

5.1.1 Bezug zur DIN EN ISO 19650

DIN EN ISO 19650 [21] wird oftmals nur im Zusammenhang mit Informationsaustauschanforderungen (Exchange Requirements) oder dem gemeinsamen Datenraum, der Common Data Environment (CDE), referenziert. Besonderes Augenmerk liegt jedoch auch auf der Organisation der kollaborativen modellbasierten Zusammenarbeit über die Partitionierung und Strukturierung eines Modells. Dies betrifft nicht nur die Nebenläufigkeitskontrolle [25] bei der verteilt-synchronen Bearbeitung. Einige kommerzielle Modellserver ermöglichen hierfür beispielsweise das vorübergehende Sperren von Teilmodellen zur Vermeidung konkurrierender Zugriffe. Vielmehr geht es darum, das Modell mit Hilfe sogenannter Informationscontainer zu organisieren, indem strukturgebende Einheiten erkannt und zusammengefasst (Federation Strategy) und Ordnungsstrukturen für den Modellaufbau (Container Breakdown Structures) eingeführt werden. Beispiele für solche Informationscontainer sind Trassen, Versorgungsbereiche, Zonen oder Teilmodelle, etwa ein Teilmodell als Menge aller lastabtragenden Bauteile. Strukturgebende Einheiten besitzen naturgemäß eine unterschiedliche Granularität.

5.1.2 Strukturgebende Informationscontainer im Projekt „Viega World“

Die im Projekt „Viega World“ verfolgte Herangehensweise setzt die in DIN EN ISO 19650-1 [21] vorgeschlagene „Federation Strategy and Breakdown Structure“ (Abschnitt 10.4 in der Norm) zur Partitionierung und Organisation des BIM um, indem unterschiedliche Informationscontainer für funktionale Bereiche, die räumliche Koordination und geometrische Zusammenhänge als strukturgebende Einheiten zusammengefasst und deren Einsatz verbindlich vorgeschrieben wurde. Hierfür wurde für dieses Projekt die seitens des Qualitätsmanagements BIM definierte LoD-Metrik (LoGICaL-Schema [2], vgl. auch Abschnitt 4.2) verwendet, um geometrische und nicht-geometrische Inhalte hinsichtlich Qualität, Quantität und Granularität zu beschreiben.

Für die Modellierung in CAD und die Umsetzung in BIM wurden im Projekt entsprechende Softwarelösungen und Prozesse entwickelt, die nachfolgend dargestellt sind. Von besonderer Bedeutung war hierbei die Organisation des Modells in einer BIM-Zentraldatenbank mit bidirektionaler Anbindung an CAD, in dem sämtliche modellbasierte Informationen in einem Koordinationsmodell zentral zusammengeführt und verwaltet wurden. Als BIM-Zentraldatenbank, d. h. als Plattform zum BIM-Datenmanagement (nicht zu verwechseln mit dem BIM-Dokumentenmanagement, dem BIM-DMS), wurde im Projekt die Software Desite MD Pro eingesetzt.

Wie in Abb. 1–27 dargestellt waren die Anforderungen des Bauherrn an die Nutzungsprozesse (Lastenheft) in ein Raumprogramm (Segment- und Achsenkonzept) zu übersetzen. Hierfür ergaben sich verschiedene Konfigurationsmöglichkeiten. Über die im Lastenheft vorgegebenen Kriterien und Prioritäten (Prioritätenmatrix) wurde planerisch eine optimale Anordnung ausgearbeitet, die den Rahmen für die geometrische und topologische Gestaltung des architektonischen Entwurfs bestimmte (Umsetzung der Anforderungen des Bauherrn über den Lebenszyklus). Räume gleicher Nutzung wurden zu übergeordneten Raumtypen zusammengefasst.

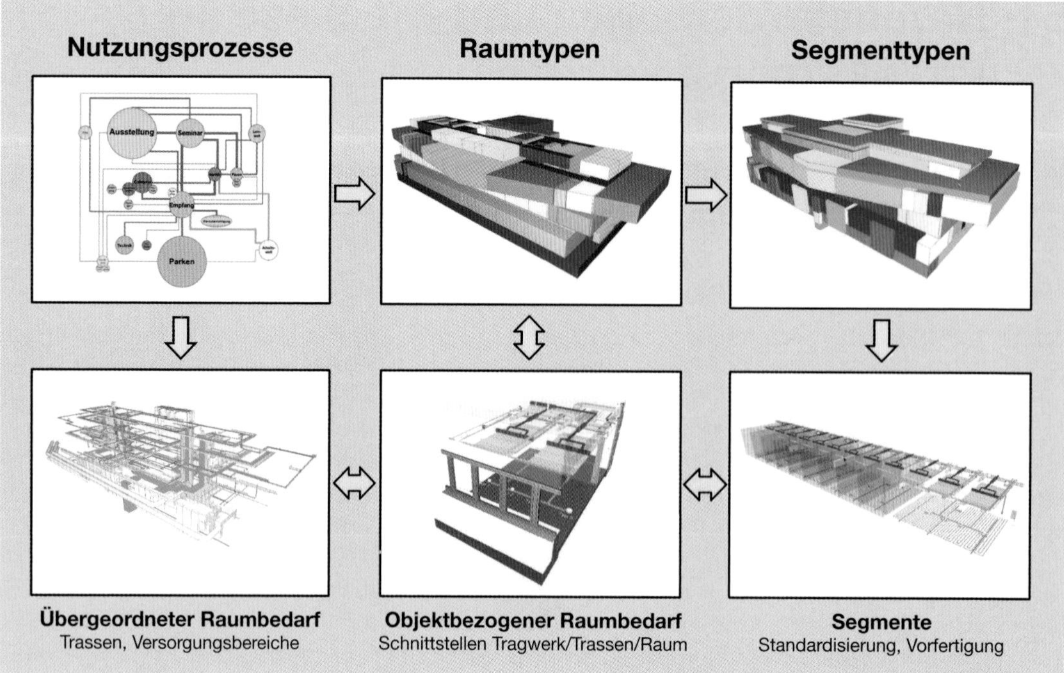

Abb. 1–27 Umsetzung von Nutzungsprozessen (Quelle: Lastenheft) in ein Raumprogramm (Quelle: Segment- und Achsenkonzept) und Modellpartitionierung in Informationscontainer nach funktionalen und geometrischen Gesichtspunkten (Quelle: BAP)

Auf Basis der im Lastenheft definierten Nutzungsprozesse wurde im Rahmen der Erarbeitung des Segment- und Achsenkonzepts das Gebäude in Segmente gegliedert. Ein Segment ist in Anlehnung an VDI 3813 [42] gemäß Definition im Segment- und Achsenkonzept die „kleinste betrachtete funktionale und geometrische Einheit, die nicht-teilbar, eigenständig nutzbar ist und für die Funktionen der Raumautomation anwendbar sind. Segmente werden im BIM als Objekt abgebildet. Ein Segment besitzt Attribute und kann geometrisch dargestellt werden." Segmente sind geometrisch ähnlich (im mathematischen Sinn) und mit identischer TGA ausgestattet. Die optimale Größe der Segmente ergibt sich aus den Anforderungen der Nutzungsprozesse in Gewerke-übergreifender Abstimmung mit dem Achsraster des Tragwerks mit den Anforderungen der technischen Gebäudeausrüstung und der Gebäudeautomation (Segment- und Achsenkonzept) [28]. Ein Raum kann dabei ein oder mehrere Segmente enthalten. Ein Segment kann sich definitionsgemäß jedoch nicht über mehrere Räume erstrecken. Segmente gleicher Art und Nutzung wurden zu Segmenttypen zusammengefasst. Bereiche fassen mehrere Räume zusammen.

Die Typisierung von Segmenten ermöglicht die Identifikation von Wiederholfaktoren mit entsprechenden wirtschaftlichen Vorteilen für die Modularisierung (Copy&Paste), Standardisierung (Schnittstellen) und flexible Umnutzung. Sie schaffen zudem die wichtige Voraussetzung für die Vorfertigung von TGA-Baugruppen (Lean Management) und die Vervielfältigung von Software für die Gebäudeautomation.

Die Koordination des Raumbedarfs für Trassen und Schächte erfolgte im Trassenmodell (Trassenkonzept). Die Zuordnung von Versorgungsbereichen und die Verortung von Technikzentralen und Brandabschnitten erfolgten über Bereiche. Der objektbezogene Raumbedarf wurde, wie über den Modellentwicklungsgrad [2] definiert, ab LoG 2 mit Hilfe von Störkörpern definiert. Neben dem Komponentenraum (Component Space), d.h. dem Raum, den das Bauteil oder die Baugruppe als Solches einnimmt, wurden Störkörper als Montageraum (Assembly Space), Wartungsraum (Maintenance Space) und Bedienraum (Operating Space) modelliert. Die Abmessungen dieser Räume und auch die Zuordnung zu den einzelnen BIM-Objekten erfolgte durch die Fachplaner. Beispielsweise umfasst der Bedienraum einer Türe den Raumbedarf zum Öffnen und Schließen der Türe, der geometrisch beispielsweise nicht mit einer Sanitäreinrichtung, etwa einem Waschbecken, kollidieren darf.

Mit diesem Vorgehen konnte damit die über das Konzept-basierte Vorgehen verfolgte Modellpartitionierungsstrategie in BIM umgesetzt werden, indem wichtige strukturgebende Einheiten zu Informationscontainern für funktionale Bereiche, die räumliche Koordination und geometrische Zusammenhänge zusammengefasst und im BIM-Datenmanagementsystem abgebildet wurden. Neben diesen strukturgebenden Einheiten wurde das Modell CAD-seitig nach den Vorgaben der Modellierungsrichtlinie auch in Ebenen organisiert, die einer einheitlichen Namenskonvention folgten.

5.1.3 Unterschiede in der Modellgranularität

Die im vorherigen Abschnitt benannten Objekte weisen keine einheitliche Modelgranularität auf – und dürfen dies auch nicht. Zu den im Projekt verwendeten BIM-Objekten zählen neben Bauteilen und Baugruppen auch die Informationscontainer Trasse, Raum, Segment, Anlage, Bereich und Gebäude (in Analogie zur Methodik in VDI 3813 und 3814 [42]). Die Unterschiede in der Granularität liegen an der Besonderheit der Gebäudetechnik (HKSLE und GA) mit objektbezogenen und strukturgebenden funktionalen Zusammenhängen.

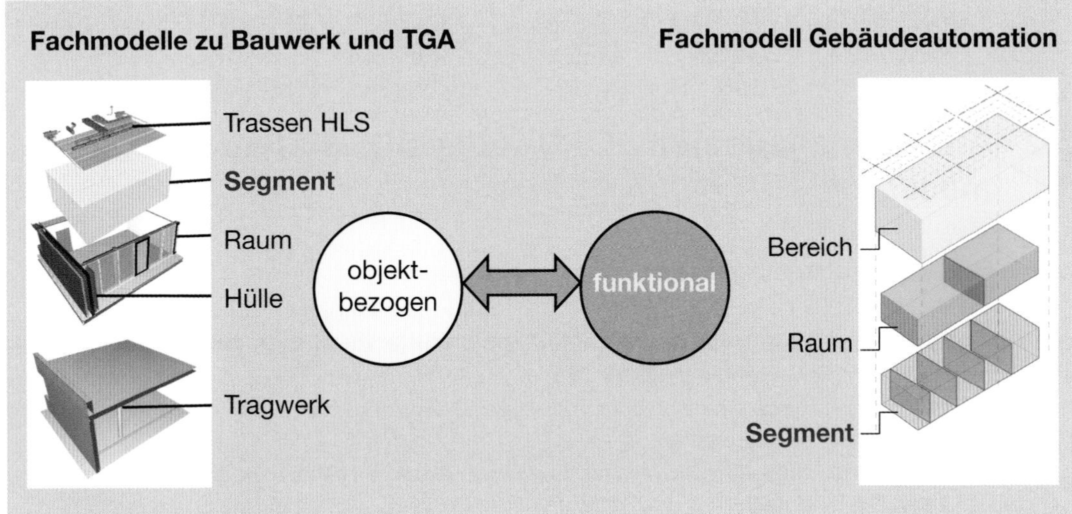

Abb. 1–28 Unterscheidung von objektbezogenen und strukturgebenden funktionalen Objekten und Informationscontainern in BIM

In Abb. 1–28 ist der Unterschied zwischen objektbezogenen und strukturgebenden funktionalen Objekten dargestellt. Funktionale Zusammenhänge werden mit Hilfe von Segmenten als kleinste, nichtteilbare Einheiten eines Gebäudes abgebildet. Besteht beispielsweise ein Raum als Großraumbüro aus drei Segmenten und wird dieses zu einem späteren Zeitpunkt in drei Einzelbüros umgenutzt, so kann die technische Ansteuerung der Segmente (z. B. Heizung, Lüftung, Elektro) über eine Umprogrammierung der Automation erfolgen. Bauseitige Eingriffe (Schlitze, neue Kabelleitungen) sind nicht erforderlich.

Strukturgebende funktionale Objekte werden damit in der gleichen Art und Weise als zu attribuierende BIM-Objekte behandelt, wie „normale" objektbezogene Komponenten bzw. Bauteile wie Fenster, Türen, Pumpen und Rohrleitungen. Vorgaben des Lastenheftes wurden beispielsweise als Attribute auf Raumebene gegeben (grob), im Zuge der planerischen Umsetzung entstanden als Objekte Bauteile, Baugruppen bzw. Segmente (fein) und für die spätere Betriebs- und Nutzungsphase sind Attribute wiederum auf Segment- bzw. Raumebene definierbar (grob). Alle Objekte sind über einen eindeutigen Kennzeichnungsschlüssel identifizierbar.

Die geometrischen Grenzen eines Segments sind definiert durch die Oberkante Rohfußboden, die Unterkante Rohdecke, Mitte einer Innenwand und Innenseite der Außenhülle. Ein Raum wird geometrisch definiert zwischen der Oberkante des Fertigfußbodens, der Unterkante einer abgehängten Decke und der Innenseite von Innen- bzw. Außenwänden.

„Funktional" hingegen ist ein Segment definiert zwischen der Mitte der Geschossdecken, Mitte einer Innenwand und bis zur Außenseite der kompletten Hüllstruktur. Diese Differenzierung ist notwendig und hinreichend, um durch räumliche Abfragen des BIM-Datenmanagementsystems BIM-Objekte in ihren funktionalen Kontext stellen zu können. Beispielsweise müssen aus funktionalen Gesichtspunkten eine Betonkernaktivierung oder ein Deckenkühlsystem einem Segment eindeutig durch räumliche Abfrageoperatoren zugeordnet werden können.

Mit Hilfe dieser Definitionen konnten die Systematik in Desite MD erfolgreich umgesetzt und Segmentzuordnungen automatisiert erzeugt werden. Die Definition der geometrischen Körper erfolgte CAD-seitig für Segmente von Hand; Räume wurden automatisch in Revit generiert. An dieser Stelle ist anzumerken, dass die Zonierung zur Definition von Räumen mit unterschiedlichen geometrischen Begrenzungsflächen häufig für verschiedenartigste ingenieurtechnische Berechnungen benötigt wird. Hierfür sind entsprechende Anfragen an ein Modell unter Verwendung von räumlichen Operatoren [43] und automatisierte Analysemethoden [44] erforderlich. Beispiele sind die Heizlastberechnung, oder Bilanzverfahren nach DIN 4108-6 oder DIN 18599 [45]. Erfahrungsgemäß stellt dies für CAD-Systeme eine anspruchsvolle Aufgabe dar, für die bislang keine allgemeingültige und robuste Lösung verfügbar ist.

5.2 Attributmanagement: CAD- oder BIM-Datenmanagement?

5.2.1 BIM-Attributmanagement

Im Projekt wurde besonderes Augenmerk auf das Attributmanagement gelegt. In Analogie zur geometrischen Kollisionsvermeidung wurde im Projekt hierfür explizit die Rolle eines „Attributmanagers" eingesetzt, die vom Fachplaner Gebäudeautomation wahrgenommen wurde. Für das BIM-Datenmanagement wurde eine einheitliche Modellstruktur entwickelt, die drei Ordnungssysteme miteinander verknüpft. Diese verwendet

- Baugruppenkennzeichen auf Basis einer Erweiterung der DIN 276 [46] für eine einheitliche Zuordnung von BIM-Objekten zu den Strukturknoten in der Bauwerksstruktur,
- eine Bauwerksstruktur zur Darstellung von hierarchischen Abhängigkeiten zwischen BIM-Objekten (auch bezeichnet als „Project Breakdown Structure")
- sowie eine Typenstruktur für Bauteile, Baugruppen, Segmente, Räume, Anlagen, Bereiche (TGA-, Architektur- und Nutzungsbereiche) sowie Freianlagen.

Die Definition eines einheitlichen Kennzeichnungsschlüssels in Anlehnung an die Vorgaben für die Gebäudeautomation nach VDI 3813 bzw. VDI 3814 stellte hierbei die Grundlage für die Definition der Bauwerksstruktur dar [42]. Damit soll insbesondere die spätere Übertragbarkeit der Kennzeichnungssystematik auf alle Lebenszyklusphasen sichergestellt und die Voraussetzung zur Verknüpfung zwischen BIM, Gebäudeautomation und CAFM geschaffen werden. Mangels Verfügbarkeit einer einheitlichen Klassifikationssystematik für die TGA wurde im Projekt in Zusammenarbeit zwischen allen beteiligten Fachplanern eine eigene Gewerke-übergreifende Systematik zur Klassifikation von Bauteilen und Baugruppen entwickelt und, wie in Abb. 1–29 dargestellt, in einer BIM-Zentraldatenbank implementiert. BIM-Objekte besitzen eine eindeutige Zuordnung zu Knoten der Bauwerksstruktur.

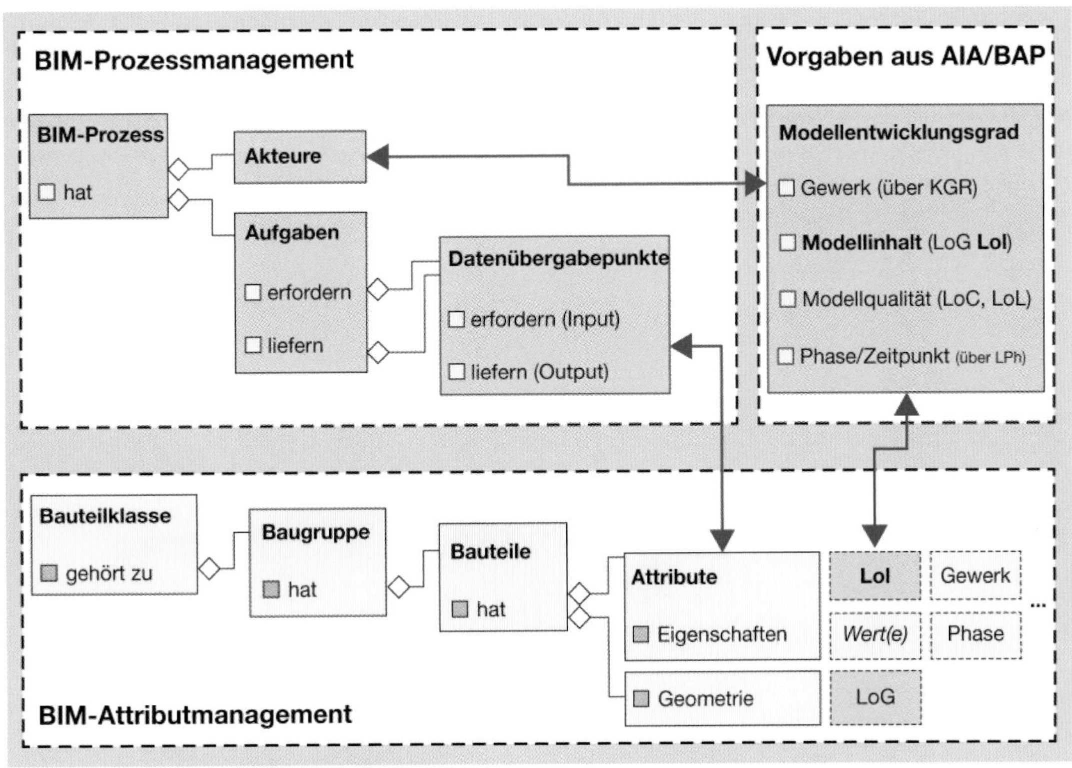

Abb. 1–29 Datenbankschema zur Abbildung des Zusammenhangs zwischen objektbezogenen Attributen, Datenübergabepunkten des Prozessmanagements und Vorgaben aus AIA bzw. BAP zum Modellentwicklungsgrad

Die „Single Source of Truth" bildet im Projekt das BIM-Koordinationsmodell. Fachmodelle aus der CAD-Autorensoftware Autodesk Revit und aus anderen Quellen wurden hierbei bidirektional an die BIM-Zentraldatenbank angebunden und jeweils nach mehrstufiger Modellprüfung gemäß BAP zu einem koordinierten Datenmodell, dem BIM-Koordinationsmodell, zusammengeführt.

Für die Attribuierung wurde in Zusammenarbeit aller Fachplaner ein umfangreiches Gewerke-übergreifendes Datenbankschema entwickelt, das allen im Projekt enthaltenen BIM-Objekten eindeutige Attribute zuweist. BIM-Objekte sind hierbei neben

- Bauteilen und Baugruppen auch
- alle weiteren Informationscontainer wie Trassen, Räume, Segmente, Anlagen, Bereiche und das Gebäude als Ganzes.

Zusätzlich zur Verknüpfung zum

- Baugruppenkennzeichen und der
- Zuordnung der Projektphase und der
- Zuständigkeit (Architektur, Bauphysik, Tragwerksplanung, TGA, Gebäudeautomation)

erfolgte attributweise auch eine Zuordnung zum entsprechenden

- Level of Information (LoI) sowie zu den einzelnen
- BIM-Prozessen.

Abb. 1–29 verdeutlicht weiterhin die Ontologie des im Datenbankschema abgebildeten Zusammenhangs zwischen vorgenannten objektbezogenen Attributen und den Datenübergabepunkten des BIM-Prozessmanagements und den Vorgaben aus AIA bzw. BAP zum Modellentwicklungsgrad. Über die Verknüpfung des benötigten Level of Information (LoI) mit jedem Attribut kann ein Bezug zur Vorgabe zum LoI in der Modellentwicklungsmatrix hergestellt werden, der damit modellseitig prüfbar wird.

Die Attribuierung berücksichtigt ferner die Granularität der einzelnen Fachmodelle im Sinne der zuvor beschriebenen Konzepte. Die Umsetzung des Attributmanagements erfolgte softwareseitig, wie in Abb. 1–30 dargestellt, in dem BIM-Datenbankmanagementsystem Desite MD Pro.

Das entwickelte Klassifikationssystem und Attributschema ist erweiterbar und auf andere Projekte übertragbar. Es enthält alle im Projekt vorkommenden Elemente der Kostengruppen 300 und 400 sowie die Außenanlagen des Gebäudes.

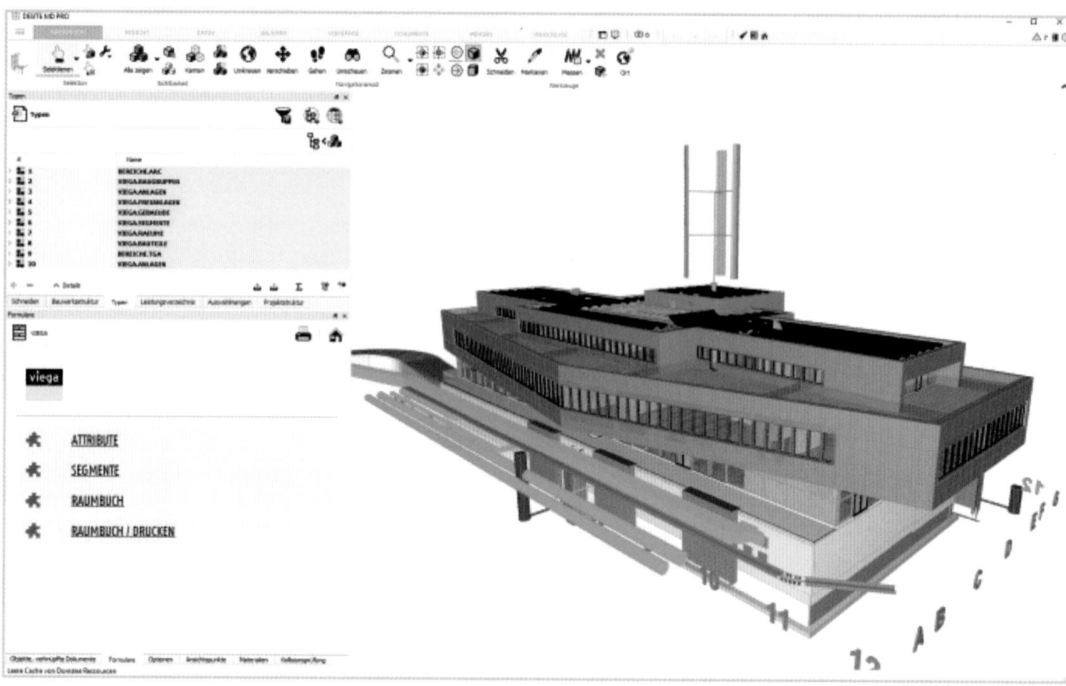

Abb. 1–30 Umsetzung des Attributmanagements im Projekt in Datenmanagementsystem Desite MD mit entsprechenden Weiterentwicklungen

5.2.2 Die Komplexität beherrschbar gestalten

Um die mit dem Datenschema einhergehende Komplexität für die Akteure beherrschbar zu gestalten, erfolgte die Definition des Schemas in einem vorgegebenen Tabellenblatt als standardisiertes Eingabeformat, das sich jeweils auf den Kontext der jeweiligen Fachdisziplin beschränkte. Die Tabellen wurden regelmäßig durch den BIM-Planer zusammengeführt und über einen automatisierten Skript-basierten Prozess in eine Eingabedatei für die BIM-Zentraldatenbank überführt. Im Schema war es Fachplanern zudem möglich, entsprechende selbst definierte Filterfunktionen zu setzen. Auch konnten Schreib- und Leserechte definiert werden, um festzulegen, welche Attribute im bidirektionalen Austausch von welcher Seite (CAD oder BIM-Zentraldatenbank) aktualisiert und überschrieben werden sollten und welche nicht. Die Koordination der Attribute erfolgte wie oben beschrieben durch die Rolle des Attributmanagers.

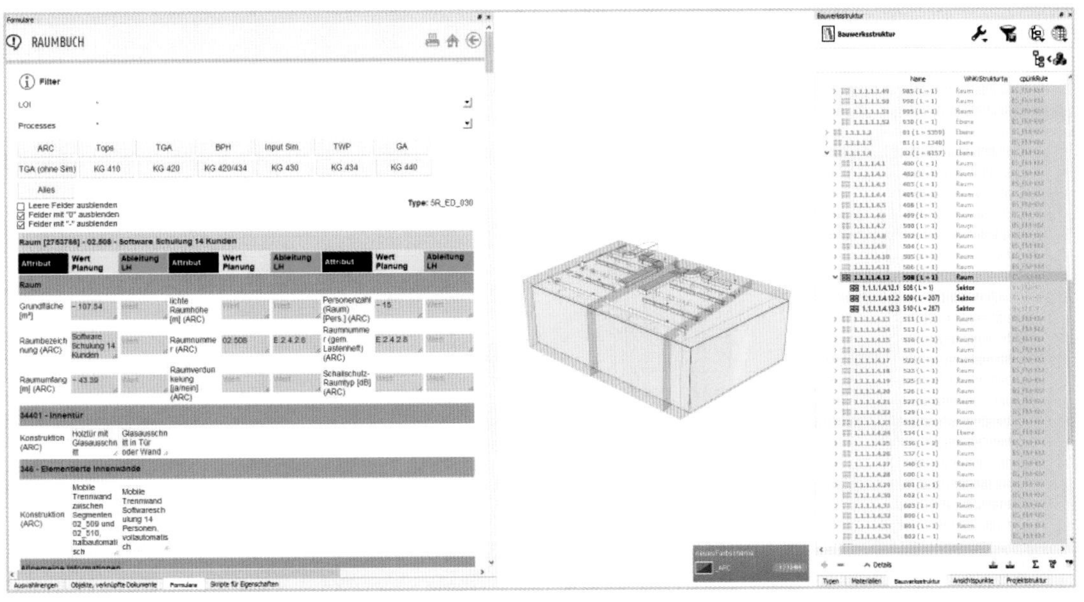

Abb. 1–31 Benutzerdefinierte Formularansicht des Raumbuches mit Filtern in Desite MD

Abb. 1–31 zeigt exemplarisch die Anwendung des BIM-Datenbankmanagements in der Softwareumgebung Desite MD Pro. Im linken Bild ist das Raumbuch zu einem ausgewählten Raumobjekt dargestellt einschließlich der beiden in diesem Raum enthaltenen Segmente als benutzerdefinierte Formularansicht auf die BIM-Datenbank mit Filtern zum LoI, zum Prozess und zur Zuständigkeit. Im rechten Bild ist das Objekt in der Bauwerksstruktur selektiert. Welche Filter und Ansichten verfügbar sind kann über die Konfigurationstabelle individuell konfiguriert werden, hierfür sind seitens der Akteure keine Programmierkenntnisse erforderlich. Im Zuge des Projektes „Viega World“ wurden gemeinsam mit dem Hersteller des Softwaresystems zahlreiche Weiterentwicklungen angestoßen und umgesetzt.

5.3 Modellpartitionierung aus CAD-Sicht: Von grob nach fein und umgekehrt – geht das?

5.3.1 Anforderungen an die Modellpartitionierung seitens der TGA

Die Anforderungen an die Partitionierung eines Modells sind CAD-seitig aus Sicht der Gebäudetechnik derzeit nicht zufriedenstellend abbildbar. Für den Hochbau kann zweckmäßig eine Differenzierung nach tragenden oder nicht tragenden Bauteilen und eine Aufteilung in Fachmodelle erfolgen. In der Gebäudetechnik wird üblicherweise eine Aufteilung in einzelne TGA-Teilmodelle vorgenommen, wofür in der Praxis ausgereifte CAD-Werkzeuge zur Verfügung stehen, mit denen auch eine Berechnung, Auslegung und Dimensionierung vorgenommen werden kann. Für die Partitionierung und Organisation des Modells mit Blick auf die Gebäudetechnik als maßgeblichen Strukturgeber, wie in Abschnitt 3.1.2 dargestellt, existiert jedoch derzeit kein struktureller Ansatz in CAD.

Abb. 1–32 verdeutlicht den Zusammenhang an einem Beispiel einer Trassenführung mit entsprechenden Ein- und Ausfädelungspunkten. Im linken Bild ist das Trassenmodell im geometrischen Detaillierungsgrad LoG 2 dargestellt, das mittlere Bild zeigt das TGA-Modell in einem höheren Detaillierungsgrad LoG 5, das rechte Bild die Überlagerung beider Modelle.

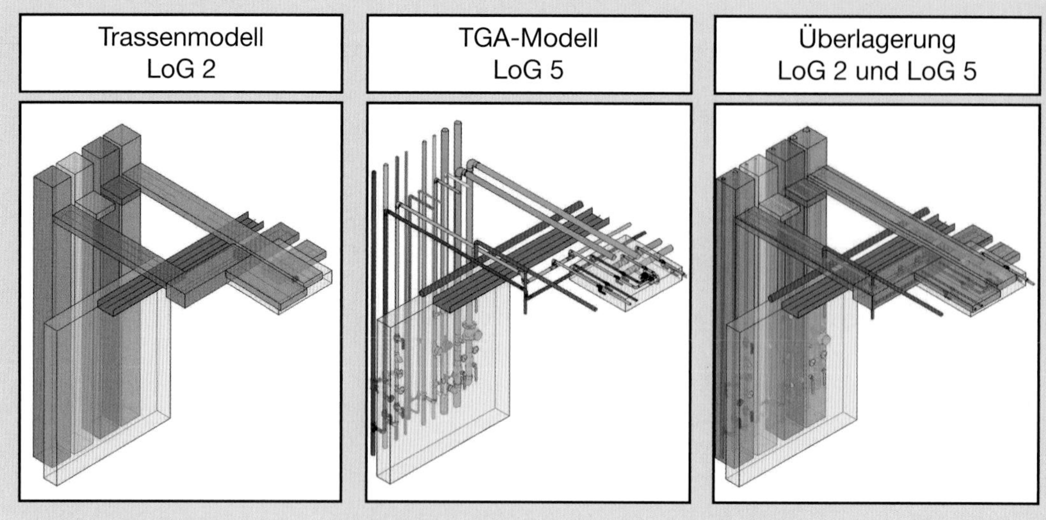

Abb. 1–32 Darstellung des Trassenmodells in verschiedenen geometrischen Detaillierungsstufen und Überlagerung

Die Gewerke-übergreifende Abstimmung erfolgt seitens der Gebäudetechnik in einer frühen Planungsphase (hier: Konzeptphase) zunächst anhand des Trassenmodells. Die Abmessungen der Trassen als Konstruktionsraum für die TGA einschließlich Toleranzen sind das Ergebnis einer Vordimensionierung auf Basis der Nutzungsprozesse, Vorgaben zur Bauphysik und dem Energiekonzept; die räumliche Anordnung ist das Ergebnis der Festlegung zur Lage der Technikräume und der Abstimmung der Erschließung mit der Tragwerksplanung. Für die Modellierung von Trassen werden CAD-seitig entsprechende Objekte benötigt. Grundsätzlich können Trassenkörper in CAD mittels einfacher Geometrien (oder Spaces) als Platzhalter modelliert und entsprechend attribuiert werden (in Revit können Körpermodelle z. B. IFC-seitig als IfcBuildingElementProxy herausgeschrieben werden).

CAD kennt jedoch keine Trassenobjekte als Solches. Es stehen keine (intelligenten) Werkzeuge zur Verknüpfung von Trassen oder zur automatisierten Verwaltung von Öffnungen zur Verfügung, die auf diese Art entstanden sind. In der Praxis behilft man sich oftmals durch unvorteilhafte Zweckentfremdung anderer Bauteile, beispielsweise durch CAD-Familien rechteckiger Lüftungskanäle, für die es entsprechende Werkzeuge gibt. Diese Zweckentfremdung birgt noch weitere Risiken. Werden beispielsweise in der Autorensoftware Revit Luftkanäle verwendet und als IfcBuildingElementProxy exportiert, so muss dies in der Familienkategorie des Objektes geändert werden. Werden gleichzeitig im Modell „richtige“ Luftkanäle verwendet, können diese nicht mehr als IfcDuctSegment exportiert werden. CAD-seitig fehlen damit passende Informationscontainer für die TGA. Für die weiterführende Planung mit der Konstruktion einzelner Rohrleitungen bzw. Kabelstränge stellen die Trassen einen zulässigen Konstruktionsraum dar. Nicht alle Trassenkörper werden in der Planung ausdetailliert (Beispiel Kabeltrassen). Rohrleitungen, die Trassenkörper verletzen, werden als Kollision sichtbar, vgl. Abb. 1–33. Rohrleitungen können auch außerhalb von Trassen geplant werden, beispielsweise, wenn diese einzeln auftreten und einen sehr kleinen Durchmesser besitzen und diese Öffnungen im Tragwerk oder Innenausbau über Bohrzonen realisiert werden sollen. Zweckmäßig wäre hier eine CAD-seitige Unterstützung mit intelligenten Trassenkörpern, die als parametrischer Konstruktionsraum für die Rohr- und Leitungskonstruktion fungieren, Abhängigkeiten abbilden und assoziativ mit anderen Modellteilen verknüpft werden können. Gleichzeitig reduzieren Trassenkörper, wenn diese als umhüllender Konstruktionsraum dienen, die Komplexität in der Koordination zwischen den einzelnen Fachmodellen deutlich und erhöhen die Übersichtlichkeit.

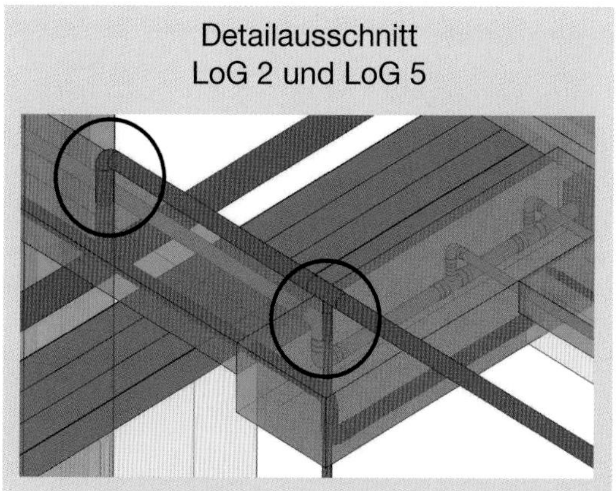

Abb. 1–33 Detailausschnitt der Überlagerung von LoG 2 und LoG 5 Modell

Für die Schlitz- und Durchbruchsplanung (S/D-Planung) im Architektur- oder Tragwerksmodell existieren CAD-Werkzeuge, mit denen Öffnungen (Durchbrüche) auf Basis eines Kollisionsberichtes unter Verwendung eines individuellen Regelwerkes automatisch erzeugt und in ein CAD-Modell eingefügt werden können. Diese Durchbruchsinformationen können seitens des TGA-Planers über ein Datenaustauschformat (XML) an den Tragwerksplaner übermittelt werden. Änderungen am CAD-Modell werden automatisch nachgeführt. Im Projekt „Viega World" wurde hierfür das Revit-Plugin Cut Opening eingesetzt.

Mit diesem Werkzeug können jedoch nicht unterschiedliche Detaillierungsgrade abgebildet werden, hier versagt der Ansatz der automatischen Durchbruchserzeugung. Das Werkzeug unterstützt somit keinen Workflow, der den Einsatz und die Koordination von Informationscontainern mit unterschiedlicher Granularität zu verschiedenen Zeitpunkten vorsieht. Genau dies ist aus Sicht der TGA aber erforderlich!

5.3.2 Konsequenzen für die Planung

Aus diesem Grund wurde im Projekt „Viega World" die Methodik einer „Integrierten Schlitz- und Durchbruchsplanung" neu entwickelt und im Laufe des Projekts konsequent eingesetzt. Diese Methodik sieht ein prozessbasiertes Vorgehen vor, bei dem das Trassenmodell im Anschluss an die Konzeptphase während der folgenden Entwurfsplanungsphase stets nachgeführt wird und als Grundlage für die Erzeugung von Öffnungen dient (hier realisiert mittels Cut Opening). Das um diese Öffnungen entsprechend ausgeschnittene Tragwerksmodell (Prozess zwischen TGA- und Objekt-/Tragwerksplaner) stellt anschließend die Basis für die Kollisionsprüfung mit dem detaillierten TGA-Modell dar (Prozess des BIM-Planers). Kollisionsereignisse wurden über das Kollaborationswerkzeug BIM-Track verwaltet und über das BCF-Format ausgetauscht.

Das Lösen der Kollisionen ist anschließend wiederum eine Planungsaufgabe (Prozess zwischen allen an einer Kollision beteiligten Rollen, Koordination durch einen Integrationsplaner [3]. Für die Klassifizierung von Kollisionen wurde im Projekt ein Klassifikationsschema entwickelt, das Art, Form und Priorität von Kollisionen unterscheidet. Kollisionen wurden aus dem Koordinationsmodell exportiert, über das BCF-Format verortet und klassifiziert und in einem Erläuterungsbericht (dritte Stufe der Modellprüfung) dokumentiert.

Zusammenfassend ist als Konsequenz festzustellen, dass die Trassenmodellierung ein hohes Maß an Sorgfalt sowie eine hohe Planungskompetenz erfordert. CAD-seitig existiert noch keine Lösung für eine zunächst grobe Modellierung von Trassen und den modellseitigen Übergang von einem groben zu einem feinen Trassenmodell als „Konstruktionsraum" für die eigentliche TGA. In der Praxis behilft man sich oftmals durch Zweckentfremdung anderer Bauteile. Das Nachführen eines separaten Trassenmodells erzeugt einerseits zusätzlichen Aufwand, reduziert jedoch andererseits die Komplexität für die anderen Akteure deutlich. Gleichzeitig stellt das Trassenmodell eine solide und erforderliche Basis für die Gewerke-übergreifende Koordination dar. Dies gilt vor dem im Projekt von der Projektsteuerung aktiv verfolgten Grundsatz „Kollisionsvermeidung vor Kollisionserkennung".

5.4 Herstellerproduktdaten: Wieviel Geometrie verträgt CAD?

5.4.1 Modellkomplexität und Rechenzeit

Building Information Modeling erfordert die Verfügbarkeit von Herstellerproduktdaten in CAD und BIM-basierten Werkzeugen zu verschiedenen geometrischen Detaillierungsgraden und zu inhaltlichen Angaben für die Auslegung und Dimensionierung, Ausschreibung und Kalkulation oder den Betrieb. BIM-Daten sind inzwischen im Internet über diverse BIM-Portale verfügbar, stehen für CAD-Systeme beispielsweise als VDI 3805 Datensätze [47] in einem sehr hohen Detaillierungsgrad zur Verfügung oder werden herstellerseitig über Plug-in-Lösungen für proprietäre CAD-Systeme angeboten.

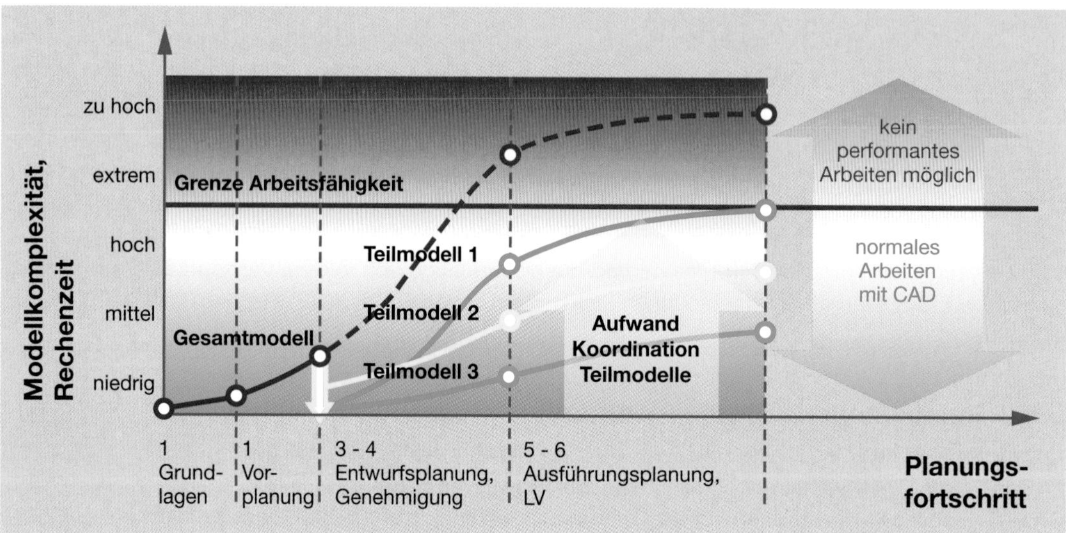

Abb. 1–34 Modellkomplexität und Rechenzeit: Notwendigkeit für Arbeiten in Teilmodellen und damit einhergehender Aufwand für die Koordination von Teilmodellen

„BIM-ready" bedeutet für viele Hersteller heutzutage, Daten zu ihren Produkten in einem sehr hohen Detaillierungsgrad und in verschiedenen Datenformaten zur Verfügung zu stellen. Oftmals erfordern hierbei jedoch bereits einfachste Bauteile durch die hohe Detailgenauigkeit mit mehreren tausend Triangulierungen (Dreiecken) Datenvolumen von bis zu einem Megabyte pro Bauteil. Abb. 1–34 verdeutlicht, dass oftmals bereits in einer frühen Phase durch die hohe Komplexität der Modelle die Grenze der Arbeitsfähigkeit erreicht wird[4], auch mit modernster Hardware. Für die Gebäudetechnik bedeutet dies, dass das TGA-Modell unter anderem aus diesem Grund in mehrere Teilmodelle aufgeteilt werden muss. Teilmodelle müssen untereinander referenziert werden. Das Arbeiten in mehreren Modellen erhöht dabei gleichzeitig den Aufwand zur Koordination der Teilmodelle untereinander.

Im Projekt „Viega World" wurde die Koordination der Fachmodelle sowie die Zusammenführung zu einem Koordinationsmodell in integralen und internen BIM-Prozessen beschrieben.

4 Dies liegt unter anderem auch in der internen Verwaltung geometrischer Modelle in CAD begründet, die in der internen Modellverwaltung keine geometrische Modellhierarchie unterstützt. TGA-spezifische CAD-Aufsätze verwenden teilweise intern ein eigenes Datenmodell, um dieses Problem zu lösen.

5.4.2 Modellierung nur so detailliert wie nötig!

Für das Arbeiten mit BIM, sowohl aus Sicht der Planerzeugung als auch aus Sicht des Kollisionsmanagements, ist dieser hohe geometrische Detaillierungsgrad nicht erforderlich. Abb. 1–35 verdeutlicht dies am Beispiel des Architekturmodells. Eine visuelle Darstellung im geometrischen Detaillierungsgrad LoG 3 unterscheidet sich äußerlich in 3D nicht wesentlich von derjenigen in LoG 5. Weitere Details, wie beispielsweise der innere Aufbau des Profils eines Rahmensystems, kann auch in Form eines Attributes, d. h. als Dokument in Form einer Detailzeichnung oder eines Datenblattes, in der BIM-Zentraldatenbank verwaltet werden. Dieser Detaillierungsgrad wird über das Level of Information (LoI) bestimmt und belastet nicht die grafische Leistungsfähigkeit des Systems.

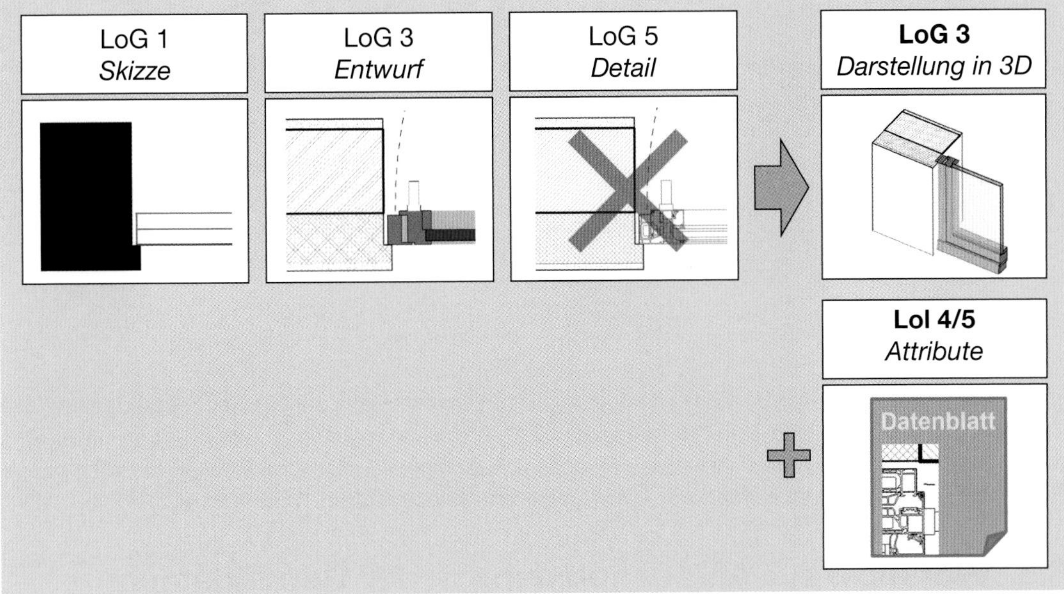

Abb. 1–35 Äußerlich meist kein visueller Unterschied in 3D Darstellung zwischen LoG 3 und 5. Beschränkung des geometrischen Modellierungsgrades auf LoG 3 und Verknüpfung weiterer Daten und Inhalte als Attribut in der Datenbank

Abb. 1–36 veranschaulicht den Zusammenhang aus Sicht der TGA. Hierbei gilt der Grundsatz: „Modellierung der TGA nur so detailliert wie nötig". Für die Koordination des Raumbedarfs ist es ausreichend, wie im Bild links dargestellt, Objekte in LoG 2 zu modellieren und diesen Objekten entsprechende Attribute zuzuweisen. Die Modellierung produktspezifischer Details zur Befestigungstechnik, wie im Bild rechts gezeigt, ist für den BIM-Prozess der Koordination nicht erforderlich. Es ist nicht notwendig, den im Bild dargestellten Noniushänger oder das gefalzte Blechprofil geometrisch in dieser Form abzubilden. Hierfür reicht es aus, die Darstellung auf LoG 3 zu beschränken und den Raumbedarf zu kennzeichnen. Da diese Objekte herstellerseitig oftmals jedoch nicht vorliegen, müssen diese aufwändig in eigenen Modellfamilien nachmodelliert werden.

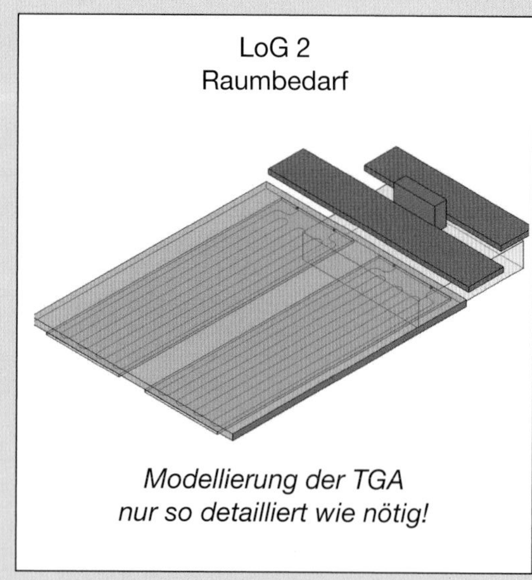

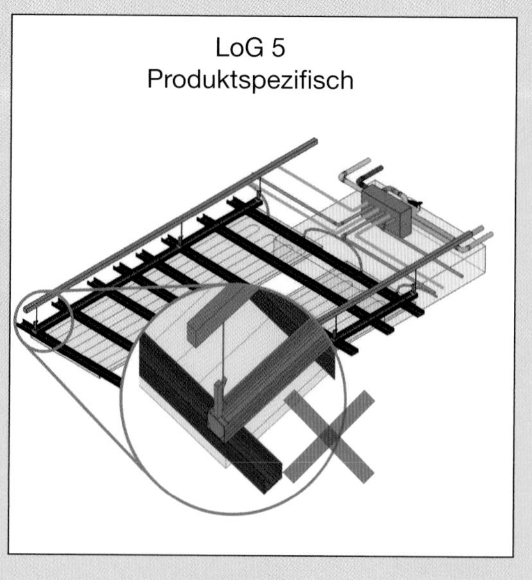

Abb. 1–36 Beschränkung des geometrischen Detaillierungsgrades auf ein notwendiges Minimum (links) und Verzicht auf die Modellierung von spezifischen Details (rechts), hier am Beispiel eines Noniushängers und gefalzten Leichtbauprofils.

Im Projekt „Viega World" wurde daher mit Ausnahme von Objekten aus der eigenen Produktpalette des Bauherrn der geometrische Detaillierungsgrad im Bereich der meisten Kostengruppen auf LoG 3 beschränkt. Als Modellgeometrien wurden eigene, nicht herstellerspezifische Familien in LoG 3 bzw. 4 eingesetzt und Geometrien zu Montage-, Wartungs- und Bedienräumen modelliert.

5.5 Workflow zur Anlagenplanung in der Gebäudetechnik

5.5.1 Problem: Datenverfügbarkeit im TGA-BIM-Workflow

Mit Blick auf fachspezifische CAD-integrierte Auslegungs- und Konstruktionssysteme in der TGA wird im BIM-basierten Workflow oftmals von der Verfügbarkeit eines detaillierten und entsprechend attribuierten 3D-Modells ausgegangen, das als Basis für die Durchführung von Berechnungen dienen kann. Beispielsweise bieten Softwarewerkzeuge für die Heizlastberechnung entweder ein tabellenbasiertes oder manuelles Eingabeformat oder erlauben die Übernahme eines CAD-Modells. Für den letztgenannten Fall erfordert das CAD-Berechnungstool ein Modell mit Informationen zur Bauphysik, etwa zu Wandaufbauten und Materialkennwerten zur Berechnung des Wärmedurchgangskoeffizienten. Diese Informationen sind jedoch in frühen Planungsphasen, insbesondere wenn die Dimensionierung von Trassen, Versorgungsbereichen und Technikzentralen ansteht, in dieser Form nicht verfügbar. Bauherrnseitige Vorgaben hingegen sind vorzugsweise über das Lastenheft, und damit zunächst auf der Ebene von Segmenten und Räumen, gegeben.

Diese Form des Workflows im Sinne der Aufgaben der TGA-Fachplanung ist CAD-seitig nicht vorgesehen. Oftmals muss in der Praxis für den Zweck der Dimensionierung TGA-seitig ein eigenes Modell erzeugt werden. Für den BIM-Prozess „Berechnung und Dimensionierung" entstehen vermeidbare Redundanzen.

Gleichzeitig erfordert ein ganzheitlicher Ansatz in der Gebäudetechnik aus Sicht von Planung, Ausschreibung und Betrieb die Verknüpfung verteilter Informationen aus Ingenieur- und Fachmodellen. Als Ingenieurmodell für die Berechnung, elektrische und hydraulische Verschaltung und Dimensionierung einer Anlage, dient ein Strang- bzw. Schaltschema, das es im Zuge der Planung konstruktiv in ein TGA-Modell bzw. in Pläne zu überführen gilt, auf deren Basis Stücklisten und Massenauszüge für die Ausschreibung erzeugt werden können. Weiterhin ist aus Sicht der Gebäudeautomation eine Verknüpfung mit der GA-Planung unter Verwendung von Funktionslisten und Zustandsgraphen etc. herzustellen [3]. Lösungen aus dem Bereich CAD und Gebäudeautomation unterstützen gegenwärtig entweder nur die eine oder die andere Anwendungsseite. BIM kann hierbei ein wichtiges Bindeglied darstellen, da es einen Zusammenhang zwischen Ort und Funktion herstellt.

5.5.2 Durchgängige IT-gestützte Anlagenplanung in der TGA

Zur Unterstützung des modellbasierten Informationsmanagements wurde seitens des TGA-Fachplaners ein im Unternehmen intern entwickelter Anlagenkonfigurator im Zuge des Projektes „Viega World“ mit dem BIM-Datenmanagementsystem Desite MD Pro verknüpft und integriert, vgl. Abb. 1–37.

Der Anlagenkonfigurator ermöglicht die strukturelle und inhaltliche Darstellung von technischen Anlagen, die Konfiguration von Modulen und Geräten, die hydraulische Verschaltung und Berechnung, die Verknüpfung von Anlagenfunktionen mit Funktionsbeschreibungen und die Simulation eines virtuellen Anlagenbetriebs. Bauteile sind im Konfigurator mit anlagen- und ortsspezifischen Informationen (Strang, Medium, Schaltanlage, GA, Wartungsdaten etc.) verknüpft, die für die Auslegung, Leistungsbeschreibung, das Vertragswesen und den Betrieb erforderlich sind. Das Werkzeug bietet Reportfunktionen zur Erzeugung von Schemata zu Anlagen und Teilanlagen, Stücklisten, Massenauszügen und Listen wie Anlagenlisten, Elektrolisten, Ventillisten, Pumpenlisten, Zählerlisten, Funktionsbeschreibungen, GA-Funktionslisten oder Wartungslisten an [48].

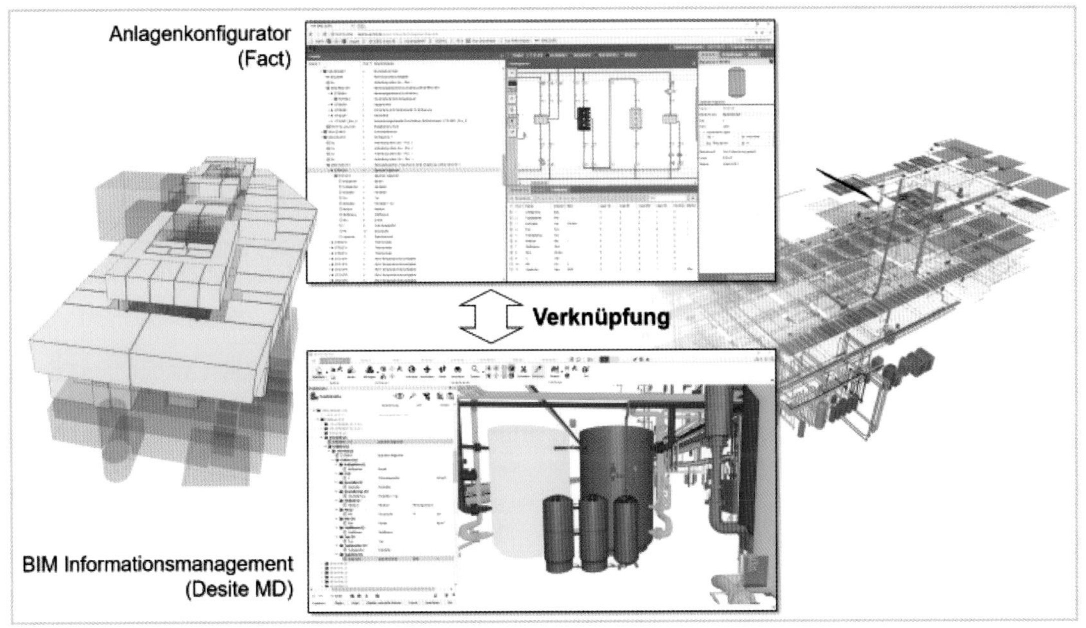

Abb. 1–37 Verknüpfung zwischen Anlagenkonfigurator (Fachplaner Fact, Böblingen) mit BIM-Informationsmanagement in Desite MD

Für das modellbasierte Informationsmanagement im Rahmen des Konzept-basierten Vorgehens wurden die Anforderungen des Bauherrn aus dem Lastenheft mit dem BIM-Modell verknüpft. Auszüge des Lastenheft-Dokuments wurden hierbei über Attribute mit dem Modell aktiv verlinkt. Der über die Konzepte verfolgte integrative „Top-Down-Ansatz" („Frontloading") wurde umgesetzt, indem über den Segmentansatz (bzw. über Räume) und deren Typologie Informationen zu einem Zeitpunkt in BIM verfügbar gemacht werden konnten, zu dem das Modell nur in Teilen oder in einer sehr groben Detaillierung vorhanden war (beispielsweise keine Bauteilgeometrie, keine Schichtaufbauten von Wänden etc.).

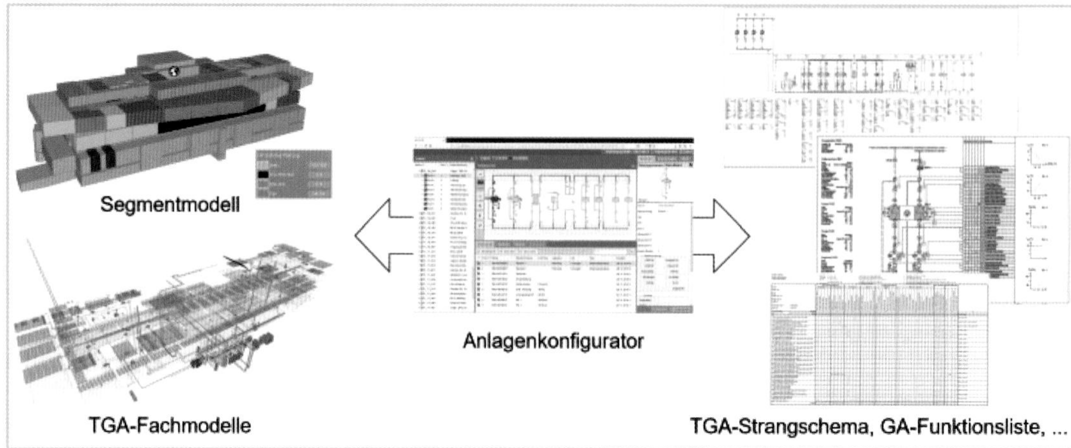

Abb. 1–38 Systemintegration des Anlagenkonfigurators des Fachplaners Fact, Böblingen

Mit Hilfe der Verknüpfung zwischen Anlagenkonfigurator und Modell konnte damit auf der Ebene des Segmentansatzes (grobe Granularität) ein interaktiver Ansatz einer modellintegrierten Berechnung (Beispiel: Heizlastberechnung, integrierte Visualisierung von Bedarf und Deckung) realisiert werden, womit Varianten zu einem frühen Zeitpunkt direkt am Modell analysiert werden konnten. Abb. 1–38 zeigt exemplarisch die Systemintegration.

Im Zuge des weiteren Modellaufbaus (feine Granularität) wurden auch die ausdetaillierten Bauteile und Baugruppen entsprechend verknüpft, was zu einer späteren Leistungsphase möglich wurde (vgl. Kapitel „Energieperformance" in diesem Buch). Anlagenkomponenten im BIM-Modell (Desite MD Pro) sind über eine Webschnittstelle inhaltlich und grafisch-interaktiv mit dem Anlagenkonfigurator verbunden und umgekehrt. Die Verknüpfung der Werkzeuge unterstützt damit die computergestützte kollaborative Zusammenarbeit auf drei Ebenen:

- sowohl auf der funktionalen Ebene aus Sicht der Anforderungsdefinition,
- auf der groben Ebene bezüglich Raum- und Segmentbuch (und damit auch der funktionalen Ebene im Kontext der Gebäudeautomation),
- als auch auf der feinen Modellebene mit detaillierten Objekten.

6 Qualitätsmanagement BIM

6.1 Aufgaben des BIM-Qualitätsmanagements im Projekt

6.1.1 Akteure, Prüfprozesse, Technik

Der Aufgabenbereich bzw. das Leistungsbild des BIM-Qualitätsmanagements (BIM-QM) wird in [2] ausführlich beschrieben, worauf an dieser Stelle verwiesen wird. Im Projekt „Viega World" bestand die Aufgabe des BIM-QM darin, in Abstimmung mit dem Auftraggeber und der Projektsteuerung die BIM-Zielsetzung durch konkrete Vorgaben im Lastenheft (AIA) auszuarbeiten und die Qualität der BIM-Planungs- und Ausführungsleistungen über die gesamte Projektlaufzeit sicherzustellen. Die Qualitätsmanagementmaßnahmen lassen sich in drei wesentliche projektvorbereitende und projektbegleitende Kriterien aufteilen: Akteure, Prüfprozesse und Technik, vgl. Abb. 1–39.

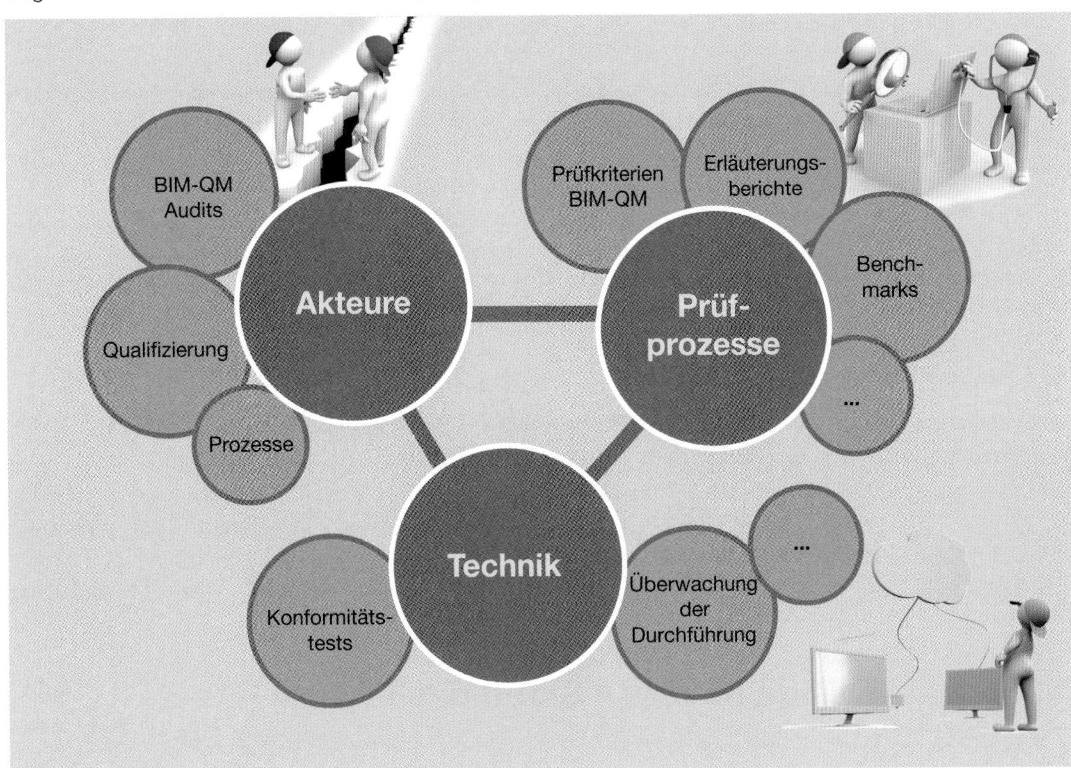

Abb. 1–39 Aufgaben des Qualitätsmanagements BIM („BIM-QM") im Projekt

Zu Beginn des Projekts wurde durch eine Kompetenzanalyse (vgl. Kapitel 2.2.3) die Qualifizierung der einzelnen am Auswahlverfahren beteiligten Projektteams bestimmt. Durch diesen Vergleich wurde das für das Projekt am besten geeignete Planungsteam ausgewählt. Nach Auftragsvergabe wurde im Zuge der Ausarbeitung des BAP durch das Planungsteam unter Federführung des BIM-Planers und durch die kontinuierliche Teilnahme an Projektsteuerungs- und BIM-Planungsbesprechungen regelmäßig geprüft, ob die vom Auftraggeber gewünschten Ziele eingehalten werden. Anhand von detaillierten BIM-QM Erläuterungsberichten wurde die Ausarbeitung des BAP fortlaufend hinsichtlich Qualität, Terminen, Fortschritt, erforderlicher Entscheidungen und zu erwartender Risiken bewertet und kommentiert. Die BIM-QM Prüfkriterien beinhalteten auch die Bewertung der Leistungsfähigkeit der IT-Infrastruktur und die Auswertung des BIM-Konformitätstests, der im Folgenden beschrieben wird.

6.1.2 BIM-Konformitätstest

Der BIM-Konformitätstest ist ein wichtiger Meilenstein im Projekt. Er verfolgt das Ziel, die Funktionsreife der im BAP beschriebenen, technischen Realisierung zu validieren und die Kompetenz der Fachplaner (siehe Abb. 1–6) hinsichtlich der Software-spezifischen Anwendung zu prüfen (BIM-QM Audit). Im Rahmen eines gemeinsamen Projektmeetings wurde auf Basis des BAP die Arbeitsfähigkeit der beteiligten Fachplaner überprüft und dokumentiert. Der Konformitätstest umfasste folgende Aspekte:

- Workflow und Setup des Fachmodells in CAD (Revit): Projektsetup (Version, Einheiten, Vermessungspunkt, Koordinaten), Klassifikation, Referenzierung und Export,
- Workflow und Setup des Fachmodells in der BIM-Zentraldatenbank (DesiteMD): Projektsetup (Version, Import), Import der Attributtabelle und Typenstruktur, Erstellen der Bauwerksstruktur, Prüfung der vollständigen Zuordnung zur Bauwerksstruktur, Vergabe von Attributwerten in projektspezifischem Formular und Funktionsweise der automatischen Generierung des projektspezifischen Kennzeichnungsschlüssels (KS),
- Datenaustausch und BIM-Dokumentenmanagementsystem (BIM-DMS): Speichern und Export aus den nativen Formaten von CAD und BIM-Zentraldatenbank sowie Upload der BIM-Modelle und Nutzung des BIM-DMS,
- Informationsaustausch über das BIM Collaboration Format (BCF): Zuweisung von Aufgaben durch den BIM-Planer an die BIM-Modellkoordinatoren, Bearbeitung der Koordinationsaufgaben durch BIM-Modellkoordinatoren und Erstellung von neuen Koordinationsaufgaben und Zuweisung an den jeweiligen Fachplaner durch die BIM-Modellkoordinatoren,
- Workflow BIM-Koordinationsmodell: Zusammenführung und Import der BIM-Fachmodelle, Attributprüfung: Zusammenführung und Normalisierung und geometrische Kollisionsprüfung,
- Integrale Schlitz- und Durchbruchplanung (I-S+D Planung): Darstellung des Workflows der Drittanbieteranwendung, Erstellung einer XML-Datei zur Weitergabe an BIM-Modellkoordinator und Informationsaustausch S+D Planung, und
- Datenwiederherstellung: Zugriff, Sicherstellung und Archivierung von Daten.

Alle Fachplaner waren aufgefordert, die Konformität zu bescheinigen und zu bestätigen, die im BAP beschriebenen und gemeinsam erarbeiteten Vorgaben gelesen und verstanden zu haben und anwenden zu können. Der BIM-Konformitätstest stellt ein wichtiges Qualitätssicherungswerkzeug dar, um gewährleisten zu können, dass die Vorgaben und Benchmarks des Bauherrn seitens des Planungsteams eingehalten werden können. Planungsbegleitend wurde die Qualität in Bezug auf den Fertigstellungsgrad (vgl. Abschnitt 4.2.5) des Koordinationsmodells wiederholt geprüft, in QM-Erläuterungsberichten bewertet und zu festgelegten Meilensteinen validiert.

6.2 Digital Design Review – Stand der Technik

6.2.1 Eine kleine Vorbemerkung

Architekten und Ingenieure sind darin geschult, über Projektionen räumliche und technische Zusammenhänge zu beschreiben. Sie besitzen damit die Fähigkeit, fehlende oder unvollständige Informationen (z. B. Raumgeometrien oder Höhenversätze von Trassen in einer Grundrissdarstellung) zu interpretieren und zu bewerten. In der Praxis fällt es Bauherrn oder Nutzern oft schwer, orthogonale Projektionen (z. B. Grundrisse, Ansichten, Schnitte) eines Gebäudes richtig zu deuten. Eine Projektion ist stets nur ein Teilabbild eines dreidimensionalen Objekts und enthält nur diejenigen Informationen, die an einer ausgewählten Schnittebene zu sehen sind. Ein Grundriss in der Ausführungsplanung, im Maßstab 1:50, wird anhand von Beschriftungen, Maßketten, Raum- und Objektstempeln mit Informationen jeglicher Art angereichert und überlagert, die Lesbarkeit wird mit Zunahme der Detaillierung jedoch erschwert. Durch Projizierung und Überlagerung können Informationen wiederum fehlinterpretiert werden, wenn nicht alle relevanten Angaben dargestellt werden konnten oder schlicht vergessen wurden. In der Baupraxis führen Missdeutungen und unvollständige bzw. nicht vorhandene Informationen meist zu Fehlern, Umplanungen und teuren Nachträgen.

Mit dem Digital Design Review schaffen digitale Planungsmethoden neue Möglichkeiten zur Visualisierung und Bewertung von räumlichen, technischen und funktionalen Planungsergebnissen. Allein die Möglichkeit sich über ein 3D-CAD-Modell mit dem Bauherrn oder anderen Fachplanern auszutauschen, Änderungen „On-the-fly" vorzunehmen und Varianten zu testen erhöht das Verständnis und die Qualität von Planungsbesprechungen. In einer dreidimensionalen, isometrischen oder perspektivischen Darstellung entfällt die Notwendigkeit zur Interpretation, da Objekte und Räume vollumfänglich beschrieben und visualisiert werden können. Ein Koordinationsmodell, das als „Single source of truth" alle relevanten Raum- und Objektattribute beinhaltet, ermöglicht somit die Darstellung von Informationen in einem Gesamtzusammenhang. Regelbasierte Prüfalgorithmen helfen nachweislich bei der Aufdeckung von Planungsfehlern und schaffen in digitalen Planungsbesprechungen durch automatisiert generierte 3D-Ansichten eine erhöhte Transparenz und Qualität. Schon heute werden dafür sogenannte „BIM-Räume" eingesetzt, die mit entsprechender Hard- und Software, Projektoren, Monitoren und VR-Systemen ausgestattet sind. Um an dieser Stelle nicht falsch verstanden zu werden, sei ergänzt, dass 2D-Projektionen einer modellbasierten Planung weiterhin ein wichtiges und notwendiges Mittel zur Abstraktion und zur Bereitstellung von gewerkspezifischen Informationen, speziell für die Bauausführung, darstellen. Diese sind im BIM Kontext jedoch nur ein Nebenprodukt der vollständig digitalen Dokumentation.

Auch Methoden der virtuellen Realität sind im Planungsalltag angekommen. Die Art der Visualisierung eines Koordinationsmodells und die Auswahl einer VR/AR-Technologie sollte in Abhängigkeit davon erfolgen, ob gestalterische, räumliche oder technische Fragestellungen im Vordergrund stehen. Der Unterschied zwischen Virtual Reality (VR) und Augmented Reality (AR) liegt darin, ob ein Betrachter in einer virtuellen Szene „eintaucht" und somit seine reale Umgebung verlässt, oder ob zusätzliche Informationen, wie virtuelle Objekte, in einer „erweiterten Realität" in Echtzeit mit der realen Umgebung bildtechnisch überlagert werden. Je realitätsnaher das Nutzererlebnis ist, desto höher ist der Grad der Immersion.

Der Begriff „Digital Design Review" beschreibt die Nutzung einer CAD- oder VR-Technologie als Werkzeug, um mit einem Bauherrn eine virtuelle Begehung durch das geplante Bauwerk zu erleben oder mit Fachplanern komplexe Zusammenhänge wie Ein- und Ausfädelungen an Schächten gemeinsam zu besprechen, auch ggf. in einer verteilten Umgebung. Der Einsatz dieser Technologie dient dem vorrangigen Zweck der Besprechung – zur Sichtung von Kollisionen ist der Einsatz eines VR-Systems nicht sinnvoll. Das methodische Vorgehen zur Kollisionsvermeidung liegt im Konzept-basierten Ansatz.

6.2.2 Aufwand und Nutzen von Virtual Reality in der Planung

VR-Technologien, die in den letzten Jahren weitestgehend von der Spieleindustrie vorangetrieben wurden, entwickeln sich auch in der Baubranche als zunehmend etabliertes Medium für den Einsatz in Planungs- und Projektsteuerungsbesprechungen.

Neben neuen Softwareprodukten, die stets noch leistungsfähigere Grafikbibliotheken einsetzen (Echtzeitvisualisierung), entwickelt sich auch der Hardwaremarkt rasant. In Abb. 1–40 wird eine Übersicht von marktverfügbaren Systemen gegeben, die je nach Anforderung an das Budget, den gewünschten Immersionsgrad oder die Komplexität der Ansteuerung für den Low-End- oder High-End-Einsatz in Frage kommen. Die Spanne reicht von einem handelsüblichen 3D-fähigen TV-Bildschirm, der mittels (auto-)stereoskopischer Verfahren den Eindruck von räumlicher Tiefe entstehen lässt, bis hin zu einer vollständig immersiven virtuellen Umgebung in einer CAVE, Rekursives Akronym für „CAVE Automatic Virtual Environment" [49]. Im Projekt „Viega World" wurden verschiedene Systeme getestet und für Planungsbesprechungen und Meilensteinpräsentationen eingesetzt. Neben einer herkömmlichen nicht-immersiven Beamer-Projektion wurden sowohl VR-Brillen als auch portable VR-Projektionen eingesetzt sowie in einer frühen Projektphase mehrmals eine CAVE (aixCAVE der RWTH Aachen) besucht.

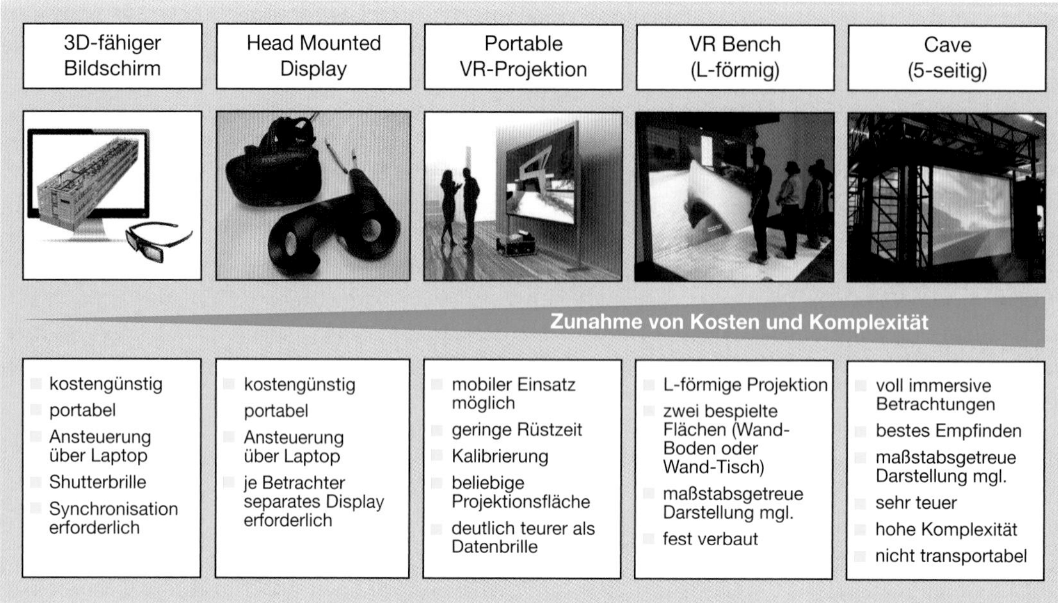

Abb. 1–40 Unterschiedliche Einsatzformen von VR und deren Komplexität (Bildquellen mit freundlicher Genehmigung der Firma imsys immersive Systems GmbH & Co. KG, drittes Bild System von links, und der Firma VISCON GmbH, viertes Bild von links; alle anderen Bildquellen RWTH Aachen)

6.2.3 Low-End: Einsatz in Projektsteuerungsbesprechungen

In Projektsteuerungsbesprechungen hat sich der Einsatz von kostengünstigen, schnell installierbaren Systemen bewährt. Neben Software zur Echtzeitvisualisierung von BIM-Modellen wird hierbei eine VR-Datenbrille benötigt. Die im Projekt verwendete Softwarekonstellation (Revit/DesiteMD) eignete sich für den Einsatz von leistungsstarken Drittanbieterapplikationen (Enscape 3D), die es ermöglichten, eine realitätsnahe Abbildung des geplanten Ist-Zustands mit wenigen Einstellungen zu visualisieren, siehe Abb. 1–41. Diese Form der Darstellungsart wurde dann gewählt, wenn dem Bauherrn und späteren Nutzer eine erste Orientierung und ein Raumerlebnis des digitalen Gebäudes vermittelt werden sollte. Die eingesetzte Rendering- und Schattierungsmethode stellt hier insbesondere die Lichtverhältnisse, Schattenverläufe und die Umgebungsverdeckung in den Vordergrund, damit Raumtiefen und Proportionen realitätsgetreu wiedergegeben werden können. In Verbindung mit einer VR-Brille konnte der Raumeindruck durch eine immersive virtuelle Umgebung noch verstärkt werden. Dadurch, dass das System die Daten direkt aus der BIM-Autorensoftware (Revit) visualisiert, konnten Änderung ad hoc in Echtzeit umgesetzt werden, Varianten getestet oder Bauteile ausgeblendet werden, um z. B. den Einblick in Schächte zu ermöglichen. Nachteil dieser Form der VR-Anwendung ist, dass eine Immersion nur beim Träger der VR-Brille entsteht. Die anderen Teilnehmer können jedoch über einen Monitor oder Videoprojektor, siehe Abb. 1–41, das Sichtfeld des Betrachters mitverfolgen und sind dadurch in die Kommunikation eingebunden.

Abb. 1–41 Einsatz einer VR-Datenbrille mit Tracking während einer Projektsteuerungsbesprechung mit direkter Interaktion mit dem CAD Modell (Fotos: van Treeck)

6.2.4 High-End: Begehung des Modells mit dem Bauherrn in der CAVE

Zu konkreten Meilensteinterminen, wie dem Ende einer Planungsphase, wurde im Projekt die aixCAVE am IT Center der RWTH Aachen besucht. Die aixCAVE ist eine fünfseitige Virtual-Reality-Installation zur Darstellung immersiver, virtueller Umgebungen. Mit einer Grundfläche von 25 m² und einer Höhe von 3 m ist es das weltweit größte System dieser Art. „In Kombination mit hochauflösenden Projektoren, speziell beschichteten Leinwänden und einer ausgefeilten mechanischen Konstruktion erzeugt es ein hohes Maß an Immersion und Präsenz in der virtuellen Umgebung" [50].

Abb. 1–42 Begehbare CAVE am Rechenzentrum der RWTH Aachen University (Fotos: van Treeck)

Abb. 1–43 Begehung des Modells mit dem Bauherrn in der CAVE in einer sehr frühen Planungsphase (Fotos: van Treeck)

Der große Vorteil eines solchen Systems liegt, wie in Abb. 1–42 dargestellt, in der Möglichkeit sich physikalisch mit mehreren Personen gemeinsam in einem immersiven virtuellen Raum zu bewegen und miteinander zu interagieren. Die aixCAVE wurde im Projekt eingesetzt, um dem späteren Nutzer eine erste Führung durch das virtuell geplante Gebäude zu geben. Anhand dieser Führung wurden die verschiedenen Nutzungsbereiche des Gebäudes dargestellt und ein erster räumlicher Gesamteindruck des Bauvorhabens vermittelt. Neben dem räumlichen Eindruck im Architekturmodell wurde auch die Planung im TGA-Fachmodell betrachtet. Hier konnte man mittels individualisierbarer Tastenbelegung am Joystick, zur Steuerung der Bewegungsrichtung, etwa alle nichttragenden Wände ausblenden und einen detaillierten Blick auf die geplante Sanitärinstallation im Fachmodell TGA werfen. Durch die „Flat Shading“ Darstellung der CAVE entsteht nicht die gleiche räumliche Tiefenwahrnehmung, wie mit der VR-Datenbrille. Um ein ähnliches Ergebnis zu erzielen, würde durch die spezielle individuelle Softwaretechnik der CAVE ein hoher Aufwand in der Nachbearbeitung der BIM-Daten entstehen. Die Konvertierung der BIM-Modelle in ein geeignetes Datenformat und die Weiterverarbeitung in ein für das System lesbares Format erfordert entsprechende Vorbereitung (und Zeit), wodurch Aufwand und Kosten für eine regelmäßige und flächendeckende Anwendung dieser High-End-Variante den Einsatz in der Praxis limitieren.

Generell ist jedoch festzustellen, dass die Nutzung eines High-End-Systems wie einer CAVE zu festen Meilensteinterminen einen wertvollen Beitrag zum Verständnis der Umsetzung der Nutzungsprozesse bietet, damit nachhaltig zur Transparenz und Sicherheit beiträgt und zudem ein wichtiges gemeinsames Erlebnis für den Bauherrn und die Planungsbeteiligten darstellt und den Teamgedanken im Projekt stärkt. Abb. 1–43 vermittelt einen Eindruck von einer virtuellen Begehung während einer sehr frühen Projektphase.

7 Ausblick und Trends

7.1 Die zweite Kompetenzabfrage im Referenzprozess des Stufenplans

7.1.1 Einordnung

Im Rahmen der Vergabe der Ausführung ist eine zweite Kompetenzabfrage gemäß Abb. 1–9 des Referenzprozesses des Stufenplans erforderlich. Dies beinhaltet die Fortschreibung von AIA und anschließend BAP hinsichtlich der Ausführungsphase, womit beispielsweise Themen wie die modellbasierte Mengenermittlung und Kalkulation, Bautagebuch, Baufortschrittskontrolle, As-Built Dokumentation, modellbasiertes Mängelmanagement, BIM-Modellrevision bis hin zu Themen des Lean Managements als Anforderungen (AIA) des Bauherrn (oder Generalübernehmers) bzw. für die Umsetzung als BIM-Prozesse (Anwendungsfälle) formuliert werden.

Je nach Vergabe-Vertragsmodell ergeben sich hierfür unterschiedliche Zeitpunkte und Formen. So unterscheidet man die Vergabe an Einzelunternehmen von Paketvergaben (Teil-GU Modell) und dem Schlüsselfertigbau mit der kompletten Vergabe an einen Generalunternehmer (GU). Im Rahmen der letztgenannten Vergabeform an einen GU kann die Vergabe auf Basis der Ausführungsplanung, auf Basis eines Raumbuches oder nach funktionalen Gesichtspunkten erfolgen. Je nach Modell der drei letztgenannten GU-Vergabeformen verschiebt sich dabei der Vergabezeitpunkt immer weiter nach vorne, womit einerseits der Rationalisierungsspielraum eines GU besser zur Geltung kommt, andererseits die Einflussmöglichkeiten des Bauherrn schwinden. Zur Vermeidung kostspieliger Nachträge geht dies zudem mit einem entsprechenden Aufwand (und notwendigen Kompetenzen seitens der Bauherrschaft) für das Controlling einher [51].

7.1.2 Anforderungen an BIM aus Sicht eines GUs

Die für die Phase der Bauausführung zu übergebenden Informationen, die die Grundlage für die Kalkulation und das Angebot bzw. die einzelnen Angebote darstellen, liegen in unterschiedlicher Granularität und Ausarbeitungsqualität vor. Genau hierin liegt auch ein zentrales Problem bei der Einführung von BIM, das, neben der Frage der Übernahme des BIM ins CAFM, nicht selten zu einem Medienbruch zwischen Planung und Ausführung führt, wie Abb. 1–44 verdeutlicht.

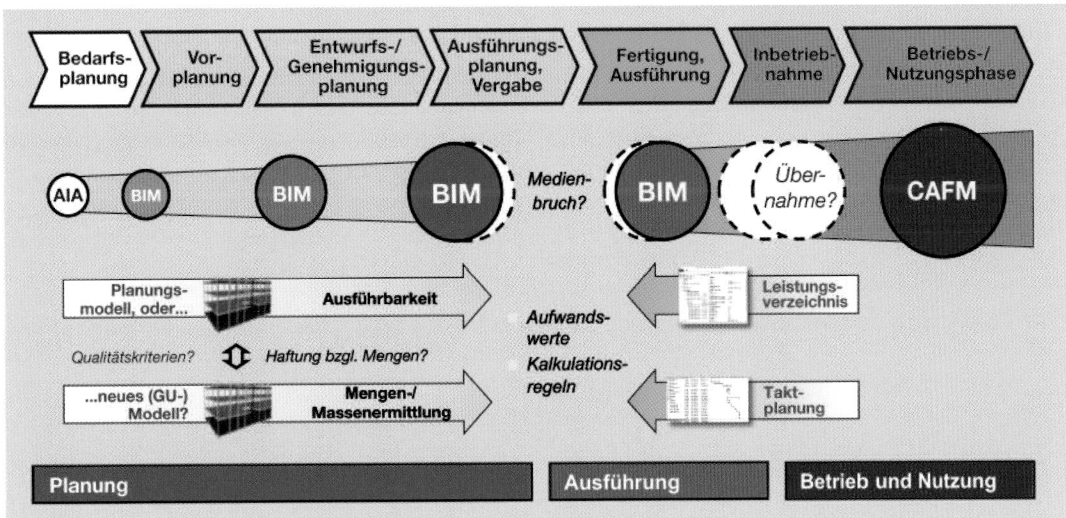

Abb. 1–44 GU-seitige Übernahme des BIM-Modells zur Mengenermittlung

So sind beispielsweise GU-interne Prozesse der Angebotskalkulation zum heutigen Zeitpunkt oftmals nicht darauf ausgelegt, ein übergebenes und damit nicht selbst generiertes BIM als Basis für eine modellbasierte Kalkulation zu übernehmen. Hierfür gibt es verschiedene Gründe.

Für die Preisbildung sind Informationen über die Mengen und Massen sowie die Qualitäten (z. B. Oberflächenqualität etc.) und Bauteiltypen und deren geometrische, schallschutz- und brandschutztechnischen Anforderungen erforderlich. Für die Modellübernahme stellt sich aus Sicht eines Bauunternehmens einerseits die Frage, ob Mengen und Massen kalkulatorisch nachvollziehbar sind und wer für Fehler in der Planung haftet. Je nach Vergabemodell und Zeitpunkt der Vergabe können andererseits Qualitäten auf unterschiedliche Art als Attribute festgeschrieben sein. Dies kann funktional, oder auf der Ebene von Räumen und Segmenten erfolgen oder Bauteil- und Baugruppen-basiert.

Die Kalkulation erfolgt GU-seitig üblicherweise nach standardisierten Verfahren, die jedoch, je nach Größe des Unternehmens, auch unternehmensintern variieren können. Die Transformation zwischen Leistungsverzeichnisposition und Mengenabfrage stützt sich – auch heute „im Zeitalter des BIM" – entweder auf eine planbasierte (!), manuelle Mengenermittlung oder auf die Abfrage eines Modells, das strengen internen Modellierungsrichtlinien genügt und konform zur Mengenermittlungsmethode und zur unternehmensinternen (!) Syntax ist. Für die Übernahme eines Modells stellt sich damit die Frage der Abwägung zwischen Aufwand zur Modellprüfung und dem Mapping von Attributen auf unternehmensinterne Standards und der vollständigen Neugenerierung des Modells durch das bauausführende Unternehmen (Medienbruch).

Etablierte Kalkulationsregeln setzen meist ein spezifisches Vorgehen zur Mengenermittlung voraus und sind damit nicht flexibel, insbesondere die oben genannte Granularität betreffend, auf welcher Ebene und mit welchen Attributen (Syntax) Qualitäten und Typen definiert werden. Dies wird zudem durch den etablierten AVA Prozess und entsprechende Softwarelösungen zur Angebotsbearbeitung „erschwert", die zunächst notwendigerweise aus der traditionellen LV-basierten Systematik hervorgegangen sind, die Mengenermittlung über Formeln abbilden und dynamische oder regelbasierte Vorgehensweisen aus Sicht der Taktplanung nicht unterstützen.

Für die Kalkulation und auch die Taktplanung ist die Ermittlung von Aufwandswerten von hoher Bedeutung. Aufwandswerte werden, wie in Abb. 1–45 dargestellt, von verschiedenen baubetrieblichen und bauwirtschaftlichen Faktoren beeinflusst und stellen einen wichtigen Erfahrungsschatz ausführender Unternehmen aus vorangegangenen Projekten dar. Sie obliegen zudem situationsbedingten Bauwerks-, Baustellen- und Betriebsbedingungen [52]. Neben dem anschaulich klaren Zusammenhang zwischen Aufwandswert und Preisbildung in der Zuschlagskalkulation ist der Aufwandswert auch zur Berechnung von Taktzykluszeiten erforderlich. Zykluszeiten werden von den Mitarbeiterkapazitäten, den Sequenzen der einzelnen Gewerke (Ablaufplanung), den Mengen bzw. Massen und den jeweiligen Aufwandswerten beeinflusst [52].

Aus Sicht der Praxis ist zum aktuellen Zeitpunkt festzustellen, dass die Modellübernahme seitens der Bauausführung an die strenge Konformität zu in der Regel unternehmensinternen Standardprozessen zur Mengenermittlung und Kalkulation geknüpft ist. Ist dies nicht der Fall, kommt es zu dem in Abb. 1–44 angesprochenen Medienbruch.

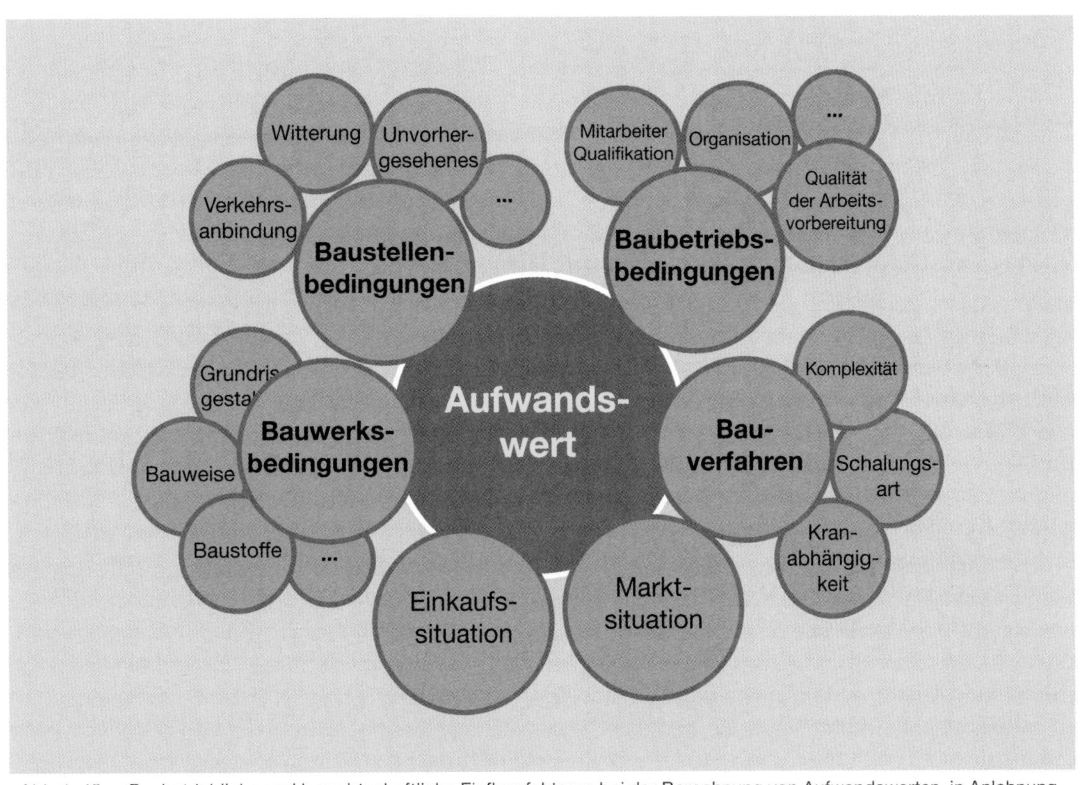

Abb. 1–45 Baubetriebliche und bauwirtschaftliche Einflussfaktoren bei der Berechnung von Aufwandswerten, in Anlehnung an [52]

Eine Lösungsmöglichkeit für das beschriebene Dilemma besteht unter anderem in der Etablierung einer einheitlichen und Gewerke-übergreifenden Klassifikationssystematik für das Bauwesen einschließlich TGA, womit Bauteile und Bauteiltypen, aber eben auch strukturgebende Einheiten (Räume, Segmente, Trassen) einer einheitlichen Namensgebung und Hierarchie folgen können. Mit der Einführung der neuen VDI-Richtlinie 2552 wird mit Teil 9 und der Verknüpfung über das buildingSMART Data Dictionary für bestimmte Teilbereiche eine Lösung erwartet. Teil 3 der Richtlinie [40] definiert Fertigstellungsgrade aus Sicht der Mengenermittlung und gibt Hinweise zum BIM-basierten Controlling. Die Fertigstellungsgrade ergänzen die Vorgaben im LoGICAL LoD-Schema [2] entsprechend, indem mit Hilfe der Fertigstellungsgrade beispielsweise spezifiziert werden kann, zu welcher Gliederungsebene nach DIN 276 welche Mengenangaben in welcher Phase erforderlich sind (etwa durch Zuordnung eines FGK zu einem LoG und LoI). DIN SPEC 91400 [20] ermöglicht daneben eine Verknüpfung von Bauteilen und Leistungen zum STLB-Bau über eindeutige Identifikatoren (GUIDs).

7.1.3 Qualität der Planung

Für die Übernahme der Planung durch die bauausführende Seite, für die TGA insbesondere relevant aus Sicht des Anlagenbaus, ist die Frage der Haftung für die inhaltliche Richtigkeit und bauliche Umsetzbarkeit der Planung von hoher Bedeutung. In der (deutschen) Praxis wird dies in der Regel dadurch „gelöst", indem die Prüfung des Modells und Konformitätsbestätigung vertraglich weitergereicht, also an die ausführenden Firmen abgegeben wird – nicht selten führt dies durch Mängel in der Planung zu einer Wiederholung von Planungsleistungen und entsprechendem Mehraufwand. Dies ist ein wesentliches Hemmnis für die Übernahme eines BIM-Modells.

Lösbar ist dieses Problem dadurch, dass einerseits ausführende Firmen frühzeitig in den Planungsprozess eingebunden werden oder die Haftung für die inhaltliche Richtigkeit und Ausführbarkeit der Planung anders geregelt wird. In der Praxis ist nicht selten zu beobachten, dass technische Anlagen unvollständig oder Teilanlagen nicht geplant wurden, Anlagen falsch dimensioniert oder falsch geplant wurden. Beispielsweise, wenn eine Sprinkleranlage vergessen oder Elektrotrassen unterdimensioniert wurden oder eine geplante Entrauchungsanlage physikalisch gar nicht umsetzbar ist.

7.1.4 Herstellerneutrales Arbeiten mit BIM

In der BIM-basierten Arbeitsmethodik für die Planungspraxis bislang ungelöst ist der Umgang mit herstellerneutralen Daten, insbesondere im Bereich öffentlicher Vorhaben. Von rechtlicher oder vertraglicher Seite bestehen dabei zunächst keine Vorbehalte gegenüber der Anwendung von BIM [10] oder bezüglich einer modellbasierten Ausschreibung, vgl. Elixmann in [2]. Mit der Vorgabe der Einführung von BIM in öffentlichen Bauvorhaben muss eine tragfähige Lösung gefunden werden. So greift der Koalitionsvertrag für das Land Nordrhein-Westfalen vom 16. Juni 2017 auf, dass „für Vergaben des BLB und von Straßen.NRW ... ab 2020 das ... BIM verpflichtend“ festgeschrieben werden soll und sichergestellt werden soll, dass „Unternehmen an dem Verfahren problemlos teilnehmen können“ [8].

Produktkataloge von CAD-Systemen bieten bereits heute neutrale Geometriemodelle und TGA-Bauteile für die Konstruktion gebäudetechnischer Systeme. Der BIM-basierte Workflow birgt jedoch Probleme, wenn CAD-Objekte zu einem späteren Zeitpunkt durch andere Objekte ersetzt und damit neu instanziiert werden. Dies hat in der Regel Auswirkungen auf die Eindeutigkeit der CAD-Objektstruktur, da sich Objekt-Identifikatoren eines gesamten Systems ändern (Workflow-Problem). In der Planungspraxis ist zu beobachten, dass oftmals eine zunächst produktbasierte Planung im Zuge der LV-Erstellung in eine produktneutrale Form überführt wird. Mit der Planung einer technischen Anlage erfolgt notgedrungen frühzeitig eine Festlegung, da sich anlagentechnische Komponenten, beispielsweise Heizkessel, voneinander unterscheiden, womit Auswirkungen auf die Planung einer gesamten Anlage und damit das Bauwerk bestehen. Der Unterschied liegt darin, dass BIM den Ort und damit das Problem sichtbar macht.

Eine Lösungsmöglichkeit besteht darin, seitens der öffentlichen Hand für das Arbeiten mit BIM eine offene Bibliothek als produktneutraler Bauteilkatalog mit Bauteilfamilien für das produktneutrale Arbeiten in CAD bereitzustellen. Alternativ wäre den gesamten Vergabeprozess als solches zu hinterfragen. Vergleicht man beispielsweise den Prozess „Erwerb eines Bauwerks“ mit dem Prozess „Erwerb eines Kraftfahrzeugs“, so müsste für die Preisbildung bei der Beschaffung eines KFZ streng genommen auch die Auswahl von Karosserieteilen, des Antriebsstrangs, des Antriebsaggregats etc. herstellerneutral ausschreibbar sein. Zudem müsste der Käufer umfangreiches Fachwissen besitzen, den Herstellungsprozess zu überwachen, das Controlling durchzuführen und die Qualität und Funktionalität einzelner Systembauteile des anzuschaffenden KFZ nach Auslieferung zu überprüfen. Übertragen auf den Baubereich bestünde eine Alternative darin, Bauwerke als Produkte mit verschiedenen Konfigurationen und Qualitäten als Paket anzubieten. Dies muss nicht notwendigerweise nach dem Modell „Generalübernehmer“ erfolgen, sondern nach dem Credo „zuerst eine solide Bedarfsermittlung, anschließend digital, dann real Bauen!“.

7.2 Vorfertigung, Systembildung und Internet of Things (IoT)

Für die Gebäudetechnik stellen die Vorfertigung und Systembildung wichtige Zukunftstrends dar, insbesondere vor dem Hintergrund des Zusammenspiels zwischen Lean Construction Management (vgl. Abschnitt 7.3) und Industrie 4.0 sowie der kommenden umfassenden digitalen Vernetzung im Rahmen des Internet of Things (IoT). BIM ist hierbei ein zentrales Bindeglied. In Abschnitt 3 wurde bereits im Zuge des Konzept-basierten Vorgehens auf die zweckmäßige Bildung von strukturgebenden

Einheiten und Informationscontainern für funktionale Bereiche, die räumliche Koordination und geometrische Zusammenhänge eingegangen. Wie in Abb. 1–46 links dargestellt, betrifft dies auf der übergeordneten (groben) Ebene grundlegende Abhängigkeiten auf Basis von gegebenen Nutzungsprozessen, die Verortung von Nutz- und Nebenflächen, die Anordnung von Trassen und Schächten, die Definition von Versorgungsbereichen, die Verortung von Technikzentralen und Brandabschnitten.

Auf der (feinen) Ebene einzelner Segmente, vgl. Abb. 1–46 Mitte, erfolgt die Typenbildung hinsichtlich der Ausprägung von Segment- und Raumtypen und das Ausnutzen von Wiederholfaktoren, womit CAD-seitig Segmente gleichen Typs und gleicher Ausstattung vervielfältigt werden können, sofern die Schnittstellen geklärt sind. Dieses Vorgehen schafft die wichtige Voraussetzung für die Vorfertigung von individualisierten TGA-Baugruppen sowie aus Sicht der Gebäudeautomation die Voraussetzung für die Vervielfältigung von Software (Programmblöcke, Funktionen) [3].

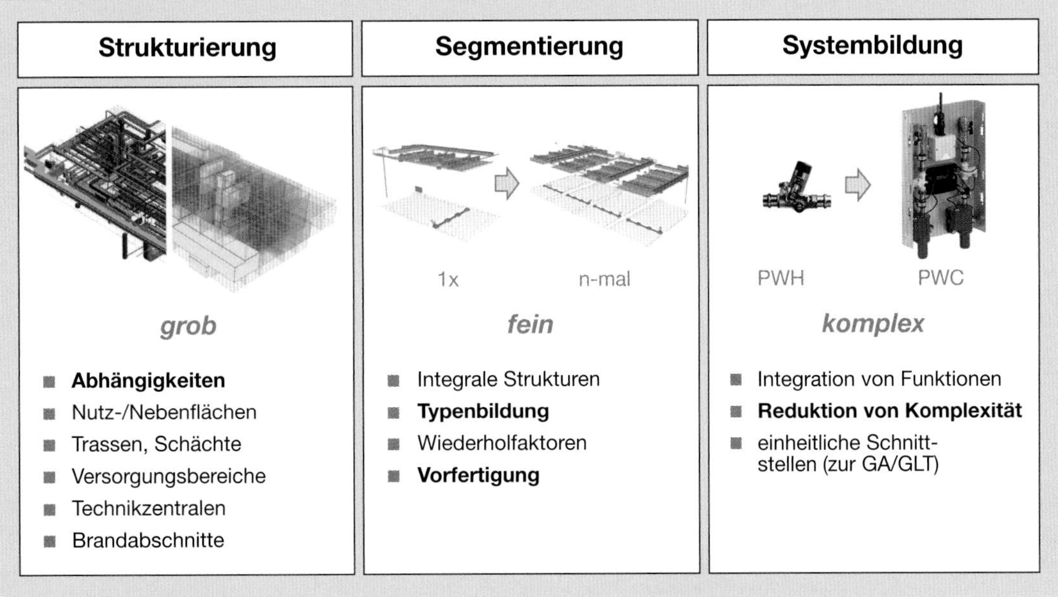

Abb. 1–46 Strukturierung, Segmentbildung und Systembildung in der Gebäudetechnik

Zu diesen beiden Aspekten kommt noch ein weiterer bedeutender Trend hinzu. Um die Komplexität in Planung, Ausführung und Instandhaltung – auch insbesondere für das Handwerk – zu vereinfachen und Schnittstellen zur Gebäudeautomation zu vereinheitlichen, erfolgt auf dem Markt zunehmend eine Systembildung von Bauteilen und Baugruppen, die oftmals mit der Integration von GA-Funktionen einhergeht [3]. Abb. 1–46 rechts verdeutlicht dies am Beispiel des integrierten Trinkwassermanagements.

Mit der zunehmenden Technisierung steigt die Komplexität von Systemen und deren technischer Dokumentation, womit sich auch die Risiken für Planungs-, Montage- und Wartungsfehler und für daraus entstehende Schäden erhöhen. Systemlösungen verringern diese Komplexität, kleinteilige GA-Systeme entfallen und werden systemseitig integriert. Für die Installationstechnik ergeben sich neue Servicemöglichkeiten zur Diagnose und Fernwartung. BIM, Internet of Things (IoT) und die Anbindung an CAFM ermöglichen dabei die Verknüpfung von Ort und Funktion sowie von Funktion und Onlinevernetzung, für die Installationstechnik etwa den Zugang zur elektronischen Dokumentation vor Ort und in Echtzeit oder zu prädiktiven Wartungssystemen.

7.3 Industrie 4.0: Disruptive Veränderungen im Bauwesen

Mit der zunehmenden Digitalisierung und Automation steht das Bauwesen vor grundlegenden Veränderungen. Diese betreffen alle Beteiligten an der Schnittstelle der Wertschöpfungskette „Bauen“, d. h. dem Planungsprozess als solches, der Produktionstechnik, der Logistik, der Bauausführung und dem Betrieb.

7.3.1 Supply Chain Management in der Automobilindustrie

In der Produktionstechnik der Automobilindustrie gehören die Just-in-Time- und Just-in-Sequence-Zulieferungsprozesse von vorgefertigten Teilen an den Hersteller (OEM) zum Stand der Technik. Das Supply Chain Management erfasst „als prozessorientierter Managementansatz alle Flüsse von Informationen, Rohstoffen, Bauteilen und Produkten entlang der Herstellungs- und Lieferkette“ [53]. Wie Abb. 1–47 verdeutlicht, werden individuelle kundenseitige Konfigurationen im Zulieferungsprozess umgesetzt und im richtigen Moment und in der richtigen Sequenz (Lean Methoden) am Produktionsband angeliefert und verarbeitet. Die Wertschöpfung erfolgt durch den modularen Aufbau eines Baukastensystems, womit die Variantenvielfalt wirtschaftlich erschlossen wird. Hierfür greifen verschiedene Bestandteile ineinander, wie der Lebenszyklus aus Sicht des Produktes im Rahmen des Produktlebenszyklusmanagements (PLM), mit Manufacturing Execution Systems (MES) das Fertigungsmanagement mit der Steuerung und Überwachung von Fertigungsanalgen und Maschinen in Echtzeit (Produktionsleitsystem), die Digitale Fabrik mit der Planung der Fertigung als solche und der Simulation von Produkten und aus Sicht des Unternehmens das Enterprise Resource Planning (ERP) mit der Planung von Ressourcen (Personal, IKT, Kapital, Material, Betriebsmittel), die unter dem Überbegriff „Industrie 4.0“ zusammengefasst werden können.

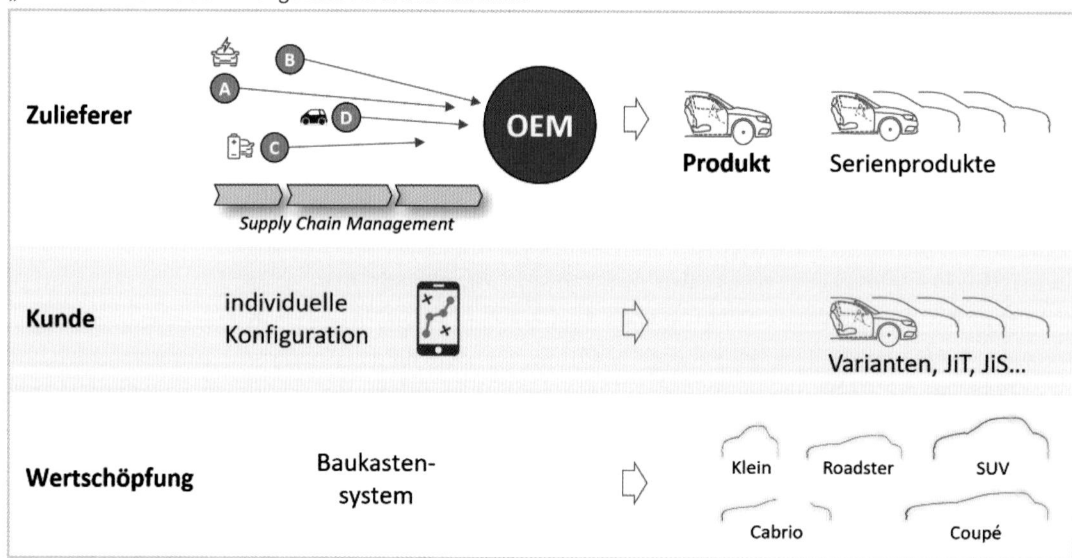

Abb. 1–47 Supply Chain Management und Wertschöpfung in der Automobilindustrie

7.3.2 Supply Chain Management im Bauwesen

Auch im Bauwesen werden Hersteller (nicht: Bauherren) zur Produktion ihrer Produkte (Bauteile und Komponenten) im Rahmen des Supply Chain Managements in einer ähnlichen Art und Weise beliefert. Zudem werden im Bauwesen bestimmte Bauteile als Fertigteile hergestellt. Für das Produkt „Bauwerk“ als solches gestaltet sich der Prozess jedoch grundlegend anders. Ausführende Unternehmen werden einerseits über einen mehrstufigen Vertriebsweg über den Großhandel beliefert; einige Unternehmen liefern ihre Produkte im Direktvertrieb auf die Baustelle. Das Produkt Bauwerk wird von verschiedenen, untereinander zu koordinierenden Akteuren hergestellt. Jedes Produkt ist dabei einzigartig, jedes Produkt ein Unikat.

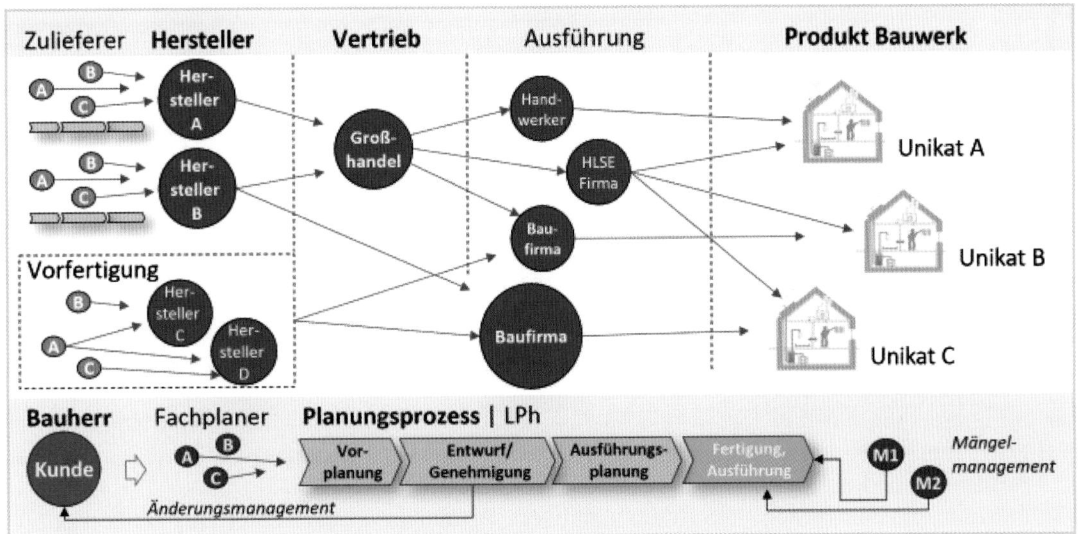

Abb. 1–48 Mehrstufiger Vertriebsweg und Planungs- und Fertigungsprozess im Bauwesen

Im Unterschied zur z. B. Automobilbranche, die nach einem ausgereiften Entwicklungsprozess Produkte in Serie herstellt, besitzt ein Bauwerk einen hohen Individualisierungsgrad. Der Herstellungsprozess des Produktes Bauwerk erfolgt in einem kleinteiligen Planungsprozess von verschiedenen Akteuren; für jedes Bauvorhaben in einem komplett neuen und anderen personellen, vertraglichen, und objektiven Kontext. Unsicherheit, Intransparenz und Nachtragsmanagement beherrscht oftmals ein Bauprojekt. Aus Sicht der wichtigsten Person, des Kunden, gibt es wie in Abschnitt 7.1 angesprochen verschiedene Möglichkeiten zur Übergabe einer Planung an ein ausführendes Unternehmen. Der Bauherr besitzt als Auftraggeber zudem bei der Auswahl des Vorgehens zur Projektentwicklung und Bedarfsplanung eine Schlüsselposition. Dieses Vorgehen und der damit verbundene Weg zur Kostenermittlung hat sehr hohe Konsequenzen auf die Kosten- und Terminsicherheit. Zudem ist der Bauherr gut beraten, Kompetenz aus Sicht des Controllings und Qualitätsmanagements vorzuhalten, um am Ende auch ein Produkt zu erhalten, das seinen Nutzungsprozessen entspricht, im Kostenrahmen liegt und den Qualitätsansprüchen genügt.

Mit der zunehmenden Digitalisierung und Automatisierung wird sich der in Abb. 1–48 dargestellte Weg schrittweise verändern. BIM ist hierbei, wie zuvor dargestellt, ein wichtiger Baustein zur Umsetzung von Vorfertigung und Just-in-Time- und Just-in-Sequence-Zulieferung von modularen vorgefertigten Systemen in der Gebäudetechnik. Der Grundsatz „Erst digital, dann real bauen!" [6] bereitet hierfür den Weg, indem ein qualitätsgesichertes digitales Modell als Grundlage für die vernetzte und verteilte digitale Produktion dient.

Die Vernetzung von Bauteilen und Komponenten und die Einführung neuer Mobilfunkstandards (5G Technologie) im Rahmen des Internet of Things (IoT) eröffnet zudem vollkommen neue Möglichkeiten im Service und Dienstleistungsbereich und hat gravierende Auswirkungen auf Herstellungs- und Logistikprozesse und den Vertriebsweg. Neue Zukunftstrends liegen zudem im autonomen Bauen mit dem Einsatz von Robotik für modulare Fertigungs- und Montageprozesse.

7.3.3 Lean Management im Bauwesen

Basis für effiziente Herstellungs- und Logistikprozesse, wie sie zuvor benannt wurden, und darüber hinaus die Taktsteuerung im Bauwesen sind die Methoden des Lean Managements. Als Benchmark für eine „schlanke Produktion" [54] wurde das Lean Management von einem vom japanischen Unternehmen Toyota entwickelten Verbesserungsprozess abgeleitet. Die Ziele sind weniger technisch, sondern beziehen sich zunächst allgemein auf den Wertschöpfungsprozess, indem insbesondere Verschwendungen von Kapazitäten und Zeit vermieden, Prozesse verbessert und der Mehrwert gesteigert werden soll [51]. Verschwendungen betreffen im Baubereich Termin- und Kostenüberschreitungen oder Mängel in Planung und Ausführung.

Nach [54] bilden fünf Kernprinzipien die Basis des Lean Managements:

- den Wert aus Kundensicht zu definieren (Bedarfsplanung), Verschwendung in den wertschöpfenden Prozessen („Wertstrom") zu vermeiden,
- einen kontinuierlichen und glatten Produktionsablauf sicherzustellen („Takten" durch Strukturierung und Stabilisierung von Prozessen und „Fließen" statt Ausrichtung auf höchste Produktivität in einzelnen Bereichen und an Schnittstellen),
- die Produktion auf das Takten und Fließen auszurichten („Ziehen", d. h. bedarfsgesteuerter Wertstrom [Werk- und Montagepläne, Bauteile, Halbfertigprodukte] statt Produktion mit maximaler Auslastung) und
- in einem kontinuierlichen Verbesserungsprozess Perfektion anzustreben („Null-Fehler Prinzip" auf der Baustelle, auch, indem Mitarbeiter aktiv in diesen Prozess integriert werden). In der Taktsteuerung auf der Baustelle erfolgt dies beispielsweise durch Taktsteuerungsbesprechungen und transparent durch eine Taktsteuerungstafel. Wichtig ist der kontinuierliche Verbesserungsprozess (KVP), da Perfektion „nie" erreicht werden kann.

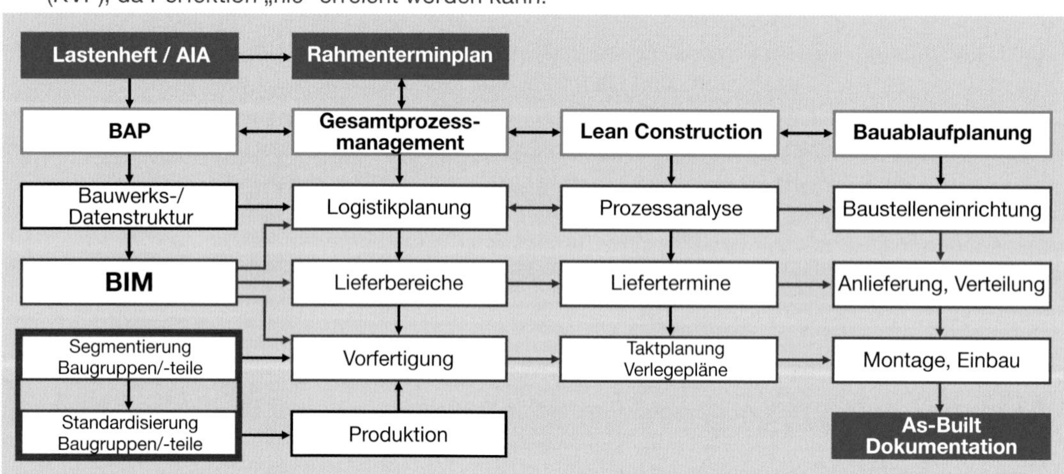

Abb. 1–49 Zusammenhang zwischen Lean Construction Management und BIM, in Anlehnung an [51]

BIM eignet sich auch hier als zentrales Umsetzungsinstrument für die Methode des Lean Construction Managements im Bauwesen. Neben der zeitlichen Dimension mit der Verknüpfung von Objekten mit Terminen sind mit BIM räumliche Abhängigkeiten zwischen Bauteilen abbildbar – Informationen, die nur über Pläne in dieser Form nicht erschließbar sind. Die Logistikplanung macht sich die Organisation des BIM über die Bauwerks- und Datenstruktur zu Nutze. Abb. 1–49 ordnet die in den Abschnitten 3.2 und 7.2 genannten Aspekte der Segmentierung und Standardisierung durch Typenbildung in die Bestandteile des Lean Managements ein (im Bild rot markiert), die eine wichtige Voraussetzung für die Vorfertigung und damit die Produktion darstellen. Die Logistikplanung fußt auf einem machbaren Ablaufplan und dem „Vermeiden von Verschwendung von Zeit auf der Baustelle" [51]. Fehler in der

Ablaufplanung haben Auswirkungen auf das Baumaterial, Fehler in der Disposition oder das Verteilen von Lagerbeständen führen zu belegten Flächen und Aufwand für Umverteilungen, woraus wiederum Wartezeiten entstehen. Ähnlich verhält es sich mit der Materialentsorgung [51]. Die Festlegung von Lieferbereichen, Lieferterminen, die Anlieferung und Verteilung hängen somit eng mit der Logistikplanung, der Prozessanalyse und der Baustelleneinrichtung zusammen.

7.4 Trends im Bereich Digitales Planen, Bauen und Betreiben

7.4.1 Sechs Megatrends im Bauwesen

Nach dem McKinsey Global Institute Industry Digitization Index [4] zählt die Bauindustrie zu den bislang am wenigsten digitalisierten Industriezweigen. In Anlehnung an Studien führender Unternehmensberatungen wie der Boston Consulting Group [55] oder McKinsey & Company [4] und in Ergänzung zu den in den Abschnitten 7.2 und 7.3 zuvor im Detail beschriebenen Herausforderungen und Trends können mit Blick auf das digitale Planen, Bauen und Betreiben zusammenfassend folgende Megatrends identifiziert werden, die die gesamte Wertschöpfung im Bauwesen grundlegend beeinflussen:

- zunehmende Industrialisierung im Bauwesen, begleitet durch steigende Automatisierung, Vorfertigung und Systembildung sowie durch die Etablierung von Lean Methoden in Industrie 4.0 und Lean Construction Management Verfahren im Bauwesen,
- drastische Veränderungen in der Lieferkette und Etablierung neuer Services und Dienstleistungen, Verschiebungen in der Wertschöpfungskette in den IT-Bereich,
- intelligentes Asset-Management und Entscheidungsfindung durch „Advanced Analytics", wie beispielsweise vorausschauende Wartung, unterstützt durch die kommende Verfügbarkeit neuer Funknetztechnologien und die Vernetzung von Komponenten im Rahmen des Internet of Things (IoT),
- Aufstieg einer neuen Generation von 5D Building Information Modeling Werkzeugen und weiter zunehmende digitale Kollaboration und Mobilität,
- Einsatz von zunehmend hochauflösenderen Methoden zur As-Built und Bestandsdatenerfassung und
- zunehmender Einsatz von Methoden im Bereich künstliche Intelligenz (KI) und maschinelles Lernen, beispielsweise zur Objektrekonstruktion.

7.4.2 Hochauflösende Bestandserfassung

Neben dem digitalen Gebäudemodell (dem Building Information Model) hat sich für die Arbeit mit digitalen Repräsentationen von realen Objekten der Begriff des „Digitalen Zwillings" etabliert, der oftmals im Zusammenhang mit As-Built bzw. Bestandsmodellen verwendet wird. Die Verwendung des Digitalen Zwillings folgt der Idee, die aus „Google Street View" bekannte Navigationssicht auf ein räumliches Informationssystem innerhalb eines Gebäudes zu übertragen. Informationen aus dem Gebäudemanagement können damit beispielsweise in einer Punktwolke verortet werden.

Entgegen dem Eindruck, den multimediale Darstellungen oftmals vermitteln, ist die Erfassung und insbesondere die Verarbeitung dieser Informationen mit einem erheblichen Aufwand verbunden.

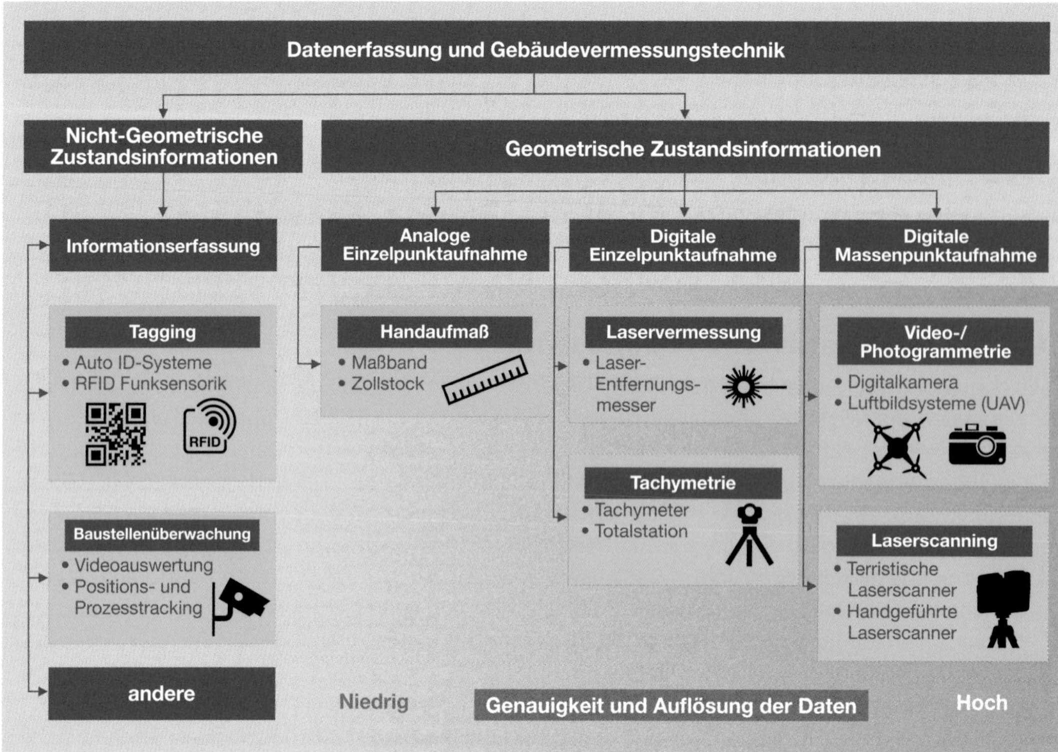

Abb. 1–50 Methoden zur Vermessung und Datenerfassung im Bauwesen, Einteilung in Anlehnung an [56, 57, 58] (Bildquelle Piktogramme: pixabay.com/de)

Abb. 1–50 gibt eine Übersicht über verschiedene Methoden der Datenerfassung und der Gebäudevermessungstechnik. Die Einordnung in der Darstellung folgt in Anlehnung an [56, 57, 58]. So sind nicht-geometrische von geometrischen Zustandsinformationen zu unterscheiden. Nicht-geometrische Zustandsinformationen können in Form von Markern (Tagging) durch Auto ID-Systeme oder Funksensorik platziert werden. Für die Baustellenüberwachung sind die Videoauswertung oder Positions- und Prozesstracking zu nennen.

Seitens der geometrischen Bestandsaufnahmeverfahren unterscheidet man nach [56, 59]

- das analoge oder elektronische Handaufmaßverfahren, bei dem Rechtwinkelmaße mit Hand(laser) distanzmessern erfasst werden,
- die Tachymetrie, bei der einzelne 3D-Punkte über Polarkoordinaten vermessen werden,

womit eine Diskretisierung der Objektgeometrie durch Einzelpunkte erfolgen und im Nachgang (manuell) ein Modell generiert werden kann, etwa durch parametrisches Konstruieren in CAD oder durch die Verwendung von CSG-Modellen [56], von

- Methoden der Photogrammetrie, womit eine Objektrekonstruktion aus Bildaufnahmen erfolgt, die per Hand oder auch beispielsweise per autonomen Fluggeräten aufgenommen werden können und
- das terrestrische Laserscanning als meistbeachtetes Aufmaßverfahren im Zusammenhang mit BIM, bei dem eine Punktwolke entsteht, indem eine Oberfläche mit 3D-Punkten abgetastet wird.

Letztgenannte Verfahren erfordern im Nachgang eine umfassende Verarbeitung der Punktwolkeninformation und die aufwändige (halbautomatische) Modellgenerierung. Zahlreiche Aspekte sind dabei noch Gegenstand der Forschung und Entwicklung, wie etwa die Automatisierung der Verarbeitung von Punktwolken oder der Umgang mit nicht sichtbaren Oberflächen. Einzelpunktverfahren bedingen mit der Diskretisierung des Messobjektes in Einzelpunkte einen hohen Messaufwand vor Ort (manuelles Erkennen von Bauteilen vor Ort), die Erzeugung von Punktwolken hingegen einen sehr hohen Aufwand in der Nachbearbeitung (Bauteilbildung ist kein Automatismus, sehr hohes Datenaufkommen).

Als Trend ist zu beobachten, dass Hardwaresysteme in den letzten Jahren deutlich kompakter und kostengünstiger geworden sind, inzwischen verschiedene mobile und teilautonome Lösungen als Multi-Sensor-Systeme zur Datenakquisition (fahrende Roboter, Drohnen) verfügbar sind und Tachymeter heute „BIM-ready“ als kostengünstige integrierte Aufmaßsysteme erhältlich sind bzw. die Technologie mit Handlasersystemen entsprechend kombiniert wird [56].

7.4.3 Verknüpfung mit Augmented Reality

Mit der Verfügbarkeit von digitalen Modellen besteht für die Baufortschrittskontrolle bzw. As-Built Dokumentation zudem die Möglichkeit, reale mit virtuellen Gebäudedaten zusammenzuführen und mit Hilfe der Augmented Reality (AR) Technik zu überlagern. In Bauvorhaben werden hierfür inzwischen verschiedene AR Lösungen als Tablet-PC-Lösung in Verbindung mit der eingebauten Kamera bzw. auch mit eingebautem Tiefensensor eingesetzt. Abb. 1–51 zeigt den Einsatz eines interaktiven Datenhelms mit Augmented Reality und Tracking, mit dem, entsprechende Navigationsmöglichkeiten im Gebäude vorausgesetzt, ein Einsatz auf der Baustelle möglich wird.

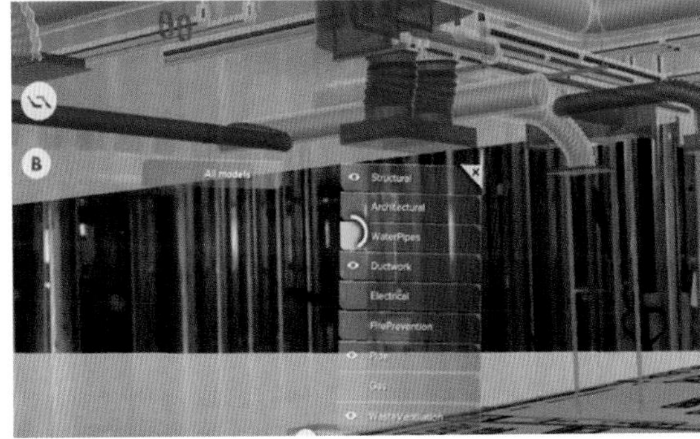

Abb. 1–51 Einsatz eines interaktiven Datenhelms mit Augmented Reality und Tracking Darstellung verschiedener Hard- und Softwaresysteme: Bild oben und rechts Microsoft Hololens, Bildquelle: VIEGA; (Bildquelle links unten: DAQRI, USA)

Vorwort
Inhaltsverzeichnis
Strukturgeber Gebäudetechnik
Prozessziel Trinkwassergüte
Planung und Betrieb 4.0
Energieperformance
Rechtliche Herausforderungen
Index

8 Literatur- und Quellenangaben

[1] A. Heidemann, „Integrale Planung in der TGA", in Integrale Planung in der Gebäudetechnik, Berlin, Heidelberg, VDI Springer Vieweg, 2014.

[2] C. van Treeck, R. Elixmann, K. Rudat, S. Hiller, S. Herkel und M. Berger, Gebäude.Technik.Digital. Building Information Modeling, VDI-Buch Hrsg., C. Holst-Gydesen, Hrsg., Berlin Heidelberg: Springer, 2016.

[3] A. Heidemann und P. Schmidt, Raumfunktionen. Ganzheitliche Konzeption und Integrationsplanung zeitgemäßer Gebäude, Stockach: TGA-Verlag, 2012.

[4] R. Agarwal, S. Chandrasekaran und S. Mukund , „Imagining construction's digital future", McKinsey & Company, Juni 2016. [Online]. Available: https://www.mckinsey.com/industries/capital-projects-and-infrastructure/our-insights/imagining-constructions-digital-future. [Zugriff am 23 06 2018].

[5] C. Eastman, D. Fisher, G. Lafue, J. Lividini, D. Stoker und C. Yessios, „An Outline of the Building Description System", Institute of Physical Planning, Carnegie-Mellon University, 1974.

[6] BMVi, „Stufenplan Digitales Planen und Bauen", Bundesministerium für Verkehr und digitale Infrastruktur (BMVi), Berlin, 2015.

[7] BMVi, „Reformkommission Bau von Großprojekten – Endbericht", Bundesministerium für Verkehr und digitale Infrastruktur, Berlin, 2015.

[8] CDU Nordrhein-Westfalen und FDP Nordrhein-Westfalen, „Koalitionsvertrag für Nordrhein-Westfalen 2017-2022", 16 Juni 2017. [Online]. Available: https://www.cdu-nrw.de/sites/default/files/media/docs/nrwkoalition_koalitionsvertrag_fuer_nordrhein-westfalen_2017_-_2022.pdf. [Zugriff am 23 06 2018].

[9] AHO, „Leistungsbild und Honorierungen – Projektmanagementleistungen in der Bau- und Immobilienwirtschaft", Heft 9 der AHO-Schriftenreihe, 4. Auflage, Ausschuss der Verbände und Kammern der Ingenieure und Architekten für die Honorarordnung e. V., pp. 1-62, Mai 2015.

[10] J. Bodden, R. Elixmann und K. Eschenbruch, BIM-Leistungsbilder, 2 Hrsg., Düsseldorf: Kapellmann und Partner Rechtsanwälte mbB, 2017.

[11] Deutsches Institut für Normung e. V., „DIN 69901-2:2009 Projektmanagement, Projektmanagementsysteme – Teil 2: Prozesse", Beuth Verlag, Berlin, 2009.

[12] buildingSMART, „Industry Foundation Classes Version 4 Addendum 1", [Online]. Available: http://www.buildingsmart-tech.org/ifc/IFC4/Add1/html/. [Zugriff am 18 05 2016].

[13] International Standardization Organization, „ISO 29481-1:2016 Building information modelling - Information delivery manual – Part 1: Methodology and format", 2016. [Online].

[14] buildingSMART, „Model View Definition Summary", 2016. [Online]. Available: http://www.buildingsmart-tech.org/specifications/ifc-view-definition. [Zugriff am 18 05 2016].

[15] OCCS Development Committee Secretariat, „OmniClass Construction Classification System", 2016. [Online]. Available: www.omniclass.org/. [Zugriff am 18 05 2016].

[16] Construction Project Information Committee, „UniClass2 (Development Release)", 2013. [Online]. Available: http://www.cpic.org.uk. [Zugriff am 18 05 2016].

[17] W. E. East, „Construction-Operations Building Information Exchange (COBie): Requirements Definition and Pilot Implementation Standard ERDC/CERL TR-07-30", US Army Corps of Engineers, Construction Engineering Research Laboratory, August 2007.

[18] CAFM RING e. V. Branchenverband, „CAFM-Connect Version 2.0", März 2015. [Online]. Available: http://katalog.cafm-connect.org/CC-Katalog/CAFM-ConnectFacilitiesViewTemplate.ifcxml. [Zugriff am 28 03 2016].

[19] GAEB Gemeinsamer Ausschuss Elektronik im Bauwesen, GAEB–Datenaustausch XML Fachdokumentation: Organisation des Austauschs von Informationen über die Durchführung von Baumaßnahmen, DA XML 3.2 Hrsg., Berlin: DIN Deutsches Institut für Normung e. V., 2013.

[20] Deutsches Institut für Normung e. V., „DIN SPEC 91400:2015-01 Building Information Modeling (BIM) – Klassifikation nach STLB-Bau", Beuth Verlag, Berlin, 2015.

[21] Deutsches Institut für Normung e. V., „DIN EN ISO 19650-1 Organisation von Daten zu Bauwerken - Informationsmanagement mit BIM – Teil 1: Konzepte und Grundsätze", Beuth Verlag, Berlin, 2018.

[22] BIM Task Group, „Employer's Information Requirements", 2013. [Online]. Available: http://www.bimtaskgroup.org/bim-eirs/. [Zugriff am 24 03 2016].

[23] AEC (UK) CAD & BIM Standards, „AEC (UK) BIM Protocol: Project BIM Execution Plan, Version 2.0", September 2012. [Online]. Available: https://aecuk.wordpress.com/documents/. [Zugriff am 26 03 2016].

[24] Construction Industry Council, „Building Information Model (BIM) Protocol - Standard Protocol for use in projects using Building Information Models", 2013. [Online]. Available: http://www.bimtaskgroup.org/bim-protocol/. [Zugriff am 24 03 2016].

[25] A. Borrmann, M. König, C. Koch und J. Beetz, Building Information Modeling: Technologische Grundlagen und industrielle Praxis, Wiesbaden: Springer Vieweg, 2015.

[26] Bundesgesetzblatt Jahrgang 2013 Teil I Nr. 37, „Verordnung über die Honorare für Architekten- und Ingenieurleistungen (Honorarordnung für Architekten und Ingenieure – HOAI) in der Fassung vom 10.07.2013, in Kraft getreten am 17.07.2013", [Online]. Available: http://www.hoai.de/. [Zugriff am 19 05 2016].

[27] G. e. V. Deutscher Verband für Facility Management, „GEFMA 100-1 (2004-07-00) Facility Management – Grundlagen", Beuth Verlag GmbH, Berlin, 2004.

[28] C. van Treeck, J. Siwiecki, P. Schmidt und U. Zeppenfeldt, „Digitale Planung BIM in der TGA: Konzept-basierte Methoden als Strukturgeber für den integralen Planungsprozess", in BauSIM2018, IBPSA-Germany, 26.-28. September, Karlsruhe, 2018.

[29] Deutsches Institut für Normung e. V., „DIN 18205:2015-11 Bedarfsplanung im Bauwesen (Entwurf)", Beuth Verlag, Berlin, 2015.

[30] K. Eschenbruch und J. Grüner, „BIM – Building Information Modeling: Neue Anforderungen an das Bauvertragsrecht durch eine neue Planungstechnologie", NZBau, Bd. Heft 7, 2014.

[31] K. Eschenbruch, A. Malkwitz, J. Grüner, A. Poloczek und C. K. Karl, „Maßnahmenkatalog zur Nutzung von BIM in der öffentlichen Bauverwaltung unter Berücksichtigung der rechtlichen und ordnungspolitischen Rahmenbedingungen, Endbericht 2014", Bundesinstituts für Bau-, Stadt- und Raumforschung (BBSR), Bonn, 2014.

[32] PennState CIC Research Group, „BIM Project Execution Planning Guide V2.1", Computer Integrated Construction (CIC) Research Group, Pennsylvania State University, 2011.

[33] M. Richards, D. Churcher, P. Shillcock und D. Throssell, „Pre-Contract Building Information Modelling (BIM) Execution Plan (BEP)", Construction Project Information Committee, UK, 2013.

[34] M. Richards, D. Churcher, P. Shillcock und D. Throssell, „Post Contract-Award Building Information Modelling (BIM) Execution Plan (BEP)", Construction Project Information Committee, UK, 2013.

[35] DB Station&Service AG und DB Netz AG, „BIM–Projektabwicklungsplan (BAP)", 27 05 2018. [Online]. Available: https://www1.deutschebahn.com/resource/.../BIM-Projektabwicklungsplan-data.docx. [Zugriff am 27 05 2018].

[36] K. Hausknecht und T. Liebich, BIM-Kompendium, Stuttgart: Fraunhofer IRB Verlag, 2016.

[37] Verein Deutscher Ingenieure, „VDI 2552 Blatt 5: Datenmanagement", Beuth Verlag GmbH, Berlin, 2017.

[38] Deutsches Institut für Normung e. V., „DIN EN ISO 29481-1 Bauwerks-Informations-Modelle – Informations-Lieferungs-Handbuch - Teil 1: Methodik und Format", Beuth Verlag, Berlin, 2016.

[39] Object Management Group, „About the Business Process Model and Notation Specification Version 2.0", [Online]. Available: https://www.omg.org/spec/BPMN/2.0/. [Zugriff am 11 Juni 2018].

[40] Verein Deutscher Ingenieure, „VDI 2552 Blatt 3: Building Information Modeling: Mengen und Controling“, Beuth Verlag GmbH, Berlin, 2017.

[41] buildingSMART Germany, „Standards - Building Smart e. V.“, [Online]. Available: https://www.buildingsmart.de/bim-knowhow/standards. [Zugriff am 13 Juni 2018].

[42] Verein Deutscher Ingenieure e. V., „VDI 3813:2011-05 Blatt 1 Gebäudeautomation (GA) - Grundlagen der Raumautomation“, 2011. [Online]. Available: https://www.vdi.de/richtlinie/vdi_3813_blatt_1-gebaeudeautomation_ga_grundlagen_der_raumautomation/. [Zugriff am 19 05 2016].

[43] A. Borrmann, C. van Treeck und E. Rank, „Towards a 3D Spatial Query Language for Building Information Models“, in 11th Int. Conf. on Computing in Civil and Building Engineering (ICCCBE-XI), Montreal, Canada, 2006.

[44] C. van Treeck und E. Rank, „Dimensional reduction of 3D building models using graph theory and its application in building energy simulation“, Engineering With Computers, Bd. 23, Nr. 2, pp. 109-122, 2007.

[45] Deutsches Institut für Normung e. V., „DIN V 18599:2013 Energetische Bewertung von Gebäuden – Berechnung des Nutz-, End- und Primärenergiebedarfs für Heizung, Kühlung, Lüftung, Trinkwarmwasser und Beleuchtung“, Beuth Verlag, Berlin, 2013.

[46] Deutsches Institut für Normung e. V., „DIN 276-1:2009 Kosten im Bauwesen“, Beuth Verlag, Berlin, 2009.

[47] Verein Deutscher Ingenieure e. V., „VDI 3805 Richtlinienreihe Produktdatenaustausch in der Technischen Gebäudeausrüstung“, 2016. [Online]. Available: https://www.vdi.de/technik/fachthemen/bauen-und-gebaeudetechnik/fachbereiche/technische-gebaeudeausruestung/richtlinienarbeit/richtlinienreihe-vdi-3805-produktdatenaustausch-in-der-tga/. [Zugriff am 18 05 2016].

[48] D. Glöckler, „Benutzerhandbuch Anlagenkonfigurator“, FACT GmbH, Böblingen, 2018.

[49] C. Cruz-Neira, „Surround-Screen Projection-Based Virtual Reality: The Design and Implementation of the CAVE“, in SIGGRAPH '93 Proceedings of the 20th annual conference on Computer graphics and interactive techniques , Anaheim - CA, 1993.

[50] IT Center RWTH Aachen, „aixCAVE der RWTH Aachen“, [Online]. Available: http://www.itc.rwth-aachen.de/cms/IT-Center/Forschung-Projekte/Virtuelle-Realitaet/Infrastruktur/~fgqa/aixCAVE/. [Zugriff am 18 Juni 2018].

[51] H. Sommer, Projektmanagement im Hochbau, 4 Hrsg., Berlin, Heidelberg: Springer-Verlag, 2016.

[52] C. Hofstadler, Schalarbeiten: Technologische Grundlagen, Sichtbeton, Systemauswahl, Ablaufplanung, Logistik und Kalkulation, Berlin Heidelberg: Springer, 2008.

[53] Wikipedia, „Supply-Chain-Management“, Wikipedia, 23 06 2018. [Online]. Available: https://de.wikipedia.org/. [Zugriff am 23 06 2018].

[54] J. Womack, D. Jones und D. Roos, Die zweite Revolution in der Autoindustrie, 4 Hrsg., Frankfurt am Main: Campus, 1992.

[55] P. Gerbert, S. Castagnino, C. Rothballer, A. Renz und R. Filitz, „Digital in Engineering and Construction: The Transformative Power of Building Information Modeling“, Boston Consulting Group, Munich, 2016.

[56] J. Blankenbach, „Bauwerksvermessung für BIM“, in Building Information Modeling: Technologische Grundlagen und industrielle Praxis, Heidelberg, Springer-Verlag, 2015, pp. 343 - 362.

[57] R. Kaden, C. Clemen, R. Seuß, J. Blankenbach, R. Becker, A. Eichhorn, A. Donaubauer, T. Kolbe und U. Gruber, Leitfaden Geodäsie und BIM, Vogtsburg-Oberrotweil: DVW – Gesellschaft für Geodäsie, Geoinformation und Landmanagement e. V., 2017.

[58] R. Volk, J. Stengel und F. Schultmann, „Building Information Modeling (BIM) for existing buildings - Literature review and future needs“, Automation in Construction, Bd. 38, pp. 109 - 127, 2014.

[59] J. Blankenbach, „Bauaufnahme, Gebäudeerfassung und BIM“, in Handbuch der Geodäsie, Freeden und Rummel, Hrsg., Berlin Heidelberg, Springer-Verlag, 2016, p. 31.

[60] W. Hesse, „GI – Gesellschaft für Informatik“, 28 Juli 2015. [Online]. Available: https://gi.de/informatiklexikon/ontologien/. [Zugriff am 11 Juni 2018].

Prozessziel Trinkwassergüte

Thomas Kistemann und Kaspar Bausch

In diesem Kapitel wird die Trinkwasser-Installation als mikrobielles Ökosystem vorgestellt. Temperatur, Wasseraustausch, Durchströmung und verfügbares organisches Material (Nährstoffe) sind die entscheidenden Faktoren in einem zusammenhängenden Wirkkreis der Trinkwassergüte. Es wird deutlich, dass der Erhalt der Trinkwassergüte in der Trinkwasser-Installation von Gebäuden das Verständnis multifaktorieller Prozesse voraussetzt. Diese Prozesse bedürfen konsequenterweise eines Prozess-orientierten Qualitätsmanagements, wie es der Wassersicherheitsplan bereitstellt.

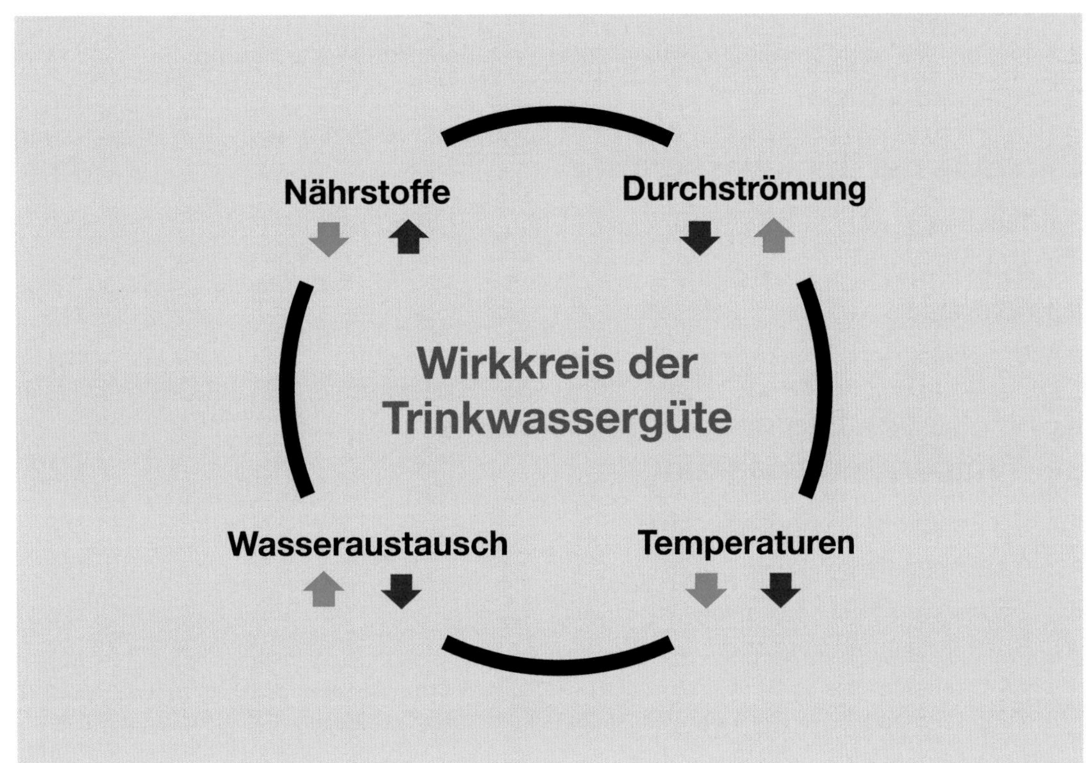

Inhalt

1 Die Trinkwasser-Installation – ein mikrobielles Ökosystem

1.1 Von den Anfängen zur modernen Trinkwasser-Installation: ein vielgestaltiger Wandel

Erst vor etwa 150 Jahren begann in Deutschland, ausgehend von den im Zuge von Industrialisierung und Bevölkerungswachstum rasch wachsenden Städten, die Etablierung einer neuartigen Form der Versorgung mit Trinkwasser durch Druckleitungen und selbstlaufende Entnahmestellen in den Gebäuden (Thofern 1990 [113]). Die Anfänge waren bescheiden. Zunächst wurde für Mietshäuser im Innenhof, später etagenweise jeweils nur eine Zapfstelle für alle Wohnungen vorgesehen (Otto 2000 [91], Abb. 2–1 und Abb. 2–2). Erst mit dem Wiederaufbau der Nachkriegszeit setzte sich flächendeckend durch, für jede Wohneinheit mehrere Entnahmestellen für kaltes Trinkwasser vorzusehen (Küche, Bad mit Waschtisch, Badewanne und Toilette, Waschmaschine).

Abb. 2–1 Historische Hofzapfstelle für Trinkwasser, Mietshaus, Wien IV. Bezirk

Abb. 2–2 Historische Etagenzapfstelle für Trinkwasser, Mietshaus, Wien IV. Bezirk

In den letzten 50 Jahren hat die Struktur der Wasserversorgung in Gebäuden weitere bedeutsame Entwicklungen erfahren. Einerseits hat sich die Zahl der pro Kopf verfügbaren Entnahmestellen vervielfacht. Verhältnismäßig niedrige Kosten ermöglichen es heute dem Bauherrn, Trinkwasser an allen Stellen eines Gebäudes bereitstellen zu lassen, wo – möglicherweise – Bedarf besteht. Hierdurch haben sich die Längen des Leitungsnetzes und damit das Anlagenvolumen pro Wohneinheit erheblich vergrößert und die Netzgeometrie wurde viel komplexer. Auch hinsichtlich der verwendeten Materialien (Stahl, Kupfer und Kupferlegierungen, Nickel, diverse Kunststoffe), Verbindungsarten (mittels Gewinde, Schweißen, Löten, Pressen, Kleben) sowie der Komponenten (Formteile, Armaturen, Apparate) steht dem Fachplaner bzw. Installateur heute eine große Vielfalt an Optionen zur Verfügung.

Eine weitere höchst bedeutsame Veränderung stellt die heutzutage in Deutschland standardmäßige Bereitstellung von warmem Trinkwasser über ein eigenes Leitungsnetz mit eigenen Entnahmestellen in Gebäuden aller Art dar. Hierfür wurden neue technische Einrichtungen erforderlich, seien es dezentrale Durchfluss-Trinkwassererwärmer oder Untertischgeräte, oder zentrale Trinkwasser-Erwärmungsanlagen mitsamt Warmwasserspeichern, Sicherheitsarmaturen, Ausdehnungsgefäße, Bauteile zur Temperaturmessung und -regelung sowie Zirkulationspumpen.

Auch das Thema Wärmedämmung bekam durch die Einführung von Warmwasser-Installationen einen völlig neuen Stellenwert. Während die Dämmschichtdicken für Trinkwasser warm (PWH)[1] im Sinne der gebotenen Energieeinsparung relativ rasch gesetzlich geregelt wurden, sieht man erst in jüngster Zeit einen Regelungsbedarf für den Schutz des Trinkwassers kalt (PWC) vor Fremderwärmung. Denn anstatt im massiven Mauerwerk und damit bereits vor äußeren Temperaturschwankungen recht gut geschützt einfache Kaltwasserleitungen zu verlegen, gilt es heute, teils komplexe Leitungssysteme über weite Strecken durch Schächte, abgehängte Decken und Trockenbauwände mit hohen Wärmelasten zu führen, um schließlich Trinkwasser auch an der letzten Entnahmestelle mit einer Temperatur < 25 °C (besser < 20 °C) bereitzustellen (DIN 1988-200 [24] bzw. VDI/DVGW 6023 [123], Teil 1). Auch die Einhaltung der Anforderungen gemäß Energieeinsparverordnung (EnEV) führt tendenziell zu Gebäudeerwärmung, da die oben erwähnten hohen Wärmelasten, die im Gebäude entstehen, kaum mehr über die Gebäude-Außenhülle abgeleitet werden.

Aber auch Dämmschichtdicken, wie sie für PWH üblich sind, können eine Erwärmung des PWC in Schächten mit hohen Wärmelasten während üblicher Stagnationsphasen von acht und mehr Stunden auf mehr als 25 °C zwar verzögern, jedoch nicht verhindern. Deshalb wird zunehmend empfohlen, Leitungen für PWC erst gar nicht in Bereichen mit hohen Wärmelasten zu verlegen, um eine für die Trinkwassergüte kritische Erwärmung des PWC zu vermeiden. So bleiben z. B. horizontale PWH/PWH-C-Verteilungen mit anderen wärmeführenden Leitungen in abgehängten Decken unkritisch, Steigleitungen für PWC sollten dagegen nur vertikal z. B. zusammen mit den Fallleitungen für das Abwasser und „kalten“ Schächten eingeplant werden (Weiteres dazu siehe Kapitel 3).

Nutzungsveränderungen spielen eine ebenso wichtige Rolle. Vielfach tritt das Trinkwasser in die Installation eines Endgerätes über, in welchem die Komplexität hinsichtlich Geometrie und Materialien eher noch zunimmt: Spülmaschine, Kaffeeautomat, Eismaschine, Munddusche, Whirlpool-Wanne, Luftbefeuchter etc. sind Beispiele aus dem privaten Bereich.

Auch die Nutzer des Trinkwassers haben sich markant verändert, denn aufgrund der demografischen Altersentwicklung nimmt der Anteil alter Menschen im häuslichen Umfeld ständig zu. Infektiologisch und damit auch trinkwasserhygienisch bedeutsam ist in diesem Zusammenhang, dass das menschliche Immunsystem eine altersabhängige Abnahme seiner Kompetenz zeigt (Cannon & Levi 1994 [14]). In der Häufung von Infektionen, Autoimmunerkrankungen und Krebserkrankungen im Alter kommt diese abnehmende Immunkompetenz zum Ausdruck („Immunoseneszenz“; Pawelec 2017a [92], 2017b [93]).

Der Anteil der Generation 65+ hat sich in Deutschland allein im Zeitraum 1990-2014 um 43 % auf 17 Millionen Menschen erhöht. In jedem dritten Haushalt leben heute Senioren. Die wachsende Zahl der Hochbetagten (80+) ist ein besonders guter Indikator des demografischen Wandels. Man erwartet, dass sie sich bis 2050 auf 10 Millionen mehr als verdoppeln und dann bereits ein Achtel der Bevölkerung ausmachen wird (DESTATIS 2016 [22]).

Zwar fühlen sich die meisten älteren Menschen gesund, aber mit zunehmendem Alter steigt gleichwohl der Anteil gesundheitlich Beeinträchtigter: In der Altersgruppe 75+ sind dies bereits 28 %. Dies bildet sich z. B. ab in der mit dem Alter steigenden Zahl von jährlichen Krankenhausaufenthalten (45–64-jährige: 20/100 Einwohner, 65+: 50/100 Einwohner), oder auch in der mit dem Alter zunehmenden Pflegebedürftigkeit (Abb. 2–3). In unserem Zusammenhang von besonderer Bedeutung ist die Tatsache, dass 71 % der Pflegebedürftigen, das waren 2011 fast zwei Millionen Menschen, von Angehörigen oder ambulanten Pflegediensten im häuslichen Umfeld versorgt werden (Abb. 2–4) (DESTATIS 2016 [22]).

1 Die Bezeichnungen für Trinkwasser (kalt), Trinkwasser (warm) und Trinkwasser (warm, Zirkulation) folgen DIN EN 806-1 (2001) [28].

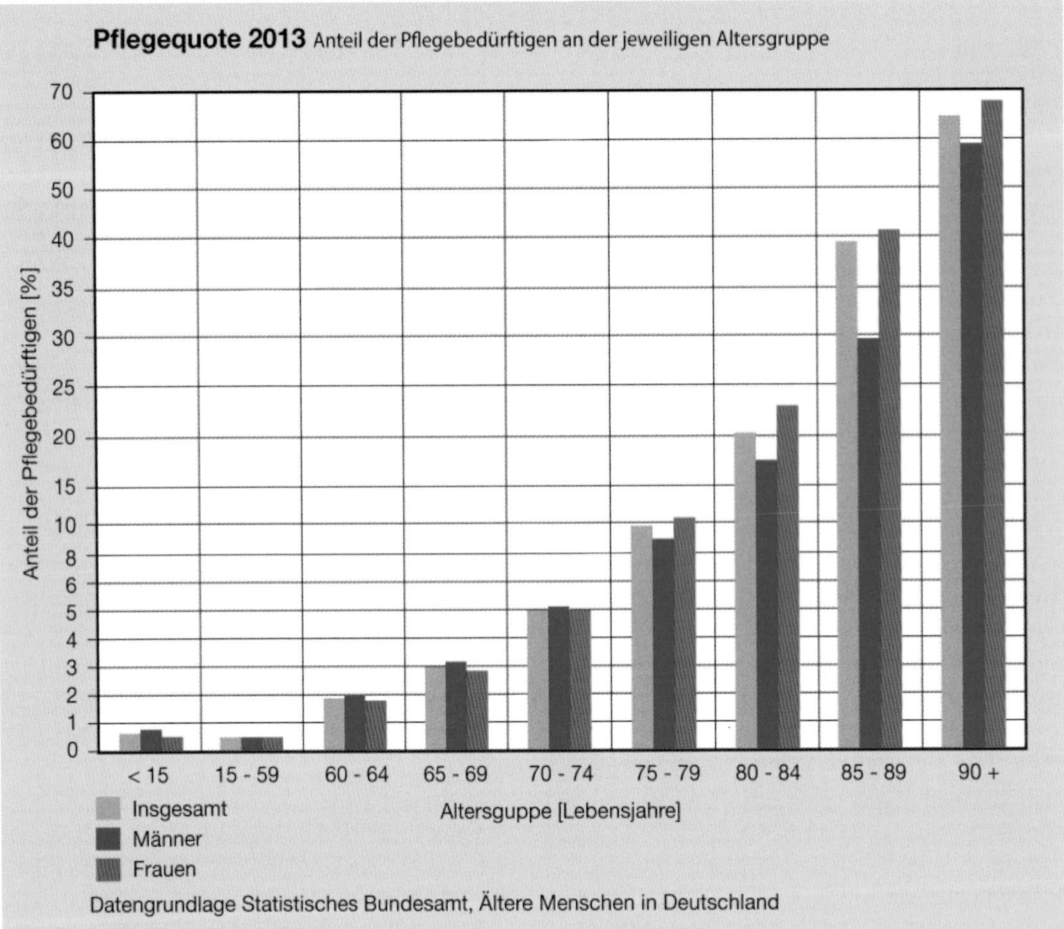

Abb. 2–3 Pflegebedürftigkeit

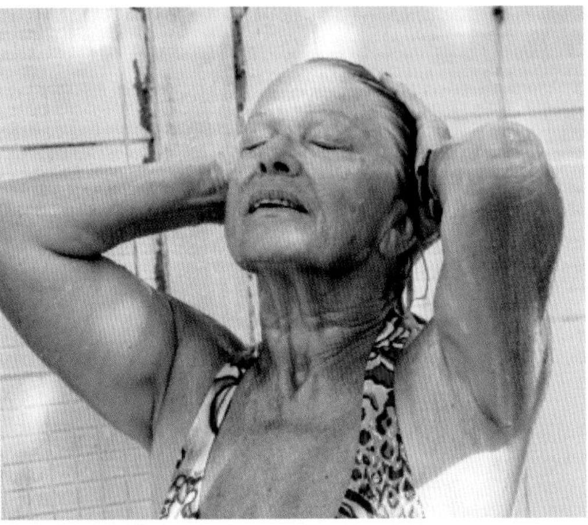

Abb. 2–4 Älterer Mensch beim Duschen

Trinkwasserhygienisch relevant ist weiterhin, dass etwa ein Drittel der Generation 65+ in Einpersonenhaushalten lebt, und dass deren Wohnfläche durchschnittlich um 20 % über der der Jüngeren liegt: Ältere Singles verbleiben nicht selten in Wohnungen, die eigentlich zu groß für sie allein sind (DESTATIS 2016 [22]). Es ist zu erwarten, dass dort auch die Trinkwasser-Installationen entsprechend überdimensioniert sind.

Zusammengefasst bedeutet dies, dass moderne Trinkwasser-Installationen, nicht nur in Funktions-, sondern auch in Wohngebäuden, höchst komplexe Konstruktionen sind, die Wasser für unterschiedliche Nutzungen bereitstellen, welches von Menschen genutzt wird, die in zunehmender Zahl eine erhöhte Anfälligkeit auch gegenüber umweltbedingten Infektionen aufweisen.

1.2 Mikroorganismen im Trinkwasser

Mikroorganismen sind eine große Gruppe von meist einzelligen Lebewesen, die nur mit mikroskopischen Verfahren erkannt werden können. Das Reich der Mikroorganismen lässt sich unterteilen in Eukaryoten (Pilze, Protozoen, Algen), die einen Zellkern besitzen, und Prokaryoten (Bakterien, Blaualgen) ohne Zellkern (Abb. 2–5).

Mit einer Größe von in der Regel 0,5 – 10 µm sind Bakterien viel kleiner als eukaryotische Zellen (2 – 200 µm). Viele Bakterien sind in der Lage, sich aktiv zu bewegen, dazu nutzen sie meist ihre Geißeln. Durch Rotation der Geißel kann sich die Bakterienzelle durch flüssige Medien bewegen.

Die Vermehrung von Bakterien findet durch Zellteilung statt. Unter optimalen Wachstumsbedingungen kann die Zellzahl in einer Bakterienkultur sehr schnell steigen (z. B. Verdoppelung der *E. coli*-Zellen innerhalb von 20 Minuten). Viele Bakterien vermehren sich sehr gut bei mäßigen Temperaturen (15 – 40 °C) und hoher Feuchtigkeit. Hierzu gehören auch die allermeisten Krankheitserreger.

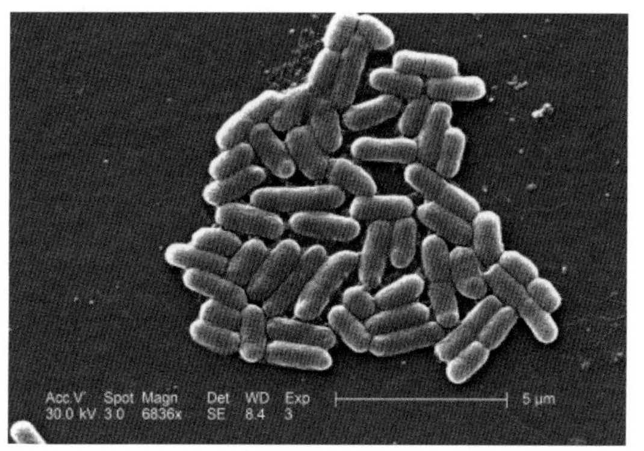

Abb. 2–5 *Escherichia coli*

Die benötigten Nährstoffe für Wachstum und Vermehrung gewinnen Bakterien entweder durch Photosynthese (autotroph) oder durch die Zersetzung organischer Substanz (heterotroph). Alle bekannten pathogenen Bakterien zählen zu den heterotrophen Bakterien. Der Mensch scheidet Krankheitserreger oftmals über den Darm aus und sorgt so für ihre Verbreitung in der Umwelt. Einer der häufigsten Übertragungswege von Durchfallerkrankungen ist deshalb neben dem direkten fäkal-oralen Weg die indirekte Übertragung über das Wasser.

Schon kurz nach der Entdeckung der Mikroorganismen wurde eine Verbindung zu ansteckenden Krankheiten vermutet. Der Pathologe Jacob Henle (1809-1895) formulierte bereits 1840 die Vermutung, dass parasitäre Kleinstlebewesen die Ursache von Infektionen seien, was er aber noch nicht belegen konnte. Der wissenschaftliche Beweis für den Zusammenhang zwischen einer Erkrankung und der Anwesenheit bestimmter Mikroorganismen konnte schließlich durch Robert Koch (1843-1910) erbracht werden. Anhand von Experimenten, die er mit dem Milzbranderreger *Bacillus anthracis* an Mäusen durchführte, stellte er 1884 die so genannten Koch'schen Postulate auf, die erfüllt sein müssen, um den Zusammenhang von Erkrankung und Mikroorganismus zu beweisen. Mikroorganismen, die Krankheiten auslösen können und damit hygienisch-medizinisch relevant sind, bilden nur einen sehr kleinen Teil der in der Natur vorkommenden Mikroorganismen.

Im Wasser unterscheidet man zwischen der autochthonen („einheimischen") mikrobiellen Flora, welche an den Standort Wasser angepasste Umweltmikroorganismen umfasst, und Mikroorganismen, die durch äußere Einflüsse, wie zum Beispiel Ausscheidungen von Menschen und Tieren in das Wasser eingetragen werden, an diesem Standort also allochthon („fremd") sind. Letztere spielen als Krankheitserreger die viel wichtigere Rolle. Neben Protozoen, Pilzen und Algen lassen sich häufig zahlreiche Bakterienarten der verschiedensten Gattungen im Wasser nachweisen, die kaum untersucht sind, weil sie als Krankheitserreger keine Bedeutung haben.

Trinkwasser ist nicht steril. Das heißt, es enthält, auch nach regelgerechter Aufbereitung und Verteilung, Mikroorganismen. Die Herausforderung der Trinkwasserhygiene besteht nicht darin, dem Konsumenten steriles Wasser bereitzustellen (das wäre ohnehin technisch unmöglich), sondern vielmehr darin, die Erfüllung der mikrobiologischen Anforderungen gemäß § 5 Abs. 1 TrinkwV 2001 (2018) [115] sicherzustellen: „Im Trinkwasser dürfen Krankheitserreger … , die durch Wasser übertragen werden können, nicht in Konzentrationen enthalten sein, die eine Schädigung der menschlichen Gesundheit besorgen lassen." Drei unterschiedliche Kriterien werden in dieser Forderung genannt: Pathogenität, Konzentration und Wasserübertragbarkeit. Letzteres meint, dass der betreffende Mikroorganismus ins Wasser gelangen kann, im Wasser zumindest eine gewisse Zeit überlebensfähig ist, und schließlich aus dem Wasser ein infektionssensibles menschliches Organ erreichen kann. Die Zahl der Mikroorganismen, welche das erste (Pathogenität) und dritte Kriterium (Wasserübertragbarkeit) erfüllen, ist recht überschaubar. Und das zweite Kriterium (Konzentration) setzt entweder voraus, dass der betreffende Mikroorganismus in so großer Menge in das Trinkwasser eingetragen wurde, dass sich eine relevante Konzentration ergibt, oder dass er in der Lage ist, sich im aquatischen Milieu eines Wasserversorgungssystems zu vermehren und auf diese Weise infektionsrelevante Konzentrationen zustande kommen.

Nur wenige der zahlreichen bekannten, für den Menschen pathogenen Krankheitserreger werden mit dem Trinkwasser übertragen. Die am längsten erforschte Gruppe dieser Organismen wird fäkal-oral übertragen. Die Krankheitserreger werden mit dem Stuhl von Warmblütern ausgeschieden und infizieren indirekt über Lebensmittel oder Trinkwasser weitere Menschen. Dieser Infektionspfad hat eine sehr große hygienisch-medizinische Bedeutung, weil einerseits einige der derart übertragenen Krankheiten typischerweise schwer verlaufen (Cholera, Typhus, Ruhr, Kinderlähmung), andererseits innerhalb kurzer Zeit sehr viele Menschen infiziert werden können (Schoenen 1996 [108]).

Fäkal-oral übertragene Krankheitserreger sind im aquatischen Milieu allochthon. Teilweise überleben sie aber dennoch, abhängig von äußeren Bedingungen wie Temperatur und UV-Strahlung, einige Zeit und bleiben dabei auch infektiös. Nach einer gewissen Verweildauer im Wasser (*E. coli*: temperaturabhängig bis zu acht Tage) sterben diese Mikroorganismen dann jedoch ab. Demgegenüber fand die mögliche Bedeutung der *autochthonen* Flora als Krankheitserreger lange kaum Beachtung.

Aus praktischen Gründen kann nicht jede Wasserprobe auf alle potenziell im Wasser vorkommenden Krankheitserreger gemäß § 2 Nr. 1 Infektionsschutzgesetz (2017) [67] untersucht werden. Der Aufwand wäre viel zu groß. Als Ausweg wurde vor über 100 Jahren von Robert Koch das sogenannte Indikatorprinzip in die mikrobiologische Trinkwasserüberwachung eingeführt. Das Ziel ist, idealerweise durch den Nachweis der Abwesenheit eines einzigen, nicht pathogenen Bakteriums, das im Stuhl von Warmblütern immer vorhanden ist, das leicht nachweisbar ist und im Wasser mindestens so lange überlebt wie die relevanten Krankheitserreger, die Abwesenheit eben dieser Erreger indirekt zu belegen (Exner und Tuschewitzky 1987 [46]).

Solange es exklusiv um diese mittels Indikatorprinzip kontrollierbaren, nicht im Trinkwasser vermehrungsfähigen, allochthonen Mikroorganismen geht, ist die Aufgabe der Trinkwasserhygiene gut umschrieben: Der Eintrag von Pathogenen ins Trinkwasser ist mittels bewährter Maßnahmen (Rohwasserschutz, Sandfiltration, Desinfektion) zu unterbinden, und der Erfolg dieser Maßnahmen ist mittels geeigneter Indikatoren nachzuweisen. Die maßgeblich von Robert Koch entwickelten Grundprinzipien zur Sicherung einwandfreier Trinkwasserqualität sind bis heute hiervon geprägt.

1.3 Autochthone Krankheitserreger im Trinkwasser

Wenn die Möglichkeit zu berücksichtigen ist, dass sich pathogene Mikroorganismen im Trinkwasser auch relevant vermehren können, weil sie dort autochthon, also zuhause sind, wird die Situation ungleich komplizierter. Es genügt dann nicht, den Eintrag derartiger Mikroorganismen effizient zu kontrollieren. Die Säulen des klassischen Multibarrieren-Modells der Trinkwasser-Versorgung (Rohwasserschutz, Sandfiltration, Qualitätskontrolle mit Indikator-Organismen) versagen. Vielmehr geht es nun um die Frage, welche technischen Randbedingungen in der Trinkwasser-Installation selbst (Temperaturen, Verweilzeiten, Nährstoffe) Überleben und Vermehrung der autochthonen Mikroorganismen des aquatischen Milieus, begünstigen, welche (Über-)Lebensformen Mikroorganismen in Trinkwasser-Installationen entwickeln und wie sich möglicherweise ihre Pathogenität verändert. In diesem Sinne muss die Trinkwasser-Installation als ökologisches System verstanden werden, in welchem auch humanpathogene, autochthone Mikroorganismen langfristig überleben und sich vermehren können und bisweilen schwer zu eliminieren sind.

Im Zuge der verstärkten Beachtung ökologischer Bedingungen für autochthon-aquatische Mikroorganismen gewann das älteste Prinzip der mikrobiologischen Trinkwasserüberwachung, die Bestimmung der allgemeinen Koloniezahlen (Heterotrophic Plate Counts, HPC), das auf Robert Koch zurückgeht, in den letzten Jahren wieder große Beachtung. Im Jahr 1881 hatte er ein festes, nährstoffreiches Nährmedium auf Gelatinebasis zur Kultivierung von Bakterien entwickelt. Das war eine Revolution für die Mikrobiologie, denn nun war es erstmals möglich, „Keime" zu zählen (Payment et al. 2003 [94]). Zwei Jahre später führte Koch die „Keimzahlbestimmung" (heute als allgemeine Koloniezahlbestimmung bezeichnet) in die hygienisch-mikrobiologische Trinkwasserüberwachung ein, um die Zahl kultivierbarer heterotropher Bakterien zu quantifizieren. Hierzu wurden die Gelatineplatten bei 18–22 °C inkubiert und für bis zu fünf Tage täglich abgelesen. Trinkwasser-Untersuchungen mit Hilfe dieser neuen Methode konnten zeigen, dass erhöhte Koloniezahlen mit mikrobieller Kontamination des Trinkwassers einhergehen (Frankland & Frankland 1894 [53]).

Die Gruppe der im Trinkwasser vorkommenden heterotrophen Bakterien ist sehr heterogen (Exner et al., 2003 [47]). Durch neuere Kultivierungsmethoden mit sehr niedrigem Nährstoffgehalt, wie zum Beispiel dem R2A Agar, ist es möglich, einen weitaus größeren Anteil der aquatischen Mikroorganismen zu kultivieren. Die allgemeinen Koloniezahlen bleiben aber als einfach zu bestimmender Summenparameter für die heterotrophen Bakterien weiterhin von sehr großer praktischer Bedeutung und werden als unspezifische, früh anspringende Indikatoren für jede Form mikrobieller Aktivität im Verteilungsnetz angesehen. Erhöhte Koloniezahlen zeigen die Vermehrung von Bakterien im System an. Ihr Anstieg gibt einen Hinweis auf die Verfügbarkeit von organischen Nährstoffen, etwa durch Kontaminationen des Systems und unerwünschte Ablagerungen (Sedimente) und das Wachstum von Biofilmen, ist hilfreich für die Beurteilung der Aufbereitungsqualität und die remanente Desinfektionswirkung und indiziert unspezifisch mikrobiologische Aktivität des Wassers im Verteilungsnetz (Payment et al. 2003 [94]).

Bereits vor 1900 wurden viele hygienisch-mikrobiologische Wasseruntersuchungen mit dem Ziel durchgeführt, die Bakterien, welche zur allgemeinen Koloniezahl beitragen, näher zu charakterisieren. Hierbei interessierte natürlich insbesondere die Frage, ob humanpathogene Bakterien darunter sind. Zu diesem Zweck wurde vom britischen Royal Institute of Public Health im Jahr 1904 eine weitere Keimzahlbestimmung, auf Agarplatten und bei 36–38 °C Bebrütungstemperatur, eingeführt. Humane Krankheitserreger konnten damals noch nicht identifiziert werden, wohl aber eine tierpathogene Art (*Bacillus hydrophilus*, später als *Aeromonas hydrophila* bezeichnet; Sanarelli 1891 [103]).

Die Koloniezahlbestimmung bei 22 °C erfasst vornehmlich authochthone, apathogene Mikroorganismen, während die Bestimmung bei 36 °C eher Mikroorganismen erfasst, die gegebenenfalls fakultativ-pathogene Eigenschaften besitzen (Umweltbundesamt 2006 [116]). Zu den dominanten Spezies der letztgenannten Gruppe zählen *Acinetobacter, Aeromonas, Alcaligenes, Comamonas, Enterobacter, Flavobacterium, Klebsiella, Legionella, Moraxella*, Mykobakterien, *Pseudomonas, Sphingomonas, Stenotrophomonas, Bacillus, Hafnia, Yersinia* und *Nocardia*. Einige Vertreter aus der Gruppe der heterotrophen Bakterien können als opportunistische Erreger unter ungünstigen Umständen (Patienten mit Immunsuppression, invasiven Gefäßzugängen) bereits in geringen Konzentrationen schwere Infektionen auslösen (Exner et al. 2003 [47]). Aus epidemiologischen Gründen hat von den genannten Bakterien in den letzten Jahrzehnten *Legionella* die mit Abstand größte Beachtung gefunden.

Ausgehend von seinen Beobachtungen bei der großen Hamburger Choleraepidemie von 1892 stellte Koch im Jahr 1893 den Zusammenhang von allgemeinen Koloniezahlen und dem Auftreten von Krankheitserregern im Trinkwasser her und forderte, dass die Koloniezahl von Wasser nach der Sandfiltration 100/ml nicht überschreiten dürfe. Diese Forderung wurde schließlich durch die „Grundsätze für die Reinigung von Oberflächengewässer durch Sandfiltration“ (1899) für das Deutsche Reich rechtsverbindlich vorgeschrieben; sie war der erste mikrobiologische Qualitätsstandard für behandeltes Trinkwasser und findet bis heute Anwendung (Schoenen 1996 [108]).

Gewisse Veränderungen der Wasserversorgung brachten den Koloniezahlen seit den 1980er Jahren neue Beachtung. Denn die zunehmende Verunreinigung der aquatischen Umwelt mit organischen Verbindungen zwang viele Wasserversorger dazu, Aktivkohle mit großen Oberflächen als neues Aufbereitungsverfahren zu implementieren. Diese besitzen jedoch ein hohes Verkeimungspotenzial. Gleichzeitig setzte ein Trend ein, wegen der gesundheitlichen Bedeutung ihrer Folgeprodukte bei der Wasseraufbereitung auf chlorbasierte Desinfektionsmittel zu verzichten. Daraufhin fand man aber in zahlreichen Trinkwasser-Versorgungssystemen erhöhte Koloniezahlen. Unter den veränderten technischen Bedingungen wurde vermehrte mikrobielle Aktivität in Trinkwasser-Verteilungsnetzen beobachtet (van der Kooij & van der Wielen 2014 [121]). Rittmann und Snoeyink (1984) [96] führten in diesem Zusammenhang den Begriff der „biologischen Stabilität“ ein, um Trinkwasser zu charakterisieren, welches ein signifikantes Wachstum von Mikroorganismen in Wasserversorgungssystemen nicht unterstützt. Als Indikator und Maß für die „Wiederverkeimung“ des Wassers im Verteilungsnetz bewährten sich erneut die Koch'schen allgemeinen Koloniezahlen (Botzenhart 1996 [9]).

1.4 Legionellen

Die wichtigsten bekannten, im Trinkwasser vermehrungsfähigen, autochthon-aquatischen Bakterien mit relevantem humanpathogenem Potential und damit hoher trinkwasserhygienischer Relevanz sind *Legionella pneumophila*, *Pseudomonas aeruginosa* und *Mycobacterium* spp. (Wingender 2011 [134]). Klinisch relevante Stämme dieser Erreger haben für gesunde Individuen eine recht hohe infektiöse Dosis (10^6-10^8) und sind insofern für diese überwiegend unschädlich; besonders empfindliche Personen (Kleinkinder, sehr Alte, Hospitalisierte, Menschen mit eingeschränkter Immunkompetenz oder schwerer Grunderkrankung) können jedoch sehr anfällig für Infektionen und Erkrankungen durch diese opportunistischen Krankheitserreger sein (Wingender 2011 [134]).

Im Juli 1976 erkrankten 221 von über 2.000 Personen, die an einem dreitägigen Treffen ehemaliger US-Soldaten (American Legion) im damaligen Bellevue-Stratford Hotel in Philadelphia (USA) teilnahmen, an einer Lungenentzündung. Die Epidemie forderte letztlich 34 Todesopfer (Hentschel et al., 2017 [63]). Ein halbes Jahr später gelang es, ein bis dahin unbekanntes Bakterium aus Lungengewebe eines verstorbenen Veteranen zu isolieren, welches als Ursache für die Krankheitsfälle identifiziert wurde. Von diesem ersten erkannten Ausbruch leitet sich der Name *Legionella* sowie die Bezeichnung Legionärskrankheit ab (Fraser et al. 1977 [54]).

Retrospektiv konnten auch frühere Erkrankungen in den USA auf Infektionen mit Legionellen zurückgeführt werden. So konnte durch Vergleich serologischer, kultureller und genetischer Untersuchungsergebnisse nachgewiesen werden, dass ein bereits 1947 in den USA isoliertes, aber zunächst unklassifizierbares Bakterium zur Spezies *Legionella* gehörte. Ein Befund aus dem Jahr 1959, der aus dem Lungengewebe einer an Lungenentzündung verstorbenen Person stammte, erwies sich als antigenetisch verwandt (LLO – „Legionella Like Organism"; McDade et al. 1979 [84]). Schließlich konnte auch eine große Epidemie grippeartiger Erkrankungen in Pontiac (Michigan, USA) im Jahr 1968 zehn Jahre später auf Legionellen zurückgeführt werden. Mindestens 144 Menschen erkrankten, darunter 95 von 100 Personen, die im Gebäude der lokalen Gesundheitsbehörde beschäftigt waren. Dieser Umstand hat wahrscheinlich eine genauere Untersuchung des Ausbruchs begünstigt. Damals gelang, wie erst später erkannt wurde (Glick et al. 1978 [56]), durch Inhalationsexperimente mit Meerschweinchen erstmals die Isolierung von *Legionella pneumophila* aus einer Luftbefeuchtungsanlage; der Versuch, den Erreger kulturell zu vermehren, scheiterte allerdings. Von diesem Ausbruch leitet sich die Bezeichnung Pontiac-Fieber für die weniger schwere Variante der Legionellose ab.

Die Infektionsübertragung erfolgt typischerweise durch die Inhalation kontaminierter wässriger Aerosole, vor allem beim Duschen, durch Whirlpools oder Rückkühlanlagen (Exner 1991 [48]). Auch die Aspiration kontaminierter Flüssigkeit kommt als Übertragungsweg in Frage. Übertragung von Mensch zu Mensch ist nicht völlig ausgeschlossen, aber extrem untypisch.

Legionellen werden, so stellt es auch die Europäische Kommission (2018) [41] ohne Einschränkung fest, über Warmwassersysteme durch Inhalation von Aerosol übertragen und stehen folglich eindeutig mit Hausinstallationen im Zusammenhang. Schon früh wurde erkannt, dass Trinkwasser-Installationen eine wichtige Ursache für sporadische Fälle von Legionellose, die im privaten Umfeld erworben werden, spielen (Stout, Yu & Best, 1985 [111]; Yu, 1993 [138]; Venezia et al., 1994 [124]; Craun 2010 [18]). Der erste Bericht zu Legionellen-Übertragung durch eine Trinkwasser-Installation betraf Krankenhauspatienten nach Nierentransplantation (Tobin et al. 1980 [114]). Duschen sind heute zweifellos die am häufigsten genutzte Einrichtung, die aus Trinkwasser ein Aerosol generiert (Collins et al. 2017 [16]). In einem Altenheim konnte gezeigt werden, dass der Nachweis von Legionellen in Duschaerosol das Risiko für Pontiac-Fieber signifikant erhöhte (Bauer et al. 2008 [5]). Auch Wasserhähne, Luftbefeuchter und Vernebler, die mit Leitungswasser befüllt oder gereinigt wurden, konnten mehrfach als Infektionsquelle identifiziert werden (Arnow et al., 1982 [3]; Moiraghi et al., 1987 [85]; Brady, 1989 [10]; Mastro et al., 1991 [81]; Woo, Goetz & Yu, 1992 [136], WHO 2007 [131], S. 37). Sogar Toilettenspülungen sind eine potenzielle Quelle (Albrechtsen, 2002 [1]).

Die Mechanismen, welche zu Legionella-Infektionen durch Trinkwasser-Installationen im häuslichen Umfeld führen, sind bislang allerdings nicht abschließend geklärt, sodass das Risiko für diesen wichtigen Übertragungsweg nicht zufriedenstellend quantifiziert werden kann (Prussin II et al. 2017 [95]). Für den Übertragungsweg Dusche ist unter anderem bedeutsam, wie sich die Legionella-Konzentrationen in Wasser und umgebendem Aerosol zueinander verhalten; wie lange die Legionellen vor ihrer Sedimentation in der Luft bleiben; wie lange sie im Aerosol überleben; wie viele Legionellen bei durchschnittlicher Atmung, in Abhängigkeit von ihrer Konzentration im Aerosol und der Duschdauer, die Lungen des Duschenden erreichen; und schließlich wie hoch die infektiöse Dosis in Abhängigkeit vom Allgemeinzustand des Exponierten ist.

Einige empirische Befunde zu den genannten Aspekten liegen inzwischen vor. So konnten bis 50 cm Abstand von Legionella-positiven Duschköpfen bis zu 50 KBE/m³ Luft nachgewiesen werden (Crimi et al. 2006 [19]). Das Konzentrationsverhältnis zwischen Wasser und Luft wurde mittels eines Expositionsmodells auf 100:1 abgeschätzt (Schoen und Ashbolt 2011 [107]). Dieses Verhältnis konnte inzwischen auch empirisch bestätigt werden (Wiik und Krøvel 2014 [132]). Über 90 % der in Aerosol gefundenen *Legionella pneumophila*-Zellen besitzen mit weniger als 5 µm Durchmesser eine lungengängige Größe (Oberdörster et al. 2005 [88]). Hohe relative Luftfeuchtigkeit und Temperatur verlängern die Überlebenszeit von Legionellen im Aerosol. Und das Risiko einer Infektion durch eine einzige Legionella-Zelle, welche das Lungengewebe erreicht, wurde mit 1:10.000 (0,01 %) berechnet (Armstrong und Haas 2007 [2]).

Eine minimale Infektionsdosis sowie eine einfache Dosis-Wirkungs-Beziehung konnte für Legionellen in Trinkwasser-Installationen bislang allerdings nicht ermittelt werden. Für die Übertragung sind insbesondere Legionellen-haltige Amöbenpartikel von Bedeutung, da Legionellen ihre Virulenzgene intrazellulär aktivieren. Diese Besonderheit erklärt auch das sogenannte Dosis-Wirkungs-Paradox zum Auftreten von Legionellosen: fehlende Infektionen trotz massiv kontaminierter Wassersysteme bzw. Infektionen bereits bei geringfügiger Kontamination, in Abhängigkeit von der Ab- oder Anwesenheit des Co-Faktors Amöben (RKI 2013 [98]). Ohne Berücksichtigung des Aktivierungsaspekts einfach von einem „Dosis-Wirkungs-Paradox“ (Meyer 2017 [83]) zu sprechen, ist insofern irreführend, denn Exposition gegenüber virulenten Legionellen und Infektionsgeschehen sind keineswegs gegenläufig. Es ist davon auszugehen, dass zahlreiche weitere Faktoren (Virulenz des Erregers, Empfänglichkeit des Wirts u. a. m.) den Zusammenhang stark modulieren.

Dass sich die Befunde bislang nicht zu einer nahtlos schlüssigen Kette für den Infektionsweg Dusche zusammenfügen lassen, hängt wahrscheinlich unter anderem mit der lange unterschätzten Bedeutung sogenannter VBNC-Zellen (siehe Kap. 1.6) zusammen, da die meisten Untersuchungen auf kulturellen Nachweisverfahren basieren (Prussin II et al. 2017 [95]). Ungeachtet dieser gewissen Unsicherheit hinsichtlich der Quantifizierung des Infektionsrisikos gebietet das Vorsorgeprinzip des verantwortungsvollen Gesundheitsschutzes, das potenzielle Gesundheitsrisiko durch Duschen, die mit Legionellen kontaminiert sind, möglichst niedrig zu halten.

Lebensalter, chronische Grundkrankheiten, Nikotin- und Alkoholkonsum stellen wichtige Risikofaktoren für eine Legionellen-Infektion dar. Klinisch kann der Verlauf der Infektion von Fall zu Fall zwischen Symptomlosigkeit, grippeähnlichem Fieber und Lungenentzündung mit hoher Sterblichkeit variieren.

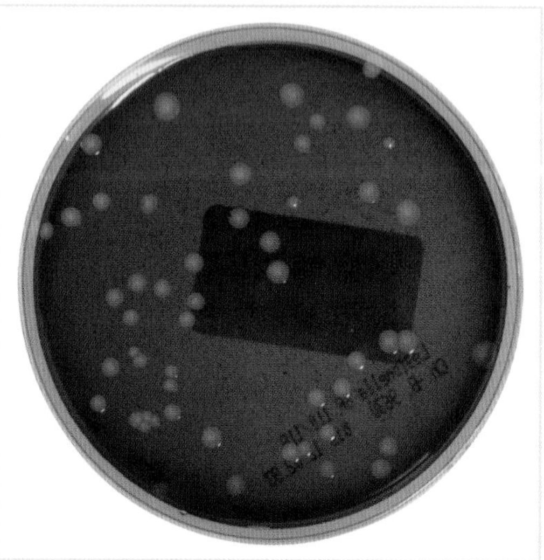

Abb. 2–6 Legionellenkultur auf GVPC (Foto C. Koch, IHPH Universitätsklinikum Bonn 2011)

Legionellen sind stäbchenförmige Bakterien bis 6 µm Länge, deren Kultivierung nur auf Spezialnährmedien gelingt (Abb. 2–6). Sie lassen sich in allen feuchten, natürlichen wie technischen Umweltmilieus nachweisen (Wingender 2011 [134]). Dort werden allerdings in der Regel keine Konzentrationen erreicht, welche ein Infektionsrisiko darstellen; Berichte über Legionella-Infektionen nach Kontakt mit natürlichen Wasserkörpern sind eine absolute Rarität. Es ist aber davon auszugehen, dass Legionellen in sehr geringen, nicht infektionsrelevanten Konzentrationen mit dem Trinkwasser der zentralen Wasserversorgungen auch in die Trinkwasser-Installationen der Gebäude eingeschwemmt werden. Dort finden sie dann gegebenenfalls Bedingungen, die ihren ökologischen Standortansprüchen entgegenkommen: günstige Wassertemperaturen (> 20 °C; die Vermehrungstemperatur liegt zwischen 28 °C und 56 °C, Schoenen 2009 [109]; optimal zwischen 35 °C und 42 °C, Exner 1991 [48]), Nährstoffe (Wasserinhalts- oder -zusatzstoffe, organische Werkstoffe), Synergien mit anderen Mikroorganismen sowie vor allem Zeit zur Vermehrung. Weil die Generationszeit von Legionellen vergleichsweise lang ist (selbst unter optimalen Kulturbedingungen über drei Stunden), ist mit hohen Legionellenkonzentrationen erst nach längerer ungestörter Verweilzeit des Wassers in Teilen von Installationen zu rechnen (=Stagnation). Neuartige, Nährstoffe abgebende Materialien und Zusatzstoffe, Stagnation begünstigende „Wohlstands-Installationen" mit zahlreichen, teils selten genutzten Entnahmestellen sowie schließlich die Temperaturen in den frühen zentralen Warmwasser-Installationen, die kaum über 45 °C lagen, schufen eine optimale ökologische Nische für Legionellen und stellten den entscheidenden Selektionsvorteil für Legionellen gegenüber anderen aquatischen Mikroorganismen dar.

Für die Vermehrung und Verbreitung von Legionellen in Trinkwasser-Installationen spielen Amöben der Gattungen Acanthamoeba und Naegleria eine entscheidende Rolle, denn Legionellen vermehren sich hauptsächlich, wenn nicht sogar ausschließlich in Amöben. In einer einzigen Amöbe können hunderte Legionellen vorkommen (von Baum und Lück 2011 [127]). Die Amöben vermehren sich im Trinkwasser und ernähren sich von Bakterien. Sie wurden als Reservoir für eine Vielzahl von aquatischen Bakterien beschrieben (Exner et al. 2007 [44]). Da die Amöben gegenüber Umwelteinflüssen wie Temperatur und Desinfektionsmitteln sehr viel resistenter sind als Bakterien, sind die in den Amöben befindlichen Bakterien vor schädlichen Umwelteinflüssen gut geschützt (King et al. 1988 [70]). Zum Beispiel können sie eine 50-fach höhere Chlorkonzentration im Rahmen einer Desinfektionsmaßnahme überleben (Botzenhart und Hahn 1989 [8]).

Bargellini et al. (2011) [4] konnten eine signifikante statistische Assoziation zwischen dem Auftreten von Legionellen und der allgemeinen Koloniezahl (22 °C) belegen. De Filippis et al. (2017) [21] fanden in italienischen Sport-, Freizeit- und Hotelanlagen einen Zusammenhang zwischen erhöhten (> 10/ml) KBE36-Konzentrationen und *Legionella pneumophila*. Inwieweit dieser Zusammenhang geeignet ist, das Screening auf Legionellen zu unterstützen oder gar zu ersetzen, ist allerdings eher fraglich (Schaefer et al. 2011 [104]).

Nach einer Infektion mit Legionellen werden zunächst Antikörper der Klasse IgM, später der Klasse IgG gebildet. Es resultiert jedoch keine lebenslange Immunität. Mit zeitlichem Abstand von der Infektion sinken die nachgewiesenen Antikörpertiter langsam wieder ab. In den Jahren 2003/2004 wurden in der größten jemals durchgeführten derartigen Studie serologische Tests auf Legionellen-Antikörper aller Patienten bei ihrer stationären Aufnahme in ein großes Krankenhaus in Brandenburg durchgeführt (Kistemann et al. 2004 [71]). Insgesamt wurden 14.389 Patienten erfasst und dabei 50 IgM-positive Patienten (0,35 %) sowie 777 IgG-positive Patienten (5,4 %) ermittelt. Aus der Intensität der Immunreaktion war erkennbar, dass der Zeitpunkt der Infektion in der Mehrzahl der Fälle weiter zurücklag (Abb. 2–7). Wegen des höheren Alters der Stichprobe und möglicherweise relevanter Grundkrankheiten kann die Stichprobe nicht als repräsentativ für die deutsche Wohnbevölkerung angesehen werden. Aus den gewonnenen Daten lässt sich dennoch ableiten, dass etwa 5 % der Bevölkerung im Laufe ihres Lebens, Kontakt mit Legionellen in so hoher Konzentration treten, dass eine immunologische Reaktion ausgelöst wird.

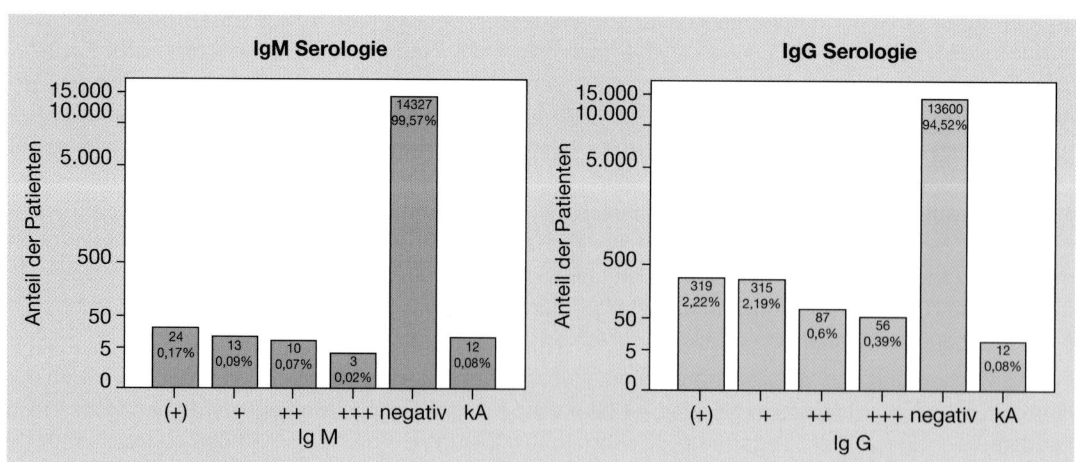

Abb. 2–7 Legionella-Serostatus bei 14.389 Aufnahme-Patienten eines deutschen Krankenhauses (2003-04). Quelle: Eigene Daten (unveröffentlicht)

Die WHO hat festgestellt, dass in der EU unter allen Krankheitserregern, die durch das Wasser übertragen werden können, von *Legionella* die stärkste Gesundheitsbelastung ausgeht (Europäische Kommission 2018 [41]). In Deutschland werden etwa 4 % der ambulant erworbenen Pneumonien durch Legionellen ausgelöst (von Baum und Lück, 2011 [127]). Zahlen aus den USA zeigen, dass dort jährlich etwa 13.000 Patienten wegen einer Legionärskrankheit ins Krankenhaus aufgenommen werden. Sie verbleiben dort durchschnittlich 10 Tage, die Kosten betrugen etwa 33.000 US-Dollar je Behandlungsfall (Collier et al. 2012 [15]).

Seit 2001 ist die Legionellose in Deutschland meldepflichtig. Die jährliche Zahl der Fälle von Legionärspneumonie wird auf bis zu 30.000 geschätzt (Exner et al. 2010 [45], Brodhun und Buchholz 2012 [13]). Das entspricht jährlich fast 4 Fällen/100.000 Einwohnern. Zusätzlich erkrankt die 10- bis 100-fache Anzahl von Personen am Pontiac-Fieber. Das Maximum der Erkrankungen findet sich in den Sommer- und Herbstmonaten. Allgemein höhere Wassertemperaturen, die das Wachstum von Legionellen begünstigen sowie feuchtwarmes Wetter werden als Ursachen dafür angesehen (RKI 2015 [97]). Nach den Angaben zu den Fällen, die dem Robert-Koch-Institut gemeldet werden (500-700/Jahr), ist das private/berufliche Umfeld in fast 80 % der Fälle der Infektionsort, gefolgt von Hotels und medizinischen Einrichtungen (RKI 2015 [97]). Trinkwasser-Installationen, Whirlpools und Rückkühlwerke sind die häufigsten Infektionsquellen. Der Zusammenhang zwischen der Kontamination von Trinkwasser-Installationen mit Legionellen und einem Infektionsrisiko für deren Nutzer ist belegt (Schaefer et al. 2011 [104]). In der EU wurden im Jahr 2015 insgesamt 6.144 Fälle von Legionellose amtlich registriert. Davon entfielen 68,8 % auf das private Umfeld, 21,7 % waren Reise-assoziiert und 7,7 % der Fälle wurden in medizinischen Einrichtungen erworben (ECDC 2017 [39]). Von den an das RKI im Jahr 2013 übermittelten Fällen war die Erregerspezies in 97,5 % *Legionella pneumophila* und 95 % der davon serologisch differenzierten Fälle entfielen auf Serogruppe 1.

1.5 Biofilme

Auf Oberflächen, die regelmäßig mit Wasser in Kontakt kommen, etwa Steine im Bachbett, bilden sich glitschige Überzüge aus. Seit van Leeuwenhoeks ersten mikroskopischen Untersuchungen an Zahnbelägen im 17. Jahrhundert ist bekannt, dass derartige Schleimschichten auch lebende Bakterien enthalten. Dieses Phänomen wird heute als Biofilm bezeichnet. Zu seiner Entstehung sind nur Mikroorganismen, Wasser, Nährstoffe und eine Grenzfläche erforderlich.

Ein solcher Biofilm ist also eine durch Mikroorganismen aufgebaute Gemeinschaft von Zellen, die an eine Grenzoberfläche angeheftet ist. Die Zellen sind in eine Matrix aus extrapolymeren Substanzen (EPS) eingebettet, welche von ihnen selbst produziert wird. Die EPS hält die Mikroorganismen zusammen und schützt sie vor äußeren Einflüssen unterschiedlicher Art. Im Vergleich zur Wasserphase besitzen Biofilme eine bis zu 10.000-fach höhere Zelldichte (bis zu 10^{12} Zellen/ml).

Außer Mikroorganismen enthält ein Biofilm hauptsächlich Wasser. Wasser und EPS bilden eine schleimartige Matrix aus Hydrogelen, in der Nährstoffe und andere Substanzen gelöst sind und die dem Biofilm eine stabile Form geben. Dabei handelt es sich um verschiedenste Polysaccharide, Proteine, Lipide und Nukleinsäuren. Auch anorganische Partikel oder Gasbläschen, die Stickstoff, Kohlenstoffdioxid, Methan oder Schwefelwasserstoff enthalten können, werden in die Matrix eingebaut.

Biofilme können sehr unterschiedliche Struktur und Zusammensetzung haben und weisen unter Umständen auch beträchtliche Binnengradienten hinsichtlich pH-Wert, Sauerstoffgehalt und Nährstoffangebot auf. So ist es möglich, dass viele sehr unterschiedliche Mikroorganismen, zum Beispiel auch aerobe und anaerobe Bakterien sowie andere Einzeller (Amöben, Flagellaten u. a.), die selbst nicht zur Biofilmbildung beitragen, gemeinsam in einem Biofilm leben und von dieser Symbiose profitieren (Costerton et al. 1995 [17]).

Der weitaus größte Teil der Mikroorganismen lebt in derartigen Biofilm-Gemeinschaften. Gegenüber äußeren Einflüssen sind sie dort effizient geschützt, innerhalb des Biofilms profitieren sie durch Informations- und Genaustausch sowie symbiotische Effekte. Denn Biofilme besitzen mit ihren Gemeinschaften von Bakterienzellen eine Reihe von wichtigen „emergenten Eigenschaften" (Flemming et al. 2016 [51]), das heißt sie sind mehr als die Summe ihrer Teile. Dazu gehören

- kleinräumige Gradienten der Lebensbedingungen, die eine große Habitat-Diversität ermöglichen,
- Einfangen von Nährstoffen aus der Wasserphase,
- Zurückhalten von Enzymen – für ein extrazelluläres Verwertungssystem,
- synergistische Kooperation von Mikro-Gemeinschaften,
- kontinuierliche Regenration durch Konkurrenz,
- Toleranz und Widerständigkeit – der Biofilm als gemeinsame Festung gegen äußere Einflüsse.

Auch in Trinkwasser-Installationen befinden sich schätzungsweise 95 % aller Mikroorganismen in Biofilmen, sind dort vor verschiedenen äußeren Einflüssen geschützt, stehen aber gleichzeitig im Austausch mit der wässrigen Phase. Schon innerhalb von 1-2 Wochen bildet sich auf neuen Werkstoffen ein Biofilm aus, der nach weiteren 6-10 Wochen (in Abhängigkeit von Werkstoff und Temperatur) seinen quasistationären Zustand erreicht. Die Werkstoffqualität beeinflusst die Besiedlungsdichte maßgeblich (Flemming et al. 2010 [50]).

Im „steady state“ vermehren sich die Mikroorganismen und sterben innerhalb des Biofilms ab, gleichzeitig findet durch Anhaften suspendierter Mikroorganismen einerseits, Ablösung und Erosion andererseits ein dynamischer Austausch mit der wässrigen Phase statt (Flemming und Wingender 2001 [52], Abb. 2–8). Durch Änderungen äußerer Bedingungen wie Nährstoffangebot, Temperatur, pH-Wert oder auch Konzentration toxischer Substanzen (z. B. Desinfektionsmittel) wird der „steady state“ gestört und ein neuer Gleichgewichtszustand bildet sich aus. In derartigen aktiven Umbauphasen können beträchtliche Anteile des Biofilms in die flüssige Phase abgegeben werden.

In Abhängigkeit von Nährstoffangebot aus Werkstoffen und Trinkwasser sowie Temperatur entwickeln sich auf den Oberflächen Biofilmpopulationen unterschiedlicher Zusammensetzung und Diversität. Verfügbarkeit organischen Materials fördert sowohl das quantitative Biofilmwachstum als auch das Spektrum an Biofilmorganismen. Hierdurch erhöht sich auch die Wahrscheinlichkeit für das Einnisten pathogener Mikroorganismen.

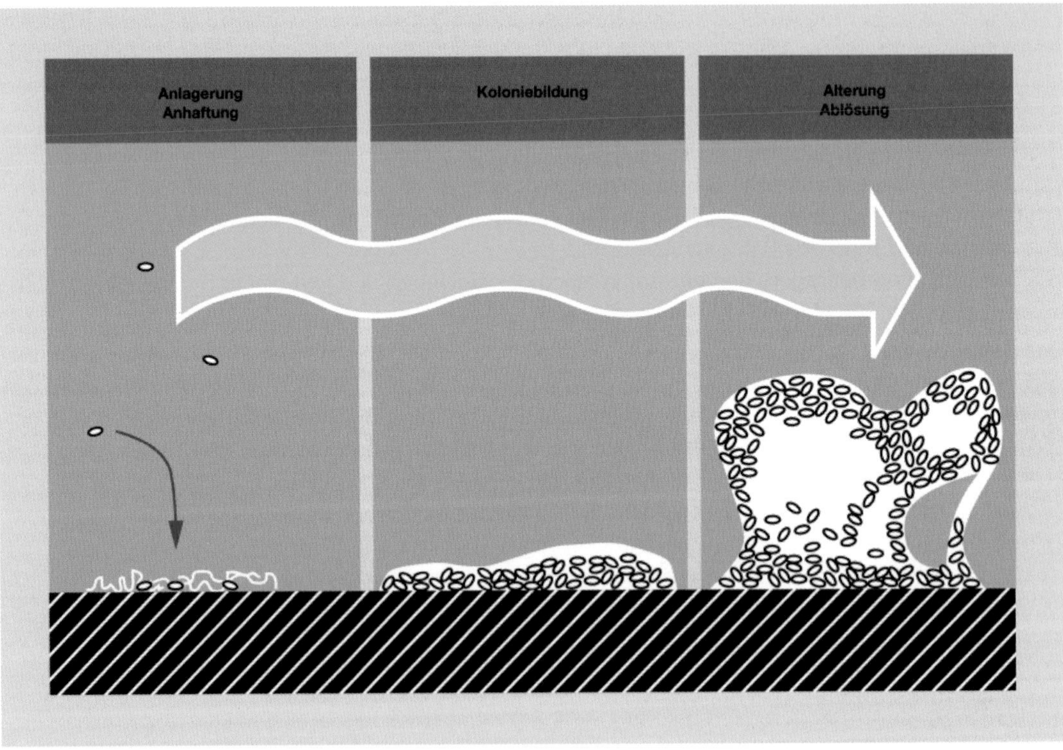

Abb. 2–8 Entwicklung eines Biofilms in der Trinkwasser-Installation

1.6 VBNC: Bakterien im Winterschlaf

Seit fast einem Jahrzehnt beschäftigt sich eine internationale Konferenzserie unter dem Titel „How dead is dead?“ mit den Schwierigkeiten, die Grenzen zwischen Leben und Tod von Bakterien zu definieren und nachzuweisen sowie den Konsequenzen dieser Probleme in Bezug auf die menschliche Gesundheit. Lange galt das Axiom der Mikrobiologie, dass eine Bakterienzelle tot ist, wenn sie nicht mehr auf geeigneten Kulturmedien wächst. Heute weiß man jedoch, dass diese Vorstellung zu einfach war und dass Bakterien in vielen Stresssituationen ihre Kultivierbarkeit auch auf geeigneten Nährmedien verlieren, aber lebensfähig bleiben, ihre zelluläre Struktur erhalten und sich später wieder teilen und vermehren können, wenn sich die Umweltbedingungen verbessern. Im Jahr 1982 wurde dies erstmals gezeigt (Xu et al., 1982 [137]). Diesen neuentdeckten physiologischen Zustand von Bakterienzellen bezeichnet man als „viable but nonculturalble“ (VBNC – lebensfähig aber nicht kultivierbar). Inzwischen wurde mit Laborversuchen belegt, dass eine Vielzahl von Umweltfaktoren, die als Stressoren auf die Zellen wirken (Nährstoffangebot, Temperatur, osmotischer Druck, Sauerstoffdruck, pH-Wert, Strahlung) den VBNC-Zustand einleiten können. Für zahlreiche Bakterien, darunter auch *Pseudomonas aeruginosa* und *Legionella pneumophila*, wurde inzwischen nachgewiesen, dass sie in einen VBNC-Zustand übertreten können und sich auf diese Weise dem Einfluss widriger Umweltbedingungen entziehen können. Der VBNC-Zustand stellt ein wichtiges Refugium für Bakterien in der Umwelt dar, in seiner Funktion dem Winterschlaf vieler Säugetiere vergleichbar. Die Zellen sind morphologisch kleiner und haben eine sehr niedrige Stoffwechsel-Aktivität. Nährstoffaufnahme, Respirationsrate und Synthese von Makromolekülen sind drastisch reduziert. Bakterien können sehr lange in diesem VBNC-Zustand verharren.

Nach Wiederbelebung aus dem VBNC-Zustand werden die Bakterien wieder vermehrungsfähig, das heißt kultivierbar, im Labor mit Kultivierungsmethoden nachweisbar und auch wieder infektiös. Der VBNC-Zustand ist eine sehr effiziente Überlebensstrategie, da die Zellen durch die herabgesetzte Stoffwechselaktivität wesentlich unempfindlicher gegen äußere Einflüsse wie etwa toxische Substanzen werden (Oliver 2005 [90], 2010 [89]). Auch in Biofilmen findet sich ein hoher Anteil von VBNC-Zellen.

2 Erkenntnisse aus Routine-Untersuchungen auf Legionellen

Mit der Entdeckung von Legionellen als wasserbürtigen Krankheitserregern wurde ein neues, anspruchsvolles Kapitel der Trinkwasserhygiene aufgeschlagen. Denn einerseits lässt sich, wie erläutert, das Vorkommen von Legionellen nicht durch einfache Untersuchung auf einen Indikator ausschließen und andererseits zeichnen sich Legionellen im Ökosystem Trinkwasser-Installation durch eine enorme Dynamik aus. Damit ist klar, dass routinemäßig auf Legionellen selbst untersucht werden muss, was vergleichsweise aufwändig ist und dass Probenahmestellen und Zeitintervalle definiert werden müssen, welche mit einer für den Gesundheitsschutz akzeptablen Zuverlässigkeit die systemische Legionellen-Situation der Trinkwasser-Installation abbilden können. Die Umsetzung dieser Erfordernisse hat eine große Zahl hygienisch-mikrobiologischer Untersuchungsergebnisse generiert, die allerdings bislang kaum systematisch ausgewertet wurden.

2.1 Regelungen zur orientierenden Untersuchung

Für die Versorgung mit einwandfreiem Trinkwasser definiert der Gesetzgeber einen rechtsverbindlichen Ordnungsrahmen. Für die Europäische Gemeinschaft leistet dies die Richtlinie 98/83/EG [40] des Rates über die Qualität von Wasser für den menschlichen Gebrauch von 1998, welche von den Mitgliedsstaaten in nationales Recht umzusetzen ist. In Deutschland wurde aufgrund § 38 Absatz 1 des Infektionsschutzgesetzes (2017) [67] eine entsprechende Trinkwasserverordnung erlassen, die zum 01.01.2003 in Kraft trat. Grundlage der nachfolgenden Ausführungen zu Anforderungen an die Qualität der Trinkwasserversorgung im Bereich der Trinkwasser-Installationen (ständige Wasserverteilungen) ist die Trinkwasserverordnung (TrinkwV) in der Fassung vom 10. März 2016, zuletzt geändert am 3. Januar 2018 [115].

Vom Gesundheitsamt sind Trinkwasser-Installationen zu überwachen, sofern die Trinkwasserbereitstellung im Rahmen einer gewerblichen oder öffentlichen Tätigkeit erfolgt (§ 18 Abs. 1 TrinkwV [115]). Gemeint sind hierbei einerseits Gebäude, in denen Trinkwasser im Rahmen einer Vermietung oder einer sonstigen in Gewinnerzielungsabsicht ausgeübten Tätigkeit bereitgestellt wird (§ 3 Abs. 10 TrinkwV [115]); und andererseits Gebäude, in denen Trinkwasser für einen unbestimmten, wechselnden und nicht durch persönliche Beziehungen verbundenen Personenkreis bereitgestellt wird (§ 3 Abs. 11 TrinkwV [115]): Krankenhäuser und andere medizinische Einrichtungen, Schulen, Kindergärten, Sportanlagen, Pflegeheime, öffentliche Kultur- und Freizeiteinrichtungen, Hotels und Pensionen, Gaststätten u. a. m. Andere Gebäude können bedarfsweise einbezogen werden. Die Entscheidung über Besichtigungen von Anlagen trifft das Gesundheitsamt nach eigenem Ermessen (§ 19 Abs. 1 TrinkwV [115]). Es ist nicht nur befugt, Proben zu entnehmen, sondern auch Unterlagen (insbesondere technische Pläne) einzusehen und Grundstücke, Räume und Einrichtungen zu betreten (§ 18 Abs. 2 TrinkwV [115]). Diese Befugnis reflektiert das im Allgemeinen unterschätzte Erfordernis, dass bei der Wasserverteilung mindestens die allgemein anerkannten Regeln der Technik einzuhalten sind (§ 4 Abs. 1 TrinkwV [115]). Weiterhin hat das Gesundheitsamt die Aufgabe, einen Probenahmeplan festzulegen, der Untersuchungshäufigkeit, -umfang, -zeitpunkt und Probenahmestellen regelt (§ 19 Abs. 2 TrinkwV [115]). Es müssen mindestens diejenigen chemischen und mikrobiologischen Parameter an Zapfhähnen, die der Entnahme von Trinkwasser dienen, untersucht werden, die sich in der Trinkwasser-Installation nachteilig verändern können (§ 19 Abs. 1 und 7 TrinkwV [115]).

Konzentrationen von Mikroorganismen, die zwar keine Krankheitserreger sind, aber das Trinkwasser verunreinigen oder seine Beschaffenheit nachteilig beeinflussen können, sollen so niedrig gehalten werden, wie dies nach den allgemein anerkannten Regeln der Technik mit vertretbarem Aufwand möglich ist (§ 5 Abs. 4 TrinkwV [115]). Diese Regelung ist im Sinne eines allgemeinen Minimierungsgebots sowie des Vorsorgeprinzips zu verstehen.

Legionella spec. wurde als Indikatorparameter in Anlagen der Trinkwasser-Installationen 2011 neu aufgenommen und mit einem empirisch abgeleiteten sogenannten technischen Maßnahmenwert[2] von 100 KBE/100 ml belegt, der nicht überschritten werden darf (Anlage 3 Teil II zu § 14 Abs. 3 TrinkwV 2001 [115]). Dieser Wert, der sich bereits seit 1988 im DVGW Arbeitsblatt W 551 [33] als untere Grenze für eine „mittlere Kontamination" findet, ist nicht als gesundheitsbasierter, sondern als technikbasierter Wert zu verstehen, als ein durch Einhaltung der allgemein anerkannten Regeln der Technik erreichbares Qualitätsziel. Hierfür liegt vielfache „technische Evidenz" vor. Von hygienisch-medizinischer Seite wird er hingegen wegen fehlender medizinischer Evidenz als belastbare Schwelle für ein bestehendes Erkrankungsrisiko durchaus kritisch gesehen. Andererseits zeigt die Praxis, dass hohe Erkrankungsraten vorwiegend bei starkem Legionellen-Befall von Trinkwasser-Installationen auftreten (zum Ganzen Schaefer et al. 2011 [104]).

Auf europäischer Ebene gibt es bislang keine entsprechende Regelung. Im Vorschlag für eine Novelle der EU-Trinkwasser-Richtlinie (Europäische Kommission, 2018 [41]; Anhang Teil C [41]) wird aktuell jedoch als neu einzuführender Grenzwert für Legionella < 1.000/l vorgeschlagen, was faktisch dem deutschen technischen Maßnahmenwert entspricht. Weiter wird ausgeführt, dass bei Nichteinhaltung des Parameterwertes eine Untersuchung auf *Legionella pneumophila* zu erfolgen hat. Bei Abwesenheit von *Legionella pneumophila* beträgt der Parameterwert für Legionella < 10.000/l.

Unter den folgenden Voraussetzungen müssen Trinkwasser-Installationen regelmäßig orientierend systemisch auf Legionellen untersucht werden (§ 14 b TrinkwV [115]):

- Es handelt sich um Großanlagen im Sinne der allgemein anerkannten Regeln der Technik: > 400 Liter Speichervolumen des Trinkwassererwärmers oder mehr als 3 Liter Inhalt zwischen Trinkwassererwärmer und der einzelnen Entnahmestelle.
- Die Anlage enthält Duschen oder andere Einrichtungen, in denen es zu einer Vernebelung (Aerosolbildung) des Trinkwassers kommt.
- Trinkwasser wird im Rahmen einer gewerblichen (Untersuchung mindestens alle 3 Jahre) oder öffentlichen Tätigkeit (Untersuchung mindestens einmal jährlich) abgegeben.

Der weitaus größte Anteil der zu untersuchenden Trinkwasser-Installationen befindet sich in gewerblich vermieteten Wohngebäuden. Es liegen keine genauen Zahlen dazu vor, wie viele Gebäude in Deutschland die genannten Kriterien erfüllen. Schätzungen der Gebäudewirtschaft gehen von mindestens einer Million untersuchungspflichtiger Wohngebäude aus. In der amtlichen Statistik (Stichtag 31.12.2016) sind 3,16 Millionen Wohngebäude mit drei oder mehr Wohnungen erfasst, die für den Betrieb zentraler Warmwasser-Großanlagen prinzipiell in Frage kommen. Der untersuchungspflichtige Gebäudebestand kann demnach auf etwa 1 – 2 Millionen Objekte geschätzt werden.

Im Sinne einer orientierenden Untersuchung (DVGW 2004 [33], DVGW 2012a [34], DVGW 2012b [35], UBA 2006 [116], UBA 2012a [117]) dienen die stichprobenartigen Probenahmen der Ermittlung einer möglichen Kontamination in Teilen der Trinkwasser-Installation. Hierzu sollen Probenahmen am Austritt des Trinkwassererwärmers, am Eintritt des Zirkulationsrücklaufs in den Trinkwassererwärmer sowie möglichst peripher an repräsentativ (bzgl. Bauweise, Versorgungbereichen, Nutzung, hydraulischer Lage) ausgewählten Steigsträngen erfolgen (Abb. 2–9).

2 Wert, bei dessen Überschreitung eine von der Trinkwasser-Installation ausgehende vermeidbare Gesundheitsgefährdung zu besorgen ist und Maßnahmen zur hygienisch-technischen Überprüfung der Trinkwasser-Installation im Sinne einer Gefährdungsanalyse eingeleitet werden (TrinkwV § 3 Nr. 9).

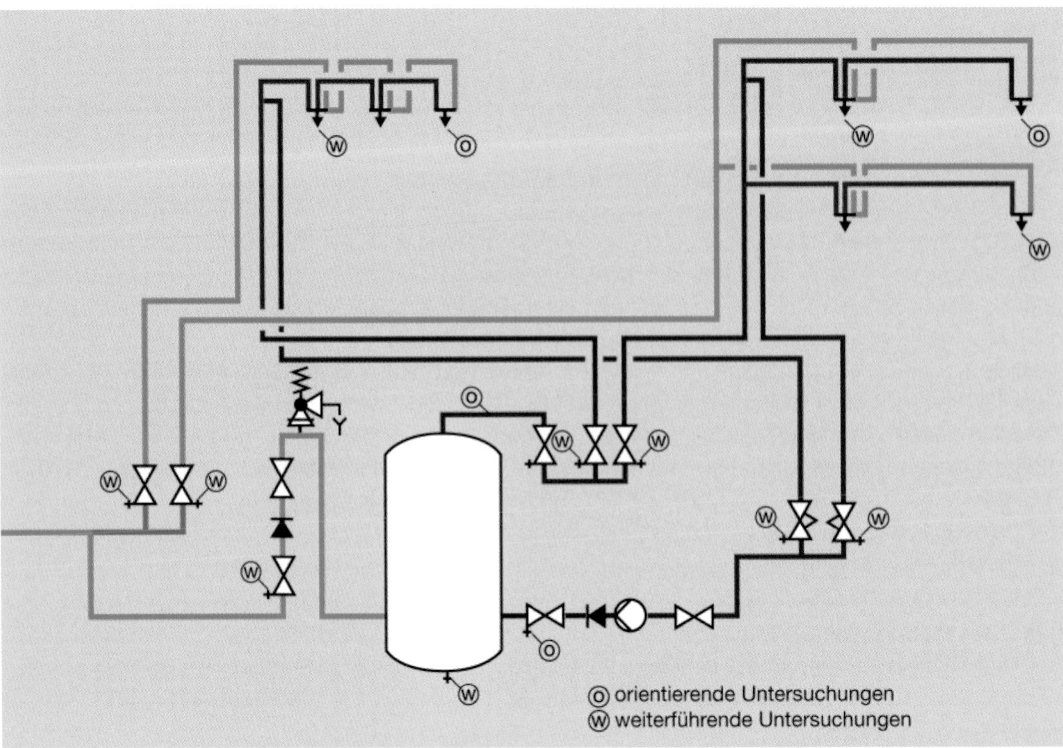

Abb. 2-9 Probenahmestellen für die orientierende und weiterführende Untersuchung einer Trinkwarmwasser-Installation gemäß DVGW W551 (2004) und UBA (2006). Quelle: Kistemann (2012) [74]

Als „ergänzend systemisch" sind die Untersuchungen auf Legionellen insofern zu verstehen, als ungeachtet dieser Bestimmung die Stelle der Einhaltung für alle in der TrinkwV [115] festgelegten Grenzwerte und Anforderungen der Austritt aus denjenigen Zapfstellen, die der Entnahme von Trinkwasser dienen, ist (§ 8 Abs. 1 TrinkwV [115]). Inhaber von Wasserversorgungsanlagen (§ 16 Abs. 1 TrinkwV [115]) sind ebenso wie Untersuchungsstellen (§ 15a Abs. 1 TrinkwV [115]) verpflichtet, von ihr festgestellte Überschreitungen des technischen Maßnahmenwertes unverzüglich dem zuständigen Gesundheitsamt anzuzeigen.

Wird dem Inhaber einer Wasserversorgungsanlage bekannt, dass der technische Maßnahmenwert überschritten wird, hat er unverzüglich Untersuchungen zur Aufklärung der Ursachen durchführen zu lassen (Ortsbesichtigung, Prüfung der Einhaltung der allgemein anerkannten Regeln der Technik), eine Gefährdungsanalyse erstellen zu lassen (UBA 2012a [117], VDI 2018 [122]) und diejenigen Maßnahmen durchführen zu lassen, die nach den allgemein anerkannten Regeln der Technik zum Schutz der Gesundheit der Verbraucher erforderlich sind. Das Gesundheitsamt ist unverzüglich über die ergriffenen Maßnahmen zu informieren. Die Aufzeichnungen zu den Maßnahmen sind zehn Jahre lang verfügbar zu halten und dem Gesundheitsamt auf Anforderung unverzüglich vorzulegen. Über das Ergebnis der Gefährdungsanalyse und sich möglicherweise daraus ergebende Einschränkungen der Verwendung des Trinkwassers, muss der Inhaber der Wasserversorgungsanlage unverzüglich, das heißt „ohne schuldhaftes Zögern" (§ 121 Abs. 1 Satz 1 BGB) die betroffenen Verbraucher informieren (§ 16 Abs. 7 TrinkwV [115]).

2.2 Legionellen und Temperatur: Erkenntnisse aus dem Routinemonitoring

Daten aus der Routineüberwachung liegen an verschiedenen Stellen vor: bei den Inhabern von Trinkwasser-Installationen, Gesundheitsämtern, hygienisch-mikrobiologischen Untersuchungslaboren, die Trinkwasseruntersuchungen gem. TrinkwV [115] auf Legionellen durchführen sowie bei Trinkwasser-Kontrolldienstleistern mit einem umfassenden Angebot von der Probenplanung bis zur Ergebnis-Dokumentation. Letztere haben den Vorteil, dass sie bei ausreichender Größe überregional tätig sind und sehr große, einheitlich gespeicherte Datensätze halten.

Zur Analyse der umfangreichen Untersuchungsergebnisse im gewerblichen Bereich bieten sich daher Datensätze an, welche Trinkwasser-Kontrolldienstleistungsunternehmen seit 2011 systematisch gesammelt haben. In einer Statusanalyse (Kistemann & Waßer 2018 [72]) wurden ca. 300.000 derartige Datensätze zusammengeführt und analysiert, die von vier derartigen Unternehmen bereitgestellt wurden. Die Daten lassen eine differenzierte Betrachtung für Vorlauf, Rücklauf und periphere Proben zu. Auf der Grundlage dieser Daten konnte genauer untersucht werden, wo (Vorlauf, Rücklauf, Peripherie) im Bestand deutscher Trinkwasser-Installationen hygienisch-medizinisch relevante Kontaminationen mit Legionellen auftreten und welche Beziehung zwischen Temperatur und Legionellen-Vorkommen in Trinkwasser-Installationen besteht.

Die Einzel-Datensätze der vier Trinkwasserkontroll-Dienstleister wurden anonymisiert, systematisiert und einer Plausibilitätsprüfung unterzogen. Für die Gesamt-Datenbank wurden nur diejenigen Variablen ausgewählt, die in allen vier Datensätzen zuverlässig erfasst waren: Gebäudeart, Art der Probenahmestelle (Vorlauf, Rücklauf, Peripherie), Datum und Uhrzeit der Probenahme, Legionellen-Konzentration [KBE/100 ml], Temperatur bei Probenahme [°C], Temperatur bei Erreichen der Temperatur-Konstanz [°C].

Der Anteil der Proben mit Nachweis von Legionellen betrug 15,8 % (alle Proben) bzw. 18,8 % (Peripherie), 4,7 % (Vorlauf) sowie 10,2 % (Rücklauf). Der technische Maßnahmenwert wurde in 6 % der Proben überschritten. Die höchste Überschreitungsquote fand sich mit 8 % bei den peripheren Proben, während diese im Vorlauf (1 %) und Rücklauf (2 %) deutlich geringer war. Einen Überblick über die Verteilung der Legionellen-Konzentrationen in den einzelnen Bereichen bietet Abb. 2–10. Sehr hohe Konzentrationen sind insbesondere in der Peripherie zu finden. Aus labortechnischen Gründen sowie wegen der Bedeutung als Grenzwert ist die Klasse 100 KBE/100 ml jeweils überproportional hoch besetzt.

Die mittlere Temperatur bei Probenahme lag im Vorlauf bei 58,8 °C, im Rücklauf bei 54,3 °C und in der Peripherie bei 47,2 °C (Abb. 2–11). Die Verteilungen für die Temperatur nach Erreichen der Konstanz (nicht dargestellt) sind schlanker und weniger linksschief. Die Mittelwerte liegen etwas höher: bei 60,2 °C im Vorlauf, bei 55,8 °C im Rücklauf und bei 56,5 °C in der Peripherie.

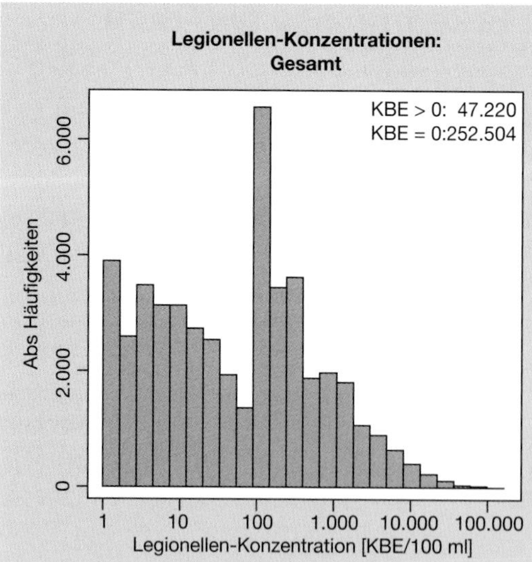

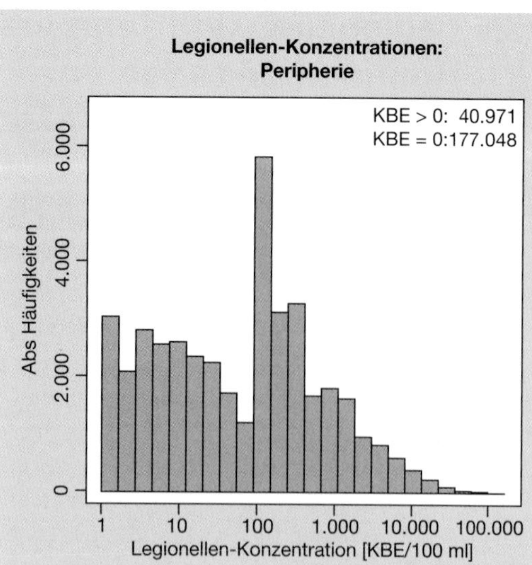

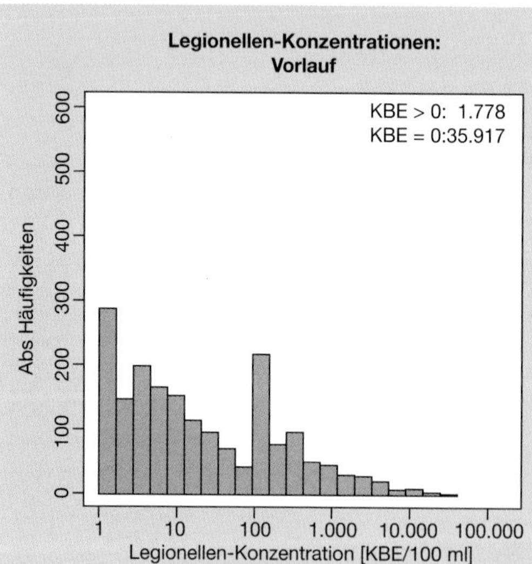

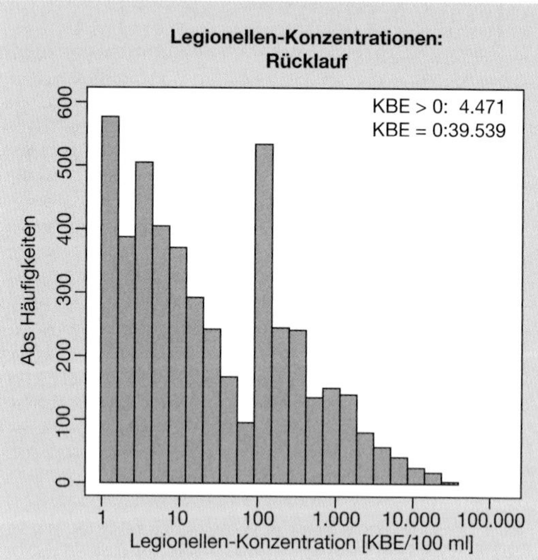

Abb. 2–10 Absolute Häufigkeiten der Legionellen-Konzentration, getrennt nach Art der Probenahmestelle (gesamt, Vorlauf, Rücklauf, Peripherie). Dargestellt sind nur Proben mit einem Wert > 0 KBE/100 ml.

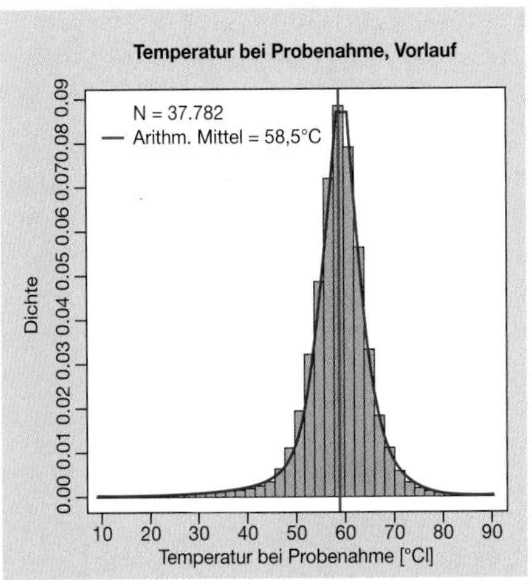

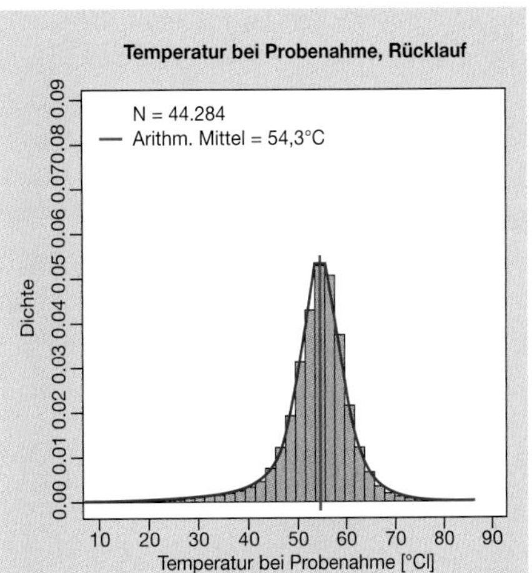

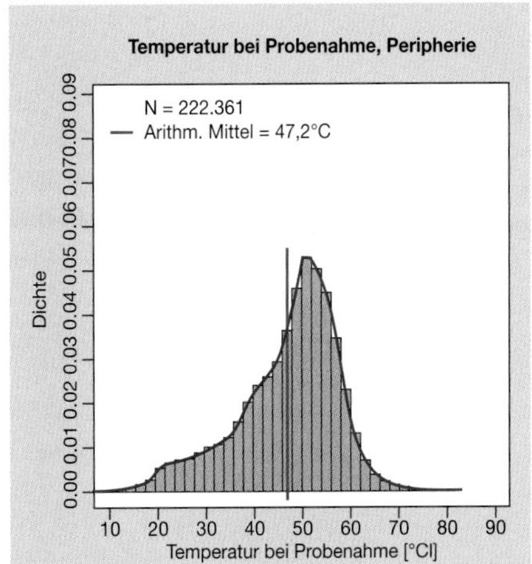

Abb. 2–11 Verteilungskurven der Temperatur bei Probenahme

Einfache statistische Analysen (Korrelation, Regression) über das gesamte Datenspektrum liefern keine brauchbaren Resultate zum Zusammenhang von Temperatur und Legionellen-Konzentration. Die vergleichende Betrachtung von *Temperaturintervallen* kann hingegen erste qualitative Hinweise bieten (Abb. 2–12). Im Vor- und im Rücklauf lagen in den beiden niedrigsten Temperaturklassen (bis ≤45 °C) ca. 20 % der Proben über dem technischen Maßnahmenwert, in der Peripherie dagegen nur ca. 15 %. Ab der Temperaturklasse 45–50 °C kehrt sich die Situation um. In den technisch besonders relevanten Temperaturklassen 50–55 °C und 55–60 °C sind in der Peripherie 5–7 % der Proben positiv, im Vor- und im Rücklauf hingegen nur 1–3 %. Ab der Temperaturklasse 60–65 °C sinkt auch in der Peripherie der Anteil der Proben > 100 KBE/100 ml auf < 1 %. Die steilste Änderung des Anteils positiver Proben findet sich für Vor-/Rücklauf im Temperaturbereich 40/45–55/60 °C. Hier führt die Erhöhung der Temperatur zu markantem Rückgang des positiven Probenanteils von > 17 % auf < 2 %. In der Peripherie verläuft der Rückgang des Anteils positiver Proben mit Temperaturerhöhung insgesamt stetiger und flacht erst ab 60/65 °C deutlich ab.

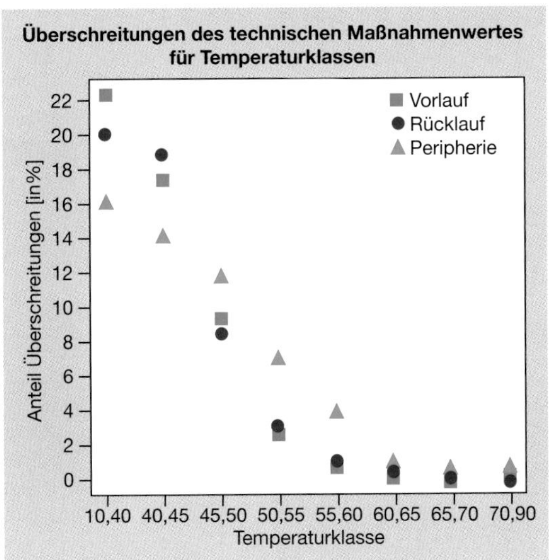

Abb. 2–12 Anteil der Überschreitungen des technischen Maßnahmenwertes, getrennt nach Temperaturintervallen.

Um den Zusammenhang zwischen Legionellen-Konzentration und der Temperatur auch quantitativ zu erfassen, wurde eine Varianzanalyse (ANOVA)[3] durchgeführt. Hierzu wurden die Daten jeweils in vier gleich große Quartile eingeteilt und für jedes Quartil der Anteil der Überschreitungen des technischen Maßnahmenwertes berechnet (Abb. 2–13). Der Anteil der Überschreitungen nimmt erwartungsgemäß mit steigender Temperatur der Quartile ab. Besonders markant sind die Unterschiede im Vor- und im Rücklauf zwischen dem ersten Quartil (Probenahme-Temperatur < 55,9 °C bzw. < 51,5 °C; Konstant-Temperatur < 57,2 °C bzw. < 52,2 °C) und dem zweiten Quartil. Alle Ergebnisse sind statistisch hoch signifikant (p < 0,001). In der Peripherie ist die Situation für die Temperatur bei Probenahme weniger deutlich. Der Rückgang des positiven Probenanteils wird nicht scharf durch eine Quartilsgrenze markiert, sondern verläuft eher kontinuierlich über das gesamte Temperaturspektrum. Für die Konstant-Temperatur zeichnet sich dann auch für die peripheren Proben, wie für Vor- und Rücklauf, ein deutlicher Sprung des Anteils positiver Proben zwischen 1. und 2. Quartil ab (Abb. 2–14).

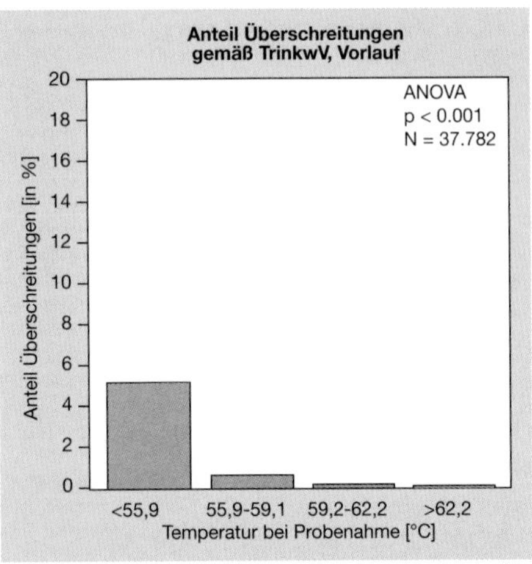

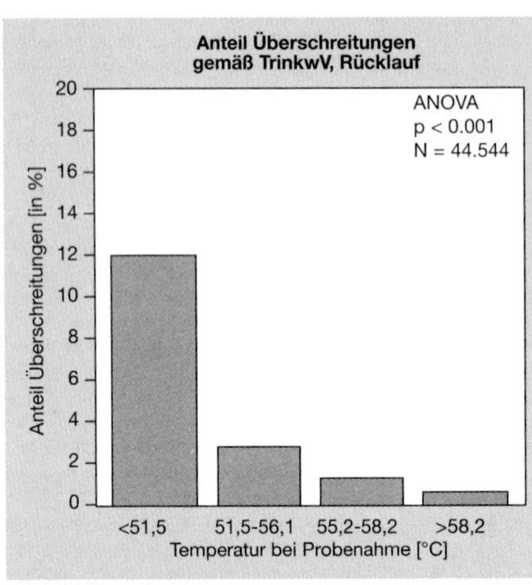

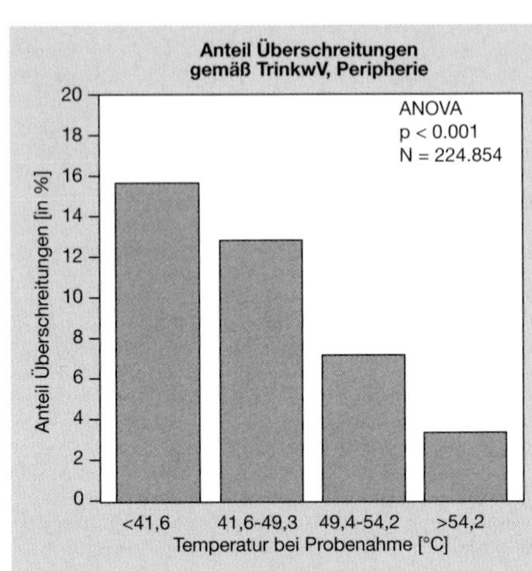

Abb. 2–13 ANOVA für gleich große Quartile für die Temperatur bei Probenahme.

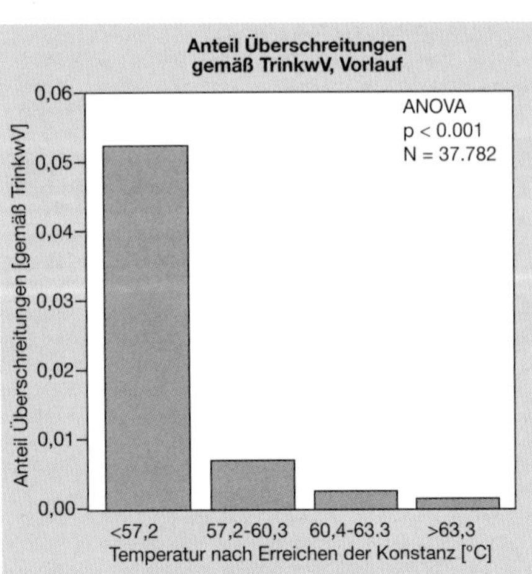

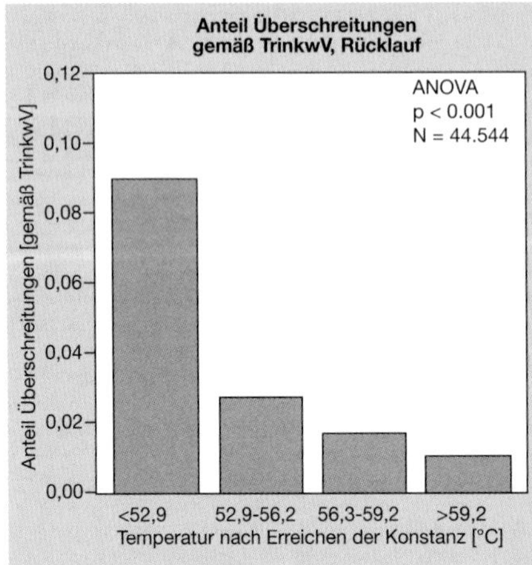

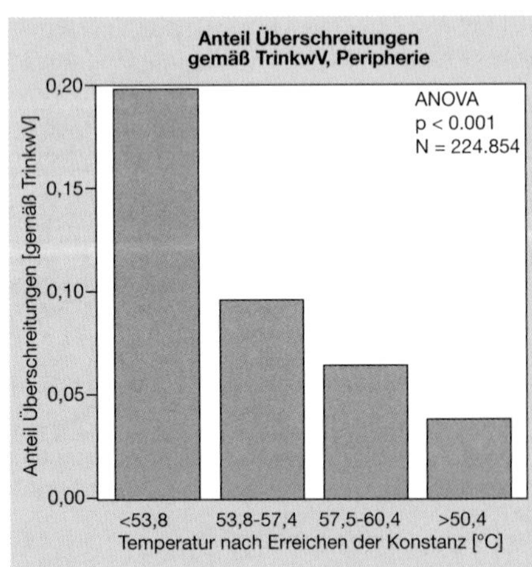

Abb. 2–14 ANOVA für gleich große Quartile für die Konstant-Temperatur

Für die Temperatur bei Probenahme und die Temperatur nach Erreichen der Temperatur-Konstanz, jeweils getrennt für Vorlauf, Rücklauf und Peripherie, wurde außerdem eine ROC-Analyse[4] durchgeführt, um zu prüfen, wie gut die Temperatur als Prädiktor für einen Legionellen-Nachweis geeignet ist.

3 ANOVA untersucht den Einfluss einer unabhängigen Variable mit k verschiedenen Stufen auf die Ausprägungen einer Zufallsvariablen, indem die Varianz zwischen den Gruppen mit der Varianz innerhalb der Gruppen verglichen wird.

4 Die ROC-Kurvenanalyse ist eine Darstellung des Verhältnisses der Wahrscheinlichkeiten von richtigem Erkennen und falschem Alarm bei Verwendung eines dichotomen Entscheidungskriteriums (hier: technischer Maßnahmenwert). Je besser die Vorhersagegüte, desto stärker weicht die Kurve positiv von der Winkelhalbierenden ab. Die Area-under-the-curve (AUC) wird als Wahrscheinlichkeit für die korrekte Erkennung eines Merkmalsträgers interpretiert. Je besser die Vorhersagegüte ist, desto mehr nähert sich die AUC dem Wert 1. Eine AUC ≥ 0,6 gilt als akzeptabel. Mit der ROC-Kurvenanalyse kann der optimale Cut-Off Point einer metrischen Variablen (hier: Temperatur) zur Vorhersage der Ausprägung eines dichotomen diagnostischen Entscheidungskriteriums (hier: technischer Maßnahmenwert unter- oder überschritten) bestimmt werden (Wirtz 2014 [135]).

In Abb. 2–15 sind die ROC-Kurven der Vorlauf- und Rücklaufproben für die Temperatur bei Probenahme dargestellt. Für den Vorlauf beträgt der AUC-Wert 0,69 mit einem optimalen Cut-Off-Wert von 60 °C. Für den Rücklauf liegen der AUC-Wert bei 0,65 und der optimale Cut-Off bei 55 °C. Für die peripheren Proben liegt der AUC-Wert mit 0,57 unter 0,6 und ist damit nur begrenzt aussagekräftig; der zugehörige optimale Cut-Off beträgt 48 °C.

Für die Berechnung des Relativen Risikos[5] wurden die Daten mit den optimalen Cut-Off-Werten aus der ROC-Analyse als Kriterium in zwei Gruppen eingeteilt. Für diese beiden Gruppen wurde jeweils berechnet, wie viele Proben mit Überschreitung des technischen Maßnahmenwerts vorlagen. Das Relative Risiko berechnet sich aus dem Quotienten des Anteils der positiven Proben in der ersten Gruppe (unterhalb Cut-Off-Temperatur) und dem Anteil der positiven Proben in der zweiten Gruppe (oberhalb Cut-Off-Temperatur). Liegt das Relative Risiko signifikant über 1, so ist das Risiko in der Gruppe der Proben „Temperatur < Cut-Off Wert“ erhöht.

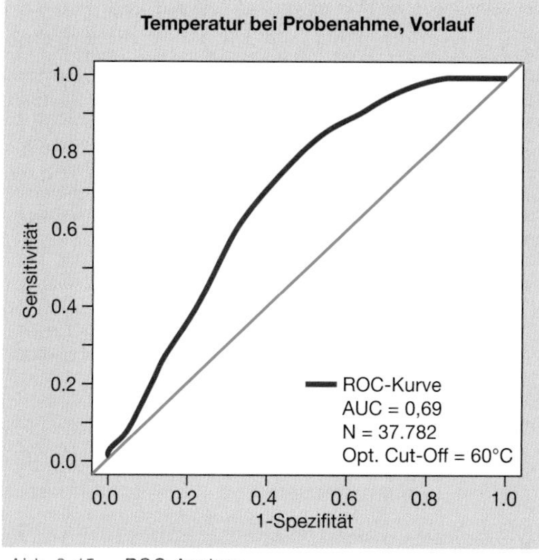

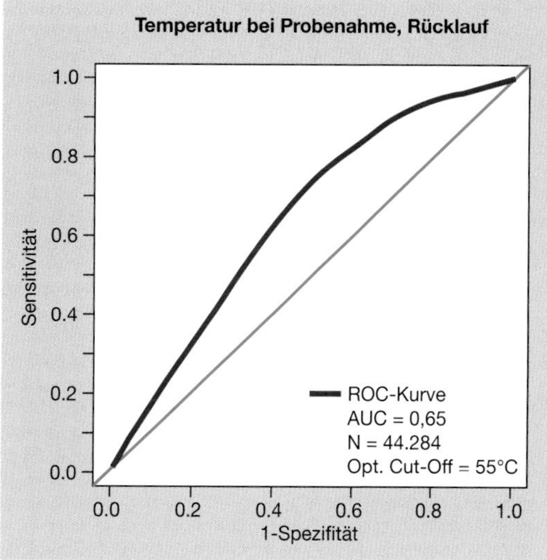

Abb. 2–15 ROC-Analyse

Tab. 2–2 Häufigkeit der Überschreitung des technischen Maßnahmenwertes, getrennt für Vorlauf, Rücklauf und Peripherie, differenziert nach Temperatur bei Probenahme (unterhalb/oberhalb ROC-Cut-Off-Wert)

		Vorlaufproben		Rücklaufproben		Peripherieproben	
		> 60 °C	≤ 60 °C	> 55 °C	≤ 55 °C	> 48 °C	≤ 48 °C
Legionellenkonzentration > 100 KBE/100 ml	Ja	22	570	195	1.437	7.373	14.465
	Nein	15.837	21.353	22.078	20.574	116.542	83.981

Aus den Häufigkeitsverteilungen (Tab. 2–2) lassen sich signifikante Relative Risiken errechnen (Tab. 2–3). Demnach ist die Wahrscheinlichkeit, dass der technische Maßnahmenwert überschritten wird, für Probenahmestellen mit Probenahme-Temperatur unterhalb des kritischen Cut-Off-Wertes signifikant höher als für Probenahmestellen mit Probenahme-Temperatur oberhalb des kritischen Cut-Off-Wertes. Das Relative Risiko zwischen den Gruppen beträgt im Vorlauf 18,7, im Rücklauf 7,5 und in der Peripherie 2,5. Wie bereits nach der ANOVA und der ROC-Analyse zu erwarten war, fällt demnach das Ergebnis für die peripheren Proben weniger deutlich aus.

5 RR vergleicht das Risiko zur Ausprägung eines Merkmals einer gegenüber einem Risikofaktor exponierten Gruppe mit dem Risiko einer gegenüber diesem Risikofaktor nicht exponierten Gruppe.

Tab. 2–3 Relative Risiken (RR) und Konfidenzintervalle für die eingesetzten optimalen Cut-Off Temperaturen. Bezug: Technischer Maßnahmenwert gem. TrinkwV 2001 [115]

Art der Probenahmestelle	Temperatur bei Probenahme, Cut-Off-Wert [°C]	Errechnetes Relatives Risiko	95 %-Konfidenzintervall [untere/obere Grenze]
Vorlauf	60,0	18,74	[12,25 ; 28,68]
Rücklauf	55,0	7,46	[6,43 ; 8,65]
Peripherie	48,0	2,47	[2,4 ; 2,54]

Alle Analysen zum Zusammenhang von Legionellen-Vorkommen und Warmwassertemperatur bestätigen, dass mit höherer Temperatur die Legionellen-Nachweise qualitativ und quantitativ zurückgehen. Für Vorlauf, Rücklauf und Peripherie beziehungsweise Temperatur bei Probenahme und bei Temperatur-Konstanz stellt sich die Situation jedoch durchaus differenziert dar.

Bei besonders niedrigen Temperaturen (bis 45 °C) zeigten die zentralen Probenahmestellen mehr Nachweise von Legionellen (ca. 20 %) als die peripheren Probenahmestellen. Dort reagieren die Anlagen offensichtlich besonders empfindlich auf entsprechend niedrige Temperaturen. Dies kann daran liegen, dass insbesondere im Trinkwassererwärmer das Nährstoffangebot (Sedimente) sowie die Verweilzeit höher sind als in der Peripherie.

Oberhalb dieser Temperaturgrenze von 45 °C fiel der Anteil positiver Proben dann in der Zentrale sehr markant ab. Auch die ANOVA bestätigt diese Tendenz, während der Zusammenhang von Probenahme-Temperatur und Legionellennachweis in der Peripherie einen stetigeren Verlauf zeigt. Hieraus resultiert auch, dass die ROC-Analyse bei akzeptablen AUC-Werten eine Temperatur für optimalen Cut-Off für Vorlauf (60 °C) und Rücklauf (55 °C) identifizieren konnte, dies aber für die Peripherie (48 °C) statistisch nicht überzeugend möglich war.

Das Risiko der Überschreitung des technischen Maßnahmenwertes unterscheidet sich in Abhängigkeit von der Temperatur sehr deutlich und die identifizierten Cut-Off-Temperaturen erweisen sich dabei als plausibel und sinnvoll: für Vorlaufproben (Cut-Off: 60 °C) unterscheidet sich das Risiko unterhalb/oberhalb der Cut-Off-Temperatur (60 °C) um den Faktor 18,7; für Rücklaufproben (Cut-Off: 55 °C) um den Faktor 7,5, und für Peripherieproben (Cut-Off: 48 °C) noch um den Faktor 2,5. Die Temperatur kann also zweifelsfrei als signifikanter Einflussfaktor auf die Legionellen-Konzentration bestätigt werden. Es wird aber auch deutlich, dass die Temperatur nicht allein die Variation des Vorkommens von Legionellen in Trinkwarmwasser-Installationen erklären kann. Dies gilt insbesondere in der Peripherie, wo weitere ökologische Faktoren einen erheblichen Einfluss haben müssen.

Die thermischen Anforderungen an den Betrieb von Großanlagen des DVGW-Arbeitsblattes W551 [33] (60 °C / 55 °C) werden durch die Analysen von Daten aus dem Bestand bestätigt. Lediglich für die Peripherie gibt es einen, allerdings statistisch nicht sehr belastbaren Hinweis auf eine möglicherweise niedrigere akzeptable Cut-Off-Temperatur (48 °C). Bei der Bewertung der Ergebnisse ist zu berücksichtigen, dass es sich um Resultate handelt, die aus einem sehr heterogenen Gebäude- und Anlagenbestand generiert wurden. Nur ein kleinerer Teil der Objekte wird alle aktuellen Anforderungen hinsichtlich thermischer Isolierung, Zirkulation, Stagnationsvermeidung etc. und damit die allgemein anerkannten Regeln der Technik einhalten. Insofern können diese Ergebnisse nicht auf Neuanlagen mit durchweg günstigen Betriebsbedingungen, welche gemäß aktuell gültiger, allgemein anerkannter Regeln der Technik errichtet werden, übertragen werden.

2.3 Schlussfolgerungen

Die Empfehlungen zur orientierenden Untersuchung im DVGW-Arbeitsblatt W 551 [33] folgen einer technisch plausiblen, geometrischen Logik: Zufluss und Rückfluss des Zirkulationssystems sowie möglichst periphere Punkte werden als geeignet angesehen, um die Legionellen-Situation im System insgesamt zu charakterisieren. Es konnte allerdings gezeigt werden, dass die räumliche und zeitliche Variabilität der Untersuchungsergebnisse hoch ist, also ihre Reproduzierbarkeit nicht sicher gegeben ist und dass nicht zuletzt deshalb die Verlässlichkeit, mit der systemische Kontaminationen durch diese statische Probenanordnung erkannt werden, unbefriedigend ist. Insbesondere zeigte sich, dass zentrale Probenahmestellen zur Erkennung einer systemischen Kontamination wenig beitragen können (Kistemann 2014 [73], Hentschel 2016 [60]).

Vor diesem Hintergrund ist es angezeigt, bei der Auswahl von Probenahmepunkten neben ihrer räumlichen Anordnung weitere Faktoren zu berücksichtigen, um Entnahmestellen mit dem höchsten Anzeigepotenzial zu identifizieren. Ohne Zweifel ist die Wassertemperatur in ihrem zeitlich-räumlichen Verlauf ein solcher Faktor. Die Auswertung großer Datensätze konnte zeigen, dass der Temperatureinfluss in der Warmwasserzentrale besonders stark ist und dass die Temperaturen, welche gemäß DVGW W551 [33] gefordert werden (60 °C/55 °C), sich für Bestandsinstallationen als kritische Werte zum Ausschluss einer Legionellen-Kontamination in der Zentrale bestätigen. Andererseits bedeutet dies, dass bei Einhalten dieser Temperaturen in der Zentrale der Informationsgewinn durch dortige hygienisch-mikrobiologische Untersuchungen auf Legionellen gering ist und diese Untersuchungen demnach routinemäßig nicht zielführend sind.

In der Peripherie hingegen erweist sich der Zusammenhang von Legionellen-Konzentration und Temperatur als deutlich schwächer. Das deutet darauf hin, dass dort, relativ weit entfernt von der zentralen Warmwassererwärmung, in den teils weit verzweigten Leitungsnetzen der Trinkwasser-Installation andere Faktoren an Einfluss gewinnen. Einer der wesentlichen Faktoren ist Zeit, welche den Legionellen zur Vermehrung zur Verfügung steht. Sie hängt in der Wasserphase eng mit der Länge und der Rohrdimension (= Wasservolumen) sowie der Art der Entnahmearmatur (Mindestdurchfluss) und dem Nutzerverhalten (Stagnation) zusammen.

In den ortsfesten Biofilmen hingegen steht Zeit unabhängig vom Fließverhalten zur Verfügung. Durch Berücksichtigung der genannten drei Faktoren (Distanz, Temperatur, Stagnation), zusammengefasst in einem logistischen Regressionsmodell, konnte die Trefferquote zur Identifizierung einer systemweiten Kontamination gegenüber konventionell ausgewählten Probenahmestellen in Feldversuchen mehr als verdoppelt werden (Völker et al. 2016 [126]). Das Vorgehen setzt allerdings vorab eine präzise, sorgfältige und durchaus aufwändige Bestandsaufnahme und Charakterisierung der Trinkwasser-Installation hinsichtlich dieser Parameter voraus.

Für die Konstant-Temperatur zeigte sich auch bei den peripheren Proben, wie für Vor- und Rücklauf, ein deutlicher Sprung des Anteils positiver Proben zwischen 1. und 2. Quartil. Diese Beobachtung kann darauf hindeuten, dass eine hydraulisch abgeglichene Strömungssituation, wie sie durch den Ablauf bis zur Temperatur-Konstanz gewissermaßen temporär simuliert wird, die Verhältnisse der Peripherie an die Situation, die zentral dauerhaft gegeben ist, angleicht. Dann bildet sich auch in der Peripherie die Wirkung des Faktors Temperatur ungestörter ab und die Bedeutung anderer Faktoren tritt mehr in den Hintergrund.

Die Auswertung der Daten aus der Routineüberwachung auf Legionellen können bestätigen, dass die ökologischen Systembedingungen der Trinkwasser-Installation die hygienische Trinkwassergüte maßgeblich bestimmen. Temperatur erweist sich als ein dominanter Faktor, aber die Wirkung weiterer ökologischer Parameter wird deutlicher, sobald der „thermische Schutzschirm“ schwächer wird.

Die Legionellen-Überwachung in Trinkwasser-Installationen sollte vor dem Hintergrund dieser Erkenntnisse noch Objekt-spezifischer und Prozess-orientierter werden. Neben Kenntnissen zur Netzgeometrie (Faktor Distanz) sollten die Temperatur- und Durchflussbedingungen in die Entscheidung, wo und wann beprobt wird, einbezogen werden. Das erhöht den Aufwand vor den Probenahmen, reduziert aber möglicherweise die Zahl erforderlicher Proben und verbessert insbesondere die Sensitivität der orientierenden Untersuchung für systemweite Legionellen-Kontaminationen.

3 Ökologie der Trinkwassergüte

Welche Erkenntnisse zum Erhalt der Trinkwassergüte in der Trinkwasser-Installation können wir aus den bisherigen Ausführungen ziehen? Die aquatische Flora umfasst auch (opportunistische) Krankheitserreger, die nicht vom Fäkalindikatorsystem angezeigt werden, und für die bisher keine einfach nachzuweisenden, verlässlichen Indikatoren etabliert werden konnten. Opulente Trinkwasser-Installationen bieten dieser aquatischen Flora bei zulänglichen Verhältnissen sehr gute Vermehrungsbedingungen. Periodische Wasseruntersuchungen liefern wegen der großen räumlichen und zeitlichen Variabilität mikrobieller Kontaminationen keine verlässlichen Aussagen über eine mögliche Gesundheitsgefährdung. Diese Zusammenhänge gewinnen an Bedeutung, weil der Anteil von Menschen mit eingeschränkter Immunkompetenz und damit erhöhter Infektionsanfälligkeit aufgrund des demografischen Wandels und medizinischer Interventionen laufend zunimmt. Planung, Errichtung, Betrieb und Instandhaltung von Trinkwasser-Installationen müssen diese trinkwasserökologische Perspektive berücksichtigen, um den Anforderungen des Gesundheitsschutzes an die Trinkwassergüte gerecht zu werden.

3.1 Temperatur

Temperatur ist aus trinkwasserhygienischer Sicht eine kritische Größe. Es gilt, den für zahlreiche pathogene Mikroorganismen besonders günstigen Temperaturbereich von 25–55 °C zu vermeiden, um nicht deren Vermehrung zu begünstigen. Die TrinkwV 2001 [115] liefert zur Temperatur keine eigenen Angaben oder Grenzwerte. Die Angabe von maximal 25 °C findet sich jedoch im technischen Regelwerk (DIN 1988-200, 8.3 [24]; VDI/DVGW 6023, 5.1 [123]). Generell gilt, dass PWC möglichst kühl sein soll, um mikrobielles Wachstum nicht zu begünstigen (siehe hierzu WHO Guidelines for Drinking Water Quality, 2004 [125]). Hinsichtlich der einzuhaltenden PWH-Temperaturen sind die Angaben des DVGW-Arbeitsblattes W 551 (Abschnitt 6) [33] maßgeblich: Am Austritt des Trinkwassererwärmers werden für Großanlagen mindestens 60 °C angegeben. Für Kleinanlagen (Speichervolumen < 400 l) werden mindestens 50 °C gefordert. Dazu muss aber im Betrieb ein Wasseraustausch innerhalb von drei Tagen sichergestellt sein (DIN 1988-200, 9.6.2.3 [24]). Andernfalls müssen auch Kleinanlagen mit 60 °C am Austritt des Trinkwasserwärmers betrieben werden. Kurzzeitige Temperaturabsenkungen im Minutenbereich sind tolerierbar, systematische Unterschreitungen jedoch nicht akzeptabel. Zirkulationssysteme sind des Weiteren so zu betreiben, dass die Wassertemperatur im System und Zirkulationswassereintritt diejenige am Austritt des Trinkwassererwärmers um nicht mehr als 5 K unterschreitet (sogenannte 5 K-Regel).

3.2 Hydrodynamik

Eine weitere aus trinkwasserhygienischer Sicht wichtige Größe ist die Dynamik der Wasserbewegung in der Trinkwasser-Installation, die sich durch Wasseraustausch und Durchströmung (Strömungsgeschwindigkeit) charakterisieren lässt. Auch unter trinkwasserökologischen Bedingungen, welche mikrobiellem Wachstum abträglich sind, kann sich ein gewisses Wachstum zeigen, wenn nur genügend Zeit zur Verfügung steht, das heißt, wenn die Dynamik der Wasserbewegung gering ist oder das Wasser im Rohrquerschnitt teilweise stagniert. Gerade in überdimensionierten Leitungen besteht das Risiko, dass nur ein laminarer Stromfaden im Zentrum strömt und damit an den Rohrwandungen Wasseraustausch überhaupt nicht gewährleistet werden kann.

Die hydrodynamischen Bedingungen beeinflussen auch den Transfer von Mikroorganismen und Nährstoffen zwischen Biofilm und Wasserphase. Das Strömungsmuster, welches von der Kombination von Fließgeschwindigkeit und Leitungsdurchmesser abhängt, ist ab einer Reynoldszahl (Re) von 2.300 turbulent[6]. Typischerweise sind die Strömungsverhältnisse in Trinkwasser-Installationen turbulent[7].

Ein Anstieg der Strömungsgeschwindigkeit erhöht den Turbulenzgrad und reduziert die Dicke der laminaren Grenzschicht an der Materialoberfläche. Infolgedessen steigt einerseits die Diffusion von

6 Reynoldszahl $Re = D \cdot V/\vartheta$, mit D = innerer Rohrdurchmesser [cm], V = Strömungsgeschwindigkeit [cm/s], ϑ = kinematische Viskosität von Wasser (0,01 cm²/s bei 20 °C).

7 Die maximale rechnerische Fließgeschwindigkeit V in Trinkwasser-Installationen liegt bei < 15 Minuten Fließzeit, in Abhängigkeit vom ζ-Wert der Einzelwiderstände (Leitungsarmaturen), unter Berücksichtigung zu vermeidender Strömungsgeräusche, bei 250 bzw. 500 cm/s (DIN 1988-300, Tab. 5 [25]; vgl. dazu Rudat 2012 [100], S. 175).

Material (Mikroorganismen, Nährstoffe, Desinfektionsmittel) zwischen Biofilm und fließendem Wasser in Richtung des jeweiligen Konzentrationsgradienten[8]. Andererseits erhöhen sich die Scherkräfte, die Ablösung bzw. Nichtanhaftung von Biofilm begünstigen. Die Interaktionen zwischen Wasserqualität und Biofilm sind auch abhängig vom Verhältnis zwischen Oberfläche und Volumen, das mit Reduzierung des Rohrdurchmessers proportional steigt (zum Ganzen van der Kooij und van der Wielen 2014 [121]).

Im Sinne der hygienisch-mikrobiologischen Trinkwassergüte ist es günstig, zur Vermeidung von Stagnation und für hohen Wasseraustausch die Rohrdimensionierungen so gering wie möglich zu wählen. Vor diesem Hintergrund ist die exakte Erfassung von Nutzungen wichtig; Gleichzeitigkeiten der Trinkwasserentnahme sind stets kritisch zu hinterfragen (vgl. Rudat 2012 [100]). Um kleine Nennweiten zu erreichen, sollte der kleinstmögliche Gleichzeitigkeitsfaktor gewählt werden (VDI/DVGW 6023, Kap. 4.3.1 [123]). Auch sollte das Rohrleitungsnetz so einfach und übersichtlich wie möglich, unter möglichst konsequenter Vermeidung von Toträumen aufgebaut werden. Durch die Leitungsführung und die Anordnung der Entnahmestellen sollte ein kontinuierlicher, höchstmöglicher Wasseraustausch angestrebt werden. Stichleitungen zu einzelnen Entnahmestellen sollten so kurz wie möglich bzw. das Wasservolumen so klein wie möglich sein. Als Obergrenze gelten hierbei 3 l (VDI/DVGW 6023, 4.3.1 [123], DIN 1988-200, 8.1 [24]).

3.3 Nährstoffe

Bakterien sind für Wachstum und Vermehrung zwingend auf Nährstoffe angewiesen. Die gesundheitlich relevanten C-heterotrophen Bakterien benötigen organische Kohlenstoffverbindungen als Energie- und Kohlenstoffquelle. Diese können durch die Summenparameter organisch gebundener Gesamtkohlenstoff (TOC, Total Organic Carbon), gelöster organisch gebundener Kohlenstoff (DOC, Dissolved Organic Carbon), biologisch abbaubarer gelöster organische Kohlenstoff (BDOC, Biodegradable Dissolved Organic Carbon) und assimilierbarer organischer Kohlenstoff (AOC, Assimilable Organic Carbon), mit aufsteigender Bedeutung für das mikrobielle Wachstum, erfasst werden. BDOC bzw. AOC sind die wesentliche Nahrungsquelle der Mikroorganismen im Trinkwasser.

AOC kann derzeit nur indirekt bestimmt werden, indem man den Aufwuchs von Mikroorganismen misst (van der Kooij et al., 1982 [75]). Ein neues Verfahren zur Bestimmung des AOC, bei dem man die Freisetzung sehr kleiner Mengen von CO_2 aus der mikrobiellen Atmung misst (Dong et al. 2017 [32]), befindet sich noch in der Entwicklung zur Praxistauglichkeit. Da die näherungsweise Erfassung der organischen Stoffe mittels der Summenparameter TOC und DOC weniger aufwändig und leichter automatisierbar ist als die Bestimmung der sehr zahlreichen unterschiedlichen organischen Einzelstoffe, werden diese Parameter routinemäßig zur Kontrolle und Bewertung von Verfahrensstufen der Wasseraufbereitung herangezogen. Eine Anforderung bietet die Trinkwasserverordnung allerdings nur für TOC: „ohne anormale Veränderung" (TrinkwV Anlage 3 zu § 7 und § 14 Absatz 3, Teil I Allgemeine Indikatorparameter [115]). In der Praxis sollte der TOC im Trinkwasser unter 1,5 mg/l liegen.

In dem in Deutschland zur Trinkwasserversorgung genutzten Grund- und Oberflächenwasser liegen die DOC-Konzentrationen in der Regel bei 0,5–4,0 mg/l; es gibt jahreszeitliche Schwankungen. Als nährstoffarm wird Wasser bis 2 mg DOC/l angesprochen (Hütter 1994 [66]). In mikrobiell besiedelten Wässern besteht der größere DOC-Anteil aus schwer abbaubaren organischen Verbindungen, da der AOC sofort von Bakterien genutzt wird. Bei der Desinfektion von Trinkwasser durch Oxidation können schwer abbaubare Verbindungen wieder bakterienverfügbar werden. Der mikrobielle Abbau organischer Partikel ist eine wichtige DOC-Quelle. Der Entzug des DOC erfolgt in erster Linie durch die Aufnahme in Bakterienbiomasse. DOC macht als Fraktion des TOC etwa 50 % des Kohlenstoff-Gewichts aus. DOC kann mittels Membranfiltration (Porenweite 0,45 µm) aus TOC separiert werden (Hütter 1994 [66]). Der BDOC als Fraktion des DOC macht etwa 10–20 % des DOC, der AOC wiederum etwa 20 % des BDOC aus (Abb. 2–16).

8 gemäß dem ersten Fick'schen Diffusionsgesetz: $J = D \cdot \partial c/\partial x$, mit J = Teilchenstromdichte [mol m^{-2} s^{-1}], D = Diffusionskoeffizient [m^2 s^{-1}], $\partial c/\partial x$ = Diffusionsgradient [mol·m^{-4}]

Die Abwesenheit gewisser Schlüsselsubstanzen (essenzielle Metaboliten) limitiert die mikrobielle Aktivität. Aufgrund ihrer Anpassung an ein nährstoffarmes aquatisches Milieu ist die autochthone Flora der Trinkwasser-Installation insgesamt jedoch eher anspruchslos. Solche anspruchslosen C-heterotrophen Bakterien vermehren sich schon, wenn als essenzielle Metaboliten nur eine organische Kohlenstoffquelle und eine anorganische Stickstoffquelle vorliegen (Brandis 1984 [11]).

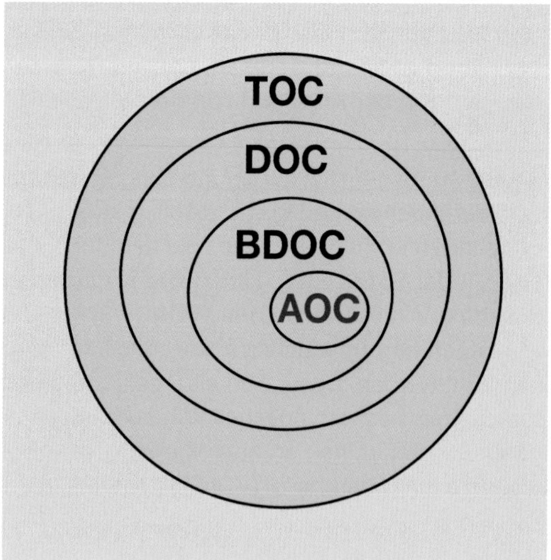

Abb. 2–16 Fraktionen des organisch gebundenen Kohlenstoffs im Trinkwasser.
Schematische Darstellung typischer relativer Konzentrationen.
TOC = Total Organic Carbon
DOC = Dissolved Organic Carbon
BDOC = Biodegradable Dissolved Organic Carbon
AOC = Assimilable Organic Carbon

Die zu den C-heterotrophen Bakterien zählenden, an nährstoffarme Lebensräume gut angepassten Legionellen haben allerdings recht spezielle Nährstoffansprüche (RKI 2013 [98]). Sie benötigen zum Wachstum neben Stärke als Kohlenstoffquelle die essenziellen Metaboliten L-Cystein, Methionin und Fe-Phosphat in geringen Konzentrationen. Infolge ihrer typischen Vergesellschaftung mit autotrophen Eisen- und Manganbakterien (als Kohlenstoff- und Energielieferanten) weisen sie indirekt einen hohen Eisenbedarf auf (Weyandt 2014 [128]).

In Trinkwasser-Installationen sind mögliche Nährstoffquellen:

- das eingespeiste Trinkwasser selbst,
- organische und anorganische Verbindungen, die von Installationsmaterialien abgegeben werden,
- möglicherweise aus technischen Gründen dem Trinkwasser zugegebene Substanzen (insbesondere Orthophosphat als Korrosionsschutz),
- von außen durch Leckagen oder im Rahmen von Installations-, Wartungs- und Instandsetzungsarbeiten unbeabsichtigt eingetragene organische und anorganische Verunreinigungen,
- lebende und tote Mikroorganismen sowie mehrzellige wirbellose Lebewesen (Invertebraten).

Ebenso wie Biofilme in der Trinkwasser-Installation können Sedimente in Warmwasserbehältern u. ä. als Speicher für Nährstoffe fungieren.

Bakterien in Biofilmen von Trinkwasser-Installationen und in der aquatischen Phase des Trinkwassers können Nährstoffe sowohl aus Installations-Werkstoffen als auch aus dem eingespeisten Trinkwasser verwenden. Wenn die Nährstoffaufnahme überwiegend aus dem Wasser erfolgt, dann steigt mit zunehmendem Durchfluss des Wassers die Nährstofffracht. In kontinuierlich durchflossenen Trinkwasser-Leitungen gibt es somit bei gleicher Wasserbeschaffenheit eine bessere Nährstoffversorgung als in Leitungen mit stagnierendem Wasser (Benölken et. al. 2010 [6]).

In der Trinkwasser-Installation verwenden Bakterien bevorzugt DOC, der aus organischen Werkstoffen ins Wasser abgegeben wird. In Biofilmen der Trinkwasser-Installation können aber auch schwer lösliche Substanzen (z. B. Wachse) aus organischen Werkstoffen verwertet werden. Stehen hohe Konzentrationen an biologisch verwertbarem DOC zur Verfügung, dann wird das Phosphat- und Stickstoffangebot zur limitierenden Voraussetzung für die Biomassebildung. Wenn genügend Kohlenstoff vorhanden ist, dann hat die Orthophosphat-Konzentration entscheidenden Einfluss auf das mikrobielle Wachstum. Die Konzentration kultivierbarer Bakterien steigt bei Anwesenheit von 1 µg/l Orthophosphat um das 180-fache an (Lehtola et. al. 1999 [78]). In einer umfangreichen empirischen Studie konnten Benölken et al. (2010) [6] zeigen, dass der verwendete Werkstoff der mit deutlichem Abstand wichtigste Faktor für die Biofilmbildung ist. Dies wurde besonders deutlich beim Vergleich zwischen Werkstoffen ohne Empfehlung für den Einbau in Trinkwasser-Installationen und Werkstoffen, die den allgemein anerkannten Regeln der Technik für den Einbau in Trinkwasser-Installationen entsprechen.

3.4 Der ökologische Wirkkreis der Trinkwassergüte

Durchströmung, Temperatur, Wasseraustausch und Nährstoffangebot sind wesentliche, und dabei stets zusammenwirkende Einflussgrößen auf die Trinkwasserökologie und damit die hygienisch-mikrobiologische Trinkwasserqualität (vgl. Kistemann 2014 [73], Brodale et al. 2018 [12]). Der Wirkkreis der Trinkwassergüte fasst diese vier Stellgrößen visuell zusammen (Abb. 2–17). Im Sinne eines trinkwasserökologischen Verständnisses wirken mindestens diese Faktoren im Ökosystem Trinkwasser-Installation zusammen und beeinflussen gemeinsam die biologische Stabilität und somit die Trinkwassergüte des Systems. Die Wirkungen können gleichgerichtet und gegenläufig sein.

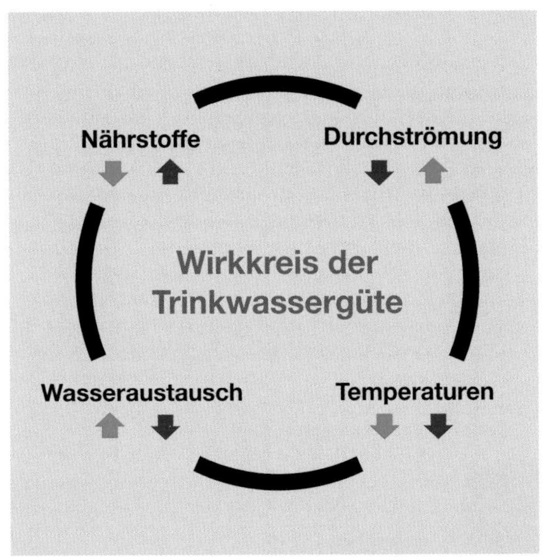

Abb. 2–17 Der prinzipielle Wirkkreis der Trinkwassergüte in der Trinkwasser-Hausinstallation

Die von Meyer (2016) [84] aufgestellten „acht goldenen Regeln für die entscheidenden letzten Meter“, welche dem Erhalt der Trinkwassergüte dienen, spiegeln ganz wesentlich die vier Komponenten des Wirkkreises der Trinkwassergüte wider:

- Trinkwasser muss fließen,
- Kaltes Wasser muss kalt bleiben,
- Warmes Wasser muss warm bleiben,
- Möglichst kurze Leitungswege,
- Bestimmungsgemäßer Betrieb,
- Ausschluss von Wasserrückfluss,
- Ausschließlich Verwendung zertifizierter Bauteile,
- Arbeiten an der Trinkwasser-Installation nur durch Fachfirmen.

Das dem Wirkkreis zugrunde liegende Prinzip der wechselseitigen Kompensation kommt sinngemäß und exemplarisch bereits in DIN 1988-200 [24] zum Ausdruck. In Kap. 9.7.2.3 ist dargestellt, dass Betriebstemperaturen zentraler Trinkwassererwärmer oder Durchflusssysteme mit nachgeschalteten Leitungsvolumen > 3 l um bis zu 10 K auf 50 °C abgesenkt werden können, wenn im Betrieb ein Wasseraustausch in der Trinkwasser-Installation für PWH innerhalb von 3 Tagen sichergestellt wird: Hoher Wasseraustausch kompensiert demnach abgesenkte Temperaturen.

Auch das DVGW Arbeitsblatt W551 [33] eröffnet seit seiner Überarbeitung im Jahr 2004 durch eine Textpassage in der Einleitung grundsätzlich die Möglichkeit, im Sinne des trinkwasserökologischen Konzepts der Trinkwassergüte mit anderen als den im Arbeitsblatt genannten technischen Maßnahmen und Verfahren (insbesondere das 60/55 °C-Temperaturregime für Großanlagen) das angestrebte Ziel der Kontrolle der Legionellenvermehrung zu erreichen. Durch diese Klausel wird faktisch eingeräumt, dass eine Abweichung von den strikten DVGW-Temperaturvorgaben für PWH zulässig ist, wenn mögliche negative Auswirkungen auf die biologische Stabilität durch andere Maßnahmen kompensiert werden. Voraussetzung ist allerdings, dass durch hygienisch-mikrobiologische Untersuchungen und Bewertungen entsprechend den Anforderungen des Abschnitts 9 „Hygienisch-mikrobiologische Untersuchungen und Bewertung“ und den dort integrierten Tabellen der Nachweis einwandfreier Verhältnisse geführt wird.

4 Kontrolle des Legionellen-Wachstums bei Temperaturabsenkung

4.1 Der Energie-Hygiene-Zielkonflikt

Aus den vorangegangen Ausführungen wurde deutlich, dass es sich beim mikrobiologischen Geschehen in Trinkwasser-Installationen um einen komplexen, von zahlreichen Faktoren beeinflussten ökologischen Prozess handelt. Veränderungen eines Faktors können erhebliche Auswirkungen auf die biologische Stabilität des Systems haben. Während unerwünschte Störungen und Fehler wie zum Beispiel der Eintrag von Mikroorganismen und Nährstoffen in das System oder die Nichteinhaltung allgemein anerkannter Regeln der Technik bei Planung, Errichtung, Betrieb und Instandhaltung von Trinkwasser-Installationen die biologische Stabilität reduzieren, zielen hygienische Interventionen, z. B. Desinfektionsmaßnahmen, grundsätzlich darauf ab, die biologische Stabilität zu erhöhen.

Im Zuge der jüngeren intensiven Diskussionen um Energieeffizienz, Energieeinsparung, Einsatz regenerativer Energien, Ressourcenschonung und Klimaschutz wurde deutlich, dass in modernen Gebäuden die Bereitstellung von PWH einen erheblichen Anteil am Gesamtenergieverbrauch des Gebäudes ausmacht. Inzwischen übersteigt dieser Anteil bei Neubauten und sehr gut sanierten Bestandsgebäuden sogar die Hälfte des Gesamt-Primärenergiebedarfs des Gebäudes (Abb. 2–18). Damit ist auch klar, dass die ambitionierten Klimaschutzziele der Bundesrepublik Deutschland nur erreicht werden können, wenn auch in diesem Bereich der Gebäudetechnik der Energiebedarf substanziell gesenkt wird.

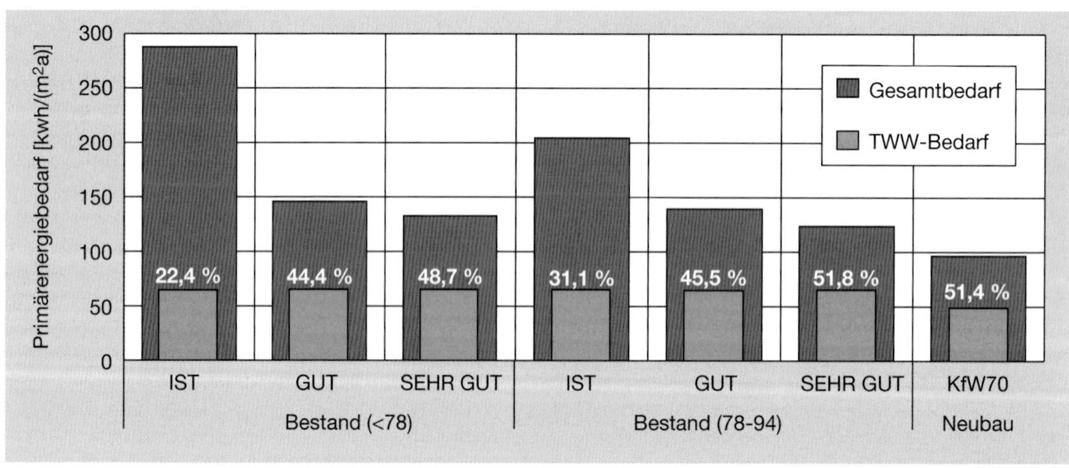

Abb. 2–18 Anteil des auf die PWH-Versorgung entfallenden Primärenergiebedarfs in Mehrfamilienhäusern in Abhängigkeit von Baualter und Sanierungsgrad (Erdgas-Versorgung,PWH-Temperaturniveau: 60 °C) (nach: Rühling et al. 2018, S. 344 [102])

Bereits seit einigen Jahren ist die Energieeinsparung durch PWH-Temperaturabsenkung ein intensiv diskutiertes Thema. Für eine sichere Umsetzung werden aber fundierte wissenschaftliche Untersuchungen als notwendig angesehen (Gollnisch und Gollnisch 2011 [57]).

Der Energiebedarf für die PWH-Bereitstellung konnte durch verbesserten hydraulischen Abgleich sowie verbesserte Wärmedämmung der Rohrleitungen bereits gesenkt werden. Für die Primärenergieeffizienz ist jedoch das Temperaturniveau des PWH entscheidend. Bereits durch Senkung der mittleren TWH-Temperatur um 5 K sinken die Wärmeverluste in der PWH-Installation um 10 – 13 %. In der Fern- und Nahwärmeversorgung reduzieren sich die Netzverluste des Wärmetransportes etwa in der gleichen Größenordnung. Hinzu kommen bei Anlagen der Kraft-Wärme-Kopplung Effekte der Erhöhung der Stromerzeugung um bis zu 6 %. Die Leistungszahl von Wärmepumpen zur Trinkwassererwärmung kann um 20 % und die Effizienz der Solarthermie um bis zu 10 % gesteigert werden (Rühling und Nissing, 2009 [101]).

An dieser Stelle besteht nun ein Zielkonflikt zwischen den Vorgaben der Energieeinsparung einerseits und dem Anspruch der Trinkwasserhygiene, gemäß § 5 Abs. 1 TrinkwV [115] sicherzustellen, dass im Trinkwasser Krankheitserreger, die durch Wasser übertragen werden können, nicht in Konzentrationen enthalten sind, die eine Schädigung der menschlichen Gesundheit besorgen lassen. Für die Kontrolle des Vorkommens von Legionellen ergibt sich aus den gültigen Verordnungen und korrespondierenden Regelwerken (TrinkwV [115], DVGW W 551 [33], DIN EN 806-5 [30], DIN 1988-100 [23]), dass Großanlagen zur Trinkwasser-Erwärmung mit einer Temperatur am Austritt des Trinkwarmwassers von ≥ 60 °C zu betreiben sind und dass der Eintritt der Zirkulationsleitung in den Trinkwassererwärmer 55 °C nicht unterschreiten darf. Allerdings räumt DIN 1988-200 (2012) [24] ein, dass die Betriebstemperaturen auf ≥ 50 °C eingestellt werden können, wenn im Betrieb ein Wasseraustausch in der Trinkwasser-Installation für Trinkwasser warm innerhalb von 3 Tagen sichergestellt wird (Kap. 9.7.2.3).

Die Auswertung großer Datensätze aus der Routineüberwachung (siehe Kapitel 2.2) konnte deutlich zeigen, dass der Temperatureinfluss in der Warmwasserzentrale besonders stark ist, und sie konnte die Temperaturen, welche gemäß Regelwerk gefordert werden (60 °C/55 °C), für die Warmwasserzentralen (Vorlauf, Zirkulation) von Bestandsinstallationen als kritische Werte zum Ausschluss einer Legionellen-Kontamination in der Zentrale bestätigen.

Im Rahmen des vom Bundesministerium für Wirtschaft und Energie geförderten F&E-Vorhabens „EnEff: Wärme – Verbundvorhaben Energieeffizienz und Hygiene in der Trinkwasser-Installation“ (2014-2017; Förderkennzeichen 03ET1234 A-D; Rühling et al. 2018 [102]) wurde unter anderem in einer deutschlandweiten Feldstudie in Bestandsgebäuden untersucht, inwieweit sich diese Forderung nach einer Mindestvorlauftemperatur bestätigen lässt. In die statistische Analyse konnten 73 Objekte einbezogen werden. In diesen Gebäuden wurden an 389 Entnahmestellen (213 in der Zentrale, 175 in der Peripherie) insgesamt 640 Proben genommen, davon 213 Proben in der Zentrale und 427 Proben in der Peripherie. In 18 Gebäuden (25 %) wurden mindestens einmal Legionellen nachgewiesen. In fünf Gebäuden (7 %) lag mit > 100 KBE/100 ml eine Kontamination oberhalb des technischen Maßnahmenwertes vor.

Die Untersuchungen bestätigten, dass das Temperatur-Regime der Trinkwasser-Installation die Legionellen-Konzentrationen im PWH deutlich beeinflusst. Anhand der Screening-Objekte ließen sich einige statistisch signifikante Zusammenhänge zwischen gemessenen Temperaturen und Legionellen-Konzentrationen im Wasser aufzeigen: Je höher die Probenahmetemperatur einer PWH-Probe, desto niedriger war tendenziell die kulturell nachweisbare Legionellen-Konzentration; gleiches gilt für die PWH-Proben der Zentrale bzgl. der thermohydraulisch gemessenen Mediantemperatur im Objekt. Signifikante Verteilungsunterschiede bestätigten: Positive PWH-Proben haben tendenziell niedrigere Temperaturen.

Hinsichtlich der Gesamtheit aller PWH-Proben in Bestandsobjekten unterschiedlichen Alters und unterschiedlicher Bauweise für einen kulturellen Legionellen-Befund ließ sich bzgl. der thermohydraulisch gemessenen Median-Temperaturen jeweils für 57 °C, 58 °C, 59 °C, 60 °C und 61 °C als „Grenztemperatur“ ein verringertes relatives Risiko der Objekte oberhalb Grenztemperatur im Gegensatz zur Gruppe der Objekte mit jeweils darunterliegenden Temperaturen feststellen. Eine eindeutige Grenztemperatur, unterhalb welcher es zur Kontamination kommt, bzw. oberhalb derer eine Kontamination nicht auftritt, lässt sich aus den Resultaten jedoch nicht sicher ableiten. Die Wissenschaftler kamen zu der Schlussfolgerung, dass für Großanlagen in Bestandsobjekten aus hygienisch-mikrobiologischer Sicht nach derzeitigem Kenntnisstand eine Empfehlung zur Temperaturabsenkung unter die derzeit geltenden 60 °C am Austritt des Trinkwassererwärmers nicht gegeben werden kann, und dass erst die Kombination von Temperaturen und Analysen diverser weiterer Systemparameter ein aussagekräftigeres Bild zur Beurteilung einer Trinkwasser-Installation bietet (Rühling et al 2018, S. 146 [102]).

Wenn bei zentraler Trinkwassererwärmung im PWH die Temperatur abgesenkt werden soll, dann muss, der Logik des ökologischen Konzepts zum Erhalt der Trinkwassergüte folgend, die daraus möglicherweise resultierende höhere biologische Aktivität und Instabilität durch andere wirksame Faktoren effektiv und nachweislich kompensiert werden. Hierfür kommen insbesondere in Frage:

- kontinuierliche Desinfektion,
- verbesserte Wasserdynamik,
- Physikalische Reduzierung von organischem Material.

Alternativ könnte noch erwogen werden, das Konzept der zentralen PWH-Erwärmung ganz aufzugeben und durch dezentrale Erwärmung (Wohnungsstation, Durchlauferhitzer) zu ersetzen. Da derartige Systeme keiner Untersuchungspflicht auf Legionellen unterliegen, ist die hygienisch-mikrobiologische Datenlage spärlich. Das zuständige Gesundheitsamt wird allerdings aktiv, wenn Fälle von Legionellose auftreten und ein Verdacht auf Übertragung im häuslichen Umfeld besteht.

Eine solche Situation trat für eine Appartementanlage mit 84 Wohneinheiten und dezentraler PWH-Versorgung (Durchlauferhitzer) unter Einhaltung der 3-Liter-Regel im Jahr 2016 ein. Daraufhin wurden in allen Wohnungen Proben aus dem Kalt- und Warmwasser entnommen und u. a. auf KBE20, KBE36 und Legionellen untersucht. Die Untersuchungen auf Legionellen ergaben in 54 % der Wohnungen Konzentrationen oberhalb des technischen Maßnahmenwertes, in 12 % der Wohnungen sogar oberhalb des Gefahrenwertes von 10.000 KBE/100 ml entsprechend der Empfehlung des Umweltbundesamtes. Auch bei Einstellung von hohen Temperaturen am Durchlauferhitzer (> 50 °C) traten teilweise hohe Belastungen mit Legionellen auf (Hippelein und Christiansen 2016 [65]).

Vor dem Hintergrund dieser aktuellen Erkenntnisse stellten die Autoren fest, dass sich auch bei Erwärmung von Trinkwasser mittels dezentraler Durchlauferhitzer nach den allgemein anerkannten Regeln der Technik ein erhebliches hygienisches Risiko für die Nutzer der Wohnungen ergeben kann. Daher raten sie vom Einsatz von Durchlauferhitzern ohne zusätzliche Anforderungen, wie zumindest einer Untersuchungspflicht auf Legionellen, aus hygienischer Sicht ab.

4.2 Dauerhafte Desinfektion

Im Rahmen einer trinkwasserhygienisch eng begleiteten Pilotstudie (Völker und Kistemann 2015 [125]) wurde im Jahr 2011 geprüft, ob die Temperatur am Austritt eines zentralen Trinkwassererwärmers ohne erhöhtes Risiko für Legionellenwachstum in kontrollierter Form um bis zu 6 K reduziert werden kann, wenn die Temperaturabsenkung durch eine chemische Desinfektion mit Chlordioxid flankiert wird. Als Studienobjekt diente ein zehngeschossiges Klinik- und Praxisgebäude. Dieses bot einige günstige Voraussetzungen für die Durchführung der Untersuchung:

- relativ junges Installationssystem (Baujahr 2001),
- keine Hochrisikobereiche (z. B. Intensivpflege),
- Zustand der Trinkwasser-Installation sehr gut dokumentiert,
- halbjährliche trinkwasserhygienische Untersuchungen seit Inbetriebnahme,
- nur sehr sporadisch und lokal Nachweis von Legionellen,
- störungsfrei seit 6 Jahren betriebene Chlordioxid-Desinfektionsanlage vorhanden,
- hohe wassertechnische und -hygienische Kompetenz des technischen Personals,
- automatische, kontinuierliche Temperatur- und Chlordioxidmessungen.

In enger Abstimmung mit dem zuständigen Gesundheitsamt wurde eine mehrschrittige Absenkung der Warmwassertemperatur an der Zirkulationszuleitung realisiert. In jeder Studienphase wurden 14-tägig alle für die Routineüberwachung festgelegten Probenahmestellen beprobt.

Während der Projektphase I (Aussetzen der Desinfektion, 5 Beprobungsserien) konnte die Trinkwasser-Installation auch ohne Chlordioxid-Desinfektion weitgehend stabil betrieben werden. Allerdings zeigte der Indikatorparameter KBE36 eine gewisse systemweite Reaktion an und konnte in 83 % der Kaltwasserproben nachgewiesen werden. KBE36 erwies sich auch im weiteren Verlauf als der empfindlichste Indikator für hygienisch-mikrobiologische Stabilität. Legionellen waren an drei Tagen lokal jeweils an derselben Probenahmestelle in Konzentrationen von 100, 400 bzw. 1600 KBE/100 ml nachweisbar.

Auch in Projektphase II (Desinfektion + Absenken der Vorlauftemperatur um 3 K auf 60 °C, 5 Beprobungsserien) konnte das Hausinstallationssystem stabil betrieben werden. Es waren keine wasserhygienisch relevanten Reaktionen im System feststellbar. Lediglich die bereits in Phase I auffällige Probenahmestelle zeigte lokal wiederholt zum Teil deutlich erhöhte Legionellen-Konzentrationen (bis 6400 KBE/100 ml). Es erfolgte deshalb eine thermische Sanierung dieser Armatur.

In Projektphase III (Desinfektion + Absenken der Vorlauftemperatur um 6 K auf 57 °C, 5 Beprobungsserien) konnte das Hausinstallationssystem weiterhin stabil betrieben werden. Es waren keine wasserhygienisch relevanten Reaktionen im System feststellbar. Legionellen waren sporadisch jeweils an der bereits bekannten Probenahmestelle sowie zusätzlich an einem Tag an drei Entnahmestellen lokal und in sehr geringen Konzentrationen (< 5 KBE/100 ml) nachweisbar.

In Projektphase IV (keine Desinfektion + Absenken der Vorlauftemperatur um 6 K auf 57 °C, 5 Beprobungsserien) zeigte sich, dass die hygienisch-mikrobiologische Stabilität der Trinkwasser-Installation deutlich reduziert war. Die Untersuchung auf KBE36 war in 85 % der Kaltwasserproben sowie 10 % der Warmwasserproben positiv. Sporadisch gelang auch der Nachweis von KBE22 in niedrigen Konzentrationen. Legionellen waren bei vier der fünf Beprobungen jeweils an 3–5 Probenahmestellen nachweisbar (15 von 90 Proben, davon viermal > 100 KBE/100 ml, maximale Konzentration 900 KBE/100 ml). Gegenüber den Projektphasen I-III war die Befundkonstellation damit insgesamt ungünstiger zu bewerten und als biologisch instabil zu bezeichnen. Vor diesem Hintergrund wurde die Desinfektion mit Chlordioxid wieder zugeschaltet.

Die PWH-Temperatur am Ausgang des Trinkwassererwärmers blieb nach Projektende dauerhaft auf 57 °C abgesenkt, wobei die maximale Temperaturspreizung von 5 K beibehalten wurde. Mittels der seitdem durchgeführten halbjährlichen Routineüberwachung der Trinkwasser-Installation konnte gezeigt werden, dass sich aus der dauerhaften Absenkung der Warmwasser-Vorlauftemperatur auf 57 °C bei Fortführung der Desinfektion mit Chlordioxid keine negativen trinkwasserhygienischen Konsequenzen ergeben.

Fazit: Unter den engmaschig kontrollierten Bedingungen einer Klinik kann die durch dauerhafte Desinfektion abgeschirmte Temperaturabsenkung gelingen. Allerdings ist der Aufwand erheblich und die realisierte Temperaturabsenkung auf 57 °C vergleichsweise gering. Die dauerhafte Desinfektion ist insgesamt ohnehin eher kritisch zu bewerten. Sie folgt nicht dem Prinzip des Minimierungsgebots gem. § 6 Abs. 3. TrinkwV [115], wonach Konzentrationen von chemischen Stoffen, die das Trinkwasser verunreinigen oder seine Beschaffenheit nachteilig beeinflussen können, so niedrig gehalten werden sollen, wie dies nach den allgemein anerkannten Regeln der Technik mit vertretbarem Aufwand unter Berücksichtigung von Einzelfällen möglich ist. Im Übrigen steht sie nicht im Einklang mit DVWG Arbeitsblatt W 290 (A) (2018) [37], wonach eine nicht nach den allgemein anerkannten Regeln der Technik geplante, errichtete und/oder ***betriebene*** Trinkwasser-Installation nicht durch eine dauerhafte Desinfektion des Trinkwassers in einen hygienisch sicheren Zustand versetzt werden kann. Insofern kann die dauerhafte Desinfektion mit dem Ziel der geschützten PWH-Temperaturabsenkung nicht als Weg zur Auflösung des Energie-Hygiene-Zielkonflikts empfohlen werden.

Vorwort Inhaltsverzeichnis
Strukturgeber Gebäudetechnik
Prozessziel Trinkwassergüte
Planung und Betrieb 4.0
Energieperformance
Rechtliche Herausforderungen
Index

4.3 Optimierte Wasser-Dynamik

Die Regelung von DIN 1988-200 [24] zu zentralen Trinkwassererwärmern mit hohem Wasseraustausch (Abschnitt 9.7.2.3) wonach die Betriebstemperaturen auf ≥50 °C eingestellt werden können, wenn im Betrieb ein Wasseraustausch in der Trinkwasser-Installation für Trinkwasser warm innerhalb von 3 Tagen sichergestellt wird, lieferte den Ansatzpunkt für die nachfolgend dargestellte Pilotstudie. Anlässlich der Neuerrichtung von Sanitärräumen in einem mittelständischen Unternehmen ergab sich die Gelegenheit, eine Trinkwasser-Installation zu realisieren, bei der die Wasserdynamik, auf der Grundlage einer detaillierten Prognose des zu erwartenden bestimmungsgemäßen Betriebs, unter Verwendung innovativer Bauteile sowie in bewusster Abweichung von den allgemein anerkannten Regeln der Technik (DIN 1988-300 [25]), im Sinne minimierter Stagnation optimiert werden konnte. Unter dieser wasserdynamischen Voraussetzung wurde dann ein abgesenktes Temperaturregime gefahren, welches von den Vorgaben des DVGW-Arbeitsblattes W 551 [33] abwich. Die Untersuchungsfrage lautete, ob die Temperaturabsenkung durch die Optimierung der wasserdynamischen Verhältnisse kompensiert werden kann, das heißt, ob die Trinkwasser-Installation jederzeit hygienisch-mikrobiologisch einwandfreies Trinkwasser zur Verfügung stellt (zum Ganzen Kistemann 2012 [74]).

Basierend auf einer sorgfältigen Bedarfsanalyse konnte vor der Systemausführung, abweichend von den Vorgaben der DIN 1988-300 [25], eine bedarfsgerechte Abschätzung der tatsächlich benötigten Volumenströme für die Sanitärräume (16 Duschen, 14 Waschtische, 2 Toiletten) erfolgen. Das Ergebnis der objektspezifischen Auslegungsberechnung ergab eine Reduzierung der maximalen Volumenströme um jeweils ca. 60 % für die PWC- und die PWH-Installation. Deshalb wurden die Leitungsquerschnitte erheblich reduziert. Insgesamt wurde das Rohrleitungsvolumen dadurch um 52 % verringert (Abb. 2–19).

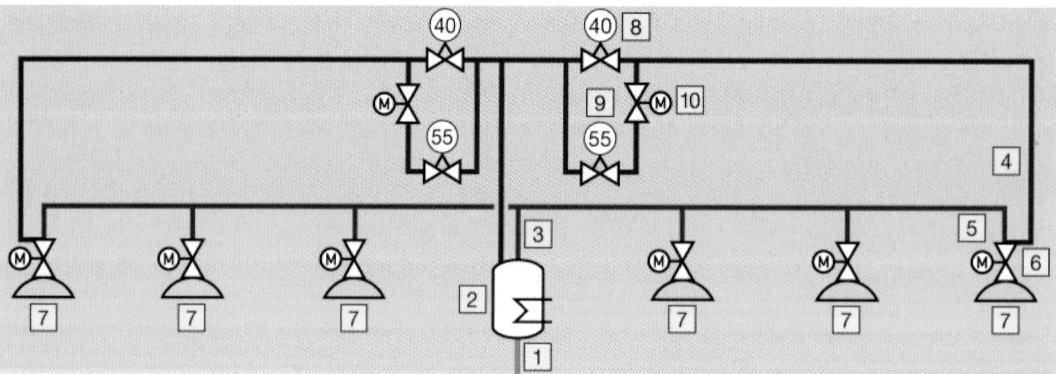

Abb. 2–19 Aufbau der untersuchten Trinkwasser-Installation

Die Mischung von PWH und PWC erfolgte in einem festen, vom Nutzer nicht variierbaren Verhältnis direkt in den Duschköpfen bzw. in den Mischbatterien der Waschtische. Die eingestellte Temperatur war jeweils angegeben und variierte zwischen den einzelnen Duschen bzw. Waschtischen (30–40 °C). Durch Wahl der Dusche bzw. des Waschtisches konnte der Nutzer die ihm angenehme Temperatur bestimmen.

Bei nicht bestimmungsgemäßem Betrieb wurde das Rohrnetz regelmäßig nach einem festgelegten Zeitintervall über das elektronisch gesteuerte Auslaufventil der Duschköpfe gespült. Der tägliche Warmwasserverbrauch aus der Trinkwasser-Installation lag an Wochentagen bei etwa 320 l/Tag, samstags bei 50 l/Tag und sonntags bei 20 l/Tag.

Für die Anlage wurde ein energiesparendes Temperaturregime entwickelt. In der Studienphase wurde die Anlage täglich 23 Stunden lang auf einer Betriebstemperatur von 42 °C gefahren. In einem Zeitraum von täglich insgesamt einer Stunde (zweimal 30 Minuten) wurde das Trinkwarmwasser auf 60 °C Vorlauftemperatur aufgeheizt. Von der nach DVGW Arbeitsblatt W 551 [33] geforderten Mindesttemperatur von 60 °C für Großanlagen über 24 Stunden am Tag wurde mit dieser Betriebsweise also bewusst abgewichen.

Über einen Untersuchungszeitraum von fünf Monaten wurden in einem Intervall von 14 Tagen jeweils 10 Proben gezogen. Das PWH am Ausgang des Trinkwassererwärmers ebenso wie PWH-C am Rücklauf der Zirkulation war zu keinem Zeitpunkt gem. TrinkwV [115] zu beanstanden. KBE20, Legionellen und *Pseudomonas aeruginosa* waren jeweils nicht nachweisbar, KBE36 lag im Median bei 2 bzw. 4/ml mit Maximalwerten von 32 bzw. 43/ml. Im PWH an den Waschtischen waren lediglich die Ergebnisse für KBE36 etwas höher mit 11/ml im Median und einmalig > 100/ml (121/ml). Im Mischwasser an den untersuchten Duschen sah es ganz ähnlich aus wie im PWH: KBE20 bei 0–1/ml, Legionellen und *Pseudomonas aeruginosa* nicht nachweisbar, KBE36 im Median 8/ml und zweimal > 100/ml (158 und 178/ml).

Im Rahmen dieser orientierenden Pilotuntersuchung ergaben sich also, nachdem die wasserdynamischen Bedingungen hinsichtlich Wasseraustausch und Durchströmung objektspezifisch optimiert worden waren, bei einem Temperaturregime mit einer Temperatur am Warmwasserauslass von 42 °C und intermittierend täglich zwei halbstündigen Phasen mit Erwärmung auf 60 °C über einen Studienzeitraum von einem halben Jahr, keine negativen hygienisch-mikrobiologischen Konsequenzen und keine Hinweise auf biologische Instabilität. Auch die anschließende, inzwischen mehrjährige Routineüberwachung der innovativen Trinkwasser-Installation ergab keine außergewöhnlichen Befunde. Die Untersuchungen erlauben natürlich keine abschließende oder quantitative Aussage zum Zusammenspiel von Temperatur und Wasserdynamik hinsichtlich der Wirkung auf mikrobielles Wachstum in Trinkwasser-Installationen (warm). Sie liefern aber einen empirischen Hinweis auf das kompensatorische Potenzial optimierter Wasserdynamik in einer Trinkwasser-Installation. Es ist aber auch klar, dass derart restriktive Vorgaben zur Temperatur an Entnahmestellen nur an wenigen Orten (z. B. Umkleiden in Betrieben oder Sportstätten) realisierbar sind und nicht auf die Situation etwa im Wohnungsbau übertragbar sind. Die Bewohner würden die mit den notwendigen Temperaturfixierungen in ihren Bädern und Küchen einhergehenden Komforteinschränkungen wohl kaum akzeptieren.

4.4 Physikalische Reduzierung von Nährstoffen

4.4.1 Ultrafiltration

Filtration („durch Filz laufen lassen") ist ein mechanisches Verfahren zur Trennung oder Reinigung von Stoffen, welches ausschließlich auf physikalischer Basis beruht und mit einem gewissen Filterwiderstand einhergeht. Das zu trennende Gemisch läuft durch einen Filter. Alle Filtermaterialien stellen einen Widerstand gegenüber allen Partikeln des zu trennenden Gemisches dar. Es werden nicht nur Partikel zurückgehalten, die größer sind als die Porengröße des Filters, sondern auch solche, die kleiner als die Porengröße des Filters sind. Denn neben der reinen Siebwirkung tragen weitere Mechanismen zur Filterung bei: Partikelträgheit, Diffusionseffekte, Elektrostatik und Sperreffekt.

Viele Filtrationsverfahren arbeiten mit Membranen. Das sind flächige, teildurchlässige (semipermeable) Strukturen, die zumindest für eine Komponente einer Flüssigkeit durchlässig, für andere dagegen undurchlässig sind. In der Wasseraufbereitung werden zur Abtrennung von unerwünschten Wasserinhaltsstoffen synthetische Membranen eingesetzt. Den Hauptstrom der Flüssigkeit bezeichnet man als Filtrat (Permeat), den die Verunreinigung enthaltenden Anteil Konzentrat (Retentat).

Je nach den Abmessungen der Feststoffe, die abgeschieden werden sollen, spricht man von Mikrofiltration (Partikelgröße / Ausschlussgrenze / Cut-Off: 0,5–0,1 µm), Ultrafiltration (0,1–0,01 µm), Nanofiltration (0,01–0,001 µm) und Umkehrosmose (0,001–0,0001 µm) (zum Ganzen Gasper et al. 2000 [55], Luckert 2004 [79]). Bei der Trenngrenze der Ultrafiltration (0,01 µm) werden u. a. Bakterien, Pilze, Amöben, Viren und größere organische Moleküle herausfiltriert.

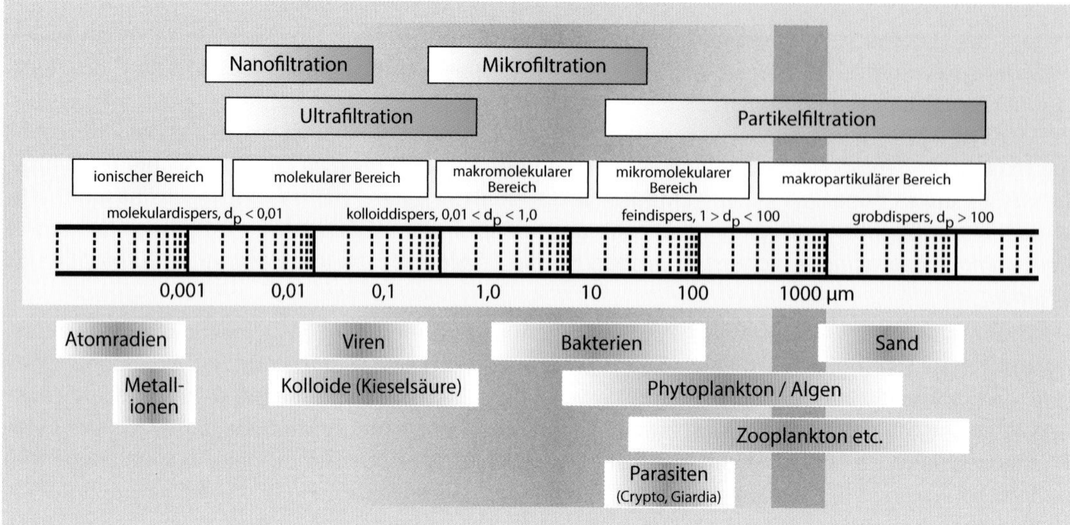

Abb. 2–20 Vergleich verschiedener Filtrationsprozesse

Bei der Fest-Flüssig-Trennung durch Filtration wird die Abtrennung von Feststoffen aus der Flüssigkeit, also die Reinigung der Flüssigkeit von Feststoffen, als Klartrennung bezeichnet. Hierbei gibt es zwei unterschiedliche Verfahren: die Dead-End-Filtration und die Crossflow-Filtration.

Bei der Dead-End-Filtration wird der Zulauf mit möglichst niedrigem Druck (in der Wasseraufbereitung mittels UF-Membranen ca. 1 bar), gegen die Membran gepumpt. Nach einer gewissen Zeit bildet sich aus den zurückgehaltenen Partikeln je nach dem angewandten Filterverfahren entweder ein auflagernder Filterkuchen oder die Poren der Filtermasse werden durch die Ablagerung der zurückgehaltenen Stoffe verkleinert; der Strömungswiderstand des Filters steigt deutlich an. Der Filterkuchen oder die aufgenommenen Feststoffe müssen in regelmäßigen Intervallen durch Rückspülung (Zurückpumpen von bereits abgetrenntem Medium) entfernt und das Filterelement somit regeneriert werden, oder der Filter muss ausgetauscht werden. Das statisch diskontinuierliche Verfahren mit periodischen Unterbrechungen von Betrieb (Filterung) und Reinigung wird vorzugsweise bei Wässern mit geringen Trübstoffgehalten, wie sie im Trinkwasser vorkommen, eingesetzt.

Als weitere Form der Prozessführung gibt es den sogenannten dynamischen Betrieb (Cross-Flow-Filtration, Querstromfiltration). Diese dynamische tangentiale Membranfiltration ist die modernste Form der Trennung von Retentat und Permeat. Bei ihr wird die zu filtrierende Suspension mit höherer Geschwindigkeit (2,5–3 m/s) parallel einer Membran oder eines Filtermediums gepumpt und das Permeat quer zur Fließrichtung abgezogen. Durch die hohe Geschwindigkeit wird weitgehend vermieden, dass sich ein Filterkuchen auf der Membran aufbauen kann. Durch das Überströmen der Membran ist ein höherer Energiebedarf vorhanden.

Zielgröße der Ultrafiltration, die bereits 1907 von Heinrich Jakob Bechhold erfunden wurde, sind makromolekulare Substanzen und kleine Partikel. Das erste kommerziell erfolgreiche Hohlfasermodul für Ultrafiltration wurde im Jahr 1967 eingeführt. Die den Filtrationsprozess antreibende Druckdifferenz kann bei der Ultrafiltration bis zu 10 bar betragen.

Die Ausschlussgrenzen von Ultrafiltrationsmembranen werden auch in Form des NMWC (Nominal Molecular Weight Cut-Off) angegeben. Er ist definiert als die minimale Molekülmasse, welche durch die Membran zu 90 % zurückgehalten wird. Weitere qualitative Aussagen über die Filtration lassen sich anhand des Flux (Durchtrittsrate) machen. Dieser verhält sich im Idealfall proportional zum Transmembrandruck und reziprok zum Membranwiderstand. Diese Größen werden sowohl von den Eigenschaften der verwendeten Membran als auch durch Konzentrationspolarisation und eventuell auftretendes Biofouling bestimmt.

Die Porengröße der Ultrafiltration ist absolut, denn alle Poren liegen auf der Oberfläche des Filters. Das gesamte Retentat bleibt auf der Oberfläche der Membran zurück. Bei der Ultrafiltration hat das Filtrat stets gleichbleibende Qualität, ein Durchbrechen der Filter ist auch bei stark schwankenden Belastungen nicht möglich. Moderne, energiesparende Ultrafiltrationsverfahren verwenden zur Filtration Hohlfasermembranen mit einem Durchmesser von 0,7 – 1,2 mm. Das Wasser wird mit sehr niedrigem Druck (< 1 bar) von der Innenseite der Hohlfasern durch die Membranwand auf die äußere Reinwasserseite des Filters gepresst. Das Retentat bleibt auf der Innenseite der Membran zurück und wird regelmäßig ausgespült. Für hohe Filterleistungen bündelt man in einem Filterelement mehrere tausend Hohlfasern, führt diese in ein Filtergehäuse ein und verschließt die Zwischenräume an den Stirnseiten (zum Ganzen Hank 2013 [58]).

Verschiedene Prozesse können die Leistungsfähigkeit von Ultrafiltrationsmembranen beeinträchtigen: Säuren, Laugen, Chlor, freier Sauerstoff und gewisse Mikroorganismen können die Membran schädigen. Verblockung geschieht durch Kristallisation gelöster Inhaltsstoffe bei Überschreiten der Löslichkeitsgrenze (Scaling), durch suspendierte bzw. kolloidal gelöste Stoffe (Fouling) oder durch biologisches Wachstum (Biofouling) (Bihlmaier 2012 [7]).

Seit Einführung der neuen Trinkwasserverordnung und der damit verbundenen Grenzwerte für den Parameter Trübung (1,0 NTU am Ausgang des Wasserwerks) im Jahr 2003 findet die Ultrafiltration vermehrt Anwendung bei der Trinkwasseraufbereitung. Dabei wird diese Methode als Dead-End-Technik betrieben, wobei der Zulauf mit möglichst niedrigem Druck (ca. 1 bar), gegen die Membran gepumpt wird und die Membran das gesamte Rohwasser in Filtrat umsetzt. In Deutschland sind einige tausend Membranfiltrationsanlagen in der Trinkwasseraufbereitung im Einsatz (Hank 2013 [58]).

Ein weiteres Anwendungsgebiet der Ultrafiltration ist die Aufbereitung des Kreislaufwassers in Schwimmbädern, die ebenfalls im Dead-End-Betrieb erfolgt. Auch in der Abwasserbehandlung wird die Ultrafiltration immer öfter eingesetzt. Sie kann den konventionellen Abwasseraufbereitungsverfahren nachgeschaltet sein („polishing step"), oder sie wird direkt im Belebungsbecken eingesetzt, um andere Verfahrensschritte zu ersetzen. Ein Vorteil ist die nahezu Sterilfiltration durch die gewählte Porenweite und die dadurch bedingte Abscheidung pathogener Keime.

4.4.2 Ultrafiltration in der Trinkwasser-Installation von Gebäuden

Unter dem Eindruck des Zielkonflikts zwischen Energieeinsparung und trinkwasserhygienischem Gesundheitsschutz werden seit einigen Jahren Möglichkeiten des Einsatzes von Ultrafiltration in der Trinkwasser-Installation von Gebäuden diskutiert, entwickelt und getestet, um hygienisch einwandfreies Trinkwasser bereitzustellen. Dieser Einsatzort zielt insbesondere auf die Prävention und Kontrolle der Verbreitung von heterotrophen, potenziell humanpathogenen Mikroorganismen der aquatischen Flora (Legionellen, Pseudomonaden).

Die Ultrafiltration bietet in der Trinkwasser-Installation einige Vorteile: Komplette Entfernung von Partikeln, Kolloiden, Amöben, Bakterien, und Viren; gleichbleibende Filtratqualität; Trübstoff-Entfernung; chemiefreies Verfahren; geringer Energiebedarf. Als Nachteile werden der Verlust des Rückspülwassers, die fehlende Depot- bzw. Remanenzwirkung und die mögliche Verschmutzung der Filtermembranen genannt (Biofouling) (Rötlich 2008 [99]).

Als Einbauorte für Ultrafiltrations-Filtersysteme werden mehrere grundsätzlich unterschiedliche Varianten diskutiert (Abb. 2-21):

- direkt an der Entnahmestelle des Konsumenten (point of use/UFU),
- im Leitungssystem des PWC am Anfang der Trinkwasser-Installation nach der Hauswasserzähleranlage (point of entry /UFE),
- im PWC vor dem Trinkwassererwärmer (point of feeding/UFF),
- in der Zirkulationsleitung direkt vor dem Eintritt der Zirkulationsleitung in den Trinkwassererwärmer (point of re-entry/UFR),
- im Zirkulationssystem des PWH-C zur Behandlung eines definierten Teilstroms des zirkulierenden Trinkwassers (point of circulation/UFC).

Endständige Sterilfilter (UFU) stellen typischerweise eine sehr effektive und bewährte Ad-hoc-Maßnahme dar, um bei festgestellter mikrobieller Kontamination einer Trinkwasser-Installation und hohem Gefährdungsrisiko der Nutzer (medizinische Einrichtungen) dennoch die Trinkwasserversorgung aufrechterhalten zu können. Als Dauermaßnahme für ganze Gebäude sind sie hingegen wenig geeignet, da die jährlichen Kosten wegen der auf etwa einen Monat begrenzten Standzeit der Filter vergleichsweise hoch sind, nicht zu vernachlässigender Aufwand durch die Filterwechsel etc. besteht und schließlich die Filter allein wegen ihrer Größe sowohl praktisch als auch ästhetisch die Wasserauslässe (Waschbecken, Duschen) beeinträchtigen.

Die Einbauorte UFE (hinter dem Wasserzähler des Hauswasseranschlusses) und UFF (in der Einspeisung zum Trinkwassererwärmer) sind prinzipiell sehr ähnlich hinsichtlich ihrer Wirkung auf das PWH-System: vor der Einspeisung in das System wird das Trinkwasser filtriert, welches dann ohne weitere Beeinflussung durch die Ultrafiltration in der PWH-Anlage zirkuliert. Diese Konzepte sind mit dem schwerwiegenden Problem behaftet, dass sie ihre Wirkung ausschließlich am Ort des Einbaus entfalten, also eine eingeschränkte Depot- oder Remanenzwirkung im PWH-System haben: Legionellen und andere potenziell humanpathogene Bakterien werden zunächst effektiv herausgefiltert, aber das mikrobielle Geschehen innerhalb des PWH-Systems wird darüber hinaus nicht beeinflusst. Diese Konzepte setzen für ihren Funktionserfolg voraus, dass die Legionellen-Konzentration im PWH-System allein durch die Nichteinspeisung von Legionellen von außen ausreichend niedrig bleibt. Längere Stagnationsphasen und niedrige PWH-Entnahmen in der Trinkwasser-Installation jedoch, wie sie etwa Hentschel (2012) [61] exemplarisch in Frankfurter Schulen nachweisen konnte (in 3 von 7 untersuchten Schulen durchschnittlicher Tagesverbrauch unter 50 l bzw. 1–8 % des PWH-Speichervolumens, PWH-Wochenverbrauch unter 0,25 l/Person), können für derartige Anlagen-Konfigurationen hygienisch-mikrobiologisch problematisch sein.

Demgegenüber stehen die beiden Konzepte, welche die Ultrafiltration in die Zirkulation des PWH-Systems selbst einbringen. Hierdurch wird die Konzentration im System möglicherweise zirkulierender Mikroorganismen kontrolliert, das bedeutet, dass auch unmittelbar die mikrobielle Aktivität dort beeinflusst wird. Aus diesem Grund ist für derartige Konzepte eine höhere trinkwasserhygienische Effektivität zu erwarten. Dadurch, dass das PWH im Rahmen der Zirkulation immer wieder die Ultrafiltration passiert, ist eine quasiremanente Wirkung von UFR und UFC zu erwarten.

Gegenüber UFR bietet UFC den weiteren Vorteil, dass durch den Bypass-Betrieb die Filtrationsanlage vor Druckschlägen in der Trinkwasser-Installation geschützt ist. Außerdem kann der Filtrationsanteil variabel und damit betriebskostengünstig an die Belastungssituation angepasst werden.

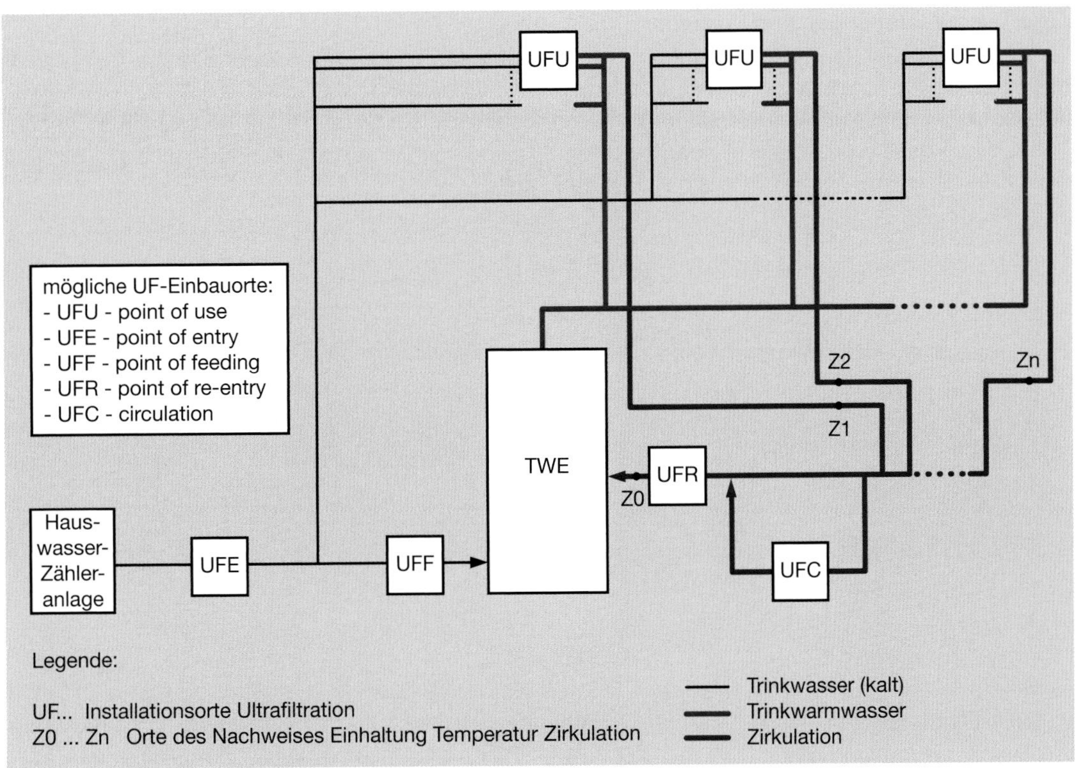

Abb. 2–21 Einbauorte von Ultrafiltrationssystem in die Trinkwasser-Installation von Gebäuden

4.4.3 Pilotversuch

4.4.3.1 Setting der explorativen UFC-Studie

Das für die Studie ausgewählte Quartier in Hamburg wurde zwischen 1965 und 1981 errichtet. Es entstanden zunächst 465 Wohnungen mit einer Gesamtwohnfläche von ca. 31.520 m². Spätere Nachverdichtungen und Erweiterungen ließen das Quartier auf 833 Wohnungen anwachsen. Im gesamten Quartier leben heute auf etwa 53.000 m² Wohnfläche über 1.750 Menschen (ca. 30 m² Wohnfläche/Bewohner). Der gesamte Gebäudekomplex wird von einem Nahwärmenetz versorgt. Die Wohnanlagen bieten zahlreiche Varianten an Gebäudetypen, von Reihenhäusern bis hin zu Hochhäusern.

Anfang 2017 wurde die Planungsphase für eine „Energetische Quartiersentwicklung“ abgeschlossen, deren Realisierung bis 2021 vorgesehen ist. Die Grundlage für das Projekt stellt das energetische Quartierskonzept dar, das im Jahre 2016 erarbeitet wurde. Hierin wurden die ökologischen und monetären Vorteile haustechnischer und hochbaulicher Maßnahmen herausgearbeitet. Das Ziel des Projekts ist die Bündelung der einzelnen Maßnahmen, um Synergieeffekte auszunutzen.

Die Wohnanlagen HR-05 und HR-17 gehörten zu den ersten Gebäuden, die inzwischen saniert wurden. Im Rahmen dessen wurde unter anderem ein umfassender hydraulischer Abgleich der Trinkwasser-Installationen vorgenommen. Die Studie zum Einsatz eines UFC-Systems im Trinkwarmwasser bei stufenweiser Temperaturreduktion in einem sanierten Mehrfamilienhaus fügt sich schlüssig in dieses energetische Quartierskonzept ein und soll auch Hinweise für weiterführende Überlegungen des Eigentümers liefern.

4.4.3.2 Fragestellungen und Vorgehen

Für die vergleichende Pilotuntersuchung der Wirksamkeit einer UFC-Anlage auf die hygienisch-mikrobiologische Trinkwassergüte bei gleichzeitiger PWH-Temperaturreduktion wurden in Abstimmung mit dem Eigentümer und dem zuständigen Gesundheitsamt die Gebäude HR-05 und HR-17 ausgewählt, deren Sanierung bereits abgeschlossen ist. Die beiden Gebäude sind praktisch baugleich und umfassen auf jeweils neun Wohnetagen 63 Wohnungen.

Abb. 2–22 Eines der beiden für die vergleichende UFC-Studie ausgewählten Mehrfamilien-Wohnhäuser

Ziel und Innovation der explorativen Studie ist die Klärung der Fragen,

- ob das energetische Niveau einer vorhandenen technischen Installation mit vertretbarem Aufwand im laufenden Betrieb messbar verbessert werden kann,
- welchen energetischen Effekt und welche hygienischen Konsequenzen der Einsatz eines UFC-Systems bei stufenweiser Temperaturabsenkung im PWH eines energetisch sanierten Mehrfamilienhauses auf 55 °C und 50 °C (jeweils Vorlauf) bzw. 50 °C und 45 °C (Zirkulation) hat.

Die vergleichende Untersuchung von zwei nahezu baugleichen Gebäuden mit nahezu identischer Betriebsweise soll also insbesondere Erkenntnisse darüber bringen, ob unter dem Schutz von UFC-Technologie eine risikolose Temperaturreduktion aus hygienischer Sicht möglich ist und welche unmittelbaren energetischen Effekte sich durch die Temperaturreduktion im Gebäude sowie im Nahwärmenetz beobachten lassen.

In Gebäude 05 wurde ein UFC-System installiert und wird kontinuierlich betrieben, während die Trinkwarmwasserversorgung im Nachbargebäude 17 weiterhin konventionell bzw. nach a.a.R.d.T. betrieben wird. Das gesamte Projekt folgte und genügte den diesbezüglichen Vorgaben des Niedersächsischen Landesgesundheitsamtes (2016) [89], den sogenannten „NLGA-Leitplanken".

Rahmenbedingungen für den Betrieb eines neuartigen Ultrafiltrationssystems in der häuslichen Trinkwasserinstallation warm (PWH) unter Aufrechterhaltung des notwendigen hygienischen Sicherheitsniveaus, um den hygienisch sicheren Betrieb bei einer auf bis zu 50 °C im Zirkulationsrücklauf abgesenkten Warmwassertemperatur auch langfristig nachweisen zu können („NLGA-Leitplanken"; Quelle: Niedersächsisches Landesgesundheitsamt, 29.09.2016 [87]; Bearbeiter: Dr. Roland Suchenwirth):

Tab. 2–4 Rahmenbedingungen für den Betrieb eines neuartigen Ultrafiltrationssystems

Nr.	Rahmenbedingungen
1	Einbau nur in Gebäude mit feststehendem Personenkreis, nicht in Gebäuden mit besonders vulnerablen Personen (Krankenhaus, Altenpflegeheim, Kita etc.)
2	Einbau nur in Gebäude, die die Anforderungen der TrinkwV 2001 [115] und der allgemein anerkannten Regeln der Technik erfüllen
3	Benennung eines Projektleiters
4	Vor Projektbeginn sorgfältige technische Bestandsaufnahme und Dokumentation
5	hygienische Bestandsaufnahme: multidimensionale Analytik, Untersuchungsumfang und regelmäßige Kontrolle in Abstimmung mit dem Gesundheitsamt
6	Begrenzung der Filterstandzeit zunächst auf 2 Jahre
7	dokumentierte Filterrückspülung mindestens alle 2 Stunden
8	permanente online-Überwachung der Funktion der UF-Anlage und Integrität der Filtermodule
9	unmittelbare Online-Außerbetriebnahme der Anlage bei gravierenden Fehlfunktionen; Reaktionszeit vor Ort zur Temperaturerhöhung ≤24 Stunden
10	Temperaturabsenkung in der Zirkulation auf minimal 50 °C gemäß Versuchsplan frühestens 2–4 Wochen nach Probekampagne 2, wenn die Laborbefunde einwandfrei sind (Legionellenkultur gem. TrinkwV [115] 0 KBE/100 ml)
11	Abbruch bei Überschreitung des technischen Maßnahmenwertes an einer Probenahmestelle; Weiterführung der Temperaturabsenkung nur nach Abstimmung mit dem Gesundheitsamt
12	Möglichkeit, bei Komplikationen nicht nur dauerhaft 60 °C in der Zirkulation zu fahren, sondern auch thermische Desinfektion bei ≥ 70 °C
13	Erfassung der Steigstränge an peripheren Entnahmestellen (kultureller Nachweis von Legionellen gem. TrinkwV [115]
14	Regelungen zur Sicherstellung bestimmungsgemäßen Betriebs bei Leerstand
15	Aktive Information der Betreiber, aller Bewohner, Mieter und ggf. Eigentümer über Legionellen und den Modellversuch
16	Schriftliche Anzeige des Projektbeginns und -abschlusses beim zuständigen Gesundheitsamt mit Angabe des verantwortlichen Projektleiters; fortlaufende Information über alle relevanten Ereignisse und Ergebnisse.

Das Untersuchungsspektrum umfasste folgende Parameter: KBE22, KBE36, *Pseudomonas aeruginosa, Legionella* spec. inkl. Serotypisierung (alle nach Verfahren gem. TrinkwV [115]) sowie Gesamtzellzahl (quantitativ mittels Durchflusszytometrie) und DOC. Um das höchst mögliche Sicherheitsniveau für die Bewohner des Gebäudes mit reduzierter PWH-Temperatur zu erreichen, wurden parallel laufende Untersuchungen durch zwei Forschungseinrichtungen durchgeführt.

Das explorative Untersuchungsdesign sollte eine Aussage dazu erlauben, ob eine hydraulisch ertüchtigte PWH-Installation, in welche das Filtrationssystem GTS-Clean integriert wurde und die im Übrigen den allgemein anerkannten Regeln der Technik entspricht, auch mit Absenkung des Temperaturregimes von 60/55 °C auf zunächst 55/50 °C betrieben werden kann, ohne dass das sich das hygienisch-mikrobiologische Risiko gegenüber einer konventionell betriebenen, ansonsten baugleichen Anlage erhöht.

4.4.3.3 Die UFC-Anlage

In Gebäude HR-05 wurde am 06.03.2018 eine UFC-Anlage mit einer Permeat-Produktion von bis zu 840 l/h in Betrieb genommen (Hersteller: Green Technologies Solutions GmbH; Modell: GTS-Clean 60-1K CF V3.1, Baujahr 2018, mit Exergene Filtrationstechnologie, im Folgenden: UFC^{EX}).

Das UFC^{EX}-System wird über einen Bypass in den PWH-Zirkulationskreis eingebunden, wobei variabel 30–50 % des Volumenstroms permanent filtriert werden. Das Hohlfaser-Ultrafiltrationsmodul wird dauerhaft im Crossflow-Verfahren betrieben. Die zurückgehaltenen Partikel und Bakterien werden in vorgegebenen Zeitintervallen von maximal 2 Stunden oder druckgesteuert vollständig über einen freien Auslauf in das Abwassersystem gespült. Der Forward-Spülprozess umfasst mit etwa 3 kurzen Spülstößen das gesamte Volumen der Hohlfasern (< 800 ml) und dauert insgesamt unter 5 Sekunden. Die kurzfristige Unterbrechung des Filtrationsprozesses wirkt sich nicht relevant auf die PWH-Zirkulation im Gebäude aus. Ein zweiter, ebenfalls elektronisch gesteuerter, zeitlich unabhängiger Backward-Filtrationsprozess unterstützt die Forward-Spülung. Die Reinigung des Moduls genügt in jeder Hinsicht den Anforderungen gemäß DIN EN 14652 (Kapitel 6.13, 2007) [31] bzw. DVGW Arbeitsblatt W 213-5 (A) (2013) [38].

Das UFC^{EX}-Verfahren zielt auf eine hygienisch relevante Reduktion aller im Zirkulationssystem befindlichen Bakterien und organischen Nährstoffe, unabhängig von den Nutzungsbedingungen oder Betriebstemperaturen. Durch den Dauerbetrieb können im Gegensatz zu UFE-Anlagen Stagnationsphasen mit der möglichen Gefahr retrograder Verkeimung des Filtermoduls auf der Filterausgangsseite vermieden werden. Da nur im Bypass installiert, ist ferner das Risiko eines Filterdurchbruchs infolge eines möglichen Druckschlags praktisch ausgeschlossen.

Das Gesamtsystem wird – in Verbindung mit diversen Aktoren und Sensoren – über eine Software mit einem Online-Remote-Service digital eigen- und fremdüberwacht. Das Trinkwasser, welches durch das UFC^{EX}-Filtermodul zurückgehalten wird, entspricht nach den bisherigen Erkenntnissen der DIN EN 1717 [27] der Flüssigkeitskategorie 2, womit eine Absicherung durch einen prüfbaren Rückflussverhinderer der Kategorie EA erfolgen kann.

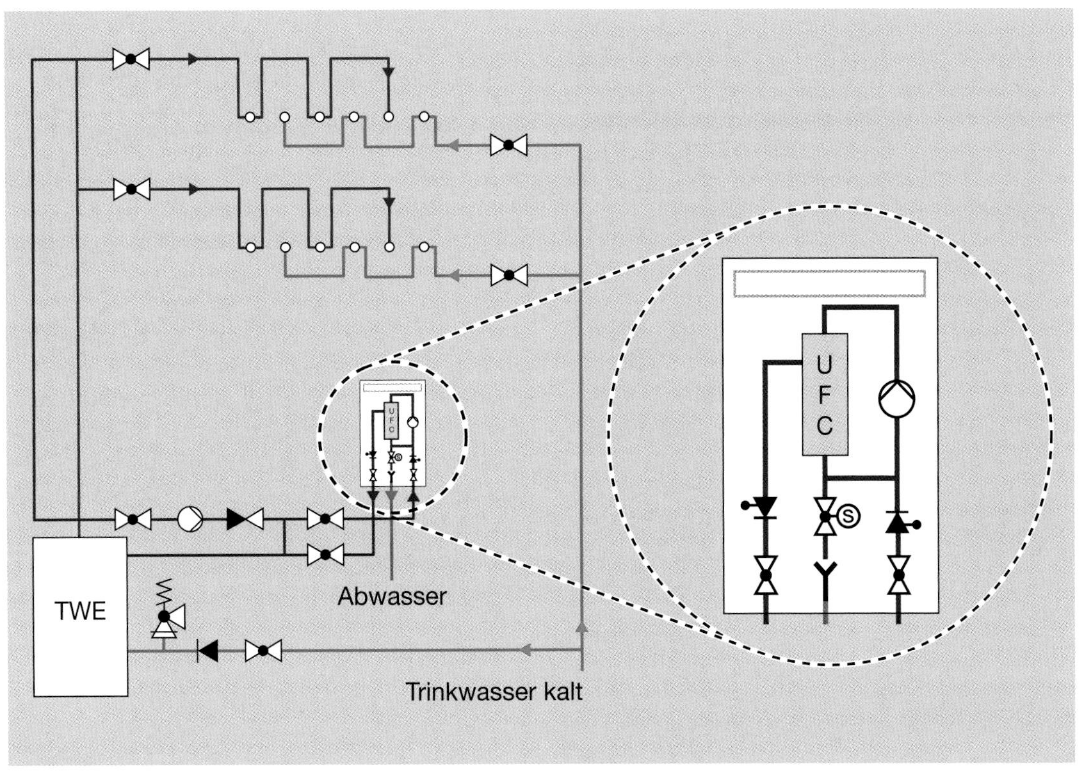

Abb. 2–23 Schaltbild der UFC^{EX}-Anlage in Gebäude HR-05 (vereinfachte Darstellung)

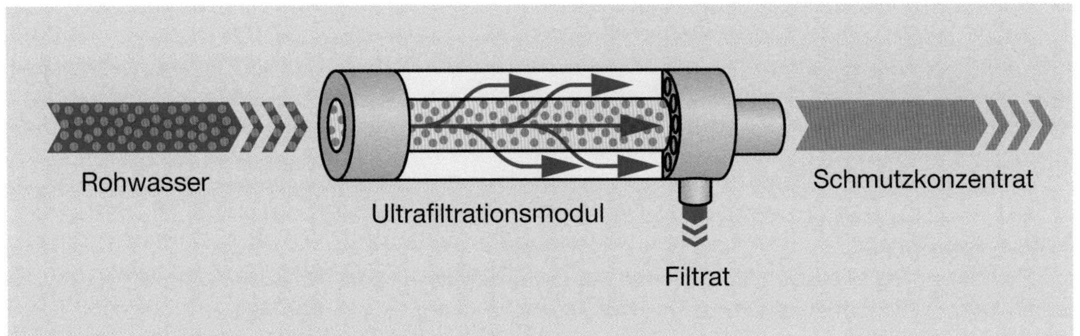

Abb. 2–24 Prinzipdarstellung: Filtermodul der UFC^{EX}-Technologie in Gebäude HR-05

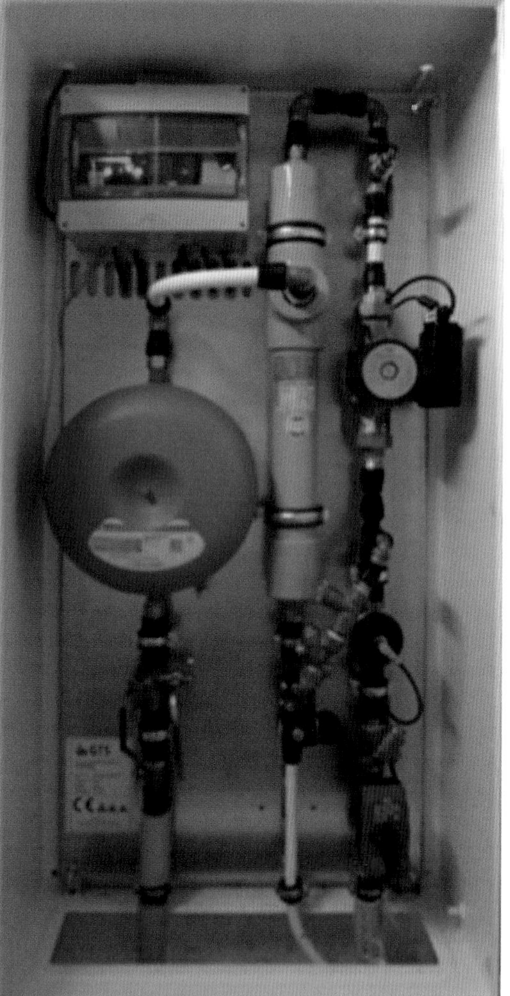

Abb. 2–25 In der Trinkwasserzentrale von Gebäude HR-05 installierte UFC^{EX}-Anlage (Ausschnitt)

Das Ultrafiltrationsmodul besteht aus gebündelten, an beiden Enden in Hüllrohre eingegossenen schlauchförmigen Ultrafiltrations-Membranen. Die Rückhalterate der eingesetzten Membran beträgt 0,02 µm. Alle Partikel, Bakterien und Viren, die größer sind, werden aus durchströmendem Trinkwasser abgeschieden. Mit der UFC^{EX}-Anlage wird bei intakter Filtermembran eine Reduktion koloniebildender Einheiten mindestens um den Faktor 10^5 angestrebt.
Durch ein spezielles Anströmverfahren der Filtermembran mit hohem Druck werden auf der Permeatseite der Membran Strömungsbedingungen provoziert, die der Bildung von Biofilm entgegenwirken. Das Ziel ist dabei, die retrograde Verkeimung des Moduls auf der Permeatseite zu verhindern. Das Verfahren zielt auf einen dauerhaft hygienisch sicheren Betrieb dieses Filtrationssystems unter definierten Bedingungen. Dieser Schutzmechanismus dient dazu, ein Eindringen von Bakterien auf die Reinwasserseite der Membranfiltrationsanlage zu verhindern[9].

4.4.3.4 Ergebnisse

Die Ergebnisse der Untersuchungen sind in Tab. 2–5 zusammengefasst. Die in den Gebäuden gemessenen Außenlufttemperaturen stiegen im Untersuchungszeitraum saisonal bedingt kontinuierlich von –3,5 °C auf über 24 °C an.

9 Ausführliche Produktinformationen unter: https://www.gts-web.de/index.html

Tab. 2–5 Ergebnisse des UFC^{EX}-Pilotversuchs Heidrehmen 2018

Probenahmestelle	N	Außenlufttemp. [°C]	Wassertemp. [°C]		Legionellen [/100 ml]			KBE 20 °C [/ml]			KBE 36 °C [/ml]			Gesamtzellzahl [/ml]				DOC [mg/l]		
			Ablauf	Konstanz	Med.	> 0	Max.	Med.	> 0	Max.	Med.	> 0	Max.	Med.	Mean	Max.	Leb. [%]	Med.	Mean	Max.
HR-05 Phase 0 (Temperaturregime 60/55 °C, ohne UFC, 26.02.2018)																				
Hinter HWA	1		8,5	8,0	0	0	0	0	0	0	0	0	0	57.475	57.475	57.475	37	1,7	1,7	1,7
Zulauf TWE	1		9,0	9,0	0	0	0	0	0	0	0	0	0	66.980	66.980	66.980	34	1,6	1,6	1,6
Vorlauf PWH	1	–3,5	-	61,4	0	0	0	0	0	0	0	0	0	79.460	79.460	79.460	61	2,4	2,4	2,4
Zirkulation PWH-C	1		-	53,3	0	0	0	0	0	0	0	0	0	92.555	92.555	92.555	65	2,4	2,4	2,4
Peripherie	4		34,6	55,5	0	1	3	0	0	0	0	1	380	95.833	127.411	227.790	68	2,8	4,1	5,1
HR-05 Phase I (Temperaturregime 60/55 °C, mit UFC, 12.03.-11.06.2018)																				
Hinter HWA	5		–	15,7	0	0	0	1	3	49	0	2	10	63.122	60.552	82.290	42	2,4	2,2	2,6
Zulauf TWE	5		–	43,8	0	0	0	0	1	2	0	2	17	68.692	66.416	85.750	43	2,6	2,3	2,9
Vorlauf PWH	5	2,0 – 24,0	–	61,0	0	0	0	0	1	3	0	1	1	12.142	13.560	20.920	50	2,2	2,2	2,6
Zirkulation PWH-C	5		–	56,3	0	0	0	0	0	0	0	1	1	11.734	11.883	16.315	52	2,1	2,2	2,6
PWH-C nach UFC	5		–	56,3	0	0	0	0	0	0	0	0	0	191	352	975	31	2,2	2,2	2,6
Peripherie	25		34,2	58,7	0	8	100	0	4	2	0	3	76	21.180	28.112	80.185	53	2,4	2,4	3,2
HR-05 Phase II (Temperaturregime 55/50 °C, mit UFC, 18.06.-16.07.2018)																				
Hinter HWA	3		–	17,2	0	0	0	1	2	155	1	2	79	90.789	85.601	107.495	68	3,5	3,0	3,6
Zulauf TWE	3		–	44,0	0	0	0	0	1	2	0	1	1	90.175	90.102	105.343	77	3,4	2,9	3,7
Vorlauf PWH	3	15,5 – 24,0	–	58,7	0	0	0	0	0	0	0	0	0	19.343	19.145	23.863	77	2,7	2,8	3,1
Zirkulation PWH-C	3		–	49,8	0	0	0	0	1	2	0	0	0	15.348	18.526	25.293	79	2,8	2,8	3,1
PWH-C nach UFC	3		–	51,1	0	0	0	0	0	0	0	0	0	820	860	1.020	84	2,7	2,8	3,2
Peripherie	12		24,9	47,9	2	11	500	0	3	2	1	6	204	28.053	26.537	38.140	59	3,5	3,5	5,0
HR-17 (Vergleichsgebäude, Temperaturregime 60/55 °C, ohne UFC, 26.02.-16.07.2018)																				
Hinter HWA	9		–	14,8	0	0	0	0	4	83	0	3	51	72.869	69.636	88.558	47	1,9	1,9	3,0
Zulauf TWE	9		–	46,2	0	0	0	0	3	2	1	7	14	72.648	72.595	102.100	51	2,0	1,9	3,2
Vorlauf PWH	9	–3,5 – 24,0	–	67,2	0	1	24	0	1	1	0	2	2	52.920	66.502	160.103	73	2,3	2,1	2,6
Zirkulation PWH-C	8		–	55,3	0	2	56	0	1	6	0	0	0	54.458	73.978	175.455	54	2,4	2,2	2,6
Peripherie	27		34,2	62,2	0	1	>200	0	2	1	0	1	1	69.950	70.931	184.998	54	2,6	2,8	6,6

Im Pilotgebäude HR-05 wurden ebenso wie im Vergleichsgebäude HR-17 vereinzelt unmittelbar hinter dem Hauswasseranschluss, sowohl bei 20 °C als auch bei 36 °C Bebrütungstemperatur, koloniebildende Einheiten > 0 nachgewiesen (KBE20: 9/18 Proben; KBE36: 5/18 Proben). Einmalig wurde der Grenzwert von 100 KBE/ml für KBE20 in HR-05 überschritten. Die Konstant-Wassertemperatur stieg dort während der Untersuchungsreihe von 8,0 °C (Winter) auf 17,2 °C (Sommer) an.

In HR-05 wurden hinter dem Hauswasseranschluss während der Untersuchungsserie zweimal *Pseudomonas aeruginosa* nachgewiesen (6 bzw. 1 KBE/100 ml). Nach Austausch der alten Rohrleitungsstrecke zwischen Wasserzähler und Probenahmestelle und intensivem Spülen trat *Pseudomonas aeruginosa* nicht mehr auf. In HR-17 wurden hinter dem Hauswasseranschluss einmalig Coliforme nachgewiesen (1 KBE/100 ml); nach intensiver Spülung traten Coliforme nicht mehr auf. Im Übrigen wurden die *Parameter E. coli*, Coliforme und *Pseudomonas aeruginosa*, auf welche fortlaufend untersucht wurde, zu keinem Zeitpunkt nachgewiesen.

Im Zulauf zum Trinkwassererwärmer, auf dem kurzen Zwischenstück nach einer Vorerwärmung des Trinkwassers durch einen Wärmetauscher, genügten die hygienisch-mikrobiologischen Befunde in beiden Gebäuden zu jedem Zeitpunkt den Anforderungen gemäß TrinkwV. Vereinzelt konnten KBE20 (maximal 2 KBE/ml) und KBE36 (maximal 17 KBE/ml) nachgewiesen werden. Die Wassertemperatur betrug dort im Mittel 45 °C.

Im Vorlauf des PWH, unmittelbar nach Austritt aus dem Trinkwassererwärmer, wurden in HR-05 einmalig und in HR-17 zweimalig KBE36 nachgewiesen (1 bzw. 2 KBE/ml). Die mittlere tatsächlich gemessene Konstant-Temperatur betrug in HR-05 61 °C (Phasen 0 und I) bzw. 58,7 °C (Phase II), in HR-17 67,2 °C.

In der Zirkulation des PWH betrugen die mittleren gemessenen Konstant-Temperaturen in HR-05, vor und hinter der Ultrafiltration, 56 °C (Phasen 0 und I) bzw. 50 °C (Phase II), wie im Projektprotokoll vorgesehen. In der Zirkulation von HR-17 betrug die mittlere gemessene Konstant-Wassertemperatur 55,3 °C. In der Zirkulation konnten in HR-05 jeweils einmal KBE20 (2 KBE/ml) und KBE36 (1 KBE/ml) nachgewiesen werden, in HR17 zweimal KBE20 (maximal 56 KBE/ml).

In der Peripherie waren die gemessenen Konstant-PWH-Temperaturen in HR-05 vor der Temperaturabsenkung mit im Mittel 58,3 °C sowie in HR-17 mit 62,2 °C recht hoch. Nach Temperaturabsenkung wurden in HR-05 im Mittel noch 48 °C Konstant-PWH-Temperatur gemessen. Auch die mittleren Temperaturen nach Ablaufenlassen vor der Probenahme, die in etwa den Stagnationstemperaturen in den Wohnungsstichleitungen entsprechen, gingen von zunächst 34 °C (HR-05 Phase 0 und I), auf 25 °C (Phase II in HR-05) zurück, während sie in HR-17 bei 34 °C blieben.

In HR-05 gab es vor Montage der Ultrafiltration einmalig erhöhte KBE36 (380/ml), in Phase I selten den Nachweis von KBE20 (maximal 2 KBE/ml) und KBE36 (maximal 76 KBE/ml) und in Phase II ebenfalls selten den Nachweis von KBE20 und häufiger den Nachweis von KBE36 (maximal 204/ml). In HR-17 wurden beide Parameter nur sehr selten nachgewiesen.

Legionellen (ausnahmslos *Legionella pneumophila*, Serogruppen 2 – 14) wurden in 24 von den insgesamt 112 Trinkwasserproben aus dem TWH-System nachgewiesen (21 %); der technische Maßnahmenwert wurde dabei in UFC^{EX}-Gebäude HR-05 und Vergleichsgebäude HR-17 jeweils einmal überschritten (1,8 %).

Im Vergleichsgebäude HR-17 war einmal der Vorlauf PWC und zweimal die Zirkulation betroffen; die Konzentration betrug dort maximal 56 KBE/100 ml und lag damit unter dem Maßnahmenwert gemäß TrinkwV (>100/100 ml). Einmal wurde in der Peripherie Legionellen nachgewiesen. Die Konzentration lag dort über dem technischen Maßnahmenwert (>200 KBE/100 ml).

Im UFC^{EX}-Gebäude HR-05 gab es Legionellen-Nachweise nur in der Peripherie. In Phase 0 (1 von 4 Proben > 0; maximal 3 KBE/100 ml) und Phase I (8 von 25 Proben > 0; 3 Proben > 2 KBE/100 ml; maximal 100 KBE/ml) gab es keine Überschreitung des technischen Maßnahmenwertes. In Phase II wurden Legionellen in der Peripherie in 11 von 12 Proben in überwiegend sehr niedriger Konzentration nachgewiesen (neunmal < 5 KBE/100 ml) und es gab eine einmalige Überschreitung des technischen Maßnahmenwertes (500 KBE/100 ml), welche konsequenterweise zur Unterbrechung des Untersuchungsvorhabens führte.

Die Werte für die Gesamtzellzahl lagen zwischen 50 und 230.000/ml. Am Hauswasseranschluss betrugen die Eingangswerte typischerweise 60.000-80.000; in der Trinkwasser-Installation der Gebäude war ohne UFC-Einfluss regelmäßig ein Anstieg zu beobachten, die höchsten Werte fanden sich jeweils in der Peripherie.

Die Wirkung der Ultrafiltration auf die Gesamtzellzahl war eindrucksvoll erkennbar (**Tab. 2–6**). Unmittelbar hinter der UFC lag die Konzentration bei maximal 1.000 Zellen/ml. In Vorlauf, Zirkulation und Peripherie lagen sie in der Größenordnung von etwa einem Viertel (28 %) der Werte ohne UFC. In der Zirkulation, also direkt am Wirkort der UFC, erreichte das System eine Reduktion der GZZ um den Faktor 1.000. In der Peripherie der Trinkwarmwasser-Installation gelang durch UFC eine Reduktion auf 35 % der Werte ohne UFC. In den beiden untersuchten Gebäuden lagen 95 % der Messwerte von Probenahmestellen unter UFC-Einfluss unterhalb einer Gesamtzellzahl von 40.000 Zellen/ml. Demgegenüber lagen 91 % der Messwerte von Probenahmestellen ohne UFC-Einfluss oberhalb von 40.000 Zellen/ml (**Abb. 2–26**).

Tab. 2–6 Auswertung der Messungen der Gesamtzellzahl

Auswahl	N	Mittelwert [Zellen/ml]	Reduktion durch UF [%]	Minimum [Zellen/ml]	Maximum [Zellen/ml
alle PN-Stellen	133	52.319		50	227.790
Hauswasseranschluss	16	69.598		33.673	107.495
PWH-System: alle PN-Stellen	101	46.150		50	227.790
Alle PN-Stellen ohne UF-Einfluss	78	74.385	72	26.432	227.790
Alle PN-Stellen mit UF-Einfluss	55	21.024		50	80.185
PN-Stelle Zirkulation unmittelbar nach UF	7	578	99,9	50	1.020
PN-Stellen Zirkulation ohne UF	8	56.753		44.965	175.455
PWH-System, Peripherie: alle PN-Stellen	63	51.108		10.355	227.790
PWH-System, Peripherie: ohne UF	29	78.721	65	26.432	227.790
PWH-System, Peripherie: mit UF	34	27.556		10.355	80.185

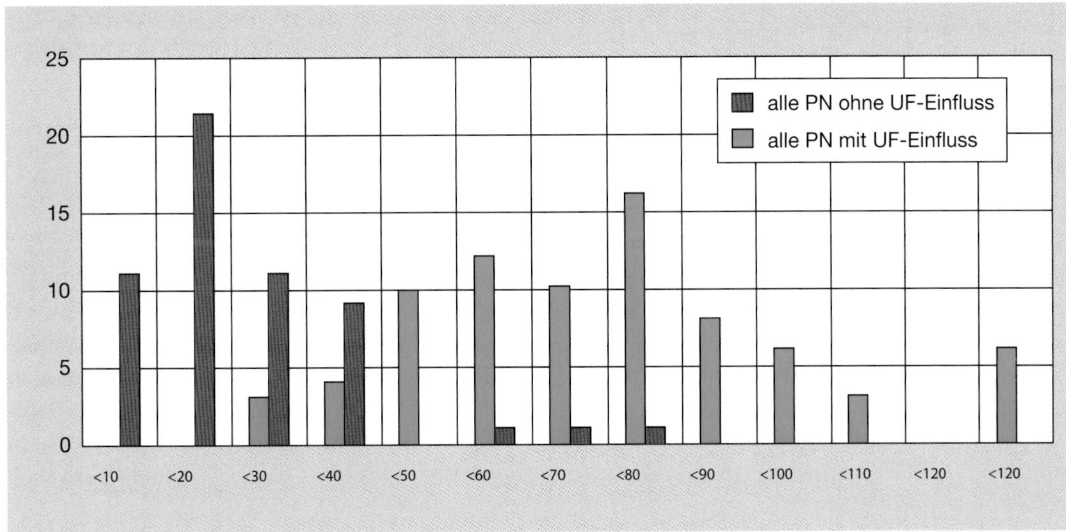

Abb. 2–26 Schaltbild der UFC^{EX}-Anlage in Gebäude HR-05 (vereinfachte Darstellung)

Bezüglich des chemischen Summenparameters DOC ist die Wirkung der UFC^{EX}-Technologie zunächst weniger offensichtlich. Bezüglich aller Probenahmestellen mit UFC-Einfluss im Vergleich zu allen Probenahmestellen ohne UFC-Einfluss, der Probenahmestellen in der Zirkulation mit UFC-Einfluss im Vergleich zu Probenahmestellen ohne UFC-Einfluss und aller peripheren Probenahmestellen in den untersuchten Trinkwarmwasser-Installationen mit UFC-Einfluss im Vergleich zu Probenahmestellen ohne UFC-Einfluss zeigte sich praktisch kein Unterschied (Tab. 2–7).

Tab. 2–7 Auswertung der DOC-Messungen

Auswahl	N	Mittelwert [mg/l]	Minimum [mg/l]	Maximum [mg/l]
alle PN-Stellen	143	2,44	1,0	6,6
Hauswasseranschluss	18	1,98	1,0	3,6
PWH-System: alle PN-Stellen	125	2,49	1,0	6,6
Alle PN-Stellen ohne UF-Einfluss	84	2,39	0,8	6,6
Alle PN-Stellen mit UF-Einfluss	59	2,51	1,0	5,7
PN-Stelle Zirkulation unmittelbar nach UF	8	2,28	1,0	3,2
PN-Stellen Zirkulation ohne UF	9	2,26	1,0	3,1
PWH-System, Peripherie: alle PN-Stellen	64	3,07	1,0	6,6
PWH-System, Peripherie: ohne UF	35	3,08	1,1	5,7
PWH-System, Peripherie: mit UF	29	3,05	1,0	6,6

Erst nach Bildung der Differenz der jeweiligen Messwerte mit den gleichzeitig hinter dem Hauswasseranschluss gefundenen Messwerte werden Unterschiede sichtbar. Denn während die Werte in den Trinkwasser-Installationen der Gebäude ohne UFC im Mittel um 23 % gegenüber dem Eingangswert am Hauswasseranschluss anstiegen, gab es keinen Anstieg der DOC-Konzentration unter UFC-Einfluss (Tab. 2–8).

Tab. 2–8 Differenzauswertung der DOC-Messungen

Verglichene PN-Stellen	N	Mittelwert der Differenz [ml/l]	Mittlere Veränderung [%]	Minimum der Differenz [mg/l]	Maximum der Differenz [mg/l]
Hauswasseranschluss – Zirkulation mit UF	8	-0,03	±0	-0,9	+0,8
Hauswasseranschluss – Zirkulation ohne UF	9	+0,42	+23	-0,2	+0,7

4.4.4 Zusammenfassung und Schlussfolgerungen

Die vergleichende, explorative Pilotuntersuchung von zwei zehngeschossigen Wohngebäuden (HR-05, HR-17) konnte den positiven trinkwasserhygienischen Effekt der UFC^{EX}-Technologie nachweisen.

In Studienphase 0 wurde durch eine einmalige Beprobung beider Gebäude die praktisch identische Ausgangslage in den TWH-Systemen beider Gebäude (Temperaturen, Mikrobiologie) dokumentiert.

In Studienphase I wurden die PWH-Installationen der beiden Gebäude über elf Wochen (13.03.2018 – 11.06.2018) mit angeglichenem Temperaturregime und hydraulischem Profil gefahren. Währenddessen wurden fünf vergleichende Untersuchungen im Abstand von 2 – 6 Wochen durchgeführt. Diese zeigten, wie die Gesamtzellzahl als Parameter für mikrobielle Aktivität (GZZ) im UFC^{EX}-Gebäude (HR-5) zurückging, während die Situation im Vergleichsgebäude (HR-17) stabil blieb. Bezüglich des Nährstoff-Summenparameters DOC zeigte sich, dass dieser innerhalb der Trinkwasser-Installation der Gebäude gegenüber dem Hauswasseranschluss um etwa 3 % anstieg, während unter UFC-Einfluss praktisch kein Anstieg stattfindet.

In Studienphase II wurde die PWH-Installation in Vergleichsgebäude HR-17 über vier Wochen (18.06.2018-16.07.2018) unverändert gefahren. In Untersuchungsgebäude HR-05 war die Zielgröße, das Temperaturregime um 5 K auf 55 °C/50 °C abzusenken. Tatsächlich betrug die mittlere realisierte gemessene Temperaturabsenkung im Vorlauf 2,3 °C, im Rücklauf 5,9 °C und in der Peripherie 9,8 °C. Unter diesem abgesenkten Temperaturregime wurde deutlich weniger thermische Energie in die Peripherie und die dort liegenden (nicht von der PWH-Zirkulation erfassten) Stichleitungen geführt, sodass die unerwünschte Sekundärerwärmung von PWC reduziert wurde.

In dieser Studienphase wurden drei vergleichende Untersuchungen im Abstand von 1-2 Wochen durchgeführt. Bezüglich der Parameter GZZ und DOC zeigten sich keine signifikanten Veränderungen gegenüber Studienphase I. Die relevanten Parameter für Nährstoffangebot und mikrobielle Aktivität blieben im UFC^{EX}-Gebäude (HR-5) auf abgesenktem Niveau (GZZ: –65 % in der Peripherie; DOC: kein Konzentrationsanstieg in der Trinkwasser-Installation), während die Situation im Vergleichsgebäude (HR-17) erwartungsgemäß gegenüber der Ausgangssituation unverändert blieb.

E.coli, Coliforme und *Pseudomonas aeruginosa* wurden zu keinem Zeitpunkt der Untersuchungen innerhalb einer der beiden PWH-Installationen nachgewiesen. Die Temperaturabsenkung in UFC^{EX}-Gebäude HR-05 hatte auf diese Parameter keinen Einfluss.

Sporadisch wurden KBE20 und KBE36 in beiden PWH-Installationen nachgewiesen. Für KBE20 zeigte sich kein signifikanter Unterschied zwischen den verglichenen Betriebsformen (HR-05 Phase I, HR-05 Phase II, HR-05 Phase 0 + HR-17): Der Medianwert war für alle Bereiche jeweils 0, Werte > 10 KBE/ml fanden sich ausschließlich direkt hinter den Hauswasseranschlüssen.

Für KBE36 ergaben sich etwas häufiger positive Nachweise > 0 KBE/ml (32/147 Proben, 22 %), davon aber lediglich zwei Überschreitungen des Grenzwertes von 100 KBE/ml. Diese waren jeweils in der Peripherie des Gebäudes HR-05, je einmal in Phase 0 und in Phase II.

Zweimal wurde auch der technische Maßnahmenwert für Legionellen an peripheren Probenahmestellen überschritten: einmal in Vergleichsgebäude HR-17 sowie einmal in UFC^{EX}-Gebäude HR-05 während Studienphase II.

Das UFC^{EX}-Gebäude HR-05 hatte in jeder Phase der Untersuchung (0, I und II) positive Nachweise von *Legionella pneumophila*, Serogruppen 2-14, in der Peripherie, ganz überwiegend in sehr niedrigen Konzentrationen (< 5 KBE/100 ml). In der Zentrale gab es hingegen, ebenso wie in HR-17, zu keinem Zeitpunkt Nachweise von Legionellen.

Insgesamt deuten die Befunde aus HR-05 und HR-17 darauf hin, dass unabhängig vom Temperaturregime, das heißt in allen Studienphasen, eine gewisse mikrobielle Aktivität in der Peripherie der Trinkwasser-Installationen bestand. Legionellen wurden in ähnlicher Frequenz und Konzentration beim Temperaturregime 55/50 in HR-05 Phase II wie bei Temperaturregime 60/55 in HR-05 in Phase I des Projekts sowie in Vergleichsgebäude HR-17 (dort einschließlich Überschreitung des technischen Maßnahmenwertes gemäß TrinkwV) festgestellt.

Der Wirkfaktor Nährstoffangebot kommt für eine Erklärung der Befundlage nicht in Frage, denn das Nährstoffangebot ist in HR-05 als niedriger anzusehen als in HR-17, da es unter UFC^{EX}-Einfluss kontrolliert wird, wie durch den Summenparameter DOC belegt werden konnte.

Als wesentlicher Einflussfaktor im Sinne des Wirkkreises der Trinkwassergüte, welcher in diesem Feldversuch in den Stichleitungen der Peripherie praktisch nicht beeinflusst werden konnte, ist mangelnder Wasseraustausch zu nennen. Tatsächlich wurden im Rahmen der Probenahme regelmäßig Hinweise auf sehr geringen und deutlich unterdurchschnittlichen Wasserverbrauch und Stagnation in den von Legionellen betroffenen Wohneinheiten in HR-05 festgestellt. Die betroffenen Wohnungen wurden jeweils nur von Einzelpersonen bewohnt. Die geringe Wasserentnahme wurde von den Bewohnern bestätigt; im Rahmen der hier vorgestellten Pilotstudie war diese Situation nicht beeinflussbar.

Weitere Faktoren, welche zu den Legionellen-Nachweisen in der Peripherie beigetragen haben können, sind die ungewöhnlich hohen Außentemperaturen im Sommer 2018 sowie das ungünstige Lüftungsverhalten einiger Bewohner, welches zu teilweise sehr hohen Innenraumtemperaturen (> 25 °C) führte.

Dass Legionellen in ähnlicher Frequenz und Konzentration auch beim Temperaturregime 60/55 in HR-05 in Phase I des Projekts sowie in Vergleichsgebäude HR-17 (dort einschließlich Überschreitung des technischen Maßnahmenwertes gemäß TrinkwV) festgestellt wurden, bestätigt die Bedeutung des Wirkfaktors Wasseraustausch für das mikrobielle Geschehen in der Peripherie der Trinkwasser-Installationen. Auch kleinen Details wie nicht rückgebauten Stichleitungen zu entfernten Strangsicherungen kann hierbei eine Bedeutung zukommen.

Welche Schlussfolgerungen lassen sich nun aus diesen Ergebnissen ziehen?

1. Die nachgewiesene mikrobielle Stabilität in der Zentrale der Trinkwasser-Installation des UFC^{EX}-Gebäudes HR-05 belegt, dass eine Temperaturabsenkung um vorerst 5 K unter der Wirkung der Ultrafiltration in der Zirkulation keinen negativen Einfluss auf die systemische mikrobielle Stabilität hat. Im Rahmen dieser Pilotstudie konnte die UFC^{EX}-Technologie die hygienischen Bedingungen zentral auch bei abgesenktem Temperaturregime jederzeit stabil erhalten.
2. Auch bei Legionellennachweis in der Peripherie, was für die PWH-Zirkulation eine potenzielle Quelle mikrobieller Belastung darstellt, blieb unter den Pilotstudien-Bedingungen die Situation zentral jederzeit, auch bei abgesenkten Temperaturen, vollkommen stabil.
3. Unzureichender Wasseraustausch in der Peripherie kann, auch bei kurzen Stichleitungen, durch Ultrafiltration des PWH-C-Systems in den Verteilleitungen nicht (vollständig) kompensiert werden. Dies ist ohne Weiteres plausibel, da sich bei unzureichendem Wasseraustausch die angestrebte Wirkung der Ultrafiltration (Reduktion von Mikroorganismen und Nährstoffen) auch nur sehr eingeschränkt in betroffenen Bereichen der Peripherie entfalten kann.
4. Es bleibt also, ganz im Sinne des Wirkkreises der Trinkwassergüte, auch unter Einsatz von Ultrafiltration, eine ganz wesentliche Aufgabe, bestimmungsgemäßen Betrieb der gesamten Trinkwasser-Installation mit ausreichendem Wasseraustausch jederzeit sicherzustellen. Dies kann in den Wohneinheiten mit der erforderlichen stabilen Betriebssicherheit nur durch automatische Spüleinrichtungen, bzw. idealerweise durch Trinkwasser-Management-Systeme mit digitaler Eigen- und Fremdüberwachung, sichergestellt werden.
5. In Bestandsgebäuden können die Anforderungen an Trinkwasser-Installationen (aktuell allgemein anerkannte Regeln der Technik) in der Regel trotz aufwändiger Sanierungsmaßnahmen nur unvollständig erfüllt werden. Bezüglich des Austauschs von vorhandenen Rohrleitungen und Armaturen werden im Bestand immer Kompromisse unter Berücksichtigung von Kosten und Sozialverträglichkeit daraus resultierender Belastungen für Mieter einzugehen sein. Vor diesem Hintergrund bietet sich die UFC^{EX}-Technologie vornehmlich für Neubauten oder Sanierungsprojekte an, deren Trinkwasser-Installationen nach den aktuellen Erkenntnissen gemäß Wirkkreis der Trinkwassergüte neu gestaltet werden. Dazu zählen vor allem Maßnahmen zur Vermeidung der Fremderwärmung von PWC, wie sie häufig bei Stagnation z. B. in abgehängten Decken/in Schächten mit hohen Wärmelasten anzutreffen ist. Ferner gehört hierzu die konsequente Ausführung von Stockwerkleitungen als Reihenleitungen mit gesichertem regelmäßigem Wasseraustausch über die letzte Entnahmestelle.
6. Der mittels Durchflusszytometrie bestimmte Parameter Gesamtzellzahl bewährt sich als Indikator zum Nachweis der Wirksamkeit der Ultrafiltration. Zur Festlegung allgemeingültiger Grenzwerte bedarf es sicherlich noch einer Erweiterung der empirischen Datenbasis sowie des Vergleichs und der Standardisierung eingesetzter Technologien und Auswerte-Algorithmen. Für das hier verwendete Labor-Setting kristallisierte sich der Wert von 40.000 Zellen/ml als Grenzbereich zwischen Trinkwasser mit (ganz überwiegend < 40.000 Zellen/ml) und Trinkwasser ohne UFC-Einfluss (ganz überwiegend > 40.000 Zellen/ml) heraus.

7. Wegen der relativ großen Schwankungen am Eingang in die Trinkwasser-Installationen muss DOC als relativer Indikatorparameter verwendet und interpretiert werden. Die ersten vorliegenden Erfahrungen zeigen an, dass es unter UFC^{EX}-Einfluss nicht zu einem ansonsten typischen Anstieg der DOC-Konzentration in einer Trinkwasser-Installation kommt. Auch in dieser Hinsicht konnte mithin die UFC^{EX}-Technologie die hygienischen Bedingungen bei abgesenktem Temperaturregime stabil halten.
8. Die ungewöhnlich und langandauernd hohen Außentemperaturen im Frühjahr und Sommer 2018 in Mitteleuropa wirkten sich auch auf die Trinkwasser-Installationen der Gebäude aus. Infolgedessen waren die PWC-Temperaturen bereits kurz hinter dem Hauswasseranschluss mit bis zu 24 °C außergewöhnlich hoch. Im Gebäude stiegen sie durch Fremderwärmung in den Schächten und Stagnation auf deutlich über 30 °C an. Derartige Wettersituationen werden zunehmen, denn infolge des Klimawandels wird z. B. für Norddeutschland eine durchschnittliche Erhöhung der Jahresmitteltemperatur um 2,8 bis 4,7 °C[10] bis zum Ende des 21. Jahrhunderts erwartet. Diese Umweltveränderung stellt auch für die Trinkwasserversorgung eine große Herausforderung dar. Umso wichtiger wird es sein, auch bezüglich PWC-Maßnahmen zur Prävention von Legionellen-Kontaminationen zu ergreifen. Eine wirkungsvolle Maßnahme ist die Reduktion der PWH-Temperaturen in der Zirkulation.

4.4.5 Konsequenzen für die Praxis

Die zur UFC^{EX}-Technologie ausgebaute Technik der Ultrafiltration kommt bereits in über 70 Referenzobjekten, teilweise seit mehreren Jahren, zum Einsatz. UFC^{EX} konnte in der hier vorgestellten vergleichenden Pilotstudie einen quantifizierbaren Wirkungsnachweis im Sinne der Erhaltung der Trinkwassergüte erbringen. Dies gilt auch für den Betrieb der PWH-Installation mit einer Temperaturabsenkung gegenüber den Vorgaben des Regelwerks um zunächst 5 K. Dies bedeutet, dass mit UFC^{EX} eine erwiesen funktionstaugliche Technologie zur Verfügung steht, welche zur Auflösung des Zielkonflikts zwischen Energieeinsparung und Trinkwasserhygiene effektiv beitragen kann. UFC^{EX} kann insofern also durchaus als aktueller Stand von Wissenschaft und Technik angesprochen werden.

Durch diese neuen Erkenntnisse wird wegen der bereits angesprochenen Vorteile des PWH-Betriebs mit abgesenkter Temperatur zweifellos das Interesse bei TGA-Planern und Bauherrn wachsen.

Noch ist die Technologie aber nicht Bestandteil der allgemein anerkannten Regeln der Technik. Problematisch ist in diesem Zusammenhang, dass Feinfilter mit einer Porengröße unter 80 µm nach aktuellen Regelwerk nicht in Kontakt mit Trinkwasser kommen dürfen (DIN 1988-100, Anhang A, Tab. B.1, 18.: freier Auslauf erforderlich [23]), insofern also Flüssigkeitskategorie 5 (Gesundheitsgefährdung durch die Anwesenheit von mikrobiellen oder viruellen Erregern übertragbarer Krankheiten) nach DIN EN 1717 (2011) [27] vorliegt.

Angesichts dieser Situation hat der DVGW im Mai 2018 Rahmenbedingungen für die hygienisch sichere Erprobung der Ultrafiltration bei wissenschaftlich begleiteten Feldversuchen verabschiedet. Sie dienen dem Ziel, wissenschaftlich begleitete Modellprojekte unter Praxisbedingungen zu ermöglichen, um die Leistungsfähigkeit und die Sicherheit des Betriebs von UF-Anlagen zum Zweck der Begrenzung bzw. Verhinderung einer Legionellen-Kontamination bei niedrigeren Temperaturen auf breiter empirischer Basis nachzuweisen. Der Beginn eines Modellprojektes ist dem DVGW jeweils anzuzeigen.

Für die ordnungsgemäße Durchführung eines Modellprojektes und die Koordination der Arbeiten sind ein Projektleiter, der über fundierte Fachkenntnisse im Bereich der Trinkwasser-Installation und des Erhalts der Trinkwassergüte verfügt sowie ein fachkundiges Projektteam zu benennen. Für den Projektleiter ist mindestens eine Qualifizierung nach VDI/DVGW 6023 [123], Kategorie B zu empfehlen.

10 http://www.norddeutscher-klimaatlas.de

Die DVGW-Rahmenbedingungen gelten für Gebäude sowohl mit neuen als auch mit bestehenden Trinkwasser-Installationen ohne hygienisch-mikrobiologische Auffälligkeiten (insbesondere kein kultureller Nachweis von Legionellen). Die Trinkwasser-Installation muss, wie auch in § 4 Abs. 1 TrinkwV [115] gefordert, nachweislich den allgemein anerkannten Regeln der Technik entsprechen. Insbesondere muss das PWH-System hydraulisch abgeglichen und der bestimmungsgemäße Betrieb in der gesamten Trinkwasser-Installation gewährleistet sein. Die Einhaltung der allgemein anerkannten Regeln der Technik sollte durch einen unabhängigen Sachverständigen bestätigt werden und ist umfassend zu dokumentieren. Die Trinkwasser-Installation muss mit allen erforderlichen Probenahmestellen in PWC und PWH ausgestattet sein.

Um die Betriebssicherheit von UF-Anlagen jederzeit zu gewährleisten und Unregelmäßigkeiten zeitnah erkennen zu können, sollten diese mit einem digitalen System zur Eigen- und Fremdüberwachung ausgestattet und für einen wartungsarmen Dauerbetrieb ausgelegt sein. Anbieter solcher Systeme sollten über einen Vor-Ort-Service verfügen und einen bundesweiten Wartungsdienst sicherstellen können.

Die verwendeten Werkstoffe müssen hygienisch einwandfrei, für den Trinkwasserbereich geeignet sein und den Vorgaben gem. TrinkwV [115] genügen. Maßgeblich sind hierbei das DVGW-Arbeitsblatt W 270 [36] sowie die entsprechenden Leitlinien des Umweltbundesamtes (u. a. KTW-Leitlinie). Die UF-Anlage muss mit Sicherungseinrichtungen zur Absicherung des vor- und nachgeschalteten Trinkwassernetzes ausgestattet sein (Rückflussverhinderer des Typs EA/kontrollierbarer Rückflussverhinderer). Sie muss zudem automatisch spülbar sein und das Spülwasser muss über einen freien Auslauf gem. DIN EN 1717 (2011) [27] abgeführt werden.

Vorerst wird vor dem Einbau und der Inbetriebnahme einer UF-Anlage eine Abstimmung mit dem zuständigen Gesundheitsamt dringend empfohlen. Entsprechend § 13 Abs. 1 TrinkwV [115] ist der Einbau einer UF-Anlage als bauliche oder betriebstechnische Veränderung an Trinkwasser führenden Teilen einer Wasserversorgungsanlage, die auf die Beschaffenheit des Trinkwassers wesentliche Auswirkungen haben kann, ohnehin spätestens vier Wochen im Voraus dem Gesundheitsamt schriftlich oder elektronisch anzuzeigen. In Gebäuden mit besonders gefährdetem Personenkreis (Krankenhäuser, Altenpflegeheime, Kindertagesstätten usw.) ist eine Temperaturabsenkung nur in Abstimmung mit dem Gesundheitsamt möglich.

Der Unternehmer/Inhaber der Wasserversorgungsanlage ist zudem verpflichtet, die Verbraucher (Mieter, Nutzer) schriftlich über das Projekt (Einbau der UF-Anlage, Temperaturabsenkung) in Kenntnis zu setzen.

Die wichtigsten Betriebsparameter der UF-Anlage (Durchfluss, Differenzdruck, Spülung) sind kontinuierlich digital zu überwachen und aufzuzeichnen. Die installierte Systemsoftware soll mindestens einmal pro Tag eine Funktionskontrolle der UF-Anlage durchführen und im Fall einer Störung (z. B. Ausfall der Zirkulationspumpe) automatisch eine Störmeldung generieren sowie einen Störungsdienst anfordern. Zur Begrenzung der Konzentration an Mikroorganismen auf dem Filtermodul muss mindestens täglich eine Spülung der UF-Anlage durchgeführt werden. Die Modulwechselzeiten und Betriebsbedingungen des Herstellers sind einzuhalten. Die Standzeit eines Membranmoduls ist auf maximal 24 Monate begrenzt. Bei längeren Standzeiten muss die Integrität der Membran mindestens im Abstand von 12 Monaten überprüft werden.

Die Inbetriebnahme der UF-Anlage in Kombination mit einer Temperaturabsenkung des PWH erfolgt in mehreren Stufen. Nach Überprüfung der Trinkwasser-Installation auf Eignung und Einbau der UF-Anlage wird die Temperaturabsenkung in Schritten von jeweils maximal 5 K durchgeführt:

- Phase 0: Zirkulationstemperatur mindestens 55 °C,
- Phase I: Zirkulationstemperatur mindestens 50 °C,
- Phase II (nur bei bis dahin hygienisch einwandfreier Trinkwasserbeschaffenheit): weitere Absenkung der Zirkulationstemperatur.

Der mit dem Projekt betraute Sachverständige legt Probenahmestellen zur hygienisch-mikrobiologischen Untersuchung fest. Sie müssen an folgenden Stellen eingerichtet werden:

- Zentral: Hausanschluss, Eintritt des PWC in den Trinkwassererwärmer, Austritt des PWH aus dem Trinkwassererwärmer in das Zirkulationssystem, Eintritt des PWH-C in den Trinkwassererwärmer, vor und nach der UF-Anlage.
- Peripher: Steigleitungen PWH (mindestens 5) und PWC (mindestens 1) jeweils an der entferntesten Entnahmestelle. Die Anzahl ist abhängig von der Gebäudegröße.

Folgende Parameter sind nach den hygienisch-mikrobiologischen Analyseverfahren der Trinkwasserverordnung (Anlage 5 Teil I) zu untersuchen: KBE22 und KBE36, coliforme Bakterien und *Escherichia coli, Pseudomonas aeruginosa*, Legionellen, Gesamtzellzahl (z. B. mittels Durchflusszytometrie). Die Erstuntersuchung umfasst alle genannten Parameter, die spätere Betriebsüberwachung ist auf die Parameter Legionellen und Gesamtzellzahl beschränkt.

Für die hygienisch-mikrobiologischen Untersuchungskampagnen gilt folgendes Zeitschema:

- vor Einbau der UF-Anlage (Erstuntersuchung),
- 1 Woche nach Einbau der UF-Anlage (Betriebsüberwachung),
- 1, 2, 6 und 12, ggf. 24 Wochen nach der ersten Absenkung der PWH-Temperatur auf $\geq$ 50 °C (Betriebsüberwachung),
- ggf. 1, 2, 6, 12 und 24 Wochen nach der zweiten Absenkung der PWH-Temperatur auf $<$ 50 °C (Betriebsüberwachung),
- wenn keine weitere Temperaturabsenkung mehr erfolgt: halbjährlich (Betriebsüberwachung). Bei unauffälliger Befundlage kann nun die Zahl untersuchter Steigleitungen reduziert werden.

Zum Schutz der Verbraucher ist der Modellversuch sofort abzubrechen, wenn sich die Trinkwasserqualität negativ verändert, die Ursache im Betrieb der UF-Anlage begründet ist und diese nicht zeitnah zu beheben ist. Die Trinkwasser-Installation muss dann wieder in den Zustand der Einhaltung der allgemein anerkannten Regeln der Technik versetzt werden.

Das Projekt unterliegt einer umfassenden Dokumentationspflicht. Zu Beginn ist zu dokumentieren, dass die Voraussetzungen eingehalten werden und der Einbau ordnungsgemäß vorgenommen wurde. Betriebsanleitung und Wartungspläne müssen vorliegen. Die Dokumentation des Verlaufs beinhaltet hygienisch-mikrobiologische Untersuchungsergebnisse, Anlagendaten und ggf. außerplanmäßige Vorkommnisse. Sie muss alle Informationen umfassen, die für eine hygienische Bewertung relevant sind.

Ein Jahr nach Beginn des Projekts (oder nach seinem Abbruch) erwartet der DVGW die Übergabe der Dokumentation, um die empirische Grundlage für die Bewertung der Eignung des Einsatzes von UF-Technologie in der Trinkwasser-Installation mit dem Ziel der Absenkung der PWH-Temperatur zu erweitern. Die DVGW-Rahmenbedingungen können vorläufig bis Dezember 2022 angewendet werden. Auch dem zuständigen Gesundheitsamt sollte die Projekt-Dokumentation übergeben werden.

Eine Übersicht zum Vorgehen bei der Installation einer UFC-Anlage in einer Trinkwasser-Installation bietet Tab. 2–9.

Tab. 2–9 Checkliste – 10 Schritte zur Realisierung einer UFC-Anlage unter Berücksichtigung der DVGW-Rahmenbedingungen (2018)

Nr.	Arbeitsschritt
1	Bestellung eines **Projektleiters** mit Fachkenntnissen im Bereich Trinkwasser-Installation,
2	Überprüfung der erforderlichen **Voraussetzungen** – Trinkwasser-Installation entspricht a. a. R. d. T. (bestätigt durch einen Sachverständigen) – keine hygienisch-mikrobiologischen Auffälligkeiten (insbesondere Legionellen)
3	Formlose **Anmeldung** als Projekt beim DVGW
4	Information des zuständigen **Gesundheitsamtes** – Anzeige der Inbetriebnahme spätestens 4 Wochen im Voraus – Gebäude mit besonders gefährdetem Personenkreis nur in enger Abstimmung mit dem Gesundheitsamt
5	Schriftliche Information der **Verbraucher**

6	Auswahl der geeigneten **UF-Anlage**
	– Zulassung aller verwendeten Werkstoffe (DVGW W 270 [36], KTW-Leitlinie)
	– vor- und nachgeschaltete Sicherungseinrichtungen
	– automatische Spülung mit freiem Auslauf
	– kontinuierliche Überwachung und Aufzeichnung der wesentlichen Betriebsparameter:
	  – Durchfluss, Differenzdruck, Spülung
	  – mindestens täglich automatische Kontrolle der Funktionsfähigkeit
	  – wissenschaftlich erbrachter Wirksamkeitsnachweis

7	Festlegung der erforderlichen zentralen und peripheren **Probenahmestellen** durch einen externen Sachverständigen
8	Beauftragung eines geeigneten, gem. TrinkwV [115] zugelassenen **Untersuchungslabors**; Parameter: Coliforme, *E. coli*, KBE22, KBE36, Pseudomonas aeruginosa, Legionellen, Gesamtzellzahl (bevorzugt mittels Durchflusszytometrie)
9	Festlegung der **Projektphasen und Probenahmen** – Phase 0 (PWH-C ≥ 55 °C): Erstuntersuchung ohne UF Betriebsüberwachung mit UF/Woche 1 – Phase I (PWH-C ≥ 50 °C): Betriebsüberwachung mit UF/Wochen 1, 2, 6, 12, 24 – Phase II (PWH-C ≥ 45 °C): Betriebsüberwachung mit UF/Wochen 1, 2, 6, 12, 24 – Dauerbetrieb: halbjährliche Betriebsüberwachung mit UF
10	1 Jahr nach Projektbeginn Übergabe der **Projekt-Dokumentation** an den DVGW: Voraussetzungen der Trinkwasser-Installation, Projektleitung, Einbau UF-Anlage, Anlagedaten, Betriebsanleitung, Wartungspläne, Betriebsparameter, hygienisch-mikrobiologische Untersuchungsergebnisse, besondere Vorkommnisse.

5 Trinkwassergüte als Prozess-Ergebnis

Der trinkwasserhygienisch entscheidende Unterschied zwischen autochthonen, potenziell pathogenen Mikroorganismen wie Legionellen und klassischen wasserbürtigen Krankheitserregern wie *Vibrio cholerae* besteht, wie ausgeführt (siehe Kap. 1.3) in der Überlebens- und Vermehrungsfähigkeit der Erstgenannten in Trinkwasser-Installationen. Vor dem Hintergrund dieser Erkenntnisse kann eine auf einfache Endpunktkontrolle basierte Qualitätssicherung den Anforderungen zum Erhalt der Trinkwassergüte in Trinkwasser-Installationen prinzipiell nicht genügen. Da zudem die Verpflichtung, alle privaten und öffentlichen Räumlichkeiten auf Legionellen zu überwachen, zu unverhältnismäßig hohen Kosten führen würde, ist eine Risikobewertung von Hausinstallationen besser geeignet, um diesem Problem zu begegnen. (Europäische Kommission 2018, Artikel 11 [41]).

Es bedarf vielmehr eines holistischen Ansatzes, der auf ökologischem Systemverständnis basiert, der eine flexible Auswahl und Kontrolle von Maßnahmen zur Gefährdungserkennung, -beurteilung und -beherrschung je nach den Besonderheiten des Einzelfalls ermöglicht und der zur periodischen Revision und kontinuierlichen Verbesserung anhält (Schaefer et al. 2011 [104]). Der Wassersicherheitsplan (WHO 2005 [130]) bietet ein solches Konzept.

5.1 Der Wassersicherheitsplan für Trinkwasser-Installationen von Gebäuden

Seit 1959 wurde in der US-amerikanischen Lebensmittelindustrie ein universell anwendbares Konzept zur Sicherung der Qualität von Lebensmitteln entwickelt und 1971 als Hazard Analysis Critical Control Point (HACCP) Konzept erstmals vorgestellt. In den folgenden Jahren wurde HACCP in der Lebensmittelproduktion weltweit erprobt, weiterentwickelt und verbreitet. Der von der UN-Ernährungs- und -Landwirtschaftsorganisation (FAO) und der Weltgesundheitsorganisation (WHO) gemeinsam herausgegebene Codex Alimentarius empfiehlt seit 1993 die Anwendung des HACCP-Konzepts (FAO/WHO 2003 [49]). Im deutschen Lebensmittelrecht wurde das HACCP-Konzept mit der Lebensmittelhygiene-Verordnung von 1998 [77] verbindlich etabliert: Jeder, der Lebensmittel herstellt, muss ein HACCP-Konzept haben.

Im Kern sieht das HACCP-Konzept vor, Qualitätssicherung nicht auf die Kontrolle des Endprodukts zu beschränken, sondern den gesamten Produktionsprozess mit geeigneten, standardisierten Methoden zu überwachen. Hierzu werden kritische Kontrollpunkte im Prozessablauf festgelegt, an welchen vorgegebene Bedingungen (Sollwerte) regelmäßig kontrolliert werden. Für den Fall der Nichteinhaltung werden vorab Reaktionsmaßnahmen definiert.

Havelaar (1994) [59] übertrug das HACCP-Konzept auf die Trinkwasserversorgung. Zehn Jahre später wurde es von der WHO unter der seitdem etablierten Bezeichnung Water Safety Plan (WSP; deutsch: Wassersicherheitsplan) mit einem eigenen Kapitel in die WHO-Leitlinien für Trinkwasserqualität aufgenommen (WHO 2004 [129]). Damit vollzog die WHO eine paradigmatische Neuorientierung in der Trinkwasserhygiene: Der Fokus wechselte von der Kontrolle des Endprodukts, im Sinne der Einhaltung von Grenzwerten für mikrobiologische und chemische Parameter im Trinkwasser an der Zapfstelle des Verbrauchers (vgl. § 8 Abs. 1 TrinkwV [115]), zu einer Prozess-orientierten Kontrolle vom Einzugsgebiet des Rohwassers bis zur Verwendung des Trinkwassers durch den Verbraucher. Heute bildet der WSP den Kern des WHO-Rahmenkonzepts für sicheres Trinkwasser. An dessen Anfang stehen gesundheitsbasierte Qualitätsziele, denn nicht die Einhaltung von Grenzwerten, sondern der Schutz der menschlichen Gesundheit ist das originäre Ziel der Trinkwasserhygiene (Exner und Koch 2011 [42]). Zentrale Elemente des WSP sind Gefährdungsanalyse und Risikomanagement. Sein Aufbau folgt drei zentralen Fragen:

- Welche Risiken bzw. Gefährdungen bestehen in der Trinkwasserversorgung?
- Mit welchen Maßnahmen können diese Gefährdungen beherrscht werden?
- Wie kann die Beherrschung der Risiken bestätigt werden?

In der gültigen Trinkwasser-Richtlinie 98/83/EG [40] wurden präventive Sicherheitsplanung und risikobasierte Elemente nur in begrenztem Maße berücksichtigt. Mit ihrem aktuellen Vorschlag für eine novellierte Richtlinie über die Qualität von Wasser für den menschlichen Gebrauch (2018, Artikel 8) knüpft nun die Europäische Kommission [41] aber explizit an das Konzept des „Wassersicherheitsplans“ der WHO-Leitlinien an, die als international anerkannte Grundsätze für die Gewinnung, Verteilung, Überwachung und Parameteranalyse von Wasser für den menschlichen Gebrauch bezeichnet werden. Diese Grundsätze sollen sich nicht auf Überwachungsaspekte beschränken, vielmehr soll mit der neuen Richtlinie ein vollständiger risikobasierter Ansatz für die gesamte Versorgungskette vom Entnahmegebiet über die Verteilung bis zum Wasserhahn eingeführt werden. Als eine wichtige Komponente wird die Bewertung der von Hausinstallationen möglicherweise ausgehenden Risiken (z. B. Legionellen oder Blei) hervorgehoben („Risikobewertung von Hausinstallationen“).

In die deutsche Trinkwasserverordnung fand das allgemeine WSP-Konzept bislang keinen formalen Eingang. Einige Bestimmungen jedoch – etwa zur geforderten Einhaltung der allgemein anerkannten Regeln der Technik (§ 4 Abs. 1), zur Veranlassung einer Gefährdungsanalyse bei Erreichen oder Überschreiten des technischen Maßnahmenwertes für Legionellen (§ 9 Abs. 8), zur Verpflichtung zur Aufstellung von Maßnahmenplänen (§ 16 Abs. 5), zur Überwachung der Betriebsbedingungen durch das Gesundheitsamt (§ 18 Abs. 2) und zur Information der Verbraucher (§ 20 Abs. 1) – liegen ganz auf der Linie des WSP-Konzepts. Nur einmal, mit Bezug zum Rohwasserschutz (§ 14 Abs. 4), wird in der amtlichen Begründung explizit zum WSP-Konzept Bezug genommen. Das Umweltbundesamt befürwortet bereits seit einigen Jahren zu prüfen, ob mittel- bis langfristig die Aufnahme der WSP-Kernprinzipien in die TrinkwV [115] zielführend ist (Schmoll und Chorus 2007 [105]). Innerhalb des deutschen und europäischen Regelwerks wird der ganzheitliche Ansatz der Water Safety Plans (WSP) seit 2013 durch DIN EN 15975-2 [26] „Sicherheit der Trinkwasserversorgung – Leitlinien für das Risiko- und Krisenmanagement – Teil 2: Risikomanagement“ unterstützt.

Vor dem Hintergrund der Tatsache, dass gesundheitsrelevante Veränderungen der Trinkwasserqualität auch jenseits des Übergabepunktes, also in der Trinkwasser-Installation von Gebäuden, von großer Bedeutung sind, war der Gedanke naheliegend, Wassersicherheitspläne auch für Trinkwasser-Installationen in Gebäuden zu etablieren: Die letzten Versorgungsmeter sind eben auch qualitätskritisch (UBA 2012a [117]).

Bei Gebäudebesichtigungen wird immer wieder deutlich, dass die allgemein anerkannten Regeln der Technik für Trinkwasser-Installationen nicht vollständig eingehalten werden. Dies betrifft insbesondere fehlenden Rückbau von nicht genutzten Leitungen, nicht durchgeführte Spülungen nach Nutzungsunterbrechungen sowie die Temperaturverhältnisse in PWC und PWH (Kistemann 2012 [74], UBA 2012a [117]). Zwischen dem technischen Zustand der Trinkwasser-Installation und Legionellenbefunden besteht aber ein vielfach belegter Zusammenhang (Hentschel und Heudorf 2011 [62]). Wenn ein mögliches Gesundheitsrisiko erst nahe am Verbraucher, nämlich im Gebäude, in dem er sich aufhält und Trinkwasser nutzt, entsteht, dann stößt das Konzept der Produktkontrolle endgültig an seine Grenzen, da Zeit für die mögliche Gefahrenabwehr faktisch nicht gegeben ist. Insofern ist es naheliegend, das WSP-Konzept auch für die Trinkwasser-Installation in Gebäuden anzuwenden. Viele Elemente einer derartigen am Prozess der Trinkwasserbereitstellung orientierten Kontrolle finden sich im Konzept des Hygieneplans, der gemäß VDI/DVGW 6023 (2013) [123] für Gebäude mit Nutzungen, die erhöhte Anforderungen an die Hygiene erfordern (z. B. Lebensmittelbetriebe, Krankenhäuser, Seniorenpflegeeinrichtungen) zu erstellen ist: die Forderungen nach Raumbuch, Betriebsanleitungen sowie Instandhaltungs- bzw. Hygieneplänen gehören ebenso wie die Ausführungen zu Qualifizierungsmaßnahmen für das Personal dazu.

Im Jahr 2011 publizierte eine Arbeitsgruppe der WHO eine ausführliche Erläuterung zur Anwendung des WSP-Konzepts für ständige Wasserverteilungen in Gebäuden (Cunliffe et al. 2011 [20]). Diese Monografie beschäftigt sich mit Trinkwasser-Installationen in allen Gebäuden, in denen Menschen Wasser nutzen oder diesem exponiert sind, aber insbesondere fokussiert es auf öffentliche oder gemeinschaftlich genutzte Gebäude: Krankenhäuser, Schulen, Kindergärten, Altenpflegeheime, (zahn-)medizinische Einrichtungen, Hotels, Sporteinrichtungen, Einkaufszentren, Verkehrsgebäude, aber auch große Wohngebäude. Auch für die Trinkwasser-Installationen auf Kreuzfahrtschiffen wurde inzwischen der Nutzen eines WSP positiv evaluiert (Mouchtouri et al. 2012 [86]).

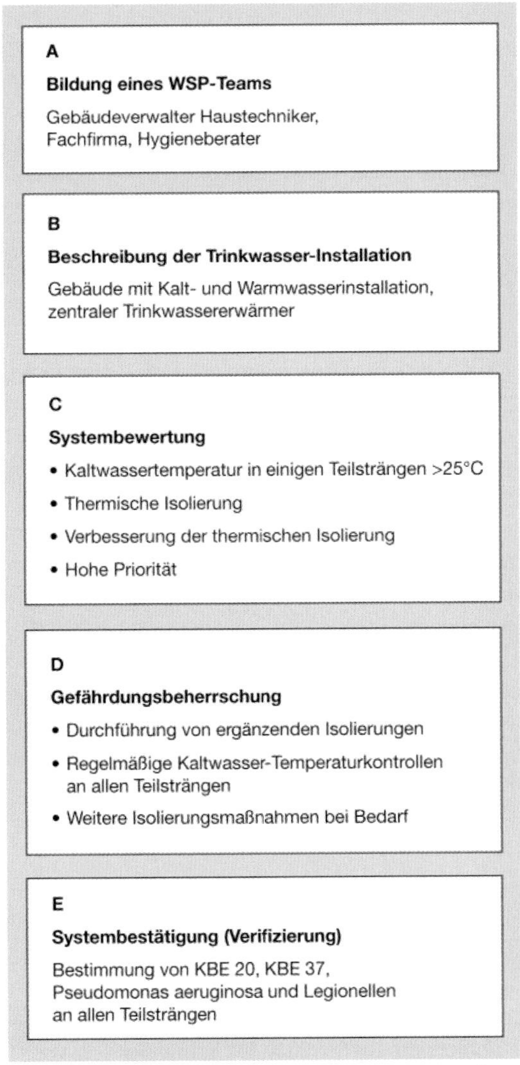

A

Bildung eines WSP-Teams

Gebäudeverwalter Haustechniker, Fachfirma, Hygieneberater

B

Beschreibung der Trinkwasser-Installation

Gebäude mit Kalt- und Warmwasserinstallation, zentraler Trinkwassererwärmer

C

Systembewertung

- Kaltwassertemperatur in einigen Teilsträngen >25°C
- Thermische Isolierung
- Verbesserung der thermischen Isolierung
- Hohe Priorität

D

Gefährdungsbeherrschung

- Durchführung von ergänzenden Isolierungen
- Regelmäßige Kaltwasser-Temperaturkontrollen an allen Teilsträngen
- Weitere Isolierungsmaßnahmen bei Bedarf

E

Systembestätigung (Verifizierung)

Bestimmung von KBE 20, KBE 37, Pseudomonas aeruginosa und Legionellen an allen Teilsträngen

Abb. 2–27 Grundzüge eines Wassersicherheitsplans für die Trinkwasser-Installation von Gebäuden

Das Umweltbundesamt interpretierte die WHO-Empfehlung für Wassersicherheitspläne praktisch als eine „Kette von WSP“, zu der für große, sensible Gebäude ein eigener „Gebäude-WSP“ erstellt wird, deren Entwicklung und Umsetzung in der Verantwortung des Gebäudeeigentümers liegt (Schmoll und Chorus 2007 [105]). Dies hält das Umweltbundesamt für angezeigt, weil aufgrund der Nutzergruppen oder Nutzungen der Sicherstellung der Trinkwasserqualität besondere Bedeutung zukommt, und für realistisch, weil die Verantwortlichkeiten klar definiert sind und die Organisation und Einbeziehung der notwendigen externen Expertise möglich und zumutbar erscheint. Vor diesem Hintergrund wurde vom Umweltbundesamt ein vergleichendes Pilotprojekt durchgeführt, um an vier verschiedenen Objektarten (Krankenhaus, Altenpflegeheim, Industriegebäude, Schule) die Eignung von Wassersicherheitsplänen für Gebäude zu erproben (Hentschel 2012 [61], UBA 2012b [118]). Das Umweltbundesamt (2012b) [118] empfiehlt, die Umsetzung des WSP-Konzeptes für Gebäude aktiv zu fördern.

Ein WSP für die Trinkwasser-Installation eines Gebäudes („Gebäude-WSP“) folgt den allgemeinen Prinzipien für die Erstellung von Wassersicherheitsplänen (Abb. 2–27). Zunächst muss ein WSP-Team gebildet werden (Phase A). Dieses umfasst den Gebäudeverantwortlichen, den Haustechniker, Vertreter von Wartungsunternehmen, einen Vertreter der Gebäudenutzer, und gegebenenfalls – zumindest temporär – auch einen beratenden Hygieniker. Der Bestandsaufnahme der Trinkwasser-Installation (Phase B) folgt die Aufdeckung möglicher Gefährdungen (Phase C). Das können zum Beispiel problematische Werkstoffe (Blei), Auffälligkeiten hinsichtlich Färbung oder Geruch des Trinkwassers, Stagnationsprobleme (etwa bei saisonaler Nutzung von Gebäudeabschnitten), Probleme mit der Einhaltung von Temperaturvorgaben für PWC und PWH oder auch besonders sensible Nutzungen des Trinkwassers, etwa in medizinischen Einrichtungen, sein.

Vorwort Inhaltsverzeichnis | Strukturgeber Gebäudetechnik | **Prozessziel Trinkwassergüte** | Planung und Betrieb 4.0 | Energieperformance | Rechtliche Herausforderungen | Index

Anschließend wird geprüft, welche Maßnahmen ergriffen wurden, um die jeweilige Gefährdung zu beherrschen (Phase D). Der Auflistung von (möglichen) Gefährdungen und bereits ergriffenen Maßnahmen werden weitergehende Maßnahmen zur Beherrschung der jeweiligen Gefährdung gegenübergestellt. Diese können baulich-technischer, betrieblicher oder auch nutzungsspezifischer Art sein. Wenn erforderlich, werden diese ergänzenden Maßnahmen nach Priorität gelistet und in dieser Form zum Beispiel der Investitionsplanung zugeführt. In der Phase der Gefährdungsbeherrschung muss der Effekt neu implementierter Maßnahmen laufend überprüft werden. Die Verifizierung des Prozesserfolgs (Phase E) erfolgt dann unter Einbeziehung klassischer Endpunktkontrolle, zum Beispiel durch die hygienisch-mikrobiologische Untersuchung des Trinkwassers auf Legionellen.

Der WSP umfasst stets auch flankierende qualitätssicherende Elemente. Alle Personen, die mit dem Betrieb der Trinkwasser-Installation zu tun haben, müssen geschult und durch Standardarbeitsanweisungen unterstützt werden. Das kann sich auf komplexere technische Zusammenhänge, wie etwa den sachgerechten Betrieb einer Enthärtungsanlage, aber auch auf nutzerseitig hygienegerechtes Verhalten wie etwa das Spülen von Entnahmestellen beziehen. Alle Aktivitäten rund um den Gebäude-WSP werden sorgfältig dokumentiert. Ein Gebäude-WSP soll den Betreibern von Trinkwasser-Installationen auch helfen, strafrechtliche und ökonomische Risiken zu reduzieren (UBA 2012b [118]). Das Gebäude-WSP ist keinesfalls als Ersatz für das Technische Regelwerk, das sehr umfangreich, aber auch fraktioniert ist, sondern als Ergänzung (UBA 2012b [118]), als Ordnungs- und Organisationsinstrument zu sehen.

Nach Einschätzung des Umweltbundesamtes (2012b) [118] sollte die Umsetzung des WSP-Konzeptes für Gebäude zunächst von den Gebäudebetreibern auf freiwilliger Basis erfolgen. Dieser Prozess macht Fortschritte. Bereits ab 2004 wurde am Universitätsklinikum Greifswald ein konkreter Gebäude-WSP etabliert, wahrscheinlich der erste in Deutschland (Universitätsklinikum Greifswald 2007 [120]). Ziel war die Prävention wasserübertragener Krankenhausinfektionen, insbesondere Legionellose und Pseudomonas-Infektionen. Andere Kliniken folgten dem Greifswalder Beispiel, etwa das Lubinus Clinicum Kiel mit knapp 200 Patientenbetten. Auch dort wurden, auf der Grundlage einer exakten Erfassung der Trinkwasser-Installation und anschließender Systembewertung, Maßnahmen zur Gefährdungsbeherrschung implementiert. Für Havariefälle wurde ein Krisenstab eingerichtet, zu dem Haustechniker, Hygienefachkraft, Sanitärunternehmen sowie Fachunternehmen für chemische Desinfektion und Gesundheitsamt gehören[11]. In deutschsprachige Referenzwerke der Krankenhaus- und Praxishygiene ist das Konzept des Gebäude-WSP für Kliniken als empfohlenes Instrument zum Erhalt der Trinkwassergüte aufgenommen worden (Kramer et. al. 2011 [76]). Und die AG Krankenhaushygiene des brandenburgischen Gesundheitsministeriums empfiehlt inzwischen ausdrücklich, dass Krankenhäuser und Vorsorge- oder Rehabilitationseinrichtungen einen Wassersicherheitsplan erstellen sollten (MASGF Brandenburg 2015 [80]).

Für die erfolgreiche Etablierung von Gebäude-WSPs bedarf es unterstützender Angebote durch Fachverbände und Fortbildungswerke, der Entwicklung und kostenlosen Bereitstellung IT-basierter Arbeitshilfen sowie der Einrichtung einer Internetplattform. Im Verlauf des oben erwähnten UBA-Projektes wurde eine eigene Software entwickelt und erprobt. Die großen Vorteile der Software-Nutzung bestehen in der Übersichtlichkeit, den diversen Hilfsfunktionen, der leichten Handhabung, der lückenlosen Dokumentation sowie der Berichtsfunktion (hierzu ausführlich Hentschel 2012 [61]). Ein weiterer wichtiger Baustein zur nachhaltigen Beförderung des Gebäude-WSPs ist die Schaffung eines Zertifizierungssystems, inklusive der Schaffung von Zertifizierungsgrundlagen, Auditierungskapazität und -kompetenz (UBA 2012b [118]).

11 Vortrag H. Träger, Technischer Leiter Lubinus Clinicum Kiel, 35. Dt. Krankenhaustag, Düsseldorf 2012.

Perspektivisch empfiehlt das Umweltbundesamt (2012a) [117] die regulatorische Verankerung von Gebäude-WSP in der Trinkwasserverordnung. Einerseits könnte Gesundheitsämtern explizit die Möglichkeit eingeräumt werden, unter besonderer Berücksichtigung der Umstände des Einzelfalls einen Gebäude-WSP anzuordnen. Alternativ oder ergänzend könnte eine generelle Anforderung in die Trinkwasserverordnung aufgenommen werden, die Betreiber „sensibler Gebäude" mit höchster hygienischer Relevanz (insbesondere Krankenhäuser und andere medizinische Einrichtungen, Altenpflegeheime) verpflichtet, Gebäude-WSP zu entwickeln und umzusetzen.

Die systematische Vorgehensweise von der Systembeschreibung über die Systembewertung zur Systembeherrschung stellt zweifellos eine wertvolle Klammer des WSP-Konzepts dar, in welche sich viele Elemente der deutschen Trinkwassersicherung mühelos integrieren lassen. Die prospektive Gefährdungsanalyse und das Risikomanagement jedoch sind innovative, bisher nicht implementierte Prozesselemente.

5.2 Trinkwasserökologisch fundierte Sollwerte für den WSP

Der trinkwasserökologische, im Wirkkreis der Trinkwassergüte visualisierte Ansatz erweist sich als sehr geeignet, um das WSP-Konzept zu komplementieren und trinkwasserökologisch begründete Sollwerte für die kritischen Kontrollpunkte im Rahmen der Prozessüberwachung bereitzustellen. Die angegebenen Sollwerte (**Abb. 2–28**) basieren, wie ausführlich dargestellt wurde, auf dem gültigen Regelwerk (Wasseraustausch, Temperatur), aus veröffentlichten theoretischen Überlegungen und empirischen Untersuchungen (Durchströmung, Nährstoffe) sowie aus eigenen empirischen Studien (Wasseraustausch, Temperatur, Nährstoffe).

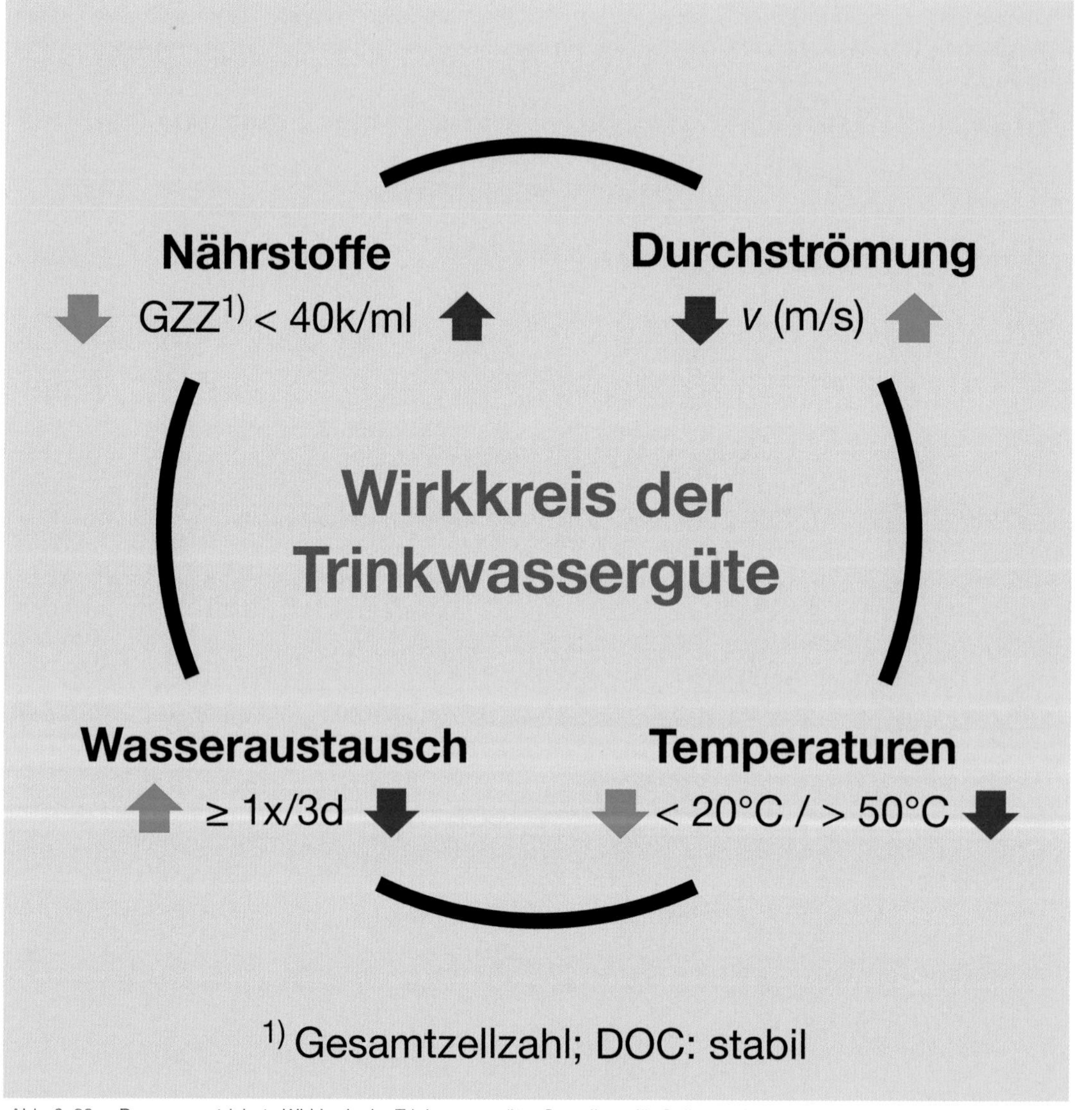

Abb. 2–28 Der parametrisierte Wirkkreis der Trinkwassergüte: Grundlage für Sollwerte kritischer Kontrollpunkte in Wassersicherheitsplänen für Trinkwasser-Installationen von Gebäuden

Zwischen den einzelnen Faktoren besteht ein dynamischer Zusammenhang wechselseitig kompensatorischer Wirkung. So konnte empirisch belegt werden, dass eine PWH-Temperaturabsenkung unter den kritischen Wert von 55 °C in gewissem Umfang sowohl durch Optimierung der Wasserdynamik (siehe Kap. 4.3) als auch durch Kontrolle des Nährstoffangebots (siehe Kap. 4.4) kompensiert werden kann, sodass die Vermehrung von Legionellen in der Trinkwasser-Installation vermieden werden kann. Zudem stehen die ökologischen Faktoren nicht isoliert nebeneinander, sondern beeinflussen sich auch wechselseitig. So wirken etwa Wasseraustausch und Durchströmung auf das Nährstoffangebot, wie oben erläutert wurde (Kap. 3.2).

In der Planung sollte eine der Erhaltung der Trinkwassergüte zuträgliche Dimensionierung von Trinkwasser-Installationen, welche die Beherrschbarkeit der Wirkkreisfaktoren angemessen berücksichtigt, also zwischen schwer steuerbaren Einzelwohnungslösungen einerseits und hydraulisch schwer beherrschbaren Großanlagen andererseits, angestrebt werden.

Für den ausführenden Installateur hängt, ganz im Sinne des Zusammenspiels der Wirkkreis-Faktoren, der Erhalt der Trinkwassergüte insbesondere von der Art der Leitungsführung auf den „letzten Metern" vor jeder Entnahmestelle ab, sodass dieser Wasserinhalt bei regulären Nutzung (VDI 6023 [123]: min. 1x/3h, siehe Wirkkreis) immer komplett ausgetauscht wird. Dabei sollte auch darauf geachtet werden, dass dauerhaft bei Stagnation immer die Abkühlung von Trinkwasser warm bzw. die Erwärmung von Trinkwasser kalt auf unter 25 °C erfolgt. Rohrleitungen für PWC sollten deshalb generell nicht im thermischen Einflussbereich von zirkulierenden Leitungen für PWH oder anderen Wärmequellen geplant werden.

Das Prozessziel Trinkwassergüte gemäß Wirkkreis ist das Ergebnis des Zusammenspiels hygienegerechter Temperaturführung, optimaler Rohrnetzhydraulik und regelkonformer Anlagennutzung. Sensorik und Aktorik mit digitaler Fernüberwachung der hygienerelevanten Parameter für Betrieb und Wartung (Online-Monitoring) können die Erreichung dieses Prozessziels über die gesamte Nutzungszeit einer Trinkwasser-Installation effektiv und ganz im Sinne des Wassersicherheitsplans unterstützen. Hierzu bedarf es innovativer, digitalfähiger Komponenten und Funktionen auf der Hardwareseite der technischen Gebäudeausrüstung, welche Informationen zu den Wirkgrößen Durchströmung, Wasseraustausch, Temperaturen und Nährstoffen aus dem Wirkkreis der Trinkwassergüte mit ausreichend hoher zeitlicher und räumlicher Auflösung erfassen, auswerten, interpretieren und intelligent steuern.

Diese Ansätze gehen konzeptionell weit über dezentrales Hygiene-Monitoring von Temperatur und Wasseraustausch (Kistemann 2014 [73]) hinaus. Sie sind die Schnittstelle zum Industrie 4.0-Prozess, der umfassenden, vernetzenden Digitalisierung industrieller Produktion (Kagermann et al. 2011 [68]), der seine Analogie in „Wasser 4.0" (Thamsen und Mitchel 2016 [112], Schodorf 2017 [106]) bzw. der „Trinkwasser-Installation 4.0" findet. Damit begründen die Ansätze auch den Anschluss des Themas Trinkwassergüte an Planung, Ausführung und Bewirtschaftung von Gebäuden mittels BIM (Building Information Modeling).

5.3 Bereitstellung von Trinkwasser hoher Güte: eine anspruchsvolle Aufgabe

5.3.1 Bestimmungsgemäßer und hygienegerechter Betrieb

Mit der Abnahme und Übernahme der Trinkwasser-Installation gehen Organisationshaftung und Verkehrssicherungspflicht auf den Betreiber der Anlage über. Er haftet ab diesem Zeitpunkt für Risiken, die aus dem Betrieb der Trinkwasser-Installation resultieren können und muss sicherstellen, dass der Betrieb bestimmungsgemäß erfolgt. Er hat die Pflicht, die notwendigen und zumutbaren Vorkehrungen zu treffen, um Schäden anderer zu verhindern; andernfalls drohen Schadensersatzansprüche.

Bestimmungsgemäßer Betrieb einer Trinkwasser-Installation ist an eine Reihe von wesentlichen Voraussetzungen gebunden (VDI/DVGW 6023, 2013 [123]):

- regelmäßige, sachkundige Instandhaltung,
- Schutz des Trinkwassers vor Verunreinigungen durch Sicherungseinrichtungen zur Verhütung von Trinkwasserverunreinigungen durch Rückfließen,
- keine Verbindung mit Nicht-Trinkwasser-Installationen,
- Einhaltung der spezifisch festgelegten Temperaturgrenzen für PWC und PWH,
- Vermeidung von hygienisch kritischen Stagnationen durch Nichtnutzung (> 3 Tage).

Zweifellos nehmen die Anforderungen an den Betreiber bezüglich des bestimmungsgemäßen und hygienegerechten Betriebs ständig zu und werden anspruchsvoller. Dies hängt einerseits damit zusammen, dass die Nutzungsgewohnheiten anspruchsvollere Lösungen verlangen: Hohe Mobilität mit längeren Abwesenheiten sowie steigende Wohnflächen- und Komfortansprüche können etwa Stagnationsrisiken erhöhen; höheres Alter der Nutzer erhöht deren Anfälligkeit für wasserübertragene Infektionen. Andererseits nehmen Komplexität der Trinkwasser-Installationen und damit Wartungs-, Inspektions- und Instandsetzungsanforderungen weiter zu, etwa durch die Integration von UFC-Technologie, durch Prozess-optimierende Sensorik und Aktorik mit digitaler Fernüberwachung und -steuerung sowie durch Anforderungen, welche sich aus der Implementierung von Wassersicherheitsplänen in Gebäuden ergeben.

5.3.2 Hygienegerechte Instandhaltung

Die Sicherstellung eines hygienegerechten Betriebs gemäß VDI/DVGW 6023 (2013) [123] beginnt während der Planung. Bereits in der Phase der Ausführungsplanung sind Betriebsanleitungen und Instandhaltungspläne für alle Trinkwasser-Installationen zu erstellen. Die Betriebsanleitung muss Angaben zur Funktionskontrolle, zu Not- und Entstördiensten sowie eine Auflistung aller Verschleißteile und Aufbereitungsstoffe enthalten. Der Instandhaltungsplan enthält für alle relevanten Komponenten der Trinkwasser-Installation Angaben zu den erforderlichen Inspektionsmaßnahmen und -intervallen sowie Wartungsmaßnahmen und -intervallen. Für alle Komponenten werden Instandhaltungsklassen festgelegt. Hygienegerechter Betrieb, der aus dem Betrieb einer Trinkwasser-Installation resultierende Gesundheitsrisiken minimiert, setzt regelmäßige, sachkundige Instandhaltung notwendig voraus.

Instandhaltung umfasst verschiedene Interventionsformen: Um einem Mangel vorzubeugen und Gefährdungen zu vermeiden, werden in regelmäßigen Intervallen präventive Wartungsarbeiten (Reinigung, Austausch von Verschleißteilen, Ersatz von Apparaten) durchgeführt. Um etwaige Abweichungen von einem definierten Sollzustand und Ursachen für einen etwaigen Mangel zu erkennen, werden ebenfalls in regelmäßigen Intervallen Inspektionen (Besichtigung, Prüfung, Messung etc.) durchgeführt. Festgestellte Abweichungen von einem definierten Sollzustand werden durch Instandsetzungsarbeiten (Austausch, Reparatur, Reinigung etc.) korrigiert. Verbesserungen schließlich umfassen Arbeiten, die den hygienischen Zustand einer Trinkwasser-Installation verbessern (Rückbau, verbesserte Apparate, Messinstrumente, Dämmung etc.).

5.3.3 Schulung zu hygienegerechtem Arbeiten

Planung, Errichtung, Inbetriebnahme und auch Betrieb von Trinkwasser-Installationen setzen trinkwasserhygienische Kenntnisse unterschiedlichen Umfangs voraus. Deshalb sieht VDI/DVGW 6023 (2013) [123] Hygieneschulungen der Kategorien A (für planende und verantwortlich errichtende Tätigkeiten), B (für errichtende und instand haltende Tätigkeiten) sowie C (für Betreiben und Nutzen einer Trinkwasser-Installation) vor. Diese Schulungen umfassen den jeweiligen Anforderungen angepasste Lektionen. Die umfänglichste Kategorie A mit 15 Unterrichtsstunden thematisiert Grundlagen der Trinkwasserhygiene, gesundheitliche Aspekte, Problemzonen der Hygiene und Instandhaltung von Trinkwasser-Installationen, Messverfahren für physikalische und mikrobiologische Parameter sowie maßgebende Gesetze, Vorschriften und technische Regeln. Gesundheitliche Aspekte werden in Kategorie B bei acht Unterrichtsstunden nicht vermittelt, Schulungen der Kategorie C konzentrieren sich bei 60 Minuten Unterrichtsumfang ganz auf praktische Aspekte.

5.3.4 Betrieb von Trinkwasser-Installationen als externe Dienstleistung

Bereits in VDI/DVGW 6023 (2013) [123] wird empfohlen, die Instandhaltung der Trinkwasser-Installation durch einen Instandhaltungsvertrag mit einem Fachbetrieb sicherzustellen, wenn nicht adäquat ausgebildetes eigenes Fachpersonal verfügbar ist. Vor dem Hintergrund der geschilderten steigenden Anforderungen an den Betreiber von Trinkwasser-Installationen ist es möglicherweise in Zukunft für Betreiber großer Trinkwasser-Installationen grundsätzlich eine sinnvolle Option, nicht nur Planung und Errichtung seiner Trinkwasser-Installation Fachleuten zu überlassen, sondern auch die anschließende Betriebsphase mit allen Verantwortlichkeiten und Instandhaltungserfordernissen in professionelle Hände zu geben.

Diese müssen dann Personal vorhalten, welches entsprechend den Anforderungen nach VDI/DVGW 6023 [123] qualifiziert ist. Ergänzende Qualifikationsstufen (z. B. Kategorien B+ oder C+), deren Erfordernis sich aus neuen Anforderungen ergibt (z. B. Wassersicherheitsplan, UFC-Technologie) können entsprechend definiert werden. Auf diese Weise kann eine lebenslange qualifizierte Begleitung der Trinkwasser-Installation gewährleistet werden.

6 Resümee und Ausblick

Vielfältige technische Entwicklungen, Fortschritte der Trinkwasserhygiene und ein umfassendes technisches Regelwerk haben maßgeblich dazu beigetragen, dass in den zurückliegenden 150 Jahren die Trinkwassergüte kontinuierlich verbessert werden konnte. Dies dient der Erhaltung der menschlichen Gesundheit als oberstem Schutzziel der Trinkwasserverordnung: Trinkwasser muss so beschaffen sein, dass durch seinen Genuss oder Gebrauch eine Schädigung der menschlichen Gesundheit nicht zu besorgen ist.

Heute sind moderne Trinkwasser-Installationen, nicht nur in Funktions-, sondern auch in Wohngebäuden, höchst komplexe Konstruktionen, die Wasser für unterschiedliche Nutzungen bereitstellen, welches von Menschen genutzt wird, die aufgrund des demografischen Wandels in zunehmender Zahl eine erhöhte Anfälligkeit auch gegenüber umweltbedingten Infektionen aufweisen. In derartigen Trinkwasser-Installationen kann Trinkwasser sich aber sowohl in chemischer als auch in hygienisch-mikrobiologischer Hinsicht nachteilig verändern; relevante Krankheitserreger können sich dort vermehren. Die Feststellung der Genusstauglichkeit am Übergabepunkt zur Trinkwasser-Installation (Hauswasseranschluss) erlaubt insofern keine sichere Aussage über die Qualität des Trinkwassers am Entnahmepunkt des Verbrauchers.

Nicht nur Krankheitserreger fäkalen Ursprungs, sondern auch nicht-fäkale Erreger der autochthon-aquatischen Flora, insbesondere Legionellen, werden über das Trinkwasser übertragen. Diese können sich in der Trinkwasser-Installation bei günstigen ökologischen Bedingungen vermehren und werden durch die klassischen Indikatorbakterien nicht angezeigt. Temperatur, Wasseraustausch, Durchströmung und Nährstoffangebot sind wesentliche und dabei stets zusammenwirkende Einflussgrößen auf die Trinkwasserökologie und damit die hygienisch-mikrobiologische Stabilität und Trinkwasserqualität. Der Wirkkreis der Trinkwassergüte fasst diese vier Stellgrößen zusammen.

Die klassisch-kulturellen Untersuchungsverfahren des Trinkwassers bilden nur einen Bruchteil dessen ab, was an Mikroorganismen in einer Trinkwasser-Installation lebt. Die meisten Bakterien befinden sich gar nicht in der aquatischen Phase, sondern haften in Biofilmen den Oberflächen der Trinkwasser-Installation an; und nur teilweise sind sie überhaupt kultivierbar, da ein erheblicher Anteil sich in einem Zustand reduzierter Aktivität befindet (VBNC – viable but nonculturable), in dem er zum Beispiel ungünstige ökologische Bedingungen überdauern kann, um später wieder in eine vermehrungsfähige und auch pathogene Form überzutreten.

Aus epidemiologischen Untersuchungen lässt sich ableiten, dass etwa 5% der Bevölkerung im Laufe ihres Lebens in Kontakt mit Legionellen in so hoher Konzentration treten, dass eine immunologische Reaktion ausgelöst wird. Der Trinkwasser-Installation in Gebäuden wird für das Infektionsgeschehen eine relevante Bedeutung beigemessen. Die Mechanismen, welche zu Legionella-Infektionen durch Trinkwasser-Installationen im häuslichen Umfeld führen, sind allerdings bislang nicht abschließend geklärt. Für den Übertragungsweg Dusche ist unter anderem bedeutsam, wie sich die Legionella-Konzentrationen in Wasser und umgebendem Aerosol zueinander verhalten; wie lange die Legionellen vor ihrer Sedimentation in der Luft bleiben; wie lange sie im Aerosol überleben; wie viele Legionellen bei durchschnittlicher Atmung, in Abhängigkeit von ihrer Konzentration im Aerosol und der Duschdauer, die Lungen des Duschenden erreichen; wie hoch die infektiöse Dosis in Abhängigkeit vom Allgemeinzustand des Exponierten ist. Auch der räumliche Abstand zum Duschkopf und die daraus ableitbare Volumenkonzentration des Aerosols unterliegen individueller Variabilität und Dynamik.

Die Auswertung großer Datensätze konnte zeigen, dass der Einfluss der Temperatur auf das Vorkommen von Legionellen in der Warmwasserzentrale von Trinkwasser-Installationen stark ist, und dass die Temperaturen, welche im technischen Regelwerk gefordert werden, sich für Bestandsinstallationen als kritische Werte zum Ausschluss einer Legionellen-Kontamination in der Zentrale bestätigen. In der Peripherie hingegen ist der Zusammenhang von Legionellen-Konzentration und Temperatur deutlich schwächer. Das deutet darauf hin, dass dort, relativ weit entfernt von der zentralen Warmwassererwärmung, in den teils weit verzweigten Leitungsnetzen der Trinkwasser-Installation, andere Faktoren an Einfluss gewinnen. Einer der wesentlichen Faktoren ist Zeit, welche den Legionellen zur Vermehrung zur Verfügung steht. Sie hängt in der Wasserphase eng mit der Länge und der Rohrdimension (= Wasservolumen) sowie der Art der Entnahmearmatur (Mindestdurchfluss) und dem Nutzerverhalten (Stagnation) zusammen.

Energieeffizienz, Energieeinsparung, Einsatz regenerativer Energien, Ressourcenschonung sowie Klimaschutz einerseits und Trinkwasserhygiene andererseits stehen seit einiger Zeit in einem Zielkonflikt: Die ambitionierten deutschen Klimaschutzziele können nur erreicht werden, wenn bei der PWH-Bereitstellung der Energiebedarf durch Temperaturabsenkung substanziell gesenkt wird. Wenn aber bei zentraler Trinkwassererwärmung die Temperatur abgesenkt werden soll, dann muss, der Logik des ökologischen Konzepts zum Erhalt der Trinkwassergüte folgend, die daraus möglicherweise resultierende höhere biologische Aktivität und Instabilität durch andere wirksame Faktoren effektiv, nachweislich und zeitlich stabil unterdrückt werden. Das maßgebliche DVGW-Arbeitsblatt W551 [33] räumt explizit die Möglichkeit ein, mit alternativen technischen Maßnahmen und Verfahren das Ziel hygienisch einwandfreien Trinkwassers zu erreichen. Hierzu bietet sich die Ultrafiltration an, die mit dem Ziel der Elimination von Mikroorganismen und Nährstoffen in der Trinkwasser-Installation von Gebäuden eingesetzt wird.

Umfangreiche vergleichende Untersuchungen in zwei großen, baugleichen Wohngebäuden konnten die Wirksamkeit des UFC-Konzepts empirisch bestätigen. Unter der Wirkung einer im Bypass in die PWH-Zirkulation geschalteten UF-Anlage (deshalb UFC) sank die durchflusszytometrisch bestimmte Gesamtzellzahl rasch signifikant ab und auch für den gelösten organischen Kohlenstoff (DOC) als leicht messbaren Nährstoff-Indikator ergab sich ein gleichgerichteter Trend. Aus dieser stabilen Ausgangssituation heraus hatte die PWH-Absenkung um zunächst 5 K keinen negativen trinkwasserhygienischen Effekt. Mit UFC^{EX} steht eine erwiesen funktionstaugliche Technologie zur Verfügung, welche zur Auflösung des Zielkonflikts zwischen Energieeinsparung und Trinkwasserhygiene effektiv beitragen kann.

Noch ist die Technologie aber nicht Bestandteil der allgemein anerkannten Regeln der Technik. Angesichts dieser Situation hat der DVGW Rahmenbedingungen für die hygienisch sichere Erprobung der Ultrafiltration verabschiedet. In Modellprojekten kann damit unter Praxisbedingungen die Leistungsfähigkeit und die Sicherheit des Betriebs von UF-Anlagen zum Zweck der Verhinderung einer Legionellen-Kontamination bei abgesenkten PWH-Temperaturen weitergehend untersucht und nachgewiesen werden.

Der Wassersicherheitsplan (WSP), welcher eine paradigmatische Umorientierung von der Dominanz der Qualitätskontrolle am Endpunkt des Produkts Trinkwasser hin zu einer den gesamten Prozess der Trinkwasserbereitstellung begleitenden Prozesskontrolle darstellt, trägt den Limitationen ausschließlicher Endprodukt-Kontrolle Rechnung und bietet einen geeigneten Rahmen für die Sicherstellung hoher Trinkwasserqualität unter den heutigen und zukünftigen, in jeder Hinsicht anspruchsvollen Bedingungen.

Den Kern von WSPs bilden Systembeschreibung, Systembewertung, Gefährdungsbeherrschung und Systembestätigung, die in einem iterativen Prozess durchlaufen werden. Das Umweltbundesamt empfiehlt, Wassersicherheitspläne für Gebäude aktiv zu befördern und setzt dabei zunächst auf Freiwilligkeit der Betreiber, eine aktiv anregende Rolle der Gesundheitsämter für Gebäude mit festgestelltem Handlungsbedarf und/oder eine rechtsverbindliche Anforderung an Betreiber hygienesensibler Gebäude, einen Gebäude-WSP zu erstellen. Perspektivisch wird vom Umweltbundesamt eine regulatorische Verankerung von Gebäude-WSP angestrebt. Die praktische Einführung von Gebäude-WSP hat in Deutschland bereits vor einigen Jahren in Pilotprojekten begonnen. Sie sind ein zukunftsorientiertes Konzept, um die anspruchsvolle Aufgabe, die Trinkwassergüte in komplexen Trinkwasser-Installationen zu erhalten, fachlich fundiert, systematisch und rechtssicher zu bewältigen.

Der trinkwasserökologische, im Wirkkreis der Trinkwassergüte visualisierte Ansatz ist sehr gut geeignet, um das WSP-Konzept zu komplementieren und trinkwasserökologisch begründete Sollwerte für kritische Kontrollpunkte im Rahmen der Prozessüberwachung bereitzustellen. Zwischen den einzelnen Faktoren (Temperaturen, Wasseraustausch, Durchströmung, Nährstoffe) besteht ein dynamischer Zusammenhang wechselseitig kompensatorischer Wirkung. Zudem stehen die ökologischen Faktoren nicht isoliert nebeneinander, sondern beeinflussen sich auch wechselseitig. So wirken etwa Wasseraustausch und Durchströmung auf das Nährstoffangebot.

Vor dem Hintergrund der steigenden Anforderungen an den Betreiber von Trinkwasser-Installationen ist es möglicherweise in Zukunft für Betreiber großer Trinkwasser-Installationen grundsätzlich eine sinnvolle Option, nicht nur Planung und Errichtung seiner Trinkwasser-Installation Fachleuten zu überlassen, sondern auch die anschließende Betriebsphase mit allen Verantwortlichkeiten und Instandhaltungserfordernissen in professionelle Hände zu geben. Auf diese Weise kann eine lebenslange qualifizierte Begleitung der Trinkwasser-Installation gewährleistet werden.

7 Literatur

[1] Albrechtsen, H. J.: Microbiological investigations of rainwater and graywater collected for toilet flushing. Water Science and Technology 46, (2002), S. 311-316.

[2] Armstrong, T., und C. N. Haas: A quantitative microbial risk assessment model for Legionnaires' Disease: animal model selection and dose-response modeling. Risk Analysis 27/6, (2007), S. 1581-1596.

[3] Arnow, P. M., Chou, T., Weil, D., Shapiro, E. N. und C. Kretzschmar: Nosocomial Legionnaires' disease caused by aerosolized tap water from respiratory devices, Journal of Infectious Diseases 146/4, (1982), S. 460-467.

[4] Bargellini, A., Marchesi, I., Righi, E., Ferrari, A., Cencetti, S., Borella, P. und S. Rovesti: Parameters predictive of Legionella contamination in hot water systems: association with trace elements and heterotrophic plate counts. Water Research 45/6, (2011), S. 2315-2321.

[5] Bauer, M., Mathieu, L., Deloge-Abarkan, M., Remen, T., Tossa, P., Hartemann, P. und D. Zmirou-Navier: Legionella bacteria in shower aerosols increase the risk of Pontiac fever among older people in retirement homes. Journal of Epidemiology & Community Health 62/10, (2008), S. 913-920.

[6] Benölken, J. K., Dorsch, T., Wichmann, K., und B. Bendinger: Praxisnahe Untersuchungen zur Kontamination von Trinkwasser in halbtechnischen Trinkwasser-Installationen. In: Flemming, H. C. (Hrsg.): Vermeidung und Sanierung von Trinkwasser-Kontaminationen durch hygienisch relevante Mikroorganismen aus Biofilmen der Hausinstallation. = Berichte aus dem IWW Rheinisch-Westfälisches Institut für Wasserforschung Band 54, (2010), S. 101-180.

[7] Bihlmaier, B.: Legio-Handbuch Filtration. Legio-Group Walddorfhäslach (2012).

[8] Botzenhart, K. und T. Hahn: Vermehrung von Krankheitserregern im Wasserinstallationssystem. Wasser – Abwasser 130/9, (1989), S. 432-440.

[9] Botzenhart, K.: Mikroorganismen im Trinkwasser. Deutsches Ärzteblatt 93/34-35, (1996), S. 2142-2144.

[10] Brady, M. T.: Nosocomial legionnaires' disease in a children's hospital. Journal of Pediatrics 115, (1989), S. 46-50.

[11] Brandis, H.: Grundzüge der Physiologie von Bakterien. In: Brandis, H., und H. J. Otte (Hrsg.): Lehrbuch der Medizinischen Mikrobiologie. Stuttgart: Fischer, (1984), S.136-143.

[12] Brodale, S., Bäcker, C. und T. Kirchhoff: Das Problem mit der Wärmeübertragung. In: HLH Lüftung/Klima, Heizung/Sanitär, Gebäudetechnik 69/4, (2018), S. 44-47.

[13] Brodhun, B. und U. Buchholz: Legionärskrankheit im Jahr 2011, Epidemiologisches Bulletin 50, (2012), S. 499-506.

[14] Cannon, C. und F. Levi: Immune system in relation to cancer. In: Touitou, Y. und E. Haus (Hrsg.): Biological rhythms in clinical and laboratory medicine. Berlin: Springer, (1994), S. 635-647.

[15] Collier, S. A., Stockman, L. J., Hicks, L. A., Garrison, L. E., Zhou, F. J. und M. J. Beach: Direct healthcare costs of selected diseases primarily or partially transmitted by water. Epidemiology & Infection 140, (2012), S. 2003-2013.

[16] Collins, S., Stevenson, D., Bennett, A. und J. Walker: Occurrence of Legionella in UK household showers. International Journal of Hygiene and Environmental Health 220 (2 Pt B), (2017), S. 401-406.

[17] Costerton, J. W., Lewandowski, Z., D. E. Caldwell, Korber, D.R. und H.M. Lappin Scott: Microbial biofilms. Annual Review of Microbiology 49, (1995), S. 711-745.

[18] Craun, G. F., Brunkard, J. M., Yoder, J. S., Roberts, V. A., Carpenter, J., Wade, T., Calderon, R. L., Roberts, J. M., Beach, M. J. und S. L. Roy: Causes of outbreaks associated with drinking water in the United States from 1971 to 2006. Clinical Microbiology Reviews 23/3, (2010), S.507-28.

Vorwort Inhaltsverzeichnis

Strukturgeber Gebäudetechnik

Prozessziel Trinkwassergüte

Planung und Betrieb 4.0

Energieperformance

Rechtliche Herausforderungen

Index

[19] Crimi, P., Macrina, G., Grieco, A., Tinteri, C., Copello, L., Rebora, D., Galli, A. und R. Rizzetto: Correlation between Legionella contamination in water and surrounding air, Infection Control And Hospital Epidemiology 27/07, (2006), S. 771-773.

[20] Cunliffe, D., Bartram J., Briand, E., Chartier, Y., Colbourne, J., Drury, D., Lee, J., Schaefer, B., und S. Surman-Lee (Hrsg.): Water safety in buildings. Frankreich: World Health Organization, (2011).

[21] De Filippis, P., Mozzetti, C., Amicosante, M., D'Alò, G.L., Messina, A., Varrenti, D., Giammattei, R., Di Giorgio, F., Corradi, S., D'Auria, A., Fraietta, R. und R. Gabrieli: Occurrence of Legionella in showers at recreational facilities. Journal Of Water And Health 15/3 (2017), S. 402-409.

[22] DESTATIS – Statistisches Bundesamt: Ältere Menschen in Deutschland und der EU. Wiesbaden, (2016).

[23] DIN 1988-100: Technische Regeln für Trinkwasser-Installationen – Teil 100: Schutz des Trinkwassers, Erhaltung der Trinkwassergüte; Technische Regeln des DVGW. Berlin: Beuth, (August 2011).

[24] DIN 1988-200: Technische Regeln für Trinkwasser-Installationen – Teil 200: Installation Typ A (geschlossenes System) – Planung, Bauteile, Apparate, Werkstoffe; Technische Regel des DVGW. Berlin: Beuth, (Mai 2012).

[25] DIN 1988-300: Technische Regeln für Trinkwasser-Installationen – Teil 300: Ermittlung der Rohrdurchmesser; Technische Regeln des DVGW. Berlin: Beuth, (Mai 2012).

[26] DIN EN 15975-2: Sicherheit der Trinkwasserversorgung – Leitlinien für das Risiko- und Krisenmanagement - Teil 2: Risikomanagement. Berlin: Beuth, (Dezember 2013).

[27] DIN EN 1717: Schutz des Trinkwassers vor Verunreinigungen in Trinkwasser-Installationen und allgemeine Anforderungen an Sicherheitseinrichtungen zur Verhütung von Trinkwasserverunreinigungen durch Rückfließen. Berlin: Beuth, (August 2011).

[28] DIN EN 806-1:Technische Regeln für Trinkwasserinstallationen Teil 1: Allgemeines. Berlin: Beuth, (2001).

[29] DIN EN 806-2: Technische Regeln für Trinkwasser-Installationen Teil 2: Anforderungen an Bauteile, Apparate und Werkstoffe. Berlin: Beuth, (2005).

[30] DIN EN 806-5: Technische Regeln für Trinkwasser-Installationen Teil 5: Betrieb und Wartung. Berlin: Beuth, (April 2012).

[31] DIN EN 14652: Anlagen zur Behandlung von Trinkwasser innerhalb von Gebäuden Membranfilteranlagen - Anforderungen an Ausführung, Sicherheit und Prüfung. Berlin: Beuth, 2007.

[32] Dong, X., Jochmann, M.A., Elsner, M., Meyer, A.H., Bäcker, L. E., Rahmatullah, M., Schunk, D., Lens, G., und R.U. Meckenstock: Monitoring Microbial Mineralization Using Reverse Stable Isotope Labeling Analysis by Mid-Infrared Laser Spectroscopy. Environmental Science & Technology 51, (2017), S.11876-11883.

[33] DVGW: Technische Regel Arbeitsblatt W 551: Trinkwassererwärmungs- und Trinkwasserleitungsanlagen; Technische Maßnahmen zur Verminderung des Legionellenwachstums. Planung, Errichtung, Betrieb und Sanierung von Trinkwasser-Installationen. Bonn, (2004).

[34] DVGW: DVGW-Information Wasser Nr. 74. Hinweise zur Durchführung von Probenahmen aus der Trinkwasser-Installation für die Untersuchung auf Legionellen. Bonn, (2012a).

[35] DVGW: twin Nr. 06. Durchführung der Probenahme zur Untersuchung des Trinkwassers auf Legionellen (ergänzende systemische Untersuchung von Trinkwasser-Installationen). DVGW energie | wasser-praxis Nr. 01, (2012b).

[36] DVGW Technische Regel Arbeitsblatt W 270: Vermehrung von Mikroorganismen auf Werkstoffen für den Trinkwasserbereich – Prüfung und Bewertung. Bonn, (2007).

[37] DVGW: Technische Regel Arbeitsblatt W 290 (A): Trinkwasserdesinfektion; Einsatz- und Anforderungskriterien. Bonn, (2018).

[38] DVGW: Technische Regel Arbeitsblatt W 213-5 (A): Filtrationsverfahren zur Partikelentfernung; Teil 5: Membranfiltration. Bonn, (2013).

[39] ECDC (European Centre for Disease Prevention and Control): Surveillance Report Legionnaires' disease in Europe 2015. Stockholm, (2017).

[40] EG (Europäische Gemeinschaft): Richtlinie 98/83/EG des Rates vom 3. November 1998 über die Qualität von Wasser für den menschlichen Gebrauch. Amtsblatt der Europäischen Gemeinschaften L330, S. 32-54.

[41] Europäische Kommission: Vorschlag für eine Richtlinie des Europäischen Parlaments und des Rates über die Qualität von Wasser für den menschlichen Gebrauch (Neufassung). Brüssel, (2018).

[42] Exner, M. und C. Koch: Strategien zur Kontrolle mikrobiologischer Risiken in Roh- und Trinkwasser. In: Hygiene in Krankenhaus und Praxis. Hygiene in ambulanten und stationären medizinischen und sozialen Einrichtungen. Ergänzungslieferung 4/11,16, (2011).

[43] Exner, M. und T. Kistemann: Bedeutung der Verordnung über die Qualität von Wasser für den menschlichen Gebrauch (Trinkwasserverordnung 2001) für die Krankenhaushygiene. Bundesgesundheitsblatt 47, (2004), S. 384-391.

[44] Exner, M., Kramer, A., Kistemann, T., Gebel, J. und S. Engelhart: Wasser als Infektionsquelle in medizinischen Einrichtungen, Prävention und Kontrolle. Bundesgesundheitsblatt 50, (2007), S. 1-10.

[45] Exner, M., Suchenwirth, R., Pleischl, S., Kramer, A., Eikmann, T., Nissing, W., Hartemann, P., Koch, C., Teichert-Barthel, U., Heudorf, U. und S. Engelhart: Memorandum zu dem Legionellen-Ausbruch in Ulm 2010 aus Sicht von Hygiene und Öffentlicher Gesundheit. Umweltmedizin in Forschung und Praxis 15/1, (2010), S. 43-57.

[46] Exner, M., und G. J. Tuschewitzky: Indikatorbakterien und fakultativ-pathogene Mikroorganismen im Trinkwasser. Hygiene und Medizin 12/11, (1987), S. 514-521.

[47] Exner, M., Vacata, V. und J. Gebel: Public health aspects of the role of HPC – an introduction. In: Bartram J, Cotruvo J., Exner M., Fricker C. und A. Glasmacher (Hrsg.): Heterotrophic Plate Counts and Drinking-water Safety. The Significans of HPCs for Water Quality and Human Health. United Kingdom: IWA Publishing, (2003), S. 12-19.

[48] Exner, M: Verhütung, Erkennung und Bekämpfung von Legionellen-Infektionen im Krankenhaus. Forum Städte-Hygiene 42, (1991), S. 178-191.

[49] FAO/WHO: Codex Alimentarius. FAO/WHO food standards. CAC-RCP 1-1969 General Principles of Food Hygiene. Revision April 2003. Abrufbar unter: http://www.codexalimentarius.org/standards/list-of-standards/en. 22.06.2014.

[50] Flemming, H.-C., Bendinger, B., Exner, M., Gebel, J. Kistemann, T., Schaule, G., Szewzyk, U. und J. Wingender: Erkenntnisse aus dem BMBF-Verbundprojekt „Biofilme in der Trinkwasser-Installation". 2. Version, (2010).

[51] Flemming, H.C., Wingender, J., Szewzyk, U., Steinberg, P., Rice, S.A. und S. Kjelleberg: Biofilms: an emergent form of bacterial life. Nature reviews. Microbiology 14/9, (2016), S. 563-75.

[52] Flemming, H.-C. und. J. Wingender: Biofilme – die bevorzugte Lebendform der Bakterien. Biologie in unserer Zeit 31/3, (2001), S. 169-180.

[53] Frankland P. und P. Frankland: Microorganisms in water. Their significance, identification and removal. London & New York: Longmans, Green and Co., (1894).

[54] Fraser, D.W., Tsai, T.R., Orenstein, W., Parkin, W.E., Beecham, H.J., Sharrar R.G., Harris, J., Mallison, G.F., Martin, S.M., McDade, J.E., Shepard, C.C. und P.S., Brachman: Legionaires' disease: description of an epidemic of pneumonia. New England Journal of Medicine 297/22, (1977), S. 1189-1197.

[55] Gasper, H., Oechsle, D., und E. Pongratz: Handbuch der industriellen Fest-/Flüssig-Filtration. Weinheim: Wiley-VCH Verlag, (2000).

[56] Glick, T.H., Gregg, M.B., Berman, B., Mallison, G., Rhodes, W.W. Jr. und I. Kassanoff: Pontiac fever. An epidemic of unknown etiology in a health department: I. Clinical and epidemiologic aspects. American Journal of Epidemiology 107/2, (1978), S. 149-60.

[57] Gollnisch, C. und A. Gollnisch: Praktische und juristische Aspekte zum Vorkommen von Legionellen in Trinkwasser-Installationen. Bundesgesundheitsblatt 54, (2011), S. 709-716.

Vorwort Inhaltsverzeichnis

Strukturgeber Gebäudetechnik

Prozessziel Trinkwassergüte

Planung und Betrieb 4.0

Energieperformance

Rechtliche Herausforderungen

Index

[58] Hank, M.: Trinkwasseraufbereitung nach neuestem Regelwerk. Sicherheitsgewinn: Ultrafiltration ist Energie sparend und wird sowohl in Wasserwerken als auch in Gebäuden eingesetzt. wwt-online 7-8, (2013), S. 8-11.

[59] Havelaar, A.H.: Application of HACCP to drinking water supply. Food Control 5/3 (1994), S. 145-152.

[60] Hentschel, W.: Überlegungen zur Wahl der Probenahmestellen bei orientierenden Untersuchungen auf Legionellen nach TrinkwV 2001. Energie-Wasser-Praxis 2, (2016), S. 40-45.

[61] Hentschel, W.: Trinkwasserhygiene im Bestand. In: Kistemann, T., Schulte, W., Rudat, K., Hentschel, W. und D. Häußermann (Hrsg.): Gebäudetechnik für Trinkwasser. Fachgerecht planen – Rechtssicher ausschreiben – Nachhaltig sanieren. Berlin, Heidelberg: Springer Vieweg, (2012), S. 291-348.

[62] Hentschel, W. und U. Heudorf: Allgemein anerkannte Regeln der Technik und Legionellen im Trinkwasser. Untersuchungsergebnisse aus Frankfurt am Main. Bundesgesundheitsblatt 54/6 (2011), S. 17-723.

[63] Hentschel, W., Otto C. und B. Schaefer: Bedeutung, Vorkommen und Überwachung von Legionellen im Trinkwasser. In: Dieter, H. H., Chorus, I., Krüger, W. und B. Mendel (Hrsg.): Trinkwasser aktuell. Handbuch. Berlin: Erich Schmidt Verlag, 6. Erg.-Lfg. 2/0902, (2017) S. 1-29.

[64] Hentschel, W.: Trinkwasserhygiene im Bestand. In: Kistemann, T., Schulte, W., Rudat, K., Hentschel, W. und D. Häußermann (Hrsg.): Gebäudetechnik für Trinkwasser. Fachgerecht planen – Rechtssicher ausschreiben – Nachhaltig sanieren. Berlin, Heidelberg: Springer Vieweg, (2012), S. 291-348.

[65] Hippelein, M. und B. Christiansen: Hygienische Bewertung dezentraler Trinkwassererwärmer großer Appartementanlagen hinsichtlich mikrobiologischer Verunreinigungen und einer Legionellen-Kontamination. UKSH Campus Kiel (unveröffentlichter Projektbericht), (2016).

[66] Hütter, L.A.: Wasser und Wasseruntersuchung. Salle und Sauerländer. Frankfurt a.M., (1994).

[67] Infektionsschutzgesetz (Gesetz zur Verhütung und Bekämpfung von Infektionskrankheiten beim Menschen – IfSG) vom 20. Juli 2000 (BGBl. I S. 1045), das zuletzt durch Artikel 1 des Gesetzes vom 17. Juli 2017 (BGBl. I S. 2615) geändert worden ist.

[68] Kagermann, H., Lukas, W.-D. und W. Wahlster: Industrie 4.0: Mit dem Internet der Dinge auf dem Weg zur 4. industriellen Revolution. VDI-Nachrichten Nr. 13, (2011).

[69] Keevil, C.W.: Pathogens in environmental biofilms. In: Bitton, G. (Hrsg.): Encyclopedia of environmental microbiology, Vol 4. New York: Wiley, (2002), S. 2339-2356.

[70] King, CH.H., Shotts, E.B., Wooley, R.E. und K.G. Porter: Survival of coliforms and bacterial pathogens within protozoa during chlorination. Applied and Environmental Microbiology 54, (1988), S. 3023-3033.

[71] Kistemann, T., Stalleicken, I., Hornei, B., Fischnaller, E. und M. Exner: Studie zur Legionellenproblematik am Klinikum XXX. Bonn, (2004) (unveröffentlicht).

[72] Kistemann, T. und F. Waßer: Big Data: Markante Erkenntnisse aus der Legionellen-Routineüberwachung, Sanitär- und Heizungstechnik 4, (2018), S. 34-39.

[73] Kistemann, T.: Erhalt der Trinkwassergüte in Trinkwasser-Installationen, Integrale Planung der Gebäudetechnik. In: Heidemann, A., Kistemann, T., Stolbrink, M., Kasperkowiak, F. und K. Heikrodt (Hrsg.): Erhalt der Trinkwassergüte – Vorbeugender Brandschutz – Energieeffizienz. Berlin, Heidelberg: Springer-Verlag, (2014), S. 101-150.

[74] Kistemann, T.: Hygienisch-mikrobiologische Trinkwassergüte in der Trinkwasser-Installation. In: Kistemann, T., Schulte, W., Rudat, K., Hentschel, W. und D. Häußermann (Hrsg.): Gebäudetechnik für Trinkwasser. Fachgerecht planen – Rechtssicher ausschreiben – Nachhaltig sanieren. Berlin, Heidelberg: Springer Vieweg, (2012), S. 9-66.

[75] Kooij, D.v.d., Visser, A., und W.A.M. Hijnen: Determining the concentration of easily assimilable organic carbon in drinking water. Journal (American Water Works Association), (1982), S. 540-545.

[76] Kramer, A., Assadian, O., Exner, M. und N.-O. Hübner: Krankenhaus- und Praxishygiene. München, Jena: Urban & Fischer, (2011).

[77] Lebensmittelhygiene-Verordnung. Verordnung über Anforderungen an die Hygiene beim Herstellen, Behandeln und Inverkehrbringen von Lebensmitteln (LMHV). In der ursprünglichen Fassung vom 5. August 1997, in Kraft getreten am 8. Februar 1998. Bundesgesetzblatt Teil I, (1997) S. 2008-2016.

[78] Lehtola, M. J., Miettinen, I. T., Vartiainen, T. und P. J. Martikainen: A new sensitive bioassay for determination of microbially available phosphorus in water. Applied and Environmental Microbiology 65, (1999), S. 2032-2034.

[79] Luckert, K.: Handbuch der mechanischen Fest-Flüssig-Trennung. Essen: Vulkan-Verlag, (2004).

[80] MASGF Brandenburg (2015): Empfehlung AG Krankenhaushygiene des MASGF zu Prävention, Kontrolle und Bekämpfung von Mikroorganismen in der Trinkwasser-Installation in Krankenhäusern und Rehabilitationseinrichtungen. Brandenburgisches Ärzteblatt 3, (2015), S. 35-36.

[81] Mastro, T. D., Fields, B. S., Breiman, R. F., Campbell, J., Plikaytis, B. D. und J. S. Spika: Nosocomial Legionnaires' disease and use of medication nebulizers. Journal of Infectious Diseases 163, (1991), S. 667-671.

[82] McDade, J. E., Brenner, D. J. und F. M. Bozeman: Legionnaires' disease bacterium isolated in 1947. Annals of Internal Medicine 90/4, (1979), S. 659-61.

[83] Meyer, E.: Legionellen-Infektionsprävention: extrem teuer und wenig effektiv. Krankenhaushygiene up2date 12/2, (2017), S. 159-175.

[84] Meyer, V.: Die letzten Meter entscheiden. Planung, Bau, Materialien und die richtige Nutzung der Trinkwasser-Installation. In: Dieter, HH, Chorus I, Krüger W und B. Mendel (Hrsg.): Trinkwasser aktuell. Handbuch. Berlin: Erich Schmidt Verlag, 4. Erg.-Lfg. 5, (2016), S. 1-21.

[85] Moiraghi, A. Castellani Pastoris, M., Barral, C., Carle, F., Sciacovelli, A., Passarino, G. und P. Marforio : Nosocomial legionellosis associated with use of oxygen bubble humidifiers and underwater chest drains. Journal of Hospital Infection 10, (1987), S. 47-50.

[86] Mouchtouri, V. A., Bartlett, C. L. R., Diskin, A., und C. Hadjichristodoulou: Water Safety Plan on cruise ships: A promising tool to prevent waterborne diseases. Science of the Total Environment 429, (2012), S. 199-205.

[87] Niedersächsisches Landesgesundheitsamt: Hygienisch flankierte Energieeinsparung mittels EXERGENE® Technologie („NLGA-Leitplanken"). Hannover, (2016).

[88] Oberdörster G, Oberdörster, E., und J. Oberdörster: Nanotoxicology: an emerging discipline evolving from studies of ultrafine particles. Environmental Health Perspectives, (2005), S. 823-839.

[89] Oliver, J. D.: Recent findings on the viable but nonculturable state in pathogenic bacteria. FEMS Microbiololgy Reviews 34, (2010), S. 415-425.

[90] Oliver, J. D.: The viable but nonculturable state in bacteria. The Journal of Microbiology 43, Special Issue, (2005), S. 93-100.

[91] Otto, H.: Die Trinkwasser-Installation – Einführung und historische Betrachtung. In: Deutscher Verein des Gas- und Wasserfaches e. V. (Hrsg.): Wasserverwendung – Trinkwasser-Installation. München: Oldenbourg Industrieverlag GmbH, (2000), S. 1-17.

[92] Pawelec, G.: Does the human immune system ever really become "senescent"? F1000Res. Aug 4; 6. pii: F1000 Faculty Rev-1323. eCollection, (2017a).

[93] Pawelec, G.: Immunosenescence and cancer. Biogerontology 18/4, (2017b), S. 717-721.

[94] Payment, P., Sartory, D. P. und D. J. Reasoner: The history and use of HPC in drinking-water quality management. In: Bartram, J., Cotruvo, J. A., Exner, M., Fricker, C. und A. Glasmacher (Hrsg.): Heterotrophic Plate Counts and Drinking-water Safety. The Significans of HPCs for Water Quality and Human Health. United Kingdom: TJ International (2003), S. 20-48.

[95] Prussin, A.J. 2nd, Schwake, D.O. und L.C. Marr: Ten Questions Concerning the Aerosolization and Transmission of Legionella in the Built Environment. Build Environment 123, (2017), S. 684-695.

[96] Rittmann, B.E. und V.L. Snoeyink: Achieving biologically stable drinking water. Journal of the American Water Works Association 76/10 (1984), S. 106-114.

[97] RKI (Robert-Koch-Institut): Legionärskrankheit in Deutschland (2001-2013). Epidemiologisches Bulletin 13 (2015), S. 95-106.

[98] RKI (Robert-Koch-Institut): RKI-Ratgeber für Ärzte: Legionellose (2013). Abrufbar unter: https://www.rki.de/DE/Content/Infekt/EpidBull/Merkblaetter/Ratgeber_Legionellose.html, 20.06.2018.

[99] Rötlich, H.: Membrantechnik für hygienisches Trinkwasser. Ultrafiltration – Lösung mikrobiologischer Problemstellungen in der Trinkwasserhygiene. IKZ-Fachplaner 4 (2008), S. 8-10.

[100] Rudat, K.: Systemauslegung der Trinkwasser-Installation. In: Kistemann, T., Schulte, W., Rudat, K., Hentschel, W. und D. Häußermann (Hrsg.): Gebäudetechnik für Trinkwasser. Fachgerecht planen – Rechtssicher ausschreiben – Nachhaltig sanieren. Berlin, Heidelberg: Springer Vieweg, (2012), S. 147-290.

[101] Rühling, K. und W. Nissing: Wirkungen von Hygieneanforderungen auf Energieeinsparung und Energieeffizienz. WAT Wasserfachliche Aussprachetagung 2009, Berlin (2009).

[102] Rühling, K., Rothmann, R., Haupt, L., Hoppe, S., Löser, J., Schreiber, C., Waßer, F., Zacharias, N., Kistemann, T., Lück, C., Koshkolda, T., Petzold, M., Schaule, G., Nocker, A., Wingender, J., Kallert, A., Schmidt, D. und R. Egelkamp: EnEff: Wärme – Verbundvorhaben Energieeffizienz und Hygiene in der Trinkwasser-Installation im Kontext: DHC Annex TS1 "Low Temperature District Heating for Future Energy Systems". Koordinierter Schlussbericht zu 03ET1234 A bis D, Dresden, (2018).

[103] Sanarelli, G.: Über einen neuen Mikro-Organismus des Wassers, welcher für Thiere mit veränderlicher und konstanter Temperatur pathogen ist. Zentralblatt für Bakteriologie 9, (1891), S. 193-199 und 222-228.

[104] Schaefer, B., Brodhun, B. Wischnewski, N. und I. Chorus: Legionellen im Trinkwasserbereich. Ergebnisse eines Fachgespräches zur Prävention trinkwasserbedingter Legionellosen. Bundesgesundheitsblatt 54, (2011), S. 671-679.

[105] Schmoll, O. und I. Chorus: Konsequenzen der neuen WHO-Trinkwasserrichtlinie für die EG-Trinkwasserrichtlinie und die Trinkwasserhygiene in Deutschland. Abschlussbericht. Umweltbundesamt. Bad Elster, (2007), Abrufbar unter: http://www.dvgw.de/fileadmin/dvgw/wasser/organisation/sicherheit/12_WSP_Projektbericht _FINAL_ 20070111.pdf, 22.06.2014

[106] Schodorf, W.: Neuer Wassersicherheitsplan der WHO – Wasser 4.0. Fachzeitschrift für Erneuerbare Energie & Technische Gebäudeausrüstung, (2017), S. 1-4.

[107] Schoen M.E. und N.J. Ashbolt: An in-premise model for Legionella exposure during showering events. Water Research 45/18, (2011), S. 5826-5836.

[108] Schoenen, D.: Die hygienisch-mikrobiologische Beurteilung von Trinkwasser. gwf Wasser/Abwasser 137/2, (1996), S. 72-82.

[109] Schoenen, D: Pseudomonas aereginosa in Trinkwasserversorgungssystemen. Vorkommen, Bedeutung, Maßnahmen. Wasser – Abwasser 4, (2009), S. 264-272.

[110] Schramm, E.: Kommunaler Umweltschutz in Preußen (1900-1933). In: Reulecke, J. und A. Gräfin zu Castell Rüdenhausen (Hrsg.): Stadt und Gesundheit. Stuttgart, (1991), S. 77-89.

[111] Stout, J.E., Yu, V.L. und M.G. Best: Ecology of Legionella pneumophila within water distribution systems. Applied and Environmental Microbiology, 49/1, (1985), S. 221–228.

[112] Thamsen, U. und R.A. Mitchel: Was versteht man unter Wasser 4.0? wwt-online 7-8, (2016), S. 16-19.

[113] Thofern, E.: Die Entwicklung der Wasserversorgung und der Trinkwasserhygiene in europäischen Städten vom 16. Jahrhundert bis heute, unter besonderer Berücksichtigung der Bochumer Verhältnisse. Bochum, (1990).

[114] Tobin, J.O. Beare, J., Dunnill, M.S., Fisher-Hoch, S., French, M., Mitchell, R.G., Morris, P.J. und M.F. Muers: Legionnaires' disease in a transplant unit: isolation of the causative agent from shower baths. Lancet 2, (1980), S. 118-121.

[115] TrinkwV. Verordnung über die Qualität von Wasser für den menschlichen Gebrauch (Trinkwasserverordnung) in der Fassung der Bekanntmachung vom 10. März 2016 (BGBl. I S. 459), die zuletzt durch Artikel 1 der Verordnung vom 3. Januar 2018 (BGBl. I S. 99) geändert worden ist.

[116] UBA (Umweltbundesamt) (Hrsg.): Empfehlung des Umweltbundesamtes nach Anhörung der Trinkwasserkommission des Bundesministeriums für Gesundheit. Periodische Untersuchung auf Legionellen in zentralen Erwärmungsanlagen der Hausinstallation nach § 3 Nr. 2 Buchstabe c TrinkwV 2001, aus denen Wasser für die Öffentlichkeit bereitgestellt wird. Bundesgesundheitsblatt 49/7, (2006), S. 697-700.

[117] UBA (Umweltbundesamt): Empfehlungen für die Durchführung einer Gefährdungsanalyse gemäß Trinkwasserverordnung. Maßnahmen bei Überschreitung des technischen Maßnahmenwertes für Legionellen. Empfehlung des Umweltbundesamtes nach Anhörung der Trinkwasserkommission. Berlin, (2012a).

[118] UBA (Umweltbundesamt): Das Water-Safety-Plan-(WSP)-Konzept der Weltgesundheitsorganisation für Gebäude. Abschlussbericht. Bad Elster, (2012b).

[119] UBA (Umweltbundesamt): Leitlinie zur hygienischen Beurteilung von organischen Materialien im Kontakt mit Trinkwasser (KTW-Leitlinie). Bad Elster, (2016).

[120] Universitätsklinikum Greifswald: Qualitätsbericht 2006. Greifswald (2007).

[121] Van der Kooij, D. und P.W.J.J. van der Wielen: General Introduction. In: Van der Kooij, D. und P.W.J.J. van der Wielen (Hrsg.): Microbial Growth in Drinking-Water Supplies. Problems, Causes, Control and Research Needs. London: IWA, (2014), S. 1-32.

[122] VDI: Hygiene in Trinkwasser-Installationen. Gefährdungsanalyse = VDI/BTGA/ZVSHK 6023 Blatt 2, (2018).

[123] VDI/DVGW 6023: Hygiene in der Trinkwasser-Installation. Anforderungen an Planung, Ausführung, Betrieb und Instandhaltung. Berlin: Beuth, April 2013.

[124] Venezia, R.A., Agresta, M.D., Hanley, E.M., Urquhart, K. und D. Schoonmaker: Nosocomial legionellosis associated with aspiration of nasogastric feedings diluted in tap water. Infection Control and Hospital Epidemiology 15, (1994), S. 529-33.

[125] Völker S. und T. Kistemann: Field testing hot water temperature reduction as an energy-saving measure – does the Legionella presence change in a clinic's plumbing system?, Environmental Technology 36, (2015): 2138-2147.

[126] Völker, S., Schreiber, C. und T. Kistemann: Modelling characteristics to predict Legionella contamination risk - Surveillance of drinking water plumbing systems and identification of risk areas. International Journal of Hygiene and Environmental Health 219/1, (2016), S. 101-109.

[127] von Baum, H. und C. Lück: Ambulant erworbene Legionellenpneumonie – Aktuelle Daten aus dem CAPNETZ. Bundesgesundheitsblatt, Gesundheitsforschung, Gesundheitsschutz 54/6, (2011),
S. 688-692.

[128] Weyandt, R.: Lebensbedingungen und Vermehrung von Legionellen. Vortrag IAB-Kongress, Baden-Baden, 24./25. März (2014).

[129] WHO (World Health Organization) (Hrsg.): Guidelines for Drinking-water Quality. Genf, (2004).

[130] WHO (World Health Organization): Water Safety Plans. Managing drinking water quality from catchment to consumer. Genf (2005). Abrufbar unter: http://www.who.int/water_sanitation_health/dwq/wsp170805.pdf, 20.06.2018.

[131] WHO Europe (World Health Organization Europe) (Hrsg.): Support for the Development of a Framework for the Implementation of Water Safety Plans in the European Union. (2007). Abrufbar unter: http://ec.europa.eu/environment/water/water-drink/pdf/wsp_report.pdf, 22.06.2018.

[132] Wiik, R. und A. V. Krøvel: Necessity and Effect of Combating Legionella pneumophila in Municipal Shower Systems. PLoS ONE 9/12 (2014), e114331.

[133] Wingender, J. und H.-C. Flemming: Biofilms in drinking water and their role as reservoir for pathogens. International Journal of Hygiene and Environmental Health 214/6, (2011), S. 417-423.

[134] Wingender, J.: Hygienically Relevant Microorganisms in Biofilms of Man-Made Water Systems. In: Flemming, H.-C., Wingender, J. und U. Szewzyk (Hrsg.): Biofilm Highlights (Springer Series of Biofilms 5). Berlin: Springer (2011), S. 189-235.

[135] Wirtz, M. A. (Hrsg.): ROC-Kurve. Dorsch – Lexikon der Psychologie (17. Aufl., S. 1433). Bern: Verlag Hans Huber, (2014).

[136] Woo, A. H., Goetz, A. und V. Yu: Transmission of Legionella by respiratory equipment and aerosol generating devices, CHEST 102/5, (1992), S. 1586-1590.

[137] Xu, H.-S., Roberts, N., Singleton, F.L. Attwell, R.W., Grimes, D. J. und R. R. Colwell: Survival and viability of nonculturable Escherichia coli and Vibrio cholera in the estuarine and marine environment. Microbial Ecology 8, (1982), S. 313-323.

[138] Yu V. L.: Could aspiration be the major mode of transmission for Legionella? American Journal of Medicine 95, (1993), S. 13-15.

Planung und Betrieb 4.0

C. Schauer,

M. Fraaß, O. Heinecke, H. Jäger, H. Köhler, C. Otto, N. Puls, P. Steger, O. Witt, M. Zbocna

Dieses Kapitel stellt zukunftsweisende, gebäudespezifische Konzepte und Technologien für Planung und Betrieb einer „Trinkwasser-Installation 4.0" vor. Dabei werden die aktuellen Herausforderungen der Planungspraxis aufgezeigt und prozessorientierte Konzepte beschrieben, die mit Hilfe moderner Aktorik und Sensorik die hygienischen Parameter für den Erhalt der Trinkwassergüte in allen Teilstrecken vom Hausanschluss bis zu den Entnahmestellen über 24 Stunden an 365 Tagen im Jahr sicherstellen.

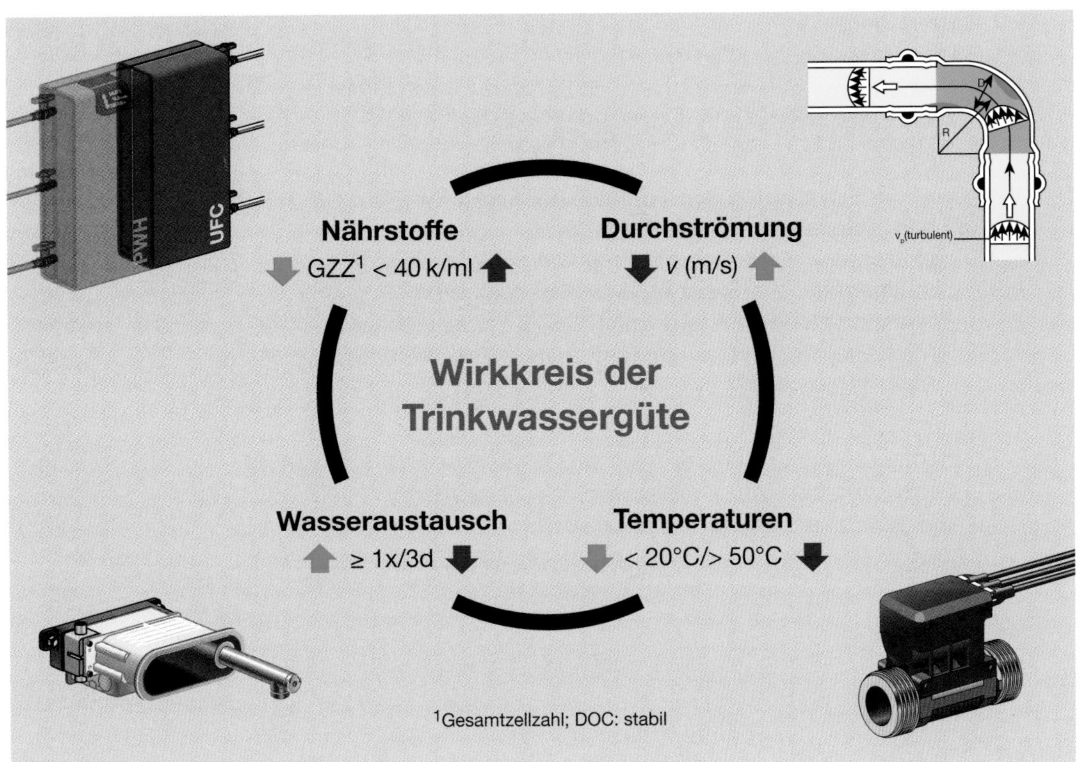

Inhalt

1 Einleitung

Hygiene ist die Gesamtheit aller Bestrebungen und Maßnahmen zur Verhütung von mittelbaren oder unmittelbaren gesundheitlichen Beeinträchtigungen beim einzelnen Nutzer. Ziel ist es, die einwandfreie Trinkwasserbeschaffenheit in der Trinkwasser-Installation zu bewahren. Die möglichen Beeinträchtigungen können durch mikrobiologische, chemische und/oder physikalische Veränderungen des Trinkwassers in Trinkwasser-Installationen verursacht werden und auch nachträglich durch Veränderungen der Betriebsbedingungen entstehen [1].

Nach § 4 Absatz 1 Trinkwasserverordnung gilt, dass Trinkwasser so beschaffen sein muss, dass durch seinen Genuss oder Gebrauch eine Schädigung der menschlichen Gesundheit insbesondere durch Krankheitserreger nicht zu besorgen ist. Es muss rein und genusstauglich sein [2].

Durch die aktuelle Umsetzung der novellierten europäischen Trinkwasserrichtlinie hat die Trinkwasserhygiene einen noch viel höheren Stellenwert eingenommen. Als Konsequenz daraus ist Anfang des Jahres 2018 eine neue Trinkwasserverordnung in Kraft getreten. Die von der Trinkwasserverordnung aufgestellten hygienischen Anforderungen an die Reinheit von Trinkwasser gelten dabei nicht nur für die Unternehmen oder Einrichtungen, die Trinkwasser für die Allgemeinheit bereitstellen, sondern für alle Beteiligten an einer Wasserversorgungsanlage, vom Wasserversorgungsunternehmen über die Haustechniker, die Planer und die ausführenden Installationsunternehmen bis hin zum Betreiber und Nutzer einer Trinkwasser-Installation.

Verantwortlich für die Einhaltung der Qualitätsanforderungen des Trinkwassers in Hausinstallationen ist der jeweilige Eigentümer und Betreiber. Er hat für eine einwandfreie Trinkwasserqualität zu sorgen. Dabei spielt vor allem der hygienisch sichere Betrieb der Trinkwasser-Installation eine entscheidende Rolle. Um dieses Ziel überhaupt zu erreichen, ist der Betreiber einer Trinkwasser-Installation verpflichtet mindestens die allgemein anerkannten Regeln der Technik (a. a. R. d. T.) einzuhalten.

Häufig werden die allgemein anerkannten Regeln der Technik im Bereich der Hausinstallation mit den Inhalten von DIN-Normen, VDI-Richtlinien und DVGW-Arbeitsblättern gleichgesetzt.

Bei DIN-Normen, VDI-Richtlinien und DVGW-Arbeitsblättern handelt es sich jedoch lediglich um privatrechtliche Empfehlungen, deren Inhalt die allgemein anerkannten Regeln der Technik wiedergeben können, dies jedoch nicht müssen.

Das Kriterium der allgemeinen Anerkennung einer Regel der Technik als „allgemein anerkannte Regel der Technik", erfolgt nun nicht durch Verbände oder Experten, sondern vielmehr durch die Mehrheit der Praktiker vor Ort. Die allgemein anerkannten Regeln der Technik sind diejenigen Prinzipien und Lösungen, die in der Praxis erprobt und bewährt sind und sich bei der Mehrheit der Praktiker durchgesetzt haben.

Die Trinkwasserhygiene umfasst im Feld der Praktiker jedoch nicht nur Installateure, Ingenieure und Anlagenbetreiber, sondern insbesondere auch Mitarbeiter von wissenschaftlichen Einrichtungen und Laboren sowie Mediziner.

Der Begriff der allgemein anerkannten Regeln der Technik ist nicht gesetzlich definiert, wird jedoch allgemein wie folgt beschrieben:

- Regeln, die nach herrschender Auffassung der beteiligten Verkehrskreise (Fachleute, Anwender, Verbraucher und öffentliche Hand) zur Erreichung des gesetzlich vorgesehenen Ziels geeignet sind,
- Regeln, die im Rahmen dieser gesetzlichen Zielvorgaben als Teil der Verhältnismäßigkeitserwägung wirtschaftliche Gesichtspunkte berücksichtigen und
- Regeln, die sich in der Praxis allgemein bewährt haben oder deren Bewährung nach herrschender Auffassung in überschaubarer Zeit bevorsteht.

Vorwort Inhaltsverzeichnis

Strukturgeber Gebäudetechnik

Prozessziel Trinkwassergüte

Planung und Betrieb 4.0

Energieperformance

Rechtliche Herausforderungen

Index

Kurzum bedeutet dies, dass die technischen Festlegungen, die zur Erreichung des unter § 1 der Trinkwasserverordnung definierten Schutzziels (Schutz der menschlichen Gesundheit) geeignet und bewährt sind, die allgemein anerkannten Regeln der Technik darstellen.

Die Trinkwasserverordnung fordert jedoch unter den §§ 4 und 17 nur „mindestens" die Einhaltung der allgemein anerkannten Regeln der Technik [2], was bedeutet, dass jederzeit ein höherwertigeres Schutzniveau angewendet werden darf. Ein höherwertiges Schutzniveau bietet beispielsweise der Stand der Technik oder der Stand der Wissenschaft und Technik.

Im Unterschied zu den allgemein anerkannten Regeln der Technik müssen die jeweils als fortschrittlich bezeichneten Verfahren, Einrichtungen und Betriebsweisen nach dem „Stand der Technik" sich noch nicht allgemein bewährt haben. Allerdings sollen zur Bestimmung des Standes der Technik vergleichbare Techniken herangezogen werden, die auf Betriebsebene erfolgreich erprobt worden sind.

Die strengsten Anforderungen an Produkte und Anlagen werden mit der Formulierung „Stand von Wissenschaft und Technik" umschrieben. Dieser Begriff bezeichnet den Entwicklungsstand fortschrittlichster Verfahren, Einrichtungen und Betriebsweisen, die nach Auffassung führender Fachleute aus Wissenschaft und Technik auf der Grundlage neuester wissenschaftlich vertretbarer Erkenntnisse im Hinblick auf das gesetzlich vorgegebene Ziel für erforderlich gehalten werden und die Erreichung dieses Zieles als gesichert erscheinen lassen.

Wirtschaftliche Gesichtspunkte können dabei im Bereich der Gefahrenabwehr, etwa im Rahmen einer Verhältnismäßigkeitsprüfung, keine Rolle spielen.

Auf den „Stand von Wissenschaft und Technik" wird in Fällen mit sehr hohem Gefährdungspotenzial wie beispielsweise im Infektionsschutz verwiesen, damit die rechtlichen Anforderungen mit den neuesten naturwissenschaftlichen und technischen Entwicklungen Schritt halten. Was rechtlich erlaubt bzw. geboten ist, soll nicht nur vom technischen Fortschritt, sondern auch und gerade vom wissenschaftlichen Erkenntnisfortschritt abhängen. Maßgebend ist somit, was aktuell im naturwissenschaftlichen und technischen Fortschritt zum Zeitpunkt der zu treffenden Entscheidung als geeignet, notwendig, angemessen oder vermeidbar angesehen wird.

DIN-Normen, VDI-Richtlinien und DVGW-Arbeitsblätter bleiben privatrechtliche Festlegungen mit Empfehlungscharakter und bleiben in Fragen des Gesundheitsschutzes in ihrer Konsistenz weit hinter den einschlägigen Richtlinien, Empfehlungen, Merkblättern und sonstigen Informationen von Robert-Koch-Institut und Umweltbundesamt zurück.

Das Robert-Koch-Institut hat beispielsweise nach § 4 Infektionsschutzgesetz [3] die Aufgabe, Konzeptionen zur Vorbeugung übertragbarer Krankheiten sowie zur frühzeitigen Erkennung und Verhinderung der Weiterverbreitung von Infektionen zu entwickeln. Es erstellt in Abstimmung mit den jeweils zuständigen Bundesbehörden für Fachkreise als Maßnahme des vorbeugenden Gesundheitsschutzes Richtlinien, Empfehlungen, Merkblätter und sonstige Informationen zur Vorbeugung, Erkennung und Verhinderung der Weiterverbreitung übertragbarer Krankheiten. Das Umweltbundesamt hat nach § 40 Infektionsschutzgesetz [3] die Aufgabe, Konzeptionen zur Vorbeugung, Erkennung und Verhinderung der Weiterverbreitung von durch Wasser übertragbaren Krankheiten zu entwickeln [4].

1.1 Wirkdreieck

Grundsätzlich werden aktuell bei Trinkwasser-Installationen folgende Basisanforderungen betrachtet:

- Erhalt der Trinkwassergüte,
- Anlagenbetrieb und Werteerhalt – sicher, nachhaltig, energieeffizient,
- Nutzungskomfort – Wassermenge, Temperatur, Schallschutz [5].

Eine Statusanalyse des Instituts für Hygiene und Öffentliche Gesundheit der Universität Bonn von Probenahmen an Zapfstellen von Trinkwasser-Installationen der Jahre 2012 bis 2015 ergab, dass in dem Betrachtungszeitraum etwa jedes dritte Gebäude mindestens einmal einen positiven Legionellenbefund zeigte und in circa jedem fünften Gebäude eine Überschreitung des technischen Maßnahmenwertes detektiert wurde [6]. Damit ist neben den beiden letzten klassischen Zielen die Trinkwasserqualität und deren Erhalt immer stärker in den Fokus gerückt. Aus den dabei gewonnenen Erkenntnissen folgt beispielsweise für die Installationspraxis und den Betrieb von Trinkwasseranlagen:

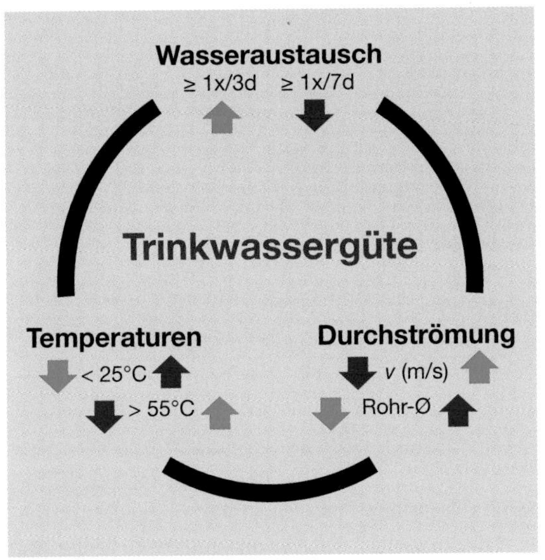

Abb. 3-1 Wirkdreieck

- Möglichst kurze Installationsstrecken mit geringem Leitungsvolumen und regelmäßig genutzten Verbrauchern wirken der Stagnation und somit einer Kontamination entgegen.
- Durchflussoptimiert dimensionierte Trinkwasserleitungen erhöhen die Durchströmungsgeschwindigkeit (möglichst turbulente Strömung) [7].

Um ein kritisches Legionellenwachstum in Trinkwasser-Installationen ausschließen zu können, sollten die Anlagen mit allen Teilstrecken so geplant, ausgeführt und betrieben werden, dass thermische und hydraulische Bedingungen gemäß Abb. 3-1 eingehalten werden. Am Modell des Wirkdreiecks, bestehend aus den Parametern Wasseraustausch, Temperaturen und Durchströmung werden die Zusammenhänge verdeutlicht.

1.1.1 Temperaturen

Temperatur ist aus trinkwasserhygienischer Sicht eine besonders kritische Größe. Es gilt, den für zahlreiche pathogene Mikroorganismen besonders günstigen Temperaturbereich von 25 – 55 °C zu vermeiden, um nicht deren Vermehrung zu begünstigen.

Das Trinkwasser kalt (PWC) darf eine Temperatur von 25 °C in der gesamten Trinkwasser-Installation bis zur Entnahmestelle nicht überschreiten und sollte immer so kalt wie möglich sein [1]. Legionellen können zwar auch in kaltem Wasser vorkommen, sich bei Temperaturen unter 20 °C aber nicht nennenswert vermehren [8] (Abb. 3-2). Auch in der Praxis hat sich schon gezeigt, dass bei Trinkwassertemperaturen unter 20 °C nur sehr selten Legionellen nachgewiesen werden [9].

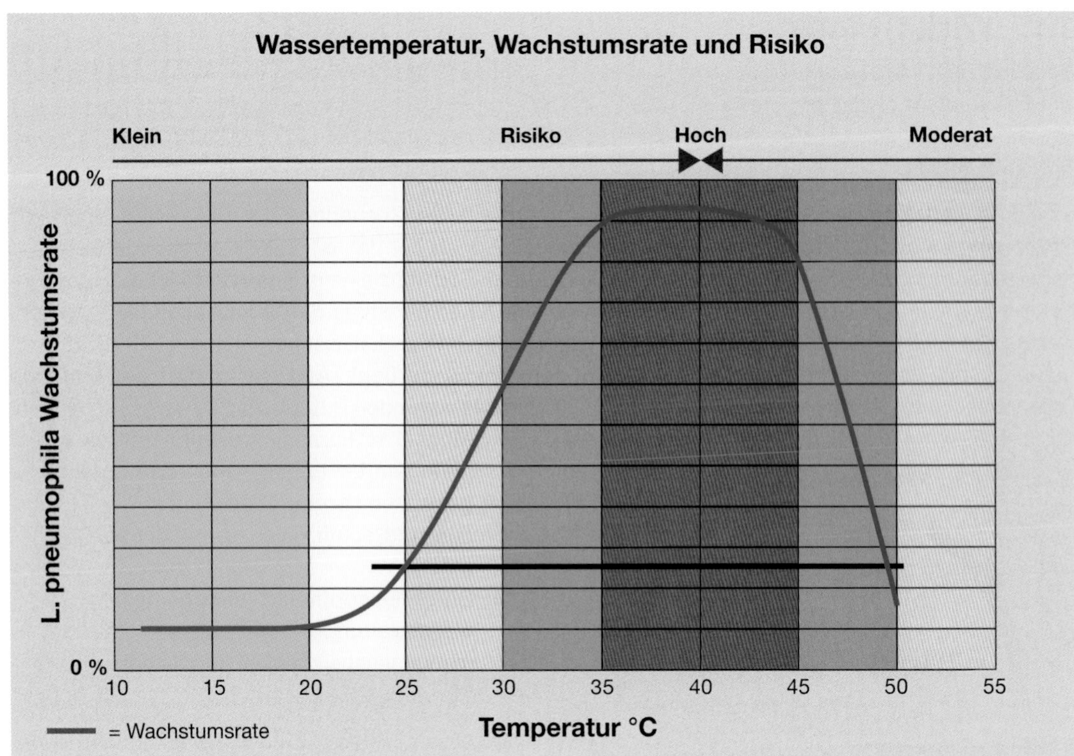

Abb. 3–2 Wachstumskurve von Legionella pneumophila bei üblichen Nährstoffgehalten (vgl. Kapitel 2, Abschnitt 3.3) nach Exner [10]

Unterhalb dieser Temperatur geht man davon aus, dass bei normalem Wasseraustausch kein kritisches Wachstum von Mikroorganismen stattfindet. Für die Fremderwärmung des Trinkwassers kalt (PWC) und ein damit verbundenes erhöhtes Gefährdungspotienzial spielen die Parameter Hauseingangstemperatur, Umgebungstemperatur, Dämmung und die Rohrleitungsführung auf dem gesamten Fließweg der Trinkwasser-Installation eine entscheidende Rolle [11].

Zirkulationssysteme für Trinkwasser warm (PWH-C) sind so zu betreiben, dass in allen Teilstrecken mindestens Temperaturen von 55 °C eingehalten werden. Die Austrittstemperatur am Trinkwassererwärmer muss dafür mindestens 60 °C betragen [1, 11, 12, 13, 14]. Ferner ist ein hydraulischer Abgleich der Stränge nach DIN 1988-300 [15] sicherzustellen.

In einer nach den a. a. R. d. T. gebauten und betriebenen Trinkwasser-Installation sollte nach dem aktuellen Stand von Wissenschaft und Technik die Temperatur des Trinkwassers warm (PWH) im gesamten zirkulierenden System über 55 °C liegen, um das Risiko der Legionellenkontamination deutlich zu reduzieren (Übergang in das VBNC-Stadium – vgl. Kapitel 2, Abschnitt 1.6 – erst bei ≥ 55 °C). Dabei zeigen sich die Volumina der endständigen Bereiche als ein untergeordneter Faktor bei der Besiedlung mit Legionellen (siehe auch Kapitel 2). Nach den allgemein anerkannten Regeln der Technik kann eine Legionellenkontamination einer zirkulierenden Trinkwasser-Installation, die nach a. a. R. d. T, ausgeführt und betrieben wird, durch Einhaltung der minimalen Temperatur von 55 °C mit hoher Wahrscheinlichkeit verhindert werden. Diese Temperaturanforderung gilt prinzipiell auch bis zur Zapfstelle, denn es konnte nachgewiesen werden, dass eine Kontamination unabhängig vom Leitungsvolumen entstehen kann, also auch in endständigen Abschnitten, die nach der 3-Liter-Regel errichtet werden [11].

1.1.2 Wasseraustausch

Nach VDI/DVGW 6023 Blatt 1 sind Trinkwasser-Installationen so zu planen, dass ein Wasseraustausch mindestens alle 3 Tage sichergestellt ist [1]. Dies bezieht sich auf den vollständigen Wasseraustausch in allen Teilstrecken (Beispiel Entnahmestellen Abb. 3–3) und im Trinkwassererwärmer.

Abb. 3–3 Regelmäßiger Wasseraustausch durch das WC-Element mit PWC/PWH-Spülfunktion

Der Wasseraustausch ist definiert als vollständiger Wechsel des in dem jeweiligen Leitungsabschnitt enthaltenen Wasservolumens durch Entnahme oder Ablaufen lassen. Die Planung hat auch unter Berücksichtigung von möglicher Wasser- und Energieeinsparung so zu erfolgen, dass bei bestimmungsgemäßem Betrieb ein für die Hygiene ausreichender Wasseraustausch stattfindet [16].

Soweit nachgewiesen werden kann, dass die Trinkwasserbeschaffenheit nach Trinkwasserverordnung über längere Zeiten der Nichtnutzung erhalten bleibt und die Gebäude keinen besonderen Anforderungen unterliegen, darf diese Frist auf maximal sieben Tage verlängert werden (≥ 1 x/7 d) [1]. Die Grundlagen des bestimmungsgemäßen Betriebes werden in Abschnitt 2.1.3 näher erläutert.

Die zu erwartenden Gleichzeitigkeiten der Trinkwasserentnahme werden von den Angaben des Raumbuchs (von der Art der Nutzung) – siehe auch Abschnitt 2.1.2 – bestimmt. Überdimensionierungen sind sowohl bei Trinkwasserleitungen als auch bei Trinkwasserspeichern und Apparaten zu vermeiden. Nicht durchströmte Leitungen und Apparate, in denen sich stagnierendes Wasser befindet, sind generell nicht zulässig. Aus diesem Grund ist die Leitungsführung und Anordnung der Entnahmestellen so zu planen, dass ein höchstmöglicher Wasseraustausch erreicht wird [1, 16]. Dabei sollte die Planung mit Hilfe der bauteilspezifischen Zeta-Werte (Widerstandsbeiwerte) erfolgen, um die kleinstmöglichen Rohrquerschnitte und Anlagenvolumen zu erhalten (siehe Abschnitt 1.1.3 zur Durchströmung und Abschnitt 2.3).

1.1.3 Durchströmung

Rohrleitungen als „Verpackung“ für Trinkwasser nehmen prinzipiell Einfluss auf die Wasserhydraulik im gesamten System – ein wesentlicher Aspekt für den Erhalt der Trinkwasserhygiene. Die Wahl und Dimensionierung des Rohrleitungssystems hat direkten Einfluss auf den Wasseraustausch und die Durchströmung. Denn wenn Verbinder und Armaturen eines Rohrleitungssystems nur geringe Druckverluste haben, können Nennweite und damit das Rohrleitungsvolumen optimiert werden. Das begünstigt den regelmäßigen Wasseraustausch bei bestimmungsgemäßen Betrieb und erhöht die Durchströmungsgeschwindigkeit.

Eine weitere aus trinkwasserhygienischer Sicht wichtige Größe ist die Dynamik der Wasserbewegung in der Trinkwasser-Installation, die sich durch den Wasseraustausch und die Durchströmung (Strömungsgeschwindigkeit) charakterisieren lässt. Auch unter wenig günstigen ökologischen Bedingungen hinsichtlich Temperatur und Nährstoffangebot kann sich ein entsprechend langsames mikrobielles Wachstum zeigen, wenn genügend Zeit zur Verfügung steht, d. h. wenn die Dynamik der Wasserbewegung gering ist oder/und das Wasser im Rohrquerschnitt teilweise stagniert. Gerade in überdimensionierten Leitungen besteht das Risiko, dass nur ein laminarer Strom im Zentrum des Rohres strömt und damit an den Rohrwandungen der geforderte Wasseraustausch nicht gewährleistet werden kann.

Möglichst kurze Installationsstrecken mit geringem Leitungsvolumen und regelmäßig genutzten Verbrauchern wirken der Stagnation und somit einer Kontamination entgegen. Um eine hygienekritische Dimensionierung zu vermeiden, sollte die Auslegung der Trinkwasseranlage in Abstimmung mit dem Bauherrn dezidiert bedarfsgerecht erfolgen. Aufgrund der sich daraus ergebenden, durchflussoptimiert dimensionierten Rohrleitungen erhöht sich zwangsläufig die Durchströmungsgeschwindigkeit, was auf jeden Fall eine bessere Beherrschung des vorhandenen Biofilms zur Folge hat. Wahrscheinlich kann sogar von einer geringeren Stärke des anhaftenden Biofilms im Rohrleitungssystem ausgegangen werden – in jedem Fall wird ein positiver Effekt auf den Erhalt der Trinkwassergüte erreicht [17].

Bei ausreichender Durchströmung und den vorhandenen Scherkräften wird sich ein relativ stabiler Biofilm bilden, während Stagnation eine „lose Ansammlung“ an Bakterien erzeugt (siehe Abb. 3–4) [18].

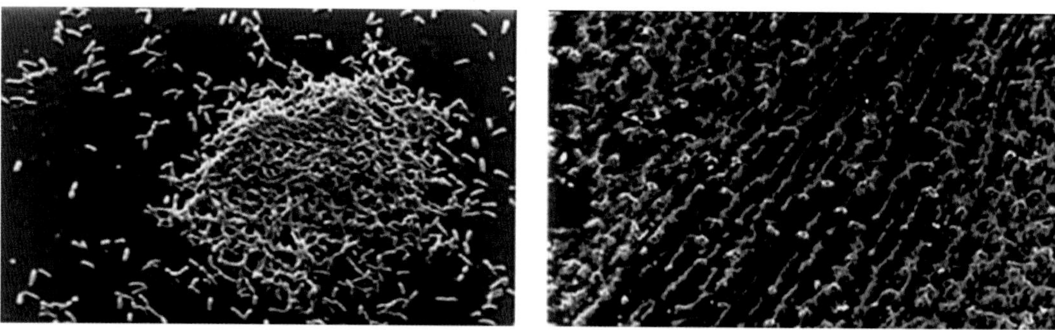

Abb. 3–4 Pseudomonas aeruginosa – Biofilm gewachsen bei 0,03 m/s (links) und bei 1 m/s (rechts) [18]

Eine Bakterienkolonie kann nach zu langer Betriebsunterbrechung (siehe auch Abschnitt 2.1.3, Einhaltung des bestimmungsgemäßen Betriebes) durch Öffnen einer oder mehrerer Entnahmestellen und dem damit verbundenen Druckstoß, im entsprechenden Abschnitt des Rohrleitungssystems verteilt werden und zu entsprechenden Überschreitungen von mikrobiologischen Grenzwerten und des Technischen Maßnahmewertes führen.

Wie in Abb. 3–5 gezeigt berechnet die Planungssoftware Viptool optimal durchströmte Rohrleitungen mit ausreichend hoher Strömungsgeschwindigkeit (turbulent).

Die Dimensionierung der Trinkwasser-Installation bei der Planung soll nach Möglichkeit aktuelle Erfahrungen aus vergleichbaren Objekten berücksichtigen. Die Rohrdurchmesser sind nach DIN 1988-300 möglichst mit den Zeta-Werten (Widerstandsbeiwerte) des geplanten und verwendeten Systems zu berechnen. Ziel ist es, mit den kleinstmöglichen Rohrdurchmessern unter Berücksichtigung des Spitzenvolumenstroms zu planen [15]. Die gewünschten Komfortzeiten sind dann ausschlaggebend dafür, wie viele Entnahmestellen mit möglichst kurzer Rohrleitungsführung maximal von einem Steigstrang versorgt werden können (siehe auch Abschnitt 2.2 und 2.3).

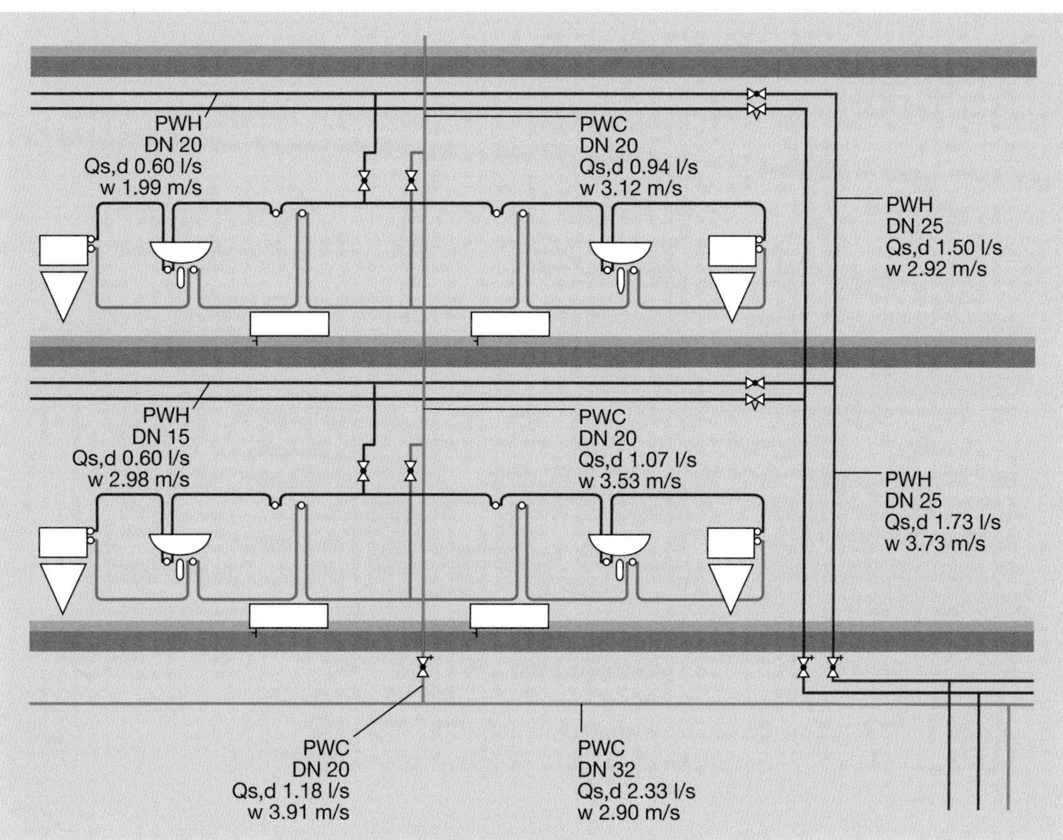

Abb. 3–5 Optimal durchströmte Rohrleitung, Strömungsgeschwindigkeiten >2,0 m/s

1.2 Technische Auffälligkeiten und Auswirkungen auf die Hygiene

Wenn sich unter ungünstigen Bedingungen Mikroorganismen und Krankheitserreger vermehren, dann liegen meist technische Mängel vor („nicht bestimmungsgemäßer Betrieb" nach VDI/DVGW 6023 Blatt 1 [1]), die entsprechende Hygieneprobleme verursachen. Im Folgenden sind Beispiele für technische Mängel aufgeführt, die mögliche Risikofaktoren für das Auftreten von mikrobiologischen Kontaminationen (Aufkeimung, Freisetzung von Mikroorganismen mit hygienischer Relevanz) im Kalt- und Warmwassersystem von Gebäuden sein können:

- nicht sachgerechte Planung (Überdimensionierung von Speicher und Leitungen),
- unsauberes Arbeiten an der Installation,
- nicht sachgerechte Inbetriebnahme,
- kein bestimmungsgemäßer Betrieb,
- Stagnation – Totleitungen, unzulässige Querverbindungen,
- Verwendung ungeeigneter Materialien und Bauteile,
- defekte Anlagenteile (z. B. Wärmetauscher, Zirkulationspumpen),
- kein hydraulischer Abgleich,
- Ablagerungen im Warmwasserspeicher bzw. defekte Beschichtungen (Wasserbeschaffenheit, Materialauswahl),
- Korrosionsschäden bzw. starke Kalkablagerungen in Rohrleitungen,
- Temperaturen unter 55 °C im Trinkwasser warm (PWH),
- Temperaturen über 25 °C im Trinkwasser kalt (PWC) (empfohlen unter 20 °C),
- unzureichende Dämmung der Rohrleitungen für PWC und PWH,
- hygienische Mängel an den Endsträngen (z. B. Duschschläuche, Perlatoren),
- Quellen für Nährstoffe, z.B. Polyphosphate,
- keine regelmäßige Wartung und Inspektion (DIN EN 806-5, Tabelle A.1 [19]) [20],
- fehlende dokumentierte Einweisung durch ausführendes Fachunternehmen nach VDI/DVGW 6023 Blatt 1 Kategorie C.

Zur Feststellung der mikrobiologischen Situation in der Trinkwasser-Installation sind mikrobiologische Untersuchungen durchzuführen. In Tab. 3–10 sind exemplarisch verschiedene technische Auffälligkeiten und deren mögliche Auswirkung auf die jeweiligen Mikroorganismen angegeben.

Tab. 3-10 Technische Auffälligkeiten und deren mögliche Auswirkung auf die hygienische Beschaffenheit des Trinkwassers [21]

Art der Auffälligkeit	Abweichung von	Mögliche Auswirkung auf die Mikroorganismen[1]							Bemerkung
Verwendung ungeeigneter Bauteile	Technischen Regeln (z. B. DIN EN 806, DIN EN 1717, DIN 1988)		2	3	4	5	6		Je nach Art des ungeeigneten Bauteils
Defekte Bauteile (z. B. Warmwasserspeicher mit sich auflösender Beschichtung, Sicherheits und Sicherungsarmaturen			2	3		5	6		bei Temperaturen > 60 °C hat die Auffälligkeit keine nachteiligen Auswirkungen auf die Mikrobiologie
Verbindungen zu Nichttrinkwassersystemen	DIN EN 1717, §17 Absätze 1 und 6 Trinkwasserverordnung, DIN 1988-100		2	3	4	5			Gefährdung des Trinkwassers in Abhängigkeit vom Nichttrinkwasser, das mit der Installation verbunden ist
Kritischer Temperaturbereich (kaltes Trinkwasser > 25 °C, erwärmtes Trinkwasser im Zirkulationssystem < 55 °C)	DVGW W 551 (A), DIN EN 806-2		2				6		Fehlender hydraulischer Abgleich der Leitungen im Zirkulationssystem, fehlende Dämmung der Leitungen für kaltes oder erwärmtes Trinkwasser z. B. im Zirkulationssystem
Verwendung ungeeigneter Werkstoffe	DVGW W 270 (A), KTW-Leitlinie, Beschichtungsleitlinie, § 17 Absatz 2 Trinkwasserverordnung		2	3		5	6		Je nach Art des ungeeigneten Werkstoffes
Fehlende oder falsche Kennzeichnung	§ 17 Absatz 6 Trinkwasserverordnung, DIN EN 806-4	1							Es besteht die Gefahr von unzulässigen Verbindungen mit Nichttrinkwassersystemen mit nachfolgenden mikrobiellen Beeinträchtigungen
Nicht bestimmungsgemäßer Betrieb, Stagnation, nicht regelmäßig durchflossene Leitungen	DIN EN 806-2, DIN 1988-200, DIN EN 1717, VDI/DVGW 6023, DIN 1988-300		2	3	4	5	6		nachträglcihe Änderung in der Trinkwasser-Installation z. B. zu geringer Verbrauch, Wassersparmaßnahmen, Stagnation
Schleimig schmierige Beläge	§ 4 Absatz 1 und § 17 Trinkwasserverordnung, DIN EN 16421, DIN 1988-200, DVGW W 270 (A)		2	3		5		7	Werkstoff nicht trinkwassergeeignet
Anschluss Feuerlöschwasser- oder Notwasserversorgung	§ 17 Absatz 6 Trinkwasserverordnung, DIN 1988-600		2	3		5			Unzureichender Wasseraustausch, Rückwirkung
Anschluss Augen- und Körperduschen	§§ 4 und 5 Trinkwasserverordnung		2	3		5			Unzureichender Wasseraustausch, Rückwirkung
Fehlende, defekte oder falsche Sicherungseinrichtung	§ 17 Absätze 1 und 6 Trinkwasserverordnung, DIN EN 1717, DIN 1988-100		2	3		5	6		Gefährdung der Trinkwasserbeschaffenheit, u. a. durch Nicht-Trinkwasser
Unbenutzte Leitungen „Totleitungen“	DIN 1988, VDI/DVGW 6023, DIN EN 806		2	3		5	6		Entnahmestelle wurde entfernt

1 Erläuterung zur Tabelle: 1 = keine, 2 = erhöhte Koloniezahlen, 3 = Nachweis coliformer Bakterien, 4 = Nachweis von E. coli, 5 = Nachweis von Pseudomonas aeruginosa, 6 = Nachweis von Legionella spec, 7 = Nachweis von Pilzen und Protozoen

Wenn sich bei mikrobiologischen Untersuchungen herausstellt, dass es Auffälligkeiten gibt, sind diese in ihren Konsequenzen für die menschliche Gesundheit zu bewerten. Hilfestellung für die Bewertung gibt die Tab. 3-11. Sie legt damit im Umkehrschluss auch Anforderungen fest, um die Trinkwasserhygiene sicherzustellen und schon frühzeitig Sofortmaßnahmen oder weitergehende Untersuchungen zur Aufklärung der Ursachen zu veranlassen (siehe Trinkwasserverordnung § 16 Absatz 3 [2]).

Tab. 3–11 Hilfestellung zur Bewertung technischer Auffälligkeiten mit möglichen Auswirkungen auf die Hygiene [21]

Auffälligkeit durch:	Akutes Gesundheitsrisiko	Bemerkung	Sofortmaßnahme einleiten
Verwendung ungeeigneter Bauteile	Möglich	Gesundheitsrisiko abhängig von Art der Auswirkung	Ja, ungeeignete Bauteile austauschen
Verwendung ungeeigneter Rohrleitungswerkstoffe, die nicht § 17 Trinkwasserverordnung entsprechen	Möglich	Abhängig von chemischer oder bakteriologischer Untersuchung	Verwendungseinschränkung, da Sofortmaßnahmen nicht möglich
Defekte Bauteile (z. B. Warmwasserspeicher mit sich auflösender Beschichtung, Sicherheits- und Sicherungsarmaturen)	Möglich	Sicherheits- und Sicherungsarmaturen müssen funktionstüchtig sein	Ja, defekte Bauteile austauschen
Verbindungen zu Nichttrinkwassersystemen	Ja	Bakteriologische Untersuchung durchführen	Ja, Verbindung trennen
Fehlende oder falsche Kennzeichnung von Nicht-Trinkwasseranlagen	Nein	Abhängig von weiteren Versorgungsleitungen im Gebäude, § 17 (6) Trinkwasserverordnung	Kennzeichnung anbringen
Kritischer Temperaturbereich (kaltes Trinkwasser > 25 °C, erwärmtes Trinkwasser im Zirkulationssystem < 55 °C)	Möglich	Abhängig von bakteriologischer Untersuchung	Temperaturanpassungen erforderlich, im Kaltwasser Wasserwechsel erhöhen, hydraulischen Abgleich vornehmen
Nicht bestimmungsgemäßer Betrieb	Möglich	Art der Abweichung feststellen	Bestimmungsgemäßen Betrieb sicherstellen
Stagnation Nicht regelmäßig durchflossene Leitungen	Möglich	Bewertung ohne weitergehende Untersuchung und Erfassung des Nutzerverhaltens nicht möglich	Leitung abtrennen oder für regelmäßigen und ausreichenden Wasseraustausch sorgen
Anschlussleitung Trinkwasser bis an die Löschwasserübergabestelle LWÜ nach DIN 1988-600	Möglich	Notwendigkeit klären	Für regelmäßigen und ausreichenden Wasseraustausch sorgen; Trennung Trinkwasser/Feuerlöschanlage nach DIN 1988-600
Fehlende oder falsche Sicherungseinrichtung	Ja	Entnahmesituation klären	Sicherungseinrichtung anpassen
Unbenutzte Leitungen (Totleitungen)	Möglich	Entnahmestellen entfernt	Leitungen am Abzweig abtrennen

Nicht jede technische Auffälligkeit führt zu einem Mangel, der eine Sanierung erforderlich macht. Bei technischen Auffälligkeiten muss jedoch auch ohne Vorliegen einer mikrobiellen Auffälligkeit eine Bewertung der Auffälligkeit durchgeführt werden. Eine umgehende Behebung technischer Mängel ist angezeigt, um eine schwierig zu beseitigende Verkeimung als Folge des Mangels zu vermeiden (Vorsorgeprinzip) [21].

1.3 Praxiserfahrungen

1.3.1 Fremderwärmung von Trinkwasser kalt (PWC)

Erfahrungen aus der Praxis haben gezeigt, dass häufig zu lange Stagnationszeiten des Trinkwassers in Technikzentralen sowie in Installationsschächten und -kanälen (mit Umgebungstemperaturen > 25 °C) zu einer Erwärmung des Trinkwassers kalt (PWC) führten und die Ursache für mikrobielle Beeinträchtigungen der Trinkwasserbeschaffenheit waren [22]. In den meisten älteren Gebäuden erfolgte in den vergangenen Jahren die Verlegung von Trinkwasserleitung kalt (PWC) und warm (PWH) in einem gemeinsamen Steigschacht. Auch wurden die Heizungsleitungen oftmals aus Platzgründen zusammen mit den Trinkwasserleitungen im gleichen Schacht verlegt. Die Temperaturabstrahlung des Trinkwassers warm (PWH), der Zirkulation für Trinkwasser warm (PWH-C) und des Heizungskreislaufes führt in diesen Fällen zu einer starken Erwärmung des gesamten Schachtes und somit unweigerlich zu einer Temperaturerhöhung der Leitung für Trinkwasser kalt (PWC) auf über 25 °C. Dies macht sich vor allem in Zeiten, in denen wenig Trinkwasser (kalt) gezapft wird stark bemerkbar [23].

Auch mit modernem „Durchschleifen" der Zirkulation für Trinkwasser warm (PWH-C) an Wandarmaturen können sogar schon bei regelmäßiger Nutzung erhebliche Probleme mit Temperaturen durch Wärmeübertrag auftreten (siehe Abb. 3–6).

In Abb. 3–6 wurde ein durchströmter Wandanschlussbogen zum Anschluss der Wandarmatur verwendet. Dieser dauerhaft mit ca. 60 °C durchströmte Bogen erzeugt einen massiven Wärmeübertrag (durch die Armatur sowie durch die Montageblende) auf die „stehende" Seite für Trinkwasser kalt (PWC). Dies kann zu Temperaturen größer 30 °C in der Stichleitung für Trinkwasser kalt (PWC) führen. Dieser Effekt tritt bereits nach kürzester Zeit (teils kleiner als 1 h) nach „Herunterkühlen" der Stichleitung des Trinkwassers kalt (PWC) auf. In einem Praxisfall wurden auf der Seite des Trinkwassers kalt (PWC) bis zu 15.500 KBE/100 ml Legionellen in den entsprechenden Rohrleitungsabschnitten im Gebäude festgestellt [20, 24].

Abb. 3–6 Thermografie einer Wandarmatur: Durch den PWH-Anschluss, der hier in den Zirkulationskreis einbezogen wurde, findet über die Entnahmearmatur ein massiver Wärmeübergang auf den PWC-Anschluss statt – in diesem Fall bis auf extrem hygienekritische 34,3 °C [25].

Die Infrarotaufnahmen von Wandarmaturen mit PWH-Anschlüssen, die in die Zirkulation für Trinkwasser warm (PWH-C) eingebunden sind, zeigen, dass sich gemäß Abb. 3–6 am Armaturenkörper eine Oberflächentemperatur von 43,5 °C ergibt. Aufgrund der Wärmeleitung über den Armaturenkörper aus Messing erwärmt sich der PWC-Anschluss dadurch bereits nach kurzer Stagnationszeit ebenfalls deutlich, und zwar auf 34,3 °C. Auf „halbem Weg" wird damit die Kartusche mit Armaturenfett als bioverfügbarer Kohlenstoff und damit als Nährstoffdepot regelrecht „bebrütet" [25].

Da sich Mikroorganismen auf kleinsten Räumen vermehren können, reicht bereits der sehr geringe Wasserinhalt einer Entnahmearmatur, oder eines Brauseschlauchs, dazu aus, dass sich Mikroorganismen im gesundheitlich relevanten Maß vermehren können. Da Legionellen, oder auch andere wärmeliebende Mikroorganismen, bereits bei normalen Raumtemperaturen von kleiner 25 °C, eine Vermehrung aufweisen, ist es notwendig, die in das Trinkwasser hineinsuspendierenden Mikroorganismen in regelmäßigen Abständen auszuspülen. Bei normaler Raumtemperatur von 20 °C geht die Fachwelt davon aus, dass ein Wasseraustausch spätestens alle 72 Stunden zur Sicherstellung der einwandfreien Hygiene im Trinkwasser ausreichend ist (bestimmungsgemäßer Betrieb) [1].

Aus diesem Grund reicht auch im gerade beschriebenen Beispiel der automatisierte Wasserwechsel in allen Leitungen der Trinkwasser-Installationen warm und kalt nicht aus und kann daher einen vollständigen Wasserwechsel des gesamten Trinkwassers durch Entnahme an allen Stellen der Installation nicht ersetzen. Der Betreiber der Trinkwasser-Installation bleibt hier weiterhin in der Verantwortung, dass er seinen Pflichten zum bestimmungsgemäßen Betrieb der Trinkwasser-Installation u. a. durch Entnahme, wie dies vom Planer der Anlage bei Planung zu Grunde gelegt wurde, nachkommt.

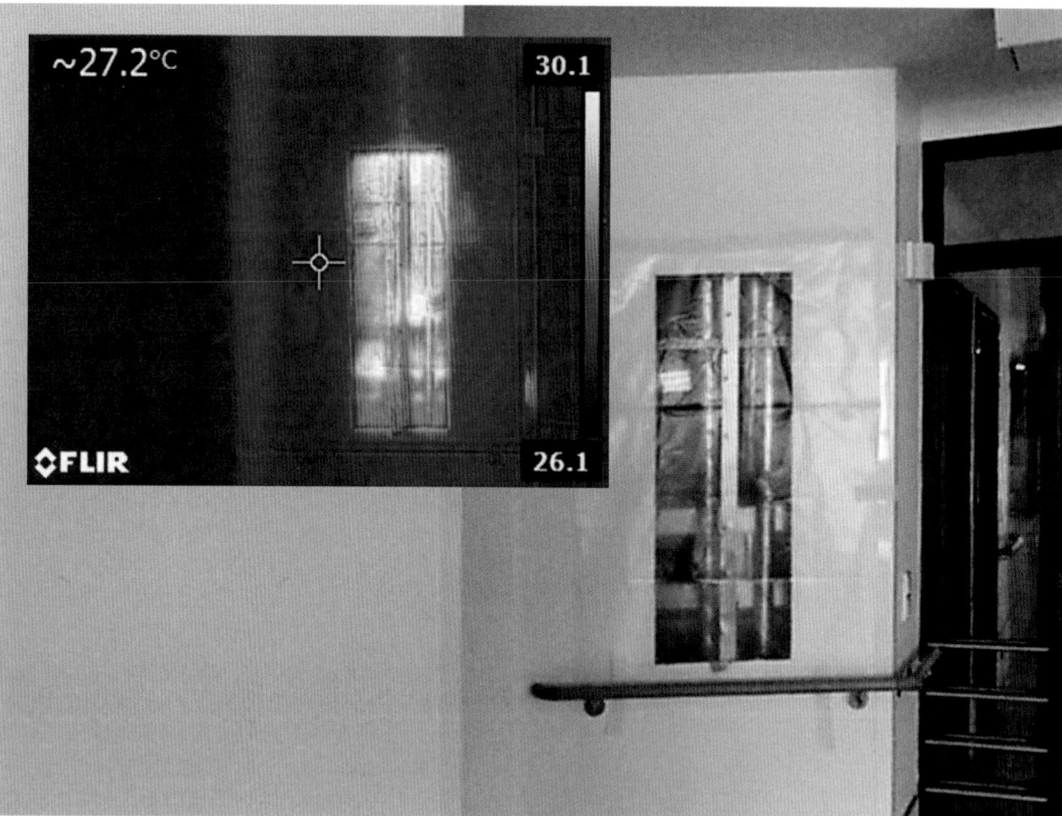

Abb. 3–7 Erwärmung in einem Installationsschacht (reales Bild und Thermografie, 2016) [26]

Im Folgenden sind einige Beispiele für technische Auffälligkeiten gezeigt, wie man Sie vor Ort in der aktuellen Praxis noch vorfinden kann:

In einem Klinikum wurde eine Wandöffnung zum Rückbau des gerade beschriebenen zirkulierenden Systems vom Trockenbauer hergestellt. Der Trockenbauer hat die Wandöffnung (vor Rückbau der Leitungen) mit einer Folie verschlossen. Man sieht bei den Aufnahmen in Abb. 3–7, die im Sommer gemacht wurden, sehr deutlich, dass vom Zirkulationssystem für Trinkwasser warm (PWH-C), insbesondere in den ungedämmten oder schlecht gedämmten Bereichen, auch erhebliche Wärme in die Wand abgegeben wird [26].

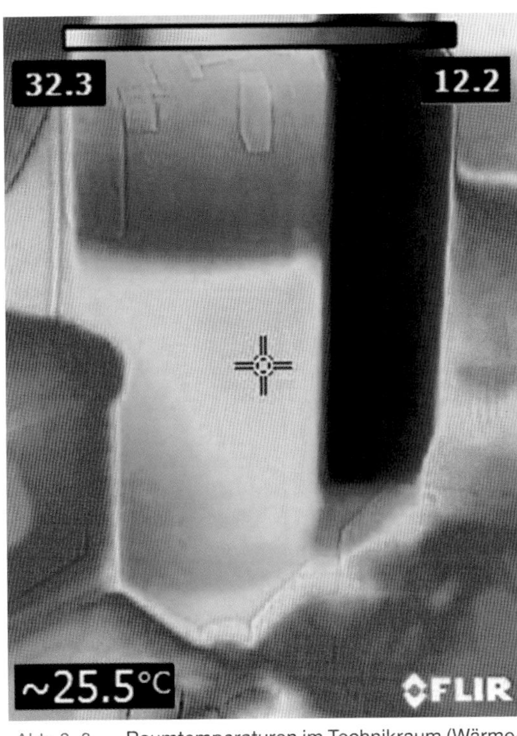

Abb. 3–8 Raumtemperaturen im Technikraum (Wärmequellen – Thermografie, 2016) [26]

Die Enthärtungsanlage in Abb. 3–8 steht in einem Klinikum für den Dialysebereich. Die Raumtemperatur betrug über 25 °C. Innerhalb der Flaschen kam es aufgrund der idealen Wachstumstemperaturen zum Aufkeimen von Mikroorganismen (erhöhte Koloniezahl und *Pseudomonas aeruginosa*) [26].

1.3.2 Stagnation und Überdimensionierung

Abb. 3–9 Verteiler für Trinkwasser kalt (PWC) mit Stagnationsstrecke und Überdimensionierung, 2018 [26]

Abb. 3–9 zeigt einen geschweißten Verteiler für Trinkwasser kalt (PWC) in einer Industriehalle mit einer Umgebungstemperatur von weit über 25 °C. Noch erstaunlicher als die Stagnation ist dabei die überdimensionierte Leitung (mit dem blauen Schieber) die nur ein WC und ein Waschbecken im Treppenhaus versorgt [26].

Abb. 3–10 Sichtbare Nutzungseinschränkung, 2016 [26]

So wie in Abb. 3–10 sollte eine Maßnahme zur Nutzungseinschränkung in einer Einrichtung für behinderte Kinder nicht aussehen. Damit sollte verhindert werden, dass die Kinder das Duschverbot missachten [26].

1.3.3 Fehlende Inspektion und Wartung

Abb. 3–11 Filter im Hauseingang ohne Wartung und Inspektion, 2017 [26]

Abb. 3–11 zeigt zum Thema Instandhaltung einen Hauswassereingangsfilter in einem Klinikum (Schwesternwohnheim) mit eigenem Versorgungsnetz. Das Wasser aus dem Versorgungsnetz kommt mit der im Filter angezeigten Färbung im Schwesternheim an. Das seit Jahren schon bestehende Problem der bemängelten Verfärbungen im Trinkwasser warm (PWH) und Trinkwasser kalt (PWC) kam nicht vom verzinkten Stahlrohr, das in der Hausinstallation verbaut ist [26].

1.3.4 Unzulässige Verringerung der Strömungsgeschwindigkeit

Abb. 3–12 Folgen einer Wasserspareinrichtung mit zu geringem Durchfluss, 2017 [26]

Abb. 3–12 zeigt einmal ein ausgebautes Wassersparsystem aus einer Waschtischarmatur. Die Installation bestand aus verzinktem Gewinderohr. Der Wassersparregler hat auf 3,5 l/min reduziert (laut Hersteller) – bisher 6 l/min. Nach Abnehmen des Reglers konnte nur noch das gezeigte braune Wasser gezapft werden [26].

2 Aktuelle Herausforderungen bei Trinkwasser-Installationen

2.1 Wie kann die zu erwartende Nutzung als Planungsprämisse umgesetzt werden?

Die gesamte Trinkwasserhygiene baut nach derzeitigem Kenntnisstand auf drei Grundprinzipien auf:

- Einhaltung der Temperaturgrenzen im Trinkwasser kalt (PWC) und Trinkwasser warm (PWH),
- regelmäßiger und vollständiger Wasseraustausch an jeder Entnahmestelle der Trinkwasser-Installation, unter Beachtung der vom Planer der Anlage bei Planung zu Grunde gelegten Betriebsbedingungen (Entnahmemengen, Volumenströme und Gleichzeitigkeiten),
- Einsatz geeigneter Werkstoffe und Materialien.

Der gesamte Bereich Werkstoffe und Materialien wird über die Bewertungsgrundlagen des Umweltbundesamtes und die KTW-Leitlinien gesetzlich geregelt [27, 28].

Planer, Installateur und Betreiber müssen sich also nur noch darüber Gedanken machen, wie die Temperaturgrenzen und ein regelmäßiger, ausreichender Wasseraustausch im System sichergestellt werden.

Um den gesamten Kreis der Verantwortlichen zu erfassen, verwendet die Trinkwasserverordnung die weite Formulierung Unternehmer oder sonstiger Inhaber einer Trinkwasser-Installation (UsI) [2]. Betreiber ist grundsätzlich der Inhaber einer Trinkwasser-Installation, der die tatsächliche Herrschaft über ihren Betrieb ausübt und die hierfür erforderlichen Weisungen erteilen kann. Entscheidend sind die rechtlichen und tatsächlichen Einwirkungsmöglichkeiten. Daher obliegt die Verantwortung für eine in einem Gebäude installierte Anlage – vorbehaltlich anderweitiger vertraglicher Regelungen – grundsätzlich dem Gebäudeeigentümer [29]. Im Folgenden wird zur Vereinfachung vom Betreiber gesprochen, der natürlich auch durch den Unternehmer und sonstigen Inhaber (UsI) repräsentiert werden kann.

2.1.1 Mindestanforderungen an Trinkwasser-Installationen

Die Qualität des hierzu notwendigen Trinkwassers wird in Hinblick auf die menschliche Gesundheit – definiert im Infektionsschutzgesetz im Paragraph 37 unter Abschnitt 1 – beschrieben: „Wasser für den menschlichen Gebrauch muss so beschaffen sein, dass durch seinen Genuss oder Gebrauch eine Schädigung der menschlichen Gesundheit, insbesondere durch Krankheitserreger, nicht zu besorgen ist." Das „Gesetz zur Verhütung und Bekämpfung von Infektionskrankheiten beim Menschen“ – kurz Infektionsschutzgesetz (IfSG) – ist die gesetzliche Grundlage zur Sicherung und Überwachung der Qualität des Trinkwassers [3].

Aus diesem genannten Grund dürfen Krankheitserreger nach § 5 Trinkwasserverordnung nicht in Konzentrationen enthalten sein, die zu einer Schädigung der menschlichen Gesundheit führen können. Das gleiche Prinzip trifft auch auf die chemischen Stoffe zu. Die Rahmenbedingungen sind in § 4 Trinkwasserverordnung beschrieben [2].

Ein weiterer Verweis auf den Gesundheitsschutz ist auch in den Musterbauordnungen der Bundesländer in §3, Absatz 1 unter den Allgemeinen Anforderungen festgehalten: „Anlagen sind so anzuordnen, zu errichten, zu ändern und in Stand zu halten, dass die öffentliche Sicherheit und Ordnung, insbesondere Leben, Gesundheit und die natürlichen Lebensgrundlagen, nicht gefährdet werden“ [30].

In der folgenden Tabelle (Tab. 3-12) sind Mindestanforderungen an eine Trinkwasser-Installation für Planung, Bau und Betrieb kurz aufgeführt.

Tab. 3-12 Mindestanforderungen an die Trinkwasser-Installation [1, 2, 14-16, 27, 28, 31-40]

Mindestanforderungen	Zielwert, Literatur
Temperatur Trinkwasser kalt (PWC)	empfohlen ≤ 20 °C/max. 25 °C (VDI/DVGW 6023 Blatt 1)
Mindesttemperatur Trinkwasser warm (PWH)	≥ 55 °C (DVGW W 551)
Wasseraustausch	≤ 3 Tage (VDI/DVGW 6023 Blatt 1)
Warmwasserzirkulation (PWH-C) – Vor-/Rücklauf	mind. 60 °C/55 °C (DVGW W 551)
Strömungsgeschwindigkeit (turbulent)	2 m/s angestrebt (DIN 1988-300/siehe Abschnitt 1.1.3)
Mindestens allgemein anerkannte Regeln der Technik einhalten	§ 4 (1) und § 17 (1) Trinkwasserverordnung
Frei von Sachmängeln	VOB § 13
Bestimmungsgemäßer Betrieb	VDI/DVGW 6023 Blatt 1, DIN 1988-200, DVGW W 557
Raumbuch (vollständiges Nutzungskonzept)	VDI/DVGW 6023 Blatt 1, DIN 1988-200, VDI 6028 Blatt 1
Hygieneplan (Gebäude mit erhöhten Anforderungen an die Hygiene, Qualitätssicherung)	VDI/DVGW 6023, Blatt 1
Schutz des Trinkwassers - Sicherungseinrichtungen	DIN EN 1717, DIN 1988-100/600
Hygieneerstinspektion	VDI/DVGW 6023 Blatt 1
Inbetriebnahme	VDI/DVGW 6023 Blatt 1, DIN EN 806-4
Instandhaltungsplanung (Wartung, Inspektion, Instandsetzung und Verbesserung)	VDI/DVGW 6023 Blatt 1, VDI 3810-2
Techn. Maßnahmen zum Schutz vor Legionellen	DVGW W 551
Ausstoßzeiten Trinkwasser warm - PWH (Komfortstufen)	VDI 6003
Überwachung der Betriebsparameter mittels Gebäudeautomation	Temperatur, Druck, Durchflussmenge (VDI/DVGW 6023 Blatt 1, VDI 3810-2)
erforderliche Probenahmestellen	DVGW W 551, VDI/DVGW 6023 Blatt 1, Empfehlung des UBA
Werkstoffe	Bewertungsgrundlagen des UBA, KTW-Leitlinien, ... *

* https://www.umweltbundesamt.de/themen/wasser/trinkwasser/trinkwasser-verteilen/bewertungsgrundlagen-leitlinien [27]

2.1.2 Raumbuch

Grundlage ist das bei der Planung mit dem Bauherrn abgestimmte und detaillierte Raumbuch (siehe auch VDI 6028 Blatt 1 [32]), einschließlich der Nutzungsbeschreibung und ein vollständiges Konzept der Trinkwasser-Installation (siehe auch Installationsmatrix nach DIN EN 1717 und DIN 1988-100 [33, 34]).

Dabei ist folgende Dokumentation als Mindestanforderung erforderlich:

- Entnahmestellen nach Art, Nutzungshäufigkeit, Ort und Anzahl
- Anforderungen an die Rohrleitungsführung einschließlich erforderlicher Probenahmestellen und Löschwasserübergabestellen
- Schutz des Trinkwassers nach DIN EN 1717 und DIN 1988-100 [33, 34] (insbesondere keine unmittelbare Verbindung zwischen Trinkwasser- und Nichttrinkwasser- Installationen), Instandhaltungsmaßnahmen (Inspektion, Wartung, Instandsetzung, Verbesserung)
- Einhaltung sowie regelmäßige Prüfung und Dokumentation der Temperaturgrenzen – Trinkwasser, kalt: möglichst kalt, maximal 25 °C – Trinkwasser, warm: nach DVGW W 551 [14]
- erforderliche Qualifikation des Betreibers zur Wahrnehmung seiner Verantwortung [1].

In Abb. 3–13 ist ein mögliches Beispiel eines Raumdatenblattes für ein Raumbuch abgebildet, das in den Unterpunkten Medien (Trinkwasser, PWC und PWH) und Sanitär alle notwendigen Angaben zur detaillierten Bedarfsermittlung enthält und auch schon in der Praxis in ähnlicher Form verwendet wird.

Sanitär/ Einrichtungs-gegenstände	**Anzahl**	**Instand-haltungs-hinweis**	**Nut-zung 1/d**	**PWC l**	**PWH l**	**Σ PWC l/d**	**Σ PWH l/d**
Waschbecken:							
WC:							
Duschen:							
Spülbecken:							
Urinale:							
Ausgussbecken:							
Notdusche (Stk.):							
Augendusche (Stk.):							
Sonstiges:							
Summe Wasserverbrauch							
Ausstoßzeit							
Wasseraustausch sichergestellt über							

Sanitär/Sonstiges	**Anzahl**	**Hersteller**	**Typ**
Bodenablauf:			
Sonstiges:			

Abb. 3–13 Beispielausschnitt aus dem Raumdatenblatt eines Raumbuchs (Bereich Sanitär)

Für jede hygienebewusste Planung sind die relevanten Daten jeder Nutzungseinheit unerlässlich. Nur auf Basis einer gewissenhaft erstellten Anlagendokumentation kann die Betriebssicherheit und Trinkwassergüte sichergestellt werden. Dabei wird immer der bestimmungsgemäße Betrieb zugrunde gelegt. Selten genutzte Entnahmestellen sind nach Möglichkeit zu vermeiden und vorhersehbare Betriebsunterbrechungen sind in der Planung immer zu berücksichtigen. Sollte sich der Wasserbedarf im späteren Betrieb verringern, z. B durch den Rückbau nicht mehr benötigter Entnahmestellen, so ist dennoch ein ausreichender Wasseraustausch in der gesamten Trinkwasser-Installation durch geeignete Maßnahmen sicherzustellen. Das Raumbuch muss dann entsprechend angepasst werden [1].

2.1.3 Bestimmungsgemäßer Betrieb

Trinkwasser ist lebensnotwendig und deswegen auch bestimmten Qualitätsanforderungen unterworfen. Wie man hygienische Probleme bei Planung, Bau, Inbetriebnahme oder während des Betriebes einer Trinkwasser-Installation vermeiden kann, ist in den entsprechenden Normen, Regelwerken und Merkblättern ausführlich beschrieben. Die hygienischen und technischen Vorgaben sind in der VDI/DVGW 6023 Blatt 1 zu finden. In Trinkwasser-Installationen, die nach den a. a. R. d. T. geplant, gebaut, in Betrieb genommen, betrieben und instandgehalten werden, ist eine mikrobiologisch einwandfreie Trinkwasserbeschaffenheit an der Entnahmestelle sichergestellt. Für die einwandfreie Trinkwasserqualität spielt vor allem der hygienisch sichere Betrieb – definiert nach allgemein anerkannten Regeln der Technik als „bestimmungsgemäßer Betrieb“ – der Trinkwasser-Installation eine entscheidende Rolle. Darunter versteht man nach DIN 1988-200 Abschnitt B 1 und VDI/DVGW 6023 Blatt 1 den „Betrieb der Trinkwasser-Installation über alle Entnahmestellen mit regelmäßiger Kontrolle auf Funktion sowie die Durchführung der erforderlichen Instandhaltungsmaßnahmen für den betriebssicheren Zustand unter Einhaltung der zur Planung und Errichtung zugrunde gelegten Betriebsbedingungen, gegebenenfalls durch simulierte Entnahme (manuelles oder automatisiertes Spülen)“ [1, 16]. Aus hygienischer Sicht ist die manuelle und automatisierte Entnahme von Trinkwasser an den Entnahmestellen gleichwertig.

Beim bestimmungsgemäßen Betrieb muss sichergestellt sein, dass an jeder Entnahmestelle der Trinkwasser-Installation ein vollständiger Wasseraustausch in der gesamten Trinkwasser-Installation innerhalb von 72 Stunden stattfindet. Falls notwendig sind Unterbrechungen der Nutzung, wie Leerstand, Saisonbetrieb oder Schulferien des jeweiligen Gebäudes durch geeignete Maßnahmen an den Entnahmearmaturen zu kompensieren. In besonderen objektspezifischen oder baulich bedingten Fällen (z. B. Lebensmittelbetriebe, Krankenhäuser, Seniorenpflegeheime, verstärkte Fremderwärmung des Trinkwassers kalt – PWC) kann es auch notwendig sein, verkürzte Intervalle (≤ 24 Std.) zu definieren.

Eine Nichtnutzung von mehr als 72 Stunden ist zu vermeiden. Sie stellt eine Betriebsunterbrechung dar. Bei längerer Verweilzeit des Wassers in der Trinkwasser-Installation kann die Wasserbeschaffenheit durch Vermehrung von Mikroorganismen und in Lösung gehende Werk- und Betriebsstoffe beeinträchtigt werden. Die Beeinträchtigung hängt ab von der gelieferten Wasserbeschaffenheit, den verwendeten Werkstoffen der Trinkwasser-Installation, den Betriebsbedingungen, der Trinkwassertemperatur und der Verweilzeit des Trinkwassers (Stagnation) [1].

Die Maßnahmen bei unvermeidbaren Betriebsunterbrechungen sind in Tab. 3–13 beschrieben.

Tab. 3-13 Maßnahmen bei Betriebsunterbrechung [1, 34, 36, 40, 41, 42]

Dauer der Betriebs-unterbrechung	Maßnahmen zu Beginn der Unterbrechung	Maßnahmen bei Rückkehr (Ende der Unterbrechung)
≥ 4 Stunden bis 3 Tage	keine	Stagnationswasser ablaufen lassen bis zur Temperaturkonstanz
	Betriebsunterbrechung nach VDI/DVGW 6023 Blatt 1	
bis max. 4 Wochen	Schließen der Absperrarmatur hinter der Wasserzähleranlage	bei Wiederinbetriebnahme vollständiger Wasseraustausch an allen Entnahmestellen durch Spülung mit Wasser
> 4 Wochen	Schließen der Absperreinrichtung in befülltem Zustand belassen (nicht entleeren!) - Einfamilienhaus: Schließen der Absperrarmatur hinter der Wasserzähleranlage - Mehrfamilienhaus: Schließen der Stockwerksarmaturen	Wiederinbetriebnahme durch Fachunternehmen, Spülung mit Wasser nach EN 806-4/DVGW W 557
> 6 Monate	Schließen der Absperreinrichtung in befülltem Zustand belassen (nicht entleeren!), wenn Frostgefahr entleeren	Wiederinbetriebnahme durch Fachunternehmen, Spülung mit Wasser nach EN 806-4/DVGW W 557, mikrobiologische Kontrolluntersuchungen gemäß Trinkwasserverordnung (Trinkwasser, warm und kalt) und auf Legionellen (Trinkwasser, warm und kalt) durchführen
> 1 Jahr	Abtrennen der Anschlussleitungen direkt an den Versorgungsleitungen durch einen Fachmann, Benachrichtigen des WVU - Umnutzung: Rückbau nicht mehr benötigter Teile der Trinkwasser-Installation durch deren Entfernung unmittelbar an der im bestimmungsgemäßen Betrieb weiterhin durchströmten Versorgungsleitung. Wiederinbetriebnahme nur durch Vertragsinstallationsunternehmen.	

Ein bestimmungsgemäßer Betrieb einer Trinkwasser-Installation erfordert:

- bedarfsorientierte Planung nach den Vorgaben der Raumbücher,
- fachgerechte Ausführung, Abnahme und Übergabe,
- dokumentierte Einweisung des Betreibers (Einweisung nach VDI/DVGW 6023 Blatt 1 Kat. C),
- ausreichend fachlich ausgebildetes Personal,
- Verfügbarkeit relevanter Planungs- und Betriebsunterlagen (Anlagenbuch),
- klare Zuordnung der Verantwortlichkeiten (Eigentümer und/oder Betreiber).

Im Anlagenbuch werden alle relevanten Planungsdaten, Betriebsparameter und Prüfungen über den Lebenszyklus der Trinkwasseranlage lückenlos dokumentiert. Das Betriebsbuch ist als Teil des Anlagenbuchs die Ablagestelle für alle relevanten Dokumente über Arbeiten an der Trinkwasser-Installation inklusive Analysenergebnissen von Trinkwasseruntersuchungen und Instandhaltungsmaßnahmen. Grundlage des Betriebsbuchs ist der Instandhaltungs- oder Hygieneplan [1, 37].

2.1.4 Probenahme

Die Probenahme in der Trinkwasser-Installation muss juristisch einwandfrei sein. Bei der mikrobiologischen Untersuchung des Trinkwassers ist klargestellt, wer eine Beprobung durchführen darf. In § 14b, Abs. 2 der Trinkwasserverordnung heißt es dazu, dass der Unternehmer oder sonstige Inhaber (UsI) – evtl. auch der Betreiber – einer Wasserversorgungsanlage damit nur eine zugelassene Untersuchungsstelle beauftragen darf. Dabei muss der „Untersuchungsauftrag sich auch auf die jeweils dazugehörige Probenahme erstrecken". Geeignete Labore werden durch die jeweils zuständigen Behörden in den Bundesländern akkreditiert. Und der § 15 Trinkwasserverordnung stellt klar, dass der Auftrag zur Untersuchung und Probenahme einer Trinkwasseranlage nur vom UsI ausgehen darf [2].

Die Anzeigepflicht bei Überschreitungen des technischen Maßnahmenwertes für Legionellen ist in § 15a (1) der Trinkwasserverordnung zu finden. Die Vorgehensweise ist an die bestehende Meldepflicht des Infektionsschutzgesetzes angelehnt. Demgemäß sind Labore verpflichtet, Erregernachweise von Patienten mit einer akuten Legionelleninfektion direkt an das Gesundheitsamt zu melden, in dessen Zuständigkeitsbereich die Wasserversorgungsanlage liegt. Erregerhinweise im Trinkwasser mussten bislang nicht die Labore, sondern der UsI dem Gesundheitsamt melden. Damit bei einem Legionellenbefund unverzüglich Gegenmaßnahmen ergriffen werden, zeigen die Untersuchungsstellen bedenkliche Legionellenkonzentrationen im Trinkwasser direkt dem zuständigen Gesundheitsamt an. So soll ausgeschlossen werden, dass Verbraucher Gesundheitsrisiken ausgesetzt bleiben, wenn ein Betreiber seiner Anzeigepflicht nicht nachkommt [43]. Nach § 14b Abs. 4 Satz 2 sind folgende Untersuchungszeiträume für „Großanlagen" (keine Ein- und Zweifamilienhäuser, Definition siehe Trinkwasserverordnung § 14b Abs. 1 [2]) festgelegt:

- alle drei Jahre bei ausschließlich gewerblicher Tätigkeit (§ 3 Nr. 10),
- mindestens einmal jährlich bei öffentlicher Tätigkeit (§ 3 Nr. 11) [2].

Abb. 3-14 Probenahmeventil

Die öffentliche Tätigkeit steht für Einrichtungen, die ohne im Vordergrund stehende Gewinnerzielungsabsicht der Allgemeinheit Leistungen anbieten, die von einem wechselnden Personenkreis in Anspruch genommen werden. Beispiele hierfür sind Krankenhäuser, Altenheime, Schulen, Kindertagesstätten, Jugendherbergen, Justizvollzugsanstalten, Flughäfen, Sportstätten.

Eine gewerbliche Tätigkeit liegt vor, wenn das zur Verfügung stellen von Trinkwasser unmittelbar oder mittelbar, zielgerichtet aus einer Tätigkeit resultiert, für die ein Entgelt bezahlt wird. Die wirtschaftliche Tätigkeit muss erkennbar auf Dauer angelegt sein. Ein Beispiel für eine ausschließlich gewerbliche Tätigkeit stellt die Vermietung von Wohnraum (Immobilien) dar. In den gemieteten Räumen kann dann sowohl eine öffentliche als auch gewerbliche Tätigkeit erfolgen.

Bei vielen Anlagen treffen beide Kriterien zu. Ausschlaggebend ist dann das Kriterium der öffentlichen Tätigkeit (z. B. Hotel) [2].

2.1.5 Technischer Maßnahmewert – Legionellen

Die Trinkwasserverordnung definiert unter § 3 einen technischen Maßnahmenwert. Bei Überschreitung des technischen Maßnahmenwertes liegen vermeidbare Umstände vor, die eine Besorgnis der Gesundheitsgefährdung oder gar eine Gesundheitsgefährdung erwarten lassen [2].

Der Verordnungsgeber hat sich bei der Festlegung des Begriffs der Besorgnis der Gesundheitsgefährdung einer Hilfsgröße bedient, die als technischer Maßnahmenwert bezeichnet wird. Der technische Maßnahmenwert ist unter Anlage 3 Teil II der Trinkwasserverordnung mit 100 KBE/100 ml (Legionella spec./Trinkwasser) festgelegt. Die Anlage 3 Teil II der Trinkwasserverordnung führt die Bezeichnung „Spezieller Indikatorparameter für Anlagen der Trinkwasser-Installation". Entsprechend der Trinkwasserverordnung stellen Legionellen im Allgemeinen also nur einen Indikatorparameter für die Nichterfüllung technischer Belange dar, die zur Erreichung des unter § 1 der Trinkwasserverordnung genannten Schutzziels notwendig sind.

Insbesondere fordert die Trinkwasserverordnung unter den §§ 4 Abs. 1 und 17 Abs. 1 mindestens die Einhaltung der allgemein anerkannten Regeln der Technik bei der Wasseraufbereitung und Wasserverteilung. Werden die allgemein anerkannten Regeln der Technik bei Planung, Bau und Betrieb von Wasserversorgungsanlagen der Hausinstallation (Trinkwasser-Installation) also eingehalten, so ist zu erwarten, dass auch die Grenzwerte und Anforderungen an Parameter der Trinkwasserverordnung, die sich innerhalb der Hausinstallation nachteilig verändern können, eingehalten werden [2].

Trotz der durch den Gesetzgeber getroffenen Vorkehrungen werden jedoch immer wieder Überschreitungen des technischen Maßnahmenwertes der Trinkwasserverordnung bei Routineuntersuchungen nach § 14b Abs. 1 festgestellt, oder Menschen erkranken auf Grund der Verwendung von Wasser aus Trinkwasser-Installationen.

Die in der Trinkwasserverordnung verwendete Hilfsgröße „Legionellen" ist weiterhin als Krankheitserreger unter § 7 des Infektionsschutzgesetzes namentlich aufgeführt. Daraus ist abzuleiten, dass es sich bei Legionellen also nicht nur um eine technische Hilfsgröße, sondern auch um einen Krankheitserreger handelt. Zwischen der technischen Hilfsgröße und dem Krankheitserreger besteht also ein Zirkelbezug. Nach einer Empfehlung des Umweltbundesamtes von 2005 [44] gilt für Krankenhäuser sowie andere medizinische Einrichtungen und Pflegeeinrichtungen hinsichtlich der Legionellenkontamination ein Zielwert von 0/100 ml. Der Gefahrenwert wird bei ≥ 1/100 ml festgelegt.

Liegen technische Unzulänglichkeiten vor, so ist ein Auftreten von Krankheitserregern zu besorgen. Werden Krankheitserreger festgestellt, so ist eine technische Unzulänglichkeit zu besorgen.

Betrachtet man Legionellen in ihrer Funktion als technische Hilfsgröße, so müssen entsprechend § 16 Abs. 7 technische Maßnahmen zum Schutz der Nutzer der Trinkwasser-Installation und zur Wiederherstellung der technisch vermeidbaren Unzulänglichkeiten ergriffen werden. Nach § 16 Abs. 7 müssen die zum Schutz der Nutzer ergriffenen Maßnahmen mindestens den allgemein anerkannten Regeln der Technik entsprechen.

Betrachtet man Legionellen jetzt aber in ihrer Funktion als Krankheitserreger nach § 7 des Infektionsschutzgesetztes, die durch Wasser übertragen werden können, so sollte entsprechend § 1 Abs. 2 Infektionsschutzgesetz der Stand der medizinischen und epidemiologischen Wissenschaft und Technik zum Schutz der Nutzer der Trinkwasser-Installation angewendet werden [3].

Da der Stand der medizinischen und epidemiologischen Wissenschaft und Technik jedoch nicht dem überwiegenden Teil der Anwender bekannt sein muss, so hat sich der Verordnungsgeber bei dem sehr häufigen Auftreten von Legionellen im Trinkwasser, für das in der Praxis anerkannte, jedoch geringere Schutzniveau der allgemein anerkannten Regeln der Technik im § 16 Abs. 7 der Trinkwasserverordnung entschieden [2].

Vorwort Inhaltsverzeichnis

Strukturgeber Gebäudetechnik

Prozessziel Trinkwassergüte

Planung und Betrieb 4.0

Energieperformance

Rechtliche Herausforderungen

Index

2.1.6 Gefährdungsanalyse

Wird dem Betreiber bekannt, dass der technische Maßnahmenwert an Legionellen überschritten wird, hat er unverzüglich

1. Untersuchungen zur Aufklärung der Ursachen durchzuführen oder durchführen zu lassen; diese Untersuchungen müssen eine Ortsbesichtigung sowie eine Prüfung der Einhaltung der allgemein anerkannten Regeln der Technik einschließen,
2. eine Gefährdungsanalyse zu erstellen oder erstellen zu lassen und
3. die Maßnahmen durchzuführen oder durchführen zu lassen, die nach den allgemein anerkannten Regeln der Technik zum Schutz der Gesundheit der Verbraucher erforderlich sind.

Der Betreiber teilt dem Gesundheitsamt unverzüglich die von ihm ergriffenen Maßnahmen mit. Alle Maßnahmen sind zu dokumentieren. Auf der Grundlage der Gefährdungsanalyse hat der Betreiber Maßnahmen zur hygienisch-technischen Überprüfung der Trinkwasser-Installation einzuleiten. Dabei sind sowohl technische Aspekte der Trinkwasser-Installation als auch gesundheitliche Aspekte der Nutzer sowie mögliche Übertragungswege zu berücksichtigen [2].

Im §3, Abs. 13 der Trinkwasserverordnung wird eine Gefährdungsanalyse als die „systematische Ermittlung von Gefährdungen der menschlichen Gesundheit" durch eine Wasserversorgungsanlage bezeichnet. Was für eine systematische Analyse heranzuziehen ist, führt die Begriffsbestimmung ebenfalls auf:

- Die Beschreibung der Wasserversorgungsanlage,
- Beobachtungen bei der Ortsbesichtigung,
- festgestellte Abweichungen von den allgemein anerkannten Regeln der Technik,
- sonstige Erkenntnisse über die Wasserbeschaffenheit sowie über die Wasserversorgungsanlage und deren Nutzung sowie
- Laborbefunde und deren örtliche Zuordnung [2].

Diese Begriffsbestimmung der Gefährdungsanalyse lehnt sich an die Definition der Leitlinie der Weltgesundheitsorganisation (WHO) zur Trinkwasserqualität an. Denn wie die Praxis zeigt, ist eine klar strukturierte Vorgehensweise erforderlich, damit Maßnahmen zur Abwehr von Gesundheitsgefahren kein Aktionismus, sondern tatsächlich wirksam sind [43].

Wie man bei einer Gefährdungsanalyse vorgehen kann, beschreibt zusätzlich auch die Richtlinie VDI/BTGA/ZVSHK 6023 Blatt 2 „Hygiene in Trinkwasser-Installationen – Gefährdungsanalyse" [29].

2.2 Wie kann die Erwärmung von Trinkwasser kalt (PWC) in der Hausinstallation minimiert werden?

Besonders in großen Liegenschaften zeigt sich zunehmend das Problem, dass kaltes Trinkwasser auf dem Weg vom Hausanschluss zur Entnahmestelle nicht immer auf dem von der VDI/DVGW 6023 Blatt 1 geforderten Temperaturniveau gehalten werden kann. Besonders in Risikobereichen, bei denen Menschen mit geschwächtem Immunsystem besonders anfällig gegen aus dem Wasser übertragene Krankheitserreger reagieren, ist vom Robert-Koch-Institut die 20 °C als hygienisch notwendige Maximaltemperatur festgelegt worden [8], die sich auch in der Praxis bewährt hat [9] (siehe Abschnitt 1.1.1). Abhängig von der vom Wasserversorgungsunternehmen gelieferten Wassertemperatur ist diese geforderte Temperatur in einigen Gebäuden nur mit größten Anstrengungen erreichbar. Mit der zusätzlichen Empfehlung der VDI/DVGW 6023 Blatt 1 „nicht über 20 °C" wird die unter Trinkwasserhygienikern vorherrschende Auffassung deutlich, dass die sonst im Regelwerk verankerten 25 °C als Maximaltemperatur für PWC bereits als Zugeständnis an die Gebäudetechnik zu verstehen sind. Vor diesem Hintergrund sollte jede hygienebewusste Planung nach Möglichkeit alle bauphysikalischen Einflüsse meiden, die als Risiken für den Erhalt der Trinkwassergüte einzustufen sind.

Wie neuste Forschungsergebnisse belegen, hat auch der Klimawandel bereits maßgeblichen Einfluss auf die Wassertemperatur, die durch den Hauswasseranschluss ins Gebäude gelangt. Im Median lagen hierbei die Hauseingangstemperaturen bei 14,2 °C und damit 4,2 °C über der bei der Planung angenommenen Grenze von 10 °C [11]. Dies hat natürlich einen Einfluss auf den Betrieb des Gebäudes, denn der Temperaturanstieg innerhalb der Trinkwasser-Installation muss nun geringer gehalten werden als ursprünglich, was unter Umständen zu betrieblichem Mehraufwand führt. Die in Folge des Klimawandels erhöhten Außentemperaturen erhöhen nicht nur wie oben beschrieben die Temperaturen des Wassers in der Versorgungsleitung, sondern können auch maßgeblichen Einfluss auf die Temperaturen innerhalb des Gebäudes haben. Durch erhöhte Sonneneinstrahlung und hohe Außentemperaturen sind Raumtemperaturen von > 25 °C keine Seltenheit mehr und können je nach Installationsart zu einer unzulässigen Erwärmung des Trinkwassers kalt (PWC) in hygienisch kritische Temperaturbereiche führen [11].

Auch der DVGW ist sich der aktuellen Problematik im Trinkwasser kalt (PWC) bewusst und empfiehlt in der „DVGW-Information – Wasser Nr. 90" bei einer orientierenden Untersuchung auch mindestens die Temperatur des Trinkwassers kalt (PWC) zu messen. Sollten hier Temperaturen oberhalb von 25 °C gefunden werden, ist eine Beprobung auf Legionellen auch im Trinkwasser kalt (PWC) notwendig [22].

Der Erhalt der Trinkwassergüte im Trinkwasser kalt (PWC) ist auf dem Weg vom Hauseintritt bis zur letzten Entnahmestelle infolge von Fremderwärmung, die mikrobielles Wachstum nachweislich fördert, gefährdet. Die letztliche Temperatur des Trinkwassers kalt (PWC) ist immer auch das Ergebnis mehrerer lokaler Wärmeeinträge und stellt demnach nur die Summe mehrerer punktueller Wärmeeinträge dar.

Daher sollten für die jeweiligen Teilstrecken, welche vom Hausanschlussraum bzw. der Heizzentrale durch unbeheizte Kellerräume, in vertikalen Schächten mit Gemischtbelegung, in abgehängten Decken, Installationswänden oder in Vorwandtechnik verlaufen, die Risiken für den Erhalt der Trinkwassergüte separat bewertet werden. Denn jeder dieser Installationsbereiche ist je nach bauphysikalischen Bedingungen unterschiedlich hohen Wärmelasten ausgesetzt. [25].

Neben den klassischen Methoden wie die Erhöhung der Spülintervalle können vorab bereits bei der Planung der Trinkwasser-Installation maßgebliche Impulse für den späteren ressourceneffizienten Betrieb einer Trinkwasser-Installation gesetzt werden, wobei das oberste Ziel, der Schutz der menschlichen Gesundheit weiterhin unverändert aufrechterhalten wird.

Mit der Prämisse die Wärmelasten für die Leitungen für Trinkwasser kalt (PWC) so gering wie möglich zu halten, sollte im Vorfeld bereits festgestellt werden, ob sich die Leitungsführung der Rohrleitung für Trinkwasser kalt (PWC) ab dem Hauseintritt nicht so planen lässt, dass Umgebungstemperaturen im kritischen Bereich auf dem gesamten Fließweg vermieden werden. Um hier ein stimmiges Verteilungskonzept zu erhalten, sollte vom Hausanschluss bis zur letzten Entnahmestelle geprüft werden, ob sich in der jeweiligen Bausituation nicht ein Optimierungspotenzial für die Verringerung der Wärmelast ergibt.

Bis die Leitung für Trinkwasser kalt (PWC) in die einzelnen Verteilleitungen übergeht, kann sich bereits in der Hauptleitung ein hygienisches Risiko entwickeln. So ist vor allem eine Technikzentrale mit hohen Wärmelasten verständlicherweise kein geeigneter Ort für eine Hauptverteilung einer Trinkwasseranlage. Das gilt erst recht für die Aufstellung von Apparaten, wie eine Enthärtungsanlage, die bei erhöhten Raumtemperaturen einem erhöhten Kontaminationsrisiko unterliegt, siehe auch Abb. 3–8. Schon manche Trinkwasser-Installation wurde durch solche regulären Einbauten von „zentraler Stelle aus" nachhaltig kontaminiert. Während Kellerverteilungsleitungen in unbeheizten Räumen bezüglich Fremderwärmung in der Regel unkritisch sind, birgt die Verlegung in Installationsbereichen mit hohen Wärmelasten Risiken für die Trinkwassergüte. Deshalb wurden bereits die Anforderungen an die Dämmung solcher Leitungen für Trinkwasser kalt (PWC) nach DIN 1988-200 für diesen Anwendungsfall erhöht und mit denen an zirkulierende Leitungen für Trinkwasser warm (PWH) gleichgestellt (sogenannte 100-%-Dämmung) [16].

Auch wenn es in den meisten Fällen als einfachere Lösung erscheint, führt eine Verlegung in zu warmen Räumen (> 25 °C) zu einem Anstieg der Temperatur des Trinkwassers kalt (PWC), der wiederrum im nachgelagerten Fließweg zu einer Überschreitung des geforderten Temperaturniveaus sorgt. Deswegen schreibt die VDI 2050 vor, dass in den Technikräumen keine Temperaturen über 25 °C vorhanden sein dürfen, wenn dort eine Leitung für Trinkwasser kalt (PWC) verlegt ist [45].

Alternative hierzu ist die Verlegung der Leitung für Trinkwasser kalt (PWC) in einem separaten Raum, wobei die zu versorgenden Systeme über Einzelzuleitungen mit Wasser versorgt werden. Bei einer Heizungsfülleinrichtung wird direkt nach dem Abgang bereits die Sicherungseinrichtung gesetzt, wodurch das Wasser für diesen Verbraucher für das Netz für Trinkwasser kalt (PWC) kein Risiko mehr darstellt. Sonstige Stagnationsstrecken im Bestand müssen so kurz wie möglich sein, d. h. grundsätzlich ist der Ausbau des T-Stücks aus der durchströmten Leitung zu bevorzugen. Sollte das nicht möglich sein, ist nach CEN/TR 16355 [40] eine maximale Stagnationsstrecke von 2 x DN und nicht mehr zulässig [46].

Nachdem das Trinkwasser kalt (PWC) mit kleinstmöglichen Wärmeeinflüssen zur Verteilung geführt wurde, ergeben sich nun mehrere Möglichkeiten der Verteilung und auch der Ausgestaltung dieser Verteillösungen. Wenn auf die Gebäudearchitektur noch Einfluss genommen werden kann, ist es mehr als empfehlenswert, kaltgehende Leitungen wie Lüftung, Abwasser und Feuerlöschleitungen zusammen mit den Leitungen für Trinkwasser kalt (PWC) zu verlegen. Allein durch die räumliche Distanz von Heizungsleitungen bzw. Leitungen für Trinkwasser warm (PWH) zur Leitung für Trinkwasser kalt (PWC), wird eine potenzielle Erwärmung des Trinkwassers kalt (PWC) effektiv vermieden.

Natürlich hat man nicht in jedem Bauvorhaben die Möglichkeiten eine komplette Umstrukturierung der Gebäudegrundrisse vorzunehmen. Im Bestand ist besonders das Einbringen eines zweiten Schachts mit besonderen Schwierigkeiten verbunden, wobei manche Lösungen einen zweiten Schacht auch teilweise ersetzen oder aber die Einflüsse der warmgehenden Leitung anderweitig kompensieren.

2.2.1 Sichere thermische Entkopplung von PWC und PWH

Ein Lösungskonzept ist das Vorbeiführen der Leitungen für Trinkwasser kalt (PWC) an den Abwasserleitungen. Hier ergibt sich durch die besondere räumliche Lage der Nutzungseinheiten z. B. in Hotels die Möglichkeit, den ohnehin vorhandenen Schacht für eine Versorgungsleitung zu nutzen. Wird nun das Konzept zur Verteilung für Trinkwasser kalt (PWC) auf eine vertikale Verteilung umgestellt, kann die Rohrleitungsdimension im Vergleich zu einer horizontalen Verteilung deutlich reduziert werden und der benötigte zusätzliche Installationsraum verkleinert sich erheblich. Das Trinkwasser warm (PWH) kann aber weiterhin in einem Steigstrang bevorzugt zusammen mit den Heizungsleitungen verlegt und über die häufig vorkommenden abgehangenen Decken in die Nutzungseinheiten verteilt werden (Abb. 3–15).

Sollte sich in dem Bauvorhaben auch hier die Schwierigkeit der Umsetzung zeigen, kann auch auf den klassischen gemischten Schacht zurückgegangen werden, der aber mit gewissen Maßnahmen gegen den Wärmeübertrag von warmgehenden Leitungen auf die kaltgehenden Leitungen optimiert werden sollte. Hier können die Vorteile verschiedener Installationssysteme herangezogen werden um die Wärmeabgabe in den Schacht effektiv zu verringern. Es gibt bereits Systeme, die den Regelungen des Brandschutzes folgend im Nullabstand auch zu Fremdsystemen verlegt werden dürfen und somit mehr Platz im vorhandenen Schacht bieten. Dieser sich zusätzlich ergebende Platz kann beispielsweise für einen weiteren Schacht benutzt werden.

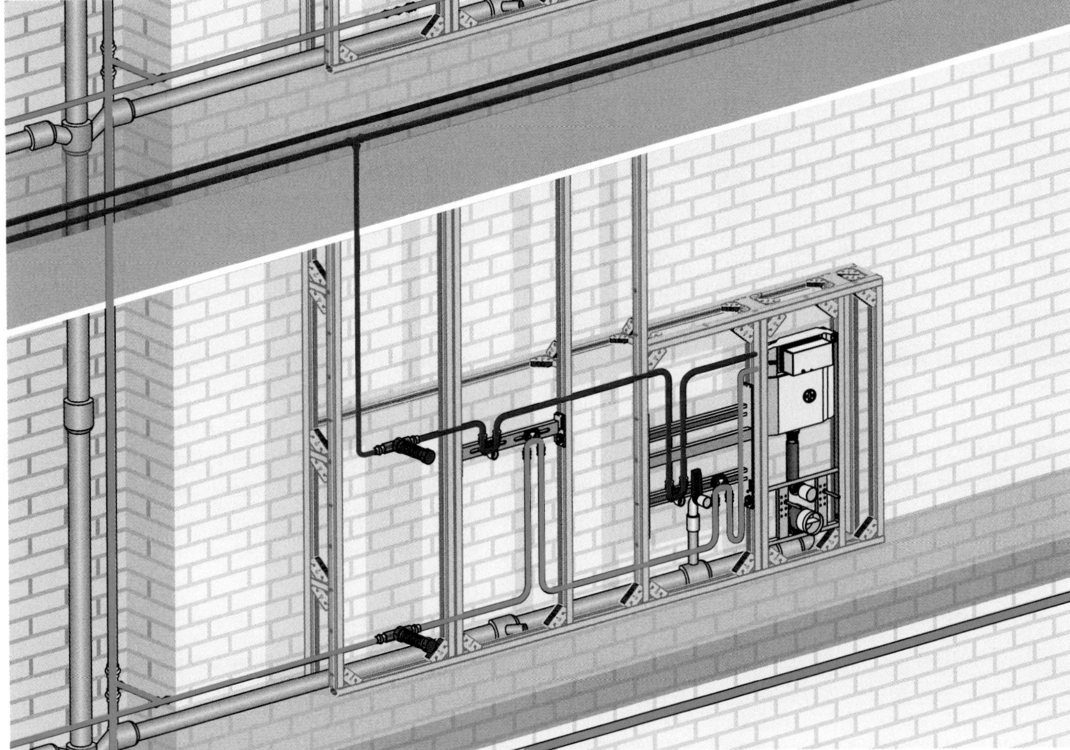

Abb. 3–15 Anbindung einer Nutzungseinheit an die Verteilleitungen PWC und PWH, Anbindung der PWH-C außerhalb der Nutzungseinheit

Eine weitere Möglichkeit die Schachttemperatur im warmen Bereich des gemeinsamen Schachtes zu reduzieren, kann die Verwendung einer innenliegenden Zirkulation für Trinkwasser warm (PWH-C) sein (Abb. 3–16). Beim Aufbau einer Zirkulation für Trinkwasser warm (PWH-C) wird üblicherweise im

Abb. 3–16 Inliner-Zirkulationsystem in Edelstahlrohr (Smartloop für PWH-C und PWC-C)

Steigschacht parallel zur Leitung für Trinkwasser warm (PWH) die Leitung für die Zirkulation von Trinkwasser warm (PWH-C) verlegt. Beim Prinzip der innenliegenden Zirkulation wird das Rohr für den Zirkulationsrücklauf im Rohr der Leitung für Trinkwasser warm (PWH) geführt. Durch diese Bauform können einige positive Effekte erzielt werden. Die Zirkulationspumpe muss bei einem System mit innenliegender Zirkulation für Trinkwasser warm (PWH-C) einen um ein Drittel niedrigeren Volumenstrom bei gleichem Förderdruck fördern um die geforderten Temperaturen im System zu halten [47]. Beim Aufbau einer innenliegenden Zirkulation für Trinkwasser warm (PWH-C) kann zudem der Aufwand für die Wärmedämmung und die Brandschutzabschottung der Leitung für die Zirkulation von Trinkwasser warm (PWH-C) entfallen, da diese Leitung nun innerhalb der Leitung für Trinkwasser warm (PWH) liegt. Ein weiterer Pluspunkt, der sich durch den Einsatz einer innenliegenden Zirkulation ergibt, ist die deutlich reduzierte Wärmeabgabe in den Schacht, wodurch sich zum einen die Bereitschaftsverluste der Zirkulation des Trinkwassers warm (PWH-C) verringern (der Anteil der nutzbaren Energie erhöht sich), aber auch die Erwärmung des Trinkwassers kalt (PWC) verringert wird. Durch die platzsparende Bauweise, die Pressverbindungstechnik und die einfache Abschottung bei Deckendurchführungen auf Nullabstand ist das System wirtschaftlicher (verringerte Installationskosten, siehe Tab. 3–14) zu installieren als die klassische Variante. Wie bei allen Rohrleitungssystemen sollte auch hier auf die DVGW-Zertifizierung geachtet werden, die Systeme und Bauteile auf deren hygienische Eignung und deren Konformität zur UBA-Positivliste kontrolliert und entsprechend bewertet.

Tab. 3–14 Verringerte Installationskosten

Rohrleitungssystem	**Presssystem Kupfer**		**Presssystem Rotguss**		**Presssystem Edelstahl**	
Kostenart	**Inlinertechnik**	**Konvent. Zirkulation**	**Inlinertechnik**	**Konvent. Zirkulation**	**Inlinertechnik**	**Konvent. Zirkulation**
Verbinder	184,59 €	108,43 €	303,73 €	191,38 €	340,97 €	221,97 €
Rohrleitung	108,86 €	122,72 €	189,28 €	210,29 €	189,28 €	210,29 €
Inlinerrohr/-set	86,38 €	–	86,38 €	–	86,38 €	–
Zirkulationssystem	379,83 €	231,15 €	579,39 €	401,67 €	616,63 €	432,26 €
Befestigungsmaterial	34,88 €	64,96 €	34,88 €	64,96 €	34,88 €	64,96 €
Dämmung	164,00 €	200,40 €	164,00 €	200,40 €	164,00 €	200,40 €
Brandschutz	32,52 €	45,84 €	32,52 €	45,84 €	32,52 €	45,84 €
Kernbohrung	336,00 €	640,00 €	336,00 €	640,00 €	336,00 €	640,00 €
Montage	207,68 €	261,01 €	207,68 €	261,01 €	207,68 €	261,01 €
Gesamtsumme	**1.154,91 €**	**1.443,36 €**	**1.354,47 €**	**1.613,88 €**	**1.391,71 €**	**1.644,471 €**
Einsparung je Strang	**288,45 € (20,0 %)**		**259,41 € (16,1 %)**		**252,76 € (15,4 %)**	

2.2.2 Simulation der thermischen Schachtsituationen

Um hygienische Risiken beim späteren Bau der Installation in einem gemeinsamen Schacht bereits bei der Planung zu minimieren, empfiehlt es sich auf softwaregestützte Lösungen zurückzugreifen, die bereits eine Simulation zu erwartender Schachttemperaturen im Planungsprozess ermöglichen.

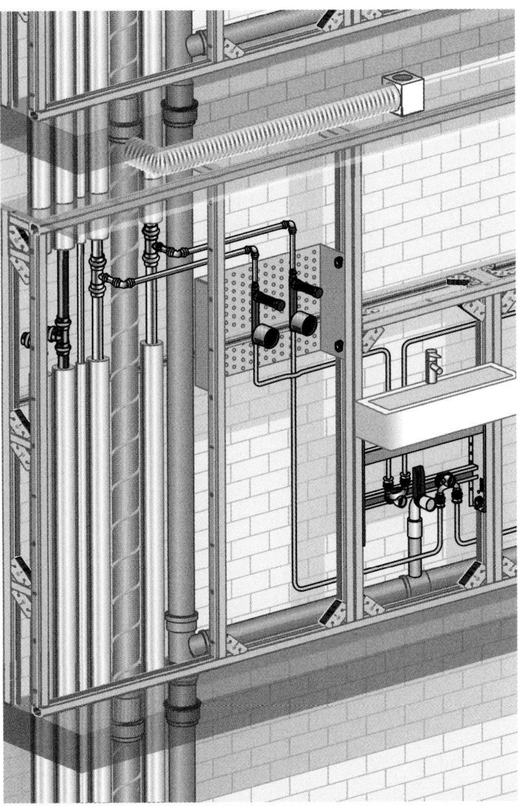

Abb. 3-17 Darstellung eines gemischten Schachtes im Deckenabschottungsprinzip

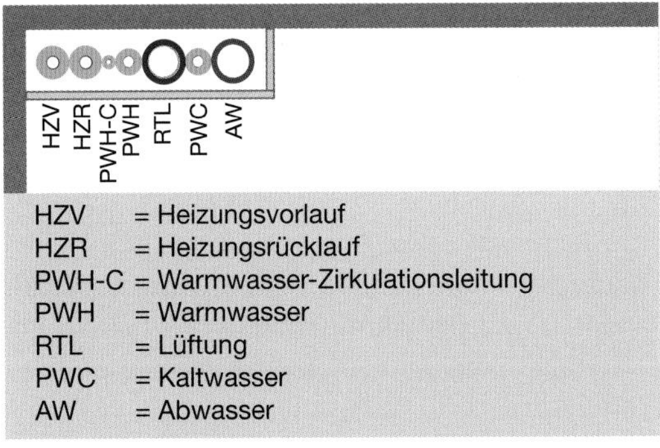

Abb. 3-18 Darstellung eines gemischten Schachtes im Deckenabschottungsprinzip (im Grundriss)

Hier kann beispielsweise das Erwärmungsverhalten der Leitung für Trinkwasser kalt (PWC) bei der zu erwartenden Stagnationszeit simuliert und für eine Risikoabschätzung herangezogen werden. Die erhaltenen Simulationsergebnisse können verständlicherweise nur realitätsnahe Ergebnisse liefern, da die tatsächlichen Temperaturverhältnisse durch die Summe weiterer Einflussfaktoren bestimmt werden können.

Eine Möglichkeit, Schachttemperaturen realitätsnah abschätzen zu können, bietet ein Simulationsmodell nach der Finite-Elemente-Methode (FEM), das schon früher im Rahmen eines Versuches zur Untersuchung der Fremderwärmung von Trinkwasser kalt (PWC) verwendet wurde [25]. Mit dem auf Excel basierenden Programm wurde eine Thermalanalyse über die Wärmeleitung-Differenzialgleichung nach Fourier unter den üblichen Bedingungen der Baupraxis durchgeführt. Dabei werden entsprechend der Bauphysik die unterschiedlichen Wärmekapazitäten, Wärmedurchgangs- und Wärmeübergangskoeffizienten der einzelnen Medien, Rohrmaterialien und Baustoffe berücksichtigt (Abb. 3-17 und Abb. 3-18).

Es wird eine Energiebilanz zwischen denen im Schacht befindlichen Rohleitungen und der durch die Umschließungsflächen abgegebenen/aufgenommenen Energie berechnet und daraus die resultierende Schachttemperatur bestimmt.

Die Temperatur in den jeweiligen Rohrleitungen sind anhand der durch die Rohrleitungen geführten Medien vorgegeben; so wird bei Nutzung und damit verbundenem Durchfluss Trinkwasser kalt (PWC) mit 19 °C, Trinkwasser warm (PWH) mit 60 °C, Zirkulation für Trinkwasser warm (PWH-C) mit 58 °C, Heizungsvor- und Heizungsrücklauf mit 70 °C bzw. 55 °C als gegeben angenommen. Die Temperaturen der an den Schacht grenzenden Räume werden durch die Normtemperaturen nach DIN EN 12831-1 [48] festgelegt. Als dynamischer Faktor ist hierbei eine Außenwand und deren Ausrichtung (z. B. Süd- oder Nordlage) zu berücksichtigen. Die Temperatur der Abluft in der Lüftungsleitung wird mit der Temperatur des Raumes angenommen, aus dem die Abluft fortgeführt wird. Die Abwasserfallleitung wird in der Energiebilanz nicht berücksichtigt, da hier davon ausgegangen wird, dass das hier enthaltene Medium Luft ist, und diese die Temperatur des Schachtes annimmt. Wenn Wasser durch die Abwasserfallleitung abgeführt wird, so ist dies temporär sehr beschränkt, und es wird ein ca. 10-facher Anteil Luft mitgerissen. Damit ist die durch die Abwasserleitung in den Schacht eingetragene bzw. abgeführte Energie zu vernachlässigen.

Ginge man davon aus, dass alle Leitungen im Schacht dauerhaft vom Medium mit der entsprechenden Temperatur durchflossen wären, so wäre der Temperaturverlauf in Wänden und Isolierung von innen nach außen linear; anders sieht es jedoch aus, wenn es zu Stagnation in einer Leitung kommt. Dann ist es notwendig, den Temperaturverlauf in Wänden und Isolierung genauer zu bestimmen. Die nachfolgende Abbildung zeigt im Knotenpunkt den Temperaturverlauf in den Rohrleitungen (rechts), den Temperaturverlauf in den Schachtumschließungswänden (links) und die daraus resultierende Schachttemperatur im Schnittpunkt in der Mitte. Bereits nach 4 Stunden Stagnation wird in der Leitung für Trinkwasser kalt (PWC) eine Temperatur von 23,4 °C erreicht. Wie in Abb. 3–19 gezeigt, wird schließlich nach 7,3 Stunden Stagnation die zulässige Temperatur von 25 °C in der Leitung für Trinkwasser kalt (PWC) erreicht und überschritten.

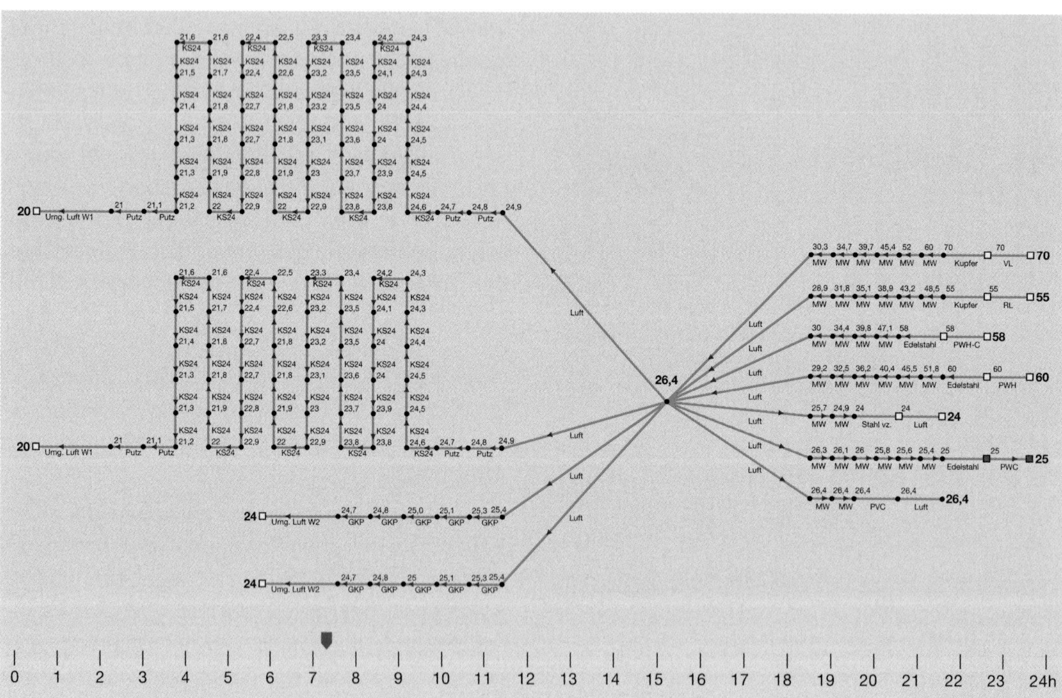

Abb. 3–19 Beispiel einer FEM-Simulation: Temperatur im gemischten Schacht nach 7,3 h Stagnation, 25 °C in PWC werden überschritten.

Hat man die Möglichkeit, zwei getrennte Schächte zu bauen, in denen Lüftungsleitung, Abwasserfallleitung und die Leitung für Trinkwasser kalt (PWC) in einem und die warmgehenden Leitungen im anderen Schacht geführt werden, so wird auch nach 20 Stunden Stagnation eine zulässige Temperatur von 25 °C weder erreicht, noch überschritten.

2.2.3 Zirkulation für Trinkwasser kalt (PWC-C®)* mit Kühlung

Wenn aufgrund der Simulation eine hygienekritische Erwärmung des Trinkwassers kalt (PWC) zu befürchten ist, sollte die Möglichkeit der Kühlung des Trinkwassers kalt (PWC) in Betracht gezogen werden (Abb. 3–20). Das kann häufig bei Bestandsgebäuden bei Sanierung der Fall sein, da nur ein Installationsschacht zur Verfügung steht. Gerade auch dann, wenn dieser gemischte Schacht

* nach O. Heinecke, LTZ – Zentrum für Luft- und Trinkwasserhygiene GmbH, Berlin

nachträglich aus brandschutztechnischen Gründen ausgeflockt wird, kann es zu einer unzulässigen Erwärmung des Trinkwassers kalt (PWC) kommen, da die von den warmgehenden Leitungen abgegebene Energie nicht direkt über die Schachtumschließungswände an die Umgebung abgeführt werden kann, sondern durch die isolierende Wirkung der Ausflockung im Schacht verbleibt.

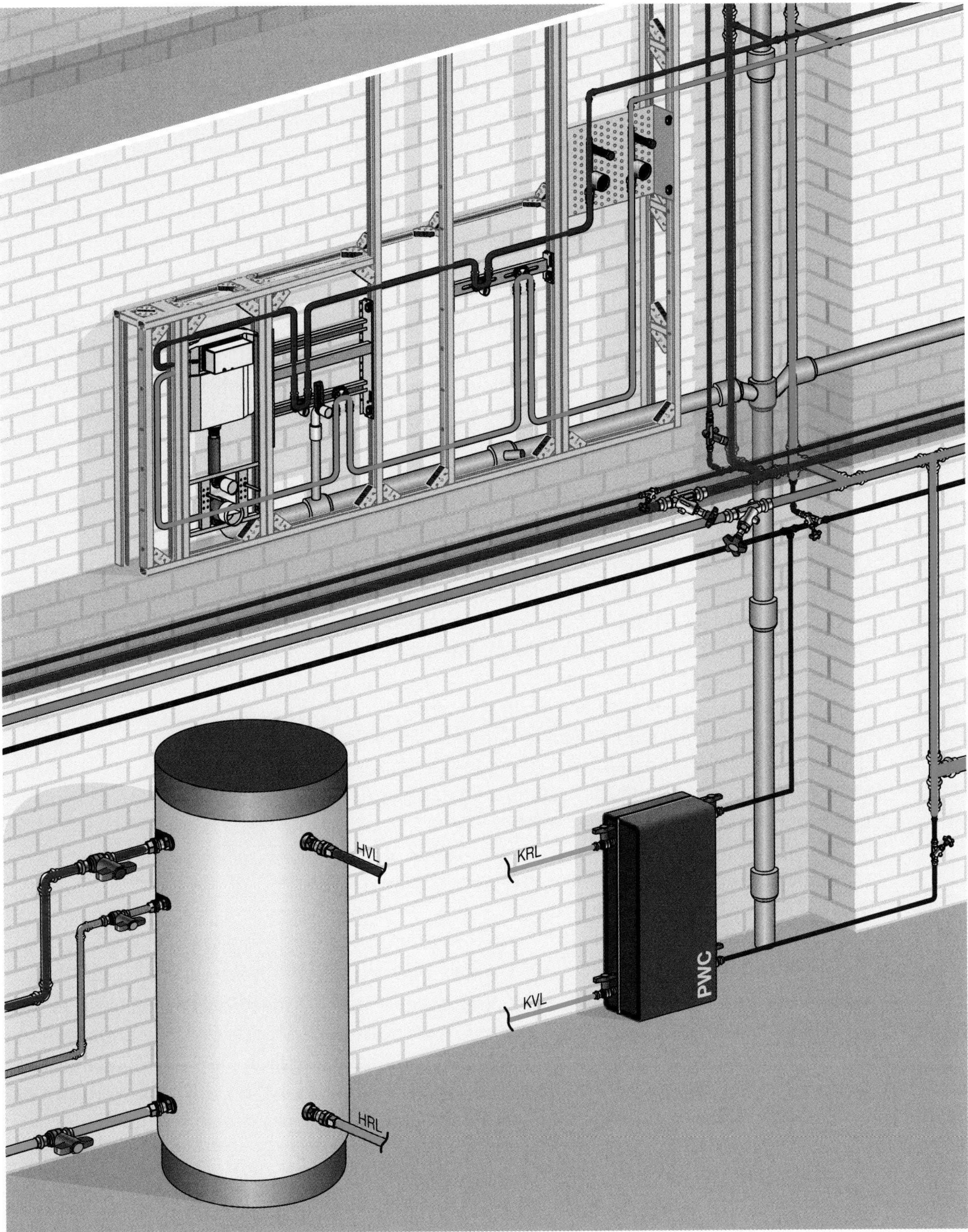

Abb. 3–20 Schematische Einbausituation einer innenliegenden Zirkulation für Trinkwasser kalt (PWC-C)

Bei der Zirkulation für Trinkwasser kalt (PWC-C) – Ausführung als innenliegende Zirkulation nur mit DVGW-Zertifizierung möglich – wird analog zur Zirkulation für Trinkwasser warm (PWH-C) das kalte Trinkwasser vom Strangende über eine zweite Leitung zurück in den Kellerbereich geführt und wird dort im Durchfluss-Trinkwasserkühler (PWC) gekühlt. Wie auch bei der Zirkulation für Trinkwasser warm (PWH-C) ergibt sich auch für die Zirkulation für Trinkwasser kalt (PWC-C) die Notwendigkeit der Einregulierung. Hierfür eignen sich beispielsweise elektronische Zirkulationsregulierventile, da diese Ventile konstant die Medientemperatur durch eine Temperaturmessung einregulieren. Konzeptstudien haben ergeben, dass im Vergleich zur Zirkulation des Trinkwassers warm (PWH-C) bei der Zirkulation des Trinkwassers kalt (PWC-C) kleinere Massenströme zirkulieren, da die Temperaturdifferenz zur Umgebungstemperatur geringer ist. Dementsprechend arbeiten die Zirkulationsregulierventile auch mit kleineren k_v-Werten.

Die Leitung für die Zirkulation des Trinkwassers kalt (PWC-C) wird im Kellerbereich in einen Durchfluss-Trinkwasserkühler (PWC) geführt, der die Temperatur des erwärmten Trinkwassers kalt (PWC) auf ein hygienisch unbedenkliches Niveau reduziert. Das gekühlte Trinkwasser wird anschließend hinter dem Abgang der Leitung für die Warmwasserbereitung in die Hauptverteilleitung eingespeist. Die Notwendigkeit einer Kaltwasserzirkulationsanlage mit Kühlung ergibt sich in abgehängten Decken mit hohen Wärmelasten und in Schächten mit Gemischtbelegung, da lediglich stagnierendes Wasser eine ausreichend hohe Verweilzeit aufweist, um sich unzulässig zu erwärmen und Mikroorganismen die Zeit zur Vermehrung zu geben. Für den Betrieb der Anlage ergeben sich dieser Prämisse folgend die Anforderungen, dass die Zirkulation für Trinkwasser kalt (PWC-C) analog der Zirkulation für Trinkwasser warm (PWH-C) hydraulisch abgeglichen und kontinuierlich betrieben wird, damit in Zeiten von Stagnationen in keinem Bereich der Installation eine unzulässige Erwärmung des Trinkwassers kalt (PWC) stattfinden kann.

Neben der zur PWC-C-Kühlung notwendigen Mess- und Regelungstechnik empfiehlt sich zur nachhaltigen Kontrolle der Betriebsparameter, ein möglichst engmaschig installiertes Monitoring- und Aufzeichnungssystem mit Aufschaltung auf eine regelungstechnische Anlage ggf. auf ein Trinkwasser-Management-System oder auf eine zentrale Gebäudeleittechnik. An folgenden Stellen sollten Temperaturmessungen vorgesehen werden:

A. PWC-Temperatur Hausanschluss,
B. PWC-Temperatur direkt vor der Einbindung der Zirkulationsleitung (PWC-C),
C. PWC-Temperatur direkt hinter der Einbindung der Zirkulationsleitung (PWC-C),
D. PWC-Temperatur vor Eintritt in die Schachtinstallation,
E. Lufttemperatur im Installationsschacht,
F. PWC-Temperatur am Eintritt in die Nutzungsbereiche,
G. Lufttemperatur im Installationsbereich in abgehängter Decke,
H. PWC-C-Temperatur kurz vor dem Eintritt in den Durchfluss-Trinkwasserkühler (PWC),
I. PWC-C-Temperatur kurz hinter dem Austritt aus dem Durchfluss-Trinkwasserkühler (PWC),
J. PWC-C-Temperatur kurz vor der Einbindung in die PWC-Verteilleitung.

Bei Unterschreitung des vorher berechneten und festgelegten Mindestwasserwechsels in den Nutzungseinheiten wird eine Zwangsspülung ausgelöst, um das in den Leitungen vorhandene Trinkwasser kalt (PWC) nach parametrierbaren Zeitintervallen, spätestens jedoch nach 72 Stunden auszutauschen. Diese Zwangsspülungen können dezentral in den Nutzungseinheiten, z. B. über WC-Element mit PWH-/PWC-Spülfunktion oder elektronische Entnahmearmaturen vorgesehen werden.

Durch die kontrollierte Temperaturhaltung des Trinkwassers kalt (PWC) in definierten Temperaturbereichen ist der Einsatz von PWC-C-Anlagen mit Kühlung z. B. für Gebäude mit erhöhten hygienischen Anforderungen wie in Krankenhäusern und Pflegeeinrichtungen empfehlenswert. Dies gilt auch für Trinkwasser-Installationen, in denen nutzungs- und/ oder installationsbedingt hohe Wärmelasten während längeren Stagnationsphasen zu erwarten sind (z. B. Sportstätten während den Sommerferien).

Im Bauprozess und bei der späteren Abnahme lässt sich durch die Verwendung einer Kühlung des Trinkwassers kalt (PWC) ein weiteres Problem umgehen. Besonders im Wohnungsbau spielen Komfortkriterien wie die Einhaltung von Ausstoßzeiten bei der Bauabnahme eine zunehmende Rolle. Lag der Fokus hier in der Vergangenheit auf dem Trinkwasser warm (PWH) rückt auch zunehmend das Trinkwasser kalt (PWC) in den Fokus der Überprüfung. Mit der Verwendung einer Zirkulation für Trinkwasser kalt (PWC-C) in Verbindung mit einem Kälteaggregat lässt sich der Temperaturanstieg innerhalb des Steigstrangs begrenzen und das Risiko eines Baumangels in Folge einer zu hohen Wassertemperatur sinkt erheblich.

Zur Kühlung des zirkulierenden Trinkwassers kalt (PWC-C) sind zwei wesentliche Komponenten notwendig: ein Durchfluss-Trinkwasserkühler (PWC), in welchem dem zirkulierenden Trinkwasser kalt (PWC-C) die Energie entzogen wird und Kühlwasser, das die abzuführende Energie aufnimmt.

In **Abb. 3-21** ist eine Konzeptstudie eines Durchfluss-Trinkwasserkühlers (PWC) dargestellt. Die dort enthaltenen Bauteile sind schematisch in **Abb. 3-22** gezeigt. Dies sind im Wesentlichen eine drehzahlgeregelte Zirkulationspumpe für das Trinkwasser kalt (PWC), ein Edelstahl-Plattenwärmetauscher, ein motorbetriebener Dreiwegemischer, eine Regelungseinheit und Sensorik.

Abb. 3-21 Durchfluss-Trinkwasserkühler (PWC) (Konzeptstudie)

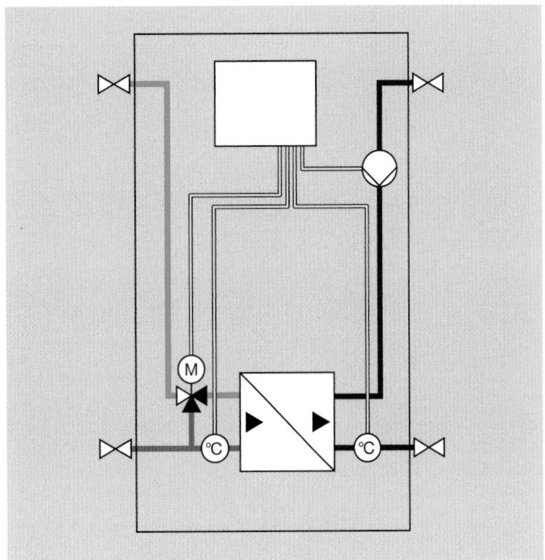

Abb. 3-22 Schematische Darstellung des Durchfluss-Trinkwasserkühlers (PWC)

Der Durchfluss-Trinkwasserkühler (PWC) hat eine Solltemperaturregelung für das zirkulierende Trinkwasser kalt (PWC-C), da das zirkulierende Trinkwasser kalt (PWC-C) nur im stationären Fall mit der für den Auslegungsfall festgelegten Temperatur in den Trinkwasserkühler (PWC) eintritt. Durch einen Temperatursensor, der sich trinkwasserseitig hinter dem Wärmetauscher befindet, wird die Temperatur des dann bereits gekühlten zirkulierenden Trinkwassers kalt (PWC-C) erfasst. Durch ein motorbetriebenes Mischventil in der Kühlwasserleitung wird der Volumenstrom des Kühlwassers geregelt. Geht man nun davon aus, das im dynamischen Fall der Volumenstrom auf der Seite des zirkulierenden Trinkwassers kalt (PWC-C) konstant ist, so wird durch Erhöhung/Verminderung des Volumenstroms auf der Seite des Kühlwassers mehr oder weniger Kühlwasser zur Verfügung gestellt. Dadurch ergibt sich in einem gewissen Rahmen eine Regelungsmöglichkeit, um die Temperatur des zirkulierenden Trinkwassers kalt (PWC-C) nach Austritt aus dem Wärmetauscher konstant zu halten. Auch Temperaturabweichungen (zu niedrige Temperaturen) im zur Verfügung gestellten Kühlwasser können durch diese Regelungsmöglichkeit ausgeglichen werden. Durch einen weiteren Temperatursensor im Vorlauf des Kühlwassers kann eine Frostschutzfunktion gewährleistet werden. Gelangt aus witterungsbestimmten Einflüssen Kühlwasser mit Temperaturen $< 4\,°C$ in den Wärmetauscher, so kann ein Einfrieren des Plattenwärmetauschers durch weiteres Schließen des Mischventils verhindert werden.

Wichtig bei der Auswahl des Plattenwärmetauschers und des Kühlwassers für die Kühlung des zirkulierenden Trinkwassers kalt (PWC-C) ist die Berücksichtigung der Anforderungen an den Schutz des Trinkwassers nach DIN EN 1717 [33] und DIN 1988-100 [34]. Da das Kühlwasser im Regelfall mit Frostschutzmittel versetzt ist und im Plattenwärmetauscher nur durch die Edelstahlplatten vom zirkulierenden Trinkwasser kalt (PWC-C) getrennt ist, muss ein Frostschutzmittel der Kategorie 3 gewählt werden. So eignen sich beispielsweise Sole oder Propylen als Zusatz, Ethylen wegen der Einordnung in Kategorie 4 jedoch nicht.

Für die zur Kühlung des zirkulierenden Trinkwassers kalt (PWC-C) notwendige Kälteerzeugung können diverse Arten von Kälteerzeugern Berücksichtigung finden. Je nach Gebäudenutzung sind ggf. Kälteerzeugungs- und -versorgungsanlage bereits vorhanden, so dass diese die Kälteversorgung und die damit verbundene Bereitstellung des Kühlwassers für die PWC-C-Kühlung übernehmen können.

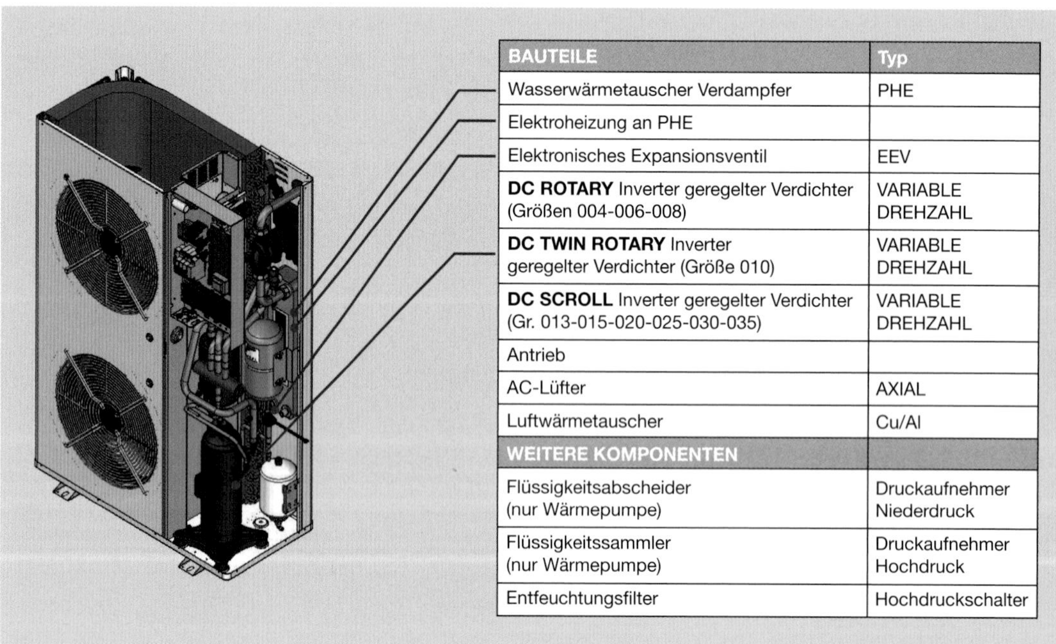

BAUTEILE	Typ
Wasserwärmetauscher Verdampfer	PHE
Elektroheizung an PHE	
Elektronisches Expansionsventil	EEV
DC ROTARY Inverter geregelter Verdichter (Größen 004-006-008)	VARIABLE DREHZAHL
DC TWIN ROTARY Inverter geregelter Verdichter (Größe 010)	VARIABLE DREHZAHL
DC SCROLL Inverter geregelter Verdichter (Gr. 013-015-020-025-030-035)	VARIABLE DREHZAHL
Antrieb	
AC-Lüfter	AXIAL
Luftwärmetauscher	Cu/Al
WEITERE KOMPONENTEN	
Flüssigkeitsabscheider (nur Wärmepumpe)	Druckaufnehmer Niederdruck
Flüssigkeitssammler (nur Wärmepumpe)	Druckaufnehmer Hochdruck
Entfeuchtungsfilter	Hochdruckschalter

Abb. 3–23 i-BX Kaltwassersatz mit Kälteleistung 4,30 kW, 6,11 kW und 8,10 kW mit wesentlichen Komponenten im Kältekreislauf (Mitsubishi Electronic Europe B. V.)

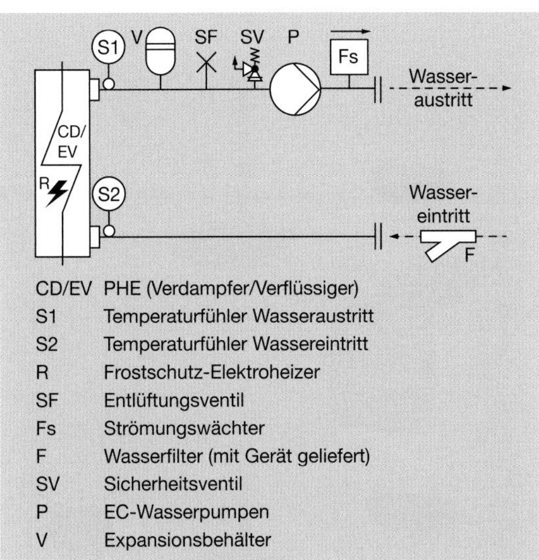

Abb. 3–24 Im Kaltwassersatz auf der Kühlwasserseite enthaltene Bauteile (Mitsubishi Electronic Europe B. V.)

Sollte Kälte separat oder ausschließlich für den Durchfluss-Trinkwasserkühler (PWC) erzeugt werden, so bietet sich aufgrund der zu erwartenden geringen Kälteleistung ein Kompaktgerät an. Sinnvoll ist ein luftgekühlter Kaltwassersatz mit inverterbetriebenem Scroll-Verdichter für die Außenaufstellung im Leistungsbereich kleiner als 10 kW. In diesen Geräten sind alle Komponenten des Kältekreises enthalten (Abb. 3–25). Durch die Möglichkeit des Inverterprinzips regeln solche Geräte automatisch die Kälteleistung herunter. Die exemplarisch gezeigten Kaltwassersätze der i-BX-Serie enthalten bereits Bauteile im Kühlwasserkreislauf, siehe Abb. 3–25, wie Expansionsbehälter, Sicherheits- und Lüftungsventil, Umwälzpumpe mit automatischer Leistungsanpassung, Sensorik, Wasserfilter etc., die einen Anschluss an den Durchfluss-Trinkwasserkühler als geschlossenes System ermöglichen. Die Verbindung zwischen Kaltwassersatz und Durchfluss-Trinkwasserkühler (PWC) kann aufgrund der Kühlwasserqualität durch Kupfer- oder Edelstahlrohrleitung mit Pressverbindern ausgeführt werden (Abb. 3–25).

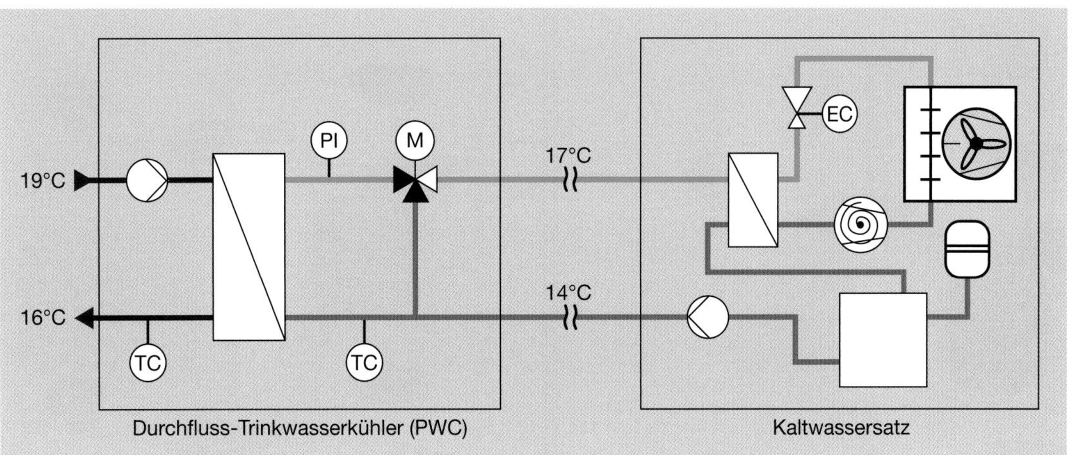

Abb. 3–25 Anschluss des Durchfluss-Trinkwasserkühlers (PWC) an i-BX Kaltwassersatz

Der Energieaufwand zum Betrieb des Kaltwassersatzes ist abhängig von der Umgebungstemperatur (Außenlufttemperatur) des Aufstellortes. Eine Konzeptstudie mit Beispielberechnung hat ergeben, dass bei einer benötigten Kälteleistung von 2,5 kW – was einem Krankenhaus mit ca. 60 Nutzungseinheiten entspricht – im Raum Frankfurt a. M. über die Gradzahltage eine Energie von 3010 kWh/Jahr aufgewendet werden muss, um die Temperatur des Trinkwassers kalt (PWC) im gesamten Kaltwassernetz im hygienisch unbedenklichen Bereich < 20 °C zu halten [49].

Auch andere Optionen zur Herstellung von Kühlwasser können genutzt werden, wie z. B. die Nutzung einer Wasser-Wasser-Kältemaschine. Die dabei entstehende Abwärme kann mit Hilfe von in die Bodenplatte eingegossenen Rohrschlangen an das Erdreich oder an einen Eisspeicher abgegeben werden.

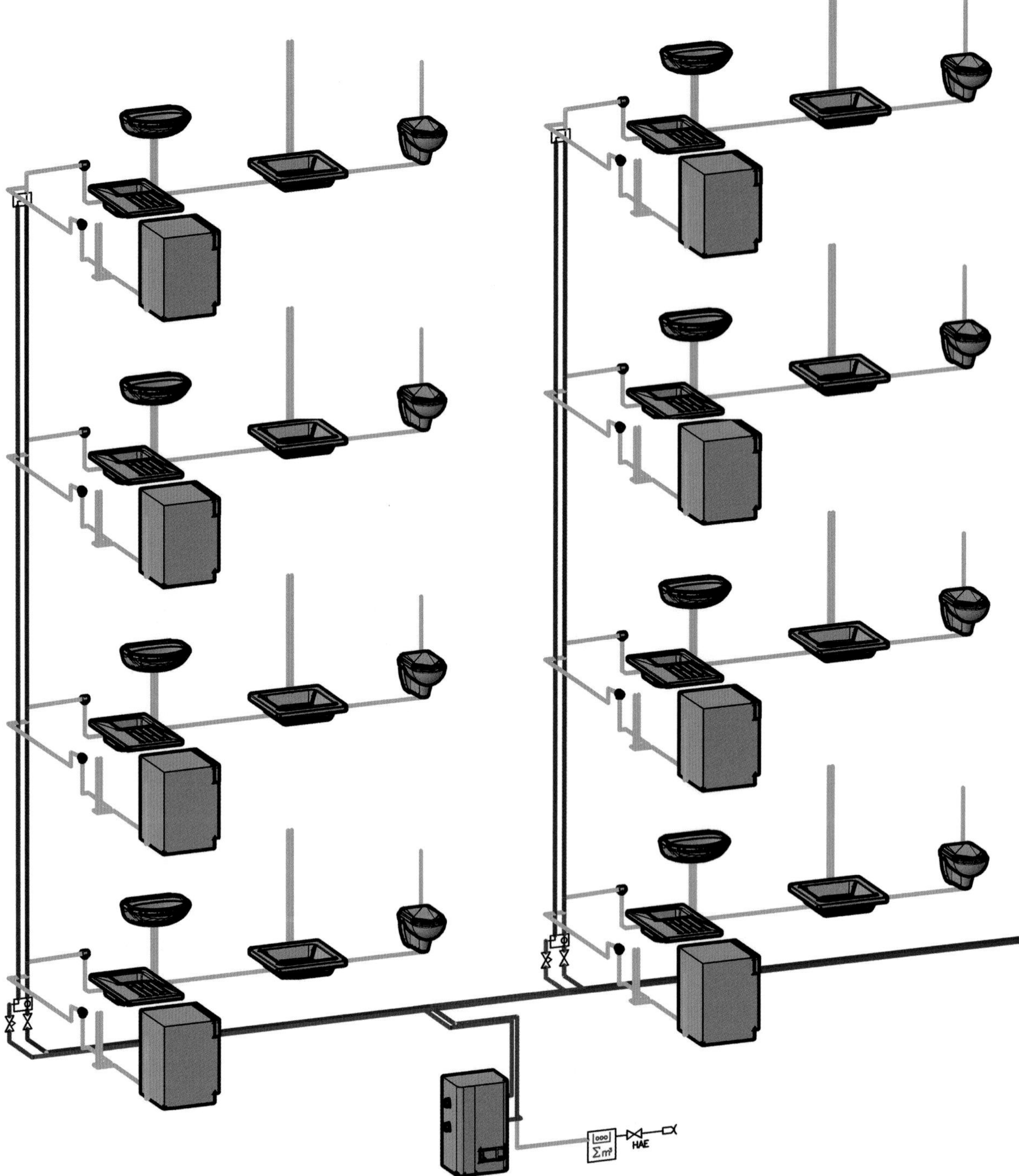

Abb. 3–26 Auslegung einer Zirkulationsanlage für Trinkwasser kalt (PWC) mit Planungssoftware. Visualisierung der Temperaturen im Trinkwassernetz kalt (PWC) über den gesamten Fließweg der zirkulierenden Verteilleitungen.

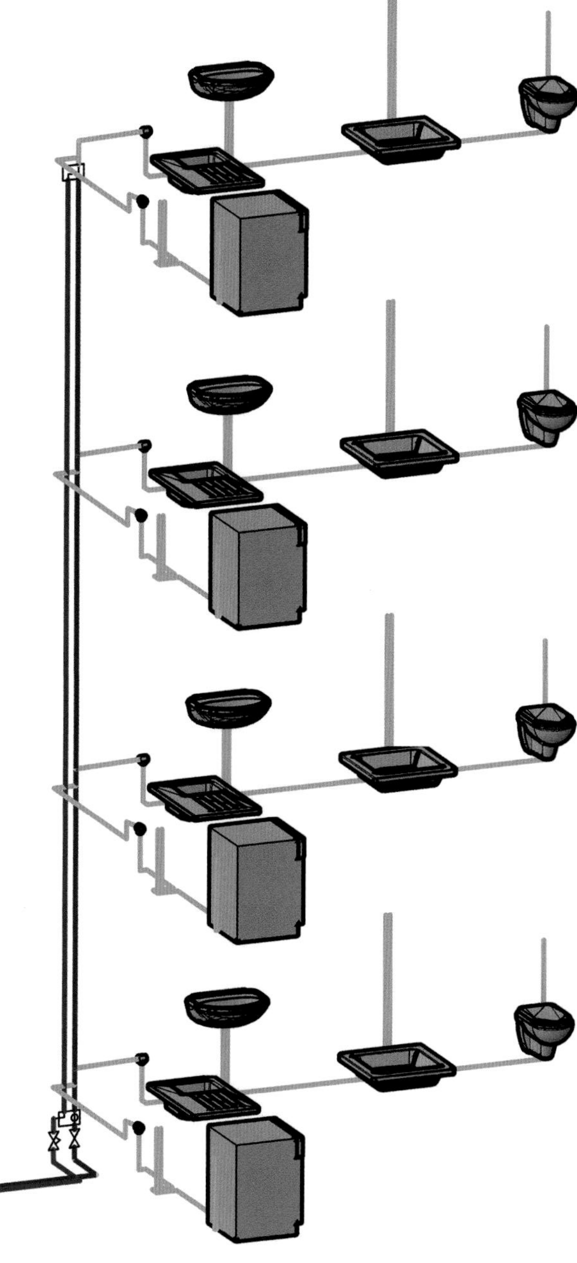

Zirkulation: Temperatur
Einheit: °C
max. Wert: 19,0
min. Wert: 16,0

19,0
18,7
18,3
18,0
17,7
17,3
17,0
16,7
16,3
16,0

2.2.4 Hygienebewusste Rohrleitungsführung in der Vorwandinstallation

Das vorerst letzte Optimierungspotenzial bietet sich im Bereich der Vorwandinstallation, denn auch auf den letzten Metern zur Entnahmestelle kann durch multiple Wärmequellen die Trinkwassergüte des Trinkwassers kalt (PWC) negativ beeinflusst werden.

In der Nutzungseinheit hat sich auf der Seite für Trinkwasser warm (PWH) lange Zeit die Überzeugung durchgesetzt, dass die Zirkulation für Trinkwasser warm (PWH-C) an jede Entnahmestelle herangeführt werden muss, um zum einen die geforderten Ausstoßzeiten sicher zu gewährleisten und zum anderen die Anforderungen der RKI-Richtlinie für Krankenhaushygiene und Infektionsprävention [12] für Risikobereiche einhalten zu können. Im Zuge der Einführung von Doppelwandscheiben für Reiheninstallationen hat dieser Trend nochmals zugenommen, da eine Einbindung nun einfacher denn je realisierbar war. Aber besonders bei der RKI-Richtlinie ist es in der Vergangenheit häufig zu Fehlinterpretationen gekommen. Infolgedessen wurden Durchschleifinstallationen ausgeführt, die nicht nur zu enormen Mehrkosten für den Betreiber geführt haben, sondern auch zu einer Verlagerung der Legionellenproblematik von der Trinkwasser warm (PWH) auf die Trinkwasser kalt (PWC)-Seite (siehe Abschnitt 1.3.1).

Besonders an Übertisch-Wandarmaturen und Unter- sowie Aufputzarmaturen an Duschen kam es über den metallenen Grundkörper zu einer permanenten Erwärmung des Anschlusses der Leitung für Trinkwasser kalt (PWC) [20, 24, 25] (vgl. Abb. 3–6). Dies führte dazu, dass der Nutzer der Armatur bei Benutzung direkt mit einer besorgniserregenden Zahl an pathogenen Mikroorganismen konfrontiert wurde oder die eigentlich an der Armatur befindlichen Mikroorganismen wurden durch Ringinstallationen oder durch thermischen Auftrieb in Stich- und Reihenleitungen teilweise zu anderen Entnahmestellen „verschleppt", wo sie wiederrum neue Wachstumsmöglichkeiten gefunden haben. Ein weiteres Problem stellten die hohen Wärmelasten in der Vorwandinstallation dar, die in Folge der Zirkulation für Trinkwasser warm (PWH-C) bis in die Vorwandinstallation zwangsläufig entstanden sind. Somit hat sich nicht nur das Trinkwasser kalt (PWC) an den Armaturenanschlüssen über die Maße erwärmt und einen vermehrungsgünstigen Lebensraum für humanpathogene Erreger geschaffen, sondern auch das vorgelagerte Trinkwasser ist in den hygienekritischen Temperaturbereich eingetreten. Je nach Installationsart wird dieses stagnierende erwärmte Trinkwasser nicht regelmäßig ausgetauscht. Dies kann mehrere Ursachen haben: Eine zu geringe Strömungsgeschwindigkeit kann bei nach Venturiprinzip teildurchströmten Ringinstallationen und in Folge einer daraus resultierenden Überdimensionierung der Leitung für Trinkwasser kalt (PWC) einen Verbleib der Mikroorganismen begünstigen. Außerdem kann durch einen unzureichenden Betrieb der Installation der vollständige Wasseraustausch ausbleiben.

Bei der Planung und auch bei der späteren Ausführung haben zwei Punkte zu Problemen in der Umsetzung geführt: Erstens wurde die Formulierung „möglichst kurz" aus der RKI-Richtlinie [12] falsch interpretiert und zweitens wurde der in der Richtlinie zusätzlich vorhandene Hinweis auf den Schutz der Leitung für Trinkwasser kalt (PWC) vor Erwärmung nicht hinreichend berücksichtigt.

Bei dem zuerst genannten Punkt wurde gedanklich die Bezeichnung „möglichst kurz" mit „direkt" gleichgesetzt, wobei es zu den oben genannten Problemen gekommen ist. Die allgemein anerkannten Regeln der Technik sehen einen möglichen Wasserinhalt von bis zu 3 Litern in der Warmwassereinzelzuleitung vor. Wird nun die Anforderung des RKI mit den allgemein anerkannten Regeln der Technik kombiniert, kommt man zu dem Ergebnis, dass eine möglichst kurze Verbindung eben nur so kurz sein sollte, dass in einem naheliegenden Bereich kein Schaden auftritt. Dies kann allerdings auch mit einer Einzelzuleitung von maximal drei Litern Volumen erreicht werden. Entscheidend sind auch die mit dem Nutzer vereinbarten Komfortzeiten nach VDI 6003 [38], z.B. gemäß Tab. 3–15.

Tab. 3–15 Komfortkriterien Dusche nach VDI 6003 [38]

Nutztemperatur ϑ_{PWH} = 42°C a)			Anforderungsstufe		
Komfortkriterien		**Kurzzeichen/ Einheit**	**I**	**II**	**III**
1	zeitlicher Abstand bei serieller Nutzung	t_{PWH} in min	max. 8	max. 5	0
2	Möglichkeit gleichzeitiger Nutzung zweier oder mehrerer Entnahmestellen		nein	ja	ja
3	Maximale Temperaturabweichung während der Nutzung	in K	± 5	± 4	± 2
4	Mindestentnahmerate	$\dot{V}$ in l/min	7	9	9
5	Mindestentnahmemenge	V_B in l	28	60	120
6	Maximale Zeit bis zum Erreichen der Nutztemperatur unter Berücksichtigung von Zeile 3 und Zeile 4	t_ϑ in s	~26	10	7

a) Vgl. VDI 2067 Blatt 22.

Wählt man beispielsweise die Komfortstufe III mit einer Ausstoßzeit von 7 s für Trinkwasser warm (PWH) an einer Dusche, kann man eine nicht zirkulierende Reihen-/Einzelzuleitung von bis zu 10 Meter Mehrschichtverbundrohr in der Dimension 16 mm verlegen, ohne die Ausstoßzeit zu überschreiten. Diese einfache Installationsart in der Nutzungseinheit macht somit eine durchgeschliffene Zirkulation für Trinkwasser warm (PWH-C) in der Vorwand überflüssig.

Der zweite, mitentscheidende Punkt aus der RKI-Richtlinie, der häufig wenig Beachtung gefunden hat, ist der Satz:

„Kaltwasserleitungen sind in ausreichendem Abstand zu Wärmequellen (z. B. Rohrleitungen, Schornsteine, Heizungsanlagen) so zu planen, herzustellen und zu dämmen, dass die Wasserqualität durch Erwärmung (temperaturbedingte Vermehrung von Mikroorganismen) nicht beeinträchtigt wird (siehe auch DIN 1988 Teil 2, Nr. 10.2)" [12].

Wie diesem Satz aus der Richtlinie bereits zu entnehmen ist, sind in den Schutz des Trinkwassers kalt (PWC) vor Erwärmung auch Rohrleitungen explizit in die Betrachtung mit einzubeziehen. Wie bereits frühere Laborversuche erfolgreich zeigen konnten, konnte alleine das Einbringen einer Abkühlstrecke zwischen der Leitung der Zirkulation für Trinkwasser warm (PWH-C) und dem Armaturenanschluss die Erwärmung des Trinkwassers kalt (PWC) deutlich verringern [25]. Im Zusammenspiel mit den maximal möglichen drei Litern in einer Warmwassereinzelzuleitung kann die Rohrleitungsführung folgendermaßen optimiert werden: Die warmgehende Leitung wird so weit wie möglich nach oben verlegt und die Leitung für Trinkwasser kalt (PWC) in Bodennähe. Lediglich für die durchgeschliffene Anbindung der Entnahmestelle wird das Trinkwasser kalt (PWC) nach oben geführt (Abb. 3–27).

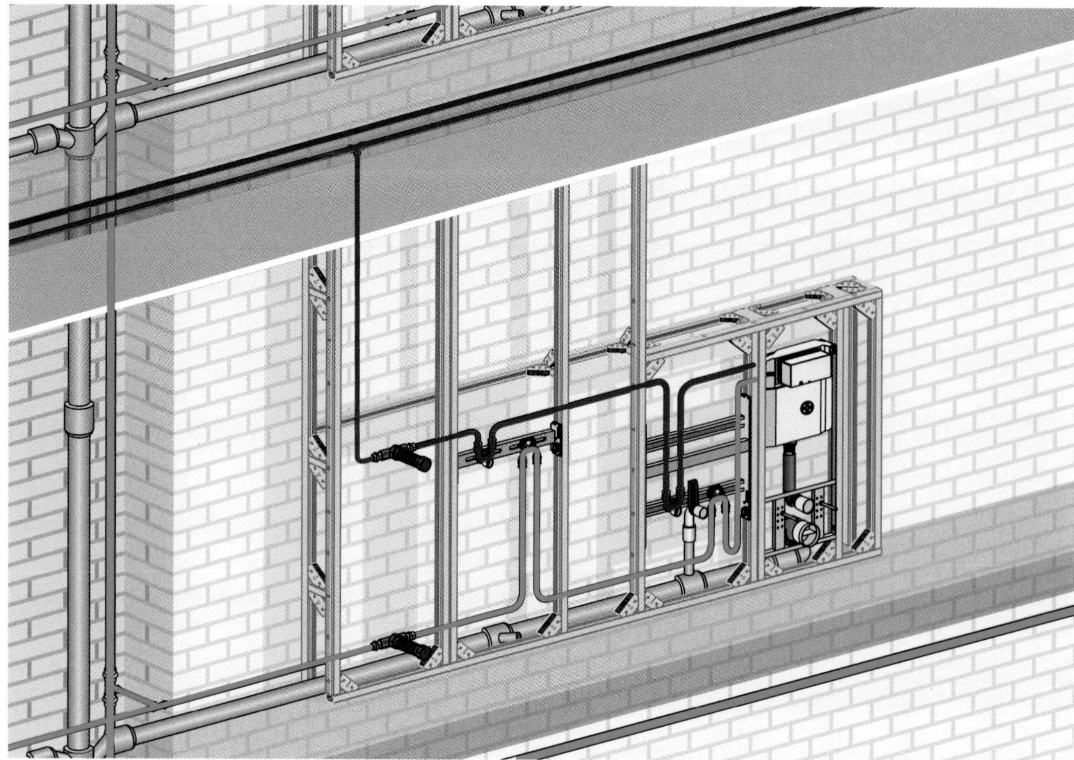

Abb. 3–27 Hygienebewusste Rohrleitungsführung in einer Nutzungseinheit

Hierdurch hat die im oberen Teil der Vorwand angestaute Wärme einen minimal möglichen Einfluss auf das Trinkwasser kalt (PWC). Ein zusätzlicher Vorteil entsteht durch das Entkoppeln der Leitung für Trinkwasser warm (PWH) von der Leitung der Zirkulation für Trinkwasser warm (PWH-C), denn hierdurch wird der permanente Wärmeeintrag durch die Zirkulation für Trinkwasser warm (PWH-C) in die Vorwandinstallation gestoppt und ein Angleichen der Vorwandtemperaturen an die umgebende Raumtemperatur innerhalb der Vorwandinstallation ist möglich. Wird die Leitung für Trinkwasser warm (PWH) nun noch ohne Dämmung, sondern lediglich im Schutzrohr verlegt, kann ein Auskühlen der Leitung für Trinkwasser warm (PWH) noch schneller stattfinden und das Trinkwasser warm (PWH) durchläuft deutlich schneller den temperaturkritischen Bereich von 50 bis 25 °C, wie unter Punkt 4.2.4 der CEN/TR 16355 [46] empfohlen. Zudem lassen sich wiederum die Bereitschaftsverluste der Zirkulation für Trinkwasser warm (PWH-C) deutlich reduzieren, wenn die Leitung der Zirkulation für Trinkwasser warm (PWH-C) nicht bis in die Vorwandinstallation geführt wird. Es ergibt sich eine deutliche Reduktion der wärmeabgebenden Oberfläche, da die Reihenleitung deutlich kürzer ausfallen kann, wenn die Anbindung an den Rücklauf der Zirkulation für Trinkwasser warm (PWH-C) nicht ausgeführt wird.

2.3 Wie wird Stagnation in der Trinkwasser-Installation infolge unzureichender Entnahme vermieden?

Abb. 3-28 Selten benutze Entnahmestelle

Abb. 3-29 Funktionalarmatur eWaschtisch mit automatischer Spülung

In den Grundsätzen einer trinkwasserhygienischen Planung ist der bestimmungsgemäße Betrieb einer Trinkwasser-Installation ein fester Bestandteil und in mehreren Richtlinien/Normen definiert: VDI/DVGW 6023 Blatt 1, DIN 1988-200, DVGW-Arbeitsblatt W 557 [1, 16, 40] (siehe auch Abschnitt 2.1.3).

Bei der Definition des bestimmungsgemäßen Betriebs wird der Betrieb, respektive die Nutzung der Anlage, in den Vordergrund gestellt. Wie schon bereits in Kapitel 2 erwähnt benötigen Bakterien zum Wachstum geeignete Bedingungen um im Zellzyklus in die Zellteilung eintreten zu können. Und ein wichtiger Faktor um diesen Schritt machen zu können ist die Zeit. Je mehr Zeit Legionellen oder auch Pseudomonaden haben um sich an die Bedingungen ihrer Umwelt anzupassen umso kritischer ist dies im Hinblick auf die Trinkwasserhygiene zu bewerten. Natürlich spielen bei der Vermehrung von Bakterien im Leitungsnetz auch andere Faktoren eine signifikante Rolle, aber durch die regelmäßige Nutzung einer Trinkwasseranlage wird besonders die Verweilzeit der Bakterien in der Trinkwasser-Installation beeinflusst. Aus diesem Grund ist die Vermeidung von Stagnationsbereichen ein gebotenes Ziel um die Trinkwasserhygiene in einem Gebäude überhaupt gewährleisten zu können (siehe auch Abschnitt 1.1).

2.3.1 Bedarfsgerechte Dimensionierung der Trinkwasser-Installation

Die VDI/DVGW 6023 Blatt 1 erlegt dem Anlagenplaner auf, dass die Dimensionierung der Trinkwasser-Installation zwar nach DIN 1988-300 zu erfolgen hat, jedoch muss der Planer hier die sich aus dem Raumbuch (siehe Abschnitt 2.1.2) tatsächlich ergebenden Nutzungshäufigkeiten und Entnahmemengen zur Ermittlung des Spitzendurchflusses ansetzen [1]. Diese Information kann er aber nur vom späteren Betreiber der Anlage bekommen, da nur dieser die tatsächliche spätere Nutzung der Anlage kennt. Wurde das Raumbuch zu jeder Nutzungseinheit erstellt, ist die erste Grundlage für die richtige Dimensionierung der Trinkwasseranlage geschaffen. Aus hygienischer Sicht ist es letztendlich nicht relevant, ob der Spitzendurchfluss im bestimmungsgemäßen Betrieb auf Grund einer pauschalen Verwendung von Normenkonstanten, oder auf Grund detaillierter Angaben aus dem Raumbuch zustande kommt, es ist lediglich relevant, dass der zur Dimensionierung herangezogene Spitzendurchfluss im bestimmungsgemäßen Betrieb erzeugt wird. Es ist immer wieder festzustellen, dass der Betreiber der Trinkwasser-Installation die zum bestimmungsgemäßen Betrieb der Trinkwasser-Installation notwendigen Spitzenvolumenströme nicht kennt und somit auch nicht einhalten kann. Die Folge dieser Unwissenheit kann häufig eine auf den tatsächlichen Betrieb bezogene „Überdimensionierung" der Trinkwasser-Installation, mit den daraus resultierenden hygienischen Problemzonen, mit sich bringen.

Bereits in der Planung können grundsätzliche Probleme im späteren Betrieb minimiert werden. Bei der Auslegung eines Trinkwassernetzes wird das Rohrleitungssystem in der Regel nach der DIN 1988-300 dimensioniert und ausgelegt [15]. Die DIN 1988-300 berücksichtigt dabei Spitzenvolumenströme, die im Gebäude selten erreicht werden. Ein Grund sind zum Beispiel Entnahmearmaturen, die einen wesentlich geringeren Durchfluss haben, als der in der Norm hinterlegte Wert. In der Praxis findet man häufig, dass der Berechnungsdurchfluss einer Reihendusche nach Referenzwert mit in Summe 18 Liter/Minute verwendet wird, obwohl Sparduschköpfe mit Durchflussbegrenzer auf 6 Liter/Minute geplant werden. Es hat sich in den vergangenen Jahren als zielführend erwiesen, die im Raumbuch angegebenen Nutzungshäufigkeiten und die tatsächlichen Durchflusswerte der Armaturen zu kombinieren, um einen bedarfsgerechten Spitzenvolumenstrom zu ermitteln. Selbstverständlich kann die Frage gestellt werden, warum man von dem eigentlich üblichen Berechnungsverfahren abweichen soll und sich auf empirische und bedarfsabhängige Daten bei der Auslegung stützen sollte. Zur Beantwortung dieser Frage ist es notwendig, einen Blick auf die Forderung der Trinkwasserverordnung sowie auf die Definition der allgemein anerkannten Regeln der Technik zu werfen. Wird nun eine Trinkwasser-Installation mit bedarfsgerechten Durchflusswerten ausgelegt und dimensioniert, kann davon ausgegangen werden, dass das vorgesehene Schutzziel der Trinkwasserverordnung in jedem Fall eingehalten wird, da nun der gesamte Querschnitt des Rohres durchströmt wird (siehe Abschnitt 1). Außerdem kann die wirtschaftliche Seite ebenfalls berücksichtigt werden, denn kleinere Rohrnennweiten sorgen auch für geringere Investitionskosten. Da mittlerweile eine Vielzahl von Trinkwasser-Installationen mit empirischen, bedarfsgerechten Werten geplant wurden, hat sich das Vorgehen somit in der Praxis bereits allgemein bewährt. Ein aktuelles Beispiel ist das Allgemeine Krankenhaus Celle, dass unter Leitung des TGA-Fachplaner Dipl.-Ing. Mark Schulz aus Braunschweig die Spitzenvolumenströme angepasst hat und somit entscheidende Einsparungen im Bereich der Rohrleitungsdimensionen erzielen konnte [50].

Natürlich werden an den Fachplaner nicht nur Anforderungen in Bezug auf die Trinkwasserhygiene gestellt, sondern auch in Bezug auf Schall- und Brandschutz sowie an den Komfort. Alle Anforderungen müssen selbstverständlich jede für sich die gesetzlichen Anforderungen und Standards erfüllen, jedoch macht es Sinn gerade im Sonderbau auch Vorgaben kritisch zu hinterfragen und zu prüfen, inwieweit das spezifische zu erwartende Nutzerverhalten in der Planung berücksichtigt wurde.

Braucht es beispielsweise bei der Dimensionierung einer Nutzungseinheit in einem Krankenhaus die Annahme, dass Waschtisch, Dusche und Toilette gleichzeitig genutzt werden oder ist es nicht eher zu erwarten, dass gerade bei bettlägerigen Patienten eher keine gleichzeitige Nutzung stattfindet? Hier könnte auf den Komfort, auch alle Verbraucher gleichzeitig nutzen zu können, verzichtet werden und das System ließe sich insgesamt kleiner dimensionieren. Auch die Kombination von Schallschutz und einer bedarfsgerechten Dimensionierung muss in keinem Widerspruch zueinanderstehen, denn durch die Rohrquerschnittsverengung in Folge einer kleineren Dimensionierung erhöht sich bei Entnahme zwangsläufig die Strömungsgeschwindigkeit. Mit einer Strömungsgeschwindigkeit oberhalb von 2 Metern pro Sekunde, die problemlos beim Einbau von druckverlustoptimierten Bauteilen zu erreichen ist, sind beide Ziele bei entsprechender Schallentkopplung erfüllt. Auf dem Markt gibt es mit einer großen Auswahl an Dämmvarianten im Durchbruch Möglichkeiten, um kostengünstig Körperschallübertragungen zu optimieren.

Selbst der Brandschutz bei Mischinstallationen muss den trinkwasserhygienischen Schutzzielen nicht entgegenstehen. Für die Verteilung innerhalb einer Nutzungseinheit empfiehlt sich am besten ein flexibles Rohrleitungssystem, um in der Vorwandinstallation einfacher Arbeiten zu können und durch das Biegen des Rohres Verbindungsstücke einzusparen. Die Strangrohrleitungen werden in der Regel aufgrund ihrer Stabilität und Sicherheit als Metallrohrsysteme ausgeführt. Die Anbindung der Stockwerksverteilungen bis hin zur Nutzungseinheit, erfolgt in der Regel direkt am T-Stück des Steigstranges. Der Brandschutznachweis für eine solche Konstruktion, die eine Decke durchdringt, kann nur über eine Zulassung bzw. Bauart-Genehmigung (Deutsches Institut für Bautechnik, DIBt) geführt werden.

2.3.2 Bedeutung der Widerstandsbeiwerte (Zeta-Werte)

Der Einfluss von Einzelwiderständen auf die Druckverhältnisse in einer Stockwerksinstallation ist beträchtlich und steigt mit der Größe des Gebäudes massiv an. Diese Tatsache darf bei der Dimensionierung nicht vernachlässigt werden. Bei der Auslegung einer Rohrleitungsinstallation nach DIN 1988-300 wird auf Widerstandsbeiwerte zurückgegriffen, die nicht unbedingt den realen Zeta-Werten eines solchen Verbinders entsprechen müssen. Vielmehr gibt es auf dem Markt mittlerweile Bauteile, welche die Normwerte deutlich unterschreiten. Im Ergebnis sind die realen produktspezifischen Zeta-Werte somit teilweise deutlich praxisgerechter als die Referenzwerte aus den Tabellen der DIN 1988-300. Letztere können zu einer hygienisch problematischen Überdimensionierung der Trinkwasser-Installation führen, da selbst beim bestimmungsgemäßen Betrieb nicht der gesamte Rohrquerschnitt wie angenommen durchströmt wird und im Randbereich des Rohres Stagnationsbereiche auftreten können.

Für die Sicherstellung des Versorgungsdrucks und der Trinkwasserhygiene muss der Druckverlust durch Einzelwiderstände bei der Planung schon in einer einzelnen Reihenleitung berücksichtigt werden, da sich die Druckverluste vervielfachen [51]. Bei der Verwendung der realen Zeta-Werte handelt es sich nur um die konsequente Ausnutzung aller Druckpotenziale für eine hygienisch wie hydraulisch optimierte Rohrweitenermittlung und damit um die Berücksichtigung realer Widerstandswerte für Armaturen oder Formteile anstatt pauschaler Richt- oder Referenzwerte. Im letzteren Fall bleiben bei der Systemauslegung Druckpotenziale ungenutzt, die einen wertvollen Beitrag zur Minimierung der Rohrweiten und des Anlagenvolumens leisten können. Die Berücksichtigung von Pauschalwerten wirkt dem Schutzziel der systemischen Trinkwassergüte entgegen [47].

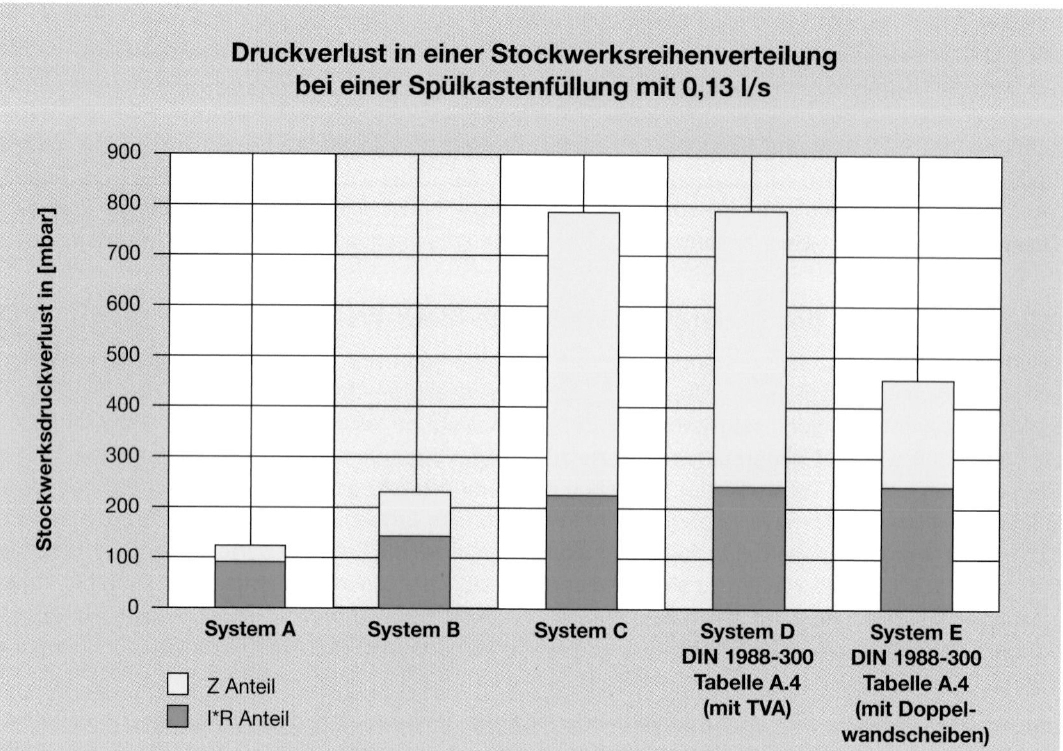

Abb. 3–30 Vergleichsauslegung einer Stockwerksreihenleitung [51]

Wie hoch im Einzelfall die Druckverlustanteile von Systemen in der Praxis der Stockwerksinstallationen sein können, zeigt das Balkendiagramm in Abb. 3–30. Die Systeme A, B und C stehen dabei für die mit den Herstellerangaben berechneten Druckverluste, die Systeme D und E für die Auslegung nach DIN 1988-300 [15]. Der I*R-Anteil steht für den Rohrreibungsdruckverlust innerhalb der Trinkwasser-Installation und der Z-Anteil bildet den Druckverlust ab, der durch die Form- und Verbindungsstücke erzeugt wird. Der Anteil des Druckverlustes der Form- und Verbindungsstücke kann dabei je nach System bis zu 75 % betragen. Erkennbar wird an diesem Diagramm aber auch, dass der Gesamtdruckverlust der Verbindungsstücke nach Berechnung mit den Werten aus der DIN 1988-300 um nahezu das Vierfache höher ist, als wenn die realen herstellerspezifischen Widerstandsbeiwerte verwendet werden (Abb. 3–30) [51].

Ein Bogen des druckverlustoptimierten PE-Xc Rohrsystems Raxofix weist beispielsweise lediglich einen Zeta-Wert von 1,7 auf. Bei einer Fließgeschwindigkeit von 2,0 m/s beträgt hier der Druckverlust nur 34 mbar. Rechnet man hingegen mit dem Wert der DIN 1988-300 kommt man auf einen Druckverlust vom 346 mbar bei einem angenommenen Zeta-Wert von 17,3.

Wie eingangs bereits erwähnt, sollten für eine bedarfsgerechte Dimensionierung und Auslegung der Trinkwasser-Installation die Raumbuchdaten verwendet werden. Aus den Raumbuchdaten lassen sich die zu erwartenden Gleichzeitigkeiten bestimmen. Somit ergeben sich realitätsnahe Spitzenvolumenströme, die das in den Leitungen befindliche Trinkwasservolumen auf ein Mindestmaß reduzieren. Bei bestimmten Nutzungssituationen lässt sich eine große Dimensionierung der Installation wegen einiger weniger Nutzungsszenarien mit hoher Gleichzeitigkeit nicht vermeiden. Dies kann beispielsweise bei Sportstätten der Fall sein, wo bei einigen wenigen Terminen im Jahr die Entnahmestellen mit einer hohen Gleichzeitigkeit genutzt werden. In jedem Fall ist beim Betrieb der Anlage darauf zu achten, dass nicht nur ein Wasseraustausch über alle Entnahmestellen spätestens nach 72 Stunden stattfindet, sondern auch die bei der Planung angenommene Gleichzeitigkeit erreicht wird. Dies spielt insbesondere auch bei einer Nutzungsänderung der Trinkwasser-Installation eine entscheidende Rolle, denn werden Entnahmestellen nicht ordnungsgemäß zurückgebaut, kann eine Versorgungsleitung nach den Sanierungsmaßnahmen zu groß dimensioniert sein und wird in Folge mangelnder Entnahme nicht ausreichend durchspült. Hier ist vor allem bei Sanierungen ein Blick in die technischen Unterlagen und ein Rückbau bis zu den Stellen zwingend erforderlich, an denen die Gleichzeitigkeit durch entsprechendes Spülen wieder erreicht werden kann. Genauso darf bei dieser Betriebsweise nicht vergessen werden, dass nicht allein die Stagnationsdauer des Trinkwassers entscheidend für die Spülvorgänge innerhalb der Installation sind. Auch die Temperatur hat einen maßgeblichen Einfluss auf das entsprechende Spülprogramm. Gelangt Trinkwasser kalt (PWC) in einen hygienekritischen Temperaturbereich in Folge mangelnder thermischer Entkopplung, kann ein Ausspülen von Stagnationswasser schon früher als 72 Stunden indiziert sein. Hier empfiehlt es sich, entweder die jeweiligen Entnahmestellen zur Spülung der vorgelagerten Rohrleitungen zu nutzen oder aber ein Ausspülen über dezentrale Spülstationen bzw. Spülventile durchzuführen. Spülstationen und Spülventile bieten den Vorteil, dass sie auch in selten genutzte Bereiche installiert werden können und ein Nutzer der Anlage unter Umständen nicht mitbekommt, dass überhaupt ein Spülvorgang abläuft. Zudem bieten automatische Spüleinrichtungen den Vorteil, dass letztlich die Entnahmestellen spätestens nach 72 Stunden nur kurz geöffnet werden müssen, um das in der Armatur vorhandene Stagnationswasser auszuspülen (bestimmungsgemäßer Betrieb).

2.3.3 Betriebsoptimierte Rohrleitungsführung

Bei der Planung von Trinkwasser-Installationen wurde zur Vermeidung von Stagnation lange Zeit ein Durchschleifen der Zirkulation für Trinkwasser warm (PWH-C) bis an die Doppelwandscheibe einer Entnahmearmatur empfohlen. Wie in Abschnitt 2.2 bereits erwähnt führte diese Art der Stagnationsvermeidung häufig zu einem Anstieg der Temperaturen im Trinkwasser kalt (PWC), da die thermische Entkopplung von warm- und kaltgehenden Leitungen nicht hinreichend berücksichtigt wurde. In manchen Fällen wurde diese Temperaturüberschreitung aber mit einem Satz aus der DIN 1988-200 gerechtfertigt, denn hier heißt es, dass die Temperatur für kaltes Trinkwasser 30 Sekunden nach dem vollen Öffnen einer Armatur die Temperatur von 25 °C nicht übersteigen darf [16]. Vielfach wurde die Interpretation verwendet, dass sich das kalte Trinkwasser durchaus auf über 25 °C erwärmen dürfte, es muss nur spätestens nach 30 Sekunden unter 25 °C liegen. Diese Auffassung widerstrebt jedoch offenkundig den allgemein anerkannten Regeln der Technik, da seit Jahrzehnten wissenschaftlich und praktisch belegt ist, dass sich die ubiquitär vorkommenden Legionellen bei Temperaturen größer 25 °C vermehren (Abschnitt 1.1.1), was unweigerlich zu einer Überschreitung des technischen Maßnahmenwertes der Trinkwasserverordnung führen kann. Wie in Abschnitt 2.2.4 gezeigt, lässt sich eine Warmwasseranbindung auch mit Reihen-/Einzelanbindung realisieren, ohne die Komfortzeiten zu überschreiten.

Für die Anbindung von Entnahmestellen ist eine möglichst kurze Rohrleitungsführung mit kleinstmöglichen Rohrdurchmessern zu wählen, wobei das Volumen dieser Leitungen im Trinkwasser warm (PWH) 3 l nicht überschreiten darf („so klein wie möglich und so groß wie nötig dimensioniert") [1]. So werden grundsätzlich Voraussetzungen geschaffen, die in allen Teilstrecken einer Trinkwasser-Installation den Erhalt der Trinkwassergüte durch einen hohen Wasseraustausch in minimalen Rohrweiten bei maximal möglichen Fließgeschwindigkeiten sicherstellen können. Durch die Festlegung der maximalen Ausstoßzeiten ergibt sich die maximale Rohrleitungslänge für das nicht zirkulierende Trinkwasser warm (PWH), sofern nicht das Trinkwasser kalt (PWC) aufgrund der Leitungsführung einer unzulässigen Fremderwärmung ausgesetzt ist. Hier gilt es im Vorfeld genau zu betrachten, inwiefern die Leitungsführung z. B. durch die Maßnahmen aus Abschnitt 2.2 angepasst werden kann, um das Trinkwasser kalt (PWC) vor unzulässiger Erwärmung zu schützen und gleichzeitig ein hohes Maß an Komfort zu gewährleisten.

Bei der Auslegung der Trinkwasser-Installation mit nutzungsspezifischen Spitzenvolumenströmen und der Verwendung von hersteller- und bauteilspezifischen Widerstandsbeiwerten ist bereits ein erster wichtiger Schritt in Richtung Trinkwasserhygiene absolviert (siehe auch Wirkdreieck in Abschnitt 1.1). Für das weitere Vorgehen empfiehlt es sich, ein gebäudespezifisches Hygienekonzept zu entwickeln und konsequent die Überprüfung vorzunehmen, ob alle Parameter des Wirkdreiecks auch eingehalten werden.

Für die Durchströmung und den Wasseraustausch gilt es mehrere wichtige Stellschrauben zu nutzen. Um Spülmaßnahmen mit einem Höchstmaß an Effektivität betreiben zu können, sollte sich der Spülplan an den Spitzenvolumenströmen, die bei der Planung angenommen wurden orientieren. Geschieht dies nicht, kann es in Folge der fehlenden turbulenten Strömung innerhalb der Rohrleitung zu einem unvollständigen Austausch des Wassers kommen. In den Randbereichen bildet sich ein Biofilm in vermeidbarem Ausmaß, der durch die geringen Scherkräfte locker aufgebaut ist und nach und nach pathogene Erreger in das Trinkwasser abgeben kann (siehe auch Abschnitt 1.1.3). Hier sollte besonders bei der Planung überprüft werden, ob die vorgesehenen Spülbauteile auch die notwendigen Spitzendurchflüsse in der Rohrleitung erzeugen können. Ob die Spülung der Rohrleitung dezentral durch das gleichzeitige Spülen mehrerer Entnahmestellen erfolgt oder durch die Verwendung von Spülstationen oder Spülventilen ist für den Zweck der Stagnationsvermeidung dabei unerheblich.

Einen weiteren negativen Einfluss haben selten genutzte Entnahmestellen, die aufgrund ihrer Lage oder Verwendung nur selten frequentiert werden. Bei solchen Zapfstellen ist bereits bei der Planung die tatsächliche Notwendigkeit zu prüfen, da mit jeder Zapfstelle die Wahrscheinlichkeit einer Kontamination des Systems steigt. Ist die Notwendigkeit einer solchen Zapfstelle gegeben, sollten über den Hygieneplan bzw. den Spülplan Maßnahmen vorgesehen werden um die ungewollte Stagnation zu verhindern. Zum Beispiel ist bei einem Ausgussbecken im Kellerbereich die einfachste Möglichkeit das regelmäßige manuelle Spülen der Entnahmestelle, wobei die Frage gestellt werden muss, wie realistisch die Annahme ist, dass eine solche Zapfstelle dann auch im Realbetrieb ordnungsgemäß gespült wurde. Eine weitere Möglichkeit solche Entnahmestellen bis zur Wandscheibe abzusichern bietet die Einbindung in eine Reihen- oder Ringleitung angrenzender Nutzungsbereiche. Wird in den anderen Nutzungsbereichen aufgrund der häufigen Frequentierung Wasser gezapft, wird das Rohrleitungsvolumen vor der Wandscheibe der jeweiligen selten genutzten Entnahmestelle ausgetauscht.

Ringleitungen bei Trinkwasser kalt (PWC) empfehlen sich immer dann, wenn es sich um eine Installation handelt, die häufig von mehreren Nutzern gleichzeitig genutzt wird (z. B. Sportstätte, siehe Abb. 3–31). Hier stehen bei einer Ringinstallation mehr Druckreserven als beispielsweise bei einer Reiheninstallation, bei gleicher Nennweite, zur Verfügung. Außerdem besteht nicht zwingend das Problem, dass es Stagnationsbereiche zwischen zwei Entnahmestellen gibt, da die Entnahmestellen eher gleichzeitig als vereinzelt genutzt werden. Reihenleitungen bieten sich für Nutzungseinheiten oder Installationen an, in denen Entnahmestellen eher sequenziell statt gleichzeitig genutzt werden. Bedingt durch die eventuell gleichzeitige Nutzung der Entnahmestellen muss die Leitung zwar größer dimensioniert werden als bei einer Ringinstallation, aber der Weg der wasserführenden Rohrleitung verringert sich und somit auch das stagnationsgefährdete Volumen. Außerdem kann durch diese Installationsart eine deutliche Reduktion der Ausstoßzeit erreicht werden, was besonders bei komfortorientierten Badezimmern ein bedeutendes Kriterium ist.

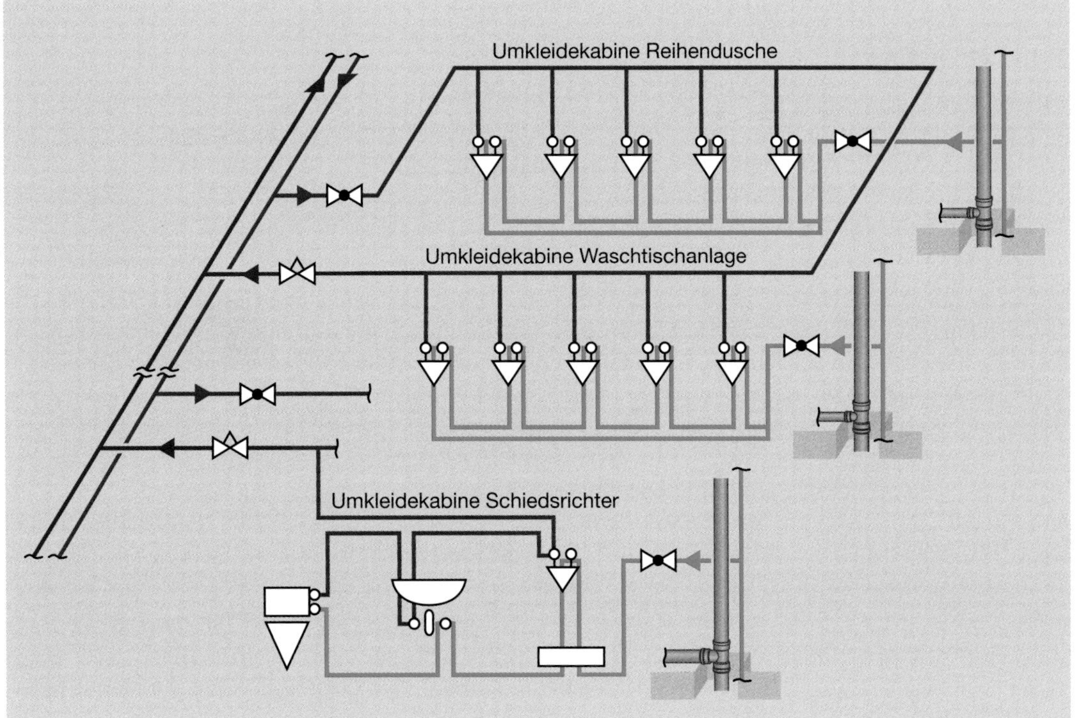

Abb. 3–31 Trinkwasser kalt (PWC) in den Umkleidekabinen als Ringleitung, in der Schiedsrichterkabine als Reihenleitung

Unabhängig davon bietet eine Reihenleitung einen entscheidenden Vorteil, denn bei der derzeitigen Entnahme von Trinkwasserproben in Hausinstallationen nach DIN EN ISO 19458 (Zweck b) [52] wird davon ausgegangen, dass das Wasser, welches für die Probe gezapft wurde, einen eindeutigen Fließweg zurückgelegt hat. Bei Ringinstallationen ist dies nicht immer der Fall, denn abhängig von der Ausgestaltung der Installation, setzt sich das Wasser aus unterschiedlichen Teilen des Leitungssystems zusammen. Wurden zudem in der Leitung vor der Entnahmestelle Bauteile verwendet, die nach dem Venturi-Prinzip arbeiten, kann nicht mehr eindeutig gesagt werden, welchen Weg das Wasser in der Probe genommen hat. Bei der Wahl der Probenahmestelle ergibt sich nun die Schwierigkeit festlegen zu müssen, für welchen Leitungsabschnitt die gezogene Probe repräsentativ ist und im Zweifelsfall sind weitere Proben erforderlich, um eine Aussage über die gesamte Installation treffen zu können. Zu den oben genannten Ringinstallationen zählen auch in die Zirkulation eingebundene Stockwerksinstallationen, die zwangsläufig einzeln eingeregelt werden müssen. Diese Regelkreise können natürlich aufgrund von Kalkausfällungen oder hydraulischen und mechanischen Veränderungen des Betriebszustandes in ihrer Funktion beeinträchtigt sein. Die im DVGW-Arbeitsblatt W 551 getroffene Forderung zur Untersuchung aller Steigstränge muss dann ebenfalls auf alle einzelnen Regelkreise einer solchen Installation übertragen werden. Soll hier die Einschränkung des Probeentnahmeschemas erfolgen, so muss man vor der Probeentnahme nachweisen,dass alle Regelkreise dazu in der Lage sind, weiterhin die zum Schutz vor einem starken Legionellenwachstum notwendige Mindesttemperatur von 55 °C einzuhalten [53].

2.4 Welche Größen sind bei Zirkulationssystemen für Trinkwasser warm (PWH-C) hydraulisch und hygienisch noch beherrschbar?

2.4.1 Grundlagen

Bei modernen Trinkwasser-Installationen kann grundsätzlich eine hohe Komplexität der Anlagentechnik festgestellt werden. Beleuchtet man die Hintergründe dieser Komplexität der Anlagen, so stellt man schnell fest, dass beim Betreiber der Trinkwasser-Installation nicht vorrangig der Wunsch an ein perfektes, schönes und kostspieliges System, sondern der Wunsch nach einem System, das den an Trinkwasser gestellten gesetzlichen Vorgaben entspricht im Vordergrund steht.

Die Auslegung von Systemen für die Zirkulation von Trinkwasser warm (PWH-C) nach dem Beimischverfahren wurde 2011 entwickelt und ein Jahr später, 2012, in die Technischen Regeln für Trinkwasser-Installationen DIN 1988-300 [15] aufgenommen, in Gestalt eines Beimischfaktors. Seitdem ist es allgemein anerkannte Regel der Technik. Bei einem Beimischfaktor von 0 % folgt die Auslegung dem schon zuvor gültigen Verfahren nach dem DVGW-Arbeitsblatt W 553 [54]. Bei einem Beimischfaktor von 100 % folgt sie dem Beimischverfahren. Vor der Auslegung nach dem DVGW-Arbeitsblatt W 553 wurden Systeme für die Zirkulation von Trinkwasser warm (PWH-C) nach der alten DIN 1988-3 [55] ausgelegt. Dabei ging es lediglich um die Einhaltung der Komfortbedingungen an den Zapfstellen. Das System für die Zirkulation von Trinkwasser warm (PWH-C) war so zu bemessen, dass stündlich das dreifache Anlagenvolumen der Leitungen für Trinkwasser warm (PWH) umgewälzt wurde. Strangleitungen waren maximal mit DN 12 dimensioniert und die Zirkulationspumpen hatten noch kleine Leistungen.

Mit dem DVGW-Arbeitsblatt W 553 [54] wurde die Auslegung der Zirkulation für Trinkwasser warm (PWH-C) auf die Einhaltung von Hygienebedingungen ausgerichtet. Sie ging damals aus dem Arbeitsblatt W 551 [14] hervor und ist heute auch in der DIN 1988-200 [16] beschrieben. Seit der Ausgabe des DVGW-Arbeitsblatts W 551 gilt die Regel, dass die Temperaturen des Trinkwassers warm (PWH) im Zirkulationssystem für Trinkwasser warm (PWH-C) an keiner Stelle 55 °C dauerhaft unterschreiten dürfen. In der DIN 1988-200 wird dieser Sachverhalt ins Positive gewendet und dahingehend konkretisiert, dass eine Temperatur des Trinkwassers warm (PWH) von mindestens 55 °C an jeder Zapfstelle binnen 30 s zustande kommen muss [16]. Wird an Warmwasserarmaturen eine Mindestmenge von 6 l/min gezapft, entspricht das der 3-Liter-Regel. Im bis heute gültigen Verfahren aus dem DVGW-Arbeitsblatt W 553 wurden – vornehmlich aus Gründen einer gerechten Warmwasserabrechnung – überall gleiche Strangkopftemperaturen angestrebt. Die Einhaltung dieser Forderung führt dazu, dass an den Stromvereinigungspunkten die Temperaturen aus dem Strangrücklauf und aus der Sammelleitung der Zirkulation für Trinkwasser warm (PWH-C) gleich sind. Eine Folge daraus sind Temperaturen in den Vereinigungspunkten, die höher sind als sie sein könnten. Die 55 °C als minimal zulässige Temperatur im Zirkulationskreis für Trinkwasser warm (PWH-C) liegen bei dieser Auslegung nur am Speicherwiedereintritt an, im restlichen Zirkulationssystem für Trinkwasser warm (PWH-C) liegt die Temperatur in der Regel über 55 °C.

Die Spreizung zwischen Trinkwasser warm (PWH) und Zirkulation für Trinkwasser warm (PWH-C) beträgt am Warmwasserspeicher 5 K und wird zu den letzten Strängen hin immer kleiner. Die Wärmeverluste bleiben hingegen überall gleich: 10 – 11 W/m im unbeheizten Keller und 6 – 7 W/m in den Strängen bei 100 % Dämmung der Leitungen nach EnEV [56]. Haben die Leitung für Trinkwasser warm (PWH) und die Zirkulation für Trinkwasser warm (PWH-C) in einem Strang z. B. zusammen eine Länge von 20 m, ist der Wärmeverlust des Strangs rund 130 W. Ist die Spreizung zwischen Vorlauf des Trinkwassers warm (PWH) und Rücklauf der Zirkulation des Trinkwassers warm (PWH-C) an einem der ersten Stränge z. B. 4 K, müssen dort 28 l/h fließen. Ist sie dagegen an einer der letzten Stränge bis auf 1 K zusammengeschmolzen, sind es dort 111 l/h. Dazwischen steigen die Strangvolumenströme exponentiell an. Damit kehren sich in den Leitungen für Zirkulation von Trinkwasser warm (PWH-C) die Verhältnisse gegenüber den Leitungen für Trinkwasser warm (PWH) um. Die Leitungen für Trinkwasser warm (PWH) werden zu den letzten Strängen hin immer kleiner, weil die Spitzenvolumenströme immer geringer werden. Die Leitungen für die Zirkulation von Trinkwasser warm (PWH-C) werden dagegen nach hinten hin, von der Pumpe weg, immer größer. In der Auslegung nach dem DVGW-Arbeitsblatt W 553 kann das dazu führen, dass ein Küchenstrang, für den die Warmwasserauslegung eine Nennweite DN 12 ergeben hat, auf DN 15 aufgeweitet werden muss, damit die Leitung für Trinkwasser warm (PWH) nicht kleiner als die Leitung der Zirkulation für Trinkwasser warm (PWH-C) ist.

An diesem Punkt setzt das Beimischverfahren an. Die Spreizungen an den Strängen werden erhöht, indem der hydraulisch jeweils ungünstigere Strang bis zum nächsten Stromvereinigungspunkt im zugeordneten Abschnitt der Sammelleitung der Zirkulation für Trinkwasser warm (PWH-C) auf 55 °C auskühlen kann. Dort mischt der hydraulisch günstigere Strang höhergrädiges Wasser bei. Dadurch wachsen die Strangvolumenströme nach hinten hin weniger an. Die Leitungen können in kleineren Nennweiten ausgeführt werden. Trotzdem sinken die Druckverluste und der erforderliche Pumpendruck. Die Wärmeverluste werden dagegen nur geringfügig geringer. Das Beimischverfahren spart also nicht Endenergie, sondern Hilfsenergie ein. Wenn sich das Beimischverfahren stärker durchsetzt, dürfte es möglich sein, den Beimischfaktor auch in die Rechenregeln zum Energieausweis DIN V 4701-10 [57] bzw. DIN V 18599 [58] einzuführen, um daraus einen unterschiedlichen Hilfsenergieaufwand abzuleiten.

Gegenwärtig herrscht die Auslegung nach dem DVGW-Arbeitsblatt W 553 vor. Im Betrieb werden anstelle von statischen Ventilen, mit denen sich die berechneten Strangvolumenströme einstellen ließen, vorwiegend thermostatische Ventile wie das Easytop verwendet, die mit werksseitig voreingestelltem Sollwert ausgeliefert werden. Aus Erfahrung weiß man, dass dabei die hygienisch erforderlichen Mindesttemperaturen nicht unterschritten werden. Um die exponentiell ansteigende Verteilung der Strangvolumenströme nach dem DVGW-Arbeitsblatt W 553 zu erreichen, können die Ventile in ihren Arbeitspunkten auf kleinste k_v-Werte eingestellt werden.

Mit der Viptool Planungssoftware lässt sich eine Sollwerteinstellung nach dem Beimischverfahren berechnen. Die Betriebserfahrungen zeigen, dass sich damit Pumpenleistung und Förderenergie deutlich verringern. Beim Errichten der Warmwasseranlage kann dadurch auf kleinere Zirkulationspumpen und geringere Rohrdurchmesser in den Leitungen für die Zirkulation von Trinkwasser warm (PWH-C) zurückgegriffen werden, was eine Senkung der Investitionskosten beim Bau der Anlage mit sich bringt. Mit motorischen Ventilen lässt sich auch diese Strategie befolgen, indem an den Strangrückläufen die vorgesehenen Temperaturen eingestellt werden.

Im Folgenden wurden anhand von Simulationsrechnungen wesentliche Aspekte untersucht, die sich aus den neuen Möglichkeiten ergeben [59].

Ausgangspunkt ist ein elementares Dreistrangsystem, wie es in Abb. 3–32 zu sehen ist.

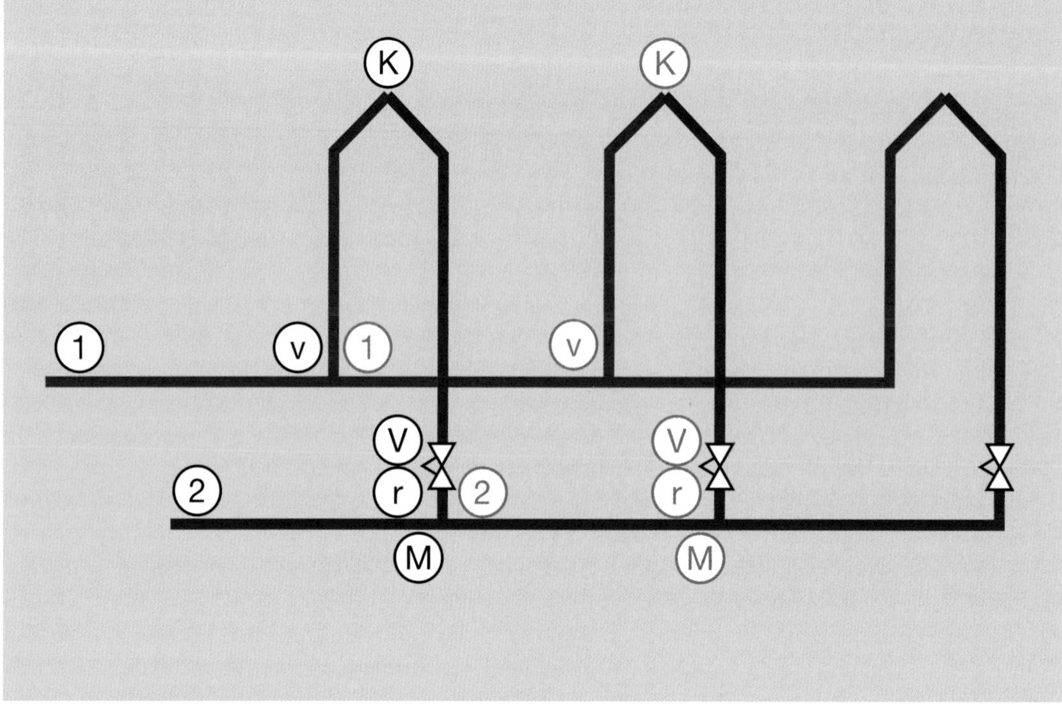

Abb. 3–32 Dreistrangsystem [59]

Man erkennt, dass sich mit jedem neuen Strang ein Abschnitt ausbildet, der auch Teilstrecken der Leitungen für Trinkwasser warm (PWH) und der Leitungen der Zirkulation für Trinkwasser warm (PWH-C) umfasst. Die verwendeten Indizes haben an jedem Abschnitt folgende Bedeutungen:

1	Vorlauf der zugeordneten Verteilungsleitungen für Trinkwasser warm (PWH)
v	Vorlauf der Leitung für Trinkwasser warm (PWH) im Strang
V	Eintritt in das Strangventil
r	Rücklauf der Leitung der Zirkulation des Trinkwassers warm (PWH-C) im Strang
M	Mischpunkt
2	Rücklauf der Leitung der Zirkulation des Trinkwassers warm (PWH-C) im Strang.

Am Punkt „r" wird beigemischt, am Punkt „2" wird die Rücklauftemperatur von 55 °C eingehalten.

2.4.2 Stationäres Verhalten eines Systems für die Zirkulation des Trinkwassers warm (PWH-C)

Zunächst wurde das stationäre Verhalten des Dreistrangsystems untersucht. Verteilungs- und Strangleitungen sind jeweils 10 m lang. Die Leitungen für Trinkwasser warm (PWH) sind nach einer Spitzenvolumenstromberechnung für Wohngebäude bemessen, die Leitungen für die Zirkulation von Trinkwasser warm (PWH-C) nach dem Beimischverfahren. Der k_v-Wert des Ventils im letzten Strang wird mit 0,7 angenommen.

Tab. 3-16 zeigt den justierten Zustand dieses Systems:

Tab. 3-16 3-Strang-System nach Justierung [59]

Strang	H [%]	T_v [°C]	T_K [°C]	T_r [°C]	T_2 [°C]	p_K-p_r [kPa]	$\dot{V}_S$ [l/h]	$\dot{V}_1$ [l/h]	W_S [l/h]	W_1 [l/h]
1	19,5	59,5	57,9	56,7	55	2,91	39	153	0	0
2	29,7	58,8	57,4	56,4	55	1,86	46	114	0	0
3	58,1	57,5	56,6	56,0	55	1,37	68	68	0	0

In der ersten Spalte erscheinen die Strangpositionen. In der nächsten sind die justierten Hübe eingetragen. Am letzten Strang werden 58 % erreicht. Das ist der bei einem k_v-Wert von 0,7 angenommene Hub eines Zirkulationsregulierventils.

Darauf folgen die Temperaturen. An den Rückläufen der Leitungen für die Zirkulation von Trinkwasser warm (PWH-C) vor den Stromvereinigungspunkten werden 55 °C erreicht. Auf die Temperaturen folgt der Differenzdruck am Strang zwischen dem Abgang der Leitung für Trinkwasser warm (PWH) am Punkt v und dem Eintritt der Leitung für Zirkulation von Trinkwasser warm (PWH-C) am Punkt r. Dann kommen die Zirkulationsvolumenströme $\dot{V}_S$ und $\dot{V}_1$ in den Strängen und in der Verteilung und zuletzt noch die entsprechenden Warmwasservolumenströme W_S und W_1. Die Temperaturen T_2 betragen bei diesem einregulierten System, an dem zunächst keine Zapfung stattfindet, vor Eintritt in den nächsten Mischpunkt bzw. vor Eintritt in den Warmwasserspeicher 55 °C.

2.4.3 Vollzapfungen in einem Dreistrangsystem

Die nächsten Tabellen zeigen Vollzapfungen an den Strängen. Darunter werden Zapfmengen verstanden, die den Zirkulationsvolumenstrom im Strang unterbinden. In der Spalte W_S erkennt man die zugehörige Zapfmenge, die deutlich größer als die Zirkulationsmenge ist. Bei Zapfungen treten zwei gegenläufige Effekte auf:

1. In den Leitungen für Trinkwasser warm (PWH), durch die gezapftes Wasser fließt, vermindern sich die Spreizungen zwischen Vor- und Rücklauf. Dadurch steigen nicht nur alle Temperaturen in diesen Leitungen. Auch die Temperaturen in den nachfolgenden Leitungen würden sich erhöhen, wenn sie weiter den gleichen Volumenstrom haben.
2. Doch die nachfolgenden Leitungen haben nicht weiter den gleichen Volumenstrom. In den Leitungen für Trinkwasser warm (PWH), durch die gezapftes Wasser fließt, erhöhen sich die Druckverluste. Dadurch vermindern sich die Förderdrücke für die Zirkulation des Trinkwassers warm (PWH-C) in den nachfolgenden Leitungen, und der Volumenstrom reduziert sich in diesen Leitungen.

Bei Vollzapfungen vermindert sich der Förderdruck in den jeweiligen Strängen bis auf null. Dadurch wird der Zirkulationsvolumenstrom unterbunden. Bei noch höheren Zapfmengen wird der Förderdruck sogar negativ. Dann kommt es zu Rückflüssen.

Tab. 3-17 3-Strang-System bei Vollzapfung im ersten Strang [59]

Strang	H [%]	T_v [°C]	T_K [°C]	T_r [°C]	T_2 [°C]	p_K-p_r [kPa]	$\dot{V}_S$ [l/h]	$\dot{V}_1$ [l/h]	W_S [l/h]	W_1 [l/h]
1	19,5	59,9	59,8	25,0	54,5	0	9	107	621	621
2	29,7	59,1	57,7	56,6	55,1	1,64	43	107	0	0
3	58,1	57,7	56,8	56,1	55,1	1,21	64	64	0	0

Der erste Effekt sorgt dafür, dass die Temperaturen überall steigen, bis hin zur Temperatur T_2 im Abschnitt des zweiten Strangs. Nur am Eintritt der Leitung der Zirkulation für Trinkwasser warm (PWH-C) in den Trinkwassererwärmer sinkt die Temperatur, weil sie durch den ersten Strang nicht mehr hochgemischt wird.

Bei Vollzapfung im zweiten Strang ergeben sich folgende Werte:

Tab. 3–18 3-Strang-System bei Vollzapfung im zweiten Strang [59]

Strang	H [%]	T_v [°C]	T_K [°C]	T_r [°C]	T_2 [°C]	p_K-p_r [kPa]	$\dot{V}_S$ [l/h]	$\dot{V}_1$ [l/h]	W_S [l/h]	W_1 [l/h]
1	19,5	59,9	58,3	57,1	54,7	2,91	39	107	0	497
2	29,7	59,7	59,6	40,1	54,4	0	2	68	497	497
3	58,1	58,4	57,5	56,8	55,7	1,28	66	66	0	0

Die Vorlauftemperaturen des 2. und 3. Strangs sind um rund 1 K gestiegen. Wieder erhöhen sich damit auch die Rücklauftemperatur und die Temperatur T_2 im nachfolgenden dritten Strang. Auch im ersten Strang bringt der erste Effekt wieder eine Erhöhung der Temperaturen. Durch die fehlende Beimischung aus dem zweiten Strang bleibt aber auch noch im Abschnitt des ersten Strangs die Temperatur in der Sammelleitung der Zirkulation für Trinkwasser warm (PWH-C) zu tief.

Schließlich noch ein Zustand nach Vollzapfung im dritten Strang:

Tab. 3–19 3-Strang-System bei Vollzapfung im letzten Strang [59]

Strang	H [%]	T_v [°C]	T_K [°C]	T_r [°C]	T_2 [°C]	p_K-p_r [kPa]	$\dot{V}_S$ [l/h]	$\dot{V}_1$ [l/h]	W_S [l/h]	W_1 [l/h]
1	19,5	59,8	58,3	57,2	55,3	3,28	41	97	0	405
2	29,7	59,7	58,5	57,6	55,0	2,40	53	56	0	405
3	58,1	59,4	59,3	45,5	31,2	0	3	3	405	405

Hier liegt eine Besonderheit darin, dass das Dreistrangsystem, was die Zirkulation anbelangt, zu einem Zweistrangsystem wird. Man sieht das auch daran, dass die Temperatur T_2 im Abschnitt des zweiten Strangs exakt der justierten Temperatur entspricht.

Der mit der Vollzapfung verbundene Warmwasservolumenstrom wird nach hinten hin immer kleiner, weil die Druckverluste immer größer werden, je weiter sich die Zapfung ins Netz hinein auswirkt.

2.4.4 Temperaturverlauf während eines Zapfzustandes in einem Dreistrangsystem

Vergleicht man die Vorlauftemperaturen in den Strängen 1 und 2 nach Vollzapfung im Strang 3 (Tab. 3–19) mit den Werten nach Justierung (Tab. 3–16), sieht man, dass auch in den ersten Strängen die Vorlauftemperaturen durch die Zapfung ansteigen. Wie kann man dann eine Zapfung in einem Strang erkennen?

Die nachfolgenden Abbildungen zeigen, wie sich die Vor- und Rücklauftemperaturen in den Strängen in Abhängigkeit der Zapfmenge ändern. Auf der liegenden Achse ist der Zapfzustand aufgetragen. Bei 100 % ist die Vollzapfung erreicht.

Zunächst die Zapfung am Strang 1 (T_{v0} = 59,5 °C , T_{r0} = 56,7 °C, ΔT_0 = 2,8 K):

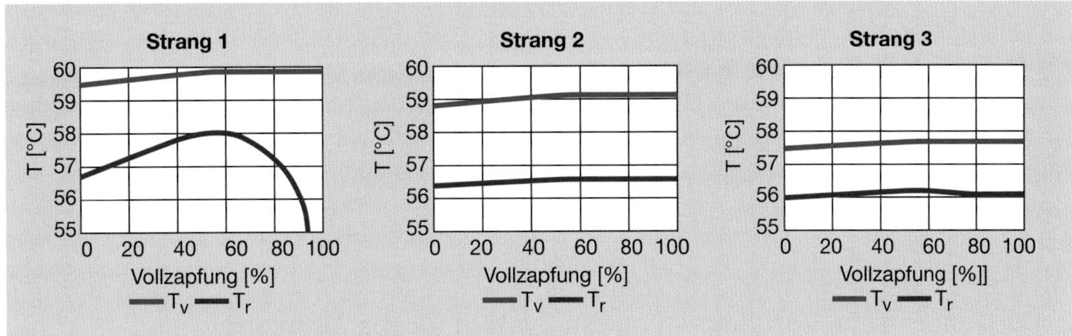

Abb. 3-33 Temperaturverlauf bei Zapfung an Strang 1 [59]

Dann die Zapfung am mittleren Strang (T_{v0} = 58,8 °C, T_{r0} = 56,4 °C, ΔT_0 = 2,4 K):

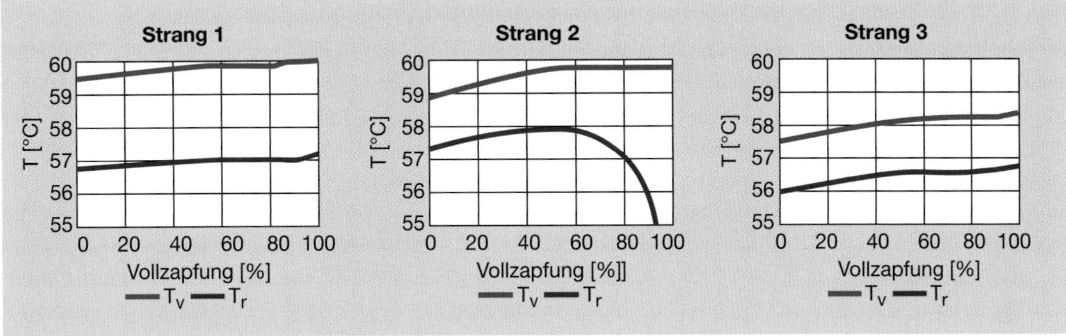

Abb. 3-34 Temperaturverlauf bei Zapfung an Strang 2 [59]

Und zuletzt die Zapfung am dritten Strang (T_{v0} = 57,5 °C, T_{r0} = 56,0 °C, ΔT_0 = 1,5 K):

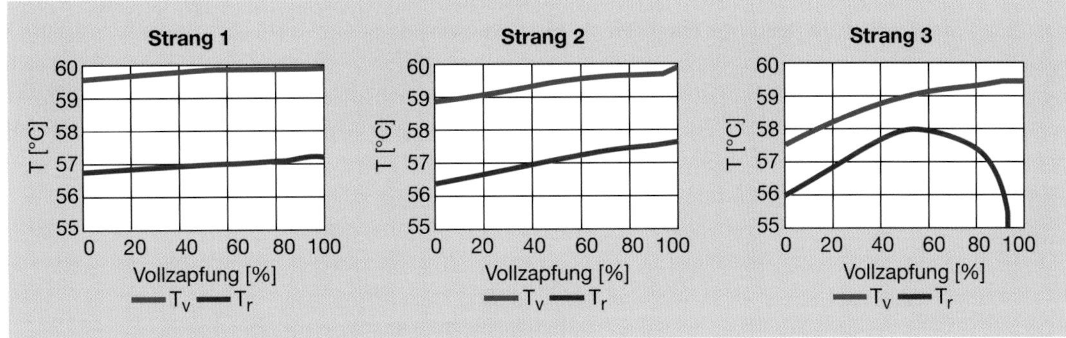

Abb. 3-35 Temperaturverlauf bei Zapfung an Strang 3 [59]

Neben dem Strang, an dem gezapft wird, sind hier immer auch die beiden anderen Stränge gezeigt. Betrachtet man nur die erste Hälfte der Diagramme, ist nicht zu sehen, wie eine Zapfung erkannt werden sollte. Erst in der zweiten Hälfte ist der Strang, an dem gezapft wird, deutlich zu erkennen.

Vor den Zapfungen sind hier immer auch noch die Vor- und Rücklauftemperaturen im justierten Zustand (Index 0) und die sich daraus ergebenden Spreizungen ΔT_0 zu erkennen. Der sicherste Weg, eine Zapfung zu erkennen, ist die Spreizung zu verfolgen. Sie bleibt bei Zapfungen zunächst annähernd konstant, wird dann aber immer größer.

Es ist demnach ratsam, auch die T-Stücke an den Warmwasserverteilungsleitungen mit Temperatursensoren für den Strangvorlauf auszurüsten. Am Strangrücklauf ist ohnehin ein Temperaturfühler notwendig. Die Zapferkennung folgt dann den beiden Bedingungen:

1. T_v ist gestiegen.
2. $T_v - T_r$ ist größer als ΔT_0.

2.4.5 Dynamische Vorgänge in einem System für die Zirkulation des Trinkwassers warm (PWH-C)

Die stationären Untersuchungen haben gezeigt, dass bei Vollzapfungen Stränge komplett auskühlen, ohne dass die Zirkulationsventile dem entgegenwirken können. Es bleibt die Frage, wie schnell das geschieht. Dazu werden diese Vorgänge nun dynamisch betrachtet.

Die nächsten Diagramme zeigen Zapfvorgänge mit einer begrenzten Dauer. Sie beträgt 12 Minuten. Die Zapfmenge ist dieselbe wie zuvor bei der Vollzapfung.

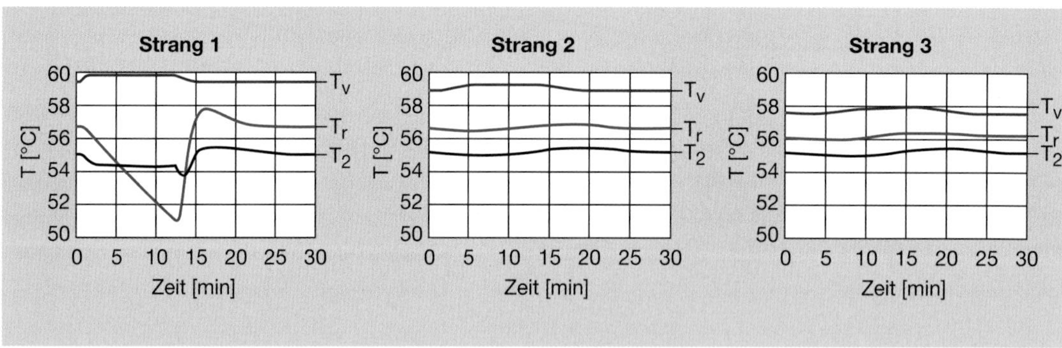

Abb. 3-36 Verläufe nach Vollzapfung im ersten Strang über 12 Minuten [59]

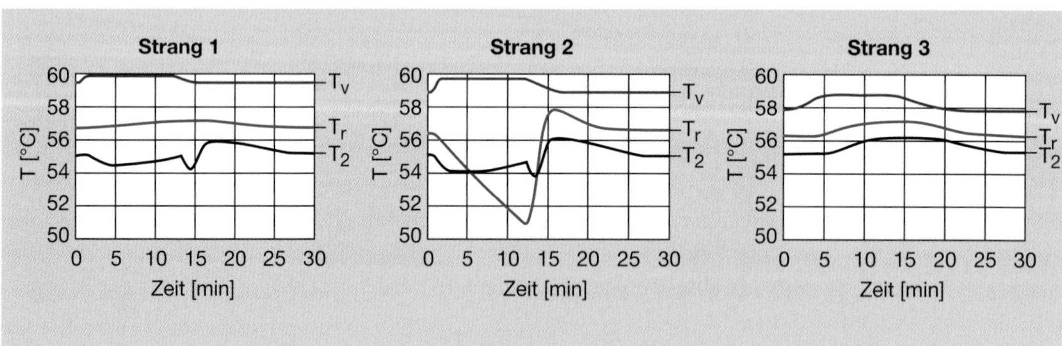

Abb. 3-37 Verläufe nach Vollzapfung im zweiten Strang über 12 Minuten [59]

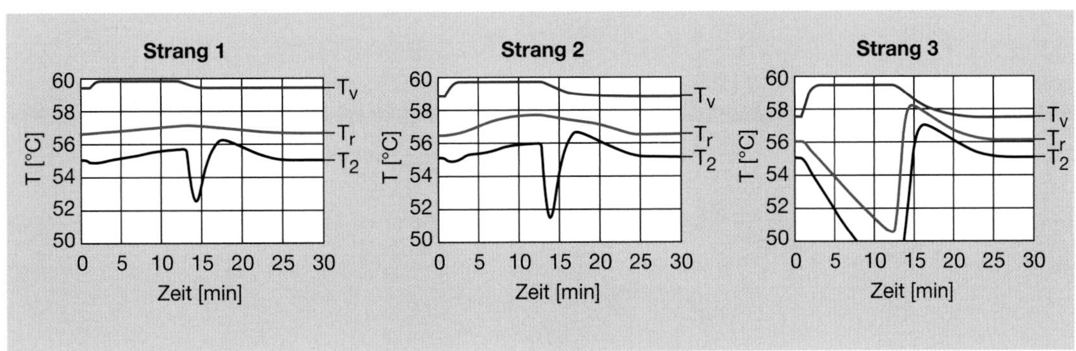

Abb. 3-38 Verläufe nach Vollzapfung im zweiten Strang über 12 Minuten [59]

Hierbei ergibt sich ein ausgeprägtes dynamisches Verhalten. Die Zapfung und ihre Dauer sind deutlich am Verlauf der Vorlauftemperatur zu erkennen. Die Rücklauftemperatur sinkt in dieser Zeit, wie gesehen ab. Wenn die Zapfung beendet ist, streben die Temperaturen aber nicht einfach nur ihren Anfangswerten zu. Sobald die Zapfung aufhört, gelangt das bis dahin ausgekühlte Wasser aus dem Strang in die Sammelleitung der Zirkulation für Trinkwasser warm (PWH-C). Das sind die Spitzen nach unten, die sich im Verlauf der Temperatur T_2 einstellen. Sie sind zeitlich eng begrenzt, weil nach dem ausgekühlten Wasser wieder Wärmeres nachfließt. Dieses wärmere Wasser ist im Strang, an dem gezapft wird, sogar wärmer als zuvor, weil mit den Zapfungen die Strangkopftemperatur steigt. So kommen die Spitzen nach oben in den Verläufen der Rücklauftemperatur zustande. Sie sind zu Ende, wenn das im Strang enthaltene Wasser aus der Leitung für Trinkwasser warm (PWH) über die Zirkulation ausgetauscht wurde.

2.4.6 Systeme mit großen Stranganzahlen

Anhand des Dreistrangsystems konnten einige wesentliche Zusammenhänge geklärt werden. Die Frage ist, ob sie auch erhalten bleiben, wenn die Stranganzahl wächst. Diese Untersuchungen wurden zunächst stationär geführt. Dabei interessiert vor allem, welchen Einfluss der Regeleingriff, also die Hubveränderung bei einem bestimmten Ventil, auf die Regelgröße, also auf die Änderung der Temperatur T_2 im Abschnitt des betreffenden Strangs hat.

Es ist hier jeweils die Temperatur über einem Verhältnis aufgetragen, das sich auf den justierten Hub bezieht. 100 % entsprechen dem justierten, also dem berechneten Hub und 200 % dem Doppelten davon.

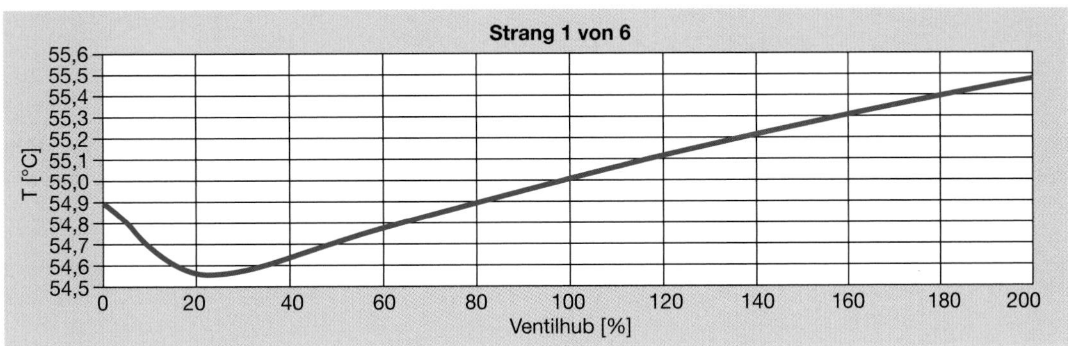

Abb. 3-39 Kennlinie des ersten Strangs in einem 6-Strang-System [59]

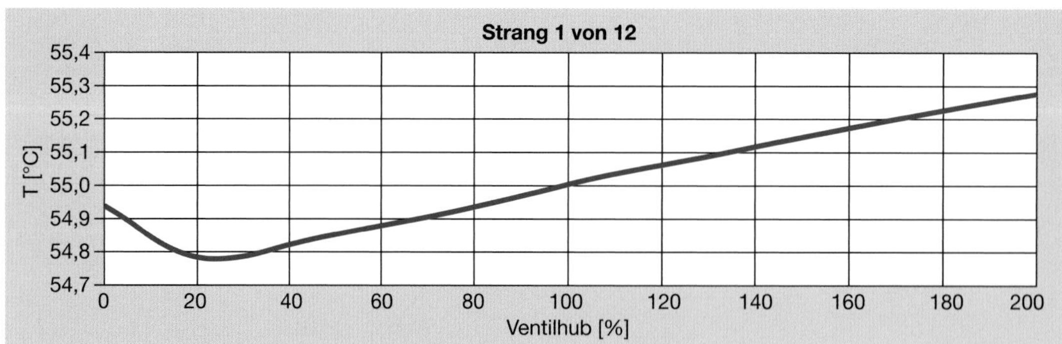

Abb. 3-40 Kennlinie des ersten Strangs in einem 12-Strang-System [59]

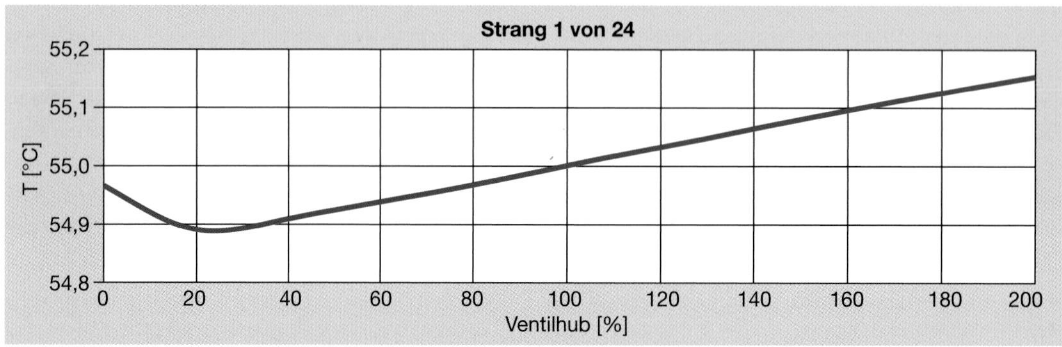

Abb. 3-41 Kennlinie des ersten Strangs in einem 24-Strang-System [59]

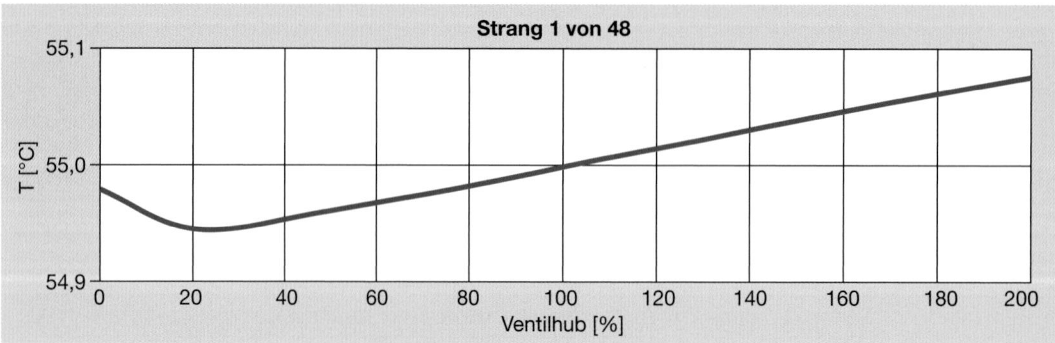

Abb. 3-42 Kennlinie des ersten Strangs in einem 48-Strang-System [59]

Es ist deutlich zu erkennen, dass sich der Regeleingriff am ersten Strang mit steigender Stranganzahl immer schwächer auswirkt. Dadurch wird es immer schwieriger, in den ersten Strängen die Mengen abzudrosseln, die die nachfolgenden Stränge brauchen.

Vorwort Inhaltsverzeichnis
Strukturgeber Gebäudetechnik
Prozessziel Trinkwassergüte
Planung und Betrieb 4.0
Energieperformance
Rechtliche Herausforderungen
Index

2.4.7 Regelvorgänge am Beispiel eines 24-Strang-Systems

Tab. 3–20 zeigt die Hubeinstellwerte eines 24-Strang-Systems, wie diese das Rohrleitungsauslegungsprogramm berechnet hat. Deutlich zu sehen ist, dass in den ersten Strängen der Hub sehr stark abgedrosselt ist; erst im neunten Strang befinden wir uns bei einem Hub von 2 %, erst ab Strang 17 unterscheiden sich die Hubeinstellungen in mehr als einem Prozent.

Tab. 3–20 lineares 24-Strang-System nach Justierung

Strang	H [%]	T_v [°C]	T_K [°C]	T_r [°C]	T_2 [°C]	p_K-p_r [kPa]	$\dot{V}_S$ [l/h]	$\dot{V}_1$ [l/h]	W_S [l/h]	W_1 [l/h]
1	1,1	59,9	58,2	56,8	55	687,77	35	1237	0	0
2	1,2	59,8	58,1	56,8	55	625,72	36	1202	0	0
3	1,3	59,8	58,1	56,8	55	566,89	37	1166	0	0
4	1,4	59,7	58,0	56,8	55	511,24	37	1129	0	0
5	1,5	59,6	58,0	56,7	55	458,75	38	1092	0	0
6	1,6	59,5	57,9	56,7	55	409,41	38	1055	0	0
7	1,7	59,4	57,9	56,7	55	363,17	39	1016	0	0
8	1,9	59,3	57,8	56,6	55	320,01	40	977	0	0
9	2,0	59,2	57,7	56,6	55	279,90	41	937	0	0
10	2,2	59,1	57,7	56,6	55	242,81	42	896	0	0
11	2,5	59,0	7,6	56,5	55	208,71	43	854	0	0
12	2,8	58,9	57,5	56,5	55	176,57	44	811	0	0
13	3,1	58,8	57,5	56,4	55	147,42	45	767	0	0
14	3,5	58,7	57,4	56,4	55	121,21	47	722	0	0
15	4,0	58,6	57,3	56,4	55	97,88	48	675	0	0
16	4,7	58,4	57,2	56,3	55	77,38	50	627	0	0
17	5,6	58,3	57,2	56,3	55	59,63	52	577	0	0
18	6,8	58,2	57,1	56,2	55	44,57	54	526	0	0
19	8,4	58,0	57,0	6,1	55	32,11	57	472	0	0
20	10,8	57,8	56,8	56,1	55	22,16	61	415	0	0
21	14,5	57,6	56,7	56,0	55	14,61	66	354	0	0
22	20,5	57,3	56,5	55,9	55	9,33	73	289	0	0
23	30,5	56,9	56,3	55,8	55	6,15	86	215	0	0
24	58,1	56,3	55,9	55,5	55	4,66	129	129	0	0

2.4.8 Fazit der Simulationsrechnungen

Einige verfügbare Hygienekonzepte versprechen dem Betreiber der Trinkwasser-Installation ein umfassendes System, dass alle normativen Anforderungen selbsttätig erfüllt. Dies kann zu sehr komplexen, mit technischen Hilfsmitteln und in der Praxis nur schwer beherrschbaren Systemen führen, die bereits bei geringen Abweichungen von den Planungsvorgaben nur noch sehr schwer hygienisch sicher betrieben werden können. Die Einhaltung der allgemein anerkannten Regeln der Technik bei Planung, Bau und Betrieb von Trinkwasser-Installationen, die zur Erfüllung der gesetzlichen Vorgaben notwendig sind, erfordern kein hoch komplexes Trinkwassersystem. Je geringer die Komplexität der Trinkwasser-Installation ist, desto geringer ist auch der Aufwand zur Erreichung des Schutzziels der Trinkwasserverordnung für den Planer, Installateur und Betreiber der Trinkwasser-Installation.

Hydraulisch einfache Systeme stellen somit auch beherrschbarere Systeme dar. Komplizierte und vermaschte Netze stellen bei Planung, Bau und Betrieb nicht nur ein erhöhtes hygienisches Risiko dar [53]. Dadurch dass diese Netze mehr Trinkwasser warm (PWH) und damit im Wasser gebundene Energie zirkulieren lassen, steigen auch die im gesamten Leitungsnetz vorhandenen Energieverluste auf Grund der wesentlich höheren Leitungslängen.

Wie in Tab. 3–20 deutlich zu erkennen ist, sind bei Netzen von 24 oder mehr Strängen kleinste Einstellungen in den ersten Strängen nötig, um das System für die Zirkulation des Trinkwassers warm (PWH-C) im Gesamten noch ausregulieren zu können. Inwieweit in der Praxis diese Einstellungen mit einer derartigen Genauigkeit zu realisieren sind, ist sehr fraglich. Auch eine Hubveränderung zwischen 0 % und 200 % zum tatsächlich berechneten Einstellwert der Ventile geben gemäß Abb. 3–41 nur Spielraum, um die Temperatur in einem Bereich zwischen 54,88 °C und 55,15 °C zu regeln. Auch hier scheint eine derart genaue Temperaturmessung mit marktüblichen Sensoren unmöglich. Daher sind Zirkulationsnetze mit einer Stranganzahl über zwanzig Strängen in der Realität weder einstellbar, noch regulierbar [59].

2.4.9 Minimierung des Trinkwasservolumens durch Pufferspeicher im System für die Zirkulation von Trinkwasser warm (PWH-C)

Während bisher in zentralen Systemen Trinkwasserspeicher zur Abdeckung der Zapfspitzen eingesetzt wurden, kann durch Trinkwassererwärmungssysteme mit Plattenwärmetauschern das Minimierungsgebot der DIN 1988-200 [16] optimal umgesetzt werden. Das Trinkwasservolumen von Durchfluss-Trinkwassererwärmern (W) ist ca. um den Faktor 100 geringer als bei Trinkwasserspeichern vergleichbarer Zapfleistung. Bei diesen Systemen wird die notwendige Speicherung der Wärme in Pufferspeichern mit Heizungswasser vorgenommen, wie in Abb. 3–43 dargestellt.

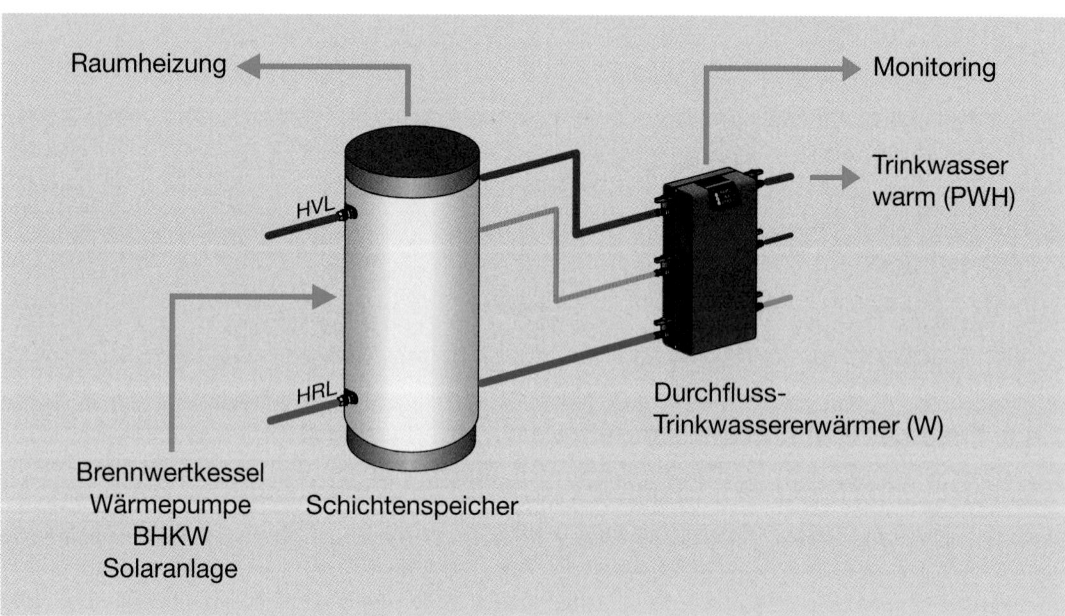

Abb. 3–43 Prinzip eines Gesamtsystems zur Versorgung von Wärme für die Raumheizung sowie von Trinkwasser warm (PWH) im Gebäude

Die Nutzung von Pufferspeichern bietet gleichzeitig den Vorteil der hohen Flexibilität zur Kombination von verschiedenen Wärmequellen wie Brennwertkessel, Wärmenetze, Solaranlagen, Block-Heizkraftwerk oder Abluft-Wärmerückgewinnung. Die bisher übliche Versorgung von Gebäuden aus einer Wärmequelle wird zukünftig durch die zunehmend multivalente Nutzung mehrerer und verstärkt erneuerbarer Quellen ersetzt werden. Zusätzlich arbeiten einige Wärmeerzeuger wie Solaranlagen oder tarifgesteuerte BHKW und Wärmepumpen angebotsorientiert und benötigen ohnehin auch Wärmespeicher für den Heizkreislauf und zur Reduzierung der Taktzyklen. Dadurch können Pufferspeicher doppelt genutzt werden und steigern die Wirtschaftlichkeit des Gesamtsystems.

In Abb. 3-44 ist ein Durchfluss-Trinkwassererwärmer (W) mit einem separaten Plattenwärmetauscher zum Ausgleich der Zirkulationswärmeverluste dargestellt. Der exakte Zirkulationsabgleich ist bei zentralen Trinkwassererwärmungssystemen ein entscheidender Erfolgsfaktor für die Hygiene und Komfort. Für größere Gebäude und Installationssysteme bietet sich eine Aufteilung in mehrere Leitungsnetze mit separaten oder eigenen Zirkulationskreisläufen an. Durchfluss-Trinkwassererwärmer (W) sind für maximale Zapfmengen von bis zu 100 l/min ausgelegt, bei höheren Bedarfen können auch mehrere Stationen parallelgeschaltet werden, oder aber als zentrale Durchfluss-Trinkwassererwärmer (W) dezentral im Gebäude platziert werden.

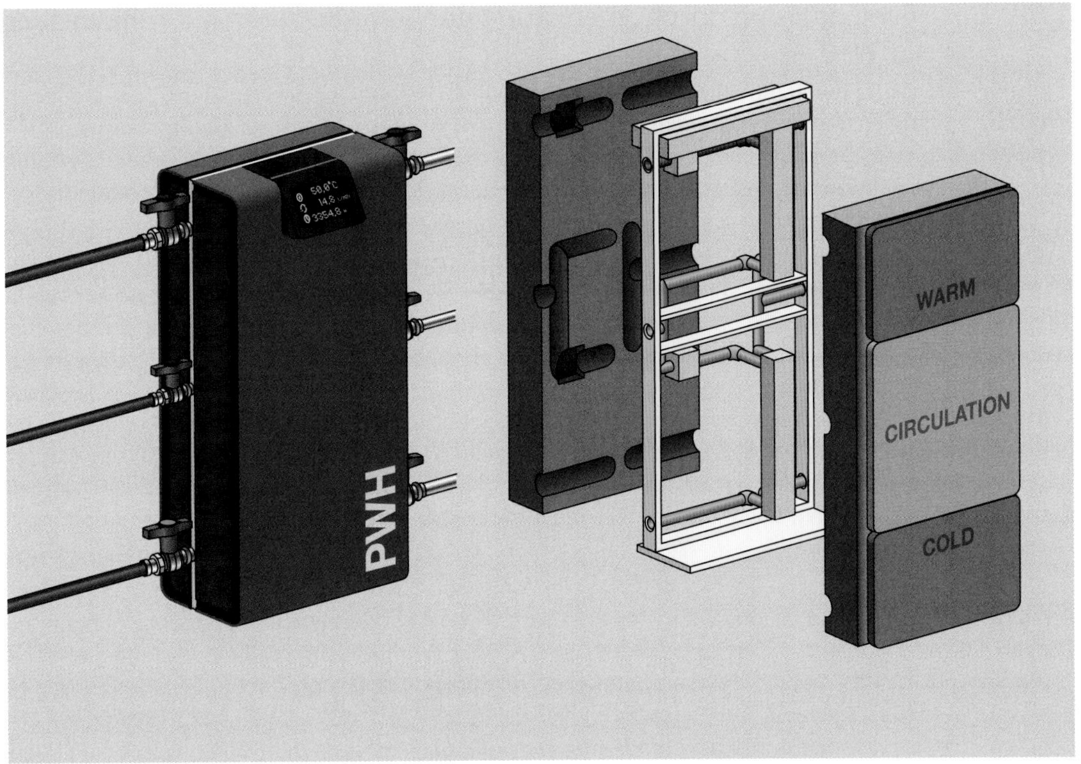

Abb. 3-44 Konzeptstudie eines modularen Durchfluss-Trinkwassererwärmers (W) für Zapfleistungen von 40 – 100 l/min

2.5 Wie können die Klimaschutzziele und Energieeffizienz mit der Trinkwasserhygiene in Einklang gebracht werden?

Im August 2007 wurde vom Bundeskabinett ein integriertes Energie- und Klimaprogramm beschlossen, um die Treibhausgasemissionen in Deutschland bezogen auf das Basisjahr 1990 bis zum Jahr 2020 um 40 Prozent, bis 2030 um 55 Prozent, bis 2040 um 70 Prozent und bis 2050 um 80 bis 95 Prozent zu senken [60].

Nach Berechnungen des Umweltbundesamtes wird Deutschland seine Klimaschutzziele 2020 verfehlen [61]. Nur wenn die Wärmewende 2030 gelingt, besteht noch eine Chance für das Erreichen der Klimaschutzziele 2050.

Ein wichtiger Schritt, um die Zielsetzungen zu erreichen, ist die Energiewende im Gebäudesektor bzw. Wärmewende 2030 durch mehr Energieeffizienz, objektnahe erneuerbare Wärme und klimaneutrale Wärmenetze. Aus der ständigen Verbesserung von Gebäudeenergiestandards resultiert ein sinkender Heizwärmebedarf und die zunehmende Relevanz der Trinkwassererwärmung am Endenergiebedarf. Es stehen vielfältige regenerative Technologien zur Wärmeproduktion zur Verfügung: passive und aktive Solarsysteme, Wärmepumpen zur Gewinnung von Wärme aus der Umgebungsluft oder der oberflächennahen Erdwärme und aus geothermischer Energie.

2.5.1 Energieeinsparung durch Absenkung der Temperaturen für Trinkwasser warm (PWH)

Um eine Absenkung der Temperatur im Trinkwasser warm (PWH) erreichen zu können und dennoch hygienisch unbedenkliches Trinkwasser zu gewährleisten, müssen technische Maßnahmen ergriffen werden, um gerade in diesem kritischen Bereich < 55 °C die Vermehrung von Legionellen und die damit verbundene Überschreitung des technischen Maßnahmenwertes von 100 KBE/100 ml zu verhindern.

Im Forschungsverbund-Projekt Energieeffizienz und Hygiene in der Trinkwasser-Installation wurden von April 2014 bis Oktober 2017 die Möglichkeiten zur Temperaturreduktion in zirkulierenden Trinkwarmwassernetzen untersucht. Aus Sicht der führenden Hygieneinstitute ist das festgeschriebene Temperaturniveau von 60/55 °C aus hygienischen Gründen weiterhin notwendig, eine Temperaturreduktion in Trinkwarmwassernetzen sei zumindest ohne den Einsatz alternativer Verfahren zur Reduzierung der hygienischen Risiken nicht zu verantworten. Zum Hygieneproblem im Trinkwasser warm (PWH) kommt nach wissenschaftlichen Erkenntnissen der Forschungsinstitutionen eine zunehmende Vermehrung von Mikroorganismen in Leitungen für Trinkwasser kalt (PWC) hinzu. Hauptgrund hierfür ist die Wärmeübertragung innerhalb von Installationsschächten und auch Vorwänden durch hohe Temperaturen, ungenügende Wärmedämmung an alten Rohrleitungen oder zu geringer Abstand der Rohrstränge [11].

Zusätzlich sind in letzter Zeit auch dezentrale elektrisch betriebene Durchlauferhitzer und heizungsseitig betriebene Wohnungsstationen in den Fokus der Hygieniker geraten. Erste Untersuchungen bei Durchlauferhitzern belegen, dass es auch für diese Art der Warmwasserbereitung keine hygienische Sicherheit gibt, da das Wasser in diesen Geräten bei mikrobiologisch wachstumsfördernden Temperaturen stagniert [62]. Auch die Trinkwasserkommission befasst sich mittlerweile seit September 2017 mit dem Thema dezentrale Trinkwassererwärmer wie auch dem Problem der Kontamination von Legionellen aus Durchlauferhitzern. In der öffentlichen Wahrnehmung gelten Durchlauferhitzer als probate Erwärmungssysteme zur Vermeidung einer Legionellenvermehrung. Entsprechende Erfahrungen weisen darauf hin, dass derartige Systeme, insbesondere solche mit einer nicht ausreichenden Wassererwärmung, nicht sicher vor einer Legionellenvermehrung schützen [63].

Wenn sich die bisherigen Erfahrungen durch wissenschaftliche Untersuchungen erhärten, ist ein weiterer Rückschlag für den Einsatz regenerativer Wärmeversorger wie Wärmepumpen und solarthermischer Anlagen zu befürchten. Denn in den letzten Jahren wurde immer häufiger auf dezentrale Warmwasserversorgung zurückgegriffen, um Niedrigenergiesysteme mit Trinkwarmwassertemperaturen von unter 50°C in Gebäuden und Quartieren aufbauen zu können.

Wie heikel es für Anwender der hygienisch nicht gesicherten Geräte werden kann, ist der Presse zu entnehmen. Es wird von Wärmepumpen berichtet, deren Temperaturbereich von 45 – 55 °C nicht ausreicht, um Legionellen ausreichend abzutöten [64]. Besonders schwierig kann es für Gebäudeeigentümer werden, deren Heizungssysteme gar nicht auf hohe Temperaturen ausgelegt sind, die zur Dekontamination von Legionellenverkeimungen erforderlich werden. Nachträglich zu installierende Zusatzeinrichtungen, wie elektrische Heizstäbe oder Heizthermen, unterminieren jegliches Energieeffizienzkonzept und gefährden dadurch finanzielle Förderungen oder lösen Ansprüche wegen hoher Energieverbräuche auf Seiten von Erwerbern aus.

Aus rein energetischer Sicht wäre es selbstverständlich notwendig, Warmwasser nur auf die Temperatur der Nutzung, also 35 - 45 °C, aufzuheizen. Aus diesem Grunde hat das Umweltbundesamt im September 2011 auch einen Weg beschrieben, um dieses Ziel zu erreichen, der zur Entwicklung hygienisch sicherer Anlagen genutzt werden kann und muss. Allerdings gilt, dass sich Alternativen, die zu einer Einsparung von Energie führen können, einer kritischen Prüfung durch Experten stellen müssen, damit die gewünschte Energieeinsparung durch Reduzierung der Warmwassertemperatur nicht auf Kosten eines erhöhten Risikos für Legionelleninfektionen über warmes Leitungswasser geht [65]. Bisher kann die hygienische Unbedenklichkeit für die dezentralen Trinkwassererwärmer jedoch nicht belegt werden, da der entsprechende Nachweis fehlt [11].

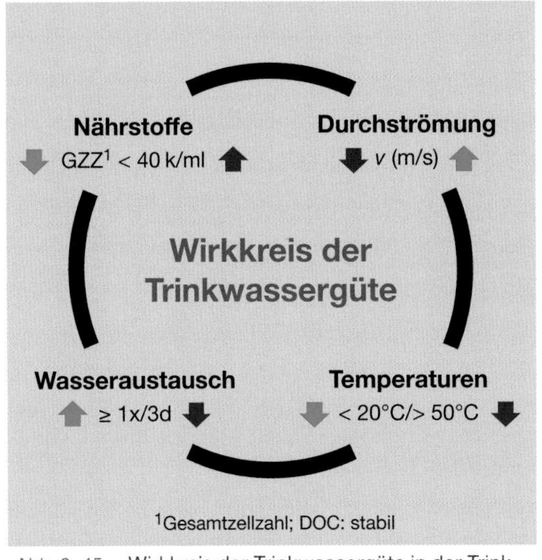

Abb. 3-45 Wirkkreis der Trinkwassergüte in der Trinkwasser-Installation

Die Temperaturhürde für hohe Effizienz moderner Wärmeerzeugung erscheint unüberwindbar. Als eine besonders effiziente Möglichkeit zur energetisch und zugleich hygienisch sinnvollen Betriebsweise von Warmwasserinstallationen, wird der Einsatz der UFC-Technologie gesehen. Wie in Kapitel 2, Abschnitt 4.4 bereits ausführlich dargestellt, verringert die UFC-Technologie die Nährstoffbelastung im Trinkwasser und reduziert dadurch das mikrobielle Wachstum. Das in Abschnitt 1.1 gezeigte Wirkdreieck kann daher um den Parameter Nährstoffe zu einem Wirkkreis (Abb. 3-45) erweitert werden, der bei stabilem DOC-Wert durch die Gesamtzellzahl (GZZ) charakterisiert wird (vgl. Kapitel 2, Abschnitt 5.2). Damit werden alle hygienerelevanten Parameter in der Trinkwasser-Installation mit UFC-Anlage ausreichend beschrieben.

In der Folge ergeben sich Möglichkeiten, die Temperatur nach Kapitel 2, Abschnitt 4.4.2 und 4.4.5 auf 50 °C und ggf. nach weiterer Verifizierung auch auf Nutztemperaturen abzusenken.

2.5.2 UFC-Technologie

Im Jahre 2007 wurden erste Techniken entwickelt, um die Temperaturbarriere als einzigen Schutzmechanismus durch hygienesichernde Alternativen zu ersetzen und gleichzeitig das Ziel der Senkung der Warmwasservorlauftemperaturen zu erreichen.

Entliehen aus dem Bereich der Wasseraufbereitung wurden entsprechende Membranen für die UFC-Technologie (Abb. 3-46) mit einer Porengröße von 20 nm verwendet, die unter Anderem im Rücklauf der Zirkulation des Trinkwassers warm (PWH-C) auf ihre Wirkung hin getestet wurden. Der Betrieb des UFC-Moduls erfolgt dauerhaft im Cross-Flow-Verfahren.

Grundsätzlich bilden Oberflächen für Bakterien die Möglichkeit der Besiedlung, besonders in einem geschlossenen Kreislauf wie der Zirkulation des Trinkwassers warm (PWH-C) kann eine Biofilmbildung auf der Membran die positiven Filtereffekte nachteilig beeinflussen. Um dieses Problem zu beherrschen ist es unverzichtbar, dass jedes Modul über geeignete Rückspültechniken verfügt, die die Membran effektiv vor Biofilmbesiedlung schützt.

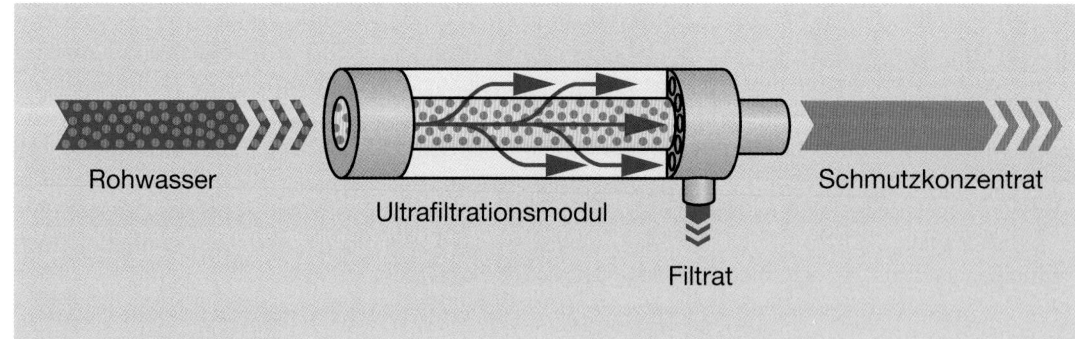

Abb. 3–46 Prinzipdarstellung – Modul der UFC-Technologie im Cross-Flow-Verfahren

Die UFC-Anlage besteht aus folgenden standardisierten Komponenten:

- Regelungs- und Kommunikationseinheit,
- UFC-Modul,
- Sensoren für Druck, Durchfluss, Temperatur,
- geregelte Hocheffizienzpumpe,
- Regelungskomponenten,
- Rückspüleinheit,
- Systemschrank.

„Grundsätzlich besteht die Möglichkeit auch mit anderen technischen Maßnahmen und Verfahren das angestrebte Ziel des DVGW-Arbeitsblattes W 551 einzuhalten. In diesen Fällen müssen die einwandfreien Verhältnisse durch mikrobiologische Untersuchungen nachgewiesen werden“ [14].

Wie bei anderen Bauteilen der Trinkwasser-Installation empfiehlt es sich aber auch hier, ein Prüfsiegel eines akkreditierten Branchenzertifizierers für den Trinkwasserbereich als Produktmerkmal zu fordern. Zusätzlich werden diese Systeme von einer akkreditierten Stelle für Trinkwasserhygiene als für ihren Zweck geeignet zertifiziert, womit sie wiederum dem § 17 Abs. 5 Trinkwasserverordnung entsprechen.

Gerade bei großen Systemen für die Zirkulation des Trinkwassers warm (PWH-C) ist es notwendig zu Beginn des Betriebes eines Filtrationssystems die möglichen Betriebszustände aufzuzeichnen, um im späteren Betrieb zu erwartende Parameterschwankungen bereits im Vorfeld zu erkennen und einordnen zu können. Nachdem das System die Betriebszustände zu Beginn erfasst hat, müssen Sollparameter zwingend überwacht werden. Hierzu seien beispielhaft die Parameter Temperatur und Druckverlust über die Membran erwähnt, die wichtige Informationen über die Membranintegrität liefern. Durch diese zusätzliche Information kann verhindert werden, dass bei einem Defekt des Systems hygienekritische Legionellenkonzentrationen entstehen.

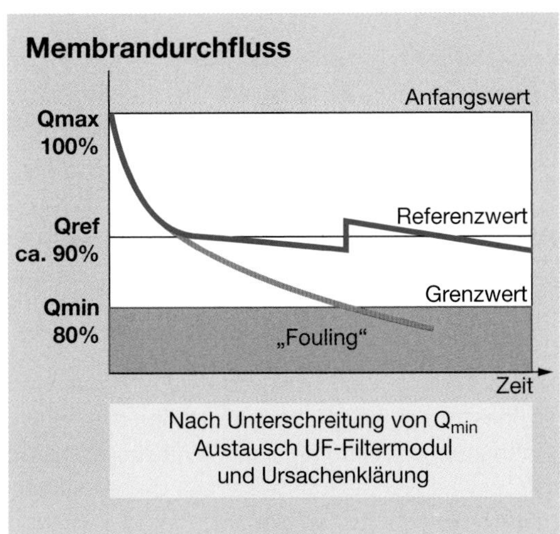

Abb. 3–47 Membrankennline der UFC-Anlage

Der Membrandurchfluss, von dem die Wirkung unmittelbar abhängt, wird in den UFC-Anlagen kontinuierlich überwacht. In der Inbetriebnahmephase werden die Durchflusseigenschaften von Membranen systemspezifisch referenziert und gespeichert. Für jede Filtrationsanlage wird somit eine individuelle, anlagenabhängige Membrankennlinie festgelegt (Abb. 3–47), um Abweichungen in der Betriebsphase sofort feststellen zu können. Die Referenzdaten ermöglichen eine präzise Steuerung der Filtrationsanlagen durch das Zusammenwirken von Pumpen, Spülprozessen und antizipierten Fahrweisen. So lösen beispielsweise drohende Verblockungen durch stark verschmutztes Trinkwasser nach Überschreitung von Grenzwerten automatische Alarmmeldungen für einen präventiven Eingriff durch Umstellung von Spülprozessen aus.

Die Installation von UFC-Anlagen erfolgt in zirkulierenden Warmwassernetzen im Bypass (Abb. 3–48). Die Reinigungsleistung der Anlage kann mit einem variabel einstellbaren Anteil von 30 % bis 50 % des Zirkulationsvolumenstroms flexibel eingestellt werden. Es hat sich in der Praxis gezeigt, dass die ursprüngliche mikrobielle Belastung eines zirkulierenden Trinkwassernetzes innerhalb von 48 Stunden um bis zu 90 % reduziert werden kann. Die Temperatur spielt dabei keine Rolle. Es hat sich darüber hinaus gezeigt, dass die reinigende Wirkung bis in die Peripherie durchgesetzt werden kann. Dabei spielt der regelmäßige Wasseraustausch eine entscheidende Rolle.

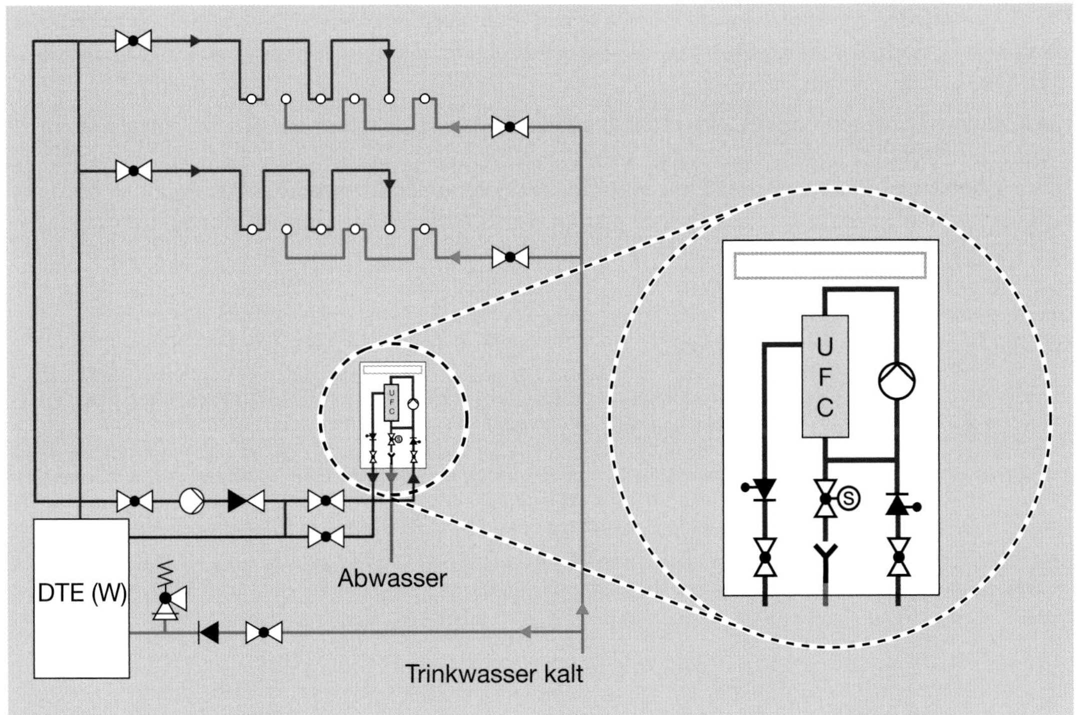

Abb. 3–48 Schaltbild der UFC-Anlage in Gebäuden (vereinfachte Darstellung) - siehe Kapitel 2, Abschnitt 4.4.3.3

In Abhängigkeit vom Einsatzweck der Filtrationsanlagen werden Parameter überwacht, die für die Funktionssicherheit entscheidend sind. Hierzu zählen insbesondere Membrandurchfluss, Temperaturen am Wärmetauscher, Druckverhältnisse, aber auch Informationen aus dem zirkulierenden Trinkwassernetz wie zum Beispiel Temperaturen an Regelventilen oder Wasserverbräuche an Zählwerken.

Der Betrieb der UFC-Technologie stellt besonders an die Echtzeitüberwachung einen hohen Anspruch, denn die Membran bildet den essenziellen Schutzmechanismus bei einem System für die Zirkulation des Trinkwassers warm (PWH-C) mit abgesenkter Temperatur. Wie bereits erwähnt kann über das Überwachen des Differenzdrucks über der Membran ein Abfall detektiert und ein Membranriss identifiziert werden. Die Regelungstechnik muss nun die Temperatur im Trinkwasser warm (PWH) erhöhen, da der Schutzmechanismus Membran nicht mehr existent ist.

Die Funktionssicherheit des Filtrationssystems ist davon abhängig, dass unzulässige Entwicklungen von definierten Prozesszuständen erkannt und zum frühestmöglichen Zeitpunkt korrigiert werden. Beispielsweise ist der kontinuierliche Durchfluss aller Rohrleitungsabschnitte eines Trinkwassernetzes eine wesentliche Voraussetzung zur Reduktion von mikrobiellen Kontaminationen. Um diesen sicherzustellen, sollten bereits bei der Planung wichtige Prämissen eingehalten werden. In jedem Fall ist eine klare Netzarchitektur mit eindeutigen Fließwegen einem System mit teildurchströmten Regelkreisen zu bevorzugen [53]. Auch bei der Auslegung gilt es einige Punkte wie bereits in Abschnitt 2.3 beschrieben zu beachten, denn nur eine Auslegung mit bauteilspezifischen Zeta-Werten und einer angepassten Gleichzeitigkeit ermöglicht es den kleinstmöglichen Rohrleitungsquerschnitt zu berechnen und den realen Betriebsbedingungen bestmöglich anzupassen. Nicht zuletzt gilt es natürlich den Betrieb mit entsprechenden Sensoren zu überwachen, um die Einhaltung der hygienekritischen Parameter bestmöglich im Blick zu behalten und gegebenenfalls Anpassungen vorzunehmen. Auch hier zeigt sich der Vorteil einer wenig komplexen Anlage, ohne teildurchströmte Bereiche, denn der Bedarf an Sensoren lässt sich deutlich verringern, ohne dass es zu Lasten der Hygiene geht.

Der kontinuierliche Durchfluss aller Rohrleitungsabschnitte eines Trinkwassernetzes ist eine wesentliche Voraussetzung zur Reduktion von mikrobiellen Potenzialen. Um diesen Durchfluss sicherzustellen, werden zirkulierende Trinkwassernetze vor einer Reduktion von Temperaturen im Trinkwasser warm (PWH) kontrolliert und ggf. nachjustiert.

Die Funktionssicherheit der UFC-Anlagen ist abhängig davon, dass unzulässige mikrobielle Vermehrungen zum frühestmöglichen Zeitpunkt erkannt und korrigiert werden. Um die Funktionssicherheit zu gewährleisten, wird vor dem Einsatz von UFC-Anlagen untersucht, ob die Bedingungen für einen sicheren Betrieb in einem Trinkwassernetz gegeben sind. Prüfkriterien sind unter anderem:

- Anlagencheck in Anlehnung an die VDI/DVGW 6023 Blatt 1,
- Kontrolle des hydraulischen Abgleichs,
- Durchflussmessungen,
- Überprüfung von Verbrauchsdaten.

Für die verschiedenen Checks werden digitale Hilfsmittel verwendet, deren Daten in einem Systemprofil einer Trinkwasser-Installation zusammengeführt werden.

2.5.3 Kontrollierte Temperaturreduktion in Modellprojekten

Um einen Fortschritt bei der Entwicklung hygienisch flankierter Energiesysteme zu ermöglichen, wurde im September 2016 vom niedersächsischen Landesgesundheitsamt und dem Medizinaluntersuchungsamt Schleswig-Holstein Bedingungen zur kontrollierten und risikolosen Temperaturreduktion erarbeitet (NLGA-Leitplanken) [66]. Sie werden inzwischen zur Durchführung von Modellprojekten in den Bundesländern Niedersachsen, Hamburg, Schleswig-Holstein sowie Berlin eingesetzt (Kapitel 2). Die wichtigsten Anforderungen sind:

- Sicherstellung der Hygiene vor Energieeinsparung,
- Einhaltung der Trinkwasserverordnung und der a. a. R. d. T,
- Projektbezogene Festlegung von organisatorischen und technischen Voraussetzungen,
- Geregelte Verantwortung durch qualifizierte Projektleitung,
- Einsatz nur in nichtöffentlichen Gebäuden mit stabilem Personenkreis.

Die verantwortliche Projektleitung ist für die Gesundheitsbehörden von hoher Bedeutung, um jegliches gesundheitliche Risiko für Bewohner auszuschließen und die Umsetzung auf ein höchstmögliches, verantwortbares Niveau anzusetzen.

Die Zahl der Modellprojekte steigt kontinuierlich, jedoch wird auch der Einsatz der UFC-Technologie aus wirtschaftlichen Gesichtspunkten bisher immer wieder hinterfragt. Diese lassen sich nur einzelfallbezogen ermitteln, aber es kann von folgenden Eckdaten nach vorliegenden Erfahrungen ausgegangen werden:

- Amortisation,
- dauerhafte hygienische Sicherheit.

Aus Sicht von Betreibern stellt neben „harten Zahlen" die Risikoreduktion einen zunehmenden wirtschaftlichen Faktor dar. Wohnungsgesellschaften, Bauträger, Generalunternehmer, Hotelbetreiber, Betreiber von Wellness- und Sportanlagen usw. können es sich immer weniger erlauben, mit Hygieneproblemen und Legionellenkontaminationen in die Kritik zu geraten. Eine dauerhaft gesicherte Trinkwasserhygiene stellt in der Zukunft einen messbaren wirtschaftlichen Wert dar, der sich in Bilanzrückstellungen für Havarien abbilden lässt.

2.5.4 Wärmepumpen in Verbindung mit einem zentralen Durchfluss-Trinkwassererwärmer (W), UFC-Technologie und Temperaturabsenkung

Der Klimaschutz erfordert schnelles und gezieltes Handeln für hygienische Sicherheit mit Hilfe einer umfassenden Technologie [67], die allgemeine Funktions- und Strukturprinzipien der UFC-Technologie mit den sie umgebenden technischen Sachsystemen der Trinkwasser- und Energieversorgung in Verbindung bringt und dabei Entstehungs- und Verwendungszusammenhänge berücksichtigt. Damit sich regenerative Wärmeerzeuger wie Wärmepumpen durchsetzen können, müssen die Temperaturen des Trinkwassers warm (PWH) auf ein möglichst niedriges Niveau abgesenkt werden und trotzdem das höchste Schutzziel – der Schutz der menschlichen Gesundheit – (siehe Abschnitt 1) erfüllt werden. Der Einsatz von zentralen Durchfluss-Trinkwassererwärmern (W) mit zwei Wärmetauschern für die Erzeugung von Trinkwasser warm (PWH) und die Zirkulation des Trinkwassers warm (PWH-C) in Verbindung mit UFC bietet die Möglichkeit, Wärmepumpen in ihren wirtschaftlich sinnvollen Temperaturgrenzen unter 55 °C zu betreiben, um einen optimalen COP-Wert der Wärmepumpe zu erreichen. Hierbei spielen die Temperatur des zur Verfügung stehenden Wärmereservoirs (z. B. Außenluft, Grundwasser) und die Temperatur der gewonnenen Nutzwärme eine wichtige Rolle (Abb. 3–49). Durch das wesentlich niedrigere Wasservolumen in einem zentralen Durchfluss-Trinkwassererwärmer (W) wird im Gegensatz zu herkömmlichen Trinkwarmwasserspeichern weniger Energie für die Temperaturhaltung im Trinkwasser warm (PWH) benötigt, was ebenfalls mit den Klimaschutzzielen einhergeht. Der Einsatz der UFC-Technologie im Teilstrom der Leitung der Zirkulation des Trinkwassers warm (PWH-C) kann im gesamten Netz des Trinkwassers warm (PWH) trotz wesentlich niedrigeren Temperaturen die Trinkwasserhygiene sicherstellen (siehe Kapitel 2, Abschnitt 4.4.3 und 4.4.4).

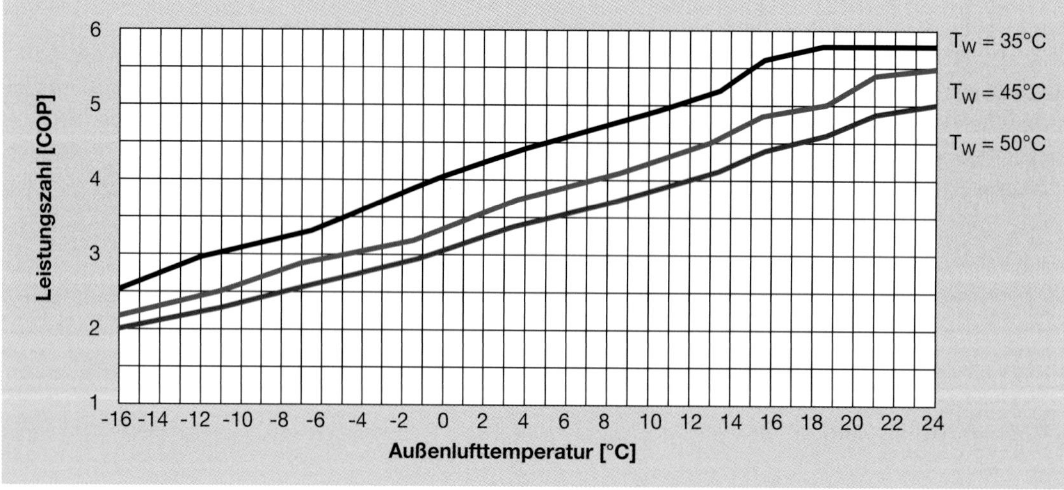

Abb. 3–49 Beispiel Abhängigkeit COP von Außentemperatur und Heizungsvorlauf (vgl. Kapitel 4)

3 Trinkwasser-Installation 4.0

Gebäudeautomationssysteme haben das Ziel mit mehr Effizienz und Transparenz Komfort und Sicherheit zu erzeugen. Klassische Anwendungsgebiete umfassen eine Vielzahl von Bereichen:

- Heizung, Lüftung, Beschattung und Klimaanlage,
- Überwachung, Zugangskontrolle und Sicherheit,
- Brandschutz,
- Aufzug,
- Lichtsteuerung,
- Energie-Management.

Diese verschiedenen Bereiche zusammen mit den unterschiedlichsten Herstellern haben ebenso unterschiedliche Lösungsansätze hervorgebracht. Der so über die Jahre gewachsene Markt besteht aus einer Vielzahl heterogener Systeme mit einer recht unüberschaubaren Anzahl verschiedener Kommunikations-Protokolle. Im Bereich des Trinkwassers ist ähnlich wie in vielen anderen Bereichen eine zunehmende Digitalisierung der Einzelkomponenten zu beobachten – allerdings mit einer ähnlichen Heterogenität.

Diese Einzelkomponenten fungieren tatsächlich größtenteils auch als solche. Denn erstaunlicherweise wurde der Markt der Trinkwasser-Installationen, der einen beträchtlichen Teil der Gebäudetechnik darstellt, bisher vernachlässigt. So existieren lediglich Systeme, die den Bereich ansatzweise erschließen, aber nicht die gesamte Installation berücksichtigen. Ein ganzheitlich gedachtes System mit einer modernen Architektur, das auch die Peripherie-Geräte von Anfang an berücksichtigt, ist das Ziel.

Aber welche Aufgabe soll eigentlich ein Gebäudeautomationssystem im Bereich der Trinkwasser-Installationen erfüllen? Die mit „Trinkwasser-Installation 4.0" beschriebenen Konzeptstudien für ein Trinkwasser-Management-System (TWMS) haben zum Ziel, die hygienischen Parameter für den Erhalt der Trinkwassergüte in allen Teilstrecken vom Hausanschluss bis zu den Entnahmestellen sicherzustellen. Dabei genügt es nicht, allein die Genusstauglichkeit an den Übergabepunkten festzustellen. Letztendlich entscheidend ist die Erhaltung der Trinkwassergüte innerhalb eines Gebäudes unter Berücksichtigung der Lösungsansätze aus den Abschnitten 2.1 – 2.5. Darüber hinaus muss die Gesamtanlage sicher, nachhaltig und energieeffizient betrieben werden.

3.1 Innovative Netzwerktechnologien zum Erhalt der Trinkwassergüte

3.1.1 Anforderungen

Der Hygienezustand einer Trinkwasser-Installation wird bestimmt durch den mikrobiologischen, chemischen und physikalischen Zustand der Anlage [5, 47]. Er ist somit dynamisch und verändert sich durch äußere und innere Einfluss- und Störgrößen fortlaufend, wie bei einem lebenden Organismus. Aus systemtheoretischer Sicht ist der Gesamtzustand einer Trinkwasser-Installation ein nichtlineares, dynamisches und verteiltes System. Daher erscheint es auch nur natürlich als IT-Infrastruktur eine verteilte Architektur zu wählen, die Prinzipien folgt, die sich in anderen Bereichen bereits erfolgreich bewährt haben [68].

In diesem Sinne ist das Monitoring sowie die Steuerung und Regelung aller signifikanten Einflussgrößen zur Gewährleistung einer gleichbleibenden Trinkwassergüte gemäß allen gesetzlichen Forderungen eine anspruchsvolle Herausforderung in der gesamten Wirkungskette der Gebäudetechnik für Trinkwasser. Im Falle einer Kontamination muss der Betreiber einen bestimmungsgemäßen Betrieb nachweisen können, um seiner Dokumentationspflicht und damit seiner Verkehrssicherungspflicht nachzukommen. Für das Gesundheitsamt ist in diesem Fall ein glaubhaftes Protokoll notwendig.

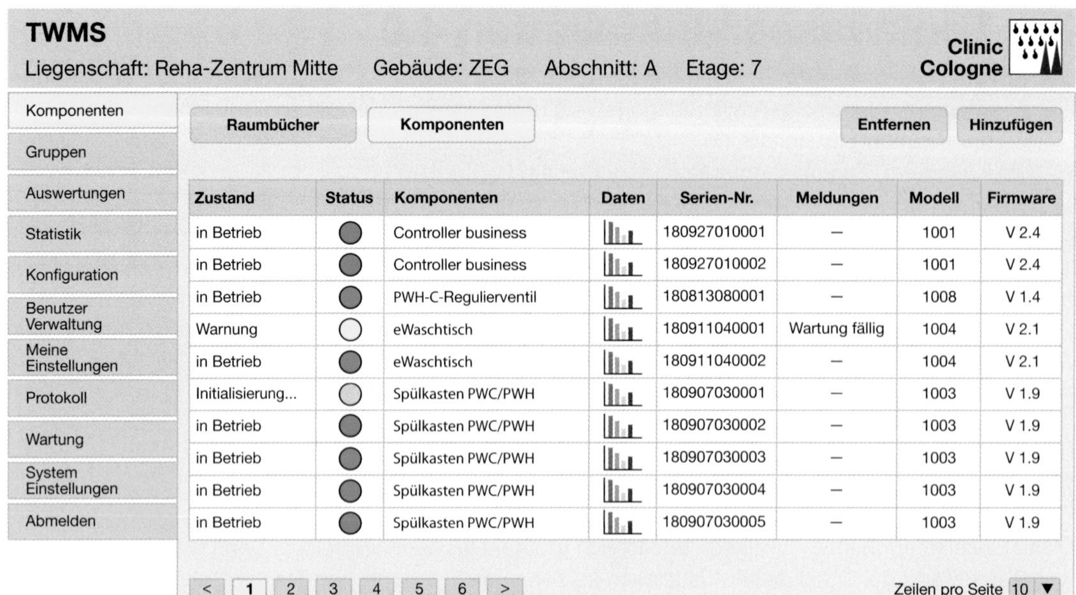

Abb. 3–50 Cockpit-Anzeige eines Trinkwasser-Management-Systems auf mobilem Endgerät, PC oder Gebäudeautomationssystem (Konzeptstudie)

Zu beachten ist außerdem, dass ein Trinkwasser-Management-System (TWMS) seine Ziele in den unterschiedlichsten Einsatzszenarien erfüllen kann. In Eigenheimen, Wohnblöcken von Baugenossenschaften, bis hin zu öffentlichen Gebäuden mit besonderen Anforderungen wie Kindergärten, Schulen, Seniorenheimen und Krankenhäusern muss die Trinkwassergüte zu jedem Zeitpunkt und an allen Entnahmestellen gemäß den gesetzlichen Vorgaben nachhaltig sichergestellt werden.

Des Weiteren gilt es von der Planung über die Installation und den Betrieb bis hin zur Wartung alle Aspekte des gesamten Lebenszyklus abzudecken. Bei allen diesen Punkten darf die Wirtschaftlichkeit nie aus den Augen gelassen werden. So könnte eine zu komplexe Installation oder zu aufwändige Wartung ein großes Hemmnis für eine Verbreitung des TWMS sein. Daher muss die Einfachheit in der Handhabung des Produkts in jeder Phase des Lebenszyklus im Mittelpunkt der gesamten Anwendung stehen.

Aus den vorangegangenen Abschnitten wird klar, dass das TWMS einem breiten Spektrum an Anforderungen genügen und daher von Anfang an ganzheitlich gedacht werden muss.

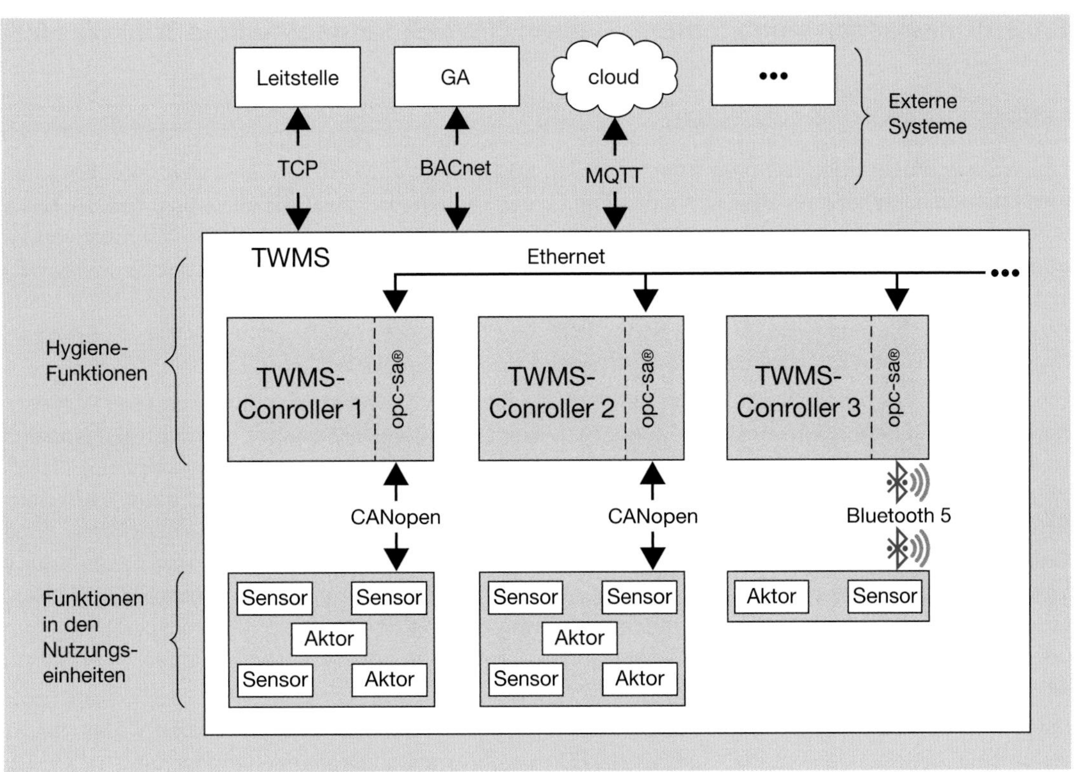

Abb. 3-51 Netzwerkaufbau des Trinkwasser-Management-Systems (TWMS)

Wie in **Abb. 3-51** dargestellt, besteht das TWMS aus einem oder mehreren über Ethernet verbundenen TWMS-Controllern, die über CANopen mit den Sensoren und Aktoren kommunizieren. Auf Ebene der Aktoren und Sensoren werden Funktionen der Nutzungseinheit realisiert wie z. B. die Temperatur-Regulierung an den Entnahmestellen. Die Hygiene-Funktionen befinden sich auf Ebene der TWMS-Controller, wo das vernetzte Wissen über den Gesamtzustand genutzt werden kann, um beispielsweise gleichzeitige Spülungen zu bewirken, verteilte Protokollierung zu realisieren und einen hohen Grad an Ausfallsicherheit zu gewährleisten. Ebenfalls bedient werden Systeme außerhalb des eigentlichen TWMS, wie zum Beispiel eine Leitstelle, die den Systemzustand visualisiert, konfigurierbar und steuerbar macht. Auch zu den externen Systemen gezählt werden hier eine übergeordnete Gebäudeautomation oder eine Cloud-Anwendung, die über die jeweils üblichen Protokolle angesprochen werden.

3.1.2 Trinkwasser-Management-System (TWMS) für nachhaltige Trinkwassergüte

Diese Ziele können mit einer geeigneten Kombination aus Hard- und Software erreicht werden. Als Baustein einer modularen IT-Topologie wird ein intelligenter TWMS-Controller genutzt, der auf Linux-Basis arbeitet und frei programmierbar ist. Dadurch ist eine Vielzahl an softwaretechnischen Innovationen nachhaltig nutzbar. Um sich nicht zu sehr an eine Hardware-Plattform zu binden, sollte von Anfang an auf eine hohe Portabilität der Software geachtet werden. Der TWMS-Controller verfügt über geeignete IEC-Standard-Schnittstellen, um die Sensoren und Aktoren der Trinkwasser-Installation anzubinden und die Daten zu erfassen. So werden alle erforderlichen Hygieneparameter erfasst (siehe Abschnitt 1.1). Hierdurch steuert und kontrolliert der intelligente TWMS-Controller die Trinkwasserhygiene. Einen Überblick über die TWMS-Architektur zeigt die Abb. 3–51.

Die erwähnte Heterogenität der Komponenten kann hier durch zwei Maßnahmen adressiert werden. Zum einen bietet der offene Feldbus-Standard CANopen viele Vorteile (siehe Tab. 3–21 als Vergleich vieler Feldbusse). Daher ist es empfehlenswert CANopen als Kommunikationsprotokoll beim TWMS zu favorisieren. Zukünftige TWMS-Komponenten sollten dann dementsprechend auch CANopen-kompatibel sein. Da aber auch das Einbinden existierender und zukünftiger Drittsysteme ohne CANopen-Unterstützung vorgesehen sein sollte, bietet das TWMS dafür auch eine softwareseitige Lösung. Die Kommunikations-Middleware opc-sa® [69] übersetzt alle gängigen Protokolle (EIB, KNX, Modbus u.v.m.) in eine interne Sprache und entschärft so die Kommunikations-Komplexität. So kann beliebige Peripherie angeschlossen werden – und die restlichen Software-Komponenten müssen sich nicht mit Kommunikations-Details beschäftigen.

Die Middleware opc-sa® [69] bietet hier allerdings noch einen weiteren entscheidenden Vorteil. Sie ist als verteilte Middleware konzipiert und für den Einsatz in verteilten Szenarien vorgesehen [70, 71, 72, 73, 74]. Sie erleichtert es entscheidend, dass die TWMS-Controller nicht nur autark, sondern auch vernetzt im Verbund mit weiteren TWMS-Controllern und auch mit einer übergeordneten Gebäudeautomation arbeiten. Hierbei kann sie über alle üblichen Protokolle wie BACnet, Modbus, OPC-UA und vielen mehr mit der Gebäudeautomation und weiteren Drittsystemen kommunizieren. Die Middleware opc-sa® [69] unterstützt nicht nur auf der Feldebene, sondern auch auf der Automatisierungsebene die Datenverteilung, und zwar mit einem hohen Maß an Modularität, Erweiterbarkeit und Skalierbarkeit bei guter Performance [71, 72, 75]. Wichtig ist dabei immer der Prämisse einer Plug-and-Play-Lösung gerecht zu werden.

Tab. 3–21 Vergleich gängiger Feldbussysteme

	Kosten pro Sensor/Aktor	Max. Ausdehnung je Segment	Energieversorgung der Teilnehmer über den Bus	Störanfälligkeit	Übertragungsgeschwindigkeit	Übertragungsmedium (2-, 3-, 4-draht)	Übertragungsverfahren1 (Physical Layer)	Anschlusstechniken	Plug-and-Play-Fähigkeit	Kostenpflichtige Lizensierung /offener Standard	Topologie
CAN/ CANopen	gering	1000 m	optional	CRC, differentielle	125 Kbps – 2 Mbps	Verdrillt 2-Draht	CAN	D-SUB9 Klemmen	Ja (LSS)	offen	Linie
DeviceNet	gering	1000 m	optional	CRC, differentielle	125 Kbps – 2 Mbps	Verdrillt 2-Draht	CAN	D-SUB9 Klemmen	Nein	nicht offen	Linie
LIN-Bus	sehr gering	wenige Meter	nein	CRC, single ended	2400 – 19200 bps	1-Draht	UART	nicht standardisiert	Nein	offen	Linie
EtherCAT	hoch	100 m	optional	CRC, differentielle	100 Mbps	Verdrillt 2-Draht	Fast Ethernet	RJ-45	Nein	bedingt offen	Daisy-Chaining
ModBus (RTU)	gering	1200 m	nein	CRC, differentielle	9,6 kBit/s – 12 MBit/s	Verdrillt 2-Draht	RS485	nicht standardisiert	Nein	offen	Linie
ModBus (TCP)	hoch	100 m	optional	CSMA/ CD, CRC	100 Mbps	Verdrillt 2-Draht	Fast Ethernet	RJ-45	Nein	offen	Stern
M-Bus	mittel	250 m	geringe Leistung	CRC, single ended	300 – 9600 bps	2-Draht	Proprietär	nicht standardisiert	bedingt	offen	Linie
OneWire	sehr gering	10 m	geringe Leistung	CRC, single ended	20 kbps	1-Draht	Proprietär	nicht standardisiert	Ja	offen	Linie
AS-I	hoch	100 m	Ja	CRC	Zycluszeit 5 – 20 ms	2-Draht	Proprietär	Durchdringung	Ja	nicht offen	Linie
ProfiBus DP	hoch	1200 m	nein	CRC, differentielle	9,6 kBit/s – 12 MBit/s	Verdrillt 2-Draht	RS485, LWL oder IEC 61158-2 (MBP)	D-SUB9 M12	bedingt	bedingt offen	Linie
EIB/KNX	mittel	1000 m	nein	CSMA/CA	9,6 kBit/s	4-Draht 2 x 2 x 0,8 mm	Twisted Pair, (KNX-TP), Power Line (KNX-PL)	Medium-abhängig	bedingt	bedingt offen	Linie
LON	mittel	1300 m	nein	CSMA	78 kBit/s – 12 MBit/s	nicht spez.	Twisted Pair, Koax-Kabel, PowerLine	RJ-45, BNC, WLAN etc.	bedingt	offen	Stern-, Ring-, Baum- oder Linie
InterBus	mittel-hoch	12,8 km	nein	CRC	500 kBit/s – 2 MBit/s	LWL, 2-Draht, 4-Draht	RS-485, LWL	D-SUB, M12, RS485, LWL	bedingt	offen	Ring (BUS), Baum
Control-Net	hoch	1000 m	nein	--	5 MBit/s	nicht spez.	Koax-Kabel, LWL. RS422	BNC, Klemmen	--	--	Linie
CCLink	mittel	1000 m	optional	CRC	10 MBit/s	2-Draht	Basiert auf RS485	D-SUB9 Klemmen	bedingt	nicht offen	Linie, Stern, T-Branch

Farblich gekennzeichnet sind die jeweiligen Eigenschaften im Hinblick auf eine Verwendung im TWMS. Von grün über gelb bis rot kann abgelesen werden, ob die jeweilige Eigenschaft für eine Verwendung im TWMS oder eher dagegenspricht. CANopen schneidet hier gut ab, wobei die Plug-and-Play-Fähigkeit ein zentraler Punkt ist.

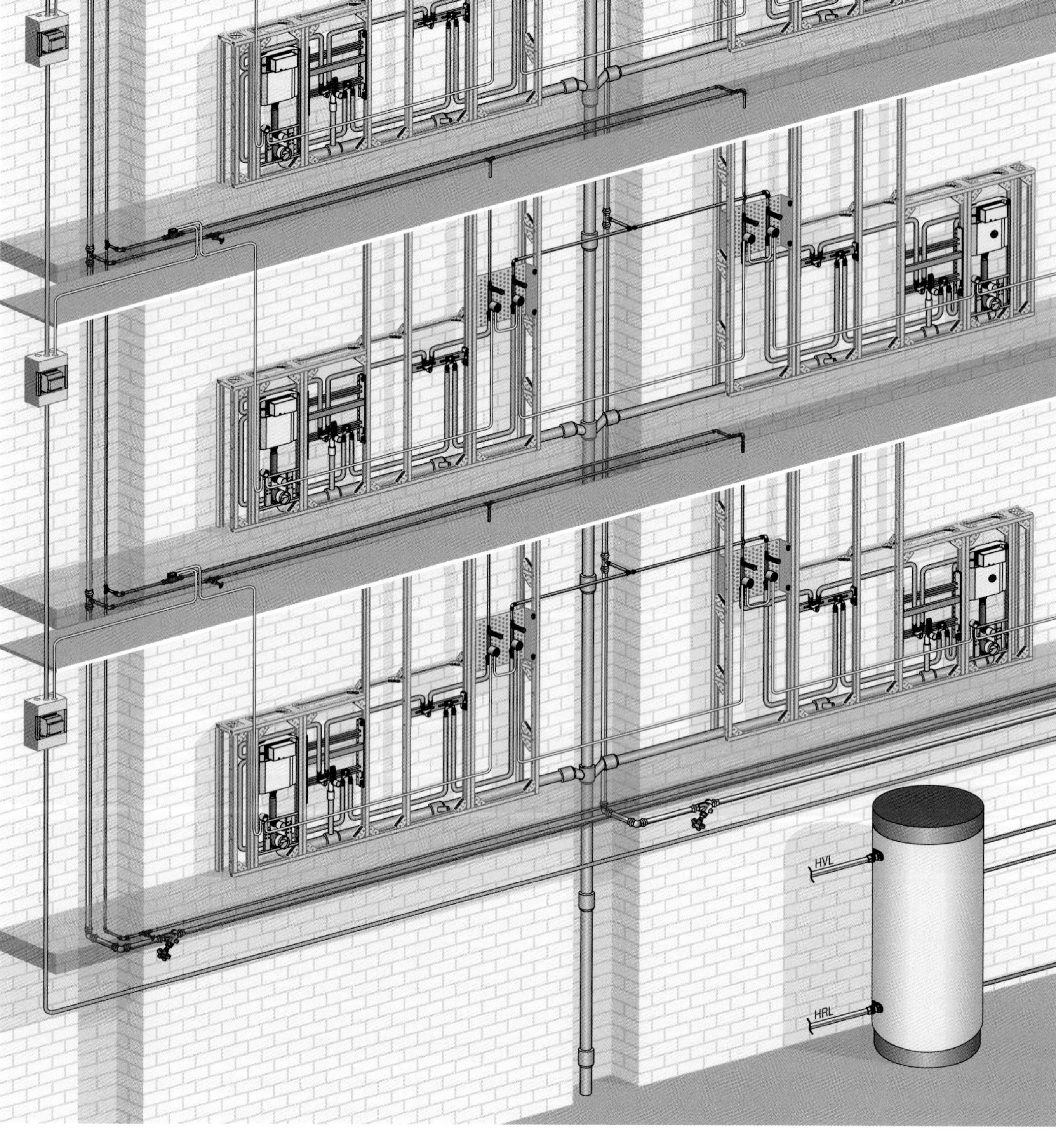

Abb. 3–52 Beispielhafte Verlegung der Datenleitungen in einem Trinkwasser-Management-System

Es können bis zu 32 Aktoren oder Sensoren an einen TWMS-Controller angeschlossen werden. Der TWMS-Controller kann wahlweise in einer Unterverteilung mit anderen Komponenten einer Elektro-Hausinstallation, oder separat in einem Verteilerkasten (hier dargestellt) eingebaut sein. Untereinander werden die TWMS-Controller über Ethernet-Leitung miteinander verbunden. Die einzelnen Sensoren und Aktoren eines Controllers werden über CANopen im Daisy-Chain-Verfahren miteinander verbunden, d. h. die Leitungen werden als Reihenleitung durchgeschliffen.

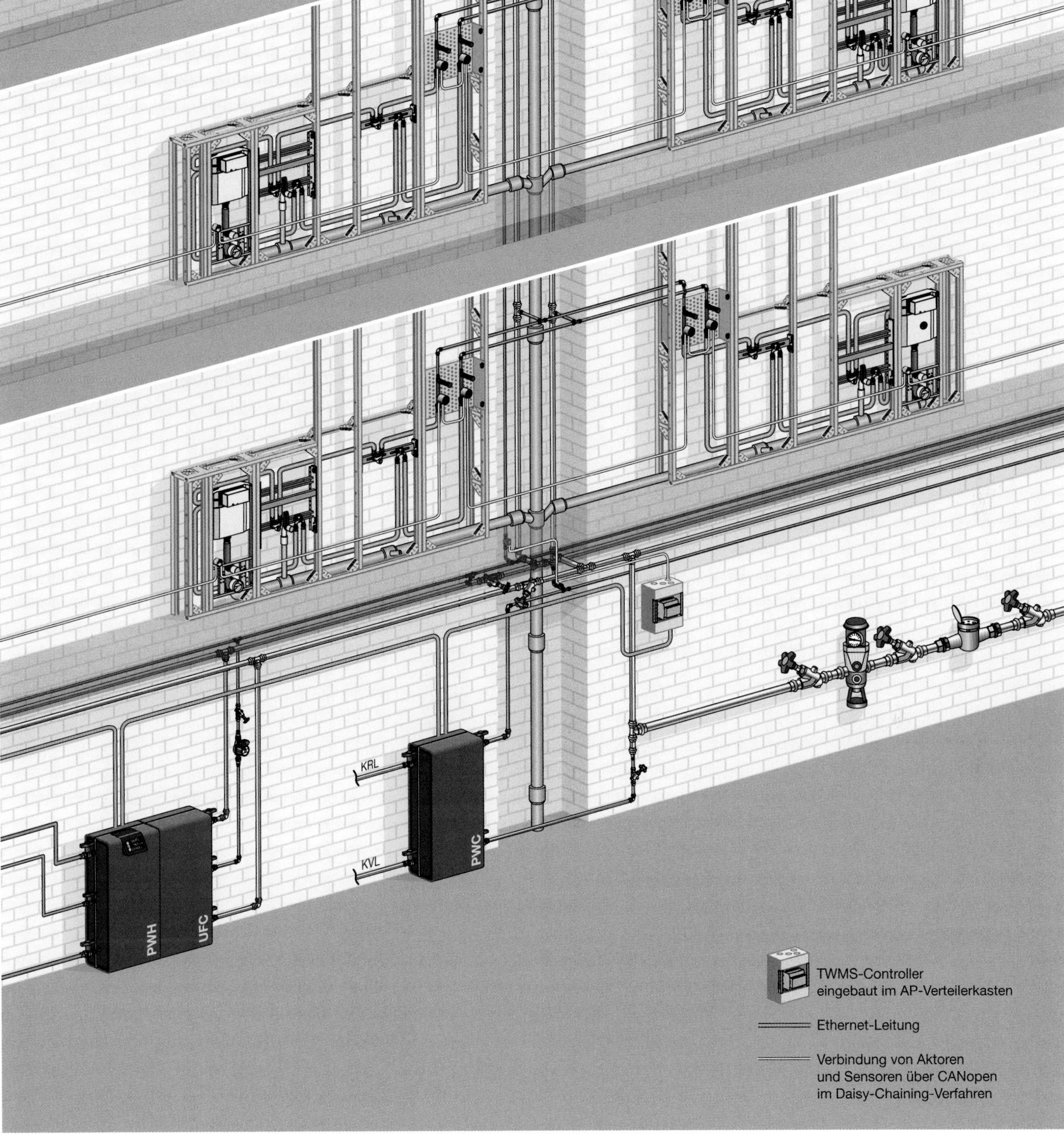

Innerhalb der Nutzungseinheiten (auch im Sanierungsbereich) werden die Nasszellen ausschließlich mit Reihenleitung mit Vorwand-Installation ausgestattet, wobei jeweils ein WC-Spülkasten-Element mit PWC-/PWH-Spülfunktion als letzte Entnahmestelle angeschlossen wird. Da für Waschtisch und Dusche handelsübliche Entnahmearmaturen zum Einsatz kommen, werden die Wohnungswasserzähler zur digitalen Überwachung und Dokumentation der Betriebsdatenerfassung um Impulsmodule erweitert. In den folgenden Abschnitten wird das TWMS im Hinblick auf alle Phasen seines Lebenszyklus beschrieben.

3.1.3 Planungsphase

Gerade bei großen Installationen ist die Planungsphase von großer Bedeutung und dies geschieht zunehmend digital (siehe auch Kapitel 1). Dabei wird die gesamte Trinkwasser-Installation samt Rohrlängen, Rohrdimensionen, Armaturen und selbst mit den zu erwartenden Temperaturverläufen geplant. Ebenfalls dazu gehören Armaturen und alle zur Trinkwasser-Installation gehörigen Apparate und Bauteile (Ventile, Sensoren, Durchfluss-Trinkwassererwärmer (W), UFC-Anlagen etc.). Diese Planung sollte nun um das TWMS erweitert werden, da es ein wichtiger Bestandteil der Trinkwasser-Installation ist. Jeder TWMS-Controller hat eine Maximalzahl an Peripherie-Geräten (32), die angeschlossen werden kann. Ob diese Anzahl ausgereizt wird oder lieber etwas mehr Redundanz im System sein sollte, ist frei wählbar.

Als Beispiel für eine Trinkwasser-Installation 4.0 kann im Rahmen einer Erweiterung (Neubau) und Sanierung (Bestand) einer Pflegeeinrichtung ein Trinkwasser-Management-System zum Einsatz kommen (Abb. 3–52). Die Planungsprämisse ist, eine Fremderwärmung von Trinkwasser kalt (PWC) auszuschließen, und bei fehlender Nutzung auch einen regelkonformen Wasseraustausch in allen Teilstrecken sicher zu stellen.

Mit hoher Energieeffizienz kann die Trinkwasser-Erwärmung beispielsweise durch Einsatz einer Gas-Wärmepumpe erfolgen. Ein Durchfluss-Trinkwassererwärmer (DTE) mit optionaler Bypass-Ultrafiltration (Abb. 3–65 und Abb. 3–66) soll dabei nach Abstimmung mit dem zuständigen Gesundheitsamt (siehe Kapitel 2, Abschnitte 4.4.3.2 und 4.4.5) sicherstellen, dass durch Nährstoffreduktion der Erhalt der Trinkwassergüte auch mit abgesenkten Temperaturen auf z. B. 48 °/45 °C im PWH-C-System gewährleistet werden kann.

Im Neubau erfolgt hier die Verteilung des Trinkwassers warm (PWH) horizontal, getrennt von den Steigleitungen für Trinkwasser kalt (PWC), im Bereich der abgehängten Decken. Im Bestand sorgt in Schächten mit Gemischtbelegung ein Zirkulationssystem für Trinkwasser kalt (PWC-C) mittels Durchfluss-Trinkwasserkühler (DTK) für eine Temperaturhaltung des Trinkwassers kalt (PWC) von < 20 °C. Dazu werden die bestehenden Steigleitungen für Trinkwasser kalt (PWC) nachträglich mit einer Inliner-Zirkulation ausgestattet, während die Nasszellen selbst mit Reihenleitungen in der Vorwandtechnik saniert werden. Elektronische Zirkulationsregulierventile (Abb. 3–64) stellen dabei den hydraulischen Abgleich sowohl in den Verteilleitungen für Trinkwasser warm (PWH) als auch für Trinkwasser kalt (PWC) sicher.

In den digital vorliegenden Planungsdaten, erweitert um das TWMS, liegt ein großes Potenzial für den späteren Betrieb des TWMS selbst. Damit kann das TWMS ab der Inbetriebnahme diese Daten nutzen, um sich weitgehend automatisch für den Betrieb zu konfigurieren. Die Zeitersparnis bedeutet einen Vorteil in der Wirtschaftlichkeit. In der Betriebsphase profitiert man später von diesen Daten, da die Betriebsparameter gegebenenfalls nur noch optimiert werden müssen.

3.1.4 Installation

Das TWMS wird nun gemäß der Planung verbaut. Eindeutige Stecker und Verbindungsmöglichkeiten senken nachhaltig das Fehlerrisiko. Da es sich bei CANopen um einen Feldbus mit einer Linien-Topologie handelt, kann man sich diesen Teil der Arbeit ganz analog zu den Trinkwasserleitungen vorstellen. Ähnlich wie das Wasser müssen auch die Daten zu allen Endgeräten fließen. Daher liegt es nahe, dass die Kabel für das TWMS-System analog der Rohrleitungsführung verlegt werden.

3.1.5 Inbetriebnahme

Es ist unbedingt zu vermeiden, dass die Inbetriebnahme des Systems viel Know-how oder Zeit benötigt. In dieser Phase sollte das Potenzial aus der digitalen Planungsphase genutzt werden, um eine weitgehende Plug-and-Play-Funktionalität umzusetzen. Nach der ersten Inbetriebnahme (Versorgung mit Spannung) gilt es jeden verbauten TWMS-Controller mit einem Verplanten zu identifizieren, sodass jeder TWMS-Controller die Information erhält, an welcher Stelle der Trinkwasser-Installation er sich befindet. Zusätzlich dazu werden verbaute und verplante Endgeräte abgeglichen. Das Resultat ist eine TWMS-Installation, der dank der Planungsdaten jegliche Rohrlängen, -dimensionen und geplante Temperaturverläufe bekannt sind. Das Vornehmen weiterer Konfigurationen oder Einstellungen ist nicht nötig. Das Hinzufügen weiterer Komponenten zu einem späteren Zeitpunkt folgt ebenso diesen Mechanismen.

3.1.6 Betrieb

Nach der Inbetriebnahme kann das TWMS nun seine eigentlichen Aufgaben erfüllen: die effiziente und prozessorientierte Aufrechterhaltung der Trinkwassergüte. Entscheidend dabei ist auch das lückenlose Protokollieren aller aufgenommenen Sensorwerte und durchgeführten Aktionen.

Das TWMS ist nun in der Lage auch weiterführende Aufgaben zu erledigen. Es können auch Leckagen erkannt und auch örtlich eingegrenzt werden. Mit diesen Informationen kann das TWMS zum einen schnell einen Alarm auslösen, zum anderen aber auch gezielte Gegenmaßnahmen ergreifen und beispielsweise ein Ventil schließen, das vor der betroffenen Stelle liegt.

Ein robustes TWMS mit hoher Ausfallsicherheit ist hier also von großem Vorteil. Ausfallsicherheit wird durch Redundanz erreicht. Klassisch wird dies durch ein Ersatzgerät gelöst, das bereitsteht und bei einem Ausfall des primären Geräts einspringt. Das hier beschriebene TWMS besteht bereits typischerweise aus einzelnen bis vielen TWMS-Controllern. Dieses verteilte System sollte für eine Redundanz genutzt werden, die das System gegenüber Datenverlust und funktionalem Ausfall in verschiedenen Szenarien absichert.

Bei all diesen Mechanismen ist zu berücksichtigen, dass Schwachpunkte, die einen totalen Ausfall des TWMS bedingen könnten, stets zu vermeiden sind. Solche Schwachstellen werden als „Single Point of Failure" bezeichnet und finden sich in klassischen Architekturen häufig in einem zentralen, steuernden Rechner. Fällt dieser aus, entfällt der zentrale Koordinator und das System versagt. Das TWMS funktioniert stattdessen als dezentrales System ohne solche Koordinatoren.

Auch für die Wartung hat die gewählte Architektur Vorzüge. Durch die immer gleichen Bauteile in Form von TWMS-Controllern, können leicht Ersatzteile auf Lager gehalten werden. Dadurch können Wartungen zeitnah durchgeführt werden. Auf verschiedene Störfälle und deren Handhabung wird weiter unten noch eingegangen. Um Datenverlust selbst im Falle eines Hardware-Ausfalls zu vermeiden, werden alle Informationen innerhalb des TWMS dupliziert und über alle TWMS-Controller verteilt. Jeder TWMS-Controller überwacht den zugeordneten Zuständigkeitsbereich mit allen an ihn angeschlossenen Peripheriegeräten und -systemen. Hier wird geregelt und protokolliert. Für eine übergeordnete, globale Regelung kommunizieren die TWMS-Controller miteinander.

3.1.7 Störfälle

Fällt ein TWMS-Controller hardwarebedingt aus, so fallen mit ihm alle übergeordneten Funktionen seines gesamten Zuständigkeitsbereichs aus (Abb. 3–53).

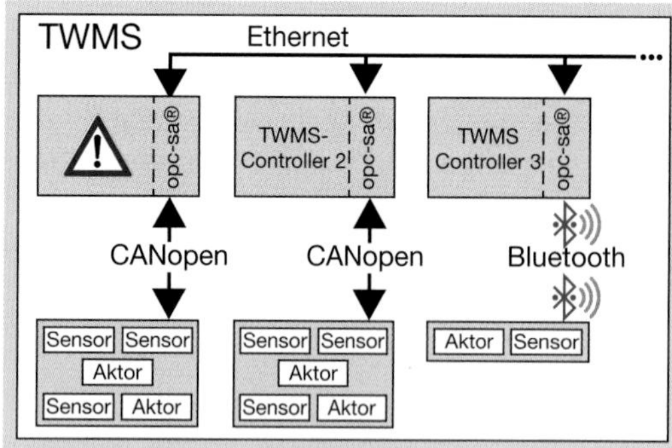

Abb. 3–53 Hardwarebedingter Störfall

Darüber hinaus kann eine globale Regelung nicht mehr zuverlässig gewährleistet werden. Das Gesamtsystem fällt nun in einen sicheren Modus, wo sich jeder TWMS-Controller nur noch um seinen zuständigen Bereich in der Trinkwasser-Installation kümmert. Eine Lücke im Protokoll für den jeweiligen Bereich des ausgefallenen TWMS-Controllers ist hier nicht zu vermeiden. Wichtig ist nun, dass ein Austausch mit möglichst wenig Aufwand verbunden ist, damit dieser zeitnah geschieht. Auch hier greift der beschriebene Mechanismus der Daten-Redundanz, der sich auch auf die Konfigurations-Daten erstreckt.

Somit ist zwar ein TWMS-Controller, nicht aber seine Konfiguration verlorengegangen. Der Austausch besteht nun im Wesentlichen darin, den alten TWMS-Controller zu entfernen und durch einen neuen TWMS-Controller zu ersetzen. Durch die angeschlossene Peripherie kann der neue TWMS-Controller eindeutig feststellen, an welcher Stelle in der Trinkwasser-Installation er ist und welchen alten TWMS-Controller er ersetzt. Dementsprechend kann er sich von den anderen TWMS-Controllern nun die Konfiguration beschaffen und mit einer kleinen Lücke anschließend dort weitermachen, wo der alte TWMS-Controller aufgehört hat zu arbeiten.

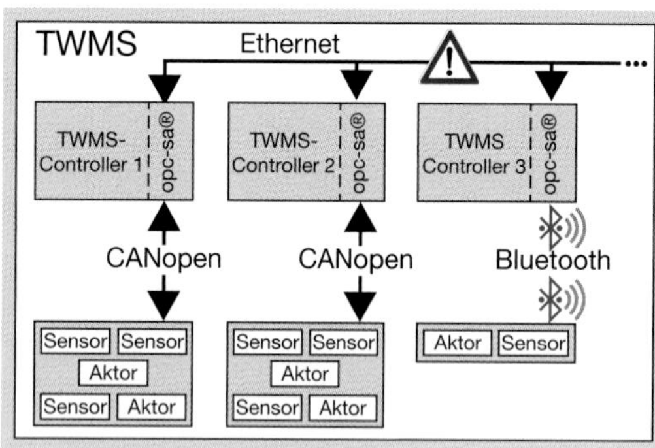

Abb. 3–54 Netzwerkbedingter Störfall

Anders sieht es aus, wenn beispielsweise das Netzwerk ausfällt (Abb. 3–54).

In diesem Szenario fällt ausschließlich die globale Regelung aus. Die lokale Regelung und die Protokollierung bleiben unangetastet. Sobald das Netzwerk wiederhergestellt wird, greifen wieder die Mechanismen, die das nur lokal existierende Protokoll vervielfältigen und im Netzwerk verteilen.

In Zeiten steigender Softwarekomplexität ist es ratsam den Fall eines Softwarefehlers nicht zu ignorieren, sondern mit zu berücksichtigen (Abb. 3–55).

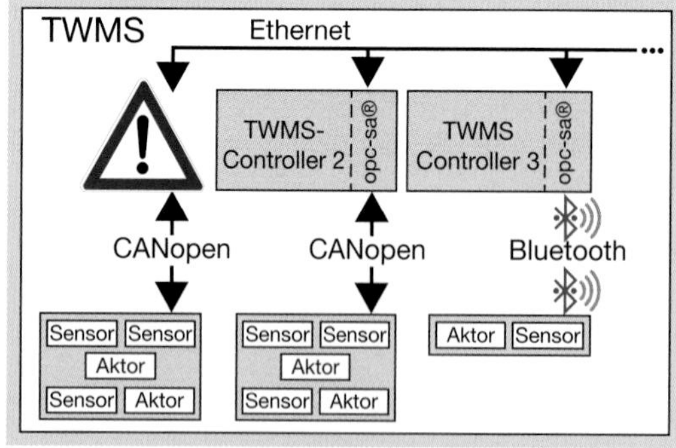

Abb. 3–55 Softwarebedingter Störfall

Durch eine modulare Softwarearchitektur werden Abstürze zunächst nur auf das entsprechende Modul begrenzt. Natürlich kann die Funktionalität anderer Module vom abgestürzten Modul abhängen und somit auch blockiert sein. Die Middleware opc-sa® [69] ist so stabil, dass in ihr keine Abstürze zu erwarten sind. Die Softwarearchitektur erlaubt es nun, dass ein zweiter TWMS-Controller unter bestimmten Umständen über opc-sa® [69] auf den ersten nur eingeschränkt funktionstüchtigen TWMS-Controller zugreifen kann (Abb. 3–55). Steuerung und Protokollierung sind nun weiter funktionsfähig. Dies ist ein weiterer

Vorteil, der in klassischen Gebäudeautomation-Systemen nicht vorhanden ist.

Ein weiterer Störfall ist ein Stromausfall. In diesem Fall wechselt das TWMS nach Wiederherstellung der Stromzufuhr automatisch wieder in den normalen Betrieb und das weitgehend ohne Datenverlust. Zusätzlich wird der Stromausfall als solcher protokolliert. Das Protokoll weist nun für etwas mehr als den Zeitraum des Stromausfalls Lücken auf.

3.1.8 Datensicherheit und -verlässlichkeit

Ein weiterer wichtiger Aspekt ist Datensicherheit. Beim TWMS wird auf durchgängige Verschlüsselung sowie Authentifizierung geachtet, sodass weder Informationen abgegriffen werden können noch ein Angreifer von außen falsche Informationen einbringen kann. Die bereits erwähnte Protokollierung besitzt neben der Lückenlosigkeit noch einen weiteren wichtigen Aspekt. Denn zusätzlich zu der Anforderung für den Betreiber einer Trinkwasser-Installation, dass das Protokoll lückenlos ist, fordert die rechtlich vorgeschriebene Dokumentation vom TWMS-System, dass das Protokoll manipulationssicher ist. Bei konventionell und dementsprechend manuell geführten Protokollen sind typischerweise viele Leute beteiligt, die einen Eintrag mit ihrer Unterschrift bestätigen. Ein nachträgliches Hinzufügen von Einträgen fällt beim TWMS-System auf. Eine Manipulation wird hier erschwert. Läge die Protokollierungs-Datei beim TWMS in einer Textdatei oder ähnlich leicht manipulierbaren Datei, so wäre die Forderung nach einer sicheren und lückenlosen Dokumentation nicht erfüllt. Diese Situation von sich gegenseitig nicht vertrauenden und doch auf gewisser Weise kooperierenden Parteien ist ein typisches Anwendungsgebiet für eine Technologie, die mittlerweile recht weitläufig unter dem Begriff der Blockchain bekannt ist. Manchmal ist auch der Ausdruck des verteilten Logbuchs („distributed ledger") vorzufinden.

Viele haben von der Blockchain schon im Zusammenhang mit Kryptowährungen gehört. Hier sieht man schnell ein, dass man sich wieder in einer Situation mit mehreren sich nicht vertrauenden Parteien befindet, die aber kooperieren wollen. In diesem Kontext werden in der Blockchain Transaktionen, hier im Wesentlichen Geld-Überweisungen, unveränderlich und sequenziell abgelegt. Ein nachträgliches Hinzufügen wird so verhindert. Die Blockchain garantiert weiterhin, dass jeder Teilnehmer die gleiche Sicht auf alle Transaktionen hat. Insgesamt werden so Transaktionen protokolliert, die nicht abstreitbar sind.

Die Blockchain findet auch außerhalb des Bereichs der Kryptowährungen zunehmend Anwendungsgebiete – und nun gehört auch die Protokollierung beim TWMS dazu. Denn auch hier werden Ereignisse und Messwerte unveränderlich und sequenziell in der Blockchain abgelegt, wodurch die Überwachungsbehörde oder der Sachverständige das notwendige Vertrauen in das Protokoll gewinnt. Eine solche softwaretechnische Innovation stellt die klassische Gebäudeautomatisierung vor neue Herausforderungen.

Ein Ablauf einer Transaktion würde folgendermaßen aussehen (**Abb. 3–56**): Ein Sensor, angeschlossen an Client i, möchte eine Transaktion x, an Client j senden. Dazu sendet er die Transaktion in Schritt 1 an seinen opc-sa®-Client. Im zweiten Schritt sendet dieser die Transaktion an die höherliegende Blockchain-Anwendung und gleichzeitig mittels LabNet an verbundene opc-sa®-Installationen weiter. Die benachbarten opc-sa®-Clients leiten die Transaktion ebenfalls an ihre Blockchain-Anwendung, Nachbarn und ggf. an die Ziel-Akteure weiter. In Schritt 3 bilden die Blockchain-Anwendungen in regelmäßigen Abständen einen Block mit den bis dato angefallenen Transaktionen.

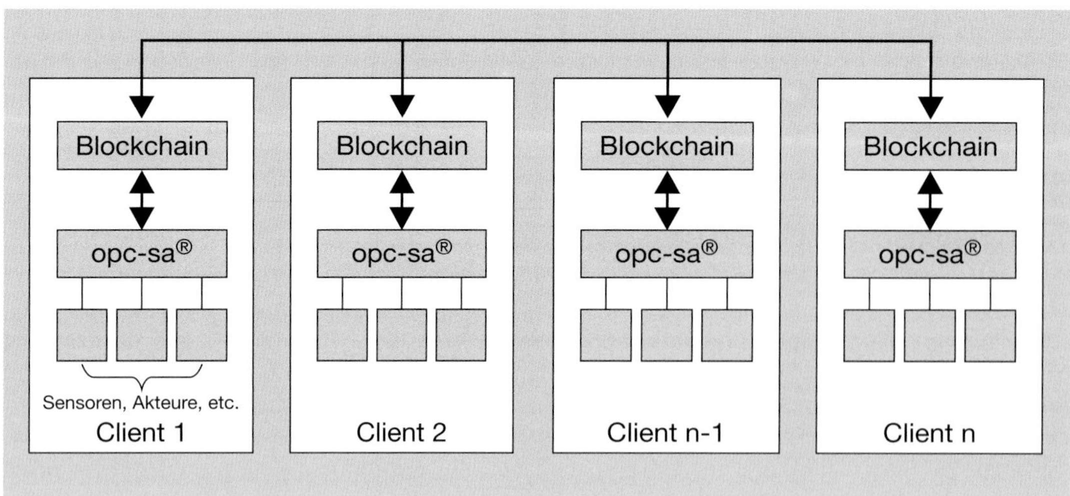

Abb. 3-56 Beispielhafter Ablauf einer Transaktion mit Blockchain

Bedingung dieser Technologie ist allerdings, dass das TWMS und die zuständige Überwachungsbehörde nur dann über die Blockchain zusammenarbeiten können, wenn sie ständig über das Internet miteinander verbunden sind. Aktuell ist dies noch keine weit verbreitete Vorgehensweise. Es gibt aber schon erste Entwicklungen und entsprechende Bestrebungen über ein Cloud-basiertes Hygiene-Monitoring zu gehen, das verschiedene Akteure wie Betreiber, Labore und Gesundheitsamt mit einbezieht. Dieser Ansatz schließt natürlich auch die Überwachung der Probenahme mit ein [76]. Basis ist eine IT-gestützte Messnetzoptimierung, um dann die Datenerfassung und -auswertung durchführen zu können [77].

3.2 Innovative Komponenten und Technologien

Die Auslegung von Trinkwasser-Installation mit schlanken Rohrweiten auf Basis einer fundierten Bedarfsanalyse ist für einen hygienischen Anlagenbetrieb ebenso Voraussetzung wie der bestimmungsgemäße Betrieb sowie standardisierte Wartung aller hygienerelevanten Apparate und Bauteile. Digitalisierung ermöglicht zukünftig mit entsprechenden Komponenten die Realisierung ganzheitlicher, gebäudespezifischer Hygienekonzepte. Neben der anlagenspezifischen Beprobung und Absicherung aller Entnahmestellen durch eine intelligente Kombination von automatischen Spültechniken der Haupt- und Einzelzuleitungen ist auch eine entsprechende Überwachung, Dokumentation und Regelung des Systems Trinkwasser-Installation vom Hausanschluss bis zur letzten Entnahmestelle sinnvoll [17]. Die im Folgenden aufgeführten Systemkomponenten sind mögliche Bausteine für einen prozessorientierten, auf den Erhalt der Trinkwassergüte ausgerichteten Anlagenbetrieb einer Trinkwasser-Installation 4.0.

3.2.1 Controller

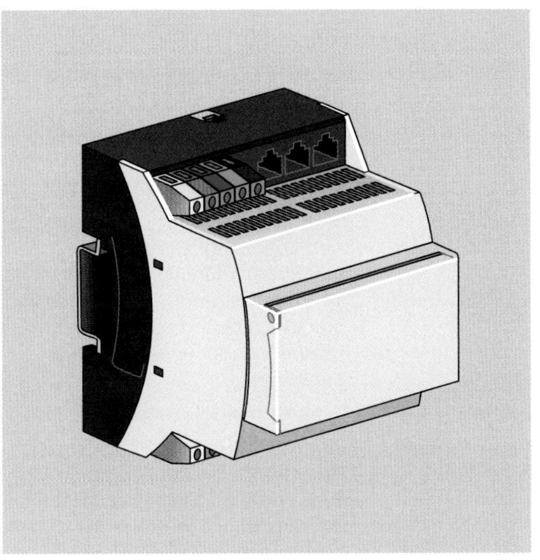

Abb. 3–57 Controller Typ Business (Konzeptstudie), in GA Standard-Systeme (BACnet) integrierbar

Bezeichnung: **– Controller Typ Business**

Anforderungen:
- Auf Hutschiene in Unterverteilung oder Kleinverteiler montierbar
- Basisparametrierung über Planungssoftware
- Kabelbasierte Kommunikation zu Aktoren, Sensoren, Durchfluss-Trinkwassererwärmer PWH (W), PWH-C Ultrafiltrationsmodul (UFC), Durchflusstrinkwasserkühler (PWC)
- Anbindemöglichkeiten an gängige GA- und Cloud-Systeme
- Anzeige der Betriebsdaten in lokalem Netzwerk
- Blockchain-gesicherte Protokollierung des Betriebs
- Redundantes System aus baugleichen Untereinheiten
- geringer Installationsaufwand durch Steckverbindungen und selbsterkennendem System
- Verbindung der Aktoren und Sensoren mit dem Controller im Daisy-Chain-Verfahren (Durchschleifen der Leitung)

Anschlüsse:
- Netzspannung: 230 V
- farblich markierte Steckverbindungen zum Aufbau des Trinkwasser-Management-Systems
- RJ45-Anschluss zum Verbinden mehrerer Controller
- Standardsteckverbindungen zum Anbinden an die GA

Konnektivität:
- CANopen (bis max. 32 Bauteile)
- Schnittstellen zu BACnet IP, MODBUS TCP, MQTT

Parametrierung:
- Parametrierung der Spülintervalle
- Parametrierung der Spülvolumen
- Parametrierung der Medientemperaturen
- freiparametrierbare Szenenprogrammierung
- Bauteilgruppierung zur Funktionseinheiten

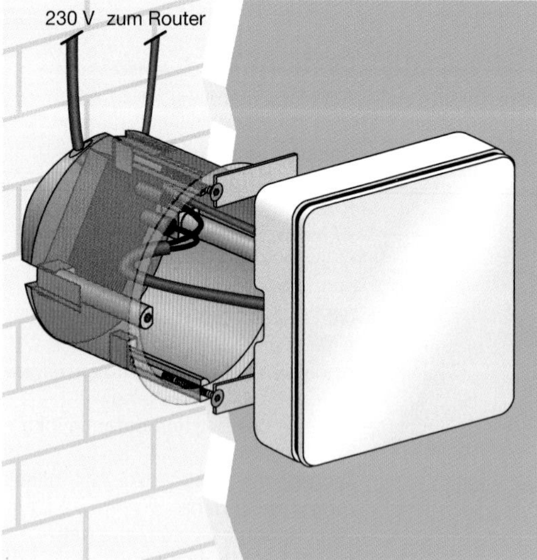

Abb. 3–58 Controller Typ Home (Konzeptstudie)

Bezeichnung: – **Controller Typ Home**

Anforderungen:
- In Lichtschalterleiste integrierbar
- Parametrierung über intuitive Bediensoftware
- Funkbasierte Kommunikation zu Sensoren und Aktoren
- Keine Netzwerkkenntnisse erforderlich
- Anzeige der Betriebsdaten auf mobilen Endgeräten

Anschlüsse:
- Netzspannung: 230 V
- Steckverbindungen zum Anschluss an einen Router
- Steckverbindung zum Anschluss kabelgebundener Aktoren und Sensoren

Konnektivität: – Funktechnologie Bluetooth 5 Mesh

Parametrierung:
- Parametrierung der Spülintervalle
- Parametrierung der Spülvolumen
- Parametrierung der Medientemperaturen
- freiparametrierbare Szenenprogrammierung

3.2.2 Komponenten mit Spül- und Überwachungsfunktion

Abb. 3–59 WC-Vorwandelement mit PWH-/PWC-Spülfunktion (Konzeptstudie)

Bezeichnung: – **WC-Vorwandelement mit PWC/PWH-Spülfunktion**

Anforderungen:
- Vorwandelement mit Bauhöhe 1130 mm
- Sicherstellen des geforderten Wasseraustauschs bei fehlender Nutzung
- Spülung von Stockwerksleitungen für PWC und PWH
- Wartung ohne zusätzliche Revisionsöffnung
- Erkennung von manuellen Spülungen

Anschlüsse:
- Netzspannung: 230 V
- R ½ zur Aufnahme eines Übergangsstückes
- farblich markierte Steckverbindungen zum Aufbau des Trinkwasser-Management-Systems

Konnektivität:
- CANopen (kabelgebunden, Bus-Kabel)
- Bluetooth 5 Mesh (funkgebunden)

Parametrierung:
- freiparametrierbare Spülintervalle
- freiparametrierbare Solltemperatur für PWC und PWH

Vorwort Inhaltsverzeichnis
Strukturgeber Gebäudetechnik
Prozessziel Trinkwassergüte
Planung und Betrieb 4.0
Energieperformance
Rechtliche Herausforderungen
Index

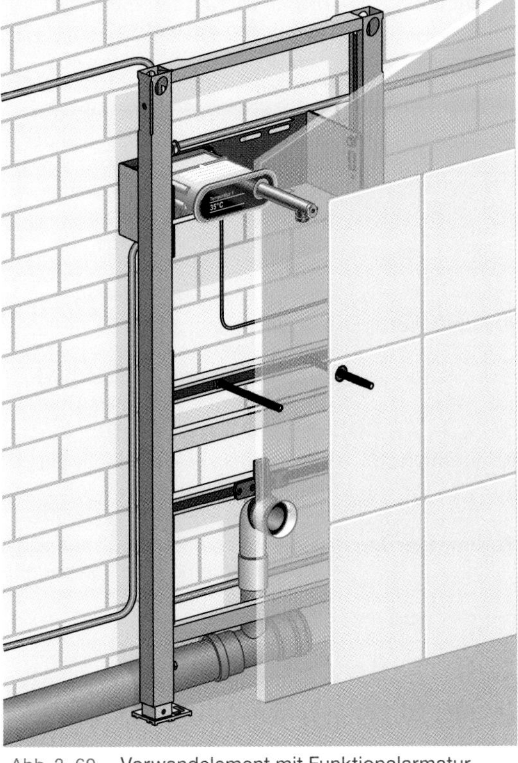

Abb. 3-60 Vorwandelement mit Funktionalarmatur eWaschtisch (Konzeptstudie)

Bezeichnung: **– WT-Vorwandelement mit Funktionalarmatur eWaschtisch**

Anforderungen:
- Vorwandelement mit Bauhöhe 1130 mm
- Sicherstellen des geforderten Wasseraustauschs bei fehlender Nutzung
- Spülung von Stockwerksleitungen für PWC und PWH
- Wartung über Armaturenabdeckung
- berührungslose oder haptische Spülauslösung
- Anzeige von z. B.: Auslauftemperatur, Maximaltemperatur etc.

Anschlüsse:
- Netzspannung: 230 V
- R ½ für PWC und PWH
- farblich markierte Steckverbindungen zum Aufbau des Trinkwasser-Management-Systems

Konnektivität:
- CANopen (kabelgebunden, Bus-Kabel)
- Bluetooth 5 Mesh (funkgebunden)

Parametrierung:
- freiparametrierbare Spülintervalle
- freiparametrierbare Solltemperatur für PWC und PWH

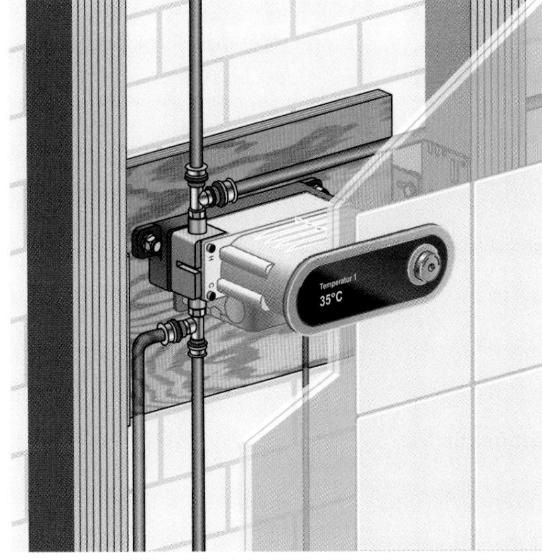

Abb. 3-61 Wand-Modul mit Funktionalarmatur eDusche (Konzeptstudie)

Bezeichnung: **– DU-Wand-Modul mit Funktionalarmatur eDusche**

Anforderungen:
- Montage als UP-Armatur im Vorwandsystem
- Sicherstellen des geforderten Wasseraustauschs bei fehlender Nutzung
- Spülung von Stockwerksleitungen für PWC und PWH
- Wartung über Armaturenabdeckung
- berührungslose oder haptische Spülauslösung
- Anzeige von z. B.: Auslauftemperatur, Maximaltemperatur etc.

Anschlüsse:
- Netzspannung: 230 V
- R ½ für PWC und PWH
- farblich markierte Steckverbindungen zum Aufbau des Trinkwasser-Management-Systems

Konnektivität:
- CANopen (kabelgebunden, Bus-Kabel)
- Bluetooth 5 Mesh (funkgebunden)

Parametrierung:
- freiparametrierbare Spülintervalle
- freiparametrierbare Solltemperatur für PWC und PWH

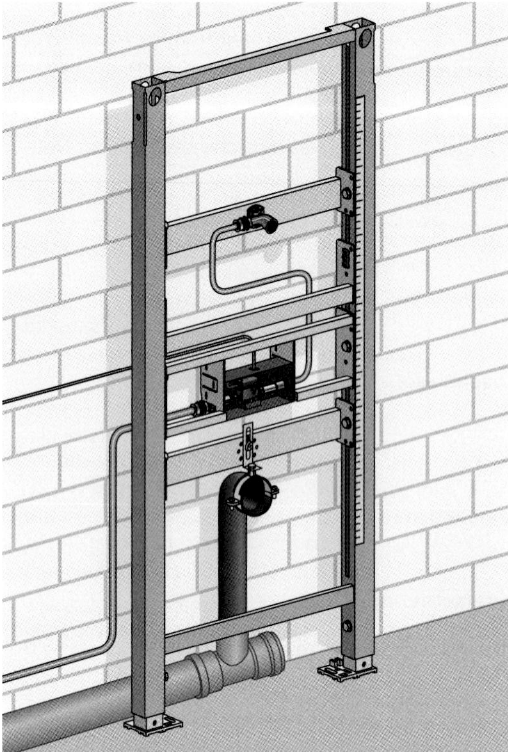

Abb. 3–62 Vorwandelement mit Steuerung eUrinal (Konzeptstudie)

Bezeichnung: **– Urinal-Vorwandelement mit Steuerung eUrinal**

Anforderungen:
- Vorwandelement mit Bauhöhe 1130 mm
- Sicherstellen des geforderten Wasseraustauschs bei fehlender Nutzung
- Spülung von Stockwerksleitungen für PWC
- Wartung durch Abnehmen der Keramik
- unsichtbare Spülauslösung

Anschlüsse:
- Netzspannung: 230 V
- R ½ für PWC
- farblich markierte Steckverbindungen zum Aufbau des Trinkwasser-Management-Systems

Konnektivität:
- CANopen (kabelgebunden, Bus-Kabel)
- Bluetooth 5 Mesh (funkgebunden)

Parametrierung:
- freiparametrierbare Spülintervalle
- freiparametrierbare Solltemperatur für PWC

Abb. 3–63 Viega Spülstation rot/blau mit Viega Hygiene+ Funktion

Bezeichnung: **– Viega Spülstation rot/blau mit Viega Hygiene+ Funktion**

Anforderungen:
- AP- oder UP-Montage möglich
- Spülung von Stockwerksleitungen für PWC und PWH
- Automatische Nutzungserkennung
- Anbindemöglichkeiten an gängige GA- und Cloud-Systeme

Anschlüsse:
- Netzspannung: 230 V
- RJ45-Anschluss
- G ¾ Anschlüsse für PWC und/oder PWH
- DN 40 Anschlüsse für Abwasser
- Schnittstelle zu BACnet IP, MODBUS TCP, MQTT

Konnektivität:
- Kommunikation mit Netzwerk über WLAN oder LAN

Parametrierung:
- freiparametrierbare Spülintervalle
- freiparametrierbare Solltemperatur für PWC und PWH
- freiparametrierbare Spülmenge für PWC und PWH

3.2.3 Elektronisches Zirkulationsregulierventil für PWH-C und PWC-C

Abb. 3–64 Elektronisches Zirkulationsregulierventil (Konzeptstudie)

Bezeichnung: – **Elektronisches Zirkulationsregulierventil**

Anforderungen: – Einsetzbar in PWH-C- und PWC-C-Systemen
- variabler k_v-Wert von 0 bis 2,5
- Automatischer hydraulischer Abgleich durch selbstlernenden Regelalgorithmus
- Integrierter Temperatursensor
- Integrierter Temperatursensor
- Regelgenauigkeit ± 0,3 K
- Einsetzbar im Bereich von 10 bis 25 °C für PWC-C und von 40 bis 70 °C für PWH-C
- Baulänge 85 mm zum Austausch mechanischer Zirkulationsregulierventile

Anschlüsse: – G ¾
- farblich markierte Steckverbindungen zum Aufbau des Trinkwasser-Management-Systems

Konnektivität: – CANopen (kabelgebunden, Bus-Kabel)
- Bluetooth 5 Mesh (funkgebunden)

Parametrierung: – freiparametrierbare Solltemperaturen
- freiparametrierbarer k_v-Wert

3.2.4 Konzepte der Trinkwassererwärmung und Trinkwasserkühlung

Abb. 3-65 Durchfluss-Trinkwassererwärmer (W) (Konzeptstudie)

Bezeichnung: **- Durchfluss-Trinkwassererwärmer (W)**

Anforderungen:
- Räumliche Trennung in warme und kalte Zone
- Unterstützung der thermischen Schichtung im Pufferspeicher
- Minimierung des Trinkwasservolumens
- Leistungsstufen (40, 70, 100 l/min)
- Kaskadierbare Systeme
- Montageschablone zur Verlegung der Rohrleitung ohne Gerät
- enthält Passstück und Elektroanschluss zum Einbau einer Zirkulationspumpe

Anschlüsse:
- Netzspannung: 230 V
- G-Gewinde für PWC, PWH, PWH-C, HZV und 2xHZR
- vormontierte Kugelhähne für den Übergang vom G-Gewinde auf Pressanschluss
- farblich markierte Steckverbindungen zum Aufbau des Trinkwasser-Management-Systems

Konnektivität:
- CANopen (kabelgebunden, Bus-Kabel)

Parametrierung:
- freiparametrierbare Trinkwassertemperatur warm (PWH) im Bereich von 45 bis 65 °C
- Thermische Desinfektion möglich

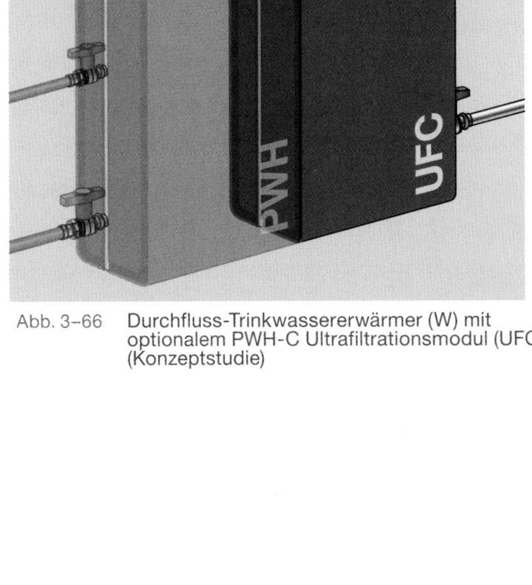

Abb. 3-66 Durchfluss-Trinkwassererwärmer (W) mit optionalem PWH-C Ultrafiltrationsmodul (UFC) (Konzeptstudie)

Bezeichnung: **– PWH-C Ultrafiltrationsmodul (UFC)**

Anforderungen:
- Reduktion der Nährstoffe im PWH-C-System
- Regelmäßiges Rückspülen der Filtermembran
- Digitale Eigen- und Fernüberwachung aller hygienerelevanten Komponenten (Echtzeitüberwachung)
- Montage im Modulverfahren an Durchfluss-Trinkwassererwärmer (W)
- Montageschablone zur Verlegung der Rohrleitung ohne Gerät

Anschlüsse:
- Netzspannung: 230 V
- G-Gewinde für PWC, PWH, PWH-C, HZV und 2xHZR
- vormontierte Kugelhähne für den Übergang vom G-Gewinde auf Pressanschluss
- farblich markierte Steckverbindungen zum Aufbau des Trinkwasser-Management-Systems

Konnektivität:
- CANopen (kabelgebunden, Bus-Kabel)

Service:
- Hersteller vor-Ort- Service und digitale Fernüberwachung buchbar
- Regelmäßiger jährlicher Filtertausch

Abb. 3-67 Durchfluss-Trinkwasserkühler (PWC)

Bezeichnung: **– Durchfluss-Trinkwasserkühler (PWC)**

Anforderungen:
- Kühlung des Trinkwassers kalt (PWC) auf Solltemperatur
- Integrierte Solltemperaturregelung für PWC-C (über 3-Wege-Mischventil im Kühlwasserkreis)
- Integrierte Frostschutzregelung (über 3-Wege-Mischventil im Kühlwasserkreis)
- Leistungsstufe 4 kW (Edelstahlplattenwärmetauscher, edelstahlgelötet)
- Kaskadierbares System
- enthält Passstück und Elektroanschluss zum Einbau einer Zirkulationspumpe
- Montageschablone zur Verlegung der Rohrleitung ohne Gerät

Anschlüsse:
- Netzspannung: 230 V
- vormontierte Kugelhähne für den Übergang vom G-Gewinde auf Pressanschluss
- G 3/4

Konnektivität:
- CANopen (kabelgebunden, Bus-Kabel)

Parametrierung:
- freiprogrammierbare Trinkwassertemperatur kalt (PWC)

3.2.5 Sensoren für die Überwachung von Trinkwasserparametern

Abb. 3-68 Temperatur-, Durchfluss- und Drucksensor (Konzeptstudie)

Bezeichnung: **- Temperatur-, Durchfluss- und Drucksensoren**

Anforderungen:
- Wartungsfrei
- Stromversorgung über Netzwerk
- Einbinden in Trinkwasser-Management-System über Funk oder Kabel

Anschlüsse:
- G-Gewinde
- farblich markierte Steckverbindungen zum Aufbau des Trinkwasser-Management-Systems

Konnektivität:
- CANopen (kabelgebunden, Bus-Kabel)
- Bluetooth 5 Mesh (funkgebunden)

3.2.6 Automatisierte Absperrarmatur

Abb. 3-69 Stellantriebssysteme für Easytop Kugelhahn (Konzeptstudie)

Bezeichnung: **- Stellantriebssystem für Easytop Kugelhähne**

Anforderungen:
- Automatisches Absperren von Leitungsabschnitten
- Werkzeuglose Montage auf Kugelhähne
- Nachrüstung auf bestehende Kugelhähne möglich

Anschlüsse:
- Netzspannung 230 V
- farblich markierte Steckverbindungen zum Aufbau des Trinkwasser-Management-Systems

Konnektivität:
- CANopen (kabelgebunden, Bus-Kabel)
- Bluetooth 5 Mesh (funkgebunden)

Service:
- Regelmäßige Funktions- und Verschleißkontrolle

3.2.7 Digitaler Wasserzähler

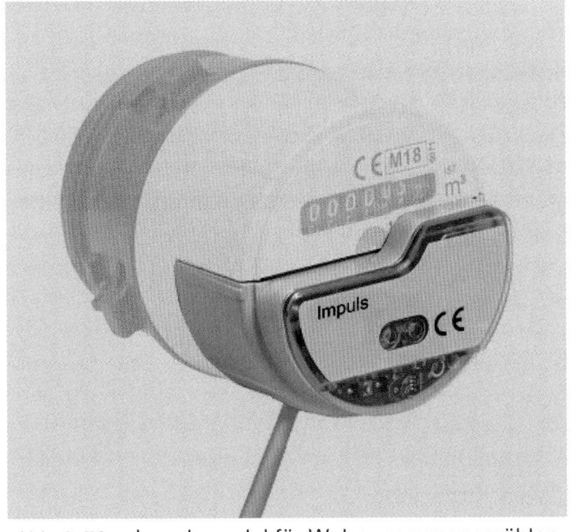

Abb. 3-70 Impulsmodul für Wohnungswasserzähler (Allmess)

Bezeichnung:	**- Impulsmodul für Wohnungswasserzähler**
Anforderungen:	- Impulszählerausgang zur Erfassung des Wasserverbrauchs - Kompatibel zu marktüblichen Wohnungswasserzählern
Anschlüsse:	- 2''-KOAX Kapsel (Typ IST)
Konnektivität:	- 24 V/20 mA Puls
Service:	- Austausch nach Ablauf der Eichfrist: 4 Jahre/5 Jahre

3.3 Planungssoftware

3.3.1 Einsatz von Planungssoftware für die korrekte Planung von Rohrleitungen

In den Abschnitten 2.1 bis 2.5 wurde dargestellt, dass nicht nur Normen und Regelwerke bei der Planung einer Trinkwasser-Installation eingehalten werden müssen, sondern sich auch ganz generelle Fragen nach Energieeffizienz, Trinkwasserqualität und Wirtschaftlichkeit ergeben.

Eine exakte Planung haustechnischer Installationen ist daher unerlässlich. Wichtige Hilfsmittel sind dabei Softwarelösungen, die bei der Planung sinnvoll unterstützen und aufwändige Rohrnetzberechnungen automatisiert erledigen. Sie sorgen somit für größtmögliche Planungssicherheit und gewährleisten so hygienische, effizienzoptimierte und vor allem wirtschaftliche Installationen, da kleinere Anpassungen an der geplanten Installation schnell auf ihren möglichen Mehrwert hin untersucht werden können.

Darüber hinaus sollten Softwarelösungen nicht nur eine exakte Planung ermöglichen, sondern sich auch in die neue Arbeitsweise des Building Information Modeling – kurz BIM – einfügen, da sich diese wie bereits in Kapitel 1 dargestellt zunehmend in der Baubranche durchsetzt.

3.3.2 Erstellung von Raumbüchern

Bei der Trinkwasser-Rohrnetzberechnung muss die TGA-Planung den Bedarf und die spezifischen Anforderungen an die Trinkwasser-Installation zugrunde legen, um einen hygienebewussten Betrieb zu gewährleisten. Dies wird nicht zuletzt in der VDI/DVGW 6023 Blatt 1 [1] gefordert, hat aber auch unabhängig von dieser Forderung einen nicht zu vernachlässigenden wirtschaftlichen Aspekt. Denn durch die Festlegung des zu erwartenden Bedarfs an Trinkwasser kann unter Umständen auch die Rohrleitungsdimension reduziert werden, wodurch die gesamte Installation in den Errichtungskosten wirtschaftlicher wird.

Gerade im Bereich der Sanitärinstallation empfiehlt es sich als Ergebnis der Planung die Ausgabe der sanitärtechnischen Raumbuchdaten, denn wird in einem normalen Raumbuch jeder betriebstechnisch notwendige Parameter erfasst, ergeben sich nach der Planung weitere Details zur bautechnischen Ausstattung des Raumes. Neben der Installationsart in Ring- oder Reihenleitung und dem eingesetzten Anschlussmaterial weist ein erweitertes Raumbuch (siehe hierzu auch Abschnitt 2.1.2) unter anderem den Stagnationsinhalt von Stichleitungen, die Umgebungs- und Schachttemperaturen sowie die Ausstoßzeiten und die dort anliegende Wassertemperatur aus. Gleiches gilt für die vorausgesetzten Nutzungseigenschaften inklusive Spülmengen und Spitzendurchflüsse sowie den Einfluss von automatischen Spülsystemen für den Erhalt der Trinkwassergüte.

Aus den sanitärtechnischen Raumbuchdaten kann sich dem Gedanken des BIM folgend ein weiterer Vorteil für den späteren Betrieb ergeben, denn wird die Planung integral ausgeführt, werden auch bereits die später verbauten Produkte verplant. Mit der Festlegung der später verwendeten Produkte ergeben sich für das Facility Management Nutzungshinweise und Betriebsdaten der Systemkomponenten, die den sanitärtechnischen Raumbuchdaten entnommen werden können. Der Planer kann softwaregestützt also sowohl die hygienebewusste Planung dokumentieren als auch wertvolle Hinweise zum fachgerechten Betrieb der Trinkwasser-Installation geben.

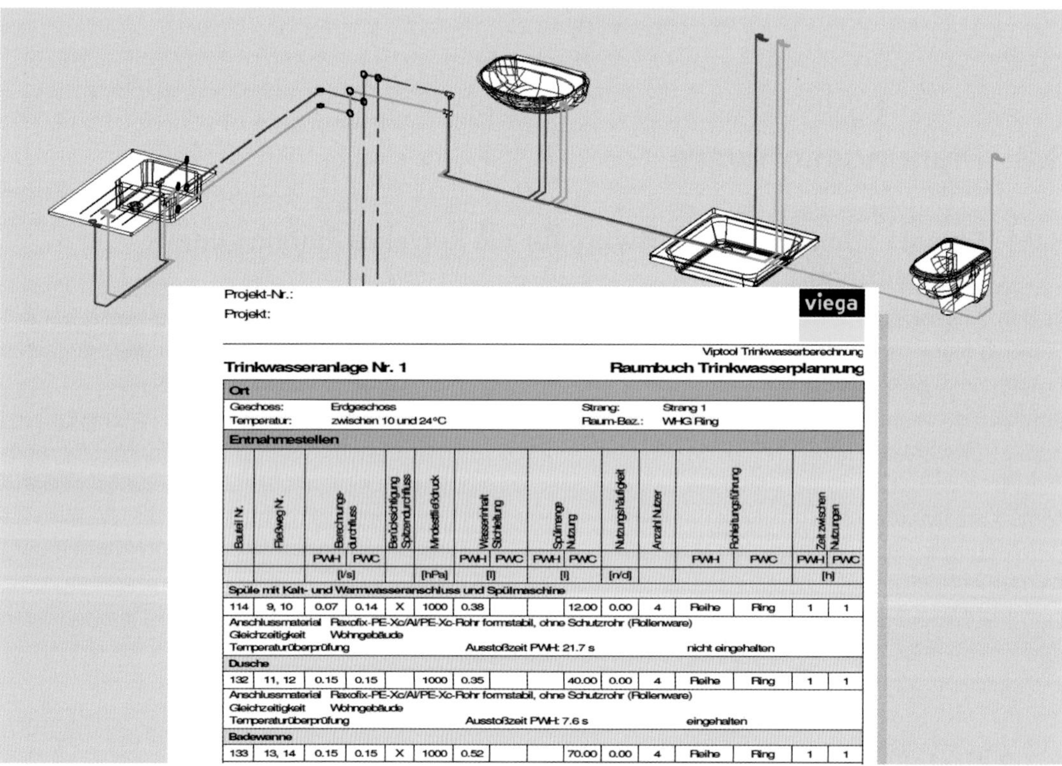

Projekt-Nr.:
Projekt:

viega

Viptool Trinkwasserberechnung

Trinkwasseranlage Nr. 1 — **Raumbuch Trinkwasserplannung**

Ort

Geschoss: Erdgeschoss — Strang: Strang 1
Temperatur: zwischen 10 und 24°C — Raum-Bez.: WHG Ring

Entnahmestellen

Bauteil Nr.	Fließweg Nr.	Berechnungs-durchfluss		Berücksichtigung Spitzendurchfluss	Mindestfließdruck	Wasserinhalt Stichleitung		Spülmenge Nutzung		Nutzungshäufigkeit	Anzahl Nutzer	Rohrleitungsführung		Zeit zwischen Nutzungen	
		PWH	PWC			PWH	PWC	PWH	PWC			PWH	PWC	PWH	PWC
		[l/s]			[hPa]	[l]		[l]		[n/d]				[h]	
Spüle mit Kalt- und Warmwasseranschluss und Spülmaschine															
114	9, 10	0.07	0.14	X	1000	0.38			12.00	0.00	4	Reihe	Ring	1	1
Anschlussmaterial Raxofix-PE-Xc/Al/PE-Xc-Rohr formstabil, ohne Schutzrohr (Rollenware) Gleichzeitigkeit Wohngebäude Temperaturüberprüfung Ausstoßzeit PWH: 21.7 s nicht eingehalten															
Dusche															
132	11, 12	0.15	0.15		1000	0.35			40.00	0.00	4	Reihe	Ring	1	1
Anschlussmaterial Raxofix-PE-Xc/Al/PE-Xc-Rohr formstabil, ohne Schutzrohr (Rollenware) Gleichzeitigkeit Wohngebäude Temperaturüberprüfung Ausstoßzeit PWH: 7.6 s eingehalten															
Badewanne															
133	13, 14	0.15	0.15	X	1000	0.52			70.00	0.00	4	Reihe	Ring	1	1

Abb. 3–71 Auszug von sanitärtechnischen Raumbuchdaten als Ergebnis einer Trinkwasser-Rohrnetzberechnung

3.3.3 Trinkwasser-Rohrnetzberechnung

Der Erhalt der Wassergüte in der Trinkwasser-Installation ist eine zentrale Aufgabe für den Fachplaner, denn mit der gewissenhaften Planung wird der Grundstein für den Erhalt der Trinkwassergüte im späteren Betrieb gelegt. Die Trinkwasserberechnung sollte dabei alle aktuellen Normen und Regelwerke wie z. B. DIN 1988-200/300, DVGW-Arbeitsblätter, und VDI-Richtlinien beachten und zusätzlich die Erfahrungen aus Vergleichsgebäuden hinzuziehen, um die von der Trinkwasserverordnung geforderten allgemein anerkannten Regeln der Technik einzuhalten (siehe auch Abschnitt 1). Auch aus diesem Grund empfiehlt es sich auf eine softwaregestützte Lösung bei der Rohrnetzberechnung zurückzugreifen.

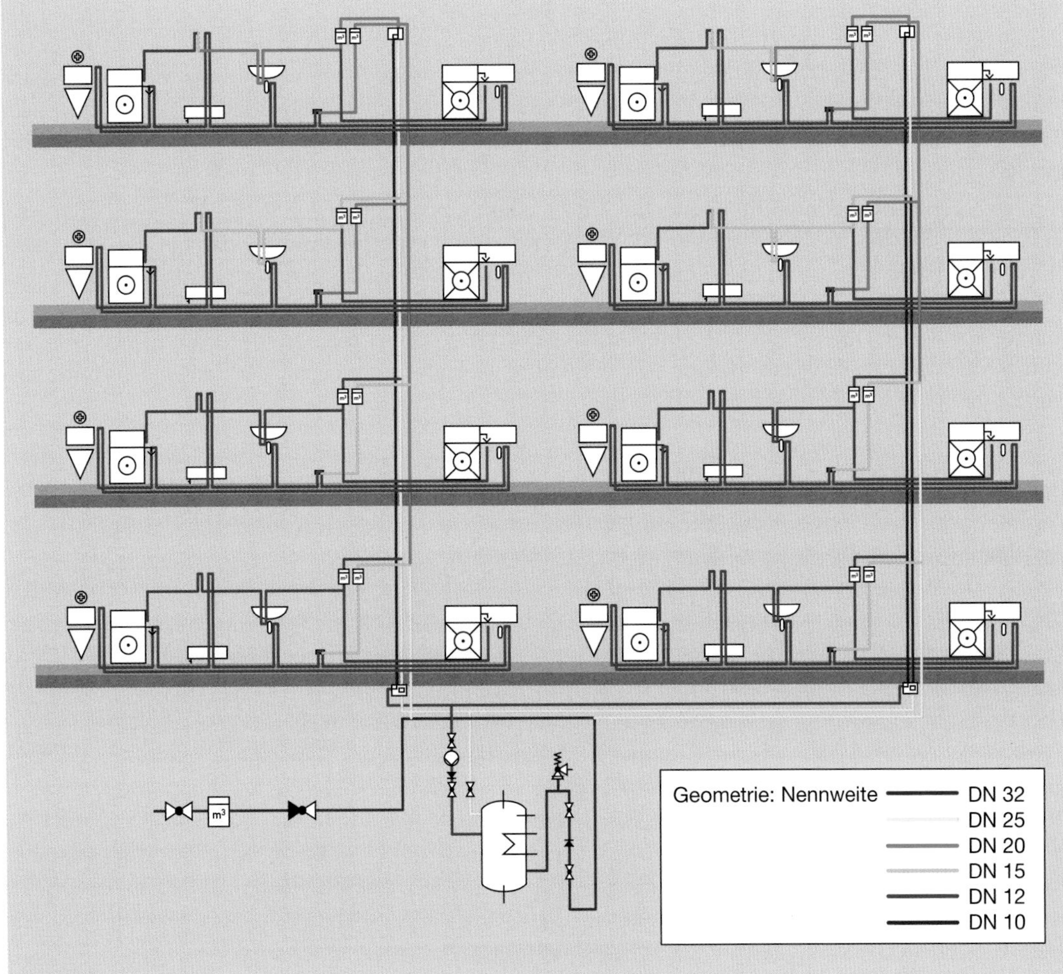

Abb. 3–72 Visualisierung der Rohrdimensionen einer Trinkwasserrohrnetzberechnung

3.3.4 Planungssoftware und Trinkwasser-Management-Systeme

Die Unterstützung von Produkten, welche im System den bestimmungsgemäßen Betrieb gewährleisten ist der nächste Schritt für beste Trinkwassergüte. Erst unter Berücksichtigung von Normen und Regelwerken in Verbindung mit konkreten Produkten können die idealen Maßnahmen ergriffen werden, um für jeden Gebäudetyp ein individuelles Trinkwasserhygienekonzept zu planen und dieses anschließend sicher und wirtschaftlich zu betreiben.

Die Einhaltung der geforderten Trinkwassergüte sowie die steigenden Ansprüche an Komfort, Sicherheit und Energieeffizienz erfordern zunehmend den Einsatz automatisierter Systeme, welche sowohl für sich als auch im gesamten System des Gebäudes funktionieren müssen. Die Integration der Trinkwasser-Installation in die Gebäudeautomation geht einher mit Schnittstellen und Produkten. Eine gewerkespezifische Sichtweise auf die Planung genügt nicht, um gewerkeübergreifende Planungsziele zu erreichen. Unterstützung liefert hier wiederrum die Planungssoftware. Denn mit der entsprechenden Produktvorauswahl ermöglicht sie die Komponenten auszuwählen, die für ein funktionierendes Trinkwasser-Management-System gebraucht werden. Bei der Einbindung eines solch automatisierten Systems in die Gebäudeautomation ist es anschließend erforderlich, die Schnittstellen zwischen den Gewerken effektiv zu bedienen. Im Idealfall erhält der Fachplaner Sanitär aus seiner ihm gewohnten Nutzeroberfläche Ausgaben, welche dem Fachplaner Elektrotechnik oder Gebäudeautomation als Grundlage zu der jeweiligen fortschreibenden Planung dienen. Damit kann auch der Aufwand für die Planung eines solchen Systems reduziert werden, da lediglich die Systemkomponenten und Systemprodukte platziert werden und Verknüpfungen untereinander zugewiesen werden müssen. Die weitere Detailplanung kann dann mit den ausgegebenen Daten vom entsprechenden Gewerk fortgeführt werden.

Ergänzend sollten konkrete Ergebnisse der Trinkwasserberechnung, wie z. B. Spülmengen, über eine digitale Schnittstelle die Inbetriebnahme unterstützen. Denn entscheidend ist, dass in der Planungsphase bereits die spätere Nutzung im Raumbuch festgehalten wurde und somit das Wissen für den späteren hygienischen und wirtschaftlichen Betrieb beim Fachplaner liegt. Somit ermöglicht das Ausgeben dieser Datei nicht nur eine hygienische Inbetriebnahme, sondern auch eine spätere wirtschaftliche Betriebsweise, da nur so viel gespült wird, wie zum Erhalt der Trinkwassergüte notwendig ist.

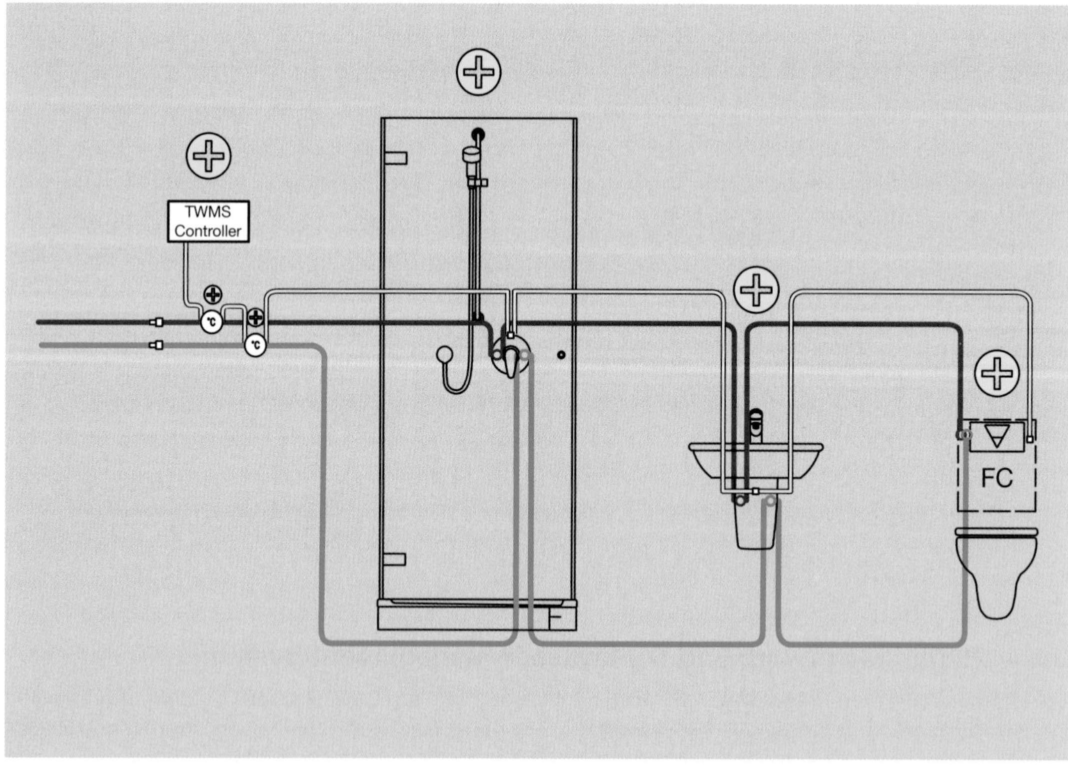

Abb. 3–73 Konzeptstudie einer Nutzungseinheit mit Controller „business“ und angebundenen Installationsprodukten

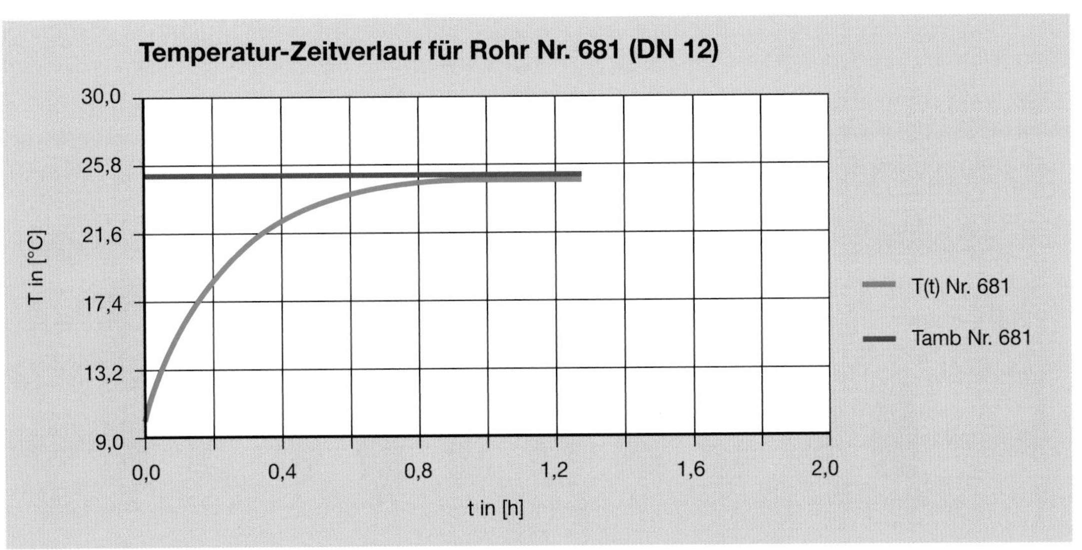

Abb. 3–74 Temperaturverlauf einer Leitung für Trinkwasser kalt (PWC) bei Stagnation

3.3.5 Berechnung von Zirkulationssystemen für die Zirkulation des Trinkwassers warm (PWH-C)

Die Auslegungsziele und auch die leitenden Anforderungen an Sicherheit, Effizienz und Komfort von Zirkulationssystemen des Trinkwassers warm (PWH-C) werden zunehmend komplexer. Der Fachplaner hat hier die Aufgabe sowohl die technischen, hygienischen und auch die gebäudespezifischen Anforderungen zu erfüllen.

Der Einsatz von Planungssoftware ermöglicht es unter anderem die Berücksichtigung von Umgebungstemperaturen, Dämmungen und eines Beimischfaktors, womit ein Großteil der physikalischen Einflussparameter einer Zirkulation des Trinkwassers warm (PWH-C) abgedeckt ist. Die Ermittlungen der Wärmeverluste wirken sich auf die Verteilung der Massenströme und damit auch auf den hydraulischen Abgleich der Zirkulationsventile aus, denn je größer der Wärmeverlust pro Fließweg ist, desto größer muss auch der Massenstrom je Fließweg sein (siehe Abb. 3–75). Auch die wirtschaftliche Auslegung der Zirkulationspumpe steht im direkten Zusammenhang mit den zuvor genannten Parametern, da von der Größe der Pumpenleistung der spätere Energiebedarf abhängt. Die Zirkulationssimulation einer Zirkulation des Trinkwassers warm (PWH-C), welche die Funktionalität im Lastfall prüft, sollte im differenzierten Bemessungsverfahren nach DVGW-Arbeitsblatt W 553 [54] als Qualitätssicherung dienen. Differenzierte Visualisierungen, z. B. von Temperaturverläufen im Zirkulationssystem einer Zirkulation des Trinkwassers warm (PWH-C), einzelner Rohrleitungen oder während des Ausstoßvorgangs sollte der Planer nutzen um bei Erfordernis schon in der Planungsphase geeignete Abhilfemaßnahmen abzuleiten.

Durch die Festlegung der Ausstoßzeit an jeder Entnahmestelle kann auch die Qualität einer Planung im Nachhinein unmittelbar überprüft werden. Denn direkt nach Fertigstellung einer Trinkwasseranlage ist dies einer der am leichtesten zu überprüfenden Parameter und ein direktes Maß für den Übertrag der Planungsergebnisse in die Praxis. Durch die softwaregestützte Ermittlung von Ausstoßzeit und Temperatur je Entnahmestelle kann der Planer die vereinbarten Anforderungen des späteren Betreibers im Vorfeld prüfen und dokumentieren und bereits in der Planungsphase eine geeignete Anpassung oder Korrektur durchführen.

Das Know-how des Planers ist der ausschlaggebende Faktor für den Erfolg. Durch Visualisierung, Simulation und Dokumentation kann eine Planungssoftware bei der komplexen Aufgabe jedoch lediglich die Planung eines hygienischen Trinkwassersystems unterstützen.

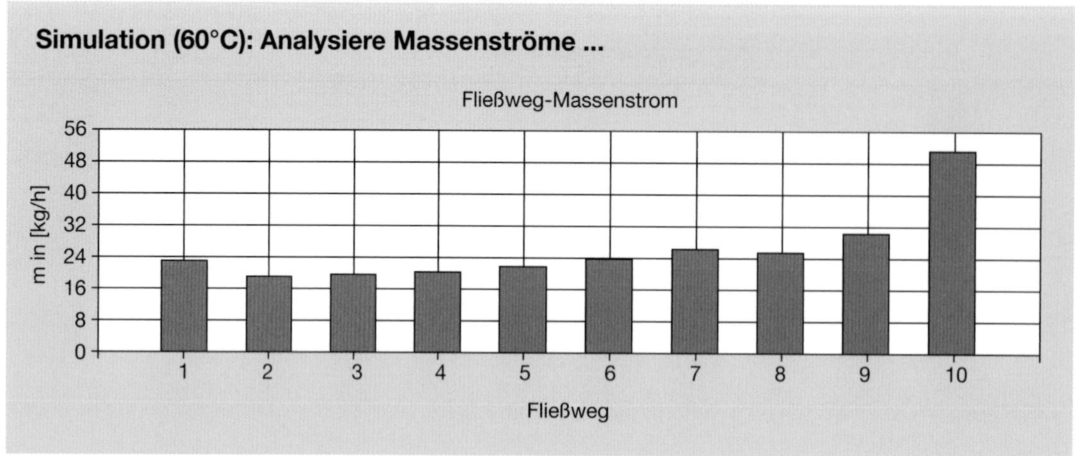

Abb. 3–75 Darstellung eines hydraulischen Abgleichs – Verteilung der Massenströme im Zirkulationssystem für Trinkwasser warm (PWH-C)

3.3.6 Berechnung von Zirkulationssystemen für Zirkulation des Trinkwassers kalt (PWC-C) – Konzeptstudie

Die in Abschnitt 2.2.3 beschriebene Analogie zur Zirkulation für Trinkwasser warm (PWH-C) wurde in den Konzeptstudien auch zur Berechnung des PWC-C Zirkulationssystems herangezogen.

Die physikalischen Effekte von Wärmeübertragung und Massenstrom zur Temperatureinhaltung unterscheiden sich nicht und sind im Auslegungsverfahren von Zirkulationssystemen für Trinkwasser warm (PWH-C) anerkannte Regel der Technik. Auch wenn heutige Normen und Richtlinien die Zirkulation des Trinkwassers kalt (PWC-C) noch nicht berücksichtigen, beeinflussen die in Abschnitt 3.3.5 aufgeführten physikalischen Einflussparameter ebenso die Auslegung des Zirkulationssystems von Trinkwasser kalt.

Die Temperaturdifferenzen zwischen dem Medium (PWC-C) und den angrenzenden Umgebungstemperaturen führen zu geringeren Massenströmen im Vergleich zum PWH-C. Durch den möglichen Einsatz von Inlinersystemen kann die Temperaturdifferenz weiter positiv beeinflusst werden. Folglich haben die geringeren Massenströme einen Einfluss auf den notwendigen hydraulischen Abgleich und die Auswahl geeigneter Zirkulationsregulierventile an Hand der sich ergebenden k_v-Werte. Visualisierungen wie zum Beispiel der Temperaturverlauf in den Zirkulationsleitungen (vgl. **Abb. 3–26**) dienen zur Überprüfung und Transparenz der angestrebten Auslegungsziele.

Um die Anlage energetisch effizient betreiben zu können bedarf es einer entsprechenden Auslegung, zur Ermittlung der benötigten Leistung zur Kühlung des Trinkwassers also des Wärmestroms. Eine differenzierte Planung mittels softwaregestütztem Auslegungsverfahren sollte entsprechend die Grundlage bei der Umsetzung und Ausführung eines Zirkulationssystems für Trinkwasser kalt (PWC-C) sein. Die dabei erforderliche Energie für den Durchfluss-Trinkwasserkühler (PWC) ergibt sich aus der Berechnung des Planungsprogramms.

3.4 Gebäudespezifische Hygienekonzepte und Technologien

Mit den Ansätzen aus den Abschnitten 1 und 2 lässt sich in Kombination mit den in Abschnitt 3.2 aufgeführten Komponenten für jedes Gebäude ein spezifisches Hygienekonzept aufstellen. Bei der Entwicklung eines Hygienekonzepts steht grundsätzlich die erwartete Nutzung des Gebäudes im Vordergrund, denn die spätere Nutzung bestimmt auch welche Schutzmaßnahmen zum Erhalt der Trinkwassergüte getroffen werden müssen.

Grundsätzlich ist es sinnvoll, bei der Auslegung eine Planungssoftware zu nutzen. Mit Hilfe einer Planungssoftware können Leitungsquerschnitte auch durch iterative Berechnungen auf ein Minimum beschränkt werden. Des Weiteren liefern Softwaremodule neben der Berechnung der Rohrdimensionen jeder Teilstrecke auch Einstellwerte für Zirkulationsregulierventile (k_v-Werte), Wärmeverluste im Trinkwasser warm (PWH) und in der Zirkulation des Trinkwassers warm (PWH-C) und den Energieeintrag an Wärme in das System des Trinkwassers kalt (PWC).

Im Nachfolgenden werden drei typische Gebäude vorgestellt, für die exemplarisch ein Konzept entwickelt wird, dass die, in den vorherigen Abschnitten geschilderten Probleme vermeidet und abhängig vom Gebäudetyp, durch Nutzung der modernen TWMS-Netzwerktechnologie den Erhalt der Trinkwassergüte durch automatisierte Prozesse ermöglicht.

3.4.1 Beispiel Mehrfamilienhaus mit mindestens 6 Wohneinheiten

Die Trinkwasseranlage für Mehrfamilienhäuser dient hauptsächlich der Versorgung von Bädern, ggf. von Gäste-WCs und Küchen in den jeweiligen Wohneinheiten. In Abb. 3-76 sind die Bäder der einzelnen Wohneinheiten dargestellt; Küche und Gäste-WCs befinden sich erfahrungsgemäß auf der Rückseite der Installationswand und werden mit in die Reihen- oder Ringinstallation der Bäder angebunden. Zur Vereinfachung und Wahrung der Übersichtlichkeit sind diese Einrichtungsgegenstände in Abb. 3-76 nicht dargestellt, die Ausführung würde aber über eingeschliffene Doppelwandscheiben erfolgen. Sollten Küche und/oder Gäste-WC sich nicht an der Rückwand des Bades der jeweiligen Wohnung befinden, müssten separate Stränge für Trinkwasser kalt (PWC), Trinkwasser warm (PWH), Zirkulation für Trinkwasser warm (PWH-C) und Abwasser an den notwendigen Stellen im Gebäude geschaffen werden.

Die Abb. 3-76 zeigt die grundsätzliche Verteilstruktur des Trinkwassers kalt (PWC) und Trinkwasser warm (PWH), bei der bereits bei der Schachtbelegung auf eine Reduzierung des Wärmeeintrags auf die Leitung für Trinkwasser kalt (PWC) geachtet wurde. Grundsätzlich sind aber alle Rohrleitungen mit Ausnahme der Stockwerks- und Einzelzuleitungen in der Vorwandinstallation einer Nutzungseinheit zu dämmen. Leitungen für Trinkwasser warm (PWH) und Leitungen für die Zirkulation von Trinkwasser warm (PWH-C) erhalten eine Dämmung 100 % gemäß EnEV [56], um eine unnötige Erwärmung des Schachtes zu verhindern. Die Trinkwasserleitung kalt erhält eine Dämmung 100 %, um eine Fremderwärmung bestmöglich zu minimieren. Stockwerks- und Einzelzuleitungen werden als flexible Leitung ungedämmt verlegt, zum Schutz des Rohres beispielsweise bei Fixierung an der Vorwandinstallation, wird eine Rohr-in-Rohr-Installation empfohlen. Für die Montage an der Vorwandinstallation ist im Bereich des Schallschutzes auf die VDI 6006 [78] zu verweisen, die hierzu ausführliche Angaben macht.

Abb. 3–76 Schematischer Aufbau der Installation in einem Mehrfamilienhaus mit mindestens 6 Parteien

Zum Schutz des Trinkwassers kalt (PWC) vor Erwärmung werden die Steigleitungen der kalt- und warmgehenden Leitungen in separaten Schächten verlegt. Im hier gezeigten Mehrfamilienhaus wird das Trinkwasser kalt (PWC) im Schacht entlang an der Abwasserfallleitung verlegt. Für das Trinkwasser warm (PWH) wird der Schacht mit den Heizungsleitungen genutzt. Eine Ausbildung der Leitungen der Zirkulation des Trinkwassers warm (PWH-C) als Inliner ist im Steigstrang in den Dimensionen DN25 und DN32 jederzeit möglich, um ggf. Platz im Schacht zu sparen und geringere Energieverluste über die Oberfläche nur einer Leitung zu haben. Durch die getrennten Schächte wird eine unzulässige Wärmeübertragung vom Trinkwasser warm (PWH) auf das Trinkwasser kalt (PWC) vermieden. Im günstigsten Fall liegt die Trinkwasserleitung kalt auch in einem Schacht, der nicht an der Außenwand liegt. Dadurch werden erhöhte Schachttemperaturen durch Umwelteinflüsse, wie z. B. starke Sonneneinstrahlung im Sommer vermieden. Auch sollte die Trinkwasserleitung kalt nicht durch Technikzentralen mit einer Temperatur > 25 °C verlegt werden (siehe auch Abschnitt 2.2).

Werden diese Punkte beachtet, ist eine unzulässige Erwärmung des Trinkwassers kalt (PWC) vor dem Eintritt in die Stockwerks- und Einzelzuleitungen nahezu ausgeschlossen; eine zusätzliche Zirkulation mit Kühlung des Trinkwassers kalt (PWC-C) ist somit nicht notwendig.

Stockwerks- und Einzelzuleitungen in der Vorwandinstallation sind wie bereits beschrieben ungedämmt zu verlegen. Hier wird eine möglichst rasche Abkühlung des Trinkwassers warm (PWH) auf Raumtemperatur durch den hygienekritischen Temperaturbereich zwischen 50 °C und 25 °C erreicht.

Die Trinkwasserleitung warm wird oben in der Vorwandinstallation als Reiheninstallation verlegt und von oben an die Verbraucher herangeführt, an deren Ende ein Verbraucher mit automatischer Spüleinrichtung sitzt, in diesem Fall das WC-Element mit PWC-/PWH-Spülfunktion. Die Trinkwasserleitung kalt wird untenliegend, nahezu über die Rohbetondecke verlegt und von unten an die Verbraucher über Doppelwandscheiben herangeführt. Die Trinkwasserleitung kalt (PWC) kann als Reihenleitung ausgeführt werden und ebenfalls an das WC-Element mit PWC-/PWH-Spülfunktion angeschlossen werden.

Die Warmwasserbereitung erfolgt zentral über einen Durchfluss-Trinkwassererwärmer (W) mit separaten Anschlüssen für Trinkwasser kalt (PWC), Trinkwasser warm (PWH) und Zirkulation für Trinkwasser warm (PWH-C). Um die bei der Erzeugung der Wärme mit fossilen Brennstoffen zur Verfügung stehende Brennwerttechnologie komplett zu nutzen und das gesamte Volumen für Trinkwasser warm (PWH) entscheidend zu reduzieren, ist es sinnvoll, einen Durchfluss-Trinkwassererwärmer (W) mit zwei Wärmetauschern zu verwenden.

Bei Nutzung von Energie für die Erzeugung von Trinkwasser warm (PWH) mit Hilfe einer Wärmepumpe darf der COP-Wert der Wärmepumpe nicht außer Acht gelassen werden. Wärmepumpen arbeiten mit einem wirtschaftlichen COP-Wert unterhalb einer Temperatur von 55 °C. Eine Möglichkeit, diese Energie ohne Nacherhitzung zu nutzen, ist die Kombination des Durchfluss-Trinkwassererwärmers (W) mit einer Ultrafiltrationsanlage (UFC-Anlage) bei gleichzeitiger Absenkung der Temperatur des Trinkwassers warm (PWH). Durch diese Absenkung können nicht nur Betriebskosten für die Bereitstellung von Trinkwasser warm (PWH) eingespart werden, sondern es kann in manchen Fällen z. B. sogar auf eine Enthärtungsanlage verzichtet werden. Dies macht zum einen die sinnvolle Nutzung regenerativer Energien möglich, zum anderen werden für den Nutzer der Trinkwasseranlage durch das geringere Temperaturniveau die Betriebskosten gesenkt (siehe auch Abschnitt 2.5).

Der Einsatz eines Controllers Typ „home“ bietet die Möglichkeit, Trinkwasseranlagen hygienisch sicher betreiben zu können. Mit Hilfe der Komponenten Controller Typ „home“, WC-Element mit PWC-/PWH-Spülfunktion (alternativ: Vorwandelement mit Funktionalarmatur eWaschtisch, Wand-Modul mit Funktionalarmatur eDusche), Kugelhahn mit Stellantrieb und einem integrierbaren Wohnungswasserzähler können Stagnation durch Abwesenheit und Nichtnutzung sowie Leckagen bei Abwesenheit detektiert werden (siehe auch Betrieb des TWMS unter Abschnitt 3.2.6). Somit werden größere Schäden an der Bausubstanz im Falle einer Abwesenheit der Mieter/Eigentümer deutlich reduziert.

Ein Controller Typ „home“ wird an einer zentralen Stelle eingebaut. Die in der Wohnung zur Abrechnung der Verbrauchskosten sowieso vorhandenen Wohnungswasserzähler werden „smart gemacht“. Dazu bekommen diese einen Aufsatz, der bei Verbräuchen Impulse kabelgebunden oder per Funk an den Controller Typ „home“ sendet. Der Controller Typ „home“ überwacht das Zeitintervall, nach dem eine Spülung durch das WC-Element mit PWC-/PWH-Spülfunktion nach detektierter Stagnation (=kein Volumenstrom im Wohnungswasserzähler, keine Impuls über den definierten Zeitraum) ausgeführt werden soll. Der Wohnungswasserzähler misst dabei das Gesamtvolumen der Spülung. Der Controller Typ „home“ vergleicht außerdem das Volumen mit der im für diesen Anwendungsfall festgelegten Spülvolumen. Bei Erreichen des festgelegten Spülvolumens wird die Spülung vom Controller beendet und der Vorgang wird in einer Protokolldatei gespeichert. Die protokollierten Parameter sind Tag, Stunde, Minute der Spülung sowie Spülvolumen.

Wird eine Wohnung im Mehrfamilienhaus über einen Zeitraum nicht genutzt (z. B. Urlaub, Nutzerwechsel) kann dem Controller Typ „home“ eine Nichtnutzung durch Programmierung einer Abwesenheit vorgegeben werden. Wird vom Wohnungswasserzähler nun ein Impuls gemeldet, d. h. es findet ein Verbrauch in der Nutzungseinheit statt, ohne dass jemand anwesend ist, so wird geprüft, ob eine automatische Spülung ausgelöst wurde. Ist dies nicht der Fall, so kann es sich nur um eine Leckage im Leitungsnetz nach dem Wohnungswasserzähler handeln und es wird ein Alarm ausgegeben. Im diesem Fall wird das vorhandene Absperrventil durch den Stellantrieb geschlossen und die Leckage wird anschließend in einer Protokolldatei dokumentiert.

3.4.2 Gebäude mit differenzierten Nutzungseinheiten

Die Trinkwasseranlage für solche Gebäude versorgt unterschiedliche Arten von Nutzungseinheiten. Abb. 3–77 zeigt einen Ausschnitt aus einem Gewerbe- und Wohngebäude mit einem Kindergarten im Erdgeschoss, einer Arztpraxis im ersten Obergeschoss sowie Wohnungen im zweiten Obergeschoss. Der Kindergarten zeichnet sich beispielhaft durch die Belegung der Nutzungseinheiten mit einer Reihenwaschtischanlage und einer Reihen-WC-Anlage aus. In der Arztpraxis sind einzelne Waschtische über die Sprechzimmer verteilt. Zusätzlich gibt es für Patienten und Personal eine gemeinsame Toilettenanlage. Bei den Wohneinheiten handelt es sich prinzipiell um den gleichen Aufbau, wie auch bei dem in Abschnitt 3.4.1 gezeigten Mehrfamilienhaus. Weitere Nutzungseinheiten in diesem Gebäude würden ähnlich aufgebaut sein und wären dann über separate Steigstränge für Trinkwasser kalt (PWC), Trinkwasser warm (PWH), Zirkulation für Trinkwasser warm (PWH-C), ggf. Zirkulation für Trinkwasser kalt (PWC-C) und Abwasser an den notwendigen Stellen im Gebäude versorgt.

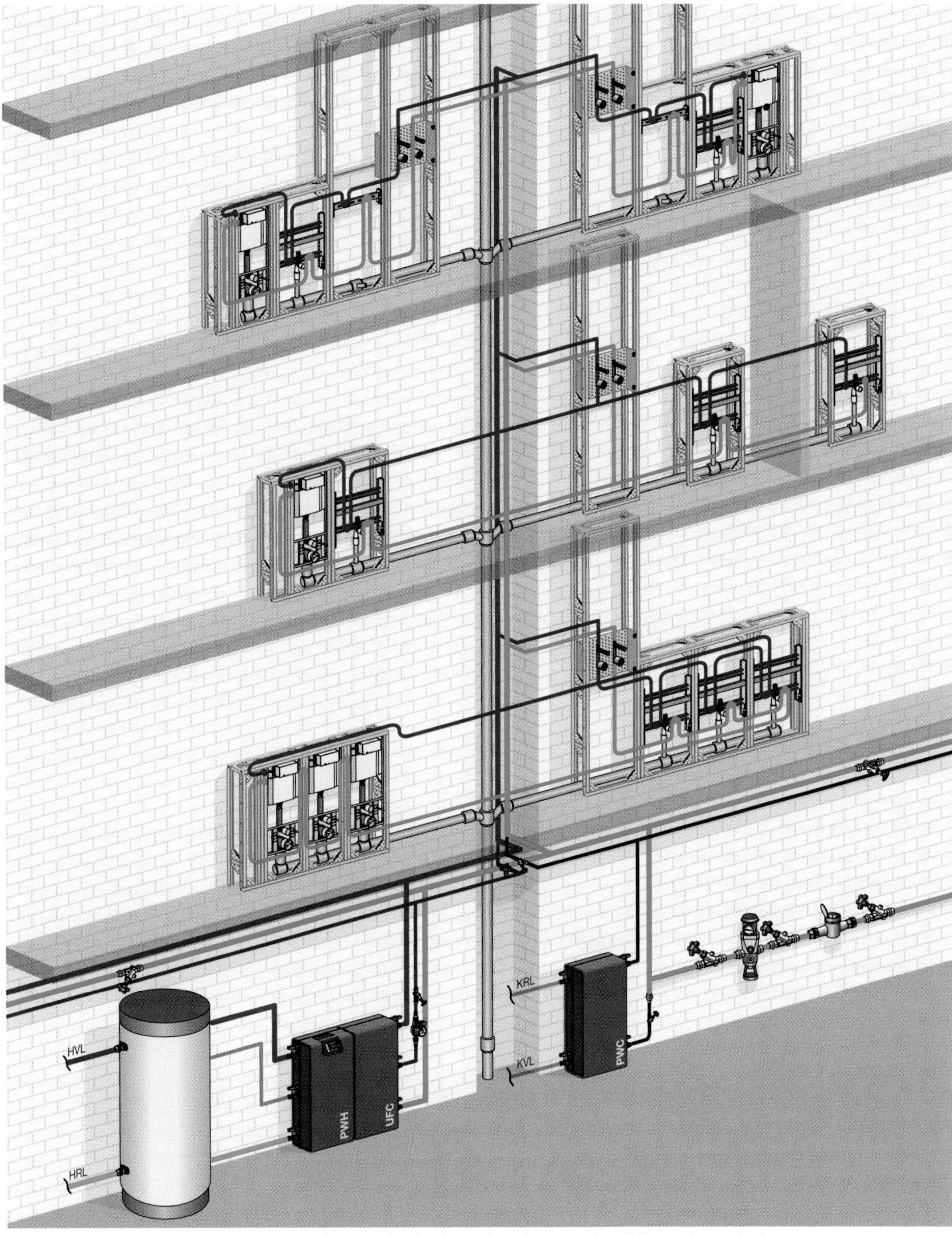

Abb. 3–77 Schematischer Aufbau der Installation in einem Mischgebäude mit Gewerbe und Wohnungen

Die Abb. 3–77 zeigt die grundsätzliche Verteilstruktur des Trinkwassers kalt (PWC) und Trinkwassers warm (PWH). In dieser Art von Gebäuden kann es vorkommen, dass aus Platzgründen oder Gründen vorhandener Architektur warm- und kaltgehende Leitungen in einem Schacht verlegt werden. Wie auch im Beispiel des Mehrfamilienhauses in Abschnitt 3.4.1 erfolgt die Dämmung der Leitungen gemäß EnEV mit Ausnahme der ungedämmten Leitungen in der Vorwandinstallation. Da die Leitung für Trinkwasser kalt (PWC) zusammen mit den warmgehenden Leitungen in einem Schacht geführt werden, ist es notwendig, eine Zirkulation für Trinkwasser kalt (PWC-C) einzubauen, um das Trinkwasser kalt (PWC) vor unzulässiger Erwärmung – insbesondere bei Stagnation in den Nachtstunden, in denen kein Trinkwasser kalt (PWC) entnommen wird – zu schützen.

Eine Ausführung der Zirkulation für Trinkwasser warm (PWH-C) und der Zirkulation für Trinkwasser kalt (PWC-C) ist als Inliner möglich, um den Schacht in seinen Abmessungen möglichst klein zu halten. In den Etagen werden die Leitungen für Trinkwasser kalt (PWC) und die Leitungen für Trinkwasser warm (PWH) als Reiheninstallationen ausgeführt und am letzten Verbraucher – dem WC-Element mit PWC-/PWH-Spülfunktion – ausgespült. In den Arztpraxen (1. OG) bietet es sich außerdem an, die Leitungen für Trinkwasser kalt (PWC) und Leitungen für Trinkwasser warm (PWH) an den Waschtischen der Sprechzimmer mit automatischen Armaturen auszuspülen. Sind die einzelnen Sanitärobjekte weit voneinander entfernt, macht es durchaus Sinn, zu lange Stockwerksleitungen mit T-Stücken in mehrere Reihenleitungen aufzuteilen, an deren Ende eine automatische Spüleinrichtung (WC-Element mit PWC-/PWH-Spülfunktion, automatische Waschtischarmatur oder sonstige Spülarmatur) sitzt. Die Warmwasserbereitung erfolgt – wie in Abschnitt 3.4.1 beschrieben – mit zentralem Durchfluss-Trinkwassererwärmer (W) und Ultrafiltrationsanlage bei Einsatz einer Wärmepumpe.

In Mischgebäuden bietet sich auf Grund der Größe der Trinkwasseranlage und der Vielzahl der eingebauten Komponenten der Einbau eines oder mehrerer TWMS-Controller Typ „business“ an. Dabei hängt die Anzahl der verbauten TWMS-Controller von der Größe der Trinkwasseranlage ab. Wie bereits in den Abschnitten 3.1.1 und 3.1.6 beschrieben, bieten mehr als ein TWMS-Controller den Vorteil der Redundanz, denn abhängig von der Räumlichkeit kann nicht jedes Bauteil zeitnah ersetzt werden, wenn eine Nutzungseinheit unzugänglich ist. In dieser Zeit kann dann die Funktion der einzelnen Komponenten durch die Controller in anderen Räumlichkeiten übernommen werden. Die Verlegung der Datenleitungen für die Systemkomponenten des TWMS erfolgt analog der Rohrleitungsführung und vernetzt so alle Einzelkomponenten im Gebäude. Ergänzt wird das TWMS durch weitere Sensorik, die sich beispielsweise in den Zirkulationsleitungen (z. B. Durchflusssensoren, Temperatursensoren), an dem Durchfluss-Trinkwassererwärmer (W) (z. B. Temperatursensoren), an den Köpfen der Steigstränge (z. B. Drucksensoren, Temperatursensoren) und am Hauseintritt (Temperatursensor, Drucksensor) befinden. Das TWMS erfasst die einzelnen Werte und steuert dadurch z. B. die Kühlung des Trinkwassers kalt (PWC), überwacht die Temperatur des Trinkwassers warm (PWH) – auch im abgesenkten Betrieb – und löst nutzungs- und bedarfsgerechte Spülungen aus. So können beispielsweise Ferienzeiten im Kindergarten, Urlaube und Wochenenden in den Arztpraxen, Abwesenheiten in den Wohnungen detektiert und Spülungen automatisch ausgelöst werden, um eine Verkeimung in den Nutzungseinheiten und eine rückwärtige Kontamination aus den Nutzungseinheiten in die restliche Trinkwasseranlage zu vermeiden.

3.4.3 Gebäude mit mehreren Bauteilen und vielen Nutzungseinheiten

Abb. 3–78 zeigt ein großes, verzahntes Gebäude mit vielen gleichen oder ähnlichen Nutzungseinheiten, z. B. ein Krankenhaus oder Hotel. Viele Nutzungseinheiten sind in einer Etage enthalten, vertikal liegen diese wiederum übereinander. Mehrere einzelne Gebäudebauteile sind über Flure oder zentral angeordnete Gebäudebauteile miteinander verbunden. Die Trinkwasseranlage für diese Gebäudeart versorgt also viele gleiche oder ähnliche Nutzungseinheiten in unterschiedlichen Gebäudebauteilen.
Die Verlegung und Dämmung der Rohrleitung in den Nutzungseinheiten erfolgt wie bereits in Abschnitt 3.4.1 und 3.4.2 beschrieben. Um eine Erwärmung des Trinkwassers kalt (PWC) zu vermeiden, werden die Steigstränge parallel zu den Abwasserfallsträngen verlegt, was sich besonders bei Bauten mit gleichem Grundriss in den Etagen einfach realisieren lässt. Die Leitungen für Trinkwasser warm (PWH) und die Leitungen für die Zirkulation des Trinkwassers warm (PWH-C) werden zusammen mit anderen

warmgehenden Leitungen in jedem Bauteil separat an einer zentralen Stelle vom Keller bis in die oberste Etage geführt. Von den Steigsträngen gehen in den Etagen die Leitungen für Trinkwasser warm (PWH) und die Leitungen für die Zirkulation des Trinkwassers warm (PWH-C) ab und werden in den Flurbereichen, in der in dieser Gebäudeart standardmäßig vorkommenden abgehängten Decken, weitergeführt. Das hat den Vorteil, dass die Stranganzahl niedrig gehalten und eine Komplexität im Trinkwassersystem vermieden wird, womit eine hygienisch beherrschbare Trinkwasser-Installation entsteht. Die Leitung für Trinkwasser warm (PWH) wird aus dem Flurbereich schließlich in die Nutzungseinheit geführt. Die Leitung für die Zirkulation des Trinkwassers warm (PWH-C) wird nicht bis in die Nutzungseinheit hineingeführt, sondern nach dem letzten Abgang einer Leitung für Trinkwasser warm (PWH) mit dieser im Flurbereich verbunden.

Um kleine Volumina und eine geringe Anzahl an Zirkulationskreisen (siehe Abschnitt 2.4.8 und 2.4.9) im Warmwassersystem, bestehend aus den Leitungen für Trinkwasser warm (PWH), Leitungen für die Zirkulation des Trinkwassers warm (PWH-C) und Trinkwassererwärmer, zu erhalten, wird jeweils ein separater zentraler Durchfluss-Trinkwassererwärmer (W) pro Gebäudebauteil eingebaut. Die in der Vergangenheit übliche zentrale Warmwasserbereitung wird also dezentral in mehrere zentrale Anlagen aufgeteilt.

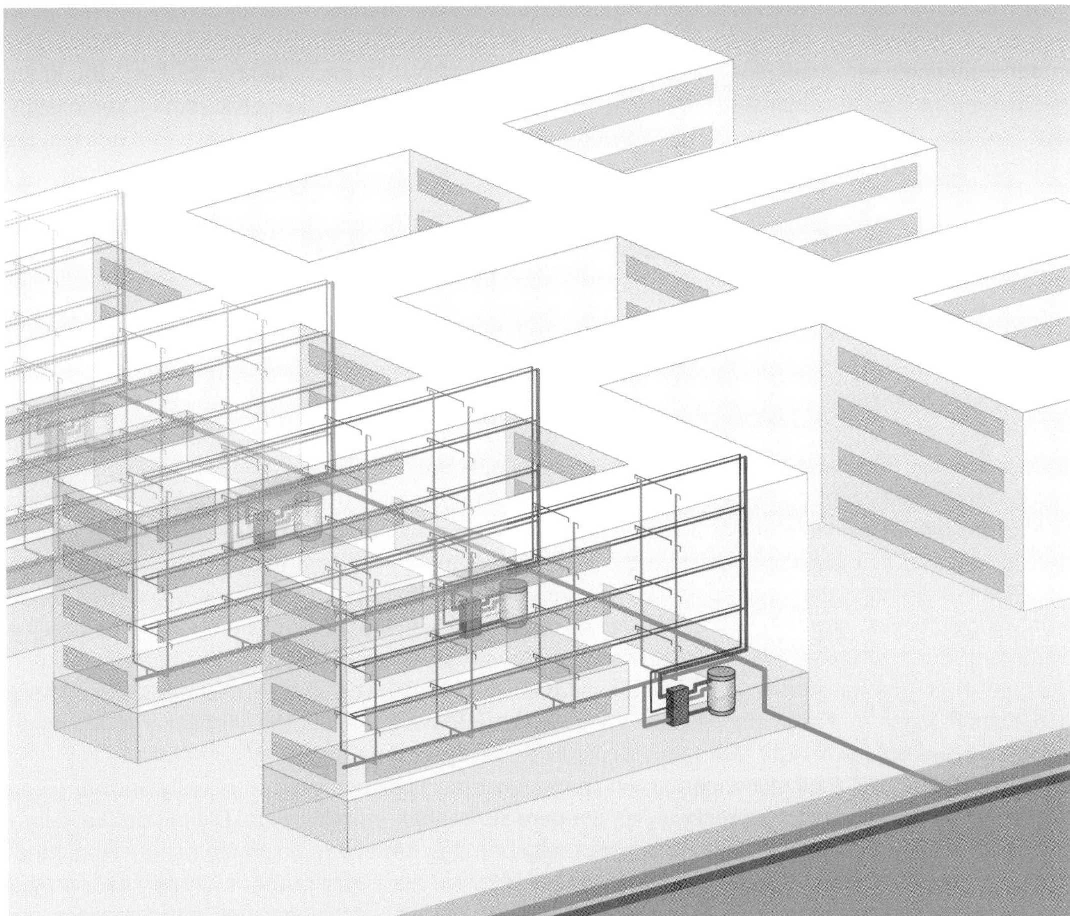

Abb. 3–78 Schematischer Aufbau der Installation in einem Gebäude mit mehreren Bauteilen und vielen Nutzungseinheiten

Wie bereits in den Abschnitten 3.4.1 und 3.4.2 beschrieben, kann unter Umständen auch hier eine Absenkung der Temperatur des Trinkwassers warm (PWH) durch Einbau einer UFC-Anlage erfolgen.

In großen Gebäuden mit mehreren Bauteilen bietet sich zur Steuerung und Regelung der Parameter zum Erhalt der Trinkwassergüte der Einbau mehrerer TWMS-Controller Typ „business" an. Ein Einbau eines oder mehrerer TWMS-Controller Type „business" je Etage – abhängig von der Größe der Etage – somit mehrere TWMS-Controller Typ „business" je Bauteil – ist allein wegen der Redundanz der Controller notwendig. Die Sensorik befindet sich wie bereits in Abschnitt 3.4.2 beschrieben zur Überwachung von Druck, Temperatur und Durchfluss an festgelegten Stellen in der Rohrleitung und wird analog zu den Ausstattungsgegenständen der Nutzungseinheit über ein durchgeschliffenes Kabel parallel zur Rohrleitung angebunden. Idealerweise sitzt das WC-Element mit PWC/PWH-Spülfunktion am Ende jeder Nutzungseinheit. Hierbei können auch elektronische Waschtisch- und Duscharmaturen oder auch elektronische Urinalsteuerungen genutzt werden, um Nutzungseinheiten durch Ausspülen hygienisch abzusichern. Durch die in einem solchen Gebäudetyp große Anzahl an elektronischen Verbrauchern können auch Gleichzeitigkeitsparameter programmiert werden, so dass in jedem Rohrleitungsabschnitt der bei der Planung zugrunde gelegte Spitzenvolumenstrom erreicht wird, wenn dieser über einen gewissen Zeitraum nicht durch entsprechende Sensorik detektiert worden ist. Die hierbei relevanten Volumenströme werden bei der ohnehin notwendigen Rohrnetzberechnung festgelegt und über die Schnittstelle von der Planungssoftware an die Betriebssoftware übergeben. Somit bildet die vorher softwaregestützte Planung des Gebäudes die spätere Basis für den hygienesicheren Betrieb der Trinkwasser-Installation. Elektronische Zirkulationsregulierventile regulieren die Temperatur in den Leitungen der Zirkulation des Trinkwassers warm (PWH-C) nach, denn von der Planung zur Ausführung kann es trotz Einhaltung des BIM-Prozesses noch zu Abweichungen kommen. Vervollständigt wird das TWMS-System noch durch elektronische Absperrarmaturen, die ggf. bei Rohrbruch die Leitung – angesteuert durch die bereits erwähnten TWMS-Controller Typ „business" – schließen.

3.5 Service für Trinkwasser-Installation 4.0

3.5.1 Allgemeines

Der bestimmungsgemäße Betrieb einer Trinkwasser-Installation nach Raumbuch ist sicherzustellen, wobei eine regelmäßige, sachkundige Instandhaltung (siehe hierzu auch DIN EN 806-5 [19], VDI 3810 Blatt 2 [37], DIN 31051 [79]) einer Trinkwasser-Installation die Voraussetzung für einen hygienisch unbedenklichen Betrieb ist. Die Instandhaltung beinhaltet Wartung, Inspektion, Instandsetzung und Verbesserung und ist für den Erhalt des betriebssicheren Zustandes notwendig. Wartung und Inspektion sind Vorsorgemaßnahmen, um vorbeugend einen Mangel ausschließen und Gefährdungen abwenden zu können. Die Inspektionen dienen zur Feststellung und Beurteilung des derzeitigen Zustandes der Trinkwasser-Installation. Aufgrund dessen können ggf. Maßnahmen zur vorbeugenden Abwendung von Mängeln gezielt ergriffen werden. Bei eingetretenen Mängeln ist eine Instandsetzung oder eine Sanierung durchzuführen. Unter Verbesserung versteht man Maßnahmen, die den hygienischen Zustand einer Trinkwasser-Installation verbessern (z. B. Rückbau, verbesserte Sicherungseinrichtungen, Einrichtungen zur Parametererfassung, Optimierung der Leitungsführung, verbesserte Dämmung von Leitungen etc.), nicht aber Maßnahmen, die zu einer Verbesserung des Komforts führen.

Die allgemeine Pflicht zur Instandhaltung von Trinkwasser-Installationen setzt nicht erst dann ein, wenn mit Verschleißerscheinungen zu rechnen ist, sondern sie besteht grundsätzlich. Die mit der Verkehrssicherungspflicht verbundenen Instandhaltungsaufgaben des Betreibers beginnen mit der Abnahme/Übergabe (Gefahrenübergang). Der Bestandsschutz ist laut Gesetzgeber immer nachrangig zum Gesundheitsschutz. Bereits bei der Planung müssen die Voraussetzungen geschaffen werden, um eine Instandhaltung im späteren Betrieb zu ermöglichen (z. B. Zugänglichkeit). Die entsprechenden Festlegungen müssen kontinuierlich über den Lebenszyklus des Gebäudes, insbesondere auch bei Änderungen an der Trinkwasser-Installation fortgeschrieben und ergänzt werden und gehen in das Betriebsbuch (siehe auch Abschnitt 2.1.3) über [1, 37]. Dabei ist die Wahrnehmung der Betreiberpflichten ein wesentlicher Beitrag zum Schutz vor Gesundheitsgefährdungen. Der Erhalt der Betriebssicherheit schützt vor Funktionsausfall der Trinkwasser-Installation und sorgt für entsprechende Rechtssicherheit.

3.5.2 Servicekonzepte

Technische Anlagen zur Unterstützung der Einhaltung des bestimmungsgemäßen Betriebes von Trinkwasseranlagen – wie das Trinkwasser-Management-System – müssen auf Grund der technischen Komplexität häufiger durch den Produkthersteller unterstützt werden als dies bei Produkten ohne oder mit nur geringer Komplexität der Fall gewesen ist. In Abb. 3-79 sind die Kernprozesse der zu leisteten Servicetechnik dargestellt, die ein Produkthersteller einer Trinkwasser-Installation 4.0 anbieten.

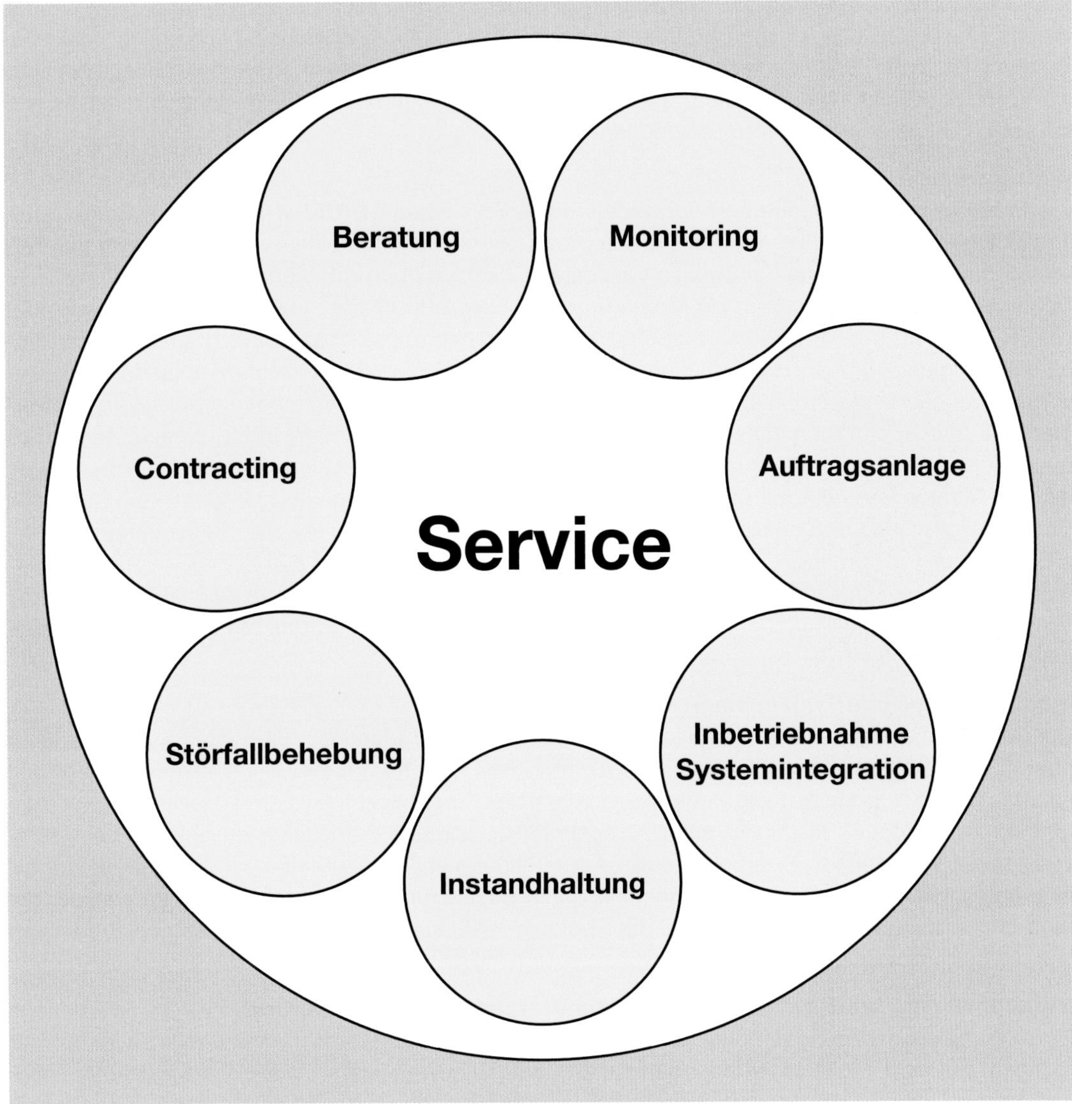

Abb. 3-79 Säulen des Servicekonzeptes für eine Trinkwasser-Installation 4.0

Monitoring
Im Idealfall sind die Managementsysteme zur Unterstützung der Einhaltung des bestimmungsgemäßen Betriebes als Ergänzung der eigenen Infrastruktur in einer Leitwarte des Produktherstellers aufgeschaltet. Sollte es zu Störungen kommen, werden diese online direkt gemeldet; bei entsprechender Vertragslage (siehe auch Instandhaltung) können seitens des Herstellers Handlungsbedarfe definiert werden und diese an eine hauseigene Hotline oder Beratung zur weiteren Bearbeitung weitergegeben werden. Ein Vorteil des Monitorings liegt darin, dass Daten an 365 Tagen 24 Stunden automatisch erfasst werden können.

Beratung/technische Hotline
Neben der Möglichkeit des Monitorings muss dem Betreiber einer technischen Anlage wie dem Trinkwasser-Management-System die Möglichkeit gegeben werden, an 24 Stunden, an 7 Tagen in der Woche eine technische Hotline/Beratung zur Kontaktaufnahme zu erreichen. Neben einer reaktiven Beratung kann hier durch den technischen Berater auch proaktiv eingegriffen werden, um aus der Leitwarte erzeugte Meldungen zu prüfen, spezifizieren und ggf. – wenn möglich – telefonisch zu klären und bei der Lösung problemspezifisch zu beraten.

Auftragsanlage
Die Erfassung der Meldungen erfolgt mittels eines ERP-Systems (CAFM-System mit Blockchain-Technologie) des Produktherstellers. Die sofortige Dokumentation in einem solchen System gewährleistet, dass die Einhaltung der Service-Qualitäten lückenlos überprüft werden kann. Die lückenlose Dokumentation kann wiederum als Nachweis gegenüber Dritten (z. B. Gesundheitsamt) verwendet werden, um der Verkehrssicherungspflicht bestmöglich nachzukommen. Ein Auftragstyp (Inbetriebnahme, Systemintegration, Instandhaltung, Störfallbehebung) kann damit direkt dem Kunden und Bauvorhaben zugeordnet werden. Der Hersteller stimmt Termine mit dem Betreiber der Anlage ab und verplant für die Ausführung dieser Arbeiten innerhalb von 24 Stunden entsprechend technisch qualifiziertes Personal. Auf Grund der Qualitätssicherung des Herstellers können die Arbeiten mit eigenen Mitarbeitern oder mit geschulten regionalen Partnern durchgeführt werden, ohne dass sich Unterschiede in der Leistungserbringung ergeben. Eine intelligente Logistik der benötigten Ersatzteile, z. B. Vorhaltung vor Ort oder Lieferung „overnight" an den Monteur oder in den Servicewagen des Monteurs ist Voraussetzung für ein funktionierendes Gewerk. Das Ziel ist es, die benötigten Ersatzteile mit der erforderlichen Qualität zum richtigen Zeitpunkt bereitzustellen und das mit möglichst geringem Logistikaufwand, auch für den Kunden.

Inbetriebnahme und Systemintegration
Der Produkthersteller begleitet den Betreiber eines Trinkwasser-Management-Systems von Anfang an über den gesamten Lebenszyklus der Anlagen. Auf der Basis individueller Kundenwünsche wird aus smarten Einzelkomponenten und Controllern ein Konzept für ein Gesamtsystem erstellt – stets vor dem Hintergrund geringer Investitionskosten, Anlagenoptimierung und Betriebskostensenkung, bei gleichzeitig hoher Verfügbarkeit. Hierbei ist eine exakte Planung und Konstruktion ein wichtiger Faktor für eine optimale Errichtung der Anlagentechnik. Nach Bauausführung bietet der Produkthersteller die Möglichkeit, mit qualifiziertem Personal das Trinkwasser-Management-System in Betrieb zu nehmen und die Systemintegration vorzunehmen.

Instandhaltung – Wartung, Inspektion, Instandsetzung und Verbesserung
Um eine optimale Nutzung, erhöhte Lebensdauer und eine hohe technische Verfügbarkeit komplexer Anlagen, wie dem Trinkwasser-Management-System, zu gewährleisten, bietet ein Produkthersteller Instandsetzung und Wartung an. Generell sind vor dem Hintergrund der Erhaltung von Betriebssicherheit und Kostenübersicht Instandhaltungsmaßnahmen zwingende Voraussetzung. Wartungsverträge gewährleisten dem Kunden eine dauerhafte Aufrechterhaltung der Funktionsfähigkeit technischer Anlagen; Störungen sind ausgeschlossen. Eine abgeschwächte Form sind Instandsetzungsverträge; hier könnte es in seltenen Fällen zu Störungen kommen.

Störfallbehebung

Sollte es zu dem unwahrscheinlichen Fall einer Störung kommen, so sollte der Produkthersteller qualifiziertes Personal vorhalten, um die Störung zu beseitigen. Eine Reaktionszeit von 24 Stunden darf nicht überschritten werden. Diese Kundendiensteinsätze können entweder durch regionale Servicestandorte des Produktherstellers, oder durch regional ansässige Dienstleister erbracht werden.

Contracting

Wie in der Energieversorgung bietet sich auch in der Trinkwasser-Installation ein Modell des Contractings an. In diesem Fall würde die gesamte Trinkwasseranlage durch den Produkthersteller nach Angaben des Betreibers geplant, gebaut, betrieben und schließlich nach Beendigung des Lebenszyklus zurückgebaut werden. Die komplette Infrastruktur der Trinkwasseranlage bleibt im Eigentum und in Verantwortung des Produktherstellers; die Instandhaltung verbleibt ebenso in der Verantwortung des Produktherstellers. Die Trinkwasseranlage wird auf dem Stand der allgemein anerkannten Regeln der Technik gehalten. Auch der Bezug und der Einkauf vom Wasserversorgungsunternehmen sowie die Bereitstellung an allen notwendigen Entnahmepunkten und die korrekte Verteilung auf dem Areal des Kunden obliegt dem Produkthersteller. Er übernimmt damit das Management für die Trinkwasseranlage. Abgerechnet gegenüber dem Kunden wird die Menge hygienisch einwandfreies aus der Trinkwasseranlage entnommenes Trinkwasser. Der Produkthersteller übernimmt in diesem Fall auch die Kommunikation mit dem Gesundheitsamt und dem Wasserversorgungsunternehmen.

4 Literatur- und Quellenangaben

[1] VDI/DVGW 6023 Blatt 1, Hygiene in Trinkwasser-Installationen – Anforderung an Planung, Ausführung, Betrieb und Instandhaltung, Beuth, Berlin, 04/2013.

[2] Trinkwasserverordnung, 01/2018.

[3] Gesetz zur Verhütung und Bekämpfung von Infektionskrankheiten beim Menschen (Infektionsschutzgesetz – IfSG), 07/2000.

[4] J. Falke, D. Susnjar, Rechtliche Würdigung der Empfehlungen und Leitlinien des Umweltbundesamtes am Beispiel der „Leitlinie zur hygienischen Beurteilung von Epoxidharzbeschichtungen im Kontakt mit Trinkwasser", Umweltforschungsplan des Bundesministeriums für Umwelt, Naturschutz und Reaktorsicherheit, Forschungsbericht 363 01 103, UBA-FB 000987, UBA 2007.

[5] Praxishandbuch, Sicherheit, Trinkwasser und Komfort im Systemverbund, 7. Auflage, Viega GmbH & Co. KG, 2016.

[6] S. Völker, S. Luther, T. Kistemann, Bundesweite Statusanalyse. Vorkommen von Legionellen in Trinkwasser-Installationen, IKZ Fachplaner 10/2015, S. 14-19.

[7] C. Schauer, Probenahmestrategie zur Identifizierung von Kontaminationsquellen – Legionellenbelastung höher als vermutet, TGA-Fachplaner, 08/2017, S. 16-20.

[8] Robert-Koch-Institut, RKI-Ratgeber für Ärzte, Legionellose, 2013.

[9] DVGW-Information Wasser Nr. 74, Hinweise zur Durchführung von Probenahmen aus der Trinkwasser-Installation für die Untersuchung auf Legionellen, DVGW, Bonn, 01/2012.

[10] M. Exner, Hygiene in Trinkwasser-Installationen – Erfahrungen aus Deutschland – Legionellen – Fachgespräch, 2009.

[11] K. Rühling, C. Schreiber, C. Lück, G. Schaule, A. Kallert, EnEff: Wärme-Verbundvorhaben, Energieeffizienz und Hygiene in der Trinkwasser-Installation, Schlussbericht, 2018.

[12] Robert-Koch-Institut, Richtlinie für Krankenhaushygiene und Infektionsprävention, Elsevier Urban & Fischer, München 2004.

[13] Erkenntnisse aus dem BMBF-Verbundprojekt „Biofilme in der Trinkwasser-Installation", Teilprojekt 1 (Leiter: Prof. Dr. Thomas Kistemann): Entwicklung und Evaluierung eines rationalen räumlich-zeitlichen Probenahme-Regimes zur effizienten und verlässlichen Erfassung, Beobachtung und Interpretation mikrobieller Kontaminationen in Trinkwasser-Installationen Version 2.1, Projektdauer: 01.10.2006 – 30.04.2010, Koordination: Prof. Dr. Hans-Curt Flemming.

[14] DVGW-Arbeitsblatt W 551, Trinkwassererwärmungs- und Trinkwasserleitungsanlagen; Technische Maßnahmen zur Verminderung des Legionellenwachstums; Planung, Einrichtung, Betrieb und Sanierung von Trinkwasser-Installationen, DVGW, Bonn, 4/2004

[15] DIN 1988-300, Technische Regeln für Trinkwasser-Installationen – Teil 300: Ermittlung der Rohrdurchmesser, Beuth, Berlin, 05/2012.

[16] DIN 1988-200, Technische Regeln für Trinkwasser-Installationen – Teil 200: Installation Typ A (geschlossenes System) – Planung, Bauteile, Apparate, Werkstoffe, Beuth, Berlin, 05/2012.

[17] C. Schauer, Ein unterschätztes Phänomen – Bestimmungsgemäßer Betrieb einer Trinkwasseranlage, SBZ, S. 70-75, 06/2018.

[18] L. Hall-Stoodley, J.W. Costerton, P. Stoodley, Bacterial Biofilms: From the natural environment to infectious deseases, Nature Reviews Microbiology, Vol. 2, 2004, S. 95-108.

[19] DIN EN 806-5, Technische Regeln für Trinkwasser-Installationen – Teil 5: Betrieb und Wartung, Beuth, Berlin, 05/2012.

[20] C. Schauer, Moderne Sanierungsmaßnahmen zur Wiederherstellung der Trinkwasserqualität – Teil 1, KTM Krankenhaus Technik Management, S. 43-46, 7-8/2014.

[21] DVGW-Arbeitsblatt W 556, Hygienisch-mikrobielle Auffälligkeiten in Trinkwasser-Installationen, Methodik und Maßnahmen zu deren Behebung, DVGW, Bonn, 12/2015.

[22] DVGW-Information WASSER Nr. 90, Informationen und Erläuterungen zu Anforderungen des DVGW-Arbeitsblattes W 551, DVGW, Bonn, 03/2017.

[23] C. Schauer, H. Köhler, T. Jakobiak, C. Wagner, Teurer Totalschaden – Sanierungskosten erreichen ungeahntes Ausmaß, SHT, S. 52-57, 10/2013.

[24] H. Köhler, Schleifen sind nicht immer „chic", SBZ, S. 40-43, 13/2014.

[25] W. Schulte, Moderne Bautechnik – Risiken für die Trinkwassergüte, IKZ Sonderheft Trinkwasserhygiene 2017, S. 14-21.

[26] H. Köhler, ATHIS Hygieneinspektionsstelle, Amberg, 2018.

[27] https://www.umweltbundesamt.de/themen/wasser/trinkwasser/trinkwasser-verteilen/bewertungsgrundlagen-leitlinien

[28] Umweltbundesamt (UBA), Leitlinie zur hygienischen Beurteilung von organischen Materialien im Kontakt mit Trinkwasser (KTW-Leitlinie), 07/2016.

[29] VDI/BTGA/ZVSHK 6023 Blatt 2, Hygiene in Trinkwasser-Installationen – Gefährdungsanalyse, Beuth, Berlin, 01/2018.

[30] H. Jäde, J. Hornfeck, Musterbauordnung – MBO 2012, C.H. Beck, München, 2. Auflage 2013.

[31] Vergabe- und Vertragsordnung für Bauleistungen – VOB, Beuth, Berlin, 2016.

[32] VDI 6028 Blatt 1, Bewertungskriterien für die Technische Gebäudeausrüstung – Grundlagen, Beuth, Berlin, 02/2002.

[33] DIN EN 1717, Schutz des Trinkwassers vor Verunreinigungen in Trinkwasser-Installationen und allgemeine Anforderungen an Sicherungseinrichtungen zur Verhütung von Trinkwasserverunreinigungen durch Rückfließen, Beuth, Berlin, 08/2011.

[34] DIN 1988-100, Technische Regeln für Trinkwasser-Installationen – Teil 100: Schutz des Trinkwassers, Erhaltung der Trinkwassergüte, Beuth, Berlin, 08/2011.

[35] DIN 1988-600, Technische Regeln für Trinkwasser-Installationen – Teil 600: Trinkwasser-Installationen in Verbindung mit Feuerlösch- und Brandschutzanlagen, Beuth, Berlin, 12/2010.

[36] DIN EN 806-4, Technische Regeln für Trinkwasser-Installationen – Teil 4: Installation, Beuth, Berlin, 04/2010.

[37] VDI 3810 Blatt 2, Betreiben und Instandhalten von gebäudetechnischen Anlagen – Sanitärtechnische Anlagen, Beuth, Berlin, 05/2010.

[38] VDI 6003, Trinkwassererwärmungsanlagen – Komfortkriterien und Anforderungsstufen für Planung, Bewertung und Einsatz, Beuth, Berlin, 08/2018.

[39] Umweltbundesamt (UBA), Systemische Untersuchungen von Trinkwasser-Installationen auf Legionellen nach Trinkwasserverordnung, 23. August 2012.

[40] DVGW-Arbeitsblatt W 557, Reinigung und Desinfektion von Trinkwasser-Installationen, DVGW, Bonn, 10/2012.

[41] Umweltbundesamt (UBA, Ratgeber: Trink was – Trinkwasser aus dem Wasserhahn, 06/2007.

[42] twin Nr. 09, Hygienisch sicherer Betrieb von Trinkwasser-Installationen, DVGW, Bonn, 01/2014.

[43] C. Schauer, Sicher ist sicher, weniger ist mehr – Die Leitsätze der Trinkwasserverordnung gelten nach der Überarbeitung umso mehr, IKZ Fachplaner, 09/2018, S. 34-37.

[44] Umweltbundesamt (UBA), Periodische Untersuchung auf Legionellen in zentralen Erwärmungsanlagen der Hausinstallation nach §3 Nr. 2 Buchstabe c Trinkwasserverordnung 2001, aus denen Wasser für die Öffentlichkeit bereitgestellt wird – Empfehlung des Umweltbundesamtes nach Anhörung der Trinkwasserkommission des Bundesministeriums für Gesundheit, Bundesgesundheitsblatt – Gesundheitsforschung – Gesundheitsschutz 49/2005, S. 697 – 700.

[45] VDI 2050 Blatt 1, Anforderungen an Technikzentralen – Technische Grundlagen für Planung und Ausführung, Beuth, Berlin, 11/2013.

[46] CEN/TR 16355, Empfehlungen zur Verhinderung des Legionellenwachstums in Trinkwasser-Installationen, 06/2012.

Vorwort Inhaltsverzeichnis

Strukturgeber Gebäudetechnik

Prozessziel Trinkwassergüte

Planung und Betrieb 4.0

Energieperformance

Rechtliche Herausforderungen

Index

[47] T. Kistemann, W. Schulte, K. Rudat, W. Hentschel, D. Häußerman, Gebäudetechnik für Trinkwasser, Springer-Verlag, Berlin, 2. Auflage, 2012.

[48] DIN EN 12831-1, Energetische Bewertung von Gebäuden – Verfahren zur Berechnung der Norm-Heizlast – Teil 1: Raumheizlast, Modul M3-3, Beuth, Berlin, 09/2017.

[49] Mitsubishi Electronic Europe B. V., Energieanalyse mit Elca World 1.0.6.0, 14.08.2018.

[50] Planerische Untergliederung in Funktionseinheiten – Trinkwasser-Anlage im Krankenhaus-Neubau wurde bis ins Detail hygieneoptimiert, IKZ Fachplaner, S. 2-6, 07/2017.

[51] F. Kasperkowiak, Auslegung nach DIN 1988-300 – Theorie und Praxis im direkten Vergleich, IKZ Sonderheft Trinkwasserhygiene, S. 56-59, 2013.

[52] DIN EN ISO 19458, Wasserbeschaffenheit – Probenahme für mikrobiologische Untersuchungen, Beuth, Berlin, 12/2006.

[53] H. Köhler, „Nicht nur nach Schema F – Standard-Beprobung führt nicht zu belastbaren Ergebnissen“, SBZ, 08/2017, S. 48-51.

[54] DVGW-Arbeitsblatt W 553, Bemessung von Zirkulationssystemen in zentralen Trinkwassererwärmungsanlagen, DVGW, Bonn, 12/1998.

[55] DIN 1988-3, Technische Regeln für Trinkwasser-Installationen – Teil 3: Ermittlung der Rohrdurchmesser, Beuth, Berlin, 12/1988, zurückgezogen.

[56] EnEV 2014, http://www.enev-online.com/enev_2014_volltext/enev_2014_verkuendung_bundesgesetzblatt_21.11.2013_leseversion.pdf

[57] DIN V 4701-10, Energetische Bewertung heiz- und raumlufttechnischer Anlagen – Teil 10: Heizung, Trinkwassererwärmung, Lüftung, Beuth, Berlin, 08/2003.

[58] DIN V 18599, Energetische Bewertung von Gebäuden – Berechnung des Nutz-, End- und Primärenergiebedarfs für Heizung, Kühlung, Lüftung, Trinkwarmwasser und Beleuchtung, Beuth, Berlin, 10/2016.

[59] M. Fraaß, Grunduntersuchung zum automatisierten Beimischverfahren, Beuth Hochschule für Technik, Berlin, 2018.

[60] http://www.bmu.de/fileadmin/bmu-import/files/pdfs/allgemein/application/pdf/hintergrund_meseberg.pdf

[61] https://www.umweltbundesamt.de/daten/klima/treibhausgas-emissionen-in-deutschland#text-part-1

[62] M. Hippelein, B. Christiansen, Hygienische Bewertung dezentraler Trinkwassererwärmer großer Appartementanlagen hinsichtlich mikrobiologischer Verunreinigungen und einer Legionellen-Kontamination, Zentrale Einrichtung Medizinaluntersuchungsamt und Hygiene, UKSH Kiel, Projektbericht Dezember 2016.

[63] Trinkwasserkommission (TWK) des Bundesministeriums für Gesundheit beim Umweltbundesamt, Ergebnisprotokoll, 15. Sitzung, 09.09.2017. zur Info https://www.umweltbundesamt.de/sites/default/files/medien/374/dokumente/twk_ergebnisprotokoll_15._sitzung.pdf

[64] Experten warnen – Legionellen in Wärmepumpen, Süddeutsche Zeitung, 4. Januar 2018 http://www.sueddeutsche.de/geld/experten-warnen-legionellen-in-waermepumpen-1.3811734

[65] Stellungnahme des Umweltbundesamt (UBA), Energiesparen bei der Warmwasserbereitung – Vereinbarkeit von Energieeinsparung und Hygieneanforderungen an Trinkwasser, September 2011.

[66] R. Suchenwith, Leitplanken für Modellprojekte, Stellungnahme des NLGA vom 29.09.2016.

[67] Günter Ropohl, Dimensionen und Erkenntnisperspektiven der Technik, in Allgemeine Technologie: Eine Systemtheorie der Technik – Verwendung des Technologiebegriffs, In: Anlehnung an die Definition von Technologie nach Ropohl, Universitätsverlag Karlsruhe, Karlsruhe, 3. Auflage, 2009, S. 32.

[68] A. S. Tanenbaum, M. van Stehen, Verteilte Systeme. Prinzipien und Paradigmen, It informatik, München, Reason Studium, 2008.

[69] opc-sa®, simplified architecture — eine verteilte Middleware (www.opc-sa.de)

[70] D. Kazakov, C. Bruce-Boye, A. Fechner, Plug&Play in AT mit Hilfe des Softwarebus LabMap, atp, S. 22-24, 03/2002.

[71] VDI-/VDE-Richtlinie 2657 Blatt 1, Middleware in der Automatisierungstechnik – Grundlagen, Beuth, Berlin, 01/2013.

[72] VDI-/VDE-Richtlinie 2657 Blatt 2, Middleware in der Automatisierungstechnik – Vorgehensmodell für den Middleware-Engineering-Prozess, Beuth, Berlin, 09/2016.

[73] R. Brehm, M. Redder, J. Menz, G. Flaegel, C. Bruce-Boye, A framework for a dynamic inter-connection of collaborating agents with multi-layered application abstraction based on a softwarebus, In: 10th international KES Conference for Intelligent Decision Technologies, Gold Coast Australia, 2018.

[74] R. Brehm, M. Redder, D. Kazakov, C. Bruce-Boye, Agentenbasierte Regelung von Energieflüssen in Verteilnetzen durch ein Softwarebussystem, In: Softwareagenten in der Industrie 4.0, De Gruyter, Oldenbourg, 1. Auflage, 2018.

[75] "Quality of Uni- and Multicast Services in a Middleware – LabMap Study Case", in Innovative Algorithms and Techniques in Automation, Industrial Electronics and Telecommuncations, Springer-Verlag, 2007, S. 89-94.

[76] J. Hanna, F. Nawaz, Cloud-basiertes Hygiene-Monitoring in Krankenhäusern – in Kooperation mit Betreibern, Laboren, Ingenieurbüros und dem Gesundheitsamt, WaBoLu, 25. Wasserhygienetage, Bad Elster, 08.-10. Februar 2017.

[77] T. Gutzke, Optimiertes Grundwasser-Monitoring durch IT-gestützte Messnetzoptimierung, In: gwf-Praxiswissen „Messen-Steuern-Regeln" – Band II, Oldenbourg Industrieverlag München, Oktober 2011, S. 62-71.

[78] VDI 6006, Druckstöße in Trinkwasserleitungen – Ursachen, Geräusche und Vermeidung, Beuth, Berlin, 11/2017.

[79] DIN 31051, Grundlagen der Instandhaltung, Beuth, Berlin, 09/2012.

Quellen der Abbildungen: Viega Technology GmbH & Co. KG, falls nichts anderes angegeben.

Energieperformance in Planung und Betrieb

Sebastian Herkel,

A. Oliva, J. Wapler

Das Thema Energie ist seit vielen Jahren ein entscheidender Treiber von Technologieentwicklung – motiviert vor allem durch den Klimawandel. Die Reduktion des Verbrauchs an fossilen Ressourcen gerade auch im Bereich der Wärmeerzeugung ist dabei ein wichtiger Hebel zum Erreichen der Ziele, die mit dem Pariser Abkommen von 2015 adressiert werden. Ziel ist die Begrenzung des Anstiegs der globalen Durchschnittstemperatur auf deutlich unter 2 °C über dem vorindustriellen Niveau, wenn möglich auf 1,5 °C über dem vorindustriellen Niveau. Dadurch sollen die Risiken und Auswirkungen des Klimawandels deutlich reduziert werden.

Um diese Ziele zu erreichen wurden in Deutschland für die Sektoren Verkehr, Industrie, Gewerbe Dienstleistung und Handel sowie Haushalte sektorbezogene Ziele vereinbart. Hinsichtlich dieser Ziele spielt der Gebäudebereich eine wichtige Rolle. Entsprechend verfolgt die Bundesregierung das Ziel, bis zum Jahr 2050 einen nahezu klimaneutralen Gebäudebereich zu erreichen. Es wird angestrebt, „dass die Gebäude nur noch einen sehr geringen Energiebedarf aufweisen und der verbleibende Energiebedarf überwiegend durch erneuerbare Energien gedeckt wird" [1]. Erreicht wird die Verminderung des CO_2-Ausstoßes durch ein gutes Wärmeschutzniveau der Gebäudehülle und einen passenden Energieträger- und Technikmix, über den die thermische Konditionierung der Gebäude erfolgt – bei akzeptablen Kosten. Ferner geht es um die Frage, wie der Gebäudesektor in seiner Rolle als Energieverbraucher und -erzeuger langfristig mit dem gesamten Energiesystem interagiert.

Die energetische Ertüchtigung der Gebäudehüllen der Bestandsgebäude ist ein wesentlicher Beitrag zum Erreichen dieser Ziele – ist aber aufgrund von Hemmnissen wie verteilten Investitionsentscheidungen nicht ausreichend. Der Umstellung der Wärme- und Kälteversorgung auf erneuerbare Energiequellen und -träger kommt daher eine zentrale Rolle zu. Die vier wesentlichen erneuerbaren Heizungstechnologien sind hierbei die Nutzung von Biomasse in Kesseln oder in kleinen KWK-Anlagen, die Solarthermie, die tiefe Geothermie und insbesondere Wärmepumpen. Die drei letzten Technologien – auch wenn sie in Fernwärmenetze einspeisen – profitieren in ihrer Effizienz von niedrigen Systemtemperaturen. Die sichere Bereitstellung von Trinkwasser stellt dabei eine Herausforderung dar.

Im Folgenden wird aufgezeigt, wie mit neuen Technologien und digital unterstützten Planungs- und Betriebsprozessen gesamtheitliche Lösungen aussehen, die sowohl dem Schutzziel Trinkwassergüte als auch dem Ziel einer hohen Energieeffizienz gerecht werden. Basierend auf der energiewirtschaftlichen Einordnung werden technologische Neuerungen der Wärmebereitstellung dargestellt und Methoden zur Planung und Betrieb energierelevanter Gewerke vorgestellt.

Inhalt

1 Sektorkopplung und Wärmewende

1.1 Klimaschutzziele

Die Transformation des Gebäudebestandes hin zu klimaneutralen Gebäuden ist eine zentrale Säule der von der deutschen Politik vorgezeichneten Klimaschutzstrategie. Das Hauptziel der Energiewende ist die Reduktion der Treibhausgase. Um das Emissionsziel von 2050 zu erfüllen, müsste Deutschland jährlich 2,8 % weniger CO_2 ausstoßen.

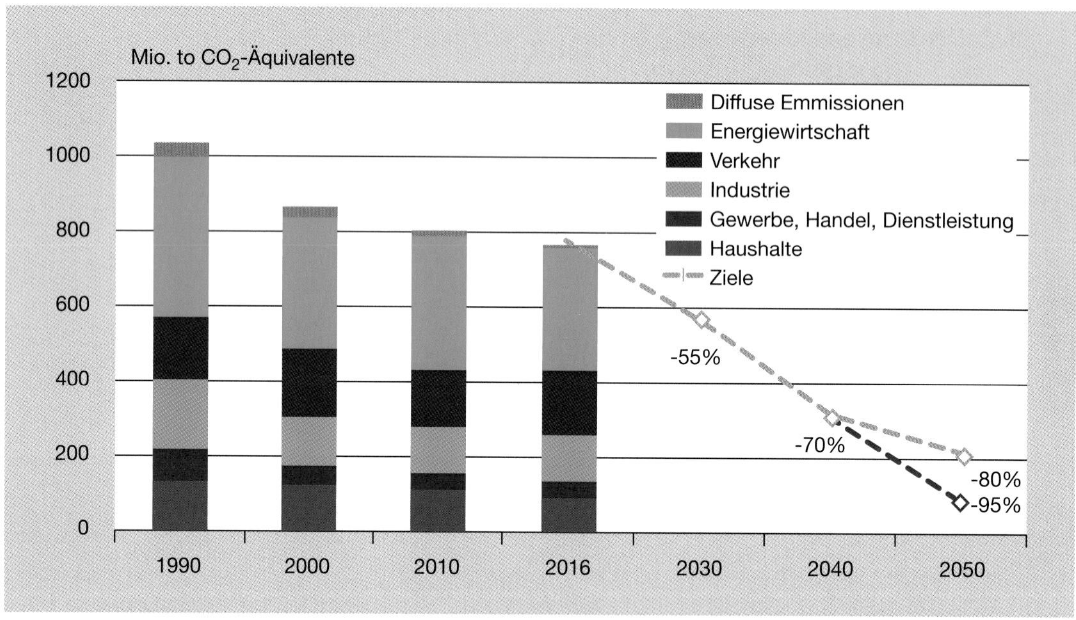

Abb. 4-1 Treibhausgas-Emissionen in Deutschland. Weiter dargestellt sind die langfristigen CO_2-Reduktionsziele gemäß den Plänen der deutschen Bundesregierung (Bezugsjahr 1990). Quelle: Fraunhofer ISE, Daten nach [3]

Im Eckpunktepapier Energieeffizienz formuliert das Bundesministerium für Wirtschaft und Energie: „Bis 2050 wollen wir einen nahezu klimaneutralen Gebäudebestand realisieren. Klimaneutral heißt, dass die Gebäude nur noch einen sehr geringen Energiebedarf aufweisen und der verbleibende Energiebedarf (Minderung des Primärenergiebedarfs um 80 % bis 2050) zum überwiegenden Teil durch erneuerbare Energien gedeckt wird.“ [4]. Die Veränderung des gesamten Energiesystems hat Konsequenzen für die Definition sinnvoller Ziele und Entwicklung notwendiger Pfade zur Steigerung der Energieeffizienz. Gebäude spielen in mehrfacher Hinsicht eine wichtige Rolle für die Energiewende. Eine effizientere Gebäudehülle reduziert den Nutzenergiebedarf, durch eine Umstellung der Wärme- und Kälteversorgung auf Erneuerbare Energie erfolgt eine Verminderung und durch größere Speicher erfolgt ein Beitrag zur Flexibilisierung der Stromversorgung. 2016 wurden 33 % des gesamten deutschen Endenergiebedarfs für Heizung und Warmwasser verbraucht, auf Warmwasser entfielen dabei 5 %, auf Raumwärme 27 % [3]. Im Sektor Haushalte betrug dieser Anteil sogar 85 % (15 % Warmwasser, bzw. 70 % Raumwärme). Je nach Annahmen über die Entwicklung der Kosten für die Sanierung ergibt sich in den meisten Szenarien zur Entwicklung ein Zielkorridor für die Minderung des Heizwärmebedarfs aller Gebäude um 40 bis 60 % bis 2050 [5]. Der Wärmesektor stellt demnach ein zentrales Handlungsfeld der Energiewende dar.

Regulativer Rahmen und Steuerungsinstrument zum Erreichen der Ziele im Gebäudesektor sind zum einen auf Europäischer Ebene die Energy Performance in Buildings Directive (EPBD) sowie auf nationaler Ebene die Energieeinsparverordnung (EnEV), die durch das Gebäudeenergiegesetz (GEG) abgelöst wird [6].

1.2 Gebäude und Wärmeerzeuger - Bestand und Entwicklung

Der Bestand an Gebäuden, die Entwicklung des Sanierungszustands der Gebäude und der Struktur der Wärmeversorgungssysteme sind wichtige Grundlagen, um zum einen aktuelle Trends zu identifizieren. Zum anderen lassen sich auf dieser Basis mögliche zukünftige Entwicklungen abzuschätzen und Marktpotenziale identifizieren.

1.2.1 Wohngebäude

Basisjahr für die Darstellung des Gebäudebestandes ist das Jahr 2016. Nach [8] gab es in Deutschland zum Jahresende 2016 18,8 Mio. Wohngebäude, hiervon über 21.000 Wohnheime. Der Gebäudebestand in Deutschland ist dominiert von Ein- und Zweifamilienhäusern (EFH, RH). Diese Gebäude haben mit einer Anzahl von ca. 15,7 Mio. einen Anteil von 83 % am Gebäudebestand und 60 % an der gesamten Wohnfläche, allerdings befinden sich in diesen Gebäuden nur ca. 47 % der Wohneinheiten. Bis 2050 wird in allen betrachteten Szenarien trotz einer sinkenden Bevölkerung eine Zunahme der Wohnfläche in Deutschland erwartet. Dies liegt insbesondere an einer steigenden Wohnfläche pro Person, die vor allem auf immer kleinere Haushalte zurückzuführen ist. In den vergangenen Jahren hat die Anzahl der Ein- und Zweipersonenhaushalte stark zugenommen und es wird erwartet, dass dieser Trend anhält.

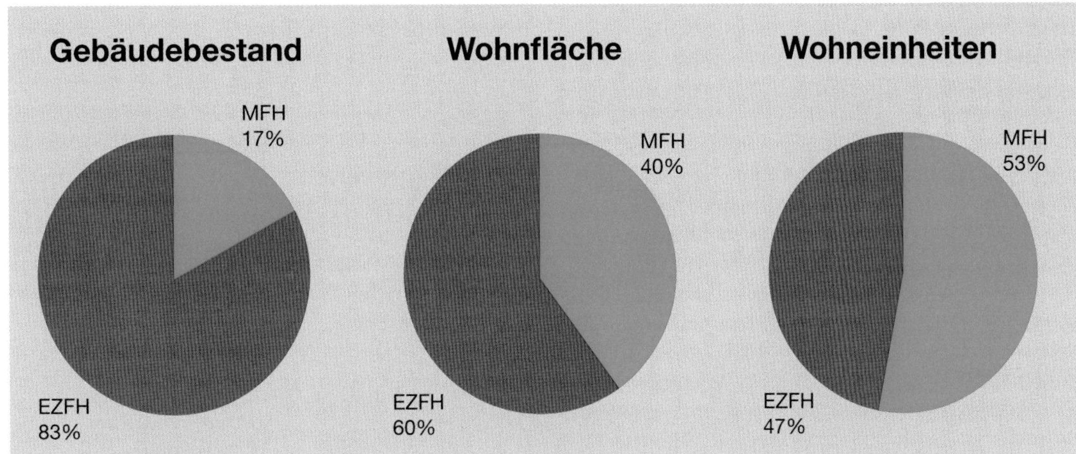

Abb. 4-2 Struktur des Wohngebäudebestands (ohne Wohnheime) in Deutschland bezüglich Anzahl der Gebäude (links), Wohnfläche (Mitte) und Anzahl der Wohneinheiten (rechts). Quelle: [7] und [8]

Neben der Entwicklung der absoluten Wohn- und Nutzflächen in Deutschland ist auch die Entwicklung des energetischen Standards der Gebäude und damit die Sanierungsrate und -tiefe/-qualität essenziell für die Erreichung der langfristigen Klimaschutzziele. Die aktuelle Sanierungstätigkeit lag im Zeitraum von 2010 bis 2016 bei rund 1 % bezogen auf alle Wohngebäude, bezogen auf Altbauten bis Baujahr 1978: bei 1,43 %. Der Gesamtsanierungstand lag bei 34 % [7]. Die Sanierungstätigkeit ist insbesondere bei Wohnungsunternehmen deutlich höher als bei privaten Eigentümern oder Wohnungseigentümergemeinschaften.

Die Techem Energy Services GmbH veröffentlicht jährlich einen Bericht über die Entwicklung des Energieverbrauchs und des energetischen Zustands der von ihr verwalteten/ betreuten Mehrfamilienhäuser [9]. Die detaillierten Auswertungen im Bereich der Mehrfamilienhäuser zeigen, dass in vielen Gebieten Deutschlands noch erheblicher Sanierungsbedarf besteht. Nur etwa 17 % bis 35 % der Mehrfamilienhäuser haben einen energetischen Stand entsprechend der EnEV 2002 oder besser und bis zu zwei Drittel des MFH-Bestands der von der Techem Energy Services GmbH betreuten Gebäude haben einen energetischen Stand entsprechend der Wärmeschutzverordnung (WSVO) von 1977/78 oder schlechter.

1.2.2 Wärmeversorgungsanlagen

Bei den Systemen der Wärmeversorgung gibt es große Unterschiede zwischen Ein- und Zweifamilienhäusern sowie Mehrfamilienhäusern (Abb. 4–3) [7]. In Einfamilienhäusern und Reihenhäusern dominieren Zentralheizungen, die einen Anteil von 90 % haben. Fernwärme spielt mit < 4 % eine untergeordnete Rolle. Im Gegensatz dazu hat Fernwärme mit 19 % an den Heizungen der Mehrfamilienhäuser einen wichtigen Anteil, ebenso die Wohnungs- und Etagenheizung mit 14 %. Den größten Anteil haben allerdings auch bei den Mehrfamilienhäusern Zentralheizungen mit 57 %. Häufigste Energieträger sind nach wie vor die fossilen Energieträger Erdgas, Erdöl und Kohle mit 81 % in Einfamilienhäusern und 75 % in Mehrfamilienhäusern. Die Trinkwasserbereitung erfolgt in den Mehrfamilienhäusern des Bestandes zu zwei Drittel zusammen mit den Heizungssystemen, in rund einem Drittel werden hierfür eigenständige Systeme verwendet.

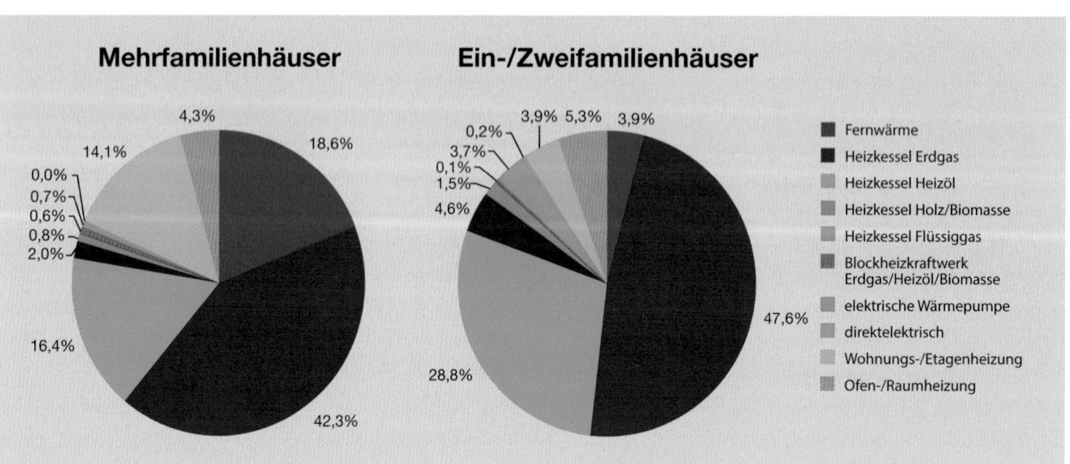

Abb. 4–3 Anteil der Heizungssysteme in Wohngebäuden in Deutschland aufgegliedert nach Mehr- und Ein-/Zweifamilienhäusern in 2016. Eigene Darstellung nach [7]

Der Umstieg auf andere, nicht fossil gefeuerte Wärmeversorgungsanlagen ist bei den Neuinstallationen in den letzten Jahren sehr deutlich zu sehen. Insbesondere Wärmepumpen sind in den vergangenen Jahren vor allem in neuen Ein- und Zweifamilienhäusern eingebaut worden. Ihr Absatz ist von rund 57.000 Stück pro Jahr im Jahr 2015 auf fast 80.000 im Jahr 2017 gestiegen, womit der Gesamtbestand auf annähernd 800.000 Anlagen im Jahr 2017 gestiegen ist (vgl. [2]). Während in den Gebäuden vor 2009 über 80 % mit fossiler Feuerung arbeiten, ist dieser Anteil bei den neuen Gebäuden auf unter 45 % gefallen (Abb. 4–4). Die Modernisierungsraten der Wärmeverteilung für Warmwasser bzw. Heizung liegen im Zeitraum zwischen 2010 und 2016 in der Größenordnung von 1,5 %/a (alle Wohngebäude) bzw. 1,9 %/a (Altbauten) und damit über den Modernisierungsraten der Gebäudehülle, jedoch unter den Raten der Erneuerung der Wärmeerzeuger (> 3 %). Dies spiegelt sich auch in der leichten Verschiebung hin zu Niedertemperaturheizsystemen, bei denen erneuerbare Energien einfacher und effizienter eingebunden werden können, wider, wobei Hochtemperaturheizsysteme immer noch in 77 % aller Gebäude existieren.

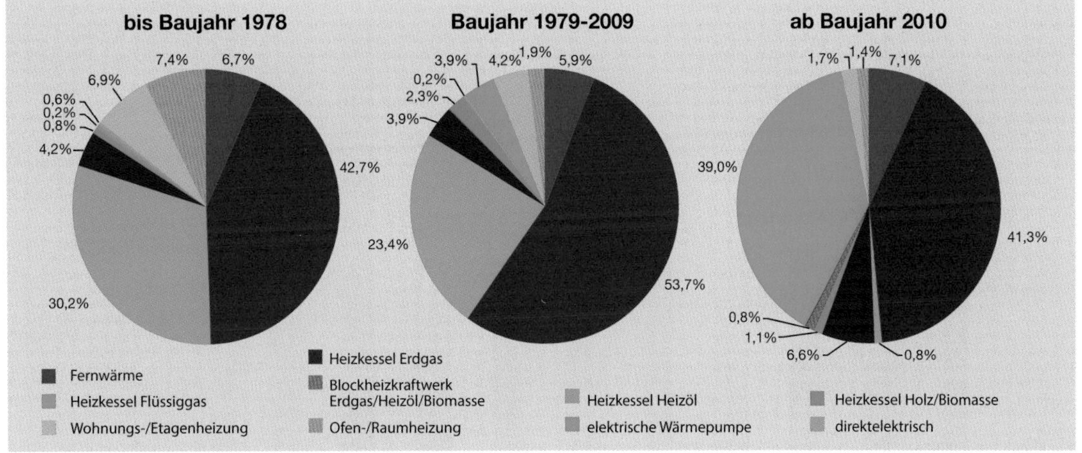

Abb. 4–4 Anteil der Heizungssysteme in Wohngebäuden in Deutschland aufgegliedert nach Baualtersklassen. Eigene Darstellung nach [7]

1.3 Sektorale Zusammenhänge in zukünftigen Energiesystemen

Zukünftige Entwicklungen lassen sich aus bisherigen Entwicklungen und Trends ableiten. Eine weitere Methode, um ein Verständnis für zukünftige Entwicklungen zu gewinnen sind Szenarien. Szenarien geben keine Auskunft über zukünftige Entwicklungen, sie können aber Aufschluss geben über Zusammenhänge innerhalb eines Systems in Abhängigkeit von gewählten Parametern. Die Wechselwirkung zwischen den verschiedenen Sektoren des Energiesystems lässt sich in techno-ökonomischen Energiesystem-Modellen abbilden. Daraus können Szenarien für die Entwicklung des zukünftigen Energiesystems abgeleitet werden. Aufgrund der Komplexität der Wechselwirkungen und der Vielzahl der unterschiedlichen Annahmen ist ein stringenter Vergleich der Szenarien zu möglichen Entwicklungen im Energiesystem schwierig. In diesem Abschnitt werden deshalb unterschiedliche denkbare Systementwicklungen mit dem immer gleichen Energiesystemmodell betrachtet, um gezielt den Einfluss zentraler Randbedingungen untersuchen zu können. So wird beispielsweise deutlich, welche Auswirkung unterschiedliche Zielwerte für die CO_2-Emissionensreduktion auf die Entwicklung des Gesamtsystems bis 2050 haben können. Der Fokus der Analyse liegt hierbei auf Deutschland und der Verwendung von nationalen Ressourcen und Ausgestaltungsoptionen zum Beispiel in Bezug auf den Ausbau von erneuerbaren Energien – es können im Modell also keine erneuerbaren Energien in Form von Brenn- oder Kraftstoffen importiert werden. Für diese Untersuchung wurde das Energiesystemmodell REMod-D verwendet [10], [11]. Es erlaubt die Modellierung der kompletten Energieversorgung mit einer zeitlichen Auflösung von Stunden unter Einbeziehung aller Verbrauchssektoren, der Stromerzeugung und der Speicherung. So lässt sich Sektorkopplung abbilden – hier verstanden als direkte oder indirekte Nutzung von Strom in heute im Wesentlichen durch Brenn- oder Kraftstoffe dominierten Nutzungsbereichen (Sektoren).

In einem ersten Schritt werden die Entwicklung des Gesamtenergiesystems und insbesondere die Auswirkungen auf die Sektorkopplung in Abhängigkeit vom CO_2-Reduktionszielwert dargestellt. Hierzu werden in den Modellrechnungen CO_2-Minderungswerte von -60 %, -75 %, -85 % und -90 % im Jahr 2050 gegenüber dem Bezugswert im Jahr 1990 vorgegeben. Details der getroffen Annahmen zur technologischen Entwicklung und von Investitionskosten werden in [12] dargestellt.

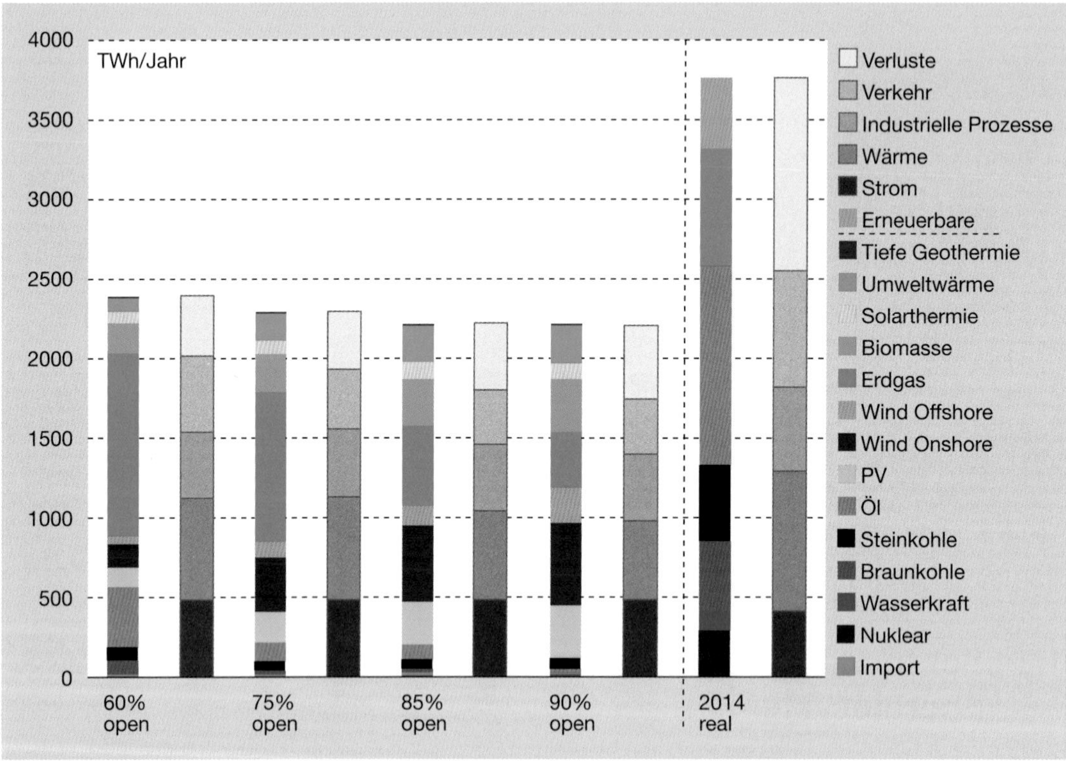

Abb. 4-5 Primärenergiebedarf in 2050

Die Modellrechnungen lassen einige zentrale Schlussfolgerungen zu. Wind und PV bilden das mengenmäßige Rückgrat der Stromerzeugung, und zwar umso mehr, je ambitionierter die Klimaschutzziele sind. Ein umfangreicher Ausbau von Wind und PV ist eine Grundvoraussetzung für die Energiewende. Die installierte Leistung von flexiblen konventionellen thermischen Kraftwerken ist deutlich weniger vom CO_2-Ziel abhängig, die erzeugte Energie allerdings sehr. Für längere Phasen mit nicht ausreichendem Strom aus PV und Wind – also Situationen, in denen auch alle Kurzzeitspeicher erschöpft sind („Dunkelflauten") – ist eine große Back-up-Kapazität für die Stromerzeugung notwendig. Lokaler Erzeugung kommt zwar eine wesentlich größere Bedeutung zu, für die Versorgungssicherheit sind jedoch weiterhin zentrale Versorgungskapazitäten und eine großräumige Vernetzung aus Kostengründen geboten.

Nachfolgend werden Umfang und Ausprägung der Sektorkopplung dargestellt. Sektorkopplung wird dabei als direkte oder indirekte Nutzung von Strom in heute im Wesentlichen durch Brenn- oder Kraftstoffe dominierten Nutzungsbereichen (Sektoren) definiert. Mit der Verwendung von Strom für Wärmebereitstellung und Verkehr steigt in den Szenarien die Stromnachfrage insgesamt stark an. Dies geschieht umso mehr, je höher die CO_2-Minderung ist. Bei sonst gleichen Randbedingungen steigt die Stromnutzung von rund 660 TWh (Minderung um 60 %) auf über 1.150 TWh (Minderung um 90 %). Während die direkte Stromnutzung für Wärmepumpen und im Verkehr zwischen 75 % Minderung und 90 % Minderung kaum noch zunimmt, steigt die indirekte Stromnutzung – also die Stromnutzung für die Herstellung synthetischer Brenn- und Kraftstoffe – sichtbar an. Im Szenario 90 % CO_2-Minderung wird mehr als die Hälfte des Stroms für Techniken der Sektorkopplung verwendet. Die Technologien stellen somit eine wichtige Puffer- beziehungsweise Speicherfunktion für Strom dar, der von PV- und Windkraftanlagen tageszeitabhängig beziehungsweise wetterbedingt erzeugt wird.

Bei der Wärmeversorgung von Gebäuden zeigt sich mit Zunahme der CO_2-Minderung eine deutliche Entwicklung von brennstoffbasierten Techniken hin zu Wärmepumpen. Während bei 60 % Minderung noch Ölkessel Teil der Versorgung sind und Gaskessel noch rund 30 Prozent aller Heizungsanlagen ausmachen, sind bei 90 % Minderung Ölkessel nicht mehr Teil der techno-ökonomisch optimierten Lösung und Gaskessel nur noch zu einem sehr kleinen Anteil. Entsprechend steigt der Anteil elektrischer Wärmepumpen. Bei den elektrischen Wärmepumpen dominieren bei sonst gleichen Randbedingungen immer Luftwärmepumpen, außer bei Minderung um 90 %. Wärmenetze decken in allen durchgeführten Modellrechnungen eine größere Anzahl an Gebäuden ab als dies heute der Fall ist. In Abhängigkeit von den betrachteten CO_2-Reduktionszielen verändert, wächst der Anteil solarthermisch erzeugter Wärme – insbesondere auch zur Einspeisung in Fernwärmenetze. Techniken wie Solarthermie, Biomasse und Geothermie können erhebliche Beiträge leisten, die der Erreichung der CO_2 -Reduktionspotenziale dienen.

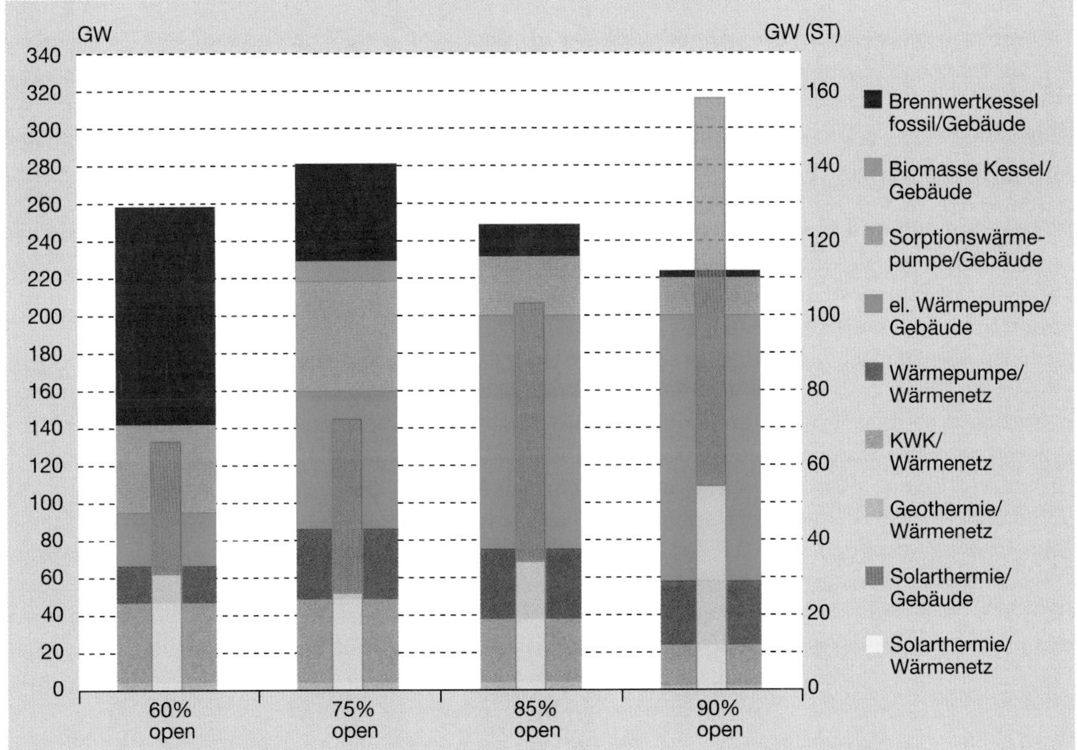

Abb. 4-6 Installierte Leistung Wärme in den Szenarien -60 %,-75 %, -85 % und -90 % CO_2-Minderung [12]

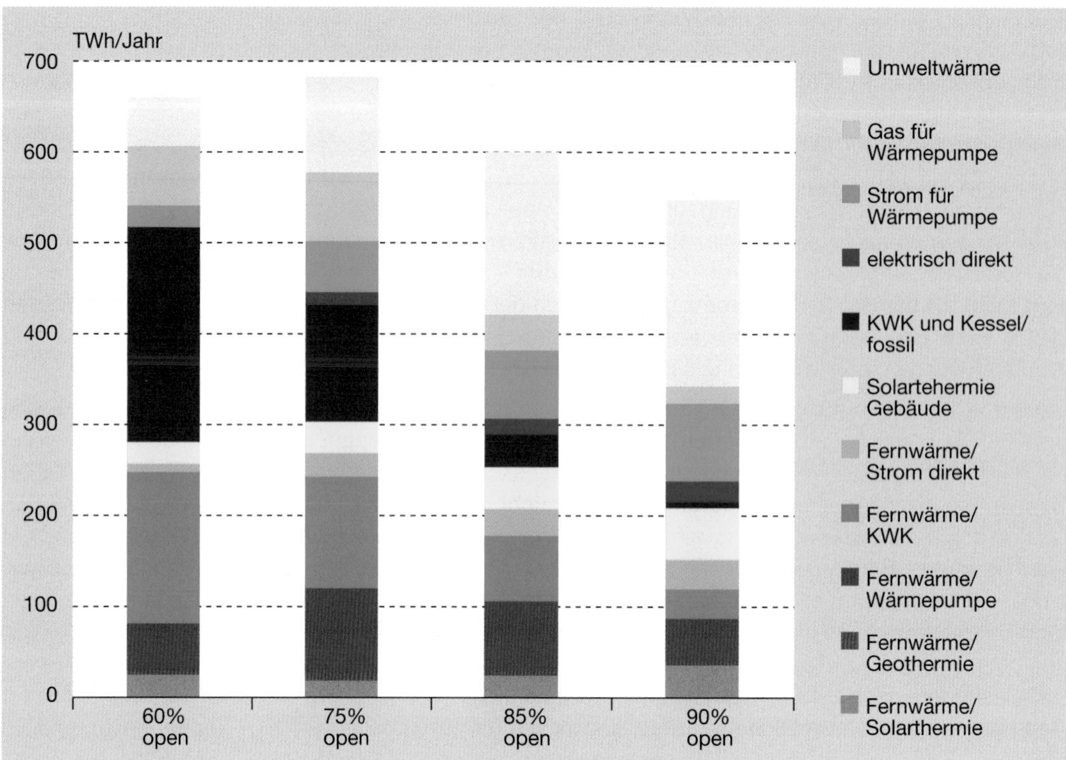

Abb. 4-7 Wärmelieferung nach Technologien für ausgewählte Szenarien [12]

Die Modellresultate zeigen deutlich, dass die Energiewende mit einer starken Reduktion der Nutzung fossiler Brennstoffe einhergeht und mit einem starken Ausbau der erneuerbaren Energietechnologien Wind und Solaren Systemen. Gleichzeitig erfolgte eine wesentlich stärkere Kopplung der Verbrauchsbereiche Verkehr, Wärme und Industrie mit dem Stromsektor. Die Sektorkopplung (mit Kopplungstechnologien wie Wärmepumpen, Elektrofahrzeugantrieben und Elektrolyseuren) wird umso wichtiger, je ambitionierter die CO_2-Reduktionsziele sind. Ohne eine stärkere Kopplung der Sektoren Strom, Wärme und Verkehr würde das Erreichen der angestrebten Klimaschutzziele nur erreicht werden mit einer erheblichen Verbrauchsreduzierung bei gleichzeitig höheren Importen von Ökostrom oder Importen von Biomasse oder synthetischen Kraftstoffen aus Ländern mit einem viel höheren Potenzial für die Nutzung erneuerbarer Energien.

Ist in den Szenarien eine Kopplung zwischen dem Sektor Verkehr und den installierten Wärmeerzeugern erkennbar – wenn die verbleibenden fossilen Brennstoffe oder Erdgas im Verkehrssektor genutzt werden müssen, wird die Rolle der erneuerbaren Heiztechnologien zunehmen. Im Stromsektor sind erneuerbare Energietechnologien wie Photovoltaik und Windkraftanlagen die Haupttreiber der gesamten Stromerzeugung, KWK-Anlagen und Gaskraftwerke bleiben eine wichtige Säule der Versorgungssicherheit bei deutlich geringeren Volllaststunden als heute. Mit den Gaskraftwerken als Back-up-Kraftwerke und den KWK-Anlagen als Bindeglied zwischen der Stromwirtschaft und der Wärmeversorgung über Wärmenetze bleibt eine Vielzahl flexibler Kraftwerke im System. Je nach Bedarf werden KWK-Anlagen mit Wärme oder Strom betrieben. Im Wärmesektor zeigen alle Berechnungen einen hohen Anteil an Strom basierten Heizsystemen. Die Wärmezufuhr kann in Verbindung mit Wärmespeicherung (oder in Kombination mit Batteriespeicher) flexibler gestaltet werden. Techniken wie Solarthermie, Biomasse und Geothermie können einen wesentlichen Beitrag zur Erreichung der Ziele zum Schutze des Klimas leisten.

2 Low-Ex Technologien zur Wärmeerzeugung

2.1 Low-Ex – Wärmeerzeuger mit geringem Exergieaufwand

Fossile Brenner werden zunehmend von Wärmeerzeugern auf Basis von erneuerbaren Energien abgelöst. Neben dem Einsatz der Biomasse zur direkten Verbrennung in Kesseln oder dem Einsatz in mit Biogas betriebenen Kraft-Wärme-Kopplungs-Anlagen sind dies die Nutzung der Umgebungswärme mit Wärmepumpen und solarthermische Kollektoren. Die beiden letzteren Systeme erreichen insbesondere dann gute Wirkungsgrade, wenn sie mit geringen Temperaturdifferenzen zur Umgebungstemperatur betrieben werden können. Dabei wird wenig Exergie benötigt, daher der Name „Low-Ex". Im Folgenden werden technische Entwicklungen und ausgewählte Technologien vorgestellt.

2.2 Photovoltaisch-Thermische (PVT)-Kollektoren

PV-Module wandeln aktuell je nach Zelltechnologie zwischen 15 % und 20 % des eintreffenden Solarlichts in elektrische Energie. Ein Großteil des solaren Spektrums bleibt ungenutzt und geht dabei als Wärme verloren. Es liegt daher nahe, diese Wärme zu nutzen, indem sie an ein Fluid abgeführt wird, welches für thermische Prozesse wie die Erwärmung von Trinkwasser oder zur Beheizung von Gebäuden genutzt werden kann. Dadurch werden eine deutliche Steigerung des Gesamtnutzungsgrades und eine optimierte Flächennutzung erzielt. Allerdings haben die photovoltaische und solarthermische Nutzung teilweise gegensätzliche Anforderungen. In der Regel weisen PV-Zellen in ihrer Leistungscharakteristik einen negativen Temperaturkoeffizienten auf. Dies bedeutet, dass die Photovoltaik bei geringeren Temperaturen effizienter arbeitet. Obwohl gleiches auch für thermische Kollektoren gilt und diese zur effizienten Erzeugung von Ertrag niedrige Fluidtemperaturen bevorzugen, arbeiten diese typischerweise bei Temperaturen zwischen 40 °C und 80 °C, um das Temperaturniveau der Anwendung, z. B. Trinkwassererwärmung, effektiv zu bedienen.

Auf Grund dieser physikalischen Zusammenhänge werden PVT-Kollektoren entweder auf eine hohe Strom- oder einer hohe Wärmeerzeugung optimiert. Analog zur Terminologie der Kraft-Wärme-Kopplung, können PVT-Kollektoren als eine Art solare Kraft-Wärme-Kopplung (KWK) begriffen werden und damit auch folgendermaßen unterteilt werden:

- Stromgeführte PVT-Kollektoren sind auf eine hohe Stromerzeugung mit dem Nebenziel der Wärmeerzeugung optimiert. Dies geschieht durch geringe Zelltemperaturen und geringe optische Verluste. Konstruktiv resultiert dies in unabgedeckten PVT-Kollektoren, also einem PV-Modul mit Wärmeübertrager an das Fluid. Dadurch werden prinzipiell hohe elektrische Erträge erreicht, allerdings ist die Anwendung auf geringe Fluidtemperaturen beschränkt.
- Wärmegeführte PVT-Kollektoren sind auf eine hohe Wärmeerzeugung optimiert. Dies wird durch eine Reduktion der Wärmeverluste erreicht. Konstruktiv resultiert dies in einem abgedeckten PVT-Kollektor, also einer Art Flachkollektor mit PV-Zellen am Absorber. Dadurch werden höhere Fluidtemperaturen und höhere thermischen Erträge erzielt. Allerdings führt dies zu Einbußen der elektrischen Leistung durch größere optische Verluste und höhere Zelltemperaturen.

Im Unterschied zur konventionellen Kraft-Wärme-Kopplung können PVT-Kollektoren im Betrieb nicht bedarfsgeführt zwischen Strom- und Wärmeprioriät wechseln, sondern dies ist konstruktionsbedingt vorgegeben.

	„stromgeführt“	„wärmegeführt“
Hauptziel	PV-Erträge	Thermische Erträge
Maßnahme	PV-Modultemperaturen ↓	Thermische Verluste ↓
Nebenziel	Thermische Erträge	Elektrische Erträge
Prinzipielle Lösung	**Unabgedeckter** PVT-Kollektor ("gekühltes PV-Modul") 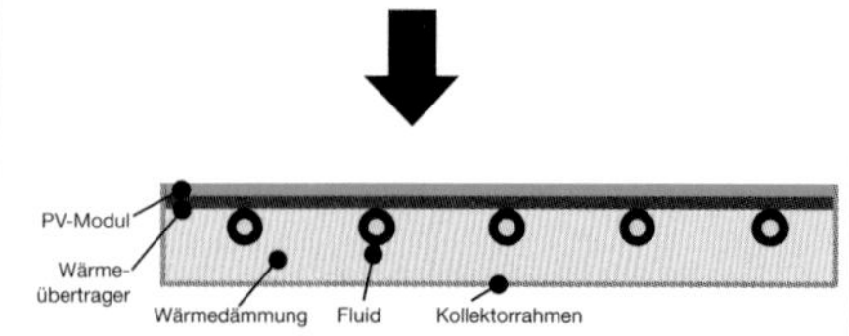 PV-Modul, Wärmeübertrager, Wärmedämmung, Fluid, Kollektorrahmen	**Abgedeckter** PVT-Kollektor ("Solarkollektor mit PV-Absorber") 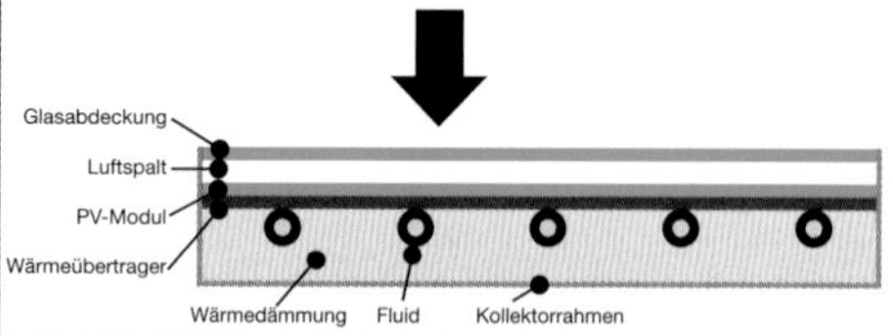 Glasabdeckung, Luftspalt, PV-Modul, Wärmeübertrager, Wärmedämmung, Fluid, Kollektorrahmen

Abb. 4–8 Bauarten der PVT-Kollektoren

Diese KWK-Analogie dient zur Verdeutlichung des Zielkonflikts von PVT-Kollektoren. In der Fachliteratur werden PVT-Kollektoren vielmehr nach konstruktiven Kriterien entsprechend unterteilt, wie in Abb. 4–9 dargestellt.

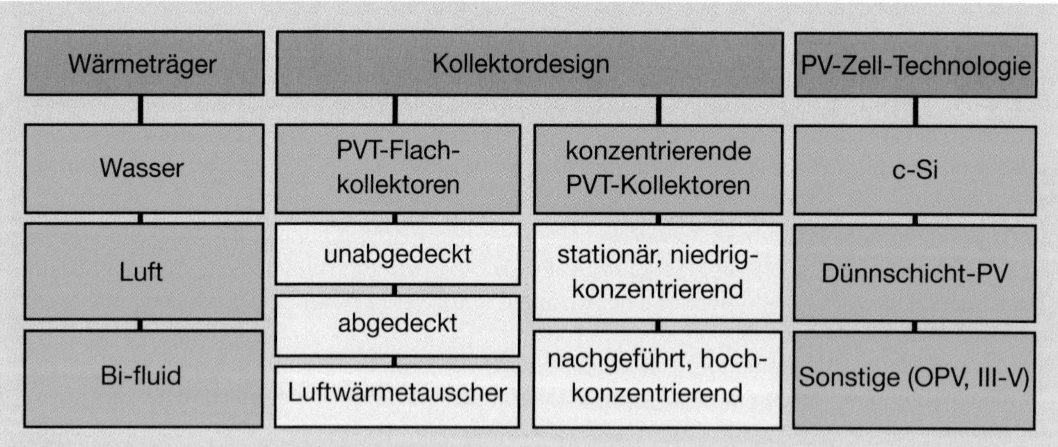

Abb. 4–9 Kategorisierung von PVT-Kollektoren. Eigene und erweiterte Darstellung nach [13]

Der beispielhafte Aufbau eines abgedeckten PVT-Kollektors ist in Abb. 4–10 dargestellt. Das Herz des PVT-Kollektors besteht aus dem Modul-Absorber-Verbund (MAV), also der Verbindung des PV-Moduls und dem thermischen Absorber. Die Sonnenstrahlung wird in den PV-Zellen absorbiert und in Strom und Wärme umgewandelt. Die Wärme wird über die Wärmeabfuhrkonstruktion des MAV an das Fluid abgeführt, welches in den Absorberrohren zirkuliert und sich erwärmt. Um die Wärmeverluste zu reduzieren befindet sich der MAV in einem gedämmten Kollektorgehäuse. In abgedeckten PVT-Kollektoren werden zusätzlich die konvektiven Wärmeverluste durch eine vorderseitige Glasabdeckung und dem Luftspalt unterdrückt.

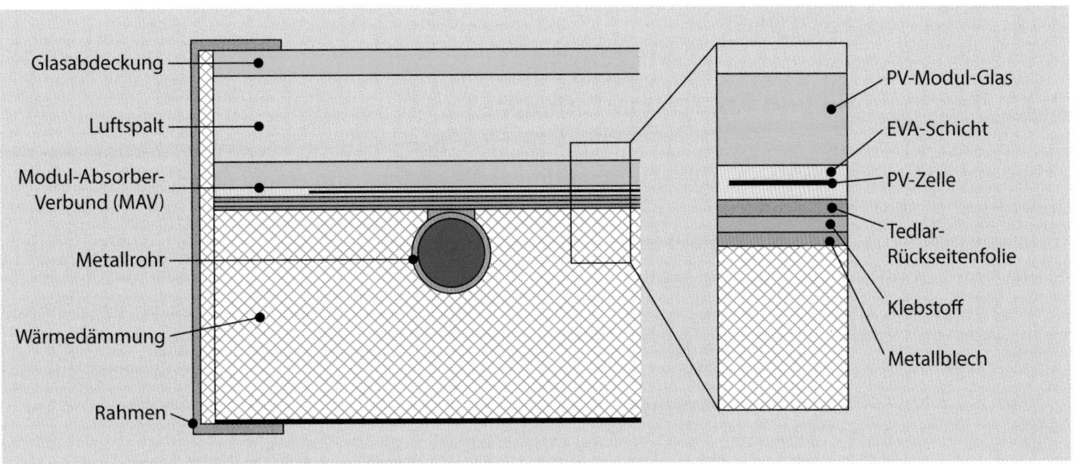

Abb. 4–10 Prinzipskizze eines abgedeckten PVT-Kollektors mit einem auf Blech-Rohr-Absorber verklebten Glas-Folien-PV-Modul

Je nach Anwendungsfall muss der Hausbesitzer bzw. Anlagenplaner damit zwischen hoher Stromerzeugung oder hoher Wärmeerzeugung abwägen und zwischen den unabgedeckten oder abgedeckten PVT-Kollektorkonzepten eine Entscheidung treffen. Maßgeblich ist hierfür das Temperaturniveau der solarthermischen Anlage. Dient der PVT-Kollektor als Wärmequelle für ein Wärmepumpensystem, ist ein niedriges Temperaturniveau ausreichend und ein stromgeführter PVT-Kollektor kommt zum Einsatz. Bei Systemen zur Unterstützung der Trinkwassererwärmung und Raumheizung liefert der PVT-Kollektor die Wärme direkt an den Speicher, sodass höhere Temperaturniveaus gefordert sind und somit ein wärmegeführter PVT-Kollektor benötigt wird. Abb. 4–11 zeigt eine PVT-Kollektoranlage mit abgedeckten Kollektoren.

Abb. 4–11 PVT-Anlage auf dem Rathaus in Freiburg. Im Vordergrund und auf der rechten Bildseite sind Photovoltaikmodule zu sehen. Foto Fraunhofer ISE / M. Lämmle

2.3 Wärmepumpen

2.3.1 Technologie und Energieperfomance

Wärmepumpen sind eine seit vielen Jahrzehnten bekannte Technologie zur Wärmeversorgung, bei der in einem thermodynamischen Kreislaufprozess Umgebungswärme von einem niedrigen Temperaturniveau auf typischerweise 30 bis 60 °C (bei Raumwärme), 50 bis 65 °C (Trinkwasser) oder > 90 °C (Prozesswärme) gehoben wird. Ein vereinfachter Wärmepumpenkreislauf besteht aus vier Hauptkomponenten, dem Verdichter, dem Verflüssiger, einem Expansionsventil und einem Verdampfer. Beim Kaltdampfprozess wird zwischen einer Nieder- und einer Hochdruckseite unterschieden. Die Niederdruckseite wird vom Verdampfer gebildet, über den die Umweltenergie in das System eingekoppelt wird und hiermit das Arbeitsfluid (das so genannte Kältemittel) im Inneren des Verdampfers vollständig verdampft. Die wichtigsten Umweltenergie-Quellen sind dabei Außenluft und oberflächennahe Geothermie. Auch eine Kombination verschiedener Wärmequellen (z. B. Solarthermie und Erdwärme) ist möglich. Die Hochdruckseite wird vom Verflüssiger gebildet, über den die Energie an ein Heizungssystem abgegeben wird. Im Verflüssiger wird das gasförmig vorliegende Kältemittel komplett verflüssigt. Die unterschiedlichen Druckniveaus werden von dem Verdichter und dem Expansionsventil getrennt. Über den Verdichter wird das Kältemittel durch den Aufwand mechanischer Energie auf ein höheres Druckniveau gebracht. Mit der Erhöhung des Druckes, steigt die Temperatur des Kältemittels. Mittels des Expansionsventils wird das Kältemittel vom höheren Druck auf das Niederdruckniveau entspannt.

Die Effizienz, die eine Wärmepumpe im Betrieb erreicht, hängt zum einen vom Wärmepumpengerät selber – u. a. dessen COP bei Normbedingungen – und zum anderen von den Betriebsbedingungen – insbesondere der wärmequellenseitigen und wärmesenkenseitigen Betriebstemperatur der Wärmepumpe – ab.

Für die Trinkwassererwärmung in Anlagen mit einer Temperatur von 60 °C/55 °C wird eine Heizungsvorlauftemperatur von ca. 70 °C benötigt. Wärmepumpen können diese Temperaturen für die Beheizung von Räumen und für Trinkwasser warm (PWH) erzeugen, die Energieeffizienz und die Wirtschaftlichkeit dieser Anlagen nehmen jedoch deutlich ab. In Abb. 4–12 sind für eine Luftwasserwärmepumpe mit einem Gütegrad von 40 % des Carnot-Wirkungsgrades die Jahresarbeitszahlen für unterschiedliche Temperaturen der Trinkwassererwärmung dargestellt. Bei einem Vorlauf von 70 °C wie in Mehrfamilienhäusern noch häufig anzutreffen wird eine Jahresarbeitszahl von 2,1 erreicht. In den in kleine Anlagen notwendigen 45 °C wird eine Arbeitszahl von rund 3,8 erreicht was einer um 80 % höheren Energieeffizienz für die Trinkwasserbereitung entspricht. Die Effizienz im Heizbetrieb wird insbesondere durch die Art des Übergabesystems und Qualität der Gebäudehülle maßgeblich.

In Felduntersuchungen wurden Luft-/Wasser- und Sole-/Wasser-Wärmepumpen in Einfamilienhäusern unter realen Einsatzbedingungen in Neubauten und Bestandsgebäuden (Baujahr 1850 bis 2001 – unterschiedlicher Sanierungstiefe) vermessen [14], [15]. Abb. 4–13 adressiert die Bandbreiten, Mittelwerte sowie Ausreißer der Jahresarbeitszahl (JAZ) der untersuchten Anlagen, getrennt nach den Wärmequellen sowie dem Baujahr der Gebäude.

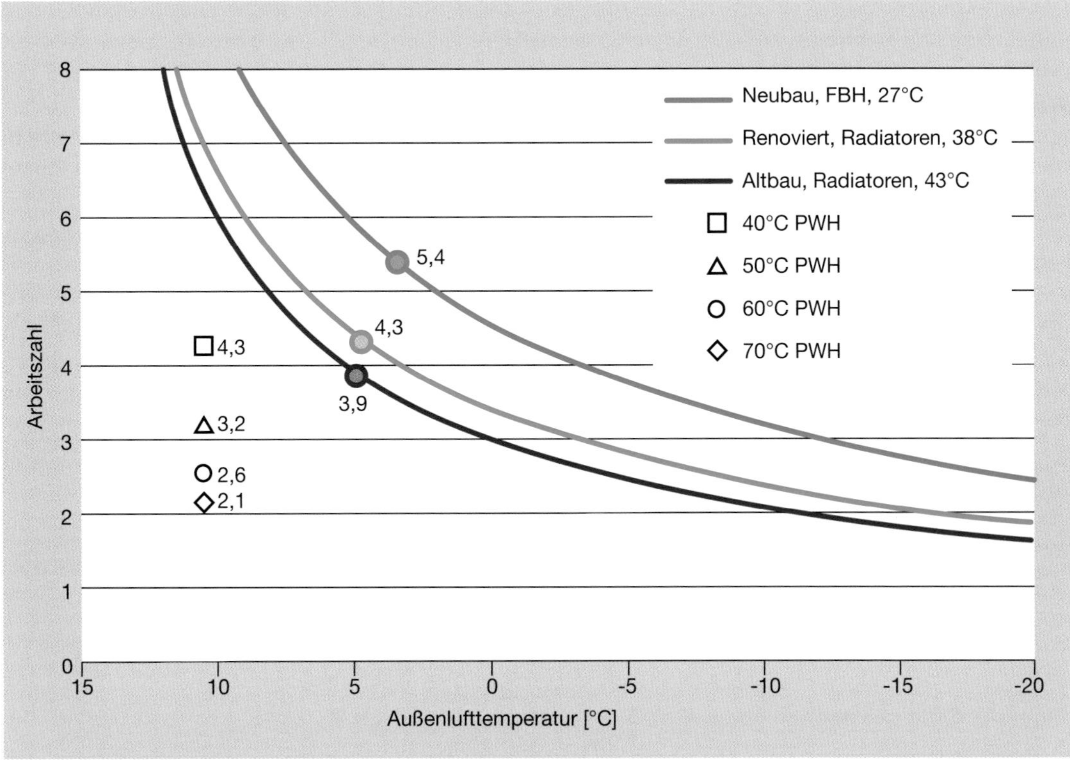

Abb. 4–12 Abhängigkeit des COP von Außentemperatur und Heizungsvorlauftemperaturen für eine Luft-/Wasser-Wärmepumpe mit einem Gütegrad von 0,4. Die Jahresarbeitszahlen JAZ für die Warmwasserbereitung und den Heizungsbetrieb sind dargestellt

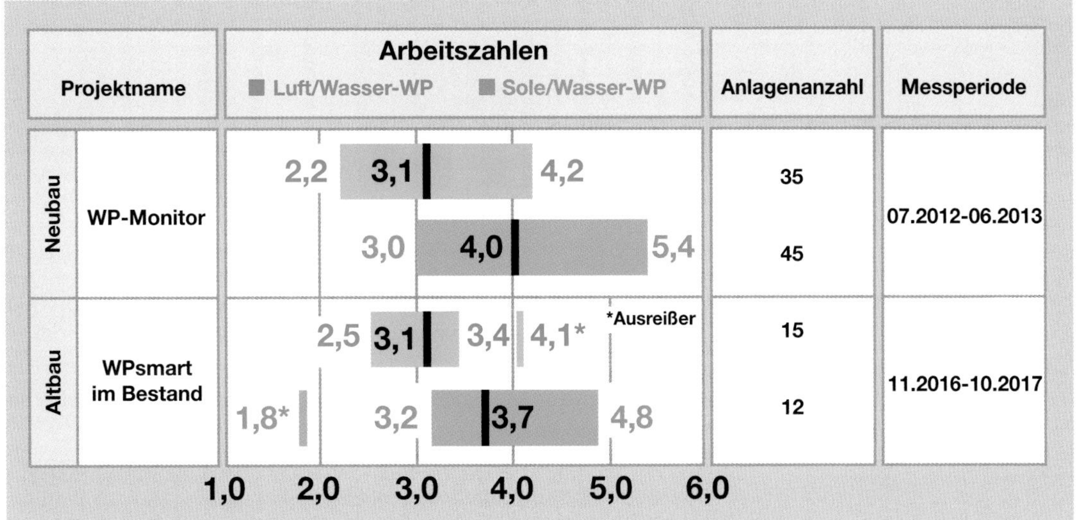

Abb. 4–13 Gemessene JAZ von Luft-/Wasser-Wärmepumpen und Sole-/Wasser-Wärmepumpen, jeweils inkl. Heizstab, in Einfamilienhäusern der Projekte „WP-Monitor“ und „WPsmart im Bestand“ [15] bzw. [16]

Der Mittelwert der JAZ aller Luft-/Wasser-Anlagen in beiden Untersuchungen liegt leicht über 3,0 und jeweils eine Anlage erreicht eine JAZ über 4,0. In der Berechnung der JAZ wird der Energieaufwand für den Quellenantrieb (hier des Ventilators) ebenso berücksichtigt wie für den Heizstab. Die von der Wärmepumpe bzw. dem Heizstab bereitgestellte Energie wird vor dem Trinkwasser- und ggf. Pufferspeicher bilanziert. Der Anteil der Raumheizung liegt im Mittel bei 80 % (Neubau) bzw. 85 % (Bestand) und die Betriebstemperaturen[1] der Wärmepumpen im Raumheizmodus im Mittel bei 33 °C (Neubau) bzw. 35 °C (Bestand). Die in den Bestandsgebäuden ermittelten Mittelwerte der Betriebstemperaturen erscheinen recht niedrig. Die Betrachtung der maximalen Vorlauftemperaturen zeigt ein differenzierteres Bild. Die Bandbreite reicht hierbei von 34 °C für eine Anlage, in der Fußbodenheizung und Radiatoren installiert sind, bis 53 °C für eine Anlage, in der ausschließlich mit Radiatoren geheizt wird (Abb. 4–14). In dieser Grafik der Einzelanlagen lässt sich auch der Zusammenhang zwischen höheren Jahresarbeitszahlen bei geringeren Heizkreistemperaturen gut nachvollziehen. Mit geringeren Heizkreistemperaturen gewinnt der Anteil der Trinkwassererwärmung, der in den untersuchten Bestandsgebäuden maximal 25 % beträgt, an Einfluss auf die Jahresarbeitszahl. Die Betriebstemperaturen der Wärmepumpen im Trinkwassermodus liegen bei den einzelnen Anlagen zwischen 42 °C und 51 °C.

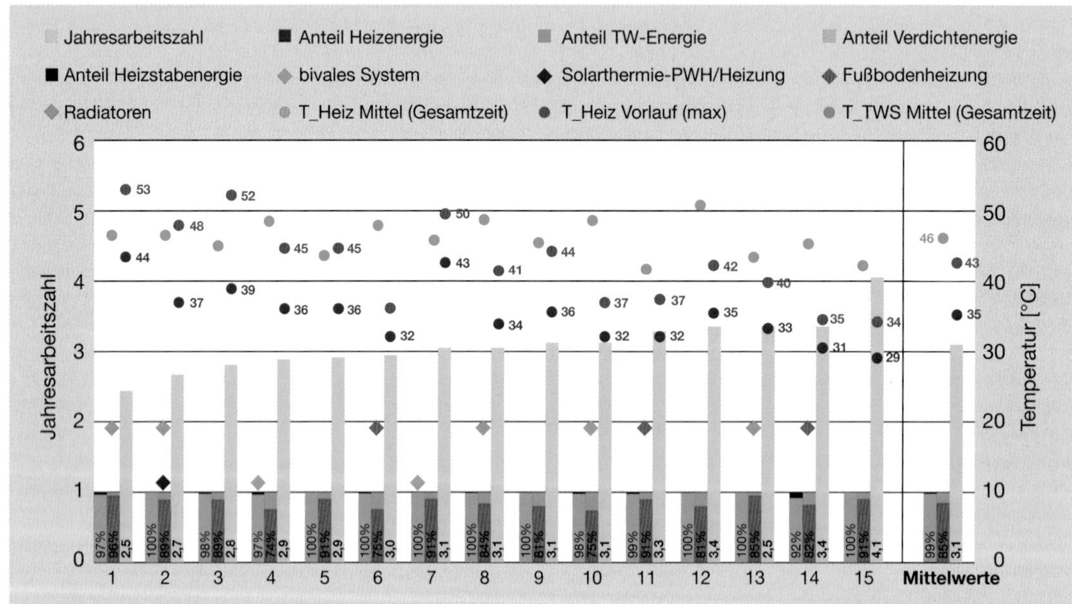

Abb. 4–14 Messergebnisse und Angaben zu den Eigenschaften der 15 Außenluft-Wärmepumpen in Bestandsanlagen [16]

Sole-/Wasser-Wärmepumpen profitieren gegenüber Luft-/Wasser-Wärmepumpen zum einen von den in der Kernheizperiode höheren Wärmequellentemperaturen und zum anderen von einer geringeren Grädigkeit am Verdampfer (Differenz zwischen der Wärmequellen- und Kältemitteltemperatur). Bei vergleichbaren Betriebsbedingungen auf der Wärmesenkenseite spiegelt sich dies in einem höheren Niveau der Jahresarbeitszahl wider. Diese liegen im Mittel bei 4,0 (Neubau) bzw. 3,7 (Bestand).

Ein wichtiger Treiber im aktuellen Marktumfeld ist die Kopplung von PV-Batteriesystemen mit Wärmepumpen. In diesen Konzepten werden die Wärmepumpen als teilweise steuerbare Last eingesetzt, um die unter aktuellen energiewirtschaftlichen Bedingungen optimale Erlösstruktur zu erreichen und einen möglichst hohen Anteil an lokal erzeugtem Strom direkt zu nutzen. Neben diesen wirtschaftlichen Anreizen besteht durch diese dezentralen Technologien zukünftig ein guter Ansatz um Netzschwachpunkte im Verteilnetz zu bewirtschaften.

1 Als Betriebstemperatur wird hier der Mittelwert aus Vor- und Rücklauftemperatur angegeben. Die genannten Mittelwerte beziehen sich auf die energetisch gewichteten Mittelwerte während des Wärmepumpenbetriebes.

2.3.2 Entwicklungstrends – Quellenerschließung und Kältemittelkreislauf

Außenluft ist eine relativ leicht und kostengünstig erschließbare Wärme- und Kältequelle mit einem fast unendlichen Potenzial. Sie ist charakterisiert durch ihren stark saisonal ausgeprägten Temperaturverlauf, der über das Jahr hinweg gesehen für Anwendungen im Wohnungssektor in Nord- und Mitteleuropa im Vergleich zu den anderen üblichen Wärmequellen, der oberflächennahen Geothermie bzw. des Grundwassers zu etwas geringeren mittleren Carnot-Wirkungsgraden führt. Aufgrund der niedrigen Energiedichte müssen relativ große Volumenströme über Ventilatoren oder Rückkühlwerke gefördert werden, was zum einen den Hilfsenergieaufwand erhöht und zum anderen bei Aufstellung im Freien zu akustischen Beeinträchtigungen der Umgebung führen kann. Die Leistungsklassen der Außenlufteinheiten liegen in der Größe von wenigen kW bei Heizwärmepumpen bis zu einigen MW bei Rückkühlwerken.

Die Temperaturen der zweiten wichtigen Quelle, der oberflächennahen Geothermie folgen dem Jahresverlauf der Bodentemperatur, allerdings mit zunehmender Tiefe deutlich gedämpft und zeitlich verzögert.

Ab einer Tiefe von ca. 10 m sind die Temperaturen saisonal konstant und von der mittleren Außenlufttemperatur des Standortes bestimmt. Mit steigender Tiefe nimmt die Temperatur um rund 1 K auf 30 m zu. Die Erschließung von oberflächennaher Geothermie erfolgt meist über Erdsonden mit einer üblichen Tiefe von 100 m oder Erdkollektoren mit einer Verlegung in einer Tiefe von rund 1,5 m. Grundwasser wird über Saug- und Schluckbrunnen erschlossen. Gegenüber den Einzelerschließungen der Wärmequelle Erdreich werden Kalte Nahwärmenetze, bei denen zentral erschlossene Umweltwärme über eine Ringleitung zu mehreren Wärmepumpen verteilt wird betrieben. Eine weitere natürliche Wärmequelle kann mit der Nutzung von Wärme aus stehenden oder fließenden Gewässern mittels Wärmeübertrager erschlossen werden.

Die dritte wesentliche Wärmequelle ist Abwärme aus anthropogenen Quellen. Dazu gehören die Nutzung von Abwasser, Abwärme aus Fertigungsprozessen und Lüftungsanlagen. Die Leistungsfähigkeit dieser Quellen ist zum einen durch das jeweilige Temperaturniveau, die zeitliche und quantitative Verfügbarkeit sowie die Größe und Qualität der Wärmeübertrager bestimmt.

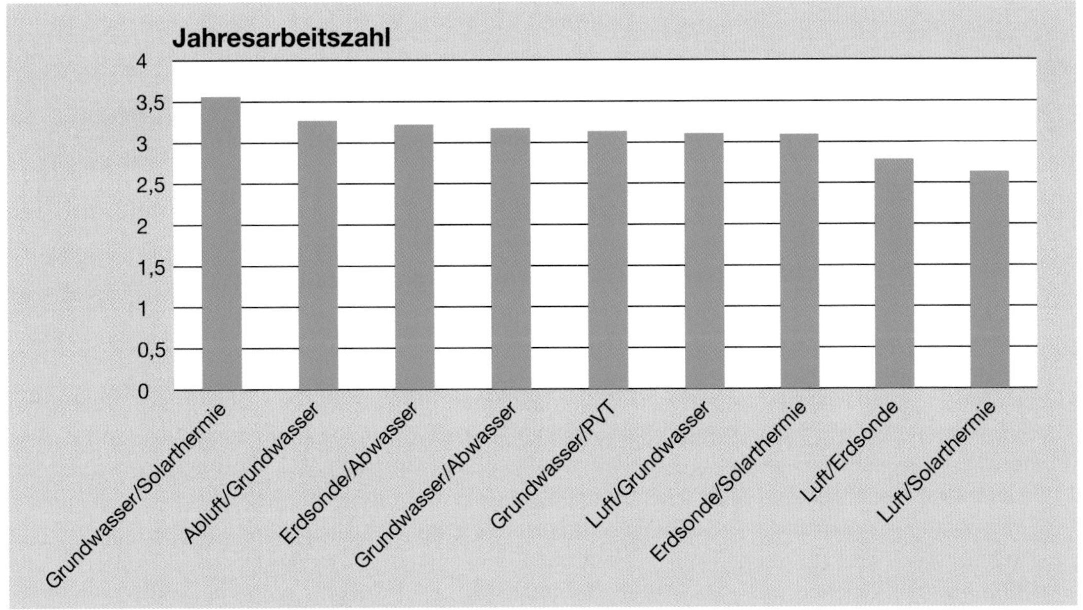

Abb. 4–15 Jahresarbeitszahl in Abhängigkeit der Kombination verschiedener Umwelt-Quellen. Simulationsstudie für ein typisches Einfamilienhaus. Quelle: Fraunhofer ISE

Die optimierte hydraulische Einbindung von Umweltwärme aus mehreren Quellen sowie ein angepasstes Quellen- und Senkenmanagement ermöglichen die gleichzeitige Nutzung unterschiedlicher Quellen. Dadurch können zeitlich variable Quellen wie Außenluft oder Solarthermie eingebunden werden. Die Verdampfer werden seriell oder parallel verschaltet. Abb. 4–15 stellt die Effizienz unterschiedlicher Varianten der Wärmequellenkombination vor. Es sind jeweils zwei Wärmequellen in ein System eingebunden. Die aufgezeigten Jahresarbeitszahlen wurden im Rahmen einer Simulationsstudie zur Wärmeversorgung (Raumheizung und Warmwasser) eines typischen Einfamilienhauses ermittelt. Es zeigt sich, dass außenluftbasierte Systeme eine etwas geringere Jahresarbeitszahl haben. Durch die Kombination einzelner Quellen, deren Verfügbarkeit beschränkt ist, lassen sich durch Mehrquellensysteme gute Jahresarbeitszahlen erreichen bei gleichzeitig geringem Kostenanstieg.

Die globalen Treibhausemmissionen werden mit rund 700 Mio. Tonnen CO_2-Äquivalente Emission in 2010 angegeben, davon rund 75 % bedingt durch die indirekten Emissionen bei der Erzeugung des Stromes und rund 25 % infolge der Emissionen durch fluorierte Kohlenwasserstoffe [18]. Ein Teil der emittierenden Treibhausgase stammt aus der Verwendung von Kältemitteln. So berichtete Clodic et al. von einer Verdoppelung der verwendeten Kältemittel von 1990 bis 2006 [20]. Mit ähnlicher Steigung sind auch die Emissionen der Kältemittel gestiegen. Abb. 4–16 veranschaulicht die jeweiligen Steigerungen getrennt für unterschiedliche Kältemittelgruppen. Entscheidend für den Einfluss auf das Klima ist das jeweilige Treibhauspotenzial der Kältemittel. So ist in Abb. 4–16 eine deutliche Reduzierung der CO_2-Äquivalenten Emission von CFC (Fluorchlorkohlenwasserstoffe) bei nur geringer Abnahme der eingesetzten Kältemittelmenge ersichtlich. Diese Reduktion der spezifischen Treibhausemissionen geht als Konsequenz aus dem Montreal-Protokoll im Jahr 1989 hervor. Jedoch ist eine Steigerung der CO_2-Äquivalenten Emission von HCFC und HFC (teilhalogenierte Fluorchlorkohlenwasserstoffe, Fluorkohlenwasserstoffe) ersichtlich. Die Erhöhung der Treibhausgasemissionen durch diese Gruppen der Kältemittel ist auf den Anstieg dessen Absatzes zurückzuführen. In der Summe sind die CO_2-Äquivalenten Emissionen aller Kältemittel seit 1996 rückläufig. Ein wichtiger Effekt ist, dass die mit „Others" bezeichneten Kältemittel, welche hauptsächlich die natürlichen Kältemittel wie Kohlenwasserstoffe, Kohlenstoffdioxid oder Ammoniak repräsentieren, keinen Einfluss auf die CO_2-Äquivalenten Emission haben.

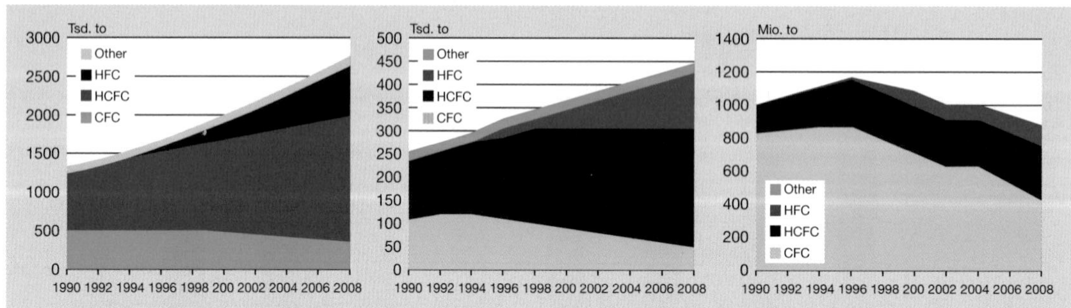

Abb. 4–16 Global eingesetzte Kältemittelmenge (links), Kältemittelemission (Mitte) und CO_2-Äquivalente Emission (rechts). Quelle: Eigene Darstellung nach [20]

Die in Kompressionswärmepumpen und Kältemaschinen als Kältemittel eingesetzten fluorierten Kohlenwasserstoffe haben ein hohes Global Warming Potenzial (GWP) und sind derzeit mit rund 10 Mio. Tonnen CO_2-Äquivalente Emission pro Jahr für rund 2/3 der FKW-bedingten Treibhausgasemissionen in Deutschland verantwortlich. Durch den Umstieg auf Kältemittel mit einem geringen Global Warming Potenzial kann der Ausstoß der F-Gase weiter reduziert werden. Bereits bis 2020 ist eine Reduzierung um 50 % gegenüber 2010 geplant, 97 % bis 2030. Ein wichtige Randbedingung und Treiber für die Einführung von natürlichen und Low-GWP-Kältemitteln sind die F-Gase-Verordnung von 2014 und die Kigali-Ergänzungen zum UN-Montreal-Protokoll für F-Gase 2016 [19].

Ein zentraler Trend bei der Entwicklung der Kompressionswärmepumpen ist daher die Anpassung der bestehenden Technologien auf neue Kältemittel. Auch diese sind aufgrund ihrer Toxizität oder Brennbarkeit hinsichtlich ihrer Umweltwirkungen zu beurteilen. Eine Alternative zu natürlichen Kältemitteln, wie Propan und Ammoniak, sind Mischungen aus sehr schwach fluorierten Kältemitteln mit einem sehr geringen GWP, die sich aber aufgrund der hohen Preise noch nicht durchsetzen. Bei Neuanlagen werden häufig R410a und R32 (Difluormethan) verwendet sowie weitere Gemische. R717 (Ammoniak) wird bei großen WP bereits länger eingesetzt und R744 (Kohlenstoffdioxid) in der Fahrzeugklimatisierung. R290 (Propan), das aufgrund des niedrigen GWP und der hohen Verfügbarkeit Vorteile bietet, wird in Anlagen mit kleinen Füllmengen eingesetzt. Hintergrund ist, dass der Einsatz von Kohlenwasserstoffen aufgrund der Brennbarkeit und der möglichen Explosionsgefahr sicherheitstechnische Vorkehrungen erfordert. Neben der Art des Kältemittels spielt auch die Kältemittelfüllmenge eine wichtige Rolle. Am folgenden Beispiel eines Einfamilienhauses, in dem eine 8 kW Außenluft-/Wasser-Wärmepumpe mit einer Jahresarbeitszahl von 2,9 die Wärmebereitstellung übernimmt, wird der Einsatz zweier Kältemittel veranschaulicht. (siehe Tab. 4–22).

Tab. 4–22 CO_2-Äquivalente Emission Einsparungspotenzial einer 5 kW Wärmepumpe

Einfamilienhaus	Beheizte Fläche	160	m^2
	Mittlerer Heizenergiebedarf	65	kWh/(m^2*a)
	Jährlicher Heizenergiebedarf	10400	kWh/a
Kältemittel	R407C	R290 (Propan)	
Kältemittelfüllmenge	2,4	0,6	kg
Kältemittelverlustrate	2,5		%/a
Jährliche Kältemittel Emission	0,07	0,03	kg
Treibhauspotenzial des Kältemittels	1520	3	–
Jährliche CO_2-Äquivalente Emission	91	0,05	kg

Das Beispiel veranschaulicht deutlich, dass mit Propan als Vertreter der natürlichen Kältemittel im Gegensatz zu Standard-Sicherheitskältemitteln wie beispielsweise R407C die CO_2-Äquivalente Emission zu fast 100 % reduziert werden kann. Betrachtet man die Summe aller Emissionen, die durch den Betrieb der Wärmepumpe verursacht werden (Kältemittelverluste und Energiebezug der Wärmepumpe) so liegt die aufgezeigte Einsparung bei ungefähr 5 % von den gesamten CO_2-Äquivalenten Emissionen. Technologisch hat dies Auswirkungen auf das Design von Wärmetauschern und der Verteilung von Kältemitteln im Kältemittelkreislauf. Abb. 4–17 zeigt den Fluidverteiler eines Verdampfers, der mit dem Ziel der Kältemittelmengenreduktion konzeptioniert wurde.

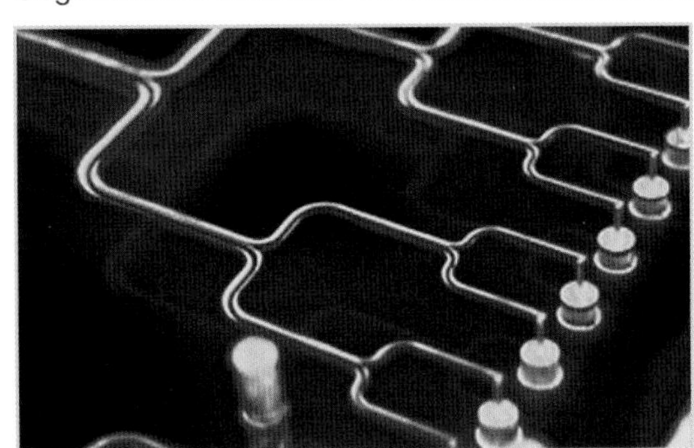

Abb. 4–17 Optimierung eines Fluidverteilers eines Verdampfers. Durch Vergleichmäßigung der Fließgeschwindigkeit des Kältemittels kann mit geringen Kältemengen gearbeitet werden [21]

3 Energieeffizienz unterschiedlicher Technologien zur Trinkwassererwärmung

3.1 Energieeffizienz und Temperaturniveaus

Die Trinkwassererwärmung in Wohngebäuden, Pflegeeinrichtungen, Sportanlagen, Hotels und Krankenhäusern erreicht mit stetig verbessertem Wärmeschutz steigende Anteile am Gesamtwärmeverbrauch von Gebäuden. Nach Daten der AGEB entfielen für den Wohngebäudesektor in 2016 ein Endenergiebedarf von 96 TWh auf die Trinkwassererwärmung und 462 TWh auf die Raumwärme [3]. In Verbindung mit modernen Wärmeerzeugern bestimmt die Trinkwassererwärmung auch zunehmend die Gesamteffizienz von Wärmeversorgungssystemen in Gebäuden. Eine optimale Effizienz ist nur erreichbar, wenn Wärmeerzeugung, Heizkreise und Trinkwassererwärmung als Gesamtsystem konzipiert werden und folgende Kriterien erfüllt sind:

- stabile Trinkwasserhygiene durch möglichst geringes Trinkwasservolumen und durchflussoptimierte Trinkwassererwärmer,
- Vermeidung von Stagnation,
- Flexibilität und multivalente Nutzung verschiedener Wärmeerzeuger,
- Wirtschaftlichkeit über den gesamten Lebenszyklus der Installation einschließlich Wartung, Instandhaltung und Überprüfung der Hygiene.

Mit dem Blick auf die für 2030 adressierten Klimaschutzziele steht die Absenkung der Temperaturen im Trinkwarmwassernetz auf ein minimal erforderliches Niveau zur Umsetzung der Auslasstemperatur von 45 °C im Vordergrund, um die auf Grund der Verteilung benötigte Wärme deutlich zu reduzieren (das nach VDI 6003:2012 geforderte Temperaturniveau von 50 °C am Ausfluss einer Waschtischarmatur vom Typ Spüle ist dabei ggf. lokal mit alternativer Technik zu behandeln). Die unmittelbaren Effekte von Reduktionen sind gemessen an üblichen Dimensionen von Energieeffizienzsteigerungen bei der Wärmeerzeugung von entscheidender Bedeutung [22]. Wie sich Abb. 4–18 entnehmen lässt, ergeben sich allein im Bereich der Fernwärmenetze, der Wärmepumpen und der Zirkulation große Einsparpotenziale. Die Absenkung des Temperaturniveaus trägt wesentlich zum wirtschaftlichen Betrieb regenerativer Heizungssysteme in Gebäuden bei. Auch Fern- und Nahwärmenetze können effizienter errichtet und betrieben werden, wenn das erforderliche Temperaturniveau abgesenkt wird. Auf Grund der wirtschaftlichen Leistungsgrenzen für die Warmwassererzeugung in Warmwassersystemen von 60 °C/55 °C setzten sich in der Vergangenheit in Mehrfamilienhäusern meist fossile Brennstoffe durch, so dass die im Jahr 2017 verkauften 95.000 Wärmepumpen vor allem in Ein- und Zweifamilienhäusern zum Einsatz kommen. Die Temperaturabsenkung im Warmwassersystem bietet die Möglichkeit, Wärmepumpen und Solarthermie wirtschaftlicher zu betreiben und stellt so eine sinnvolle Alternative zu fossilen Brennstoffen dar [44].

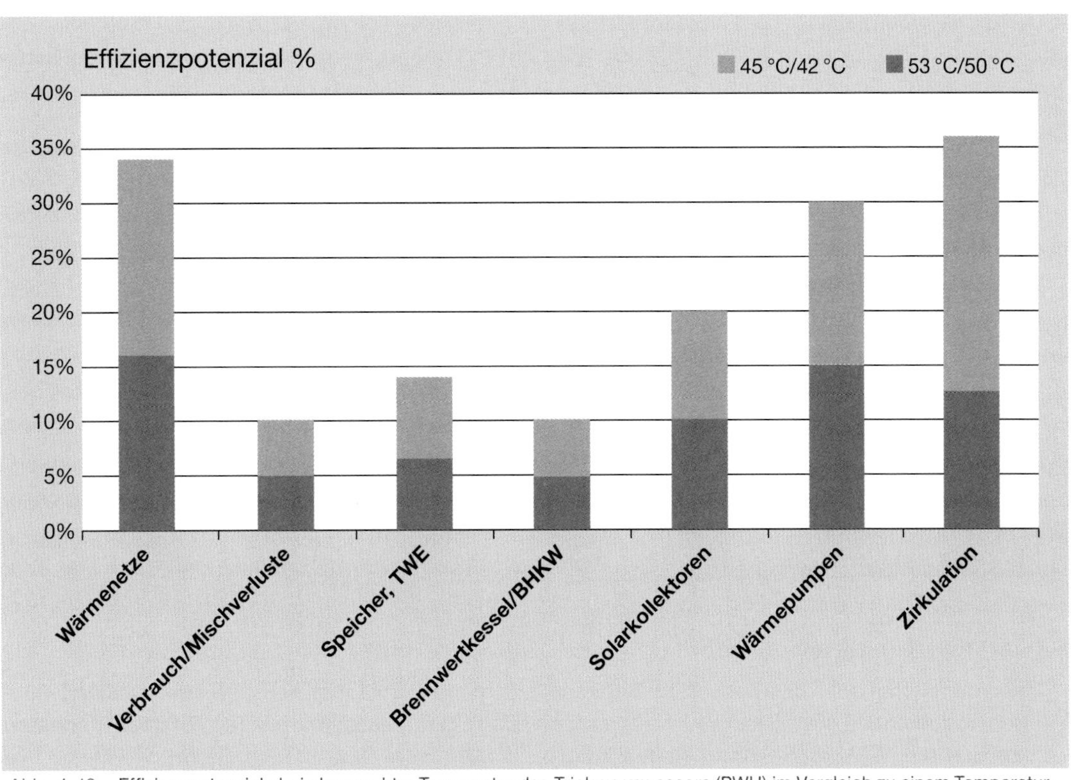

Abb. 4–18 Effizienzpotenziale bei abgesenkter Temperatur des Trinkwarmwassers (PWH) im Vergleich zu einem Temperaturniveau 60 °C/55 °C. Quelle: Eigene Darstellung nach [55]

Aufbauend auf den technischen und rechtlichen Rahmenbedingungen werden im Folgenden Systemkonzepte vorgestellt und hinsichtlich ihrer Energieeffizienz bewertet.

3.2 Technische Rahmenbedingungen für Trinkwarmwassersysteme

Trinkwasser-Installationen müssen nach den rechtlichen Vorgaben und somit mindestens nach den allgemein anerkannten Regeln der Technik geplant, gebaut, betrieben, in Betrieb genommen und Instand gehalten werden. Dazu sind für Planer, Installateure und Betreiber in DVGW-Arbeitsblättern, DIN-Normen und VDI-Richtlinien bau-, verfahrens- und betriebstechnische Maßnahmen angegeben, um die gesetzlichen Mindestvorgaben einhalten zu können.

Wasser für den menschlichen Gebrauch muss so beschaffen sein, dass durch seinen Genuss oder Gebrauch eine Schädigung der menschlichen Gesundheit, insbesondere durch Krankheitserreger, nicht zu besorgen ist. Der Erhalt der Trinkwassergüte wird an den Modellen des Wirkdreiecks und schlussendlich des Wirkreises (siehe Kapitel 2, Abschnitt 5.2, Kapitel 3, Abschnitt 2.5.1 und Kapitel 4, Abschnitt 6.1) deutlich, bei dem vor allem neben dem Wasseraustausch, der Durchströmung und den Nährstoffen der Parameter Temperatur eine wichtige Rolle spielt. Der Parameter Temperatur ist entscheidend, wenn es um den energieeffizienten Einsatz von Wärmepumpen und Solarthermie geht.

In den technischen Regelwerken werden Anlagen zur Trinkwassererwärmung in die zwei Kategorien der Groß- und Kleinanlagen unterteilt. Die Trinkwasserverordnung hingegen definiert lediglich Großanlagen. Eine Großanlage ist dabei eine Anlage mit [42]:

- Speicher-Trinkwassererwärmer oder zentralem Durchfluss-Trinkwassererwärmer jeweils mit einem Inhalt von mehr als 400 l und/ oder
- einem Wasservolumen von mehr als 3 l in mindestens einer Rohrleitung zwischen Abgang des Trinkwassererwärmers und der Entnahmestelle (nicht berücksichtigt wird der Inhalt der Zirkulationsleitung)

In größeren Gebäuden bzw. Anlagen mit hohem Warmwasserbedarf (z. B. Industriebetriebe, Pflegeheime, Krankenhäuser) werden normalerweise zentrale Trinkwassererwärmer verwendet. Je nach Art der Wassererwärmung werden sie grundsätzlich in drei große Gruppen eingeteilt:

- Warmwasseranlagen nach dem Speichersystem
- Kombinierte Warmwasseranlagen mit Speicher- und Durchflussbetrieb
- Warmwasseranlagen nach dem Durchfluss-Prinzip

Im Folgenden sind einige wichtige Anforderungen an die Temperatur von Trinkwasser warm (Pure Water Hot, PWH) aufgelistet:

- Bei Großanlagen[2] muss das Wasser am Warmwasseraustritt des Trinkwassererwärmers eine Temperatur von >= 60 °C einhalten. Kurzzeitige Absenkungen im Minutenbereich sind tolerierbar; systematische Unterschreitungen nicht akzeptabel. (DVGW Arbeitsblatt W 551, DIN 4708, DIN 1988-200:2012, Abschn. 9.7.2.5).
- Vorwärmstufen oder Trinkwassererwärmer mit integrierter Vorwärmstufe (bivalenter Speicher) müssen so konstruiert sein, dass der Inhalt des gesamten Speichers einmal am Tag auf ≥ 60 °C erwärmt werden kann (DIN 1988-200, Abschn. 9.7.2.6).
- Zentrale Trinkwassererwärmer mit einem hohen Wasseraustausch – Speicher, z. B. in Ein- und Zweifamilienhäusern, oder Durchflusssysteme mit nachgeschalteten Leitungsvolumen > 3 l müssen so geplant und gebaut werden, dass am Austritt aus dem Trinkwassererwärmer eine Trinkwassertemperatur ≥ 60 °C und 55 °C am Eintritt der Zirkulationsleitung in den Trinkwassererwärmer möglich ist. Die Einstellung der Reglertemperatur am Trinkwassererwärmer ist auf 60 °C vorzusehen. Wird im Betrieb ein Wasseraustausch in der Trinkwasser-Installation für warmes Trinkwasser innerhalb von drei Tagen sichergestellt, können Betriebstemperaturen auf ≥ 50 °C eingestellt werden. Betriebstemperaturen < 50 °C sind zu vermeiden. Der Betreiber ist im Rahmen der Inbetriebnahme und Einweisung über das eventuelle Gesundheitsrisiko (Legionellenvermehrung) zu informieren. (DIN 1988-200:2012).
- Zirkulationsleitung:
  - In Großanlagen und Rohrleitungsinhalten > 3 l zwischen Abgang Trinkwassererwärmer und entferntester Entnahmestelle sind Zirkulationssysteme einzubauen. Alternativ zur Zirkulationsleitung können Begleitheizungen (selbstregelnde Temperaturhaltebänder) eingebaut werden.
  - Ausnahme: Stockwerks- und/oder Einzelzuleitungen mit einem Wasserinhalt <= 3 l können ohne Zirkulationsleitung/Begleitheizung ausgeführt werden (DVGW Arbeitsblatt W 551). (DIN 1988-200:2012).
  - Das Zirkulationssystem[3]/die Begleitheizung ist so zu betreiben, dass die Wassertemperatur im System nicht um mehr als 5 K unter die Temperatur am Speicheraustritt sinkt. Bei hygienisch einwandfreien Verhältnissen (Nachweis muss erbracht werden) können Zirkulationspumpen für maximal 8 Stunden in 24 Stunden abgeschaltet werden. (DVGW Arbeitsblatt W 551, DIN 1988-200:2012 Abschn. 9.7.2.5). Das bedeutet Einhaltung der allgemein anerkannten Regeln der Technik bei Planung, Bau und Betrieb sowie Einhaltung der mikrobiologischen, chemischen und radiologischen Anforderungen nach § 5 bis 7a TrinkwV, was in der Realität kaum möglich sein dürfte [42].

2 In DIN 1988-200 wird nicht die Bezeichnung Großanlage verwendet. Die hier aufgeführten Anforderungen gelten in der DIN 1988-200 für zentrale Trinkwassererwärmer.

3 nach Wohnungswasserzählern dürfen keine Zirkulationsleitungen eingebaut werden.

- Nach aktuellem Stand der Wissenschaft und Technik ist das bisher festgelegte Temperaturniveau von 60 °C/55 °C aus hygienischen Gründen weiterhin notwendig (siehe auch Kapitel 2 und 3), eine Temperaturreduktion in Trinkwarmwassernetzen ist ohne den Einsatz alternativer Verfahren zur Reduzierung der hygienischen Risiken nicht zu verantworten [43]. Grundsätzlich besteht aber die Möglichkeit auch mit anderen technischen Maßnahmen und Verfahren das angestrebte Ziel des DVGW-Arbeitsblattes W 551 einzuhalten. In diesen Fällen müssen die einwandfreien Verhältnisse durch mikrobiologische Untersuchungen nachgewiesen werden (DVGW Arbeitsblatt W 551).

Es gibt aber auch aus Komfortgründen Vorgaben an die Temperatur in Trinkwasser warm (PWH) (Anforderungen an die Ausstoßzeiten – maximale Zeitspanne, bis Wasser mit Nutztemperatur aus der Entnahmestelle fließt):

- Bei bestimmungsgemäßem Betrieb muss maximal 30 s nach dem vollen Öffnen einer Entnahmestelle die Temperatur des Trinkwassers warm mindestens 55 °C betragen. Eine Ausnahme bilden bisher die Trinkwassererwärmer mit hohem Wasserverbrauch und dezentrale Trinkwassererwärmer. (DIN 1988-200:2012, Abschn. 3.6).
- Nach einem Gerichtsurteil (Aktenzeichen 102 C 55/94 Amtsgericht Berlin-Schöneberg 29.04.1996) muss warmes Wasser nach spätestens 10 s, bei höchstens 5 l Wasserverbrauch, mit 45 °C aus der Entnahmestelle fließen.
- In Tab. 4–23 sind nach VDI 6003:2012 Komfortkriterien[4] für drei verschiedene Anforderungsstufen aufgeführt, so auch Ausstoßzeiten für die einzelnen Sanitärobjekte bei benannter Nutztemperatur.

Tab. 4–23 Maximale Zeit bis zum Erreichen der Nutztemperatur nach VDI 6003:2012

Sanitärobjekt	Nutztemperatur[5]	Anforderungsstufe		
		1	2	3
Waschtisch	40 °C	60 s	18 s	10 s
Spüle	50 °C	60 s	18 s	10 s
Dusche	42 °C	26 s	10 s	7 s
Badewanne	45 °C	26 s	12 s	7 s

Trinkwassererwärmungsanlagen sind dem Bedarf an erwärmtem Trinkwasser entsprechend den allgemeinen anerkannten Regeln der Technik (z. B. DIN 4708-2) auszulegen. Die Bemessung der Leitungen für Trinkwasser und des Zirkulationssystems erfolgt nach DIN 1988-300 (DIN 1988-200:2015) und dem DVGW-Arbeitsblatt W 553 siehe hierzu auch Kapitel 3, Abschnitt 2.3.1. Ist eine Speicherung von Energie vorgesehen, sollte dies im Sinne des § 17 Abs. 7 TrinkwV nicht im Trinkwasser erfolgen.

4 Komfortkriterien sind: Zeitlicher Abstand bei serieller Nutzung, Möglichkeit gleichzeitiger Nutzung zweier oder mehrerer Entnahmestellen, Maximale Temperaturabweichung während der Nutzung, Mindestentnahmerate, Mindestentnahmemenge, Maximale Zeit bis zum Erreichen der Nutztemperatur.

5 Maximal zulässige Temperaturabweichung während der Nutzung: +/- 5 K, +/- 4 K, +/- 2 K in Anforderungsstufe 1, 2 bzw. 3.

Die folgende Tab. 4–24 listet die relevante Normen und Richtlinien für die Trinkwassererwärmung auf.

Tab. 4–24 Relevante Normen und Richtlinien für die Trinkwassererwärmung

Europäische Norm	EN 806	Technische Regeln für Trinkwasser-Installationen Teil 2 Planung – 6/2005 – Dämmung – Behandlung Trinkwasser Teil 3 Berechnung der Rohrinnendurchmesser – Vereinfachtes Verfahren – 6/2006 Teil 5 Betrieb und Wartung – 5/2012 – Betriebsunterbrechungen
Deutsche Verordnung	TrinkwV	Trinkwasserverordnung[6] – Beschaffenheit des Trinkwassers – Aufbereitung und Desinfektion – Pflichten des Betreibers – Überwachung der Trinkwassers – Straftaten und Ordnungswidrigkeiten
Deutsche Rechtsprechung	Aktenzeichen 102 C 55/94 Amtsgericht Berlin-Schöneberg 29.04.1996	Mangel der Mietsache und Mietminderung bei unzureichender Temperatur des Warmwassers
Deutsche Normen, Richtlinien und Arbeitsblätter	DIN EN 12831-1: 2014	Energetische Bewertung von Gebäuden – Verfahren zur Berechnung der Norm-Heizlast Teil 1: Raumheizlast
	DIN EN 12831-3: 2017	Energetische Bewertung von Gebäuden – Verfahren zur Berechnung der Norm-Heizlast Teil 3: Trinkwassererwärmungsanlagen, Heizlast und Bedarfsbestimmung
	DIN 1988	Technische Regeln für Trinkwasser-Installationen Teil 100 Schutz des Trinkwassers, Erhaltung der Trinkwassergüte – 8/2011 Teil 200 Planung, Bauteile, Apparate, Werkstoffe – 5/2012 Teil 300 Ermittlung der Rohrdurchmesser – 5/2012
	DIN 4708	Zentrale Wassererwärmungsanlagen Teil 1: Begriffe und Berechnungsgrundlagen – 04/1994 Teil 2: Regeln zur Ermittlung des Wärmebedarfs zur Erwärmung von Trinkwasser in Wohngebäuden – 04/1994 Teil 3: Regeln zur Leistungsprüfung von Wassererwärmern für Wohngebäude – 04/1994
	DVGW-W 551	Trinkwassererwärmungs- und Trinkwasserleitungsanlagen; Technische Maßnahmen zur Verminderung des Legionellenwachstums; Planung, Einrichtung, Betrieb und Sanierung von Trinkwasser-Installationen – 04/2004
	DVGW-W 553	Bemessung von Zirkulationssystemen in zentralen Trinkwassererwärmungsanlagen – 12/1998
	VDI/DVGW 6023 Blatt 1	Hygiene in Trinkwasser-Installationen – Anforderungen an Planung, Ausführung, Betrieb und Instandhaltung (2013-04)
	VDI 2072	Durchfluss-Trinkwassererwärmung mit Wasser/Wasser-Wärmeübertrager
	VDI 6002	Solare Trinkwassererwärmung
	VDI 6003	Trinkwassererwärmungsanlagen – Komfortkriterien und Anforderungsstufen für Planung, Bewertung und Einsatz (2012)

Bei Produkten ist die Effizienz der Warmwasserbereitung entsprechend den Anforderungskriterien der EU darzustellen (Verordnung [EU] Nr. 814/2013). Dabei wird für Warmwasserspeicher die Wärmeverlustrate in Energieeffizienzklassen dargestellt. Für das jeweilige Produkt wird eine Einordnung für dieses ausgewiesen. Am Markt befindliche Produkte bis einem Volumen von 500 l müssen hier mindestens die Klasse C erreichen.

6 Neugefasst durch Bek. v. 28.11.2011 I 2370; Zuletzt geändert durch Art. 1 V v. 5.12.2012 I 2562.

3.3 Systemkonzepte für die Trinkwassererwärmung

Es gibt eine Vielzahl an Versorgungskonzepten für Trinkwarmwasser (PWH). Dabei variieren die verschiedenen Systeme in der Art der Erwärmung, dem Ort der Erwärmung und dem Einsatz eines Bereitschaftsspeichers. Aufgrund unterschiedlicher Systemtemperaturen, Wärmeverluste des Speichers und Verteilverlusten wirkt sich dies auf die Energieeffizienz der Wärmeversorgung aus. Nachfolgend sind drei der gängigsten Technologien zur Erwärmung von Trinkwasser dargestellt. Dabei lässt sich die Art der Trinkwarmwasserbereitung (TWW-Bereitung) in eine zentrale und dezentrale Bereitung unterteilen. Wird bei der zentralen TWW-Bereitung das Trinkwarmwasser und das Heizungswasser in zwei verschiedenen Leitungsnetzen innerhalb des Gebäudes über den Vor- und Rücklauf verteilt, so bezeichnet man es als 4-Leiter-Netz. Bei 2-Leiter-Netzen wird nur ein Leitungsnetz verwendet. Das Heizungswasser wird hier sowohl zur Raumheizung, als auch zur dezentralen TWW-Bereitung verwendet. Mit dem 3-Leiter-Netz wird bei einer Mischung aus den beiden Varianten der Vorlauf entsprechend dem geforderten Temperaturniveau für die Anwendung (TWW hoch, Heizung ggf. im Vergleich deutlich niedriger) in separaten Strängen geführt und der ausgekühlte Rücklauf dann zusammen zurückgeführt.

Dabei wird in den zentralen Warmwassersystemen das Trinkwasser kalt (PWC) mit einer durchschnittlichen Temperatur von 15 °C auf die Warmwassertemperatur von mindestens 60 °C erwärmt. Die Zirkulation stellt die ständige Bereitschaft von warmem Trinkwasser in den Steig- und Stockwerksleitungen sicher, über die dieses mit minimal 55 °C zurück zum Trinkwassererwärmer gelangt und verhindert durch die konstante Temperaturhaltung über 55 °C ein vermehrtes mikrobielles Wachstum. Nutzungseinheiten sind über kurze Leitungen mit dem zirkulierenden Warmwassersystem verbunden, um, wie in Kapitel 3, Abschnitt 2.3 beschrieben, die Temperaturen beispielsweise in Vorwandkonstruktionen so gering wie möglich zu halten.

Unter Berücksichtigung der 3-Liter-Regel (siehe vorangegangener Abschnitt 4.2) ermöglichen es dezentrale Übergabesysteme, das erforderliche Temperaturniveau in der Verteilstruktur sowie den hydraulischen Verrohrungsaufwand zu reduzieren.

Im Folgenden werden die daraus resultierenden, grundsätzlichen technischen Konzepte zur Erwärmung von Trinkwarmwasser dargestellt.

3.3.1 Zentrales Speicherladesystem

Zentrale Speicherladesysteme haben einen zentralen Trinkwassererwärmer, der einen Bereitschaftsspeicher belädt. Dieser hält das erwärmte Trinkwasser zur Verwendung bereit und muss mindestens einmal am Tag vollständig beladen werden, so dass entsprechend den Angaben im Abschnitt 4.2 der gesamte Speicherinhalt eine Temperatur von über 60 °C annimmt. Die Speicheraustrittstemperatur muss hierbei mindestens 60 °C betragen. Dabei sind Temperaturabfälle im Minutenbereich bei der Entnahme von Spitzenvolumenströmen tolerierbar. Die Temperatur am Eintritt der Zirkulationsleitung in den Bereitschaftsspeicher muss mindestens 55 °C betragen.

Der Vorteil dieser Systeme ist eine sehr gleichmäßige Leistungsanforderung an den Trinkwassererwärmer, da der Bereitschaftsspeicher kurzzeitige hohe Entnahmeleistungen decken kann und so Spitzenleistungen abfängt. Dadurch kann grundsätzlich eine zurückhaltende Dimensionierung der Leistung des Trinkwassererwärmers erreicht werden und ein dauerhafter Betrieb unter Nennleistung stattfinden. Ein beispielhafter Hydraulikplan eines Speicherladesystems ist in Abb. 4–19 dargestellt. Das Heizungswasser wird dabei in einem separaten Strangpaar geführt, so dass ein 4-Leiter-Netz entsteht.

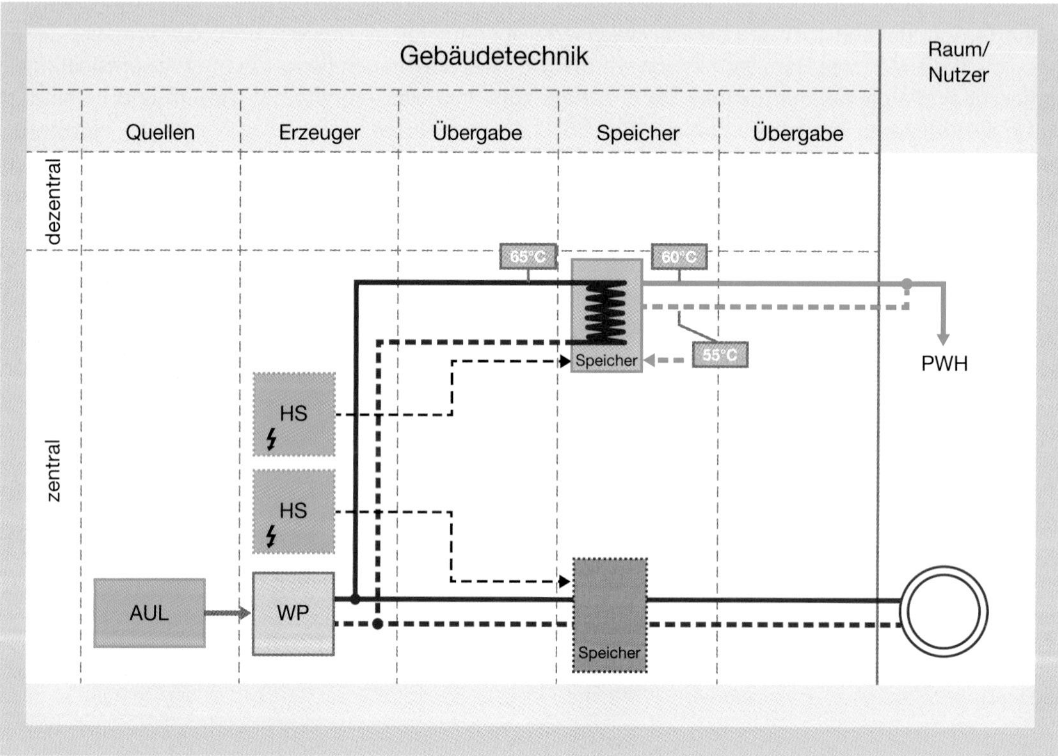

Abb. 4–19 Grundsätzliches Schemata für die zentrale Trinkwassererwärmung mittels Speicherladekonzept

3.3.2 Zentrale Erwärmung nach dem Durchflussprinzip

Den zentralen Durchflusssystemen liegt grundsätzlich die gleiche 4-Leiter-Verteilstruktur im Gebäude wie den Speicherladesystemen zu Grunde. Im Gegensatz zu diesen wird das Trinkwasser hier jedoch erst bei Bedarf während des Zapfvorganges erwärmt. Die Temperatur am Austritt des Trinkwassererwärmers muss auch hier entsprechend den Angaben in Kapitel 4, Abschnitt 4.2 mindestens 60 °C betragen. Dies setzt eine schnelle Bereitstellung der geforderten Leistung voraus. Bei kleinen Anlagen ist es üblich, dass Kaltwasser und Zirkulation vor dem Trinkwassererwärmer gemischt werden (Abb. 4–20). Dabei entstehen große Schwankungen in der benötigten Wärmeleistung und insbesondere auch relativ große Schwankungen in der Rücklauftemperatur des Primärkreises. Mit der im Folgenden beschriebenen Trennung der Prozesse Zirkulation und Erwärmung von Trinkwasser können die Systeme energetisch effizienter gestaltet werden.

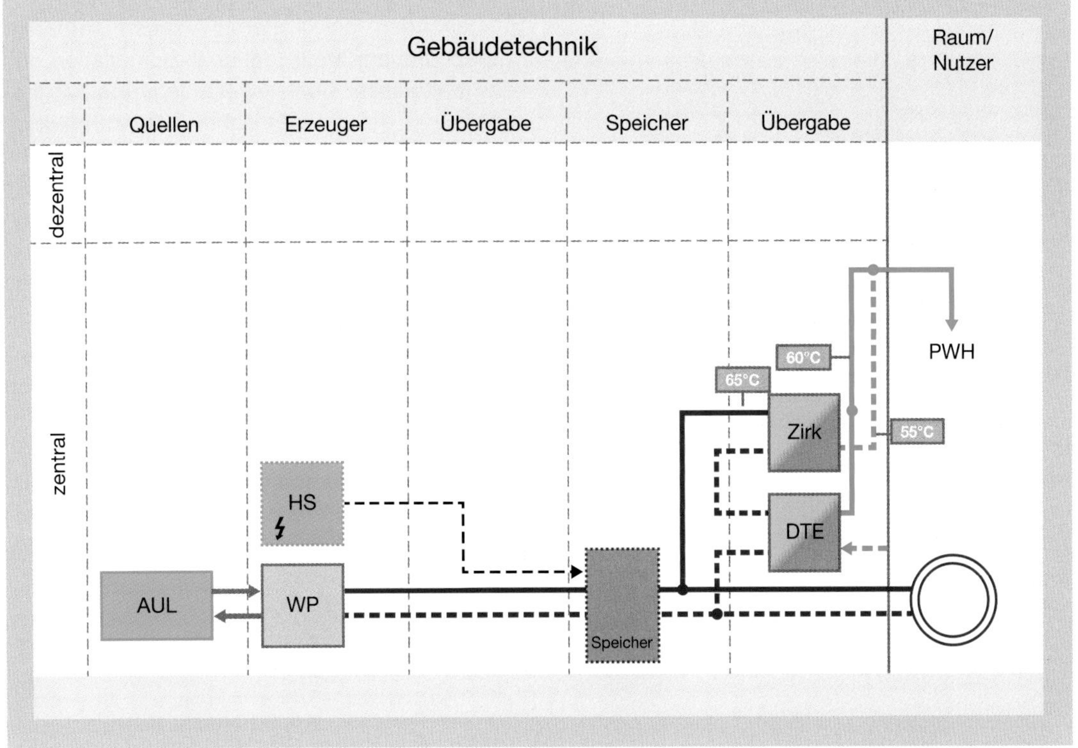

Abb. 4–20 Grundsätzliche Schemata für die zentrale Trinkwassererwärmung im Durchflussprinzip mit integrierter Zirkulationserwärmung

3.3.3 Trennung von Wassererwärmung und Zirkulation

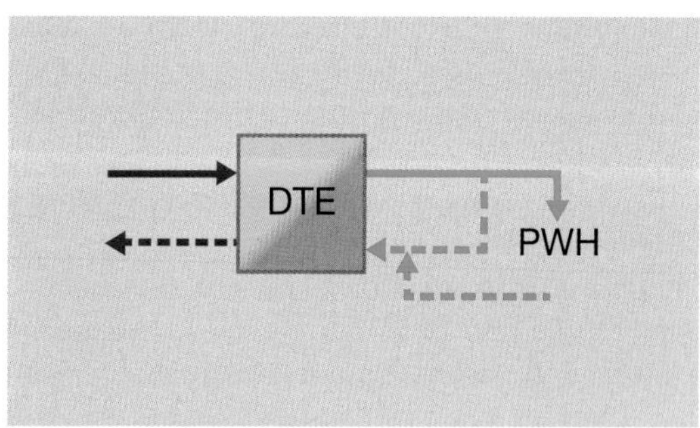

Abb. 4-21 Erwärmung Trinkwasser ohne Trennung der Zirkulation

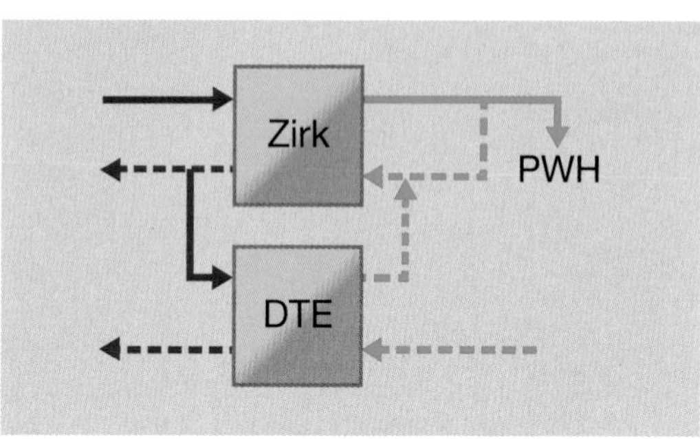

Abb. 4-22 Grundsätzliche Schemata für die zentrale Trinkwassererwärmung im Durchflussprinzip mit separater Zirkulationserwärmung

Bisheriger Standard bei Trinkwasserspeichern ist die Einspeisung des Zirkulationsrücklaufs in den unteren Speicherbereich oder bei Durchlauferwärmern direkt in den Kaltwasserzulauf (Abb. 4-21). Dieses führt zu der beschriebenen, starken Vermischung von Trinkwasser warm (PWH) und Trinkwasser kalt (PWC) mit der Folge, dass niedrige Rücklauftemperaturen für die Wärmerzeuger verhindert werden und die Brennwertnutzung von Heizkessel und BHKW nicht optimal ausgereizt werden kann.

Insbesondere bei größeren Anlagen werden in zunehmendem Maße daher die Zirkulation und das Kaltwasser über jeweils separate Wärmeübertrager geführt und dabei getrennt erwärmt (Abb. 4-22). Die Rücklauftemperaturen liegen nun auf zwei unterschiedlichen Niveaus, so dass der relativ warme Rücklauf der Zirkulationsstation in den oberen Teil und der kältere Rücklauf bei Zapfvorgängen in den unteren Teil des Speichers eingebunden werden können.

Durch diese hydraulische Trennung von Wassererwärmung und Nacherwärmung der Zirkulation ist eine deutliche Steigerung der Effizienz zu erreichen. Die Trennung ermöglicht im Zapfbetrieb eine Rücklauftemperatur auf der Sekundärseite von ca. 20 °C, die, wie in Abb. 4-22 dargestellt, in den unteren Teil des Pufferspeichers geführt wird und die Effizienz der angeschlossenen Wärmeerzeuger stark erhöht. Zusätzlich kann der warme Rücklauf des Zirkulationswärmetauschers in der Heizperiode zur Versorgung der Heizkreise genutzt werden.

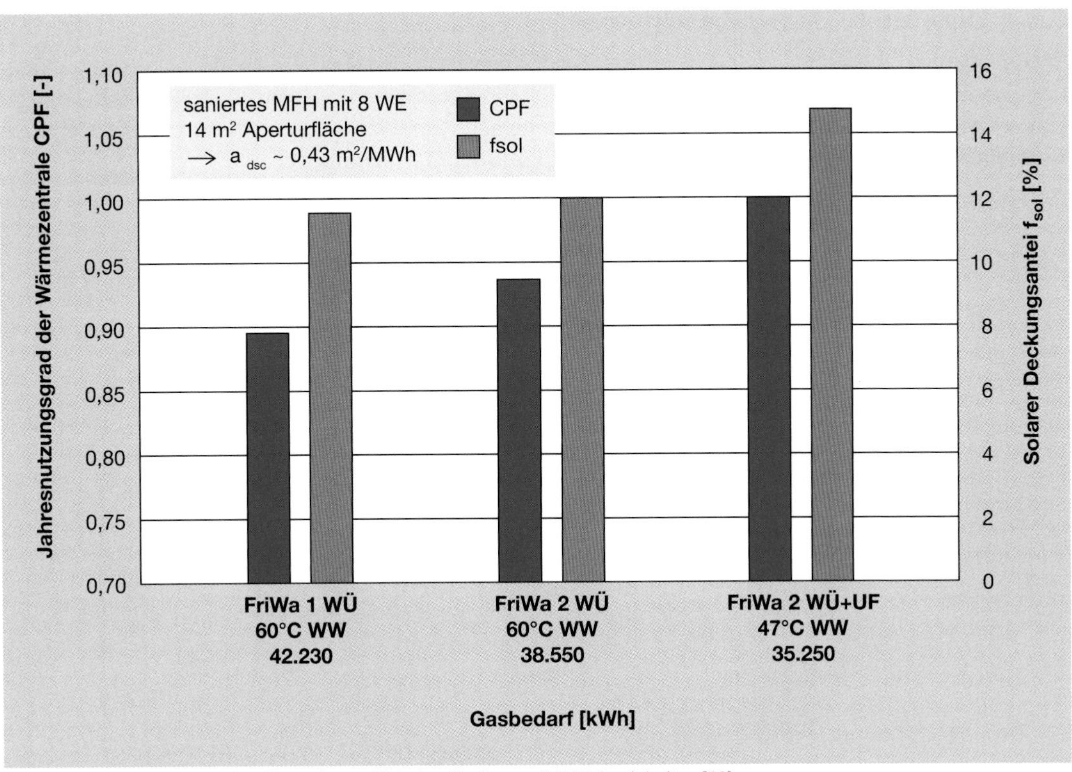

Abb. 4–23 Systemvergleich für saniertes Mehrfamilienhaus mit 8 Wohneinheiten [56]

Eine Analyse von Helbig et al. [56] Abb. 4–23im Rahmen des Verbundvorhabens „Solar-unterstützte Wärmezentralen in Mehrfamilienhäusern" zeigt eine Effizienzsteigerung von 9 % zwischen einer Frischwasserstation mit nur einem Wärmetauscher und der Frischwasserstation mit 2 Wärmetauschern. Wird zusätzlich die Trinkwassertemperatur warm (PWH) von 60 °C auf 47 °C gesenkt, sinkt die Gesamtwärmeersparnis um weitere 7,5 % auf insgesamt 16,5 % [56]. Der Jahresnutzungsgrad der Wärmezentrale stieg dabei von 89 % (1 WÜT) über 94 % (2 WÜT) auf 99 % (2 WÜT + Ultrafiltration).

3.3.4 Dezentrale Übergabesysteme

Bei dezentralen Übergabestationen wird das Trinkwasser nach dem Durchflussprinzip in unmittelbarer Nähe der Zapfstelle erwärmt. Es stellen sich dabei entsprechend den in Kapitel 4, Abschnitt 4.2 dargestellten Vorgaben mögliche, geringere Temperaturniveaus ein, wenn das in einem angeschlossenen Strang Trinkwarmwasser führende Leitungsvolumen unter einem Volumen von 3 Liter liegt.

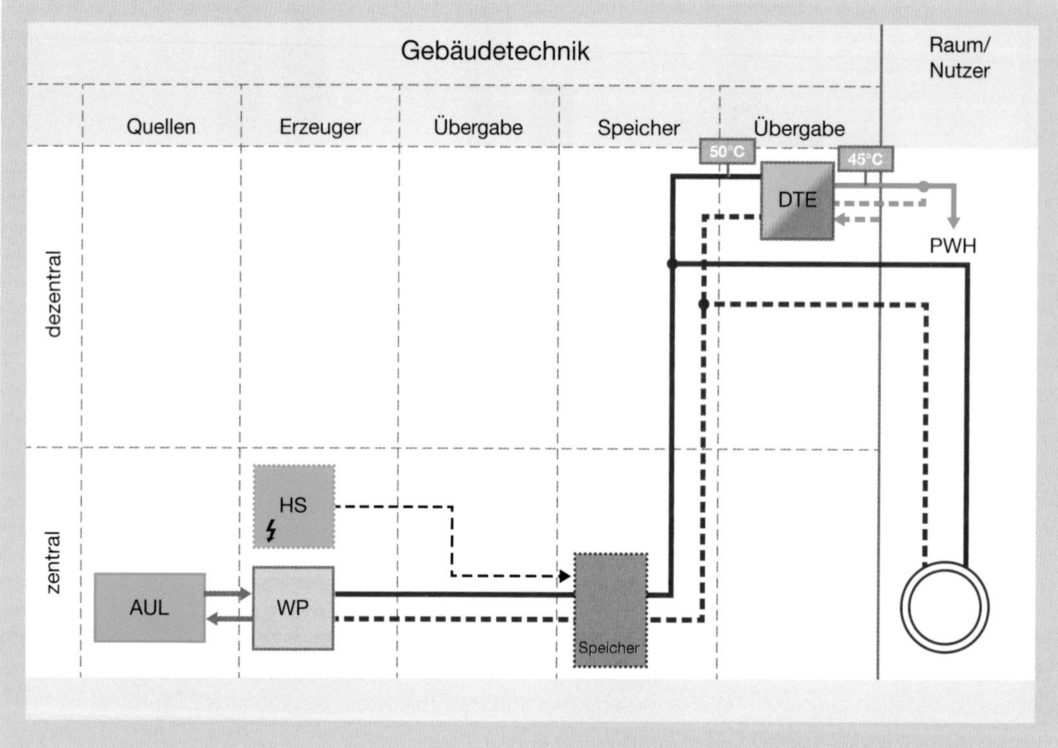

Abb. 4–24 Grundsätzliches Schemata für die dezentrale Trinkwassererwärmung im Durchflussprinzip mit 2-Leiter-Technik

Die Leitungsführung in der Hausverteilung wird dabei als 2-Leiter-Netz ausgeführt, in dem zur Temperaturvorhaltung Heizungswasser zirkuliert.

Bei Gebäuden mit einem qualitativ sehr hochwertigen Wärmedämmstandard sind die damit verbundenen bauphysikalischen Wärmeverluste und somit die erforderliche Heizleistung relativ gering. Damit können in den zu beheizenden Bereichen Wärmeübergabesysteme wie Flächenheizsysteme zum Einsatz kommen, die auf einem geringen Temperaturniveau betrieben werden. Da insbesondere die Effizienz von Wärmepumpen sehr stark von dem zu liefernden Temperaturniveau abhängig ist, kann es sinnvoll sein, zwei separate Vorlaufstränge auf jeweils unterschiedlichen Temperaturniveaus zu führen. Es wird dann ein 3-Leiter-Netz aufgebaut, bei dem ein Vorlaufstrang das Heizungswasser zur Trinkwassererwärmung führt und ein weiterer Strang Heizungswasser auf einem geringeren Temperaturniveau zur Beheizung führt. Beide Stränge werden nach der Durchführung in der Wohnungsübergabestation entsprechend der Darstellung in Abb. 4–25 auf einen gemeinsamen Rücklauf gelegt.

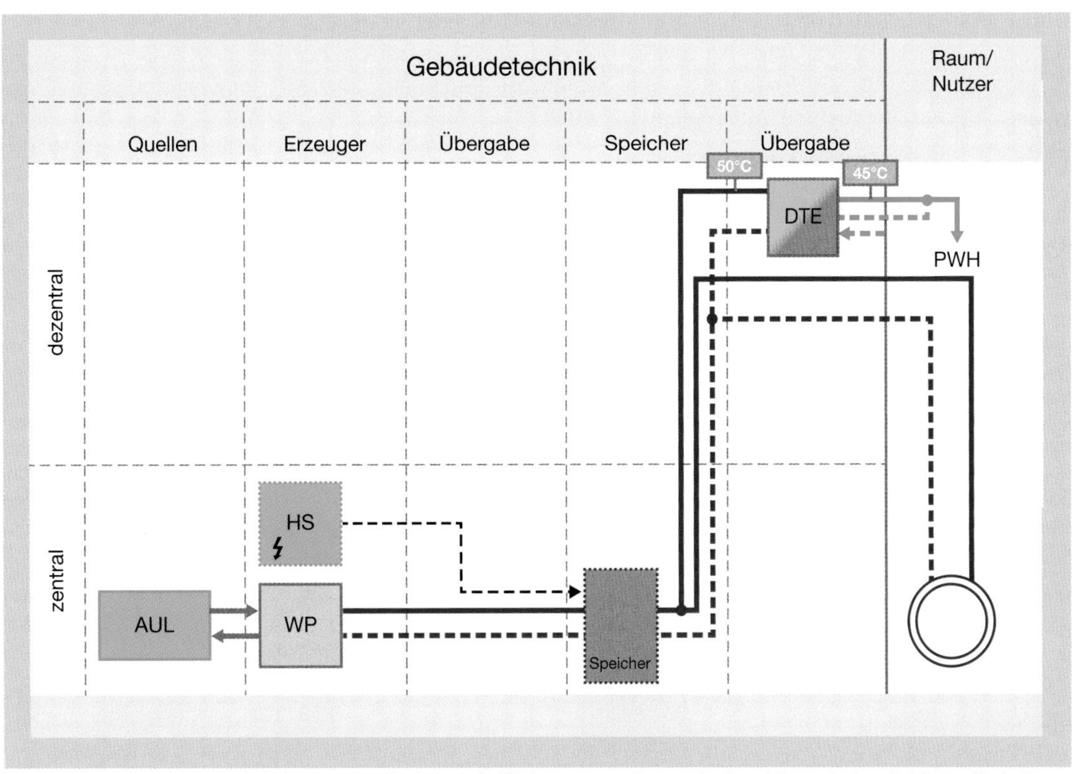

Abb. 4–25 Grundsätzliches Schemata für die dezentrale Trinkwassererwärmung im Durchflussprinzip mit 3-Leiter-Technik

3.4 Energieaufwendungen für die Trinkwassererwärmung – eine Simulationsstudie

Im Rahmen des Forschungs- und Entwicklungsvorhabens „Low-Ex im Bestand" wurden die in Abschnitt 4.3 vorgestellten Systeme hinsichtlich ihrer Energieeffizienz analysiert [24]. Der Studie liegt ein typisches Mehrfamiliengebäude zugrunde mit einer Wohnfläche von 638 m² und einer Heizung mit einem Auslegungspunkt von 45 °C/35 °C als Übergabesystem. Der Nutzwärmebedarf des Gebäudes beträgt 60 kWh/m²/a, davon entfallen auf die Raumwärme 50 kWh/m²/a und auf das Trinkwasser 10 kWh/m²/a.

Beispielhaft wird als Referenzsystem ein Gasbrennwertkessel mit einem Speicherladesystem gewählt. In den Vergleichsvarianten wird eine Luftwasserwärmepumpe mit einem COP von A-7/W35 von 2,9 eingesetzt. Dieser Erzeuger wird mit unterschiedlichen Technologien zur Erwärmung von Trinkwasser kombiniert (siehe vorangegangener Abschnitt 4.3). Die hier gewählten Varianten sind eine zentrale Erwärmung im Durchflussprinzip mit einer Frischwasserstation (i), eine dezentrale Trinkwassererwärmung mit wohnungsweiser Erwärmung im Durchflussprinzip (ii) sowie eine zentrale Frischwasserstation kombiniert mit einer Ultrafiltration (iii). In der letzteren Variante wurde für die Rechnungen davon ausgegangen, dass hier durch die Reduktion der Nährstoffe und die Gewährleistung einer regelmäßigen Zapfung das Temperaturniveau an der Erzeugernutzwärmeabgabe auf 50 °C abgesenkt werden kann.

Die Ergebnisse zeigen, dass sich für die Jahresarbeitszahl der eingesetzten Wärmepumpe auf Grund der unterschiedlichen Varianten zur Erwärmung des Trinkwassers eine Abhängigkeit einstellt. Diese ist in der folgenden Tab. 4–25 separat für das System zur Raumheizung sowie der Erwärmung für Trinkwasser für die untersuchten Varianten aufgeführt.

Tab. 4–25 Jahresnutzungsgrade und Jahresarbeitszahlen der verglichenen Systeme

	JAZ / Nutzungsgrad	JAZ Heizung	JAZ Trinkwasser
Gasbrennwertkessel Speicherladesystem (65 °C)	0,90	0,91	0,87
(i) Luft-/Wasser-Wärmepumpe mit zentraler Frischwasserstation (65 °C)	3,17	3,20	3,10
(ii) Luft-/Wasser-Wärmepumpe mit wohnungsweisem Durchflussprinzip (50 °C)	3,39	3,20	4,17
(iii) Luft-/Wasser-Wärmepumpe mit zentraler Frischwasserstation und Ultrafiltration (55 °C)	3,36	3,20	3,95

Abb. 4–26 zeigt den spezifischen Energieaufwand für die betrachteten Systeme. Der Endenergiebedarf für die Varianten mit einer Wärmepumpe als Erzeuger reduziert sich auf rund ein Drittel des Gasbrennwertkessels, da rund 2/3 der Wärme der Umgebungsluft entzogen wird. Durch den Übergang von einem System mit Speicherladesystem zu Systemen mit dezentralen Frischwasserstationen reduzieren sich die Wärmeverluste des Speichers. Werden Systeme mit einer Erwärmung von Trinkwasser im dezentralen Durchflussprinzip oder einer Ultrafiltration eingesetzt kann die Wärmepumpe bei niedrigeren Temperaturen arbeiten. Infolge dessen sinkt der Energieaufwand für die Trinkwassererwärmung um 15 % bis 20 %.

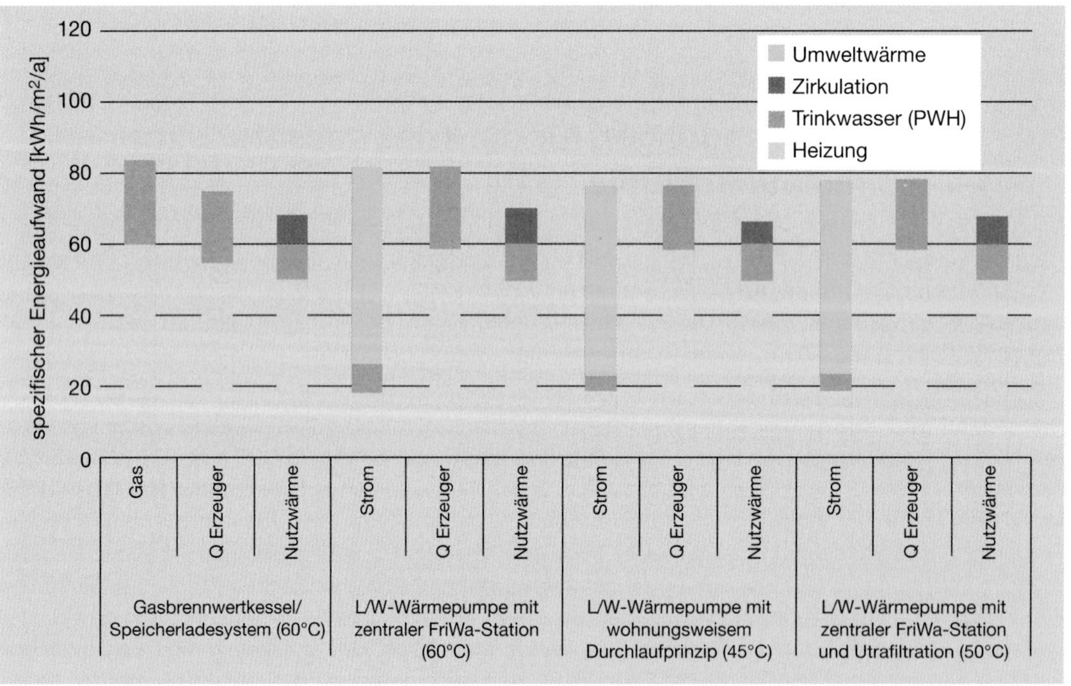

Abb. 4–26 Vergleich der Energieaufwände für die Raumwärme und Erwärmung von Trinkwasser für vier verschiedene Wärmeerzeugungssysteme. Dargestellt ist jeweils der Energiebezug, die Erzeugernutzwärmeabgabe sowie die Nutzwärme. Der Aufwand für die Zirkulation ist in diesem Falle als Nutzwärme dargestellt

4 Planung energierelevanter Themen

4.1 Ziele und Zielverfolgung

In den vorangegangenen Abschnitten wurden technologische Neuerungen und Lösungen vorgestellt um Gebäude energieeffizient betreiben zu können. Über den Lebenszyklus des Gebäudes betrachtet tragen jedoch sowohl die für die Herstellung des Gebäudes notwendige und in den Materialien gebundene Energie, als auch der Energieverbrauch in der Betriebsphase zur Gesamtbilanz des Gebäudes bei. Die in den Materialien gebundene Energie wird in großen Anteilen durch die bauliche Struktur und Gebäudehülle bestimmt, Erfordernisse des Tragwerks sind dabei häufig maßgeblich. Dem thematischen Schwerpunkt dieses Buches folgend liegt der Schwerpunkt auf den für die Betriebsphase relevanten Gewerken. Die Energieeffizienz in der Betriebsphase wird sowohl von der thermischen Qualität der Gebäudehülle als auch von der Energieversorgung maßgeblich beeinflusst. In der Planung sind daher neben der Bauphysik insbesondere die Gewerke Heizung/Kühlung, Lüftung, elektrische Anlagen und Gebäudeautomation betroffen.

Für den Prozess Planung der energierelevanten Aspekte ist die Formulierung von Zielen wichtig, die erreicht werden sollen und die kontinuierliche Verfolgung von Zielsetzungen in der baulichen Umsetzung und anschließende Überführung in einen energieeffizienten Betrieb. Im ersten Hauptabschnitt dieses Buches, Integrale Planung BIM – Umsetzungserfahrungen im Neubauprojekt „Viega World" wird detailliert auf die Veränderung von Planungsprozessen eingegangen, die zum einen durch eine zentrale Rolle der Technischen Gebäudeausrüstung, zum anderen durch integrale Planung mit BIM bedingt sind. Ein Qualitätsmerkmal der dort beschrieben Vorgehensweise ist die umfassende Erhebung von Planungsgrundlagen und die Erstellung eines Anforderungsprofils. So wird der Energieverbrauch – insbesondere von Nichtwohngebäuden – z. B. maßgeblich von den Nutzungsprozessen und den sich daraus ableitenden Anforderungen an das Raumklima bestimmt. Diese in der Grundlagenermittlung beschriebenen Nutzungsprozesse wirken sich auch auf Anforderungen an die TGA aus, bei der Formulierung von energetischen Zielen ist auf die Interaktion und Abstimmung zu achten. Eine Option stellt dabei die in Kapitel Integrale Planung BIM, Abschnitt 3 dargestellte Umsetzungsmethodik, die basierend auf einem detaillierten Lastenheft die Entwicklung eines Energiekonzepts vorsieht. In der Planung ist vor allem die konsistente Datenhaltung und die kontinuierliche Überprüfung notwendig, ob die Planung kongruent mit den im Energiekonzept definierten Grundlagen ist.

Am Beispiel des Neubauvorhabens „Viega World" werden ausgewählte Aspekte der Planung Energierelevanter Fragestellungen dargestellt, auf eine ausführliche Vorstellung des Gebäudeentwurfs wird an dieser Stelle verzichtet und auf den ersten Hauptabschnitt verwiesen.

4.2 Konzepte für Plusenergiegebäude

Sehr energieeffiziente Dienstleistungsgebäude, deren verbleibender Energiebedarf sich überwiegend aus erneuerbaren Energien decken lässt, werden zunehmend zum Standard. Dies drückt sich auch in der europäischen Gesetzgebung, die die Umsetzung des Standards „Nearly Zero Energy Buildings" in ihren Mitgliedsstaaten bis 2020 vorsieht [6] aus. In die Zukunft weisen Energiekonzepte, die das Gebäude zu einem Plusenergiegebäude werden lassen, einem Konzept, das der Architekt Rolf Disch seit der Jahrtausendwende propagiert und das zum Ziel hat, mehr Energie lokal aus erneuerbaren Quellen zu nutzen als der Betrieb des Gebäudes benötigt [25].

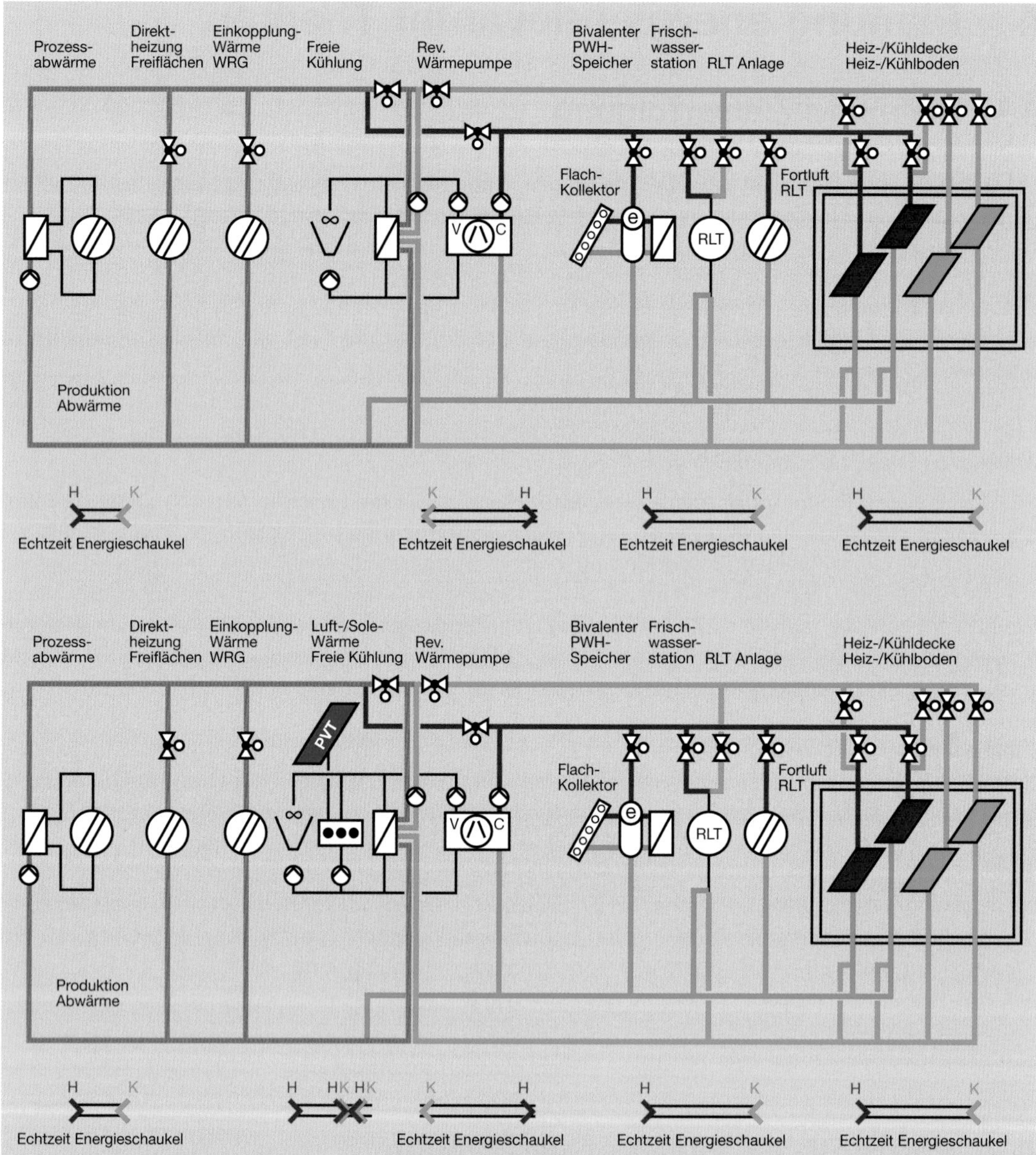

Abb. 4-27 Schema der Wärmeversorgung „Viega World" – Planungstand Energiekonzept. Dargestellt ist die Lösungsvariante sowie eine Variante mit erweiterter Nutzung des Erdreichs als Niedertemperaturspeicher. Quelle: Fact / Viega

Das vom TGA-Planer Fact entwickelte Energieversorgungskonzept des Neubauvorhabens „Viega World" ruht auf drei Säulen, die sich aus den Grundlagen ergeben:

- die zu erwartenden Lastprofile, die sich aus den Nutzungsprofilen und den meteorologischen Randbedingungen ergeben,
- lokal vorhandene Potenziale zur Nutzung erneuerbarer Energien und Potenziale an Umweltenergie und Abwärme,
- die primäre Nutzung des Energieträgers Strom, der mittel- und langfristig geringe CO_2-Emissionen verursachen wird und bereits heute über einen Anteil aus erneuerbaren Energien von über 41 % verfügt (1. Halbjahr 2018, [26]).

Als Quelle wird daher für das Energiekonzept primär die lokal zur Verfügung stehende Abwärme aus Produktionsprozessen der benachbarten Liegenschaft, der Umgebungsluft sowie lokal erzeugter Strom aus Photovoltaik und einer Kleinwindanlage genutzt. Die Gebäudehülle mit Dach und Fassade wird zum Energielieferanten. Für eine hohe Effizienz sorgt zum einen die Nutzung von Flächenheiz- und -kühlsystemen, zum anderen eine konsequent am Bedarf ausgelegte Lüftungsanlage, deren geförderte Luftmengen durch eine am CO_2-Gehalt orientierte Regelung auf das notwendige Minimum eingestellt werden.

Im Prozess der Entwicklung des Energiekonzepts verändert sich bei zunehmender Detaillierung die zu erwartende Energiebilanz. Das kontinuierliche Monitoren und Nachverfolgen der Zielwerte erlaubt das ggf. notwendige Gegensteuern und Anpassen von Planungsparametern. Eine einfache und gut geeignete Form der Kommunikation stellen hierfür Sankey-Diagramme dar (Abb. 4–28).

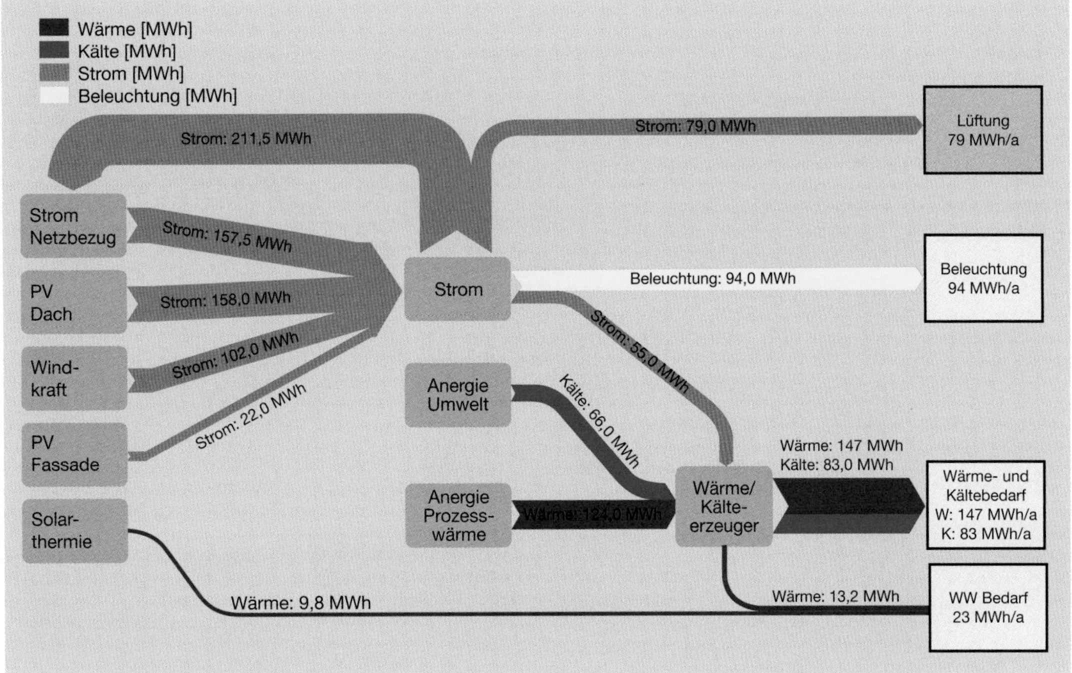

Abb. 4–28 Sankey-Diagram des Energieflusses des Neubauvorhabens „Viega World" – Planungstand Energiekonzept. Die energetische Bewertung exkludiert dabei die Betrachtung von nutzerseitigem Strombedarf. Quelle: Fact

4.3 Beispiel: Gebäudesimulation

Am Beispiel der gekoppelten Anlagen- und Gebäudesimulation wird die Interaktion innerhalb eines digitalen Planungsprozesses erläutert. Die Anlagen- und Gebäudesimulation wird in der Regel im Übergang von Leistungsphase 2 nach 3 durchgeführt, um Gebäudekonzepte hinsichtlich des thermischen Komforts zu überprüfen, Versorgungskonzepte zu vergleichen und energetisch zu bewerten. Die zeitlich hoch aufgelöste Simulation erlaubt gegenüber den sonst angewendeten Monatsbilanzverfahren die Berücksichtigung dynamischer Effekte. In den folgenden Planungsphasen kann dieses Modell detailliert werden und mit weiteren Informationen angereichert werden. Es dient dann sowohl der Lösung von Detailfragestellungen als auch der kontinuierlichen Überprüfung der energetischen Ziele.

Aktuelle marktverfügbare Werkzeuge zur Gebäude- und Anlagensimulation und zur monatlichen Bilanzierung zur Nachweisführung der EnEV verfügen zum Teil über Schnittstellen, um Modelle der Geometrie des Gebäudes zu importieren. In der Regel wird dabei das Austauschformat IFC verwendet [39]. Für die Schnittstelle zwischen TGA-Planung und Anlagensimulation wurden im Rahmen von Forschungsvorhaben Werkzeuge entwickelt und in den Markt eingeführt, die in der Planungspraxis bisher vor allem in den Vereinigten Staaten zum Einsatz kommen [40]. In der Phase der Konzeptentwicklung liegt für das Architekturmodell ein Level of Development vor, das ausreichend ist, um die geometrischen Eingaben zu verwenden. Für die Anlagentechnik besteht aufgrund nicht standardisierter Beschreibungen insbesondere der energierelevanten Parameter kein ableitbares Modell – es besteht hier ein Bruch des Medienflusses wie in Kapitel 1 Strukturgeber Gebäudetechnik, Abschnitt 5.5 beschrieben. Ein Ansatz zur Lösung liefert der dort beschriebene Anlagenkonfigurator.

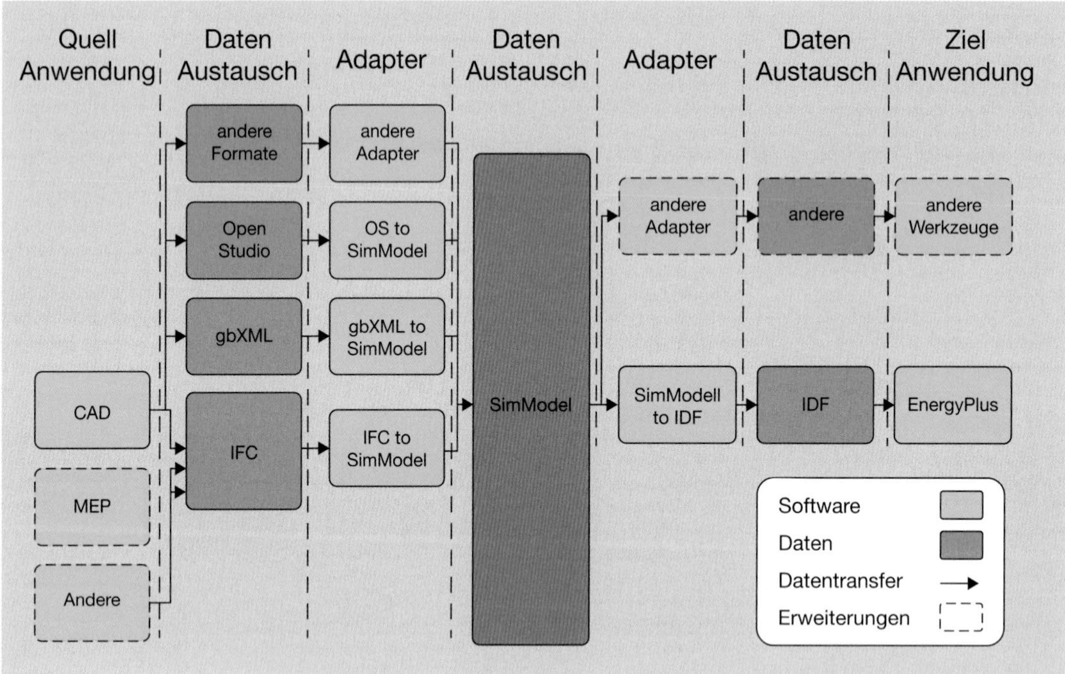

Abb. 4–29 Workflow zum Import von Gebäudedaten aus einem BIM-Modell und Anreicherung der Daten zur Nutzung in der Gebäudesimulation. Quelle: v. Treeck et al. [40]

Im Neubauvorhaben „Viega World“ wurde die thermische Gebäude- und Anlagensimulation auf Basis des IFC-Exportes der Architekten als Simulationsmodell aufgebaut. Jeder Raum bzw. jedes Segment wurde entsprechend der primären Nutzung zu einer thermischen Zone zusammengefasst, für die ein stündlicher Verlauf der Raumtemperatur (Thermischer Komfort), Heiz- und Kühlleistung berechnet wird. Die Räume stehen untereinander in Wechselwirkung durch ihren Raumbezug. Durch die Erfassung der Gebäudegeometrie werden die solaren Lasten und Wechselwirkungen mit der Umgebung exakt modelliert.

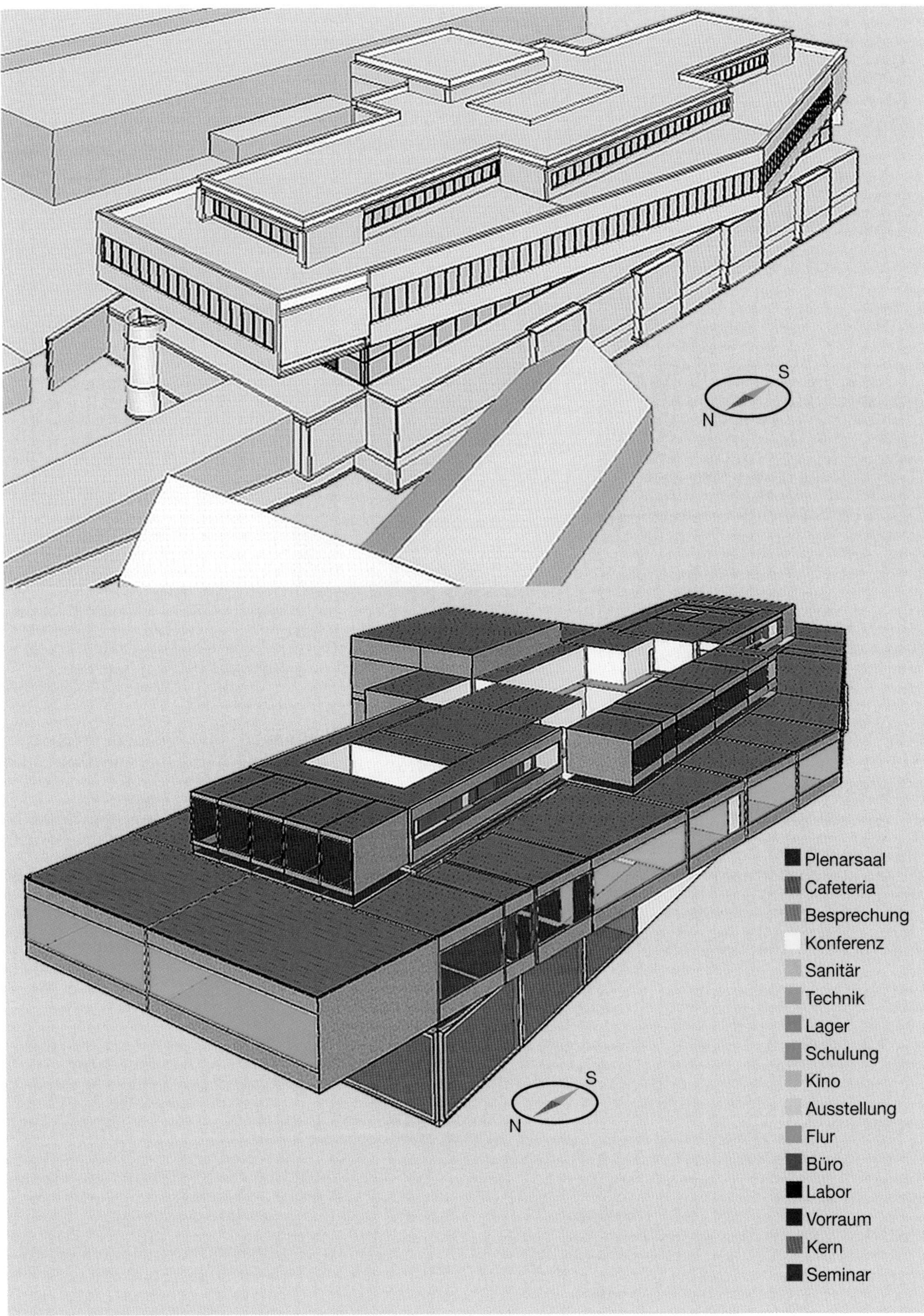

Abb. 4–30 Thermisches Simulationsmodell (unten) auf Basis des IFC-Importes (oben). Farbig hinterlegt ist die Zonierung nach Nutzerprofilen. Quelle: Fact/Lahme

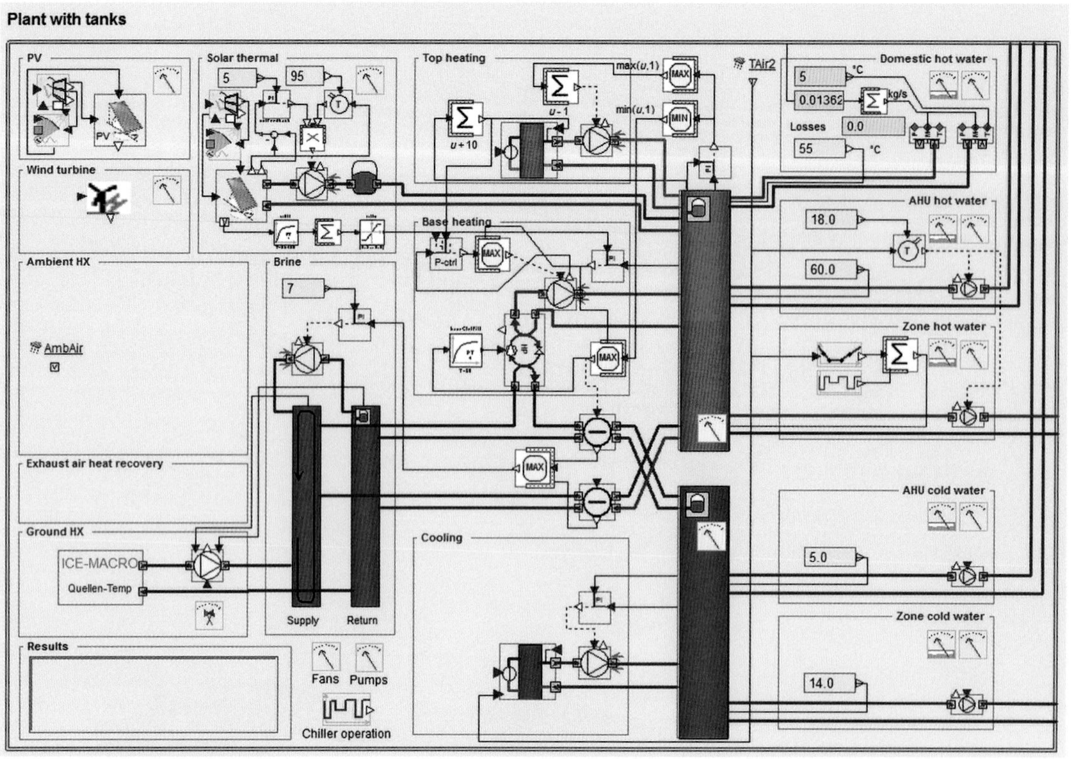

Abb. 4–31 Schema der in der Anlagensimulation TGA-Anlagen modelliert in der Simulationsumgebung IDA ICE. Quelle: FACT/Lahme

In der Entwurfsplanung erhält man als Ergebnis einer gekoppelten Gebäude- und Anlagensimulation

- die max. Heiz- und Kühlleistung zur Dimensionierung der Raumübertragungssysteme nach VDI 2078 (Kühlen bzw. DIN 12831 (Heizen),
- den stündlichen Leistungsgang der Heizung und Kühlung sowie deren Energie vom ganzen Gebäude für die Dimensionierung von nachhaltigen Versorgungssystemen,
- die stündlichen Temperaturverläufe von Raumlufttemperaturen und raumumschließenden Flächen.

Durch Varianten kann man feststellen, wie sensitiv das Gebäude auf Änderungen der Eingaben hinsichtlich der Raumtemperatur und der Auslegung von Heizleistung und Kühlleistung reagiert.

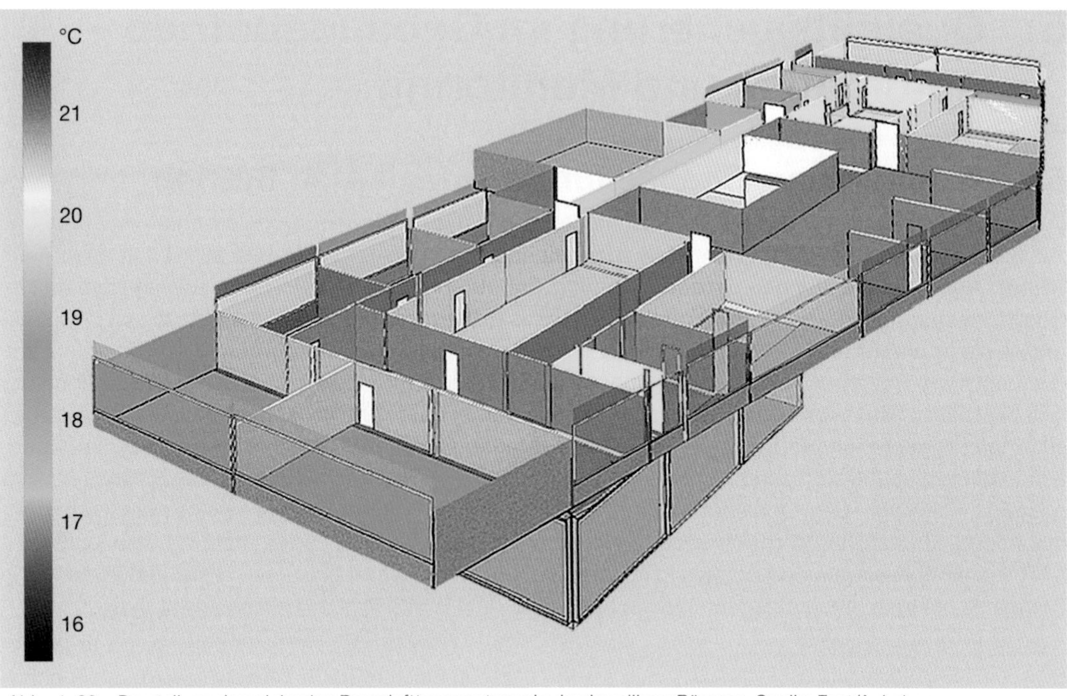

Abb. 4-32 Darstellung der minimalen Raumlufttemperaturen in den jeweiligen Räumen. Quelle: Fact/A. Lahme

5 Qualitätssicherung im Gebäudebetrieb – Automation und Monitoring

5.1 Automation – Chance für den effizienten Betrieb

Die Automation des Betriebes der Technischen Anlagen zur Energieversorgung eröffnet neue Chancen zur Steigerung der Energieeffizienz. Mit zunehmender Komplexität entstehen allerdings auch neue Risiken – die im dreistufigen Prozess Planung, Inbetriebnahme und Betrieb eine systematische Qualitätssicherung erfordern. Die Organisation dieses Prozesses wird durch den Aufbau von Qualitätsregelkreisen unterstützt. Eine strukturierte, klare Beschreibung der Anforderungen, Funktion und des geplanten Betriebes in der Planungsphase ist Grundlage für eine Inbetriebnahme, die neben der grundsätzlichen Betriebsbereitschaft auch Funktionalitäten überprüft. Im laufenden Betrieb unterstützt eine hohe Automation die Prozesse des Facility Management und reduziert so Kosten. Gebäudeautomationssysteme sind durch schnelle Datenkommunikation zunehmend in der Lage, auch umfangreichere Aufgaben des Qualitätsmanagements zu übernehmen, beispielsweise das Gebäudemonitoring. Mit dem Trend zu vernetzten Systemen und der schnellen Entwicklung von neuen Internet of Things (IoT) basierenden Kommunikationstechnologien entstehen Chancen, Gebäude effizienter in Betrieb zu nehmen und nutzergerechter zu betreiben.

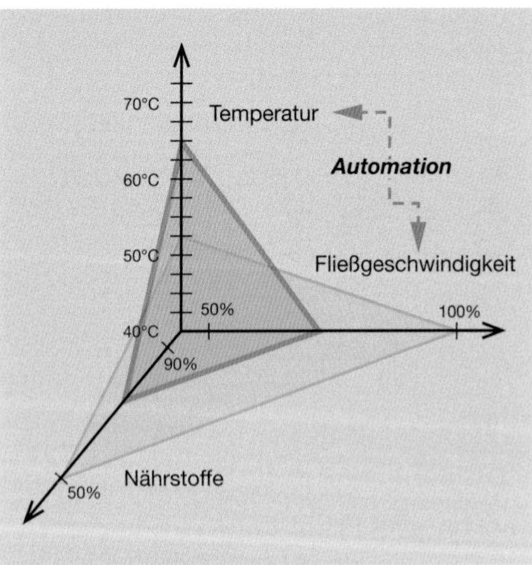

Abb. 4–33 Qualitative Darstellung der Trinkwassergüte in Abhängigkeit von Temperatur, Nährstoffgehalt und Fließgeschwindigkeit. Durch Automation des Trinkwassermanagements kann bei gleicher Güte die Temperatur abgesenkt und Energieeffizienz gesteigert werden. Quelle: Fraunhofer ISE

Die energieeffiziente Bereitstellung von Trinkwasser ist ein sehr gutes Beispiel, wie durch Technologie, optimale Prozesse und deren Automation die Qualitätsziele hohe Trinkwassergüte und niedriger Energieverbrauch erreicht werden. Schlüsselanforderung für eine hohe Trinkwassergüte ist die Schaffung von Bedingungen, in denen Wachstum von Organismen gehemmt wird. Drei Mechanismen tragen dazu bei, geringer Anteil an Nährstoffen, ausreichende Fließgeschwindigkeit und Temperaturen außerhalb des Wachstumsbereichs (siehe Kapitel 2 Trinkwassergüte und Abschnitt 2 im Kapitel 4 Energieeffizienz dieses Buches). Für eine hohe Energieeffizienz von Wärmeerzeugern wie Wärmepumpen und Solarthermie sind niedrige Systemtemperaturen notwendig. Dem sich daraus ergebenden Zielkonflikt zum Qualitätsziel Trinkwassergüte wird durch die technische Maßnahme Ultrafiltration und durch eine Automatisierung des Trinkwassermanagements Rechnung getragen.

5.2 Gebäudebetrieb in der Praxis

Durch die Implementierung eines systematischen und kontinuierlichen Gebäudemonitorings kann ein erhebliches Energieeinsparpotenzial erschlossen werden. Nach aktuellen Einschätzungen lassen sich durch die systematische und kontinuierliche Überwachung und Optimierung des Gebäudebetriebs in Einzelfällen zwischen 5 und 30 % Energieeinsparung erreichen [28], [30]. Eine Möglichkeit zur Sicherstellung eines energieeffizienten Betriebs ist die Einführung eines Energiemanagements, z. B. nach der Norm ISO 50001 [33]. Allerdings beschränkt sich Energiemanagement häufig auf die wöchentliche oder monatliche Aufzeichnung und Auswertung von Energieverbräuchen [29]. Zur Optimierung des Anlagenbetriebs soll dieses Vorgehen mit detaillierteren und möglichst automatisierten Analysen der Zeitreihendaten, die GA-Systeme, Datenlogger oder IoT-Geräten liefern können, ergänzt werden. In Deutschland wurde diese Problematik seit ein paar Jahren aufgegriffen und Regelwerke wie die VDI 6039 für eine Gewerke-übergreifende Koordination von Inbetriebnahme, die VDI 6041 oder die AMEV Richtlinie „Technisches Monitoring 2017" für das Aufsetzen eines technischen Monitorings in Gebäuden geschaffen. Die Implementierung dieser Empfehlungen in Planungs- und FM-Prozesse wird die Energieeffizienz und die Qualität des Gebäudebetriebs erhöhen [38].

In der Praxis kann beobachtet werden, das der Betrieb von Gebäuden häufig weitab seines energetischen Optimums liegt. Ursachen hierfür sind die einerseits fehlenden qualitätssichernden Maßnahmen in der Praxis des Facility Management und andererseits ein Mangel von Werkzeugen zur kontinuierlichen und automatischen Überwachung des Anlagenbetriebs. Trotz des Einsatzes moderner Gebäudeautomationssysteme findet nur in seltenen Fällen eine kontinuierliche Kontrolle der gebäudetechnischen Anlagen im Sinne der Sicherstellung oder Erreichung eines energieeffizienten Betriebs statt. Dabei beeinträchtigen oft die begrenzten verfügbaren Personalressourcen die Qualität der Wartung und der Betriebsführung der Anlagen. Häufig wird lediglich sichergestellt, dass die Anlagen ihre prinzipiellen Funktionalitäten wie das Heizen oder das Kühlen erfüllen, ohne auf eine energieeffiziente Bereitstellung der Wärme zu achten. Dabei werden Informationen, die in den Daten aus GA-Systemen anfallen, ungenügend genutzt, um suboptimale Betriebszustände zu identifizieren und die energetische Qualität des Gebäudebetriebs auszuwerten. Zusätzlich können in der Praxis folgende Herausforderungen auftreten, die dazu führen können, dass Energieeinsparpotenziale unerkannt und ungenutzt bleiben:

- Defizitäre Qualitätssicherung bei der Inbetriebnahme: Meist werden Anlagen bei der erstmaligen Inbetriebnahme nicht im Sinne einer Optimierung einreguliert, sondern oftmals nur auf richtige Montage und prinzipielle Funktion geprüft. Eine systematische Überprüfung auf Fehler oder Optimierungspotenziale, die im langfristigen Betrieb auftreten, findet häufig nicht statt.
- Energiemessungen: Energieverbräuche sind als Zielgrößen und Indikatoren für das Energiemanagement unerlässlich. Als Mittel zur Analyse des Anlagenbetriebs sind sie allerdings nur bedingt geeignet, da sie nur die „Symptome" eines mehr oder weniger optimalen Betriebs darstellen. Verbrauchswerte können zur Fehlererkennung eingesetzt werden, jedoch sind sie nur in Teilen für die Fehlerdiagnose geeignet.
- Unvollständige Datenlage: Die Dokumentation und messtechnische Ausstattung von Bestandsgebäuden sind oft nicht ausreichend für eine Betriebsanalyse. Bestandsunterlagen sind unvollständig, nicht aktuell oder sind aufgrund aufgeteilter Zuständigkeiten schwer zugänglich. Zudem sind Energiezähler häufig vom GA-System getrennt und ihre Anzahl beschränkt sich auf das aus abrechnungstechnischer Sicht notwendige Maß. Weiterhin ist der Zugang zu zeitlich hoch aufgelösten Messdaten durch proprietäre GA-Systeme und begrenzte Leistungsfähigkeit von Feldbussystemen erschwert.
- Kosten: Aus technischer Sicht ist es möglich, den Anlagenbetrieb anhand von sehr zeitintensiven Untersuchungen auch händisch zu optimieren. Allerdings sind die Kosten für ein solches Vorgehen deutlich zu hoch, um marktgängig zu sein. In der Praxis kommen daher meist einfache Bewertungsmethoden wie Benchmarking oder Zeitreihenanalysen zum Einsatz. Kosten sind ein stark

begrenzender Faktor, sowohl bezüglich der Datenakquise, als auch bezüglich der verwendeten Analysemethoden.

- Organisation: Für die kontinuierliche Betriebsanalyse ist es sinnvoll klare Zuständigkeiten zuzuweisen und einen Aktionsplan aufzustellen, der beschreibt wie und durch wen identifizierte Einsparpotenziale umgesetzt werden. Energiemanagement, technischer Anlagenbetrieb einschließlich Gebäudeautomation und kaufmännisches Gebäudemanagement sind häufig getrennte Verantwortlichkeitsbereiche mit wenigen Anknüpfungspunkten und geringem Austausch.
- Fehlende Werkzeuge: In der Praxis sind systematische und insbesondere automatisierte Verfahren, die über eine Kontrolle von Grenzwerten hinausgehen, noch wenig anzutreffen.

5.3 Pfad zur Implementierung eines Gebäudemonitorings

5.3.1 Prozesse

Zunächst sind Systeme zur Datenerfassung und zur Datenverarbeitung notwendig. Visualisierungen unterstützen die Analyse und ermöglichen Abweichungen von einem nominalen Betrieb zu erkennen. Bei komplexen Gebäuden und einer Vielzahl an zu überwachenden Systemen kann dieser Prozess nur auf Basis einer automatisierten Analyse der Messdaten wirtschaftlich verlaufen. Dabei können Fehlererkennung und Diagnosemethoden angewendet werden. Die Kosten werden dabei auch von einer möglichst durchgängigen und konsistenten Haltung der Information zur Funktion und Regelverhalten der Anlagen und ihrer Daten bestimmt. Derzeitige Einschränkungen in BIM-Software zur Repräsentation von Gebäudeautomationssystemen und technischen Anlagen schränken dies noch ein, siehe auch Hauptabschnitt Integrale Planung BIM, Abschnitt 5.5. Die Verwendung der Semantic-Web-Technologien ermöglicht die Interoperabilität mit Software, die für die Inbetriebnahme oder die Überwachung von HLK-Systemen verwendet wird und trägt somit dazu bei, die derzeitigen Qualitäts- und Leistungsdefizite dieser Systeme zu reduzieren [27].

Abb. 4–34 zeigt das prinzipielle Vorgehen von der Planungs- und Inbetriebnahme – bis zur Betriebsphase.

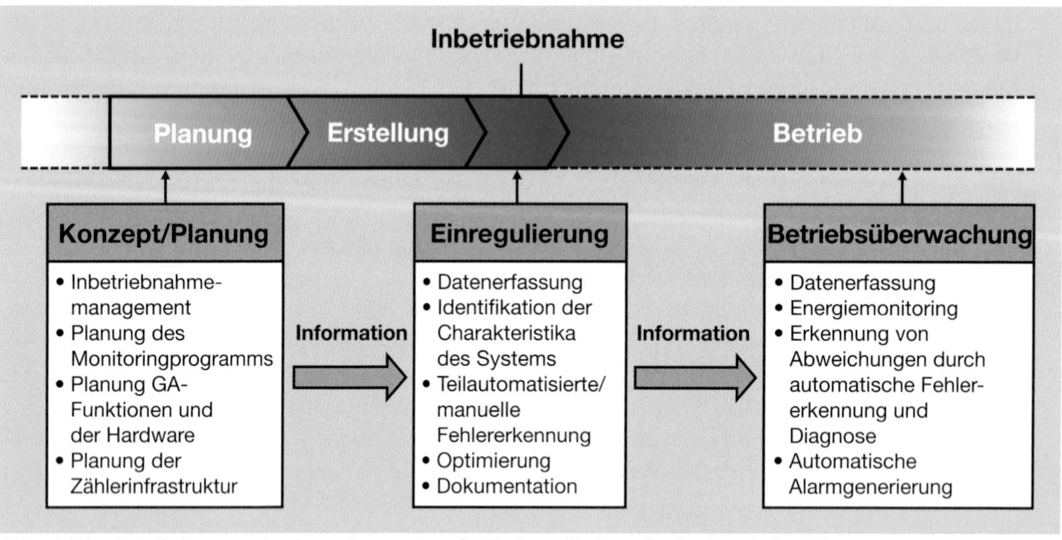

Abb. 4–34 Ablaufschema zur Implementierung eines Gebäudemonitorings. Quelle: Fraunhofer ISE

5.3.2 Datenerfassung und -verarbeitung

Gebäudeautomationssysteme können ihre Daten in SQL-fähigen Datenbanken oder als ASCII-Dateien durch verschiedene Schnittstellen exportieren. Im Falle einer „Remote"-Analyse durch Drittanbieter müssen die Daten zusätzlich automatisch übertragen werden. In allen Fällen bedarf die Implementierung einer kontinuierlichen und automatischen Datenakquise einer engen Abstimmung zwischen Planer, Anbieter von Automationssystemen, Gebäudebetreiber und Energieanalysten.

Weiterhin sind für die Messdatenauswertung Werkzeuge notwendig, die den Umgang mit großen Datenmengen sowie die Entwicklung von Analysemethoden flexibel und modular zulassen. Neben Standardfunktionen für Zeitreihen (beispielsweise die Interpolation und zeitliche Verdichtung von Daten) sollen sie spezielle Funktionen wie z. B. die Filterungen und Gruppierung von Daten anhand beliebiger Bedingungen anbieten, die für die Analyse von verschiedenen Betriebszuständen von Anlagen notwendig sind.

Die genaue Zuordnung der Datenpunkte zu den vorhandenen Gebäudesystemen kann in vielen Fällen nur durch eine enge Zusammenarbeit mit dem Gebäudebetreiber erfolgen. Durch die Abbildung der in einem Anlagenkennzeichnungsschlüssel AKS definierten Datenpunktbezeichner der Gebäudeautomation auf ein hierarchisches und systematisches Bezeichnungssystem ist es möglich, auch bei Systemen mit mehreren hundert Datenpunkten Analysen durchzuführen. Eine weitreichende Automatisierung wird durch eine eindeutige und systematische Bezeichnung der Datenpunkte möglich.

Für eine Analyse auf Basis von Zeitreihen ist eine zeitgleiche und regelmäßige Verfügbarkeit der Messdaten notwendig. Unterschiedliche Erfassungsintervalle erfordern deshalb für die Analyse eine Aggregation und gegebenenfalls Interpolation der Messdaten. Mit Hilfe von den einzelnen Datenpunkten zugehörigen Metadaten werden die Messdaten prozessiert und stehen somit für weitergehende Analysen bereinigt und aufbereitet zur Verfügung. Moderne Datenbanktechnologien erlauben es abgeleitete Größen (virtuelle Kanäle) zu definieren, die in Abhängigkeit von Messwerten automatisiert aktualisiert werden sobald neue Messwerte vorliegen. Eine Palette von parametrierbaren Berechnungsgrundbausteinen kann zu komplexeren Berechnungen verknüpft werden.

Folgende Grundfunktionalitäten sind hierbei von zentraler Bedeutung:

- Aggregation (Interpolation, Mittelwert- und Summenbildung)
- Gleitende Mittelwerte oder Summen
- Bereichsüberprüfung
- Differenzen und Summenbildung bei Zählerüberläufen
- Nutzerdefinierte Berechnungen auf Basis mehrerer Zeitreihen z. B. zur Berechnung spezifischer Größen (Energie pro Fläche oder Prozess)
- Logische Verknüpfungen verschiedener Zustände zu einem „An/Aus"-Signal.
- Zeitfunktionen wie Bereichsvergleiche (Vergleich/Differenz z. B. zum Vormonat oder dem vorausgegangenen Jahr) oder Zeitzählung seit der Änderung eines Signals.
- Komplexere zeitabhängige Funktionen z. B. zur Detektion von Zustandsabfolgen mit parametrierbarer Dauer.

5.3.3 Mindestdatensätze und zeitliche Auflösung

Um den Zustand der Energieperformance eines Gebäudes hinreichend beurteilen zu können, sind ein Mindestumfang an Messgrößen und ein Mindestmaß an Messqualität notwendig. Für jedes Hauptsystem kann ein Mindestdatensatz wie in Tab. 4–26 definiert werden. Sollen einzelne Komponenten innerhalb des Versorgungssystems genauer betrachtet werden, sind zusätzliche Messpunkte notwendig, um ein detaillierteres Bild zu erhalten. Im Fall von Bestandsgebäuden, die mit einfacher Mess- und Regeltechnik ausgestattet sind, müssen gegebenenfalls zusätzliche Sensoren, wie z.B. Rücklauftemperatursensoren in Heizkreisen nachgerüstet werden. Mindestdatensätze stellen einen Kompromiss zwischen zur Analyse notwendiger Datenmenge und Kosten für deren Erfassung und Auswertung dar.

Zur Visualisierung, Analyse und Bewertung des Betriebs einer Anlage sind verschiedene Messgrößen von Bedeutung. Zur groben Betrachtung der Gesamtsysteme sind dabei vor allem die Verbrauchswerte von Interesse. Zusätzliche Informationen werden notwendig, wenn detaillierte Analysen und Fehlererkennung durchgeführt werden sollen. Dazu gehören zum Beispiel Wetterdaten, die einen Rückschluss auf äußere Einflüsse ermöglichen. Des Weiteren sind zusätzliche Informationen der physikalischen Kenngrößen zu den in einer Anlage verbauten Komponenten von Interesse um genaue Einsicht in die Betriebsweise der Anlage zu erlangen. Letztlich sind auch die verschiedenen Kontrollsignale (Stellsignale Ventile/Klappen, Betriebsrückmeldungen von Pumpen) zur Fehlererkennung unerlässlich um erwünschtes von unerwünschtem Verhalten einer Anlage unterscheiden zu können. Der Mindestdatensatz wird in der Regel mit zeitlichen Auflösungen zwischen 1 und 5 Minuten aufgezeichnet. Durch Verdichtung werden die Stunden-, Tages- und Wochenprofile sichtbar, die nützliche Informationen bezüglich des Gebäudebetriebs enthalten (z.B. wird auf diese Weise ein morgendlicher Aufheizbetrieb sicht- und analysierbar).

Tab. 4–26 Mindestdatensatz für Gebäudemonitoring [31], [37]

Bereich	Größe	Einheit	Bemerkung	Begründung
Verbrauch	Brennstoff	kWh	z. B. Gas, Öl, Biomasse	Kontrolle und Optimierung des Energieverbrauchs Wasserverbrauch lässt Rückschlüsse auf die Belegung des Gebäudes zu
	Fernwärme/Fernkälte	kWh		
	Strom	kWh		
	Wasser	m^3		
Wetter	Außenlufttemperatur	°C	Wetterstation oder Daten von externem Anbieter	Die Aufzeichnung von Wetterdaten ist notwendig, um klimaabhängige und -unabhängige Verbrauchsanteile identifizieren zu können. Dies ist eine wichtige Voraussetzung für die weitergehende Analyse des Energieverbrauchs
	relative Außenluftfeuchte	%		
	Globalstrahlung	W/m^2		
Systemdaten	Vor-/Rücklauftemperaturen der Hauptwasserkreise	°C	Haupt-Wärme-/ Kälteverteilung	Die Systemdaten geben wertvolle Hinweise auf die prinzipiellen Steuer- und Regelungsstrategien. Betriebszeiten, Temperaturspreizungen und Sollwerte wie Heiz- und Kühlkurven können daraus extrahiert werden
	Zu-, Ab- und Mischlufttemperatur Temperatur nach WRG/LK/LE der größten Lüftungsgeräte	°C		
	Relative Zu- und Abluftfeuchte der größten Lüftungsgeräte	%		
	Stellsignalen von Aktoren wie Ventile und Klappen	–		
	Betriebsrückmeldung der größten Antriebe (Pumpen, Ventilatoren)	–		
Raumklima	Raumtemperatur	°C	Von einer oder mehreren Referenzzonen	Raumtemperatur und -feuchte geben ein Bild von den Anforderungen des Nutzers bzw. auch davon inwieweit die haustechnische Anlage behagliche Raumzustände bereitstellen kann
	relative Raumluftfeuchte	%	Von einer oder mehreren Referenzzonen	

5.4 Fehler im Gebäudebetrieb

Fehler im Gebäudebetrieb sind vielfältig und werden durch Mängel in den unterschiedlichen Lebenszyklusphasen eines Gebäudes verursacht. Verstärkt wird das Auftreten von Fehlern durch zahlreiche Informationslücken und -verluste, die in der Baupraxis zwischen den einzelnen Lebenszyklusphasen eines Gebäudes durch wechselnde Projektbeteiligte, die Nutzung heterogener Werkzeuge und ein Defizit an Qualitätssicherung entstehen.

Neben planerischen Fehlern wie Unter-/Überdimensionierung oder mangelndem hydraulischem Abgleich führen folgende Fehler zu einem erhöhten Energieverbrauch und/oder Komforteinbußen:

- Betriebszeiten – Antriebe wie Pumpen und Ventilatoren werden ganztägig und am Wochenende betrieben, auch wenn keine Anforderung besteht und oftmals ohne dass dies dem Bedienpersonal bewusst ist.
- Gleichzeitiges Heizen und Kühlen – Heiz- und Kühlsystem versorgen aufgrund falscher Sollwerte zeitgleich dieselbe Zone und erhöhen somit den Energieverbrauch.
- Fehlerhafte Regelung – Die Regelung der Systeme weist trotz korrekter Spezifikation Fehler in der Programmierung auf oder erreicht aufgrund falsch positionierter Sensoren nicht die geplante Energieeffizienz.
- Fehlerhafte Sensorik – Sensoren, die der Steuerung und Regelung von Anlagen dienen, liefern aufgrund fehlender Kalibrierung oder von Defekten ungültige Werte.
- Fehlende Wartung – Komponenten sind aufgrund fehlender Wartung in ihrer Funktion und/oder Effizienz eingeschränkt (z. B. nachlassende Leistungsfähigkeit eines Wärmeübertragers durch Verschlackung).

5.5 Automatische Fehlererkennung und -diagnose (FED)

Fortgeschrittene Visualisierungstechniken über dynamischen webbasierten Anwendungen können die Auswertung des Gebäudebetriebs vereinfachen, allerdings obliegt der Schritt der Mustererkennung immer noch dem Menschen. Bei einer wachsenden Anzahl an Systemen und Datenpunkten und einer gleichzeitig geringen Verfügbarkeit von Personalressourcen verliert die manuelle Datenauswertung naturgemäß an Bedeutung. Eine weitgehende Automatisierung der Fehlererkennung und Diagnose wird erforderlich.

Die Entwicklung und Anwendung von Techniken zur FED in Gebäuden ist eine relativ junge Disziplin, die in den letzten Jahren durch neue Methoden aus dem Bereich des Data Mining für Zeitreihenanalyse einen Entwicklungsschub erhalten hat. In Deutschland haben mehrere Projekte bereits die Potenziale einer kontinuierlichen Betriebsüberwachung demonstriert [34], [35], [36], [37].

Bei der Implementierung einer FED-Methode in einem Gebäude gilt es, Daten korrekt zu klassifizieren und somit fehlerhafte Betriebszustände automatisiert zu identifizieren und von „normalen Daten“ zu unterscheiden. Die technische Herausforderung besteht darin, eine Methode zu finden, die eine solche Klassifizierung möglichst genau vornimmt. D. h. möglichst, dass alle Fehler als solche identifiziert werden und möglichst wenige fälschlicherweise als Fehler klassifiziert werden sollten. Zusätzlich besteht die Schwierigkeit darin, dass die Rahmenbedingungen sich ändern können, vorher unbekannte Fehler auftreten können und die Methode somit im Laufe der Verwendung entsprechend angepasst werden muss.

In der Gebäudetechnik anwendbare FED-Methoden weisen folgende Merkmale auf:

- einfache Anwendbarkeit, Parametrierung und Replizierung
- Robustheit gegenüber Betriebsänderungen und temporären Datenausfällen
- hohe Sensitivität – es sollen so viel wie möglich echte Fehler erkannt werden
- hohe Spezifität – es sollen so wenig wie möglich korrekte Betriebszustände als Fehler klassifiziert werden.

Die automatisierte Fehlererkennung und -diagnose kann prinzipiell auf regel- und/oder modellbasierten Methoden bzw. Algorithmen aufbauen. Die einfachste Form der Fehlererkennung besteht in der Grenzwertüberwachung eines einzelnen Signals. Diese Methode lässt in der Regel nur eine Fehlererkennung und keine Diagnose zu und ist auf spezielle Anwendungsfälle zugeschnitten. Eine andere Möglichkeit ist die Implementierung eines Expertensystems, das aufgrund einer detaillierten Kenntnis des Systemverhaltens seinen Satz von Inferenzregeln in Form von „IF..THEN..ELSE" Anweisungen definiert. Der Vorteil dieser Methode ist, dass sie sich für einzelne Subsysteme wie Klima- oder Heizungsanlage algorithmisch einfach in Gebäudeautomationssysteme implementieren lässt. Mit einer wachsenden Komplexität der Gebäudetechnik kann diese Herangehensweise jedoch an Übersichtlichkeit und Übertragbarkeit verlieren. Weitere Ansätze basieren auf Methoden des maschinellen Lernens. Maschinelles Lernen ist besonders geeignet für die Aufgabe der Fehlererkennung in gebäudetechnischen Systemen, da solche Verfahren wenig Vorwissen über das System und die implementierte Regelung benötigen. Nach einer initialen Trainingsphase und wiederholten, gegebenenfalls adaptiven Trainingsphasen bei Änderungen der Rahmenbedingungen, kann eine derartige Routine automatisch laufen. Vielversprechende Methoden des Überwachten Lernens für den Gebäudebereich sind Entscheidungsbäume, Clustering und qualitative Modelle.

Letztere soll hier beispielhaft beschrieben werden. Abb. 4–35 zeigt die Ergebnisse einer automatischen Fehlererkennung in der Kaltwasserversorgung einer Klimaanlage mit einem qualitativen Modell. Qualitative Modelle beschreiben näherungsweise das Verhalten dynamischer Systeme und sind in der Lage zukünftige Zustände des Systems anhand von Wahrscheinlichkeiten zu prognostizieren. Sind die Auftrittswahrscheinlichkeiten möglicher Zustände für das Nominalverhalten des Systems bekannt, können vom optimalen Betrieb abweichende Betriebszustände erkannt werden. Vorteil dieser Methode ist, dass nur wenige Vorkenntnisse über das physikalische Verhalten der Systeme benötigt werden und sich durch die qualitative Betrachtung der Implementierungsaufwand minimieren lässt.

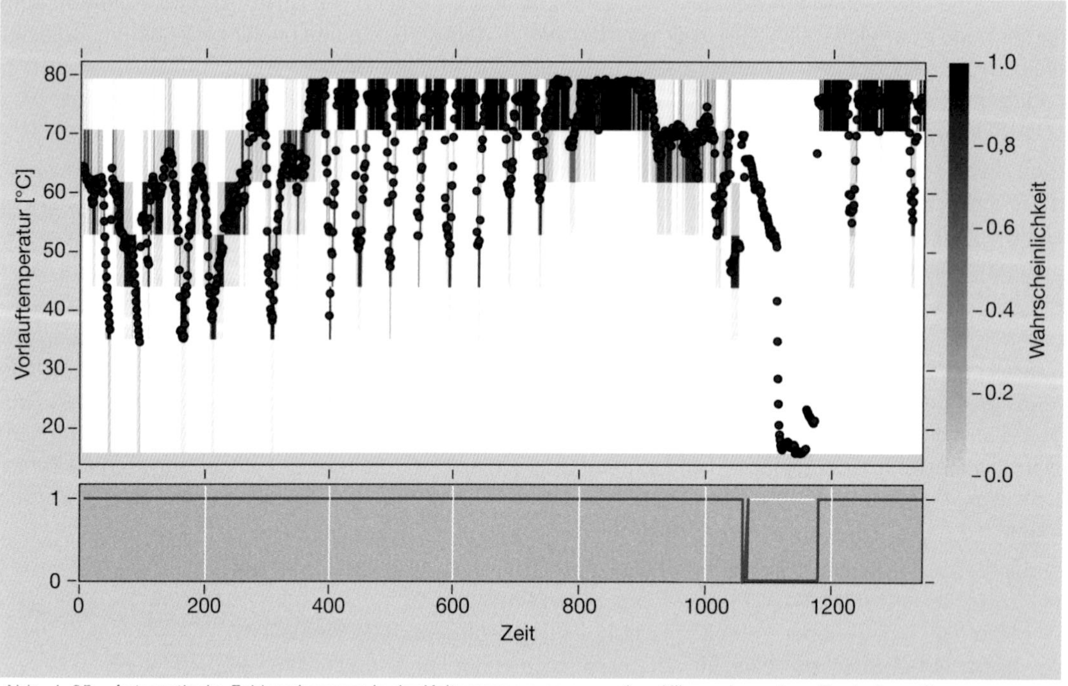

Abb. 4–35 Automatische Fehlererkennung in der Kaltwasserversorgung einer Klimaanlage eines Flughafens. Gemessene Luftaustrittstemperatur (Orange) und vom qualitativen Modell prognostizierte Wahrscheinlichkeiten (Graustufen). Ab Zeitschritt 120 liegen die Messwerte nicht mehr in dem Bereich, der vom qualitativen Modell vorhergesagt wurde

Generell benötigen jedoch solche Methoden eine große Menge an qualitativ hochwertigen Trainingsdaten. Eine defizitäre Trainingsphase kann in der Anwendung zu zahlreichen falsch-positiven Meldungen führen – es werden Fehler gemeldet, die keine Fehler sind. Zudem sind die bekannten Ansätze, wenn überhaupt, sehr träge in der Anpassung an neue bzw. unbekannte Daten. Neue Konzepte, die Methoden kombinieren und auf dem Nutzer-Feedback während der Trainingsphase beruhen, führen zu einer verbesserten Klassifizierungsgenauigkeit und/oder Anpassung an neue bzw. unbekannte Daten.

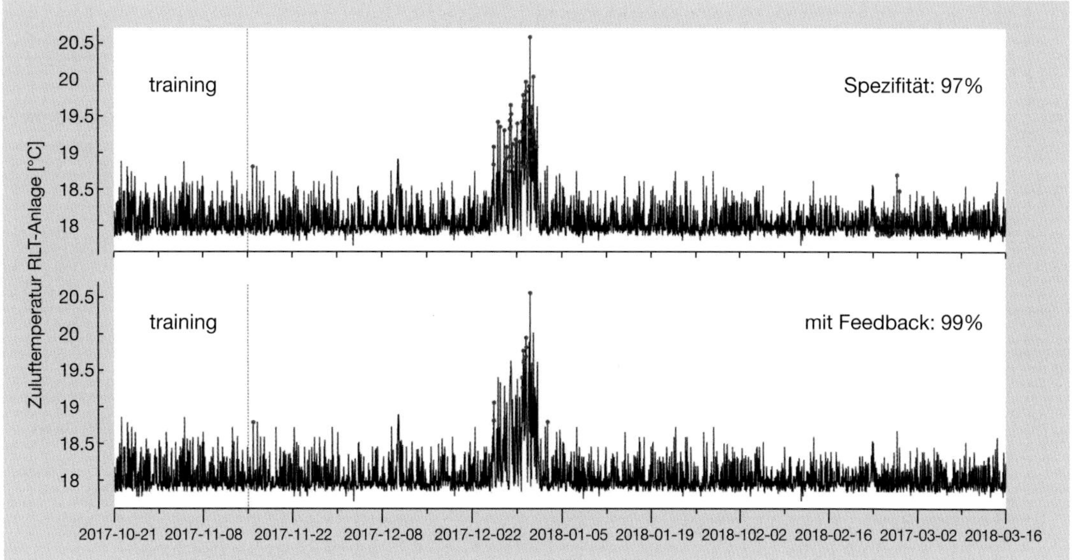

Abb. 4–36 Verbesserung der Spezifität bei der Implementierung einer Clustering-Methode mit Feedback – Messdaten aus einer Lüftungsanlage

5.6 Ausblick

Durch eine bessere Überwachung des Gebäudebetriebs können mit gering-investiven Maßnahmen signifikante Energieeinsparungen erzielt und somit ein wichtiger Beitrag zum Erreichen der energiepolitischen Ziele geleistet werden. Im Bereich der Fehlererkennung und Diagnose sind bereits erste Werkzeuge vorhanden, die in GA- oder Energiemanagementsysteme integriert werden können.

Dennoch bewegt sich das Facility Management in Gebäuden im Spannungsfeld zwischen gesetzlichen Vorgaben, Wirtschaftlichkeit, Rationalisierung der Ressourcen und den wachsenden Ansprüchen an Sicherheit, Komfort und Nachhaltigkeit. Aus diesen manchmal widersprüchlichen Anforderungen entstehen Defizite, die Facility Manager nicht immer decken können. Für eine breitere Einführung der Methoden in die Bau- und Betriebspraxis sind neben Anstrengungen für eine bessere Interoperabilität zwischen Systemen und einer höheren Qualität der Messdaten praxistaugliche Datenmodelle notwendig, die die stark fragmentierte Informationslage strukturieren und bereitstellen. Eine zentrale Funktion übernimmt dabei die kontextbezogene Bereitstellung von Informationen auf Basis von Building Information Modellen, um Inspektionen und Wartungen vorteilhaft und wirtschaftlich zu unterstützen.

6 Literaturverzeichnis

[1] BMWi (Bundesministerium für Wirtschaft und Technologie) (2010): Energiekonzept für eine umweltschonende, zuverlässige und bezahlbare Energieversorgung; Berlin.

[2] Bundesverband Wärmepumpen, Absatzzahlen 2017 Pressemitteilung vom 23.01.2018 https://www.waermepumpe.de/presse/pressemitteilungen/details/bwp-marktzahlen-2017-waermepumpen-absatz-waechst-deutlich/ abgerufen am 10.7.2018

[3] Anwendungsbilanzen für die Endenergiesektoren in Deutschland in den Jahren 2013 bis 2016, AG Energiebilanzen e.V., November 2017, Dr. Hans-Joachim Ziesing et al.

[4] Bundesministerium für Wirtschaft und Energie (BMWi), Berlin (Hrsg.): Eckpunkte Energieeffizienz. 2010 http://www.bmwi.de/BMWi/Redaktion/PDF/E/eckpunkte-energieeffizienz,property=pdf,-bereich=bmwi, sprache=de,rwb=true.pdf (Aufruf 01.12.2015)

[5] Palzer, A.; Henning, H. M.: A Future German Energy System with a Dominating Contribution from Renewable Energies: A Holistic Model Based on Hourly Simulation. In: Energy Technology, Vol. 2 (2014), S. 13-18. DOI: 10.1002/ente.201300083

[6] RICHTLINIE (EU) 2018/844 DES EUROPÄISCHEN PARLAMENTS UND DES RATES vom 30. Mai 2018 zur Änderung der Richtlinie 2010/31/EU über die Gesamtenergieeffizienz von Gebäuden und der Richtlinie 2012/27/EU über Energieeffizienz

[7] H. Cischinsky, N. Diefenbach: Datenerhebung Wohngebäudebestand 2016 – Datenerhebung zu den energetischen Merkmalen und Modernisierungsraten im deutschen und hessischen Wohngebäudebestand, 2018, ISBN-Nr.: 978-3-941140-71-4

[8] Destatis (2017): Gebäude und Wohnungen – Bestand an Wohnungen und Wohngebäuden, Bauabgang von Wohnungen und Wohngebäuden. Hg. v. Statistisches Bundesamt. Wiesbaden. Online verfügbar unter https://www.destatis.de/DE/Publikationen/Thematisch/Bauen/Wohnsituation/Bestand/Wohnungen2050300167005.xlsx, zuletzt geprüft am 26.03.2018.

[9] Techem Energy Services GmbH (Hg.) (2017): Techem-Energiekennwert 2017. Transparenz zum Energieverbrauch für Heizung und Warmwasser in deutschen Mehrfamilienhäusern. Eschborn.

[10] Henning, H.-M.; Palzer, A.: Was kostet die Energiewende? – Wege zur Transformation des deutschen Energiesystems. Fraunhofer-Institut für Solare Energiesysteme (ISE), Freiburg i. Br. (Hrsg.). Nov. 2015

[11] Ausfelder et al.: Sektorkopplung – Untersuchungen und Überlegungen zur Entwicklung eines integrierten Energiesystems (Schriftenreihe Energiesysteme der Zukunft), München 2017. ISBN: 978-3-9817048-9-1.

[12] Influence of Sector Coupling on Solar Thermal Energy – A scenario analysis of the German energy system, IEA SHC Task 52, S. Herkel et al. http://task52.iea-shc.org/Data/Sites/1/publications/IEA-SHC_Task_52_STA_ISE_2018-06-15.pdf, abgerufen am 9.7.2018

[13] Zondag, H.A. (2008): Flat-plate PV-Thermal collectors and systems: A review. In: Renewable and Sustainable Energy Reviews 12 (4), S. 891-959. Online verfügbar unter http://www.sciencedirect.com/science/article/pii/S1364032107000020.

[14] Lämmle, Manuel; Oliva, Axel; Hermann, Michael; Kramer, Korbinian (2017): PVT collector technologies in solar thermal systems – a comparative assessment of electrical and thermal yields with the characteristic temperature approach. In: Submitted to Solar Energy.

[15] Günther (2014): Danny Günther, Marek Miara, Robert Langner, Sebastian Helmling, Jeannette Wapler. WP Monitor: Feldmessung von Wärmepumpenanlagen (Endbericht). Fraunhofer Institut für Solare Energiesysteme ISE. Projektdauer: 01.12.2009 bis 30.06.2013. Förderkennzeichen: 03ET1272A. Freiburg 15. Juli 2014

[16] Günther (2018): Danny Günther, Marek Miara, Jeannette Wapler. Feldtests bestätigen Potenzial von Wärmepumpen. HLH Lüftung/Klima, Heizung/Sanitär, Gebäudetechnik. Bd. 69. März 2018

[17] BWP (2015): BWP-Branchenstudie 2015 – Szenarien und politische Handlungsempfehlungen (Michael Koch et. al), Bundesverband Wärmepumpen, Berlin 2016

[18] DOE (2016): The Future of Air Conditioning for Buildings (W. Goetzler, M. Guernsey, J. Young, J. Fuhrman, O. Abdelaziz), July 2016, Department of Energy, Washington DC

[19] Montreal Protocol (2016): Handbook for the Montreal Protocol on Substances that Deplete the Ozone Layer. Tenth edition, Hrsg.: Ozone Secretariat United Nations Environment Programme 2016, ISBN 978-9966-07-611-3, http://ozone.unep.org/en/treaties-and-decisions/montreal-protocol-substances-deplete-ozone-layer, abgerufen am 23.7.2017

[20] Denis CLODIC, S.B., Sabine SABA, Global inventories of the worldwide fleets of refrigerating and airconditioning equipment in order to determine refrigerant emissions. The 1990 to 2006 updating., 2010, ADEME/ARMINES Agreement 0874C0147.

[21] T. Olterdorf in Next Generation heat pump for retrofitting buildings, Final Report green HP, http://www.greenhp.eu/deliverables/public-deliverables/?eID=dam_frontend_push&docID=3055, abgerufen am 10.7.2018

[22] K. Rühling: Reader, Energieeffizienz und Hygiene in der Trinkwasser-Installation, 2018

[23] VDI 2067 Blatt 12 „Wirtschaftlichkeit gebäudetechnischer Anlagen; Nutzenergiebedarf für die Trinkwassererwärmung" 2017.

[24] http://www.lowex-bestand.de

[25] Rolf Disch, http://www.plusenergiehaus.de

[26] B. Burger, https://www.energy-charts.de/ abgerufen am 5.7.2018

[27] Describing HVAC controls in IFC – Method and application, G. Benndorf, N. Réhault, M. Clairembault, T. Rist https://doi.org/10.1016/j.egypro.2017.07.330 Energy Procedia Volume 122, September 2017, Pages 319-324

[28] Fraunhofer Institut für Solare Energiesysteme ISE (2014): Modellbasierte Qualitätssicherung des energetischen Gebäudebetriebs (ModQS). Endbericht. Unter Mitarbeit von Réhault, N., Ohr, F., Zehnle, S., Müller, T., Jacob, D., Lichtenberg, G., Pangalos, G., Kruppa, K., Schmidt, F., Zuzel, A., Harmsen, A., Sewe, E.

[29] Herborn, F.: Software für die energieoptimierte Betriebsführung von Gebäuden. In: BINE Informationsdienst 2010.

[30] Katipamula, Srinivas; Brambley, Michael R. (2006): Advanced CHP Control Algorithms: Scope Specification, zuletzt geprüft am 22.06.2017.

[31] Neumann, C. (2011): ModBen: Modellbasierte Methoden für die Fehlererkennung und Optimierung im Gebäudebetrieb. Endbericht. Fraunhofer Institut für Solare Energiesysteme, zuletzt geprüft am 09.02.2015.

[32] Katipamula, S.: Methods for Fault Detection, Diagnostics, and Prognostics for Building Systems— A Review, Part I. International Journal of HVAC&R Research 2005 Vol. 11

[33] DIN EN ISO 50001; Dezember 2011. Energiemanagementsysteme

[34] OASE II – Betriebsprognose und Betriebsdiagnose im Praxistest, Baumann, O., 2008

[35] Herborn, F.: Software für die energieoptimierte Betriebsführung von Gebäuden. BINE Informationsdienst 2010

[36] Modellbasierte Methoden für die Fehlererkennung und Optimierung im Gebäudebetrieb. Endbericht, Neumann, C., 2011

[37] Modellbasierte Qualitätssicherung des energetischen Gebäudebetriebs (ModQS). Endbericht, Fraunhofer Institut für Solare Energiesysteme ISE, 2014

[38] VDI 6039; 2011. Inbetriebnahmemanagement für Gebäude – Methoden und Vorgehensweisen für gebäudetechnische Anlagen

[39] buildingSMART, „Industry Foundation Classes Version 4 Addendum 1". Available: http://www.buildingsmart-tech.org/ifc/IFC4/Add1/html

[40] IEA EBC: New Generation Computational Tools for Building & Community Energy Systems Annex 60 Final Report. September 2017 M. Wetter, C. v. Treeck

[41] VDI/DVGW 6023 Blatt 1, Hygiene in Trinkwasser-Installationen – Anforderung an Planung, Ausführung, Betrieb und Instandhaltung, Beuth, Berlin, 04/2013.

[42] Trinkwasserverordnung (TrinkwV), 01/2018.

[43] Gesetz zur Verhütung und Bekämpfung von Infektionskrankheiten beim Menschen (Infektionsschutzgesetz – IfSG), 07/2000.

[44] EnEff:Wärme BMWi-Verbundvorhaben, Energieeffizienz und Hygiene in der Trinkwasser-Installation, K. Rühling, 2018.

[45] DVGW-Arbeitsblatt W 551, Trinkwassererwärmungs- und Trinkwasserleitungsanlagen; Technische Maßnahmen zur Verminderung des Legionellenwachstums; Planung, Einrichtung, Betrieb und Sanierung von Trinkwasser-Installationen, DVGW, Bonn, 4/2004

[46] DIN 1988-300, Technische Regeln für Trinkwasser-Installationen – Teil 300: Ermittlung der Rohrdurchmesser, Beuth, Berlin, 05/2012.

[47] DIN 1988-200, Technische Regeln für Trinkwasser-Installationen – Teil 200: Installation Typ A (geschlossenes System) – Planung, Bauteile, Apparate, Werkstoffe, Beuth, Berlin, 05/2012.

[48] DIN EN 806-5, Technische Regeln für Trinkwasser-Installationen – Teil 5: Betrieb und Wartung, Beuth, Berlin, 05/2012.

[49] DVGW-Arbeitsblatt W 556: Hygienisch-mikrobielle Auffälligkeiten in Trinkwasser-Installationen, Methodik und Maßnahmen zu deren Behebung, DVGW, Bonn, 12/2015.

[50] DVGW-Information WASSER Nr. 90, Informationen und Erläuterungen zu Anforderungen des DVGW-Arbeitsblattes W 551, DVGW, Bonn, 03/2017.

[51] VDI/BTGA/ZVSHK 6023 Blatt 2, „Hygiene in Trinkwasser-Installationen – Gefährdungsanalyse“, Beuth, Berlin, 01/2018.

[52] DIN 1988-100, Technische Regeln für Trinkwasser-Installationen – Teil 100: Schutz des Trinkwassers, Erhaltung der Trinkwassergüte, Beuth, Berlin, 08/2011.

[53] DIN 1988-600, Technische Regeln für Trinkwasser-Installationen – Teil 600: Trinkwasser-Installationen in Verbindung mit Feuerlösch- und Brandschutzanlagen, Beuth, Berlin, 12/2010.

[54] VDI 6003, Trinkwassererwärmungsanlagen – Komfortkriterien und Anforderungsstufen für Planung, Bewertung und Einsatz, Beuth, Berlin, 10/2012.

[55] Solvis GmbH, Braunschweig, 2018.

[56] Sonja Helbig, Abschlussworkshop des Förderprojektes SUW-MFH, Düsseldorf, Institut für Solarenergieforschung Hameln GmbH, 28.02.2018.

Neues Bauvertragsrecht, Digitalisierung – Rechtliche Rahmenbedingungen 2018

Robert Elixmann

In diesem Kapitel geht es um Trends und Veränderungen im Baubereich 2018, die in rechtlicher Hinsicht beachtlich sind:

- Partnering und Building Information Modeling (BIM),
- die Bedeutung der allgemein anerkannte Regeln der Technik und von Herstellervorschriften für das Gewährleistungsrecht im Lichte des technischen Fortschritts sowie
- die Abnahme von Bauleistungen und die Zielfindungsphase des Architekten- und Ingenieurvertrags nach der Baurechtsnovelle 2018.

Inhalt

1 Einleitung

Auch wenn die derzeitige baukonjunkturelle Lage den Anbietern von Planungs- und Bauleistungen im Bereich der Technischen Ausrüstung günstige Beschäftigungsbedingungen vermittelt, gilt auch zu diesen Zeiten nach wie vor, dass Planungsbüros und ausführende Unternehmen sich in einem ständigen Wettbewerb um die Gunst von Auftraggebern befinden. In diesem Wettbewerb hat derjenige Vorteile, der sich in verändernden Marktbedingungen am schnellsten anpasst.

Marktbedingungen können sich durch technischen Fortschritt verändern. Technischer Fortschritt kann zu besseren Hilfsmitteln für die Leistungserbringung führen, z. B. können neue Softwareprodukte die Planung von Anlagen der Technischen Ausrüstung vereinfachen. Technischer Fortschritt kann auch die zu planenden oder auszuführenden Systeme erfassen und eine andere Planung und Ausführung ermöglichen.

Technischer Wandel führt auch zu neuen rechtlichen Herausforderungen für Planer und Ausführende:

- Planer und Ausführende sind mit sich wandelnden Vertragsstrukturen konfrontiert: Besonders in Mode sind im Jahr 2018 wieder stärkere partnerschaftliche Vertragsstrukturen. Auf unterschiedlichen Ebenen wird aktuell intensiver diskutiert, ob und inwiefern sich die bekannten Vertragsstrukturen bei Verträgen über Planungs- oder Bauleistungen verändern müssen, um eine reibungslosere und im Hinblick auf die Projektzielerreichung risikoärmere Abwicklung von Bauprojekten zu fördern. Hinzu kommt, dass zunehmend Auftraggeber digitale Methoden und Hilfsmittel bei der Planung und Ausführung (Building Information Modeling) vertraglich festschreiben möchten.
- Technikwandel wirft auch rechtliche Fragestellungen auf: Wie sind in dynamisch entwickelnden Märkten die allgemein anerkannten Regeln der Technik zu bestimmen und welche rechtliche Bedeutung haben Herstellervorgaben für die Mangelfreiheit einer Werkleistung?
- Mit weiteren rechtlichen Herausforderungen sind Planer und Ausführende aufgrund der zum 01.01.2018 in Kraft getretenen BGB-Novelle zum neuen Bauvertragsrecht konfrontiert.

Rechtliche Herausforderungen im Jahr 2018 für Planer und Ausführende technischer Gebäudeausrüstung sind Gegenstand dieses Beitrags.

2 Neue Vertragsstrukturen

2.1 Partnering als „neuer alter Trend" für die Vertragsgestaltung

In 2018 werden wieder intensiver Veränderungen in den bekannten Vertragsstrukturen für die Abwicklung von Planungs- und Bauleistungen in der Fachöffentlichkeit diskutiert. Die traditionellen Vertragsstrukturen sind geprägt von einer nur eingeschränkt kooperativ ausgerichteten, nebeneinander stehenden, werkvertraglichen Erfolgsverantwortung der einzelnen Auftragnehmer für ihre Leistungen, kombiniert mit Sanktionen bei Nichterfüllung, gesichert durch Vertragstermine und Vertragsstrafen.

Im Fokus der baujuristischen Fachdiskussion 2018 stehen wieder vermehrt partnerschaftlich ausgerichtete Vertragsstrukturen. Zwangsläufig kann somit der in Bauprojekten anbietende Planer und Ausführende mit diesen Vertragsmodellen in Berührung kommen. „Partnering" meint Vertragsmodelle, die Anreizsysteme enthalten, die Kooperation im Interesse des allseitigen wirtschaftlichen Erfolgs fördern. Leupertz benennt als Kriterien für eine partnerschaftliche Gestaltung von Planungs- und Bauverträgen:

- transparente Abrechnungsmodelle zur Vermeidung eines verdeckten Wettbewerbs um die Generierung von Nachträgen („open books"),
- Regelungen zur Stärkung eines integrativen Planens und Bauens und zur Vermeidung eines „Nebeneinanders" statt „Miteinanders",
- eine belastbare Bedarfsplanung des Auftraggebers als Grundlage für die Auftragnehmer sowie eine frühzeitige vollständige Planung, um belastbare Termin- und Kostenziele einhalten zu können[1] [12].

Ein einheitliches Vertragsmodell der partnerschaftlichen Zusammenarbeit existiert nicht. Mit dem Schlagwort „Partnering" werden vielmehr bestimmte Regelungsbausteine assoziiert die jede für sich einen Beitrag für eine weniger konfrontative Projektabwicklung leisten sollen. Dies veranschaulicht das nachfolgende Schaubild, das dem Endbericht der „Reformkommission Bau von Großprojekten" im Auftrag des Bundesministeriums für Verkehr und digitale Infrastruktur (BMVI) entnommen ist[2]:

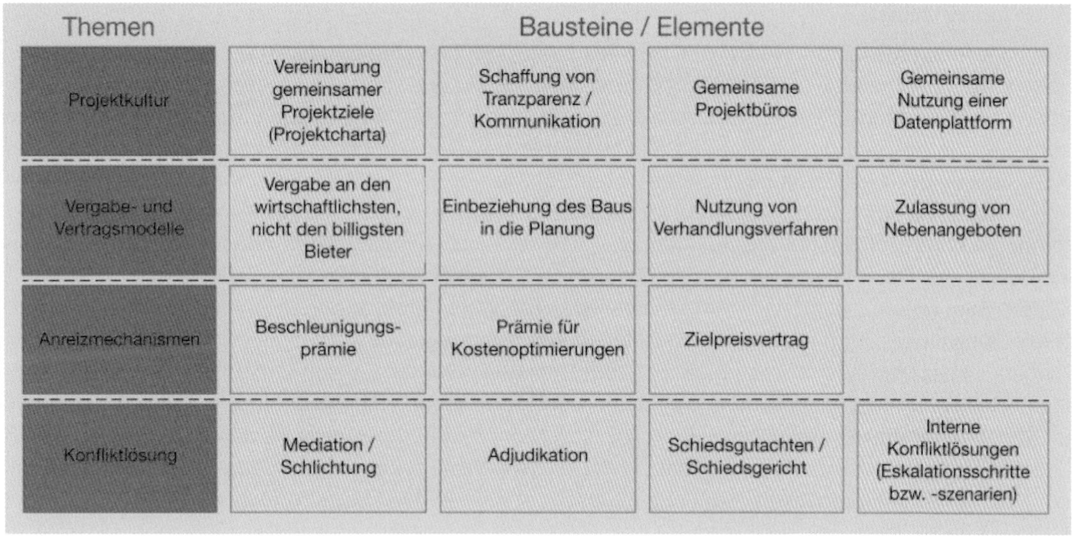

Themen	Bausteine / Elemente			
Projektkultur	Vereinbarung gemeinsamer Projektziele (Projektcharta)	Schaffung von Tranzparenz / Kommunikation	Gemeinsame Projektbüros	Gemeinsame Nutzung einer Datenplattform
Vergabe- und Vertragsmodelle	Vergabe an den wirtschaftlichsten, nicht den billigsten Bieter	Einbeziehung des Baus in die Planung	Nutzung von Verhandlungsverfahren	Zulassung von Nebenangeboten
Anreizmechanismen	Beschleunigungsprämie	Prämie für Kostenoptimierungen	Zielpreisvertrag	
Konfliktlösung	Mediation / Schlichtung	Adjudikation	Schiedsgutachten / Schiedsgericht	Interne Konfliktlösungen (Eskalationsschritte bzw. -szenarien)

Abb. 5–1 BMVI, Endbericht Reformkommission Bau von Großprojekten, S. 53, Abb. 4: Module einer partnerschaftlichen Zusammenarbeit

1 Leupertz, BauR 2016, 1546 (1547).

2 BVMI, Reformkommission Bau von Großprojekten, 2015.

Ein Beispiel für eine aktuelle „Partnering-Initiative" ist die „Initiative Teambuilding". Hinter dieser Bezeichnung verbirgt sich eine Plattform namhafter Bauherren, Planungsunternehmen, Projektmanagementunternehmen und Baufirmen, die es sich zum Ziel gesetzt haben, ein Modell für eine stärker integrative Projektabwicklung zu entwickeln[3]. Ein weiteres Beispiel ist der Arbeitskreis XI des deutschen Baugerichtstags 2018, der sich mit Mehrparteienverträgen auseinandersetzt[4] [3]. Gewissermaßen beobachten wir „den zweiten Frühling" eines Trends, der bereits vor zehn Jahren im Fokus stand[5] [6].

Anlass dieser erneuten Fachdiskussion zu Vertragsstrukturen sind die in den vergangenen Jahren aus der Tagespresse hinlänglich bekannten Baugroßprojekte, die durch massive Projektzielverfehlungen (Kosten, Termine, Qualität) für Schlagzeilen gesorgt haben. Die Fehlentwicklungen in den Baugroßprojekten wurden intensiv analysiert. Beide großen, mit Bauprojekten befassten Bundesministerien – Bauministerium und Verkehrsministerium[6] [1], [2] – haben in Kommissionen und Studien Problemanalyse betrieben[7]. Eine Vielzahl von (allein schon juristischer) Fachveröffentlichungen hat sich mit dem Thema befasst[8] [5], [8], [18]. Die Fehleranalyse für das Scheitern der Großprojekte fällt ähnlich aus:

- unzureichende Bedarfsplanungen,
- unzureichende Termin- und Kostenplanung,
- unzureichendes Risikomanagement,
- zu wenig Qualitätswettbewerb bei der Auswahl von Auftragnehmern,
- zu wenig Projektmanagement,
- zu wenig partnerschaftliche Vertragsmodelle,
- Risiken baubegleitender Planung.
- Die Reformkommission Bau von Großprojekten des BMVI empfiehlt darüber hinaus den verstärkten Einsatz digitaler Methoden in der Planung und Ausführung.

Speziell die Planung und Ausführung der immer komplexer werdenden technischen Gebäudeausrüstung hat sich bei anspruchsvollen Baugroßprojekten als erheblicher Risikofaktor erwiesen. Einzelaspekte der technischen Gebäudeausrüstung werden schon für sich immer spezieller und produktspezifscher, mit der Folge, dass sich immer mehr Spezialplaner etablieren. Beispiele sind der Küchenplaner, der Fachplaner für Gebäudeautomation oder gar der Fachplaner für Befestigungstechnik. Das prominenteste Beispiel für gescheiterte TGA-Planung ist der Flughafen Berlin-Brandenburg (BER), der bis heute unter Fehlplanungen bei der Entrauchungsanlage und bei der Dimensionierung der Kabeltrassen leidet.

Die TGA-Probleme rühren hierbei nur zum Teil aus Schlechtleistungen der TGA-Planungsverantwortlichen. Die TGA-Planung und TGA-Ausführung wird auch in den Projektprozessen oftmals nicht hinreichend berücksichtigt. Dies fängt damit an, dass die Planung der TGA-Anlagengruppen oftmals einzeln vergeben werden und der fachlich nur eingeschränkt befähigte Architekt alleine gelassen wird mit der Koordination der TGA-Fachplanungsbeteiligten[9] [5]. Dies setzt sich fort mit ständigen Änderungswünschen des Bauherrn, die der Architekt im Stadium der Vorplanung und Entwurfsplanung noch klaglos mitmacht ohne Mehrkosten anzumelden, weil sich sein Änderungsaufwand bei der Verschiebung von Kubaturen und Raumfunktionen noch in Grenzen hält, die allerdings dem TGA-Fachplaner den Schweiß auf die Stirn treiben, wenn dadurch die technischen Anlagen ganz anders ausgelegt werden müssen. Diese Zusammenhänge resultieren bisweilen in einer „strategische Verweigerungshaltung" des TGA-Planers an der Mitarbeit an integralen Planungslösungen in frühen Leistungsphasen aus Selbstschutz. In der Bauausführung muss sodann die Planung der technischen Anlagen unter dem Zeitdruck der baubegleitenden Planung erstellt und koordiniert werden, wobei unter dem Termindruck der Baustelle Koordinierungsfehler unterlaufen. Nicht zuletzt diese Defizite rechtfertigen den Ansatz, die TGA-Planung als ein Strukturgeber des Planungsprozesses stärker in den Fokus zu rücken.

3 Siehe https://www.initiative-teambuilding.de/.

4 Siehe hierzu BauR 2018, 64 (Heft 2, Beilage).

5 Vgl. Eschenbruch/Racky, Partnering in der Bau- und Immobilienwirtschaft, 2008.

6 Bundesministerium des Inneren, für Bauen und Heimat (BMI), seinerzeit noch Bundesministerium für Umwelt, Naturschutz, Bau- und Reaktorsicherheit (BMUB), und Bundesministerium für Verkehr und digitale Infrastruktur (BMVI).

7 BMUB, Reform Bundesbau, 2016; BMVI, Endbericht Reformkommission Bau von Großprojekten (ehemals „Ramsauer-Kommission), 2015.

8 Fuchs, NZBau 2014,409; Thierau, BauR 2013, 673; Eschenbruch, in: Ganten, Architektenrecht aktuell – Verantwortung und Vergütung für Architektenleistungen, Festschrift für Rudolf Jochem, S. 355.

9 Ob der Objektplaner im Rahmen der HOAI-Grundleistungserbringung die Koordination einzeln vergebener TGA-Fachplanungen schuldet oder einen vorkoordinierten, einheitlichen TGA-Planungsbeitrag lediglich zu koordinieren hat, ist juristisch umstritten. Auf das Erfordernis von mehr Planungskoordinatoren speziell im Bereich der TGA hinweisend Eschenbruch, in: Ganten, Architektenrecht Aktuell – Verantwortung und Vergütung für Architektenleistungen, Festschrift für Rudolf Jochem, S. 355 (362).

2.2 „Viega World" als Referenzprojekt für ein zeitgemäßes Vertrags- und Projektmanagement

Das Bauprojekt „Viega World" wurde mit dem Ehrgeiz angegangen, eine Referenz für eine zeitgemäße Planung und Bauausführung in jeder Hinsicht zu setzen. Auch die Vertrags-, Vergabe- und Projektmanagementstrukturen des Projekts greifen die Fachdiskussionen zu den Fehlstellungen in Baugroßprojekten auf und überführen die in der Fachöffentlichkeit diskutierten Lösungsansätze in praxistaugliche Regelungen.

Gegenstand dieses Kapitels ist die Projektvorbereitung und Planung des Projekts. Die technischen Besonderheiten hierbei, insbesondere im Hinblick auf die Verwendung von Methoden des Building Information Modeling, wurden in „Kapitel 1 – BIM" vorgestellt. In diesem Kapitel werden die Vertrags-, Vergabe- und Projektmanagementstrukturen des Projekts aus der Sicht des Baujuristen in den Kontext der öffentlichen Debatte zu zeitgemäßer Bauprojektabwicklung gestellt.

Zum Einstieg und Überblick sind in der nachfolgenden Abbildung die wesentlichen, in dem Projekt verwandten Dokumente für die Organisation des Auswahlverfahrens und die Vorplanung des Projekts dargestellt. Die nachfolgenden Ausführungen nehmen auf dieses Schaubild Bezug.

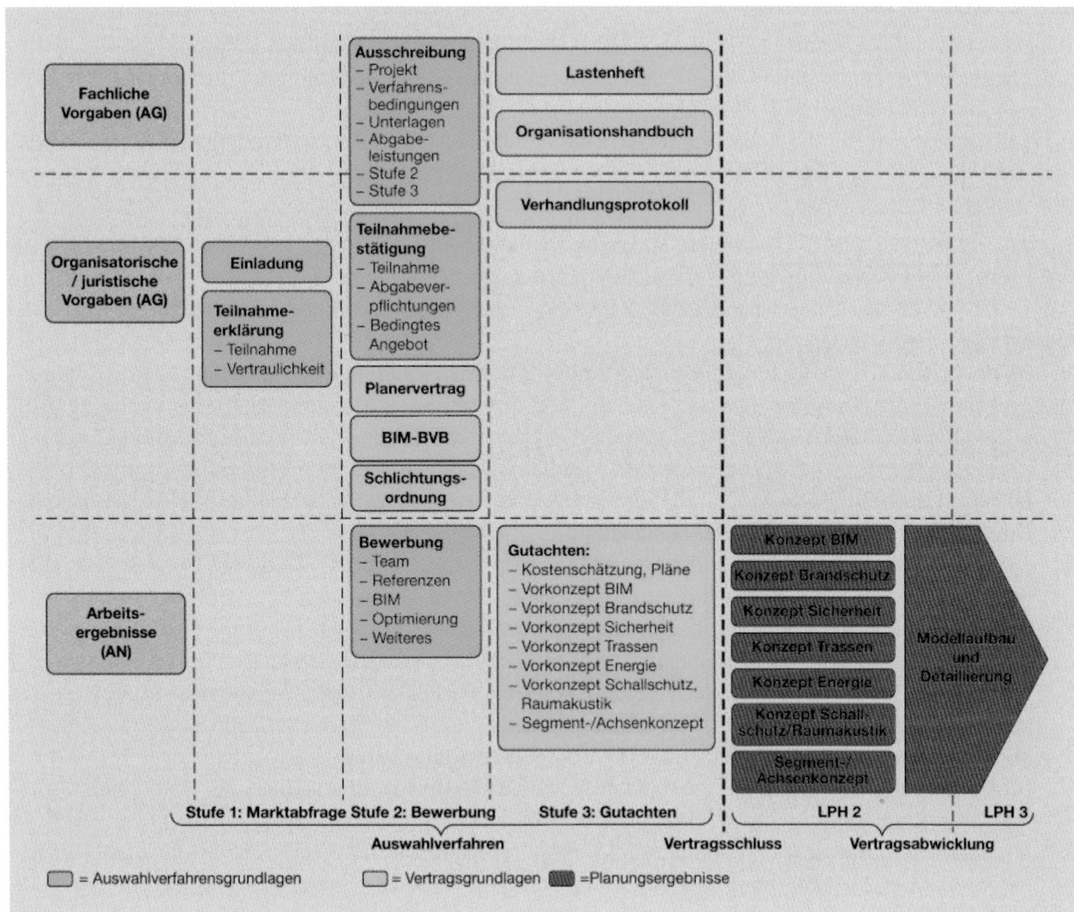

Abb. 5-2 Vertragsdokumente Planung Viega World

2.2.1 Belastbare Bedarfsplanung

Dass ein Auftraggeber zunächst für sich eruieren sollte, welchen Bedarf er mit seinem Bauprojekt befriedigt sehen will, sollte eigentlich Allgemeinwissen sein. Die „DIN 18205:2016-11: Bedarfsplanung im Bauwesen" kann für die Ermittlung des Bedarfs eine Hilfestellung sein. Mit der BGB-Novelle des neuen Bauvertragsrechts ist der „Architekten- und Ingenieurvertrag" als eigener Vertragstyp in das BGB aufgenommen worden. Die neuen gesetzlichen Regelungen zu diesem Vertrag sehen eine gesonderte „Zielfindungsphase" nunmehr gesetzlich vor, die erst ihren Abschluss findet, wenn der Planer dem Besteller eine „Planungsgrundlage" mit einer „Kosteneinschätzung" vorlegt. Die Zielfindungsphase soll wohl keine Bedarfsplanung sein, allerdings betont das Gesetz nunmehr in besonderem Maße das Abfragen des Bauherrenbedarfs vor der eigentlichen Planung. Wegen weiterer Einzelheiten zur Zielfindungsphase wird auf die nachfolgenden Ausführungen zum neuen Bauvertragsrecht verwiesen.

In dem Projekt Viega World wurde vor Vergabe der Planungsleistungen ein umfangreiches Lastenheft durch die Projektsteuerung in Zusammenarbeit mit der Bauherrin erarbeitet. Dieses definierte an erster vertraglicher Rangstelle die Qualitätsanforderungen an die Planung.

2.2.2 Qualitätswettbewerb

Speziell die öffentliche Hand als Auftraggeberin von Bauleistungen setzt bei Vergaben von Planungs- und Bauleistungen in hohem Maße auf den Preis als einziges Vergabekriterium, um Vergabeentscheidungen möglichst wenig angreifbar treffen zu können. Es ist allerdings eine Binsenweisheit, dass der Billigste nicht immer der Wirtschaftlichste ist. Zeitgemäße Vergabeverfahren – jedenfalls bei anspruchsvolleren Planungs- und Bauleistungen – ermitteln das wirtschaftlichste Angebot unter Gewichtung von Preis und Qualität.

Für das Projekt Viega World hatte sich die Bauherrin hohe Ziele gesetzt: DGNB-Platin, BIM, anspruchsvolle TGA. Um das bestmögliche Planungsteam zu erhalten, wurde ein dreistufiges Auswahlverfahren aufgesetzt, an dessen Ende eine Auswahlentscheidung nach transparenter Gewichtung von Preis und Qualität getroffen wurde:

- **Stufe 1:** Eine Einladung zum Auswahlverfahren „Integrale Planung BIM" (eine Seite) wurde an ausgewählte Planungsbüros versandt. Die Einladung richtete sich an „Planungsteams". Angesprochene Planungsbüros waren dazu aufgefordert, sich im Verbund mit sich ergänzenden Fachplanern als „Team" zu bewerben, welches möglichst alle erforderlichen Fachplanungsdisziplinen abdeckt. Beigefügt war eine „Teilnahmeerklärung", welche Vertraulichkeitsregelungen enthielt. Diese war unterschrieben zurückzuschicken.
- **Stufe 2:** Planungsbüros, die Teilnahmeerklärungen zurücksandten, erhielten in Stufe 2 des Auswahlverfahrens eine ausführliche „Ausschreibung". Diese Ausschreibung (44 Seiten) enthielt eine längere Projekt- und Aufgabenbeschreibungen sowie die Verfahrensbedingungen des Auswahlverfahrens einschließlich einer Darstellung des Ablaufs und der Abgabeleistungen in den Stufen 2 und 3 des Auswahlverfahrens und der Wertungskriterien. Ferner wurde im Rahmen der Stufe 2 bereits der mit jedem Mitglied des Planungsteams abzuschließende Planervertrag nebst den Anlagen „Schlichtungsordnung" und „Besondere Vertragsbedingungen für die Umsetzung der Planung mit BIM" übergeben. Im Rahmen dieser Stufe 2 sollten die Bewerber auf Basis der mitgeteilten Informationen Kurzbewerbungen einreichen, bei denen keine Planungsinhalte, sondern Kompetenzen angegeben werden sollten (Vorstellung des Planungsteams, Referenzen). Ferner war eine „Teilnahmebestätigung" zu unterschreiben, nach dessen Inhalt sich der Teilnehmer verpflichtete, im Falle einer Einladung zu der Stufe 3 des Auswahlverfahrens an dessen Ende ein Auswahlverfahrensgutachten einzureichen. Außerdem gab jeder Teilnehmer eines Planungsteams ein bedingtes Angebot auf Abschluss eines Planervertrags nach dem in der Stufe 2 übergebenen Muster ab für den Fall, dass das Gutachten seines Teams zum Gewinnergutachten gekürt wurde. Die Planungsleistungen

sollten an die Mitglieder des Gewinnerteams einzeln vergeben werden – jeweils in den Verträgen referenzierend auf das gemeinsam erarbeitete Auswahlverfahrensgutachten. Der Planervertrag war noch zu spezifizieren durch die in dem Auswahlverfahrensgutachten durch die Bewerber angebotenen Umsetzungskonzepte und Honorare. Durch dieses Vorgehen wurden die Vertragsverhandlungen „kanalisiert", weil die Vertragsbedingungen nicht mehr zur Verhandlung standen. Die Bewerber gingen durch die Selbstbindung auch keine untragbaren Wagnisse ein, weil sie in der Stufe 3 theoretisch ein Auswahlverfahrensgutachten mit horrenden Honorarforderungen einreichen konnten und dadurch weiterhin „steuern" konnten, ob sie eine vertragliche Bindung eingehen wollten oder nicht.

- **Stufe 3:** Drei Planungsteams wurden zur Stufe 3 des Auswahlverfahrens eingeladen. Die wesentlichen Steuerungsdokumente der Projektsteuerung, das „Lastenheft" mit den funktionalen Anforderungen an die Planung des Bauwerks und das „Organisationshandbuch" mit den Leistungsbildern der Projektbeteiligten und weiteren projekthandbuchtypischen Inhalten wurden nun bereitgestellt. Für die Teilnahme an der Stufe 3 (anders als bei Stufe 1 und 2) wurden Aufwandsentschädigungen gezahlt. In der Stufe 3 erarbeiteten die Planungsteams in Workshops mit der Bauherrin und ihrer Projektsteuerung ein Auswahlverfahrensgutachten mit üblichen Vorentwurfsinformationen sowie integralen Planungslösungen als „Vorkonzepte". Auch waren die Honorare der Mitglieder des Planungsteams anzugeben.
- Der Bauherrin lagen somit Umsetzungskonzepte nebst Honorare vor, anhand derer sie ihre Vergabeentscheidung für ein Planungsteam treffen konnte. Die Bauherrin behielt sich die Möglichkeit vor, nach Vorlage der einseitig bindenden Angebote der Planungsteams letzte Details und Unklarheiten aus den Gutachten in bilateralen Verhandlungen abzustimmen und sodann entweder letzte Ergänzungen in einem Verhandlungsprotokoll zu vereinbaren oder die mit der Einreichung des Auswahlverfahrensgutachtens eingereichten Angebote unverändert anzunehmen.

2.2.3 Integrale Planung

„Integrale Planung" meint die gleichzeitige Berücksichtigung der Einflüsse aller ineinandergreifenden Fachplanungen einschließlich der Objektplanung im Planungsprozess, um zu einer gesamthaft durchdachten Planungslösung zu gelangen, die die Einflüsse aller Fachplanungen berücksichtigt.

Wie eingangs ausgeführt, werden neue Partnering-Vertragsmodelle diskutiert, die „mehr integrale Planung in die Projekte bringen" sollen. Aktuelle Überlegungen gehen dahin, sogenannte Mehrparteien-Vertragssysteme in Deutschland zu erproben[10] [3]. Bessere CAD-Planungswerkzeuge eröffnen neue Möglichkeiten eines fachdisziplinär-übergreifenden, digitalen Zusammenarbeitens (Building Information Modeling). Teilweise wird die Ansicht vertreten, dass gerade die verbesserten technischen Möglichkeiten der Zusammenarbeit zum Anlass genommen werden sollte, Mehrparteienvertragsmodelle einzusetzen[11] [4].

In dem Projekt Viega World wurden die Planungsleistungen einzeln im Wege konventioneller, marktüblicher Planerverträge vergeben. Eine stärker integrale Planung wurde durch eher punktuelle Veränderungen im Vertragswesen und im Projektmanagement erzielt, ohne sich gänzlich anderer Vertragsstrukturen bedienen zu müssen. Das „Integrale Qualitäts- und Projektmanagement" der Projektsteuerung war bereits Gegenstand des Viega Symposiums 2014[12] [9]. Jene Ideen wurden für das Projekt weiterentwickelt. Sie sind mithin nicht gänzlich neu. Eine verstärkte integrale Zusammenarbeit wurde gefördert durch folgende Strukturen:

- Grundlage der Zusammenarbeit im Planungsprozess war ein von der Projektsteuerung entwickeltes „Organisationshandbuch". Dort waren u. a. die Leistungsbilder der Planungsbeteiligten in gegenüber den Leistungsbildern nach HOAI differenzierterer Form (insbesondere mehr Integrationsplanungs- und Koordinationsleistungen) ausgewiesen, Projektleiter für Teildisziplinen wurden festgelegt und Regelungen zur Zusammenarbeit im Planungsprozess, insbesondere zum Besprechungswesen, waren implementiert.

10 Arbeitskreis XI des Baugerichtstags, BauR 2018, 64 (Heft 2, Beilage).

11 Hierzu Elixmann/Eschenbruch, in: Borrmann et al., Building Information Modeling, 2015, S. 249 (251 ff.); Leupertz, in: Eschenbruch/Leupertz,
BIM und Recht, 2016, S. 288 ff.

12 Heidemann, in: Integrale Planung der Gebäudetechnik, 2014, S. 7 ff.

- Es wurde das bereits in Einzelheiten dargestellte Auswahlverfahren für die Vergabe der Planungsleistungen aufgesetzt, bei welchem sich Planer als „Planungsteam" bewerben konnten und ein gemeinsames Angebot mit gemeinsamen, integralen Lösungskonzepten zu erarbeiten hatten. Die Vorgabe einer „Team-Bewerbung" sollte das Zusammenwirken „im Team" im Projekt fördern. Planer konnten durch gemeinsame Bewerbungen mitbestimmen, mit welchen anderen Planern sie das Projekt gemeinsam abwickeln wollten, ohne sich als Generalplaner-Arbeitsgemeinschaft rechtlich voneinander in Abhängigkeit setzen zu müssen. Durch die Vorgabe der Erarbeitung integraler Lösungskonzepte konnte die Bauherrin ein Bild von den Fähigkeiten der Planer gewinnen, integral zusammenwirken zu können.
- Nach Beauftragung waren zunächst die im Rahmen des Auswahlverfahrens als „Vorkonzepte" ausgearbeiteten und zur Vertragsgrundlage erhobenen, integralen Lösungen in einer Konzeptphase zu vertiefen. Das Planungsteam sollte im Rahmen der Konzeptphase zunächst systemische, integral gedachte Umsetzungskonzepte für grundlegende Themenstellungen als „Leitplanken" der weiteren Planungstätigkeit abstimmen, um so das Risiko von Umplanungen zu Koordinations- und Integrationszwecken im weiteren Planungsverlauf zu minimieren und um sicherzustellen, dass gerade funktionsrelevante Aspekte aus der technischen Gebäudeausrüstung frühzeitig im Planungsprozess Berücksichtigung finden („TGA als Strukturgeber"). Erst nach der Freigabe der Konzepte durch die Bauherrin sollte der BIM-Modellaufbau in den Fachplanungen in Angriff genommen werden.

2.2.4 Weitere Partnering-Ansätze

Weitere Bausteine partnerschaftlicher Projektabwicklung waren die vertragliche Verpflichtung zu einem partnerschaftlichen Umgang miteinander im Projekt und die Vereinbarung einer Schlichtungsordnung, die eine verbindliche, projektinterne Schlichtung mit Eskalationsstufen vorsah. Vor einem Gang zu den Gerichten (ausgenommen war der einstweilige Rechtsschutz) verpflichteten sich die Parteien, einen benannten, externen Streitschlichter anzurufen.

2.2.5 Building Information Modeling (BIM)

Auch was die Implementierung von BIM in das Vertragsgefüge anbelangt, wurden in dem Projekt Viega World Maßstäbe gesetzt, die dem heute herrschenden Verständnis für die Beauftragung von BIM-Leistungen entsprechen.

2.2.5.1 Ausgangslage 2016: Keine Standards für die Beauftragung mit BIM

Die Beauftragungsgrundlagen für die Planungsleistungen für das Projekt Viega World wurden im Sommer 2016 erarbeitet. Zu diesem Zeitpunkt existierten keine Beauftragungsstandards zu BIM in Deutschland.

Im Dezember 2015 hatte das BMVI einen ersten Standard gesetzt durch die Veröffentlichung des „Stufenplans Digitales Planen und Bauen" (im Folgenden: Stufenplan), der Roadmap des BMVI für eine breitenwirksame Einführung von BIM in Infrastrukturprojekten im Hoheitsbereich des Ministeriums (Schiene, Bundeswasserstraßen, Bundesfernstraßen)[13]. Dieser verhalf den Begrifflichkeiten „Auftraggeber-Informations-Anforderungen" (im Folgenden: AIA) und „BIM-Abwicklungsplan" (im Folgenden: BAP) als Bezeichnung für Dokumente zur Beschreibung für BIM-Leistungen auch über den Infrastrukturbereich hinaus letztlich zum Durchbruch. Alleine niemand hatte allerdings damals trennscharf herausgearbeitet und veröffentlicht (dies ergab sich auch nicht aus dem Stufenplan),

- was eigentlich genau im Detail in den AIA und was im BAP geregelt werden soll und wie sich die Dokumenteninhalte voneinander abgrenzen,
- wie und wann die Dokumente in einen Beauftragungs- und Abwicklungsprozess von Planungsleistungen Eingang finden, wer diese wann (vor oder nach Beauftragung?) erstellt und
- in welchem Verhältnis diese Dokumente zu den sonstigen, „konventionellen" Vertragsdokumenten (Vertrag, Leistungsbeschreibung, Bedarfsplanung) stehen.

13 https://www.bmvi.de/SharedDocs/DE/Publikationen/DG/stufenplan-digitales-bauen.pdf?__blob=publicationFile.

Die AIA beschreiben nach der Definition des Stufenplans und nach dem Wortsinn „die Anforderungen des Auftraggebers an die (zu liefernden) Informationen" und der BAP enthält „die Planung der BIM-Abwicklung". Damit sind die oben aufgeworfenen Fragen allerdings noch nicht präzise beantwortet.

In Konsequenz dessen sahen AIA und BAP in jedem BIM-Projekt völlig unterschiedlich aus. Für gewöhnlich beinhalteten diese sehr detaillierte Modellierungsanforderungen und umfängliche Rollenbeschreibungen und Prozesse auf vielen Dutzend Seiten. Sie konnten gut durchdacht sein. Oftmals waren sie es nicht. Sie enthielten dann teilweise überflüssige Doppelungen. Am Schlimmsten: Die Dokumente waren nicht mit den weiteren Vertragsdokumenten abgestimmt und standen gewissermaßen beziehungslos neben diesen. Sie waren reiner Selbstzweck, weil irgendwer entschieden hatte, dass „man ja BIM machen musste". Sie wurden auch von keinem gelesen und nicht beachtet im Planungsprozess. Ein externer „BIM-Manager" oder „BIM-Berater" hatte diese zugearbeitet zu den Vergabeunterlagen und im Projekt hatten diese Dokumente keinen gewichtigen Fürsprecher, der auf ihre Umsetzung bestand. Sie waren oftmals auch nicht ernsthaft „beachtenswert" im wohlverstandenen Interesse auch des Bauherrn. Diese Dokumente neigten zur Überregulierung und zu unzweckmäßigen Prozessvorgaben für Planungsbeteiligte, die die auf Pauschalhonorarbasis werkvertraglich verpflichteten Planer in ihrer unternehmerischen Freiheit, wie sie planten, unzweckmäßig einschränkten.

Als eine weitere Herausforderung war im Sommer 2016 zu berücksichtigen, dass bei diesem dynamischen Zukunftsthema BIM unklar war, wie leistungsfähig der Bietermarkt sein würde.

2.2.5.2 BIM-Anforderungen im Projekt Viega World

In dieser Gesamtsituation erarbeitete die E3D Ingenieurgesellschaft im Sommer 2016 Inhalte für BIM-Beauftragungen, die in die von der Projektsteuerung vorgegebene Methode der Integralen Planung integriert werden mussten. Hierbei entschied man sich für folgenden Weg:

- AIA und BAP sollten nicht als „stand alone"-Dokumente zusammenhanglos neben den weiteren Projektdokumenten stehen. Es ging um die ergänzend zu regelnden Inhalte und nicht um Begrifflichkeiten. Daher sollten die erforderlichen Regelungsinhalte in die vorhandene Ordnungsstruktur und Begriffswelt eingefügt werden, um eine in sich stimmige Vergabegrundlage zu schaffen. Aus der „Integralen Planung TGA" wurde die „Integrale Planung BIM".
- Vorgaben an die Planer zum „Was" wurden in das Lastenheft als eigenes Kapitel „BIM" eingepflegt. Nach dem Konzept „Integrale Planung TGA" der Projektsteuerung beschreibt das Lastenheft die Qualität/Funktionen der zu planenden Baumaßnahme. Es konkretisiert, „was" zu planen ist: Ein Bauwerk, das die Anforderungen des Lastenhefts erfüllt. Es geht um die Anforderungen an die Ergebnisse des Planungsprozesses, die „Leistungsziele" der Planer[14] [7]. Da der Planer nicht das Bauwerk als solches schuldet, sondern eben immer nur eine Planung des Bauwerks, sind Spezifikationen zu der zu übergebenden Planung systematisch betrachtet ergänzende Vorgaben zu den Leistungszielen[15] [7]. Die Lastenheft-Vorgaben zu BIM wurden bewusst sprachlich-funktional knapp gehalten. Es sollten die technischen Methoden zur Erreichung der funktionalen Anforderungen nicht zu sehr eingeschränkt werden.
- Vorgaben an die Planer, **„wie"** die Lastenheft-Vorgaben in dem Projekt in dem Zusammenspiel mit den weiteren Projektbeteiligten umzusetzen sind, sind in dem Organisationshandbuch geregelt. Dieses enthielt u. a. die Leistungsbeschreibungen der Planer in Anlehnung an die HOAI-Leistungsbilder. Bei den Leistungsbeschreibungen wurden weitere „BIM-Leistungen" ergänzt.

14 Zum Leistungssoll des Planers, differenzierend nach Leistungszielen, Leistungsumfang und Leistungsumständen („dreigliedriger Beschaffenheitsbegriff"), im Einzelnen Fuchs, in: ders./Berger/Seifert, HOAI, 2016, Syst. A V Rn. 22 ff.

15 A. A. Fuchs, in: ders./Berger/Seifert, HOAI, 2016, Syst. A V Rn. 94: Nutzung bestimmter Software sind keine Leistungszielvorgaben, sondern „sonstige Umstände".

- Zur Umsetzung der BIM-Lastenheftanforderungen hatten die Planungsteams als Bestandteil ihres Auswahlverfahrensgutachtens ein „Vorkonzept BIM“ einzureichen. Das „Vorkonzept BIM“ ergänzte die weiteren Vorkonzepte „Brandschutz“, „Sicherheit“, „Energie“, „Trassen“, „Schallschutz/Raumakustik“ und „Achsen-/Segmentkonzept“. In dem BIM-Vorkonzept waren systemische Lösungen zu beschreiben, mit welchen Methoden und Prozessen das Planungsteam im Falle einer Beauftragung die BIM-Lastenheftanforderungen umsetzen wird. Es war gewissermaßen ein „vorläufiger, grober Plan über die BIM-Abwicklung“ zu erarbeiten, zu dessen Umsetzung sich das Planungsteam bei Beauftragung verpflichtete.
- Nach Beauftragung war das „Vorkonzept BIM“ zu einem „BIM-Konzept“ zu vertiefen, sodass ein „Plan über die BIM-Abwicklung“ abgestimmt war, bevor der BIM-Modellaufbau in den Fachdisziplinen beginnen sollte.

2.2.5.3 Methode „Integrale Planung BIM“ als Referenz für die Ausschreibung und Vergabe von BIM-Leistungen

Die Dokumentstrukturen für die Beschreibung der BIM-Abwicklung in dem Projekt Viega World können als Blaupause für das heute vorherrschende Verständnis vom Zusammenspiel von AIA und BAP in Deutschland betrachtet werden, auch wenn das Projekt die Begriffe AIA und BAP nicht verwandte.

Es entspricht dem heute vorherrschenden Verständnis, BIM-Anforderungen zu strukturieren wie folgt:

- Vorgaben zu den Abgabeleistungen, den „Leistungszielen“, dem „Was“ finden sich in AIA.
- Vorgaben zu der Art und Weise der Leistungserbringung zur Erreichung der Leistungsziele, dem Leistungsumfang oder dem „Wie“ werden in einem BAP dokumentiert. Soweit ein Grobkonzept zur BIM-Umsetzung bereits Beauftragungsgrundlage wird, welches nach Beauftragung detailliert wird, wird dieses Grobkonzept auch als „vorläufiger BIM-Abwicklungsplan“ (kurz: Vor-BAP) bezeichnet.
- Ergänzend wird in der Leistungsbeschreibung hervorgehoben durch die Ergänzung besonderer Leistungen, dass eine Abarbeitung der HOAI-Leistungen nicht in beliebiger Form erfolgen soll, sondern nach Maßgabe der Vorgaben in AIA/Vor-BAP.
- Ergänzender, juristischer Regelungsbedarf zu BIM wird in eine gesonderte Vertragsanlage („BIM-BVB“) ausgesondert.

Diese Differenzierung erfolgte im Projekt Viega World über die Unterscheidung in

- BIM-Lastenheftanforderungen (→ Was, AIA),
- BIM-Vorkonzept und BIM-Konzept (→ Wie, Vor-BAP und BAP) sowie
- BIM-Leistungsanforderungen im Organisationshandbuch (→ Leistungsbeschreibung) und
- BIM-BVB als gesonderte Anlage zum konventionellen Planervertrag.

Die BIM-Lastenheftanforderungen entsprechen also dem, was heute unter AIA verstanden wird, das „BIM-Vorkonzept“/„BIM-Konzept“ entspricht dem, was heute unter einem vorläufigen BAP/BAP verstanden wird.

Der Autor hat diese Begriffstrennungen im Rahmen seines Engagements in Weiterbildungsprogrammen zu BIM[16] und in Beratungsmandaten seit 2016 weitergegeben. Dieses Begriffsverständnis liegt den Handlungsempfehlungen der Arbeitsgemeinschaft „INFRABIM“ in ihrem Endbericht zu der wissenschaftlichen Begleitung der ersten vier Pilotvorhaben des BMVI zugrunde[17]. Die Muster und Handreichungen der Arbeitsgemeinschaft „BIM4Infra2020“ zur Umsetzung des Stufenplans des BMVI werden in eine ähnliche Richtung gehen. Die Deutsche Bahn (DB-Netze) legt ihren BIM-Projektstrukturen diese Differenzierungen mittlerweile ebenfalls zugrunde.

16 Unter anderem Weiterbildungsprogramme an der Akademie der Ruhr-Universität-Bochum „BIM-Professional im Hoch- und Infrastrukturbau“, an der TU München School of Management, „Building Information Modeling (BIM) Professional“, durch den Deutschen Verband der Projektsteuerer e.V. (DVP), „BIM im Projektmanagement“ und durch das Deutsche Anwaltsinstitut (DAI), „Rechtsberatung im BIM-Projekt“.

17 https://www.bmvi.de/SharedDocs/DE/Anlage/DG/wissenschaftliche-begleitung-anwendung-bim-infrastrukturbau-2018.pdf?__blob=publicationFile.

3 Technischer Fortschritt und allgemein anerkannte Regeln der Technik

Die technische Entwicklung schreitet stetig voran. Bauproduktehersteller entwickeln ihre Produkte laufend fort und setzen wissenschaftliche Erkenntnisse in neuen Produkreihen um, die sich (aus Sicht des Bauproduktehersteller s) im besten Fall als neuer technischer Standard am Markt durchsetzen. Entsprechend unterliegen auch die als Mindeststandard bei Bauleistungen einzuhaltenden allgemein anerkannten Regeln der Technik einem Wandel. Was vor einigen Jahren noch als übliche Installationsweise unter der Mehrzahl der Anwender anerkannt war, kann heute als veraltet angesehen werden.

In diesem Abschnitt wird nachgezeichnet, in welchem Umfang sich der Planer und der Ausführende von Bauleistungen in einem Umfeld des technischen Fortschritts darauf verlassen können, dass sie durch die Umsetzung von dem, was in technischen Regelwerken (DIN, VDI, VDE, DVGW etc.) steht, eine den allgemein anerkannten Regeln der Technik entsprechende und damit juristisch mangelfreie Werkleistung erbringen.

Außerdem wird die rechtliche Relevanz von Herstellervorgaben für die Bewertung der Mangelfreiheit ihrer Leistungen näher dargestellt.

3.1 Allgemein anerkannte Regeln der Technik als Mindeststandard für die Beschaffenheit von Bauleistungen

Grundsätzlich gilt, dass bei dem Abschluss eines Vertrags über Bauleistungen als Mindeststandard die allgemein anerkannten Regeln der Technik als vereinbart gelten, unabhängig davon, ob die allgemein anerkannten Regeln der Technik ausdrücklich zum Vertragsinhalt erhoben wurden oder mit keinem Wort bei Vertragsschluss erwähnt wurden. Wird ein Bauvertrag alleine auf Basis des BGB abgeschlossen, wird – wenn keine Anzeichen für einen abweichenden Willen feststellbar sind – im Wege der ergänzenden Vertragsauslegung unterstellt, dass es dem Willen der Vertragsparteien entspricht, dass die in dem Vertrag beschriebene Leistung als Mindestbeschaffenheit die allgemein anerkannten Regeln der Technik einhält[18]. Wird ein Bauvertrag unter Zugrundelegung der Vergabeordnung für Bauleistungen Teil B (VOB/B) geschlossen, ergibt sich dies explizit aus § 13 Abs. 1 S. 2 VOB/B[19]. Die Trinkwasserverordnung bestimmt ebenfalls ausdrücklich, dass Trinkwasser-Installationen die allgemein anerkannten Regeln der Technik einhalten müssen (§ 4 Abs. 1 Nr. 1 und § 17 Abs. 1 TrinkwV).

Zu erbringende Bauleistungen sind häufig nicht bis ins letzte technische Detail in Verträgen und ihren Anlagen beschrieben. Dies wäre zum einen bisweilen sehr aufwändig. Zum anderen können Auftraggeber oftmals auch gar nicht selbst in allen technischen Einzelheiten beschreiben, was sie haben wollen. Vereinbart werden dann für ein konkretes Bauvorhaben z. B. sinngemäß „alle für eine mangelfreie Sanitärinstallation erforderlichen Leistungen". Es ist dann der Expertise des Fachunternehmens überlassen, die für den so beschriebenen Werkerfolg erforderlichen Leistungen und Bauprodukte zu ermitteln, um ein dem vereinbarten Werkerfolg entsprechendes Werk entstehen zu lassen.

Legt das ausführende Unternehmen vor Vertragsschluss mit dem Auftraggeber ein detailliertes Angebot mit Einheitspreispositionen vor (bepreistes Leistungsverzeichnis), ist dieses für den nicht fachplanerisch beratenen Auftraggeber (z. B. einem Verbraucher) oftmals unverständliches Fachchinesisch und allenfalls nur in seinen ungefähren Dimensionen, allerdings nicht in allen Einzelpositionen, nachvollziehbar. Er kann vielleicht noch übersehen, ob die in dem Leistungsverzeichnis angegebenen Produktserien für Armaturen seinen Qualitätsansprüchen genügen, ob allerdings die in dem Leistungsverzeichnis ausgewiesenen Rohrdurchmesser, sonstige Fabrikate und Mengenpositionen geeignet und ausreichend sind, um ein fachtechnisch funktionierendes Gewerk entstehen zu lassen, kann er nicht

18 BGH, Urteil vom 14. 5. 1998 - VII ZR 184/97, NJW 1998, 2814.

19 § 13 Abs. 1 S. 2 VOB/B: Die Leistung ist zur Zeit der Abnahme frei von Sachmängeln, wenn sie die vereinbarte Beschaffenheit hat und den anerkannten Regeln der Technik entspricht.

überblicken. Der Auftraggeber ist ja – anders als der Auftragnehmer – regelmäßig „nicht vom Fach“. Anderes mag allenfalls dann gelten, wenn der Auftraggeber über besondere Fachkenntnisse (z. B. über seinen Fachplaner) verfügt.

Auftraggeber schließen in diesen Fällen, wenn keine Anzeichen für einen gegenteiligen Willen erkennbar sind, den Vertrag über Bauleistungen mit der berechtigten Erwartungshaltung ab, das die beschriebenen Bauleistungen zu einer technisch zeitgemäßen und funktionierenden Umsetzung des gewünschten Werkerfolgs führen. Daher gilt grundsätzlich bei Bauverträgen, dass der Auftragnehmer bei seinen Bauleistungen als Mindeststandard die Einhaltung der allgemein anerkannten Regeln der Technik schuldet.

Manchmal wird auch schlicht die Bezeichnung „anerkannte Regeln der Technik“ verwandt und das Wort „allgemein“ weggelassen[20]. Damit ist kein anderes Bewertungsniveau gemeint. Es handelt sich lediglich um eine sprachliche Ungenauigkeit. Beide Begriffe sind synonym[21] [16].

Zu den allgemein anerkannten Regeln der Technik zählen solche technischen Regeln, die nach Ansicht der Mehrheit der technischen Fachleute des jeweiligen Fachbereichs

a) **sich in der Wissenschaft als (theoretisch) richtig durchgesetzt haben und außerdem**

b) **in der Baupraxis erprobt sind und sich bewährt haben[22] [16].**

Anhand dieser Definition prüfen Gerichte in Streitfällen, ob die allgemein anerkannten Regeln der Technik eingehalten wurden oder nicht[23].

3.2 Bestimmung der einschlägigen allgemein anerkannten Regeln der Technik

Wie finden nun Gerichte heraus, ob im Streitfall eine Bauausführung als „in der Wissenschaft als richtig angesehen und in der Praxis bewährt“ bewertet werden kann? Sie ziehen zu dieser Frage (im Regelfall mangels eigener Expertise) einen Sachverständigen hinzu, der sich im Bereich des im Streit befindlichen Gewerks auskennt und hierzu eine Aussage treffen kann. Wie kann allerdings der Sachverständige – oder auch das Fachunternehmen selbst – feststellen, wo der Mindeststandard der allgemein anerkannten Regeln der Technik anzusetzen ist?

3.2.1 Technische Regelwerke

Ausgangspunkt für die Ermittlung der maßgeblichen allgemein anerkannten Regeln der Technik sind einschlägige, schriftlich vorliegende, technische Regelwerke. Technische Regelwerke sind dadurch gekennzeichnet, dass sie von unternehmensübergreifend organisierten Institutionen in Fachausschüssen erarbeitet werden und vor ihrer Verabschiedung ein Verfahren zur Öffentlichkeitsbeteiligung mit Einspruchs-/Widerspruchsrechten durchlaufen. Diese Rahmenbedingungen schaffen ein gewisses Maß an Verlässlichkeit, dass der Inhalt des technischen Regelwerks der Auffassung der Mehrheit der Fachleute des entsprechenden Bereichs entspricht und nicht zu stark von Einzelinteressen dominiert wird. Fachinstitutionen, die technische Regelwerke erarbeiten, sind z. B. DIN, VDI, DVGW, VDE oder das Institut für Bautechnik (ETB-Normen). Die wichtigsten technischen Regelwerke im Bereich von Trinkwasser-Installationen sind z. B. die DVGW-Arbeitsblätter W 551, W5 153, VDI/DVGW 6023, die DIN EN 806 Teil 2, die DIN 1988-200 sowie die DIN 1988-300.

20 Vgl. § 4 Abs. 2 Nr. 1 S. 2 und § 13 Abs. 1 S. 2 VOB/B.

21 So Seibel, Baumängel und anerkannte Regeln der Technik, 2009, Rn. 154 ff.; diese Sichtweise ist allerdings nicht unumstritten.

22 Zu den allgemein anerkannten Regeln der Technik ausführlich Seibel, Baumängel und anerkannte Regeln der Technik, 2009, S. 12 ff.

23 Zur Herleitung des Prüfungsmaßstabs der allgemein anerkannten Regeln der Technik im Detail und zu den speziell bei Trinkwasser-Installationen maßgeblichen technischen Regelwerken: Schauer et al., Kapitel 3, Abschnitt 1.

Abb. 5–3 Allgemein anerkannte Regeln der Technik

3.2.1.1 Vermutungswirkung

Wenn von diesen Fachinstitutionen veröffentlichte Richtlinien eine bestimmte Ausführungsweise beschreiben, begründet dies vor Gericht eine „tatsächliche Vermutung“ dafür, dass die in der Richtlinie beschriebene Ausführungsweise den allgemein anerkannten Regeln der Technik entspricht[24].

Was bedeutet nun „Vermutung“? Ein anerkannter Vermutungssatz erlaubt, gestützt auf Erfahrungssätze, Schlüsse von bewiesenen auf zu beweisende Tatsachen zu ziehen. Ist eine bestimmte Wechselbeziehung zwischen einer einfach zu beweisenden Tatsache (Tatsache A) auf eine andere, oftmals schwerer zu beweisende Tatsache (Tatsache B) als tatsächliche Vermutung (auch Anscheinsbeweis genannt) in der Rechtsprechung anerkannt, können Zivilgerichte anhand des Beweises der Tatsache A mithilfe des anerkannten Vermutungssatzes den Beweis des Eintritts auch der Tatsache B als geführt begründen. Die tatsächliche Vermutung basiert auf der allgemeinen Lebenserfahrung, dass wenn Tatsache A vorliegt, typischerweise auch Tatsache B eingetreten ist.

Beispiel[25] [13]**:** Fährt ein PKW-Fahrer ohne erkennbaren Grund auf einen anderen PKW auf (Tatsache A), spricht eine tatsächliche Vermutung dafür, dass die Ursache hierfür eine mangelnde Sorgfalt des auffahrenden PKW-Fahrers ist (zu wenig Sicherheitsabstand eingehalten, zu schnell gefahren, mit dem Smartphone rumgespielt etc.; Tatsache B). Dies ist typischerweise die naheliegendste Ursache für den Verkehrsunfall. Natürlich kann es auch ganz anders gewesen sein: Vielleicht hat tatsächlich der Vordermann ganz abrupt ohne zu blinken die Fahrspur gewechselt in die Spur des Auffahrenden oder er hatte an der Ampel beim Anfahren den ersten Gang mit dem Rückwärtsgang verwechselt. All dies kann auch sein, ist allerdings weniger wahrscheinlich als Tatsache B. Im Ausgangspunkt darf das Gericht in derartigen Fällen, unter Verweis auf die in der Rechtsprechung anerkannte tatsächliche Vermutung, erstmal davon ausgehen, dass der Auffahrende unsorgfältig den Auffahrunfall verursacht hat. Die tatsächliche Vermutung verschiebt die Beweislast zulasten des Auffahrenden. Der Auffahrende muss nun vor Gericht die andere Ursachen für den Auffahrunfall als ein unsorgfältiges Agieren von ihm im Straßenverkehr beweisen, um die Vermutung zu widerlegen.

24 BGH, Urteil vom 24.05.2013 – V ZR 182/12, BauR 2013, 1443; vgl. auch ausführlich OLG Hamm, Urteil vom 13.04.1994 – 12 U 171/93, NJW-RR 1995,17.

25 Vertiefend zum Anscheinsbeweis bei Auffahrunfällen Metz, NJW 2008, 2806.

Wenn nun eine tatsächliche Vermutung dafür besteht, dass eine in einem gültigen technischen Regelwerk beschriebene Ausführungsart (Tatsache A) regelmäßig die allgemein anerkannten Regeln der Technik zutreffend abbildet (Tatsache B), folgt daraus:

- Wenn ein mit Mangelvorwürfen konfrontierter Fachunternehmer beweisen kann, dass die von ihm gewählte Ausführungsart in einem technischen Regelwerk beschrieben ist, vermuten die Gerichte erst mal, dass der Fachunternehmer auch die allgemein anerkannten Regeln der Technik eingehalten hat.
- Diese Vermutung ist allerdings widerlegbar. Das bedeutet, dass der Auftraggeber Umstände vortragen kann, die beweisen, dass das „Vertrauen in das technische Regelwerk" vorliegend unberechtigt ist, weil das technische Regelwerk nicht oder nicht mehr die allgemein anerkannten Regeln der Technik abbildet.

3.2.1.2 Widerlegung der Vermutung

Technische Regelwerke sind keine formellen Gesetze. Formelle Gesetze sind so lange gültig und beanspruchen Beachtung, bis der zuständige Gesetzgeber das Gesetz ändert oder streicht. Technische Regelwerke sind von Privatorganisationen herausgegebene, technische Regelungen mit Empfehlungscharakter[26]. Sie können die allgemein anerkannten Regeln der Technik zutreffend abbilden, sie können allerdings auch hinter diesen zurückbleiben oder diese überschreiten.

Allgemein anerkannte Regeln der Technik sind alleine solche Regeln, die der eingangs dargestellten Definition entsprechen, also von der Mehrzahl der Fachleute wissenschaftlich als richtig anerkannt sind und sich in der Praxis bewährt haben. Dies ist die in Stein gemeißelte Definition der allgemein anerkannten Regeln der Technik. Technische Regelwerke bilden die allgemein anerkannten Regeln der Technik ab, wenn Sie dieser Definition genügen. Tun sie dies nicht, sind sie auch keine allgemein anerkannte Regel der Technik.

Ein paar Beispiele für eine Diskrepanz zwischen technischen Regelwerken und allgemein anerkannten Regeln der Technik:

- Die „DIN 1988-200:2012-05: Technische Regeln für Trinkwasser-Installationen" regelt in Abschnitt 9.7.2.4 (Dezentrale Trinkwassererwärmung), dass dezentrale Trinkwassererwärmer (Durchlauferhitzer), die der Versorgung einer Entnahmearmatur dienen (Einzelversorgung), ohne weitere Anforderungen im Niedertemperaturbereich betrieben werden können. Allerdings setzt sich derzeit zunehmend unter Praktikern die Ansicht durch, dass es keineswegs bei Durchlauferhitzern eine hygienische Sicherheit gibt, weil das Wasser in diesen Geräten bei mikrobiologisch wachstumsfördernden Temperaturen stagniert.
- Die „DIN 4109: Schallschutz im Hochbau – Teil 1: Mindestanforderungen" wurde über viele Jahre nicht aktualisiert und war Gegenstand einer Vielzahl von Gerichtsentscheidungen, deren einhelliger Tenor es war, dass jedenfalls die Schallschutzwerte der DIN 4109, Blatt 1, nicht den anerkannten Regeln der Technik für einen üblichen Komfort im Wohnungsbau entsprechen[27].
- Die „DIN 1045-1: Tragwerke aus Beton, Stahlbeton und Spannbeton" in der Fassung von 1998 wurde erst im Jahr 2001 dahingehend aktualisiert, dass Parkdecks mit einer geeigneten Beschichtung als zusätzlichen Oberflächenschutz zu versehen sind, obwohl dies bereits in den Jahren zuvor in Praktikerkreisen und veröffentlichten Fachpublikationen der herrschenden Auffassung entsprach, die der ausschreibende Planer als allgemein anerkannte Regel der Technik zu kennen hatte[28].

26 BGH, Urteil vom 24.05.2013 – V ZR 182/12, BauR 2013, 1443.
27 Exemplarisch BGH, Urteil vom 14.06.2017 – VII ZR 45/06, NJW 2007, 2983.
28 Beispielsfall nach OLG Nürnberg, Urteil vom 06.08.2015 – 13 U 577/12, IBRRS 2018, 1770.

- Derzeit bemühen sich Fachinstitutionen um eine Normierung von Begriffen, Strukturen und Prozessen des Building Information Modeling. Zu nennen ist etwa die VDI-Richtlinienreihe Blatt 2552 oder der DIN-Arbeitsausschuss NA 005-01-39 AA „Building Information Modeling". Gegenstand dieser Arbeitskreise ist die (sicherlich sinnvolle) Schaffung von einheitlichen Standards, speziell zum Datenaustausch von BIM-Modelldaten im Bauprojekt. Hierbei werden allerdings Datenaustauschszenarien für Prozesse normiert, die sich noch ganz sicher nicht als allgemein praxisbewährte Prozesse bei der Mehrzahl der Planer oder Bauausführenden etabliert haben. Richtlinienarbeit kann nur dann allgemein anerkannte Regeln der Technik schaffen, wenn sie (nachlaufend zum Markt) bereits Etabliertes verschriftlicht. Ansonsten kann sie allenfalls den „Stand der Technik" abbilden und es fehlt an der „Praxisbewährung".

Die Bedeutung von technischen Regelwerken hat das Bundesverwaltungsgericht in einer Entscheidung in Bezug auf DIN-Vorschriften wie folgt prägnant herausgearbeitet:

„Danach lassen sich als anerkannte Regeln der Technik diejenigen Prinzipien und Lösungen bezeichnen, die in der Praxis erprobt und bewährt sind und sich bei der Mehrheit der Praktiker durchgesetzt haben [...]. DIN-Vorschriften und sonstige technische Regelwerke kommen hierfür als geeignete Quellen in Betracht. Sie haben aber nicht schon kraft ihrer Existenz die Qualität von anerkannten Regeln der Technik und begründen auch keinen Ausschließlichkeitsanspruch. Als Ausdruck der fachlichen Mehrheitsmeinung sind sie nur dann zu werten, wenn sie sich mit der Praxis überwiegend angewandter Vollzugsweisen decken. Das wird häufig, muß aber nicht immer der Fall sein. Die Normausschüsse des Deutschen Instituts für Normung sind pluralistisch zusammengesetzt. Ihnen gehören auch Vertreter bestimmter Branchen und Unternehmen an, die ihre Eigeninteressen einbringen. Die verabschiedeten Normen sind nicht selten das Ergebnis eines Kompromisses der unterschiedlichen Zielvorstellungen, Meinungen und Standpunkte [...]. Sie begründen eine tatsächliche Vermutung dafür, daß sie als Regeln, die unter Beachtung bestimmter verfahrensrechtlicher Vorkehrungen zustande gekommen sind, sicherheitstechnische Festlegungen enthalten, die einer objektiven Kontrolle standhalten, sie schließen den Rückgriff auf weitere Erkenntnismittel aber keineswegs aus. Die Behörden, die im Rahmen des einschlägigen Rechts den Regeln der Technik Rechnung zu tragen haben, dürfen dabei auch aus Quellen schöpfen, die nicht in der gleichen Weise wie etwa die DIN-Normen kodifiziert sind."

Was bedeutet dies nun für die Handhabung von technischen Regelwerken als Orientierungshilfe für die Praxis?

- Wenn Fachunternehmen ihre Ausführungsleistungen nach den für ihre Leistungen einschlägigen technischen Regelwerken ausrichten, werden Gerichte im Ausgangspunkt annehmen, dass die entsprechend ausgeführten Leistungen den allgemein anerkannten Regeln der Technik entsprechen.
- Von Fachunternehmen wird allerdings auch erwartet, dass sie die technischen Entwicklungen in ihrem Fachbereich im Blick behalten und auch unabhängig von einer rechtzeitigen Novellierung von technischen Richtlinien über die übliche Ausführungsweise der Mehrzahl der Konkurrenzunternehmen, also die Marktpraxis, informiert sind und sich hiernach richten. Hierfür kann erwartet werden, dass Fachunternehmen Fortbildungsveranstaltungen besuchen und die Fachpresse verfolgen[29].

29 Exemplarisch: OLG Köln, Urteil vom 11.12.1996, – 11 U 28/96, BauR 1997,831; OLG Nürnberg, Urteil vom 06.08.2015 – 13 U 577/12, IBRRS 2018, 1770.

Ein Beispiel für eine mögliche Entwicklung, die zu neuen anerkannten Regeln der Technik führen könnte, ist die Erprobung der Ultrafiltration bei Trinkwasser-Installationen, verbunden mit einer Niedrigtemperatur-Warmwasseraufbereitung[30]. Die Ultrafiltration soll einen Betrieb von Trinkwasser-Installationen mit Warmwassertemperaturen bei lediglich 45 °C ermöglichen. Wenn sich hypothetisch in der Zukunft die Ultrafiltration als Standard bei Trinkwasser-Installationen durchsetzen sollte, würde es dann dem Stand der Wissenschaft und der bewährten Praxis entsprechen, Trinkwasser-Installationen bei 45 °C zu betreiben, obwohl das derzeit einschlägige Regelwerk, DVGW-Arbeitsblatt W 551, eine Mindesttemperatur des Warmwassers von größer 55 °C vorschreibt. Würde das DVGW-Arbeitsblatt dann nicht angepasst werden, würde es nicht mehr den Stand der allgemein anerkannten Regeln der Technik wiedergeben.

Abb. 5-4 Niedrigtemperatur-Trinkwassersysteme

Seibel[31] [16] empfiehlt daher folgende Checkliste zur Prüfung, ob ein technisches Regelwerk die allgemein anerkannten Regeln der Technik wiedergibt:

- **Ist das technische Regelwerk überhaupt einschlägig?** Trifft das in Rede technische Regelwerk überhaupt eine Aussage für den konkreten Sachverhalt, um den es geht?
- **Will das technische Regelwerk den Regelungsgegenstand abschließend regeln?** Es ist zu prüfen, ob das technische Regelwerk den Regelungsgegenstand abschließend und umfassend regeln will oder Regelungslücken aufweist, die Spielräume belassen.
- **Entspricht das technische Regelwerk den anerkannten Regeln der Technik?** Der Inhalt des technischen Regelwerks ist zu bewerten am Maßstab der Definition der allgemein anerkannten Regeln der Technik (→ theoretische Anerkennung und Bewährung in der Baupraxis).
- **Ist das technische Regelwerk mittlerweile veraltet?** Im Hinblick auf das Alter des technischen Regelwerks ist zu hinterfragen, ob sich die tatsächliche Fachwissenschaft und Baupraxis nicht schon weiterentwickelt hat zu einem anderen Standard.

30 Die derzeitigen technischen Entwicklungen in diesem Bereich sind in dem Kapitel 3 Abschnitt 2.5.2 dieses Buches beschrieben.

31 Seibel, Baumängel und anerkannte Regeln der Technik, 2009, Anhang 1, Übersicht 6.

3.2.2 Konkretisierung der allgemein anerkannten Regeln der Technik außerhalb schriftlicher Regelwerke

Wie kann allerdings im gerichtlichen Streitfall ermittelt werden, ob ein technisches Regelwerk mittlerweile überholt ist oder wie können allgemein anerkannte Regeln der Technik festgestellt werden, wenn es hierzu lediglich keine Normierung gibt?

In diesen Fällen wird der gerichtlich bestellte Sachverständige versuchen müssen, anhand weiterer Erkenntnisquellen die allgemein anerkannten Regeln der Technik zu ermitteln. Erkenntnisquellen können sein[32] [16]:

- die Untersuchung und Auswertung von Schadensfällen und Schadensstatistiken der Vergangenheit,
- eine Auswertung der einschlägigen Fachliteratur,
- der fachliche Erfahrungsaustausch mit anderen Sachverständigen oder
- die Durchführung von Meinungsumfragen unter Fachleuten.

3.3 Umgang mit einem Fehlen von allgemein anerkannten Regeln der Technik (neuartige Baustoffe und Konstruktionen)

Was hat nun der Fachunternehmer zu beachten, wenn er neuartige Baustoffe und Konstruktionen verwenden möchte, zu denen es noch keine allgemein anerkannten Regeln der Technik gibt?

In diesen Fällen obliegt es dem Fachunternehmer, sich zunächst anhand näherer Untersuchungen und Recherchen über die Gebrauchstauglichkeit, Verwendbarkeit und Haltbarkeit umfassend zu informieren und diese Informationen dem Auftraggeber zur Verfügung zu stellen[33] [14]. Außerdem sollte der Fachunternehmer über die fehlende Praxisbewährung der Ausführungsart ausdrücklich aufklären.

Führt die neue Ausführungsweise zu einer Unterschreitung allgemein anerkannter Regeln der Technik, sind hohe Anforderungen an eine Dokumentation des Einverständnisses des Auftraggebers in diese Ausführungsweise zu stellen. Ein solches Einverständnis setzt voraus, dass dem Auftraggeber die Risiken einer solchen Ausführungsweise genauestens erläutert werden[34]. Anderes kann dann gelten, wenn der Auftraggeber selbst fachkundig ist oder fachkundig beraten ist[35].

3.4 Herstellervorgaben und allgemein anerkannte Regeln der Technik

Herstellervorgaben (im Sinne von Herstellerinformationen des Bauproduktherstellers zu seinem Bauprodukt) können unterschiedliche Inhalte haben. Herstellervorgaben sind nicht gleich Herstellervorgaben. Sie können Planungsvorgaben, System- und Kompatibilitätsanforderungen, Installationsvoraussetzungen, Materialvorgaben, Verarbeitungsregeln, Montageanleitungen, Bedienungsanleitungen, Reinigungs-, Pflege- und Wartungsregeln oder etwa Garantiebedingungen betreffen[36] [15]. Herstellervorgaben in dem hier behandelten Sinn meinen Herstellerinformationen, die die Verwendung des Bauprodukts in Planung und Ausführung betreffen und daher von Relevanz für Planende und Ausführende sein können.

Bei solchen Herstellervorgaben stellt sich die Frage, ob ein Auftraggeber die Einhaltung der Herstellervorgaben durch seinen Planer und Bauausführenden erwarten darf und somit Planungs- oder Bauausführungsleistungen, die die Herstellervorgaben zu den Bauteilen missachten, als mangelhaft alleine schon wegen eines Verstoßes gegen die Vorgaben des Herstellers angesehen werden können.

32 Seibel, ZfBR 2008, 635.

33 Pauly, ZfBR 2018, 315 (319).

34 Exemplarisch BGH, Urteil vom 04.06.2009 – VII ZR 54/07; Urteil vom 07.03.2013 – VII ZR 134/12; jüngst OLG Düsseldorf, Urteil vom 16.06.2017 – I-22 U 14/17, NZBau 2018, 34.

35 Exemplarisch OLG Hamm, Urteil vom 13.04.1994 – 12 U 171/93, NJW-RR 1995, 17.

36 Darauf hinweisend Sass, BauR 2013, 1333.

Herstellervorgaben und die allgemein anerkannten Regeln der Technik haben oftmals gemein, dass es sich dabei um ergänzende, technische Informationen handelt, die nicht zwingend ausdrücklich in einem Planervertrag oder Bauvertrag in Bezug genommen sind. Hinsichtlich der allgemein anerkannten Regeln der Technik ist klar, dass deren Beachtung im Rahmen der Planung und Ausführung durch den Unternehmer vom Besteller vorausgesetzt werden darf, weil die allgemein anerkannten Regeln der Technik als Mindeststandard als mitvereinbart gelten, wenn nicht im Ausnahmefall explizit die Unterschreitung der allgemein anerkannten Regeln der Technik vereinbart wurde. Es stellt sich nun die Frage, ob dies auch für Herstellervorgaben gilt.

Einige Beispiele in Anlehnung an bereits entschiedene Gerichtsfälle, in denen diese Frage berührt wurde[37]:

- Ein Parkettverleger missachtet den gemäß Herstellervorgaben empfohlenen Mindestversatz, ohne gegen allgemein anerkannte Regeln der Technik für die Verlegung von Parkett zu verstoßen. Der Ausführende wendet ein, der ausgeführte Versatz des Pakets sei völlig üblich und entspräche den allgemein anerkannten Regeln der Technik[38].
- Ein Bauunternehmer missachtet die laut Herstellervorgaben einzuhaltende Mindestschichtdicke der Spachtelmasse von 3 – 5 mm für den Fassadenanstrich. Er weist jegliche Mängelvorwürfe zurück mit der Begründung, Spachtelmasse sei in einem fachtechnisch ausreichenden Umfang aufgetragen, um einen ausreichenden Untergrund für den Anstrich zu bilden[39].
- Das Wärmedämm-Verbundsystem wird entgegen den Herstellervorgaben installiert. Der Ausführende ist der Ansicht, die von ihm gewählte Installationsweise sei generell bei der Installation von Wärmedämmverbundsystemen nicht ungewöhnlich[40].
- Der Gehbelag einer Schwimmsteganlage (sogenannte Tech-Wood-Dielen) werden entgegen den Herstellervorgaben verlegt (verschraubt anstelle der Verwendung der vorgesehenen Montage-Clips). Der Ausführende trägt vor, eine Verschraubung von Dielen sei völlig üblich und keinesfalls unfachmännisch[41].
- Ein Bauunternehmer missachtet das Anwendungsdiagramm des Herstellers für Fensterbeläge beim Fenstereinbau (Höchstabstand zwischen dem oberen Lenkerlager und dem höchsten Punkt des Rundbogens bezogen auf das Fenstergewicht). Er ist der Ansicht, dass das Fenster fachgerecht ausgeführt wurde und dass das Anwendungsdiagramm unbeachtlich sei[42].
- Ein Bauunternehmer wird mit der Ausbesserung der Abdichtung einer Tiefgarage und Montage von Parkdeckabläufen beauftragt und findet eine pragmatische Lösung unter Berücksichtigung des vorhandenen Baubestands. Der Auftraggeber rügt allerdings, dass die zusätzlichen Parkdeckabläufe nicht normgerecht (DIN 18195-5) positioniert wurden und macht Gewährleistungsrechte geltend[43].

Kann also der Auftraggeber in all diesen Fällen – ebenso wie er erwarten kann, dass die allgemein anerkannten Regeln der Technik eingehalten werden – stillschweigend voraussetzen, dass der Auftragnehmer etwaige Herstellervorgaben berücksichtigt? Ist eine Bauleistung schon alleine wegen einer Nichteinhaltung von Herstellervorgaben mangelhaft, selbst wenn die Bauleistung ihren Zweck erfüllt und keine Funktionseinschränkungen aufweist? Diese Fragen lassen sich nicht pauschal in die eine oder die andere Richtung beantworten. Wie so oft bei Rechtsfragen, muss der Rechtsanwalt antworten: „Es kommt darauf an."

37 Wenn auch diese Frage nicht in jedem der genannten Fälle letztlich streitentscheidend war.
38 Fall nach OLG Köln, Urteil vom 20.07.2005 – 11 U 96/04, BauR 2005, 1681.
39 Fall nach OLG Jena, Urteil vom 27.07.2006 – 1 U 897/04, BauR 2009,669.
40 Fall nach OLG Schleswig, Urteil vom 12.08.2004 – 7 U 23/99, BauR 2004, 1946.
41 Fall nach OLG Brandenburg, Urteil vom 15.06.2011 – 4 U 144/10, BauR 2011, 1705.
42 Fall nach BGH, Urteil vom 21.04.2011 – VII ZR 130/10, NJW-RR 2011, 1240.
43 Fall nach BGH, Beschluss vom 13.07.2016 – VII ZR 280/13, IBR 2017, 132.

3.4.1 Herstellervorgaben und ihre Bedeutung in der Praxis

3.4.1.1 Beispiel Systemprodukte

Herstellervorgaben sind für eine mangelfreie Planung und Ausführung regelmäßig unverzichtbar, wenn es um Systemprodukte eines Herstellers geht[44] [15]. Systemprodukte grenzen sich von „Standardware" dadurch ab, dass sie nur im Zusammenspiel mit Komponenten des gleichen Herstellers installierbar sind. Vorteile von Systemprodukten gegenüber „Massenware" können sein, dass diese eine höhere Qualität, Funktionalität oder vereinfachte Handhabung bieten als durch ein Zusammenspiel von Standard-Komponenten zu erzielen wäre. Allgemeines Fachwissen und Kenntnis der einschlägigen technischen Regelwerke reicht für den Umgang mit Systemprodukten oftmals nicht aus. Vielmehr ist auch der Fachmann auf das Spezialwissen des Bauproduktehherstellers über „seine System-Welt" angewiesen. Dies kann so weit gehen, dass Bauproduktehersteller ihre Systemkomponenten nur an Fachfirmen ausliefern, die sich bei dem Hersteller zu dem Komponentensystem geschult haben. In diesen Fällen sind Herstellervorgaben für eine mangelfreie Verwendung der Systemprodukte in Planung und Ausführung unabkömmlich. Auch technische Sachverständige sind bei derartigen Bauprodukten oftmals letztlich alleine anhand der Herstellervorgaben in der Lage, eine zu beurteilende Planung oder Bauleistung auf Mangelfreiheit prüfen zu können.

Abb. 5–5 Systemprodukte

[44] Plastisch herausgearbeitet von Sass, BauR 2013, 1333, dessen Beispiele nachfolgend wiedergegeben werden.

Systemprodukte sind oftmals hoch innovativ und überschreiten die lediglich als Minimallösung zu berücksichtigenden allgemein anerkannten Regeln der Technik bei weitem. Sie sind in der Regel patentrechtlich geschützt und moderner als die Durchschnittsprodukte am Markt. Ihre Hersteller haben daher kein Interesse daran, ihre Systemprodukte umfänglich in schriftlicher Form in einen allgemeinen Normierungsprozess einzubeziehen und ihren technischen Wissensvorsprung mit der Konkurrenz zu teilen. Auch aus diesen Gründen sind Systemprodukte in technischen Regelwerken jedenfalls nicht detailliert berücksichtigt. Anwender kommen in diesen Fällen oftmals nicht um einen Rückgriff auf die Herstellervorgaben umhin, um die Qualität der Planung oder Ausführung des Systemprodukts zu bewerten. Einige DIN-Normen verweisen bei herstellerspezifischen Systemprodukten selbst ausdrücklich auf Herstellervorgaben, zum Beispiel die DIN 55 699 betreffend Wärmedämm-Verbundsysteme[45].

Ein Beispiel für eine Systemproduktreihe, deren Mangelbewertung ohne eine detaillierte Kenntnis der Herstellervorgaben kaum möglich sein dürfte, sind z. B. die Produkte der Viega-Reihe Raxinox. Hierbei handelt es sich um ein Mehrschichtverbundrohrsystem, welches für die Verlegung in Vorwandinstallationen verwendet wird und eine wasserberührende Schicht aus Edelstahl aufweist.

3.4.1.2 Beispiel Bauarten

Bei sog. Bauarten ist die Einhaltung von Herstellervorgaben regelmäßig sogar von elementarer Bedeutung für eine bauordnungsrechtlich zulässige Ausführung[46] [15]. Eine „Bauart" meint das Zusammenführen von Bauprodukten zu baulichen Anlagen oder Teilen von baulichen Anlagen[47]. Bauarten können nicht einfach ungeprüft verwendet werden, sondern es ist ein Verwendbarkeitsnachweis zu erbringen. Der Nachweis der Verwendbarkeit kann entweder durch eine Einhaltung der jeweiligen Technischen Baubestimmungen oder allgemein anerkannten Regeln der Technik erfolgen[48]. Bauarten, für die es allgemein anerkannte Regeln der Technik allerdings nicht gibt (z. B. weil sie sehr neu sind), dürfen bei der Errichtung, Änderung und Instandhaltung baulicher Anlagen nur eingesetzt werden, wenn für sie eine allgemeine Bauartgenehmigung durch das Deutsche Institut für Bautechnik (DIBt) erteilt wurde[49] oder eine vorhabenbezogene Bauartgenehmigung durch die oberste Bauaufsichtsbehörde vorliegt[50]. Die Zulassungsbescheide des DIBt knüpfen regelmäßig die Erteilung einer allgemeinen Bauartgenehmigung an die Auflage, dass der Verwender der Bauart die Herstellervorgaben einhält. Nur bei einer Beachtung der Herstellervorgaben wird also öffentlich-rechtlich eine gefahrlose Errichtung angenommen.

Ein Beispiel für eine Bauart in diesem Sinne ist die „Viega Mischinstallation Versorgung" zur Abschottung von Rohrleitungen aus Metall mit Anschlussleitungen aus Kunststoff. Für alle Mischinstallationen, also für Versorgungsleitungen (Heizung, Sanitär, Wasser) und Entsorgungsleitungen (Abwasser), hatte das DIBt schon im Newsletter 02/2012, S. 5, mitgeteilt, dass der Verwendbarkeitsnachweis für solche Mischinstallationen ab dem 01.01.2013 nur noch über eine allgemeine bauaufsichtliche Zulassung geführt werden kann, da diese Rohrleitungen im Bereich der Decken Brandabschnitte überbrücken und die Musterbauordnung ab Gebäudeklasse 3 Anforderungen an die Brandschutzqualität dieser Decken stellen. Eine allgemeine bauaufsichtliche Zulassung entspricht der heutigen Bauart nach § 16a Musterbauordnung[51].

Für die „Viega Mischinstallation Versorgung" erteilte das DIBt am 01.02.2018 eine allgemeine Bauartgenehmigung. Diese regelt in Ziff. 2.4.2 explizit, dass der Einbau entsprechend der von dem Hersteller beigefügten Einbauanleitung erfolgen muss.

45 Dessen Inhalt ist in einem Urteil des OLG Celle, Urteil vom 11.06.2008-14 U 213/07, Zeitschrift Bau-recht 2008, 1637, wie folgt wiedergegeben: „Alle aufeinander abgestimmten Komponenten eines WGVS werden von einem Hersteller speziell für das entsprechende System mit dem Untergrund ausgewählt" (Nr. 41) […] „ein Austauschen von Komponenten verschiedener WGVS ist nicht zulässig" (Nr. 5.2).

46 Darauf hinweisend Sass, BauR 2013, 1333.

47 Vgl. § 2 Abs. 11 Musterbauordnung.

48 § 16a Abs. 2 S. 1 Musterbauordnung.

49 § 16a Abs. 2 Satz 1 Nr. 1 Musterbauordnung.

50 § 16a Abs. 2 Satz 1 Nr. 2 Musterbauordnung.

51 Siehe hierzu die amtliche Begründung zur entsprechenden Änderung des §§ 17 Abs. 2 BauO NRW 2016, LT-Drs. 16/12119, S. 99. Das Verfahren für den Verwendbarkeitsnachweis wurde novelliert aufgrund von europarechtlicher Vorgaben zu einheitlichen Anwendung der CE-Kennzeichnung, siehe hierzu EuGH, Urteil vom 16.10.2014 – C-100/13.

Beispiel
Viega Bauartgenehmigung

Deutsches Institut für Bautechnik DIBt

Zulassungsstelle für Bauprodukte und Bauarten

Bautechnisches Prüfamt

Eine vom Bund und den Ländern gemeinsam getragene Anstalt des öffentlichen Rechts

Mitglied der EOTA, der UEAtc und der WFTAO

Allgemeine Bauartgenehmigung

Datum: 01.02.2018

Geschäftszeichen: III 21-1.19.53-151/16

Nummer:
Z-19.53-2258

Geltungsdauer
vom: **1. Februar 2018**
bis: **1. Februar 2023**

Antragsteller:
Viega Technology GmbH & Co. KG
Viega Platz 1
57439 Attendorn

Gegenstand dieses Bescheides:
Abschottung für Rohrleitungen aus Metall mit Anschlussleitungen aus Kunststoff "Viega Mischinstallation Versorgung"

Dieser Bescheid umfasst sechs Seiten und sieben Anlagen.

DIBt | Kolonnenstraße 30 B | D-10829 Berlin | Tel.: +49 30 78730-0 | Fax: +49 30 78730-320 | E-Mail: dibt@dibt.de | www.dibt.de

Abb. 5–6 Allgemeine Bauartgenehmigung: „Viega Mischinstallationen"

3.4.1.3 Beispiele für nicht sachgerechte Herstellervorgaben

Nicht alle Herstellervorgaben zu Bauprodukten sind allerdings präzise Handlungsanleitungen für hochkomplexe und hochinnovative Systemprodukte oder sachverständig durch das DIBt geprüfte und bescheinigte Einbauvorgaben[52] [15].Die meisten Menschen waren schon einmal mit völlig unverständlichen, sogar falschen oder jedenfalls schlicht überflüssigen Herstellervorgaben konfrontiert. Auch kommt es vor, dass Herstellervorgaben unwirtschaftliche und überzogene Verwendungsvorgaben vorsehen, die auf eine größtmögliche Belastungsminimierung des Produkts ausgerichtet sind, allerdings für eine funktionsgerechte Verwendung nicht erforderlich sind und für einen durchschnittlichen Verwender kaum zu erfüllen sind.

Fehlerhafte oder unverständliche Herstellervorgaben mögen auf mangelnde Sorgfalt des Herstellers zurückzuführen sein. Immerhin werden Herstellervorgaben alleine vom Hersteller ohne eine Drittkontrolle durch Normausschüsse oder Zulassungsstellen herausgegeben, üblicherweise zu einem Zeitpunkt, zu welchem noch keine Praxisbewährung des Produkts eingetreten ist. Herstellervorgaben können allerdings auch eher von Eigeninteressen des Herstellers als dem Bedürfnis der Vermittlung von sinnvollen Praxisempfehlungen geleitet sein. Sie können auf die Errichtung möglichst hoher Hürden für Gewährleistungs- oder Garantieansprüche oder die Generierung weiterer Umsätze über das After-Sales-Geschäft, etwa durch Vorgaben zur Verwendung von Originalersatzteilen oder den Verweis auf Kooperationspartner für Wartungs- und Instandhaltungsleistungen, abzielen.

Generell darf man annehmen, dass der Besteller einer Bauleistung kein objektives Interesse daran hat, dass der Unternehmer überflüssige oder falsche Herstellervorgaben berücksichtigt, wenn er ansonsten eine funktionsgerechte Ausführungsleistung erbringt. Im Regelfall ist es so, dass der Besteller auch keine Detailkenntnisse über die Art und Weise der Ausführung und die einschlägigen Herstellervorgaben hat und es ihm alleine auf die Erreichung des Werkerfolgs ankommt, ein funktionierendes Werk zu erhalten, den Unternehmer hieran misst und ihm in seiner unternehmerischen Freiheit, wie er den Werkerfolg sicherstellt, nicht hineinredet[53].

Diese unterschiedlichen Facetten von Herstellervorgaben verdeutlichen, dass es nicht sachgerecht ist, ausnahmslos von einer Verbindlichkeit der Einhaltung von Herstellervorgaben bei der Ausführung von Bauleistungen auszugehen.

3.4.2 Leitlinien

Führt die Ausführungsleistung des Ausführenden nicht zu einem funktionierenden Werk, stimmt also einfach das Ergebnis nicht, ist alleine deshalb schon die Werkleistung mangelhaft und es kommt nicht darauf an, ob Herstellervorgaben beachtet wurden oder nicht.

In welchen Fällen trotz Erstellung eines prinzipiell funktionierenden Werks die Missachtung der Herstellervorgaben gleichwohl einen Mangel begründet, kann auf Basis der ergangenen Rechtsprechung anhand der nachfolgenden Leitlinien bestimmt werden[54] [15], [17].

3.4.2.1 Fallgruppe 1: Herstellervorgaben sind im Leistungsverzeichnis ausdrücklich in Bezug genommen

Wenn die Vertragsparteien ausdrücklich festschreiben, dass Bauleistungen unter Einhaltung der Herstellervorgaben der Bauprodukte auszuführen sind (z. B. Leistungsverzeichnis-Text *„nach Werkvorschrift des Herstellers auszuführen“*[55]), ist die Einhaltung der Herstellervorgaben Bestandteil der Beschaffenheitsvereinbarung über die zu erbringende Werkleistung und in diesem Fall führt ein Verstoß gegen Herstellervorgaben zu einem Mangel der Werkleistung.

52 Zum nachfolgenden ebenfalls anschaulich Sass, BauR 2013, 1333, 1340.
53 OLG Jena, Urteil vom 27.07.2006 – 1U 897/04, BauR 2009,669.
54 Systematisierung nach Seibel, BauR 2012, 1025, 1034; Sass, BauR 2013, 1333.
55 OLG Schleswig, Urteil vom 12.08.2004 – 7 U 23/99, BauR 2004, 1946.

3.4.2.2 Fallgruppe 2: Herstellervorgaben sind relevant für die Funktionstauglichkeit und Verkehrssicherheit

Schwieriger wird es, wenn die Parteien nicht ausdrücklich geregelt haben, dass Herstellervorgaben bei der Ausführung einzuhalten sind. In diesen Fällen ist ja zunächst einmal der Ausführende Herr seiner Methoden und Mittel (unternehmerische Freiheit des werkvertraglich Verpflichteten).

Es wird implizit unterstellt, dass die Parteien eines Bauvertrags die Einhaltung der Herstellervorgaben als verbindlich ansehen wollten, wenn die Herstellervorgaben sicherheitsrelevant für die Benutzung der Bauleistung sind. Hierzu führte der BGH wörtlich wie folgt aus in einem Fall, in welchem als Werkleistung die Grundüberholung eines Motors vereinbart war und im Nachhinein Streit über den geschuldeten Leistungsumfang aufkam, weil Schrauben nach den Wartungsvorschriften des Herstellers ausgetauscht hätten werden müssen, die im späteren Betrieb brachen und den Motor erheblich beschädigten:
„Über die anerkannten Regeln der Technik hinausgehende Anforderungen des Herstellers für die Grundüberholung und Wartung sind jedenfalls dann zu beachten, wenn sie die Sicherheit des Betriebs einer technischen Anlage betreffen. Diese Sicherheitsanforderungen fußen auf der Einschätzung des Herstellers zur Gefährdung seines Produkts und den dadurch entstehenden Risiken für den Betrieb und die Verkehrssicherheit. Ein Besteller ist regelmäßig nicht bereit, das Risiko einer anderen Einschätzung zu übernehmen. Vielmehr erwartet er, dass ein Fachunternehmen sich die Wartungsvorschriften eines Herstellers einer technischen Anlage beschafft und diese beachtet."[56]

Herstellervorgaben sind in jedem Fall immer zu beachten und auch sicherheitsrelevant, wenn ihre Beachtung im Rahmen einer Bauartgenehmigung oder sonstigen Genehmigung i. S. d. § 16a Musterbauordnung zwingend vorgeschrieben ist.

3.4.2.3 Fallgruppe 3: Einhaltung der Herstellervorgaben ist Voraussetzung für Herstellergarantie

Ausführende werben oft mit der Verwendung von Baumaterialien bekannter Markenhersteller. Hierdurch soll regelmäßig dem potentiellen Kunden vermittelt werden, dass bessere Materialien als der Durchschnitt eingesetzt werden, die sich durch eine höhere Qualität und längere Lebensdauer auszeichnen[57] [15]. Wenn die Hersteller ein höheres Qualitätsversprechen an die Einhaltung von bestimmten Einbauvorgaben knüpfen, kann ein Besteller vom Ausführenden erwarten, dass er diese Einbauvorgaben auch einhält, um die Voraussetzungen für das höhere Qualitätsversprechen des Herstellers zu schaffen. Dies gilt insbesondere dann, wenn eine Herstellergarantie von der Beachtung bestimmter Herstellervorgaben abhängig ist. Ein Ausführender, der explizit die Verwendung bestimmter Bauprodukte zusagt, suggeriert, dass der Besteller in den Genuss der Vorteile, die mit diesen Bauprodukten einhergehen, gelangt, inklusive erweiterter Herstellergarantie. Daher führt die Missachtung von Herstellervorgaben zu einem Mangel, wenn dadurch eine Herstellergarantie verloren geht[58].Dies kann natürlich nur für den Fall gelten, dass die Verwendung des mit der Herstellergarantie ausgestatteten Bauprodukts ausdrücklich vereinbart war. Wenn der Ausführende bei seiner Produktauswahl keine vertraglichen Vorgaben zu beachten hatte, schuldete er auch nicht die Verwendung von Baumaterialien mit bestimmten Herstellergarantien. Dann kann es auch keinen Mangel begründen, wenn er durch die Nichteinhaltung von Herstellervorgaben den Verfall einer Herstellergarantie auslöst. Er hätte ja genauso gut ein Bauprodukt eines anderen Herstellers verwenden können, für welches keine Herstellergarantie gegeben wird.

56 BGH, Urteil vom 23.07.2009 – VII ZR 164/08, NJW-RR 2009, 1467.

57 Sass, BauR 2013, 1333, 1337.

58 OLG Brandenburg, Urteil vom 15.06.2011 – 4 U 144/10, BauR 2011, 1705.

3.4.2.4 Fallgruppe 4: Missachtung der Herstellervorgaben führt zu Ungewissheit über die Risiken des Gebrauchs

Auch wenn zunächst eine Funktionsbeeinträchtigung des Werks nicht erkennbar ist und auch ein Verstoß gegen allgemein anerkannte Regeln der Technik nicht vorliegt, kann ein Verstoß gegen Herstellervorgaben einen Sachmangel begründen, wenn der Verstoß das Risiko eines späteren Mangeleintritts erheblich erhöht[59].Denn der Werkunternehmer schuldet ein dauerhaft mangelfreies und zweckentsprechendes Werk.

3.4.2.5 Konkurrierendes technisches Regelwerk (z. B. DIN-Vorschrift)

Besteht ein technisches Regelwerk, das den technischen Sachverhalt abweichend zu den Herstellervorgaben regelt, ist dieses im Ausgangspunkt vorrangig zu Herstellervorgaben. Es ist wie folgt zu prüfen:

- Trifft das technische Regelwerk eine abschließende Regelung für seinen Regelungsbereich oder sind abweichende Vorgehensweisen in den Bereichen nach dem technischen Regelwerk zugelassen, die nicht durch das technische Regelwerk durchnormiert sind? Ist Letzteres der Fall, verstoßen abweichende Herstellervorgaben nicht gegen das technische Regelwerk, sondern ergänzen dieses in nicht normierten Bereichen.
- Ist das technische Regelwerk mittlerweile überholt und entspricht nicht mehr den allgemein anerkannten Regeln der Technik?

Liegt ein Verstoß gegen das technische Regelwerk vor und gibt jenes die allgemein anerkannten Regeln der Technik nach wie vor zutreffend wieder, geht das technische Regelwerk vor. Die Herstellervorgaben dürfen nicht umgesetzt werden, wenn nichts Abweichendes explizit mit dem Besteller nach vorheriger Aufklärung über die Konsequenzen vereinbart wurde.

3.4.2.6 Ansonsten Grundregel: Missachtung = Vermutung für Mangel

Im Regelfall ist zu unterstellen, dass der Hersteller sein Produkt am besten kennt und daher auch am besten einschätzen kann, welcher Vorgehensweise es bedarf, um sein Produkt fachgerecht einzusetzen[60]. Da technische Regelwerke oftmals sehr allgemein gehalten sind und keine Antwort für die fachgerechte Ausführung in einem ganz bestimmten Punkt enthalten, sind Herstellervorgaben bisweilen die nächstbeste Erkenntnisquelle über die richtige Ausführung der Bauleistung. Daher ist bei einem Verstoß zu vermuten, dass eine nicht fachgerechte Ausführung vorliegt und dies zu einem Mangel des Werks geführt hat. Insofern entfalten Herstellervorgaben nach richtiger Ansicht, so wie allgemein anerkannte Regeln der Technik, eine Vermutungswirkung für eine mangelhafte Ausführungsleistung, wenn sie missachtet wurden. Diese Grundsätze gelten z. B. in Bezug auf Systemprodukte. Die Vermutung wird bestärkt, wenn eine der zuvor dargestellten Fallgruppen vorliegt.

59 OLG Köln, Urteil vom 22.09.2004 – 11 U 3/01, NJW-RR 2005, 1042, 1043.
60 Darauf hinweisen Sass, BauR 2013, 1333, 1339.

3.4.2.7 Ausnahme der Grundregel: Widerlegung der Vermutung

Wie bei allgemein anerkannten Regeln der Technik auch, kann die Vermutung einer mangelhaften Ausführungsleistung wegen eines Verstoßes gegen Herstellervorgaben widerlegt werden. Für eine Widerlegung der Vermutung sind unterschiedliche Ansatzpunkte denkbar, die kumulativ verfolgt werden können.

Zunächst einmal kann im Sinne einer Negativprüfung geprüft werden, ob die bereits zuvor genannten Fallgruppen nicht zutreffen:

- Die Beachtung der Herstellervorgaben war nicht explizit vereinbart.
- Die Herstellervorgaben sind nicht funktions- oder sicherheitsrelevant.
- Herstellervorgaben sind nicht relevant für eine Herstellergarantie.
- Aus der Missachtung der Herstellervorgaben erwächst kein gesteigertes Risiko eines Mangeleintritts.
- Die Herstellervorgaben verstoßen nicht gegen technische Regelwerke.

Es kann in einem weiteren Schritt geprüft werden, ob die Herstellervorgaben überhaupt sachlich gerechtfertigt sind im Hinblick auf einen dauerhaften, funktionsgerechten Werkerfolg oder ob sie primär Eigeninteressen des Herstellers dienen. Folgende Indizien sprechen nach *Sass*[61] [15] für missbräuchliche Herstellervorgaben, die für eine Mangelbeurteilung außer Betracht zu bleiben haben:

- *„Inhalte von Vorgaben erscheinen sinnlos, unvollständig oder technisch zweifelhaft.*
- *Es werden sachlich nicht nachvollziehbare bzw. überzogene Maßnahmen vorgegeben.*
- *Bei konventionellen ‚geregelten Bauprodukten' werden abweichend von den allgemein anerkannten Regeln der Technik ohne technischen Anlass zusätzliche Anforderungen gestellt.*
- *Es wird ein Nachweisaufwand ohne technischen Anlass gefordert, der die Geltendmachung von Rechten behindert.*
- *Es wird der Erwerb kostspieliger Peripherieprodukte, in technisch unkritischen Situationen, die ausschließliche Verwendung von Original(ersatz)teilen oder der Abschluss von Wartungsverträgen mit ‚Servicepartnern' als Voraussetzung für Gewährleistungs- oder Garantieansprüche gefordert."*

Führt die Negativprüfung zu einer Widerlegung der Vermutung, kann dem Ausführenden kein Mangelvorwurf für die Nichtbeachtung von Herstellervorgaben gemacht werden.

61 Sass, BauR 2013, 1333, 1341.

3.5 Schlussfolgerung für die Praxis

Unternehmer können im grundsätzlich davon ausgehen, dass technische Regelwerke die allgemein anerkannten Regeln der Technik zutreffend abbilden, sie dürfen allerdings auch nicht blind darauf vertrauen. Technische Regelwerke können veralten. Unternehmer sind dazu verpflichtet, sich über aktuelle Entwicklungstendenzen in ihrem Fachbereich auf dem Laufenden zu halten und ihre Leistungen nach dem aktuellen Mindeststandard am Markt auszurichten.

Es ist Vorsicht geboten, wenn Unternehmer von Herstellervorgaben abweichen wollen. In vielen Fallkonstellationen begründet ein Abweichen von Herstellervorgaben einen Mangel.

4 Neues Bauvertragsrecht sowie Architekten- und Ingenieurvertragsrecht

4.1 Abnahme und Zustandsfeststellung bei Bauleistungen nach neuem Bauvertragsrecht

Seit dem 01.01.2018 ist das neue Bauvertragsrecht in Kraft und gilt für alle Verträge, die ab diesem Zeitpunkt abgeschlossen wurden[62]. Die Rechte und Pflichten aus einem Bauvertrag wurden bis dahin alleine aus den äußerst rudimentären Regelungen des BGB-Werkvertragsrechts abgeleitet, die den Besonderheiten und Komplexitäten der Abwicklung eines Bauvertrags nicht Rechnung trugen. Dies wurde in der Praxis dadurch aufgefangen, dass die Vertragsklauseln der VOB/B sich als Standardregelungen etablierten. Das neue Bauvertragsrecht schafft nun als Unterkategorien des Werkvertrags den „Bauvertrag" und den „Verbraucherbauvertrag" und führt als dem Werkvertrag „ähnliche Verträge" den „Architektenvertrag und Ingenieurvertrag" und den „Bauträgervertrag" ein.

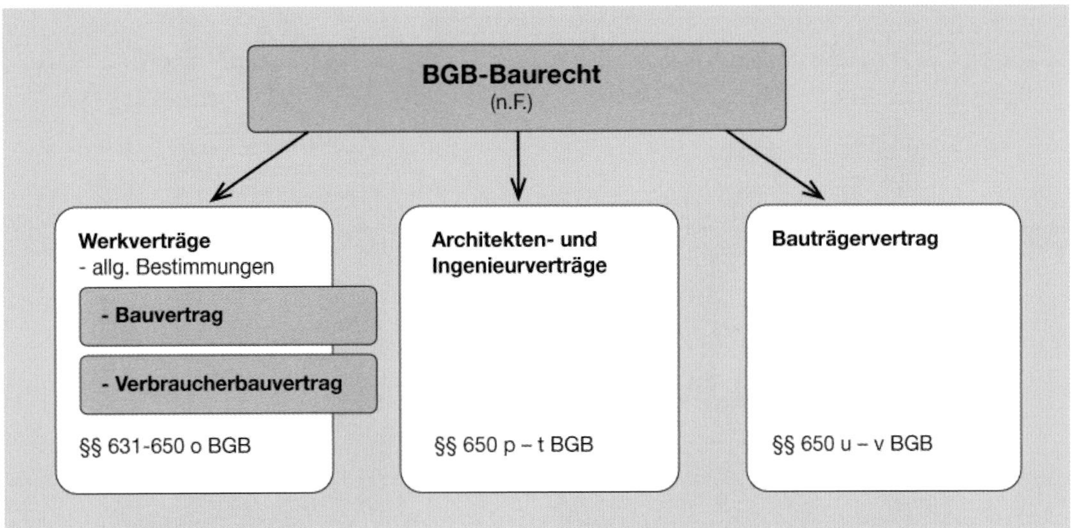

Abb. 5–7 Neues Bauvertragsrecht

Bauprojektbeteiligte müssen sich mit den neuen gesetzlichen Rahmenbedingungen vertraut machen und diese bei der Bauprojektabwicklung berücksichtigen. Es ist nicht der Anspruch des Autors, an dieser Stelle einen Gesamtüberblick zu den neuen Regelungen zu offerieren. Bei der Gesetzesnovelle zum neuen Bauvertragsrecht handelt es sich um die größte BGB-Reform seit der großen Schuldrechtsreform im Jahr 2001. Veröffentlichungen und Schulungen zum neuen Bauvertragsrecht gibt es zuhauf[63]. Aus Platzgründen werden zwei praxisrelevante Aspekte des neuen Bauvertragsrechts herausgegriffen und vorgestellt:

- die Abnahme und die Zustandsfeststellung nach neuem Bauvertragsrecht und
- die Zielfindungsphase des Architekten- und Ingenieurvertrags nach neuem Recht.

62 Gesetz zur Reform des Bauvertragsrechts, zur Änderung der kaufrechtlichen Mängelhaftung, zur Stärkung des zivilprozessualen Rechtsschutzes und zum maschinellen Siegel im Grundbuch- und Schiffsregisterverfahren, BGBl. I 2017, S. 969 ff.

63 Verwiesen wird auf den Kurzkommentar und die weiteren Materialien unter www.neues-baurecht.de.

4.1.1 Abnahme nach § 640 BGB

Der Gesetzgeber hat die Regelung zur sog. „fiktiven Abnahme" novelliert. Es darf als bekannt vorausgesetzt werden, dass die Abnahme der Dreh- und Angelpunkt des Werkvertrags ist. Mit der Abnahme endet das Erfüllungsstadium des Werkvertrags und es treten die Abnahmewirkungen ein. Diese sind im Wesentlichen die Fälligkeit des Werklohns (§641 Abs. 1 BGB), der Übergang der Gefahr der zufälligen Verschlechterung des Werks (§644 Abs. 1 S. 1 BGB) und die Umkehr der Beweislast für die Mängelfreiheit bzw. für Mängel (§634a Abs. 2 BGB).

Die Abnahme ist die Erklärung des Bestellers der Billigung der Werkleistung als im Wesentlichen vertragsgemäß, verbunden mit der Entgegennahme des Werks. Die Abnahmeerklärung kann **ausdrücklich** („Ich erkläre die Abnahme."), **förmlich** durch schriftliches Abnahmeprotokoll (§12 Abs. 4 Nr. 1 VOB/B) oder **durch schlüssiges Handeln** (Einzug in das Gebäude und vollständige Bezahlung der Schlussrechnung ohne jemals Mängel gerügt zu haben) durch den Besteller abgegeben werden. Außerdem regelt das Gesetz die sogenannte **fiktive Abnahme**. Bei der fiktiven Abnahme handelt es sich um im Gesetz geregelte Voraussetzungen, bei denen auch ohne nachweisbare Abnahmeerklärung des Bestellers (ausdrücklich, förmlich, durch schlüssiges Handeln) die Abnahme als eingetreten gilt.

Abb. 5-8 Abnahme

Die Voraussetzungen der fiktiven Abnahme sind nunmehr in § 640 Abs. 2 BGB wie folgt neu geregelt: *„(2) Als abgenommen gilt ein Werk auch, wenn der Unternehmer dem Besteller **nach Fertigstellung des Werks** eine **angemessene Frist** zur Abnahme gesetzt hat und der Besteller die Abnahme **nicht innerhalb dieser Frist** unter **Angabe von Mängeln** verweigert hat. [...]"*

Neu ist an dieser Regelung gegenüber der Vorgängerfassung zur fiktiven Abnahme (§ 640 Abs. 1 S. 3 BGB a.F.), dass **Schweigen des Bestellers** auf eine Fertigstellungsanzeige des Unternehmers mit Abnahmeaufforderung und Fristsetzung **in jedem Fall** zu einer fingierten Abnahme führt[64], unabhängig davon, ob die Werkleistungen wesentliche oder unwesentliche Mängel aufweisen. Nach der alten

64 Ausnahme: Missbräuchliche Abnahmeaufforderung.

Regelung zur fiktiven Abnahme konnte eine Abnahmeaufforderung mit Fristsetzung **nur dann** eine Abnahmefiktion auslösen, wenn im Zeitpunkt der Abnahmeaufforderung die Leistung **tatsächlich auch abnahmereif** war.

Der Gesetzgeber hatte die Abnahmefiktion eingeführt, um dem Unternehmer unter vereinfachten Voraussetzungen eine wirksame Abnahme zu verschaffen. Die Problemlage ist hier, dass bis zur Abnahme der Unternehmer die Beweislast für seine mangelfreie Werkleistung trägt und nicht die Beweislast auf den Besteller für den Nachweis von Mängeln übergeht. Der Unternehmer stand allerdings oftmals in jahrelangen Vergütungsprozessen mit zunehmender Zeit mehr und mehr vor dem Problem, den Beweis noch erbringen zu können, dass seine Bauleistungen vor etlichen Jahren einmal abnahmefähig erbracht waren. Die Abnahmefiktion sollte dem Besteller unter erleichterten Bedingungen den Nachweis einer Abnahme ermöglichen, um seine Beweisnot in Vergütungsprozessen für den Nachweis der im Wesentlichen mangelfreien Leistungserbringung und der zu Unrecht erfolgten Abnahmeverweigerung des Bestellers zu lindern. Dieses gesetzgeberische Ziel konnte die alte Regelung zur Abnahmefiktion nicht erreichen, weil auch für die Abnahmefiktion der Unternehmer beweisen musste, dass er berechtigt war, zur Abnahme aufzufordern. Dafür musste er genauso beweisen, dass das Werk im Zeitpunkt des Abnahmeverlangens im Wesentlichen vertragsgemäß erbracht war.

Die neue Regelung setzt nicht mehr voraus, dass die Werkleistung keine wesentlichen Mängel mehr aufweist, also überhaupt abnahmereif ist, damit die Abnahmefiktion greift. Ausreichend ist alleine, dass der Unternehmer zur Abnahme auffordert und der Besteller nicht innerhalb der Abnahmefrist mindestens einen Mangel rügt. Die Konsequenz der Regelung ist, dass Besteller von Bauleistungen sich zur Vermeidung von Rechtsnachteilen zwingend mit einem Abnahmebegehren des Unternehmers auseinandersetzen müssen innerhalb der ihnen gesetzten Frist. Ansonsten gilt die Werkleistung als abgenommen.

Die neue Regelung könnte Unternehmer veranlassen, zu früh Abnahmeverlangen mit Fristsetzung auszusprechen, in der Hoffnung, der Besteller reagiere nicht. In diesen Fällen verbleibt dem Besteller der Einwand des Rechtsmissbrauchs. Ein Rechtsmissbrauch dürfte jedenfalls dann anzunehmen sein, wenn der Unternehmer aus seiner Perspektive unter keinem vertretbaren Blickwinkel von einer Abnahmereife hätte ausgehen dürfen[65].

Schlussfolgerungen:

- Besteller müssen sich zukünftig zwingend mit einem Abnahmebegehren mit Fristsetzung des Unternehmers auseinandersetzen und das Abnahmebegehren innerhalb der Frist unter Angabe mindestens eines Mangels zurückweisen, wenn sie die Leistungen als nicht abnahmereif ansehen.
- Unternehmer sollten unter dem neuen Bauvertragsrecht umso mehr standardmäßig nach Fertigstellung zu Abnahme auffordern unter Fristsetzung. Ist der Besteller ein Verbraucher, ist dieser über die Rechtswirkungen der fiktiven Abnahme in Textform aufzuklären (§ 640 Abs. 2 S. 2 BGB).

4.1.2 Zustandsfeststellung nach § 650g BGB Abnahme

Verweigert der Besteller die Abnahme der Werkleistung, muss sich der Unternehmer zwangsläufig mit dem Besteller darüber streiten, ob der Besteller verpflichtet war, die Abnahme zu erklären. Diese Verpflichtung bestand, wenn der Unternehmer die Werkleistung im Wesentlichen mangelfrei und somit abnahmefähig fertiggestellt hatte. Dieser Streit kann Zeit in Anspruch nehmen. Es ist wahrscheinlich, dass bis zur Klärung des Streits die Werkleistung des Unternehmers nochmals auf Mangelfreiheit geprüft wird, z. B. durch einen Sachverständigen des Bestellers, einem gemeinsam bestimmten Schiedssachverständigen oder spätestens durch einen Gerichtssachverständigen. Je mehr Zeit verstreicht bis zu einer erneuten Begutachtung der Werkleistung, desto höher ist die Wahrscheinlichkeit, dass die einmal fertiggestellte Werkleistung wieder Schaden nimmt (sich verschlechtert). Der Besteller könnte die Werkleistung durch unsachgemäße Ingebrauchnahme beschädigen. Nachfolgegewerke auf einer Baustelle des Bestellers können durch Unachtsamkeit Beschädigungen auslösen.

65 Vgl. Kniffka/Retzlaff, BauR 2017, 1747, 1769.

Problematisch für den Unternehmer ist in dieser Konstellation, dass er bis zur Abnahme seiner Werkleistung die Beweislast dafür trägt, dass er die Werkleistung abnahmefähig hergestellt hatte. Bei einer späteren Begutachtung wird regelmäßig der Ist-Zustand im Zeitpunkt der Begutachtung bewertet. Der Gutachter wird unter Umständen nicht bewerten können, ob vorhandene Mängel schon im Zeitpunkt der Abnahmeverweigerung des Bestellers vorlagen, sodass dieser zu Recht die Abnahme verweigern durfte, oder ob die Beschädigungen erst nach der verweigerten Abnahme der Werkleistung zugefügt wurden, sodass die Abnahme zu Unrecht verweigert wurde. Der Unternehmer muss in dieser Situation beweisen, dass die von dem Gutachter gerügten Mängel im Zeitpunkt der Abnahmeverweigerung noch gar nicht vorlagen.

Hinzukommt, dass der Unternehmer bis zur Abnahme das Risiko einer „zufälligen Verschlechterung" seines Werks trägt (§ 644 BGB). Dies bedeutet, dass in allen Fällen, in denen nicht der Besteller durch unsorgfältiges Handeln das Werk beschädigt, sondern eine Beschädigung durch einen Dritten (z. B. ein anderes auf der Baustelle parallel arbeitendes Unternehmen) oder höhere Gewalt (Unwetter, Wintereinbruch) eintritt, der Unternehmer verpflichtet bleibt, auf eigene Kosten das Werk (wieder)herzustellen. Die Phase der Werkerrichtung, die Erfüllungsphase, ist eben erst mit Abnahme abgeschlossen. Wenn der Unternehmer also nicht beweisen kann, dass der Besteller die Abnahme seines Werks zu Unrecht verweigerte, trägt er bis auf weiteres das Risiko der zufälligen Verschlechterung des Werks. Dies ist eben besonders misslich, wenn der Besteller die Werkleistung bereits in Benutzung nimmt oder die Werkleistung auf der Baustelle durch nachfolgende Gewerke Schadensrisiken ausgesetzt ist.

Diese Problemlage adressiert das neue Recht auf Zustandsfeststellung nach § 650g Abs. 1 bis 3 BGB. Die Regelungen lauten wie folgt:
„(1) Verweigert der Besteller die Abnahme unter Angabe von Mängeln, hat er auf Verlangen des Unternehmers an einer gemeinsamen Feststellung des Zustands des Werks mitzuwirken. Die gemeinsame Zustandsfeststellung soll mit der Angabe des Tages der Anfertigung versehen werden und ist von beiden Vertragsparteien zu unterschreiben.

(2) Bleibt der Besteller einem vereinbarten oder einem von dem Unternehmer innerhalb einer angemessenen Frist bestimmten Termin zur Zustandsfeststellung fern, so kann der Unternehmer die Zustandsfeststellung auch einseitig vornehmen. Dies gilt nicht, wenn der Besteller infolge eines Umstands fernbleibt, den er nicht zu vertreten hat und den er dem Unternehmer unverzüglich mitgeteilt hat. Der Unternehmer hat die einseitige Zustandsfeststellung mit der Angabe des Tages der Anfertigung zu versehen und sie zu unterschreiben sowie dem Besteller eine Abschrift der einseitigen Zustandsfeststellung zur Verfügung zu stellen.

(3) Ist das Werk dem Besteller verschafft worden und ist in der Zustandsfeststellung nach Abs. 1 oder 2 ein offenkundiger Mangel nicht angegeben, wird vermutet, dass dieser nach der Zustandsfeststellung entstanden und vom Besteller zu vertreten ist. Die Vermutung gilt nicht, wenn der Mangel nach seiner Art nicht vom Besteller verursacht worden sein kann.

Die Regelungen zur Zustandsfeststellung verschaffen dem Unternehmer die Möglichkeit, mit rechtlicher Vermutungswirkung den Zustand seiner Werkleistung festhalten zu können, wenn aufgrund der Abnahmeverweigerung des Bestellers ein Streit über die Abnahmereife der Werkleistung besteht. Nach den Regelungen ist der Besteller in dieser Situation zur Mitwirkung an einer gemeinsamen Zustandsfeststellung verpflichtet (Abs. 1). Verweigert er sich einer gemeinsamen Zustandsfeststellung, kann der Unternehmer unter bestimmten Voraussetzungen eine einseitige Zustandsfeststellung vornehmen (Abs. 2). Die nach Abs. 1 oder Abs. 2 vorgenommene Zustandsfeststellung begründet für offenkundige Mängel eine Vermutung, dass von diesen nur jene im Zeitpunkt der Zustandsfeststellung vorgelegen haben, die in der Zustandsfeststellung dokumentiert sind. Ansonsten wird angenommen, dass die Mängel erst nachträglich hinzukamen (Abs. 3).

Diese neuen Regelungen werden im Folgenden näher vorgestellt.

4.1.2.1 Gemeinsame Zustandsfeststellung nach Abs. 1

§ 650g Abs. 1 BGB regelt die gemeinsame Zustandsfeststellung. Eine gemeinsame Zustandsfeststellung kommt zu Stande, wenn:

- der Besteller die Abnahme verweigert und
- auf Verlangen des Unternehmers daraufhin eine gemeinsame Zustandsfeststellung stattfindet.
- Über die Zustandsfeststellung soll ein datiertes und von den Vertragsparteien unterschriebenes Protokoll erstellt werden. Das Protokoll dient allerdings lediglich Beweiszwecken. Die Zustandsfeststellung ist auch ohne Protokoll wirksam[66] [11].

Das Gesetz schließt es nicht aus, dass eine gemeinsame Zustandsfeststellung auch sukzessive umgesetzt wird, indem der Besteller oder der Unternehmer den Zustand alleine dokumentiert und die andere Seite die Feststellungen gegenzeichnet[67] [11].

4.1.2.2 Einseitige Zustandsfeststellung nach Abs. 2

§ 650g Abs. 2 BGB regelt die Voraussetzungen, unter denen der Unternehmer auch ohne Mitwirkung des Bestellers eine **einseitige Zustandsfeststellung** durchführen kann. Die einseitige Zustandsfeststellung setzt voraus, dass

- der Besteller die Abnahme verweigert,
- der Besteller sodann einem vereinbarten oder einem von dem Unternehmer innerhalb einer angemessenen Frist bestimmten Termin zur Zustandsfeststellung fernbleibt und sein Fernbleiben auch nicht auf einen Umstand zurückzuführen ist, den er nicht zu vertreten hat und den er dem Unternehmer unverzüglich mitgeteilt hat,
- der Unternehmer die dann einseitig erstellte Zustandsfeststellung mit Datum und Unterschrift versehen und
- dem Besteller eine Abschrift der einseitigen Zustandsfeststellung zur Fügung gestellt hat.

Zu beachten ist, dass eine einseitige Zustandsfeststellung dann nicht mit rechtlicher Bindungswirkung für den Besteller durchgeführt werden kann, wenn der Besteller zwar zu dem Termin zur Zustandsfeststellung erscheint, allerdings die Unterschrift unter das gemeinsam zu erstellende Protokoll verweigert. In diesem Fall liegt kein gemeinsames Protokoll nach Abs. 1 vor, allerdings kann der Unternehmer auch nicht nach Abs. 2 vorgehen, weil der Besteller nicht unentschuldigt fern blieb. Das Gesetz schützt den Unternehmer also nur vor der Situation, dass sich der Besteller einer Zustandsfeststellung in Gänze verweigert.

Sollte der Besteller eine Zustandsfeststellung dadurch zu vereiteln versuchen, dass er dem Unternehmer den Zugang zu seiner Baustelle am angekündigten Feststellungstermin verwehrt, wird vertreten, dass dann der Unternehmer die einseitige Zustandsfeststellung auch „aus der bloßen Erinnerung" dokumentieren darf[68] [11]. Etwas anderes bleibt ihm ja auch gar nicht übrig.

4.1.2.3 Rechtsfolge der gemeinsamen (Abs. 1) oder einseitigen (Abs. 2) Zustandsfeststellung

Die Rechtsfolge einer Zustandsfeststellung nach § 650g Abs. 1 oder Abs. 2 BGB ist, wenn sogleich dem Besteller die Werkleistung auch übergeben wurde bzw. das Werk auf der Baustelle durch den Unternehmer freigegeben wurde[69] [10], dass vermutet wird, dass **offenkundige Mängel**, die in der **Zustandsfeststellung nicht angegeben** sind, erst

- nach der Zustandsfeststellung entstanden und
- vom Besteller zu vertreten sind.

Vereinfacht bedeutet dies: Alle nach der Zustandsfeststellung hinzukommenden, offenkundigen Mängel fallen in die Risikosphäre des Bestellers und lösen dementsprechend Mehrvergütungsansprüche des Unternehmers aus, wenn er diese Mängel beseitigen soll.

66 Kniffka/Retzlaff, BauR 2017, 1747, 1825.
67 Kniffka/Retzlaff, BauR 2017, 1747, 1825.
68 Kniffka/Retzlaff, BauR 2017, 1747, 1825.
69 Hummels, in: BeckOK/Neues Bauvertragsrecht, § 650g Rn. 51.

Folgende Einschränkungen sind hierbei zu beachten:

- Die Vermutungswirkung gilt nur für „offenkundige Mängel" nach Zustandsfeststellung. Gemeint sind solche Mängel, die bei einer ordnungsgemäßen Zustandsfeststellung erwartbar ohne weiteres hätten aufgedeckt werden können durch den Besteller unter Berücksichtigung dessen Fachwissens[70] [10]. In der Sache sind dies vor allem optisch gut erkennbare Erscheinungen, die ohne großen Aufwand erkennbar sind[71] [10]. Für nicht ohne weiteres in einer Zustandsfeststellung erkennbare Mängel bleibt es bei den allgemeinen Gefahrtragungsregeln nach § 644 BGB bzw. § 7 VOB/B.
- Generell gilt für die Zustandsfeststellung nach § 650g Abs. 1–3 BGB, dass diese nur für die **qualitative Feststellung** von Mängeln gilt, nicht jedoch für **quantitative Aussagen**, also Abrechnungsmengen. Die einseitige Zustandsfeststellung nach § 650g Abs. 2 BGB ermöglicht kein einseitiges Aufmaß. Für Aufmaßtermine gilt: (1.) Wird ein gemeinsames Aufmaß genommen, dann gelten die gemeinsam ermittelten Mengen für beide Seiten als zukünftig bindend. (2.) Erscheint der Besteller zu einem Aufmaßtermin unentschuldigt nicht, ändern sich an den Beweisanforderungen des Unternehmers bei einem Abrechnungsstreit nichts, wenn die Mengen zu einem späteren Zeitpunkt problemlos nochmal aufgemessen werden können. (3.) Erscheint der Besteller zu einem Aufmaßtermin unentschuldigt nicht und sind die Mengen auch nachträglich nicht mehr ohne weiteres für den Unternehmer ermittelbar, z. B. weil die Werkleistungen durch Folgearbeiten verdeckt wurden, ist die Beweislast für den Unternehmer erheblich reduziert. Er muss dann nur noch das ihm Mögliche vortragen, um eine grobe sachverständige Schätzung von Mindestmengen zu ermöglichen[72] [19].

70 Hummels, in: BeckOK/Neues Bauvertragsrecht, § 650g Rn. 57.

71 Hummels, in: BeckOK/Neues Bauvertragsrecht, § 650g Rn. 57.

72 Im Einzelnen Voit, in BeckOK/VOB/B, Stand: 31.12.2017, § 14 Rn. 3 ff.

Praxisempfehlung:
Der Unternehmer, der der Auffassung ist, sein Werk abnahmereif fertiggestellt zu haben, kann zukünftig wie folgt vorgehen und Abnahmeaufforderung/Zustandsfeststellung/Gemeinsames Aufmaß wie folgt kombinieren.

Der Unternehmer fordert den Besteller in einem Schreiben

- zur Erklärung der Abnahme mit Fristsetzung auf.
- Gleichzeitig fordert er den Besteller für den Fall, dass er die Abnahme nicht erklärt, zu der Teilnahme an einem konkret benannten Termin (z. B. eine Woche nach Ablauf der Abnahmeerklärungsfrist) auf zum Zweck der
  - Zustandsfeststellung und
  - des gemeinsamen Aufmaßes.

In diesem Fall gilt:

- Erklärt der Besteller die Abnahme innerhalb der gesetzten Abnahmeerklärungsfrist, ist die Zustandsfeststellung hinfällig. Der Anspruch auf Zustandsfeststellung besteht ja schließlich nur, wenn der Besteller die Abnahme verweigert. Der Unternehmer hat auch kein Bedürfnis mehr für eine Zustandsfeststellung, weil mit der Abnahme die Gefahr für eine zufällige Verschlechterung des Werks auf den Besteller übergegangen ist und den Besteller die Beweislast für den Nachweis von (nicht bei Abnahme ausdrücklich vorbehaltenen) Mängeln trifft. Der Folgetermin ist allerdings nicht hinfällig, weil dort das gemeinsame Aufmaß vorgenommen werden kann. Hinsichtlich der Folgen für die Nichtwahrnehmung des Bestellers des Aufmaßtermins gelten die allgemeinen Grundsätze.
- Reagiert der Besteller nicht innerhalb der Abnahmeerklärungsfrist, greift die Abnahmefiktion nach § 640 Abs. 2 BGB (Abnahme gilt als erteilt, egal ob wesentliche Mängel vorliegen oder nicht). Die Zustandsfeststellung erübrigt sich dann auch, da ja eine Abnahme vorliegt. Der Folgetermin ist allerdings nicht hinfällig, weil dort das gemeinsame Aufmaß vorgenommen werden kann. Bleibt der Besteller dem Aufmaßtermin fern, gelten die allgemeinen Grundsätze. Wenn der Besteller meint, er könne in dem Folgetermin noch die Abnahme verweigern, irrt er. Dafür ist es dann zu spät.
- Verweigert der Besteller innerhalb der Abnahmeerklärungsfrist die Abnahme (unter Benennung mindestens eines Mangels!), besteht ein Bedürfnis des Unternehmers an einer Zustandsfeststellung. Diese kann – zusammen mit dem (Zwischen-)Aufmaß im zweiten Termin stattfinden.

4.2 Architekten- und Ingenieurvertrag

Eine Neuerung durch die Gesetzesreform zum Bauvertragsrecht ist die Normierung des Architekten- und Ingenieurvertrags (im Folgenden: Planervertrag) als eigenen Vertragstypus im BGB mit eigenen Spezialregelungen. Der typische Vertrag über Ingenieurleistungen zur Planung der Technischen Ausrüstung i. S. d. §§ 53 ff. HOAI i. V. m. Anlage 15 fällt unter diesen Vertragstypus.

Das Gesetz verbessert die Rechtsstellung des Planers durch einen gesetzlichen Anspruch auf Teilabnahme der Planungs- und Überwachungsleistungen nach Baufertigstellung (§ 650s BGB; Schutz des mit der HOAI-Leistungsphase 9 beauftragten Planers) und durch die Verpflichtung des Bestellers, vor einer Inanspruchnahme des Planers wegen eines Überwachungsfehlers zunächst den Ausführenden zur Nacherfüllung auffordern zu müssen (§ 650t BGB).

Neu und etwas speziell ist die für Planerverträge nunmehr gesetzlich vorgesehene Zielfindungsphase. Diese ist geregelt in § 650p Abs. 2 BGB. § 650p BGB lautet wie folgt:

§ 650p Vertragstypische Pflichten aus Architekten- und Ingenieurverträgen

(1) Durch einen Architekten- oder Ingenieurvertrag wird der Unternehmer verpflichtet, die Leistungen zu erbringen, die nach dem jeweiligen Stand der Planung und Ausführung des Bauwerks oder der Außenanlage erforderlich sind, um die zwischen den Parteien vereinbarten Planungs- und Überwachungsziele zu erreichen.

(2) Soweit wesentliche Planungs- und Überwachungsziele noch nicht vereinbart sind, hat der Unternehmer zunächst eine Planungsgrundlage zur Ermittlung dieser Ziele zu erstellen. Er legt dem Besteller die Planungsgrundlage zusammen mit einer Kosteneinschätzung für das Vorhaben zur Zustimmung vor.

Nach § 650p Abs. 2 BGB hat also der Planer nun zunächst, wenn „wesentliche Planungs- und Überwachungsziele noch nicht vereinbart sind", eine „Planungsgrundlage", verbunden mit einer „Kosteneinschätzung" vorzulegen. Welche Konsequenzen mit der Vorlage dieser Unterlagen verbunden sind, ergibt sich aus § 650r BGB:

§ 650r Sonderkündigungsrecht

(1) Nach Vorlage von Unterlagen gemäß § 650p Absatz 2 kann der Besteller den Vertrag kündigen. Das Kündigungsrecht erlischt zwei Wochen nach Vorlage der Unterlagen, bei einem Verbraucher jedoch nur dann, wenn der Unternehmer ihn bei der Vorlage der Unterlagen in Textform über das Kündigungsrecht, die Frist, in der es ausgeübt werden kann, und die Rechtsfolgen der Kündigung unterrichtet hat.

(2) Der Unternehmer kann dem Besteller eine angemessene Frist für die Zustimmung nach § 650p Absatz 2 Satz 2 setzen. Er kann den Vertrag kündigen, wenn der Besteller die Zustimmung verweigert oder innerhalb der Frist nach Satz 1 keine Erklärung zu den Unterlagen abgibt.

(3) Wird der Vertrag nach Absatz 1 oder 2 gekündigt, ist der Unternehmer nur berechtigt, die Vergütung zu verlangen, die auf die bis zur Kündigung erbrachten Leistungen entfällt.

Abb. 5-9 Zielfindungsphase

Aus dem Zusammenspiel der zwei Vorschriften ergibt sich, dass als ein erster Meilenstein bei Planerverträgen, soweit „*wesentliche Planungs- und Überwachungsziele*" noch nicht vereinbart sind, die Vorlage von einer „*Planungsgrundlage*" zusammen mit einer korrespondierenden „*Kostenschätzung*" ist. Diese Phase wird als „Zielfindungsphase" bezeichnet. Wie sich aus § 650r BGB ergibt, besteht für den Besteller nach Vorlage der Planungsgrundlage und der Kostenschätzung ein Sonderkündigungsrecht, welches dazu führt, dass nur die bis zum Kündigungszeitpunkt erbrachten Leistungen des Planers zu vergüten sind (Abs. 1 und 3). Außerdem kann der Planer kündigen, wenn sich der Besteller nicht nach Aufforderung mit Fristsetzung zu den Unterlagen äußert (Abs. 2).

Worum geht es bei der Zielfindungsphase im Kern?

Der Gesetzgeber möchte Verbraucher vor den Konsequenzen eines unüberlegt abgeschlossenen HOAI-Vollauftrags schützen[73]. Der Gesetzgeber hat den Fall vor Augen, dass der unbedarfte Verbraucher noch keine Vorstellungen darüber hat, was für ein Bauwerk er ungefähr geplant haben möchte und wieviel Investitionskapital er benötigt, einen HOAI-Vollauftrag über die Leistungsphasen 1 bis 9 abschließt, im Zuge der Grundlagenermittlung merkt, dass er nicht mit dem Architekten zusammenfindet und dann lediglich im Wege einer freien Kündigung sich aus dem HOAI-Vollauftrag lösen kann mit dem Risiko, eine erhebliche Kündigungsentschädigung an den Planer für die bereits beauftragten, allerdings kündigungsbedingt nicht mehr zu erbringenden Leistungen zahlen zu müssen. In dieser Situation soll der Besteller nochmals eine Ausstiegsoption erhalten, nachdem in groben Zügen feststeht, was innerhalb welcher Kosten geplant werden soll.

Das Gesetz bedient sich für die Bestimmung der Zielfindungsphase undefinierter Begriffe. Was genau „*wesentliche Planungs- und Überwachungsziele*" sein sollen und was eine „*Planungsgrundlage*" ist, erschließt sich weder aus dem Gesetz noch aus der Gesetzesbegründung. Eine Bedarfsplanung nach DIN 18205 wäre sicher zu umfangreich. Ausreichend dürfte die Festlegung der groben Beschaffenheit

73 BT-Drs. 18/8486, S. 67 [73].

des Bauwerks sein. Der Begriff der „*Kosteneinschätzung*“ ist ebenfalls kein etablierter Fachbegriff. Hier dürfte es sich allenfalls um eine Grobkostenschätzung oder Zielkostenvorgabe handeln, allerdings sicher nicht in der Tiefe einer Kostenschätzung i. S. d. Vorplanung.

Generell ist es zu begrüßen, dass der Gesetzgeber die Baubeteiligten dazu anhalten will, in strukturierter Form frühzeitig Projektziele klar zu vereinbaren. Fehlende Projektzielvorgaben durch klare Bedarfsermittlungen werden als eine Hauptursache für Kostenüberschreitungen bei Großbauvorhaben gesehen[74].

In der Praxis dürfte die Zielfindungsphase wohl dadurch ausgeschaltet werden können, dass in dem schriftlichen Planervertrag explizit „*wesentliche Planungs- und Überwachungsziele*“ benannt werden. Die Zielfindungsphase nach § 650m Abs. 2 BGB mit Sonderkündigungsrecht nach § 650r BGB findet schließlich nur Anwendung „soweit“ eben solche Ziele noch nicht feststehen. Die Nennung von Projektzielen (Kosten-, Qualitäts- und Terminzielen) ist im unternehmerischen Geschäftsverkehr Standard. Erst recht sind hinreichend klare Planungsziele vereinbart, wenn z. B. eine Bedarfsermittlung nach DIN 18205, eine Machbarkeitsstudie oder ähnliches vorliegt.

Der allerdings schon ab HOAI-Leistungsphase 1 beauftragte, über erste Skizzen nahtlos in Detailplanungen übergehende Architekt läuft, wenn er zu keinem Zeitpunkt die Bestellervorgaben dokumentiert und nebst Kostenbewertung vorlegt, nach neuem Recht Gefahr, dass der Besteller zu einem späten Zeitpunkt sich noch auf sein Sonderkündigungsrecht nach § 650r Abs. 1 BGB beruft und Planungsergebnisse als wertlos unter Verweis auf ein unzulässiges „Vorprellen“ zurückweist. Gegenüber Verbrauchern besteht dieses Risiko umso mehr, weil die Ausübung des Sonderkündigungsrechts bei unterbliebener Belehrung im Ausgangspunkt zeitlich unbefristet möglich ist und eine Verwirkung des Sonderkündigungsrechts (§ 242 BGB) fraglich erscheint, weil der Unternehmer durch die unterlassene Unterrichtung das Risiko einer späteren Sonderkündigung selbst begründete[75].

Selbst bei hochvolumigen Planungsaufträgen begegnete dem Autor durchaus schon die Situation, dass zunächst ohne schriftliche Beauftragung Planungsleistungen begonnen wurden und die Vertragsverhandlungen dann parallel zur Projektbearbeitung geführt wurden. Unter dem Termindruck des Projekts werden dann bisweilen offene Punkte in den Vertragsverhandlungen für erhebliche Zeiträume nicht einer abschließenden Klärung zugeführt und gegenüber der akuten Projektbearbeitung hintangestellt. Diese Praxis mag damit zusammenhängen, dass im Regelfall eine mündliche (Vorab-)Beauftragung angenommen werden kann und diese jedenfalls ein HOAI-Honorar in Mindestsatzhöhe sichert. Diese Grundsätze schützten allerdings auch schon bisher nicht immer[76]. Diese Praxis wird im Lichte der neuen Zielfindungsphase noch gefährlicher. Wenn keine schriftliche Beauftragung vorliegt, dürften im Regelfall auch keine dokumentierten Planungsgrundlagen mit Kosten existieren. Wenn es dann in der Mitte der Entwurfsplanung zum Zerwürfnis mit dem Auftraggeber kommt und bis dahin immer noch kein schriftlicher Vertrag geschlossen wurde, kann der Auftraggeber das Sonderkündigungsrecht nach § 650r Abs. 1 BGB vorsorglich ausüben, um die Vergütungsrisiken auf die Vergütung bis zum Zeitpunkt, zu dem eine Planungsgrundlage mit Kosteneinschätzung zu erwarten war, hätte vorliegen müssen, zu begrenzen.

Schlussfolgerung:
Besonders Unternehmern ist zu empfehlen, in ihren Verträgen wesentliche Planungs- und Überwachungsziele explizit festzuschreiben, um eine Zielfindungsphase mit Sonderkündigungsrecht auszuschließen (§ 650q Abs. 2 BGB: „soweit […] noch nicht vereinbart sind“), oder frühestmöglich eine Planungsgrundlage mit Kosteneinschätzung zur Zustimmung vorzulegen.

74 Siehe BMUB, Reform Bundesbau, 2016; BMVI, Endbericht Reformkommission Bau von Großprojekten (ehemals „Ramsauer-Kommission“), 2015 [74].

75 Vgl. exemplarisch BGH NJW 2014, 2646 Rn. 38 zum Widerspruchsrecht bei Versicherungsverträgen [75].

76 Dem Autor ist ein Rechtsstreit bekannt, in welchem ein Planungsbüro für Technische Ausrüstung letztlich auf Honoraraußenständen im sechsstelligen Bereich für ein halbes Jahr Planungsleistungen mangels schriftlicher Beauftragung sitzen blieb [76].

5 Fazit

Auch 2018 hat es wieder viele rechtliche Veränderungen in der Welt des Planens und Bauens gegeben. Veränderungen sind Chance und Risiko zugleich. Allen Beteiligten an der Planung und Ausführung von Bauvorhaben bleibt zu empfehlen, sich auch in rechtlichen Themenstellungen stets auf dem neuesten Stand zu halten.

6 Literaturverzeichnis

[1] Bundesministerium für Umwelt, Naturschutz, Bau und Reaktorsicherheit (BMUB), Reform Bundesbau, 2016

[2] Bundesministerium für Verkehr und digitale Infrastruktur, Endbericht Reformkommission Bau von Großprojekten, 2015

[3] Deutscher Baugerichtstag, Arbeitskreis IX, BauR 2018, S. 64 (Heft 2, Beilage)

[4] Elixmann/Eschenbruch, in: König et al., Building Information Modeling, 2015, S. 249

[5] Eschenbruch, in: Ganten (Hrsg.), Architektenrecht aktuell – Verantwortung und Vergütung für Architektenleistungen, Festschrift für Rudolf Jochem, S. 355

[6] Eschenbruch/Racky (Hrsg.), Partnering in der Bau- und Immobilienwirtschaft, 2008

[7] Fuchs, in: Fuchs/Berger/Seifert, HOAI, 2016, Syst. A V

[8] Fuchs, NZBau 2014, S. 409

[9] Heidemann, in: Integrale Planung der Gebäudetechnik, 2014, S. 7

[10] Hummels, in: BeckOK/Neues Bauvertragsrecht, Stand: 01.06.2018, § 650g

[11] Kniffka/Retzlaff, BauR 2017, S. 1747

[12] Leupertz, BauR 2016, S. 1546

[13] Metz, NJW 2008, S. 2806

[14] Pauly, ZfBR 2018, S. 315

[15] Sass, BauR 2013, S. 1333

[16] Seibel, Baumängel und anerkannte Regeln der Technik, 2009

[17] Seibel, BauR 2012, S. 1025

[18] Thierau, BauR 2013, S. 673

[19] Voit, in: BeckOK/VOB/B, Stand: 31.12.2017, § 14

Index

Vorwort Inhaltsverzeichnis | Strukturgeber Gebäudetechnik | Prozessziel Trinkwassergüte | Planung und Betrieb 4.0 | Energieperformance | Rechtliche Herausforderungen | Index

F

G

H

I

K

L